SI단위

토질 및 기초공학

– 이론 및 실무 –

상

최인걸 · 박영목 · 류용열 공 저

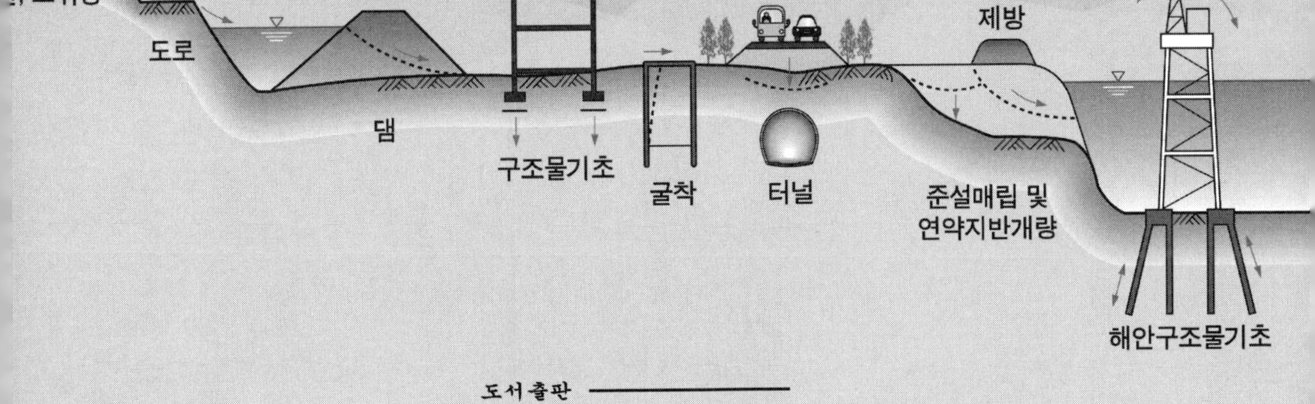

도서출판
구미서관

머리말

토질역학은 지반재료의 공학적인 특성과 관련되는 문제들을 다루는 학문이다. 지반을 구성하는 흙과 암반은 자연재료이므로 그 성질이 시간과 장소 그리고 깊이에 따라 서로 다른 성질을 가진다. 특히 흙은 흙입자, 공기, 물 세가지로 구성되어 있는데, 이들의 조합에 따라 투수성, 압축성, 강도 등의 역학적 성질이 달라진다. 따라서 토목공학자는 구조물을 안전하게 건설하기 위해서는 지반재료의 물리적 성질은 물론이고 역학적 성질을 잘 이해하고, 시공과정에서 발생할 수 있는 여러 가지 공학적인 문제들을 예측하고 해결할 수 있는 능력을 갖추어야 한다.

이러한 관점에서 저자는 토목공학자들이 지반공학을 공부하는데 있어 기본개념을 쉽게 이해하고, 또한 실무에 쉽게 적용할 수 있도록 지반분야의 서적, 학회지, 논문 등 다양한 자료들을 모아서 하나로 집대성하였다. 이 책은 토질역학, 기초공학, 암반역학 등을 분야별로 총 16장 상 · 하 2권으로 구성하였다. 상권은 흙의 성질, 다짐, 투수, 지중응력 및 유효응력, 압밀, 전단강도, 토압, 지반조사 등으로 구성되어 있고, 하권은 흙막이, 얕은기초, 깊은기초, 비탈면 안정, 암반, 연약지반 및 준설매립, 터널, 내진설계 등으로 구성하였다. 이 책을 엮으면서 중점을 둔 것은 장별로 연관성이 있는 내용은 가급적 묶어서 정리하였고, 그리고 현장에서 실무를 담당하는 기술자들의 이해를 돕기 위하여 소제목별로 “실무적용 시 유의사항”으로 결론을 기술하였다.

그동안 저자들이 오랜 시간에 걸쳐 모아 오던 자료와 지인들의 조언을 정리하여 책으로 탈고는 했지만 광범위한 분야를 다루려다 보니 내용적인 측면에서 다소 부진한 부분도 있으리라 생각한다. 하지만 이론과 실무를 병행하여 공부하고자 하는 학생들과 현장의 실무자들에게 조금이나마 도움이 되지 않을까 하는 희망을 가져본다.

끝으로 그동안 여러번의 수정에도 불구하고 열정과 헌신으로 도와주신 구미서관 임해진 사장님과 임직원 여러분들께 깊은 감사를 드립니다.

2017년 7월

저자 최인걸, 박영목, 류용열

목 차

상

제 1장 흙의 성질

1. 흙의 생성
2. 점토광물과 흙의 구조
3. 흙의 기본적 성질
4. 흙의 분류
5. 용어 설명

chapter 01

제 1장 흙의 성질

1. 흙의 생성

1.1 흙의 생성 및 암석의 순환

1.1.1 흙의 생성원인

흙은 암석이 풍화작용을 받아 미세한 입자로 분쇄된 것을 말하며, 풍화작용에는 물리적 풍화작용, 화학적 풍화작용 및 용해작용이 있다. 자갈 · 모래 · 실트는 주로 물리적 풍화작용에 의해 형성되고 점토입자 크기의 흙은 주로 화학적 풍화작용에 의하여 형성된다.

(1) 물리적 풍화작용

암석이 지표상에서 온도 · 물 · 바람 · 압력 등에 의하여 암석이 모암으로부터 작은 조각으로 파쇄되거나 마모되어 가는 과정을 말한다.

(2) 화학적 풍화작용

모암과는 전혀 다른 새로운 광물을 생성하기 위하여 암석광물의 성질이 화학적으로 바뀌어 가는 과정을 말한다.

(3) 용해작용

암반으로부터 가용성 광물은 녹이고 불가용성 광물은 잔류물로 남겨두는 과정을 말한다.

※ 일반적으로 따뜻하고 습기가 많은 평탄한 지방에서는 화학적 풍화작용이 우세하고, 험한 지세의 건조한 지방에서는 물리적 풍화작용이 우세하다.

1.1.2 암석의 순환(Rock cycle)

1) 마그마는 식어서 화성암이 되고 이 화성암은 풍화, 침식 작용으로 잘게 부서져서 물 · 바람 · 빙하 등에 의해 운반되어 바다, 하천 또는 호수 바닥에 쌓여 퇴적물이 되며, 퇴적물은 굳어져서 퇴적암으로 된다.
2) 또한 땅속 깊은 곳에 있는 암석이 큰 압력과 높은 온도에 의해 성질이 변하면 변성암으로 되고, 더 큰 변성 작용을 받으면 변성암이 녹아서 다시 마그마로 되기도 한다.
3) 이와 같이 암석은 오랜 기간에 걸쳐 끊임없이 다른 암석으로 변화되는 순환과정을 되풀이 하고 있다. 그림 1.1은 암석의 순환과정을 나타낸다.

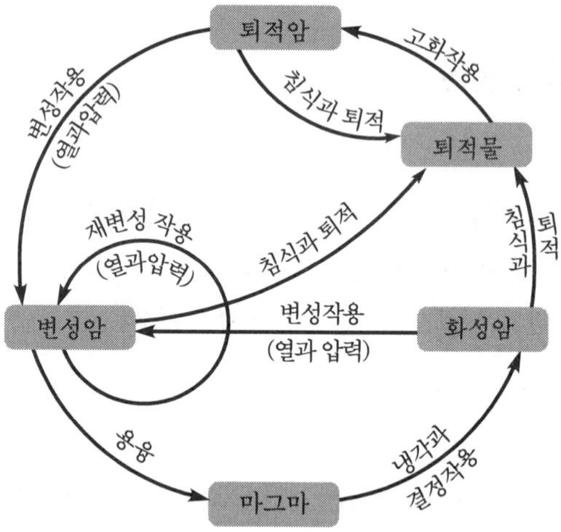

그림 1.1 암석의 순환

암석의 종류

암석은 만들어지는 과정에 따라 다음의 세 가지 종류로 구분된다.

1. 화성암 : 화산작용에 의해 지각에 분출된 마그마가 냉각되어 형성된 암석
2. 퇴적암 : 지표에 노출된 암석이 풍화작용을 받고 작은 입자로 분리되어 바람, 물, 빙하 등에 의해 운반된 후 퇴적되어 형성된 암석
3. 변성암 : 화성암이나 퇴적암(수성암)이 고압이나 고온 등에 의해 다른 성질로 변화하여 형성된 암석

1.1.3 생성원인에 따른 흙의 분류

풍화작용으로 생성된 흙 입자는 그 자리에 남아있기도 하고 물이나 바람 또는 빙하의 작용을 받아 멀리 운반된 후 퇴적되기도 한다. 전자를 잔적토(또는 정적토)라 하고 후자를 운적토라 하는데, 일반적으로 잔적토가 운적토보다 공학적 성질이 양호하다.

(1) 잔적토(정적토)

풍화작용으로 생성된 흙이 제 자리에 남아 있는 흙

(2) 운적토

운적토는 운반 매체에 따라 충적토(물), 빙적토(빙하), 풍적토(바람), 붕적토(중력)로 구분하고, 또한 퇴적장소에 따라 호성토(호수)와 해성토(바다)로 구분한다.

1) 충적토 : 물에 의하여 운반되어 퇴적된 토층
   ① 호성토 : 호수에 퇴적되어 형성된 흙
   ② 해성토 : 바다에 퇴적되어 형성된 흙
2) 풍적토 : 바람에 의하여 운반되고 퇴적되어 생긴 토층(Loess, Sand Dune)
3) 빙적토 : 얼음에 의하여 운반되고 퇴적되어 생긴 토층
4) 붕적토 : 급경사의 산기슭이나 절벽 등에서 풍화물질이 중력의 작용으로 붕락, 퇴적하여 생긴 쇄설성으로 쌓인 흙(애추)
5) 화산토

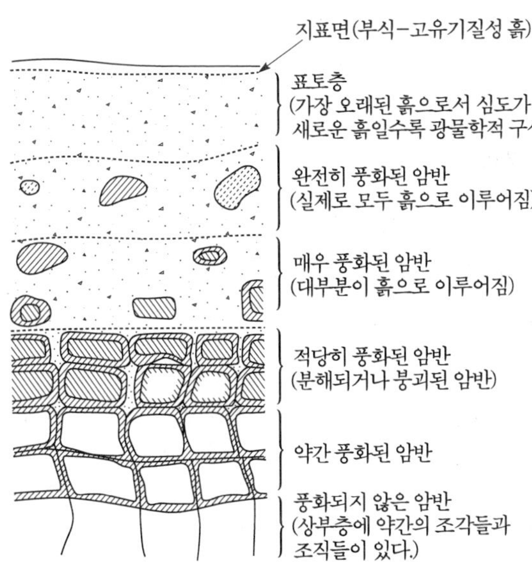

그림 1.2 암반에서 흙으로의 변화과정을 나타내는 잔적토의 토층단면(David, 1982)

1.2 잔적토(Residual soils)

1.2.1 정의

1) 잔적토(Residual soils)란 풍화속도가 중력, 침식 또는 빙하작용에 의해 제거되는 속도보다 빨라서 흙이 생성된 그 자리에 잔류하여 형성된 흙을 말한다.
2) 잔류토의 대부분은 실트질 모래(SM) 또는 점토질 모래(SC)로 구성되어 있다.

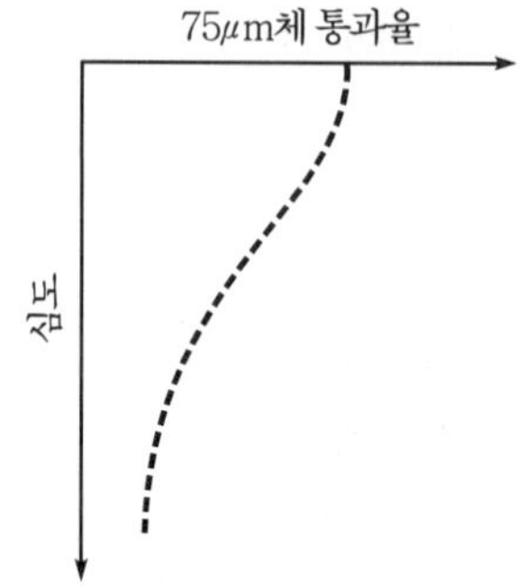

그림 1.3 심도별 입자크기 변화

1.2.2 특징

1) 모암의 광물성질을 그대로 유지한다.
2) 입자의 크기가 계층을 이룬다.
3) 깊이가 깊을수록 입자의 형상이 모가 나며 암편을 포함한다.
4) 습기가 많고 온난한 지방에서는 화학적 풍화가 촉진되어 잔류토층이 두껍다.

1.2.3 공학적 성질

1) 통일분류법상으로 SM, SC로 분류되나 SM이 우세하며, 75μm체 통과율은 15~40%이다.
2) Shale을 모암으로 하는 경우 풍화정도가 심하고 강도가 약하다.
3) 화강풍화토의 경우 다짐시 파쇄가 일어나 강도가 저하되는 over compaction의 우려가 있다.
4) 3)의 경우 투수성은 보통이고, N값은 15~40, 내부마찰각은 20~35° 정도로서 흙쌓기 재료로 양호하다.
5) 법면 침식에 대한 표면보호공이 필요하다.
6) 하중에 따라 다르나 기초지반으로도 가능하다.

7) 모래와 점토의 중간적 성질로 중간토, Headache Soil이라 한다.
8) 터널공사시 지하수, 상대밀도에 따라 다르나 보통 보강(Forepoling, 강관다단, 수발공, 막장 숏크리트, 록볼트, 우레탄-Umbrella 등)이 필요한 경우가 많다.

1.3 화강풍화토(Decomposed granite soil)

1.3.1 개요

1) 화강풍화토는 화강암, 화강편마암 등이 풍화작용에 의해 제 위치에서 형성된 잔적토를 말한다.
2) 우리나라에서 가장 흔히 볼 수 있는 흙으로서 화강암의 풍화잔적토를 화강풍화잔적토(마사토)라 한다.

1.3.2 공학적 성질

1) 물에 약하고 공학적 성질이 복잡하다.
2) 다짐에너지를 크게 하여 다지면 과다짐이 발생하여 전단강도가 감소한다.
3) 화강암 풍화토의 경우 K_0=1에 가까운 값을 가지고, 편마암 풍화토의 경우 K_0= 0.45 내외의 값을 갖는다.

1.3.3 실무적용 시 유의사항

1) 우리나라 산지의 최상부층은 일반적으로 풍화가 발달된 화강암이나 화강편마암의 풍화잔류토로, 우기시를 제외하고는 대부분 불포화 상태로 존재한다. 이러한 풍화 잔류토는 건기시에는 불포화상태로 모관흡수력에 의해 안정된 상태로 있으나, 우기시 집중호우로 인해 빗물이 지면속으로 침투하게 되면 모관흡수력을 상실하여 비탈면파괴가 일어나므로 주의해야 한다.
2) 화강암계 풍화잔적토는 사질토로 점착력이 작고 우수에 의해 침식, 붕괴하기 쉬우므로 높은 흙쌓기 하는 경우는 신중한 검토가 필요하다.
3) 풍화잔적토는 흙댐용 건설재료로서도 이용되고 있으나, 오랜 시간이 지나면 물리, 화학적 성질이 변화되어 크리프변형이 발생할 수 있으므로 유의해야 한다
4) 풍화잔적토의 경우 일반적으로 사질토이므로 필터재와 실재(Seal재)로 사용하는 경우는 문제가 적지만, 코어재료로 사용하는 것은 강도저하, 누수 등 여러 가지 문제가 예상된다.

1.4 붕적토(Colluvial Soil)

1.4.1 정의

1) 붕적토란 급경사의 산기슭이나 절벽 등에서 풍화쇄설물이 중력의 작용으로 붕락, 퇴적하여 쌓인 흙으로 애추가 이에 해당된다.
2) 세립분이 적고 조약돌과 자갈 등이 많아 투수성이 매우 크며, 느슨하게 결합되어 있어 작은 충격에도 흙입자의 이동이 크다.

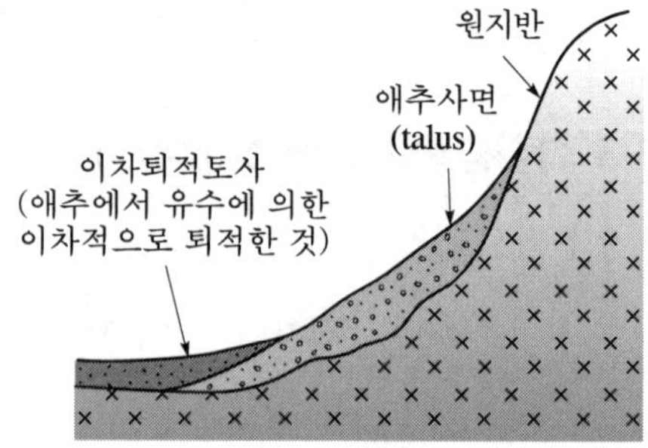

그림 1.4 애추의 종단면구조도

1.4.2 특징

1) 풍화쇄설물의 운반거리가 짧아 입자가 불규칙한 층으로 형성된다.
2) 흙입자의 입경이 크고 모난 모양이 많다.
3) 느슨하게 흙입자가 결합되어 공학적 성질이 불량하다.

1.4.3 공학적 성질

(1) 전단강도

1) 원지반 비탈면에서 거리가 멀수록 전단강도의 감소가 크다.
2) 투수계수가 크므로 배수강도가 지배적이다.

(2) 투수성

1) 투수성이 매우 커서 물의 침투가 용이하다.
2) 원지반의 경계층이 유로가 되어 비탈면활동을 유발할 수 있다.

(3) 압축성

1) 흙입자가 느슨하게 결합되어 하중재하시 압축성이 크다.
2) 기초지반과 터널구간은 압축성이 커서 부적합하다.
→ 터널 갱구부에서 붕괴위험성이 크다.

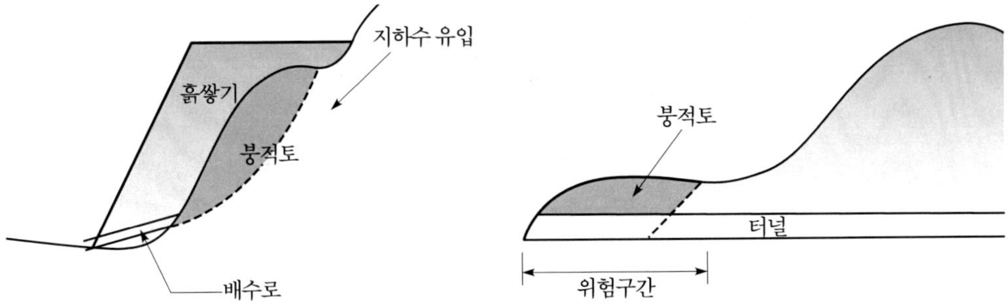

(a) 도로 등 흙쌓기의 경우 배수시설　　(b) 터널 입구부 붕괴 위험

그림 1.5 붕적토의 붕괴위험부

1.4.4 실무적용 시 유의사항

1) 붕적층이 존재하는 산악터널의 경우 갱구부 굴착시 산사태가 발생될 수 있으므로 주의가 요구된다.
2) 붕적층에는 전석이나 암편이 섞여있는 경우가 많으며, 이 경우 파일항타가 곤란하므로 PRD공법 등으로 전석을 깨면서 파일을 시공하게 된다.
3) 붕적층과 원지반의 경계층은 수로가 되어 비탈면활동 가능성이 크므로 배수시설(트렌치)을 설치해주어야 한다.
4) 붕적층은 표층부 침식, 풍화방지, 지표수 유입방지 등을 위하여 비탈면보호공이 필요하다.
5) 비탈면안정성 검토에서 안전율 확보가 곤란할 경우 억지말뚝, 소일 네일링 등의 비탈면 보강공법이 유리하다.
6) 붕적층에서 공사시 붕적층이 교란되지 않도록 유의해야 한다.

1.5 풍적토(Aeolian soil)

1.5.1 개요

1) 풍적토(Aeolian soil)는 바람에 의해 운반, 퇴적되어 생긴 토층으로, 황토(Loess)와 사막의 사구(Sand Dune) 등이 여기에 속한다.
2) 레스는 실트크기 이하의 흙입자가 대기 중으로 날리어서 운반된 것이고, 사구는 모래크기 정도의 조립토가 지표면상에 바람에 의해 운반된 것이다.
3) 황토는 붕괴성 흙(Collapsible soil)의 일종이다.

그림 1.6 풍적토 지형

1.5.2 공학적 성질

1) 간극비가 크고 단위중량이 작으며 0.01~0.05mm의 일정한 입경을 가진다.
2) 주로 황색을 띠고 있으며 연직방향으로 균열(이방성)이 생기고 점성이 없기 때문에 물에 포화되면 쉽게 붕괴(봉소구조)된다.
3) 이러한 흙 위에 건설된 기초는 물의 공급으로 흙이 포화되면 큰 침하가 발생된다.

표 1.1 풍적토의 공학적 성질

황토(Loess)	사구(Sand dune)
(1) 입경이 0.01~0.05mm 정도로 균등 함 (2) 간극이 크고 단위중량이 작음 (3) 주로 황색을 띰 (4) 연직방향으로 균열이 생기고, 점성이 거의 없기 때문에 물에 포화되면 쉽게 붕괴됨 (5) 일반적으로 기초지반으로 부적합 (6) 풍적토를 붕괴성 흙(Collapsible soil)이라고도 함	(1) 입도가 0.05mm 이상의 조립토로 지표면상에서 바람에 의해 형성 (2) 바람의 작용에 의하여 입도가 매우 균일함 (3) 일반적으로 입자크기는 근원지로부터 멀어질수록 감소 (4) 바람 방향에 퇴적된 사구의 상대밀도는 50~60%로서 비교적 높지만, 그 반대 방향에서는 0~15%로 낮음

1.5.3 붕괴 포텐셜

$$C_P = \frac{e_1 - e_2}{1 + e_0} \times 100(\%) \tag{1.1}$$

여기서, C_P : 붕괴포텐셜(Collapse Potential)　e_0 : 자연상태에서의 간극비
e_1 : 물을 공급하기 전의 간극비　e_2 : 물을 공급한 후의 간극비

붕괴포텐셜(C_P)의 값이 클수록 기초지반으로서 곤란, 일반적으로 C_P값이 5이상인 경우 기초지반으로서는 부적당하다.

C_P : 5% 이하 : 약간, 5~10% : 보통, 10% 이상 : 많음

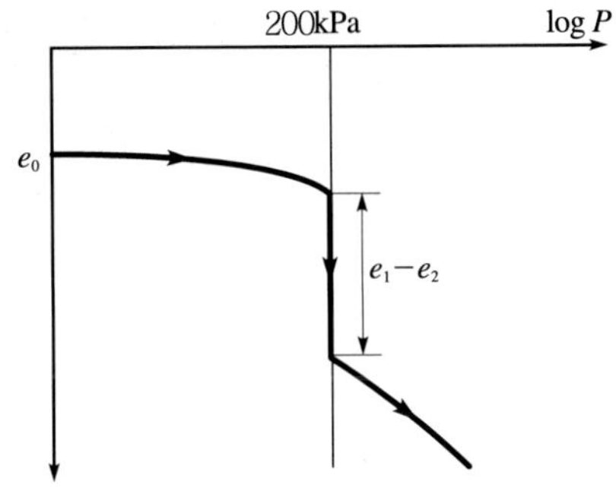

그림 1.7 붕괴포텐셜(CP) 시험 결과

1.5.4 실무적용 시 유의사항

1) 기초 터파기 부분에 규산나트륨이나 염화칼슘 등의 첨가제에 의하여 화학적으로 흙을 안정시킨후 붕괴에 저항할 수 있도록 한다.
2) 물에 잘 젖는 예상깊이가 지표로부터 약 1.5m~2.0m인 경우에는 물을 뿌리면서 다짐을 실시한 후 다진 흙 위에 확대기초나 전면기초의 형식으로 기초를 설치한다.
3) 토층이 20m정도까지는 진동다짐공법 또는 동다짐으로 다진후 기초를 설치한다.
4) 붕괴성 흙이 깊게 분포하는 경우 하부지반의 양호한 지층까지 말뚝기초를 설치한다.

1.6 해성점토(Marine clay)

1.6.1 개요

1) 유수(流水)에 의해서 강이나 하천을 지나 파도작용이 심하지 않은 고요한 바다에 퇴적된 점토성 흙을 해성점토라고한다.
2) 해성점토는 입자가 가늘고 두께가 얇고 바다에 존재하는 염분 때문에 입자들이 엉성하게 엉켜서 면모구조를 띄우고 있다.
3) 우리나라에서는 서해안, 남해안, 동해안에 걸쳐서 20m내지 50m까지 이르는 해성점토층이 존재한다.

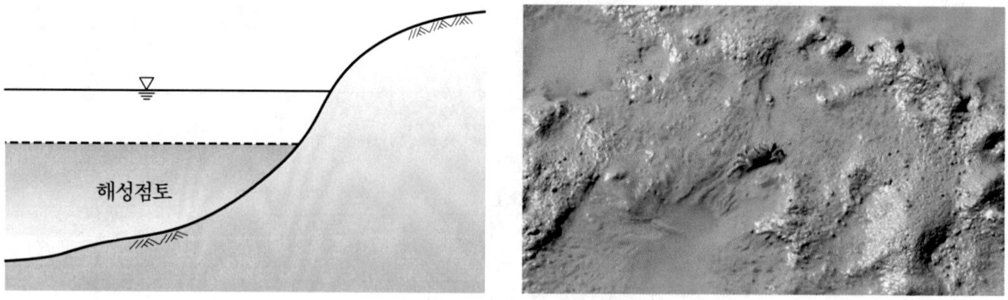

그림 1.8 해성점토의 형성

1.6.2 공학적 성질

1) 통일분류법으로 *CL*, *CH*, *ML*, *MH* 등으로 분류된다.
2) 군산 이북쪽은 *CL*, *ML*이 우세하며 w_n=30~70%, *LL*=30~70%로 $\frac{w_n}{LL} \fallingdotseq 1$이 많고 c=20~40kPa, C_c=0.2~0.3, $c_v=\alpha\times10^{-3}$cm^2/sec, e=0.8~1.2정도의 공학적 성질을 갖는다.
3) 남해안, 동해안은 *CH*, *CL*이 우세하며 w_n=40~80%, *LL*=40~80%로 $\frac{w_n}{LL} \fallingdotseq 1$~1.5가 많고 c=10~30kPa, C_c=0.3~0.7, $c_v=\alpha\times10^{-4}$cm^2/sec~$\alpha\times10^{-3}$cm^2/sec, e=1.0~1.5정도의 공학적 성질을 갖는다.
4) 대부분 c=20~40kPa, w_n =30~70%의 범위를 갖는다.

1.6.3 실무적용 시 유의사항

1) 공극, 압축성이 커서 토질재료로서는 매우 불리하다.
2) 특히 지반강도 부족으로 사면활동 발생한다.
3) 장기침하시 2차 침하(Creep) 고려해야 한다.
4) 시공시 계측 및 시공관리를 통해 설계 확인과 필요시 공법변경, 설계내용이 수정되어야 한다.

1.6.4 설계 및 시공시 검토사항

1) 호안의 사면 안정
2) 매립 성토에 의한 침하
3) 구조물 기초의 부마찰력

1.7 유기질토(Organic soil)

1.7.1 개요

1) 유기질토는 동 · 식물의 부패물이 함유되어 있는 흙을 말한다. 흙 속의 유기물은 동식물의 잔해와 흙과의 분해과정에서 생긴다.
2) 비교적 한랭하고 습한지역에서 잘 발달되며, 해안지방과 빙하작용을 받은 지역에서 주로 나타난다. 우리나라에 약 103km^2 분포한다.

1.7.2 공학적 특성

1) 함수비가 높다(w_n=200~300%).
2) 압축성이 크다.
3) 투수성이 낮다.
4) 흙의 유기물 함유량이 2~4% 이상이 되면 공학적 성질에 좋지 않은 영향을 미친다.
5) 흙속에 유기물 함량이 많아지면 자연 함수비와 간극비가 커져서 2차 압밀침하가 크게 나타나므로 세립토의 압축성을 증가시키고 강도가 저하하여 안정을 감소시킨다.
6) 유기질은 부패하여 간극을 발생시키기도 하고 흙의 성질을 변화시키기도 한다.

1.7.3 판정방법

1) 지각을 이용하는 방법 : 유기질토는 독특한 냄새가 나며, 암회색 또는 암갈색을 띤다.
2) 액성한계에 의한 방법 : 노건조시료의 액성한계를 측정하여 판별한다.

$$\frac{LL\ oven\ dried}{LL\ not\ dried} \leq 0.75 \tag{1.2}$$

1.7.4 유기물 함유량 시험

(1) 중크롬산법 : 유기물 함유량이 50% 이하인 흙에 적용

- 유기물 중 탄소를 탄산가스로 변화시키는데 소비되는 중크롬산양으로부터 반응한 탄소량을 구하여 유기물량으로 환산하는 방법이다.
- 중크롬산법의 유기물 함유량 측정 예

  피적정액에 적정제를 떨어뜨리면서 연두색으로 변할 때에 떨어뜨린 적정제의 양을 구한다.

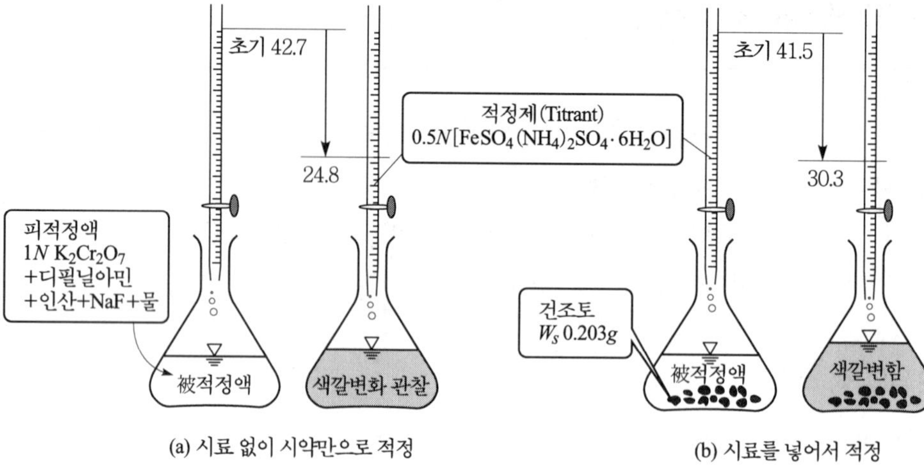

그림 1.9 중크롬산칼륨 용액법의 유기물 함유량 측정 예

$$f(\text{보정계수}) = \frac{20}{\Delta S} = \frac{20}{17.9} = 1.117$$

$$C(\%) = 0.335\times f\left(\frac{\Delta S-\Delta T}{Ws}\right) = 0.335\times 1.117\left(\frac{17.9-11.2}{0.203}\right) = 12.23\%$$

※ 적정(滴定) : 용량 분석에서 농도를 아는 시약을 뷰렛에 넣어 검사할 액체에 떨어뜨려 그 액체와 똑같이 반응함에 요하는 시약의 용량을 구하는 방법

(2) 강열감량법 : 유기물 함유량이 50% 이상인 흙에 적용

노건조 유기질토를 700~800℃로 2~4시간 가열할 때 줄어든 손실량으로부터 유기물 함량을 구하는 방법이다.

예) 노건조시료 : 4.111g(105±5℃) , 가열한 시료 : 3.666g(700~800℃, 2~4시간)

$$C(\%) = \frac{\text{손실량}}{\text{노건조량}}\times 100 = \frac{4.111-3.666}{4.111}\times 100 = 10.8\%$$

※ 강열감량이란 건조한 재료를 규정온도 조건으로 가열하였을 때 나타나는 무게 감량 백분율을 말한다.

1.8 세립토와 조립토의 공학적 성질

표 1.2 세립토와 조립토의 공학적 성질

구 분	조 립 토	세 립 토
정의	모래나 자갈로 이루어진 흙으로서 일반적으로 점착력이 없는 비점성토이며 입도분포가 공학적 성질을 지배하고 75㎛체 통과량이 50% 이하인 흙을 말한다.	silt나 clay 등의 미세입자로 이루어진 흙으로서 점토광물의 성분과 함유량에 따라 성질이 매우 달라지며 consistency가 공학적 성질을 지배하며 75㎛체 통과량이 50% 이상인 흙을 말한다.
성질	• 상태를 상대밀도로 표시 • 함수비는 적고(w_n = 15~25%) 비소성 • G, S군으로 분류	• 상태를 연경도로 표시 • 함수비는 크고(w_n = 35~70%) 소성 • M, C, O군으로 분류
다짐	• OMC적고 γ_{dmax}큼 • 동적다짐 효과적 • CBR큼(5~15%)	• OMC크고 γ_{dmax}적음 • 정적다짐이 효과적 • CBR적음(3~6%)
투수	• 투수계수가 커서(10^{-5}m/sec 이상) 배수용이 • 동상가능성 적음 • Piping 발생가능 • 배수층으로 활용	• 투수계수가 적어(10^{-7}m/sec 이하) 배수불량 • 실트에서는 동상가능성 큼 • Heaving 발생가능 • 차수층(댐의 코아)으로 활용
전단 강도	• 식 $\tau = \sigma \cdot \tan\varphi$(배수조건) • 물의 영향적음($\varphi$ = 2~3° 적어짐)	• 식 τ = Cu(비배수조건) • 물의 영향큼(포화되면 거의 $\frac{1}{2}$ 감소)
토압	• 토압이 작아 배면토로 양호	• 토압이 커서 배면토로 불량하며 포화시 토압이 더 커짐
흙막이	• 침하나 변위가 적음	• 침하나 변위가 큼
비탈면 안정	• 쌓기재로 양호하나 법면 침식보호공 요망	• 쌓기재로 불량하고 기초지반인 경우 비탈면활동이 문제되는 경우 많음
진동	• 느슨한 포화모래 액상화 가능	• 액상화에 둔감
압밀	• 침하가 적고 단기에 발생	• 침하가 크고 장기간에 발생
조사	• 시료채취가 곤란	• 교란은 다소 되나 시료채취가 용이
시험	• 주로 동적인 시험(SPT, DCPT)	• 주로 정적인 시험(SCPT, CPTU, VANE)
기초	• 대체로 양호 • 지지력은 기초크기에 비례하고 침하는 일정	• 대체로 불량 • 지지력은 기초크기에 무관하고 침하는 비례함
지반개량	• 동적개량(동다짐, SCP, Vibroflotation)	• 정적개량(Preloading, 압밀배수공법)

2. 점토광물과 흙의 구조

2.1 점토광물

2.1.1 개요

1) 점토광물을 구성하는 기본단위는 실리카사면체와 알루미나팔면체이다. 이들 기본단위가 임의의 형태로 결합하여 형성된 판상모양의 Sheet를 점토광물이라 한다.
2) 점토광물은 크기가 2μm이하인 미립자로 존재하며 높은 점성과 소성을 가진다.
3) 사질토의 경우 광물성분이 흙의 공학적 성질에 크게 영향을 미치지 않지만 점토의 경우에는 광물성분의 구조 및 배열에 따라 흙의 강도 및 거동에 크게 영향을 미친다.

2.1.2 점토광물의 기본단위

점토광물의 종류는 많으나 이를 구성하는 기본단위는 실리카사면체(Tetrahedron)와 알루미나팔면체(Octahedron) 2가지이다.

(1) 실리카사면체(Tetrahedron)

실리카사면체는 1개의 규소(Si)원자를 중심으로 4개의 산소(O)가 배치되어 사면체를 이루고 있다.

(2) 알루미나팔면체(Octahedron)

알루미나팔면체는 1개의 알루미늄(Al)원자 또는 마그네슘(M_g)원자를 중심으로 6개의 수산기가 배치되어 팔면체를 이루고 있다.

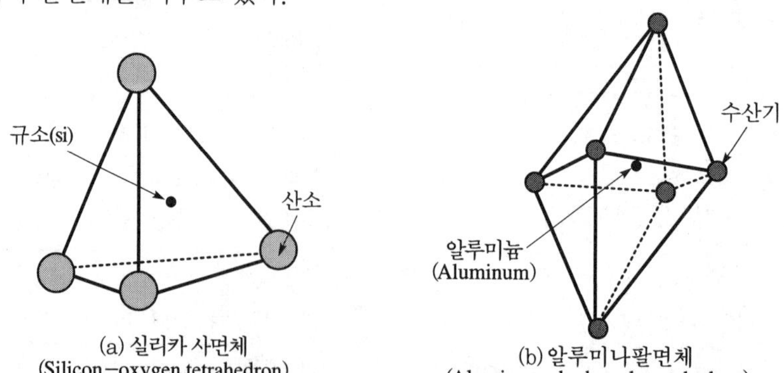

그림 1.10 점토광물 기본단위(1)

3) Silica sheet와 Gibbsite(또는 Brucite)

기본구조 단위인 실리카사면체나 알루미나팔면체는 전기적으로 중립이 아니기 때문에 자체로서 독립적으로 존재할 수 없고, 산소끼리 또는 수산기끼리 서로 공유하면서 횡방향으로 결합을 한다. 이때 실리카사면체가 횡방향으로 결합된 것을 Silica sheet라 하고 사다리꼴(⏢)로 표시하며, 알루미나팔면체가 횡방향으로 결합된 것을 Gibbsite(또는 Brucite)라 하며 네모꼴(□)로 표시한다.

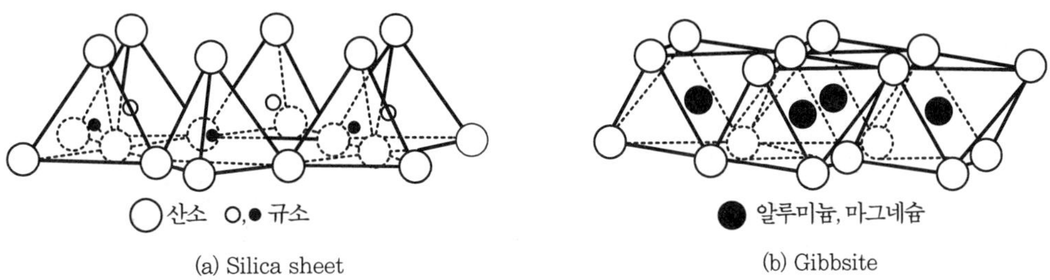

그림 1.11 점토광물 기본단위(2)

2.1.3 점토광물의 종류

점토광물의 종류에는 여러 가지가 있으나 토질역학에서 다루는 것은 Kaolinite, Illite, Montmorillonite 3가지가 대표적이다.

(1) Kaolinite

1) Kaolinite는 Gibbsite의 하면에 Silica sheet의 상면이 끼워진 2층 구조의 점토광물로 주로 장석류가 분해되어 생성된다.
2) Sheet 사이는 수소로 결합하고, 입자의 모양은 판상이다.
3) 비표면적(단위중량당 표면적)은 $1.5 \times 10^3 m^2/kN$으로 아주 작고, 또한 흡수 · 팽창성이 작은 아주 안정된 구조를 하고 있다.
4) 고령토는 카올리나이트를 주성분으로 하고 있으며, 도자기 및 시멘트의 제조원료로 사용된다.

(2) Illite

1) Illite는 두 장의 Silica sheet 사이에 Gibbsite가 끼어 있는 3층 구조의 점토광물로 주로 운모류가 분해되어 생성된다.

2) Sheet 사이는 K^+이온으로 결합하고, 입자의 모양은 판상이다.
3) 비표면적은 $8\times10^6 m^2/kN$으로 흡수 · 팽창성은 비교적 작은 편이며, Kaolinite보다는 불안정하나 Montmorillonite보다는 안정된 구조를 하고 있다.

(3) Montmorillonite

1) Montmorillonite는 두 장의 Silica sheet 사이에 Gibbsite가 끼어 있는 3층 구조의 점토광물로 주로 휘석, 각섬석이 분해되어 생성된다.
2) Sheet 사이는 치환가능한 양이온으로 결합하고, 입자의 모양은 판상이다.
3) 비표면적은 $8\times10^7 m^2/kN$으로 흡수 · 팽창성이 크며, 상당히 불안정한 구조를 하고 있다.

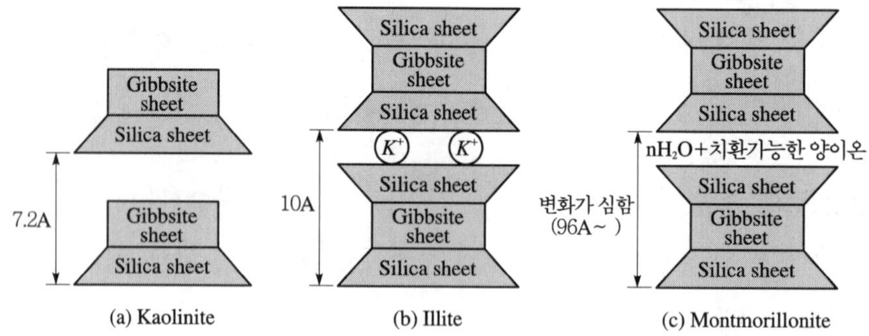

그림 1.12 점토광물의 종류

표 1.3 3대 점토광물의 특성

구 분		Kaolinite	Illite	Montmorillonite
기본구조		• 2층구조, 수소(H^+) 결합 • 실리카판+깁사이트판	• 3층구조, 칼륨(K^+) 결합 • 실리카판+깁사이트+실리카판	• 3층구조, 교환가능 양이온 • 실리카판+깁사이트+실리카판
특징	통일분류법상	*ML(CL)*	*CL(CH)*	*CH*
	비표면적	아주 작음($1.5\times10^6 m^2/kN$)	보통($8\times10^6 m^2/kN$)	큼($8\times10^7 m^2/kN$)
	활성도	작음	보통	큼
	투수계수	큼	보통	작음
	강도	큼	보통	작음
공학적 성질		• 공학적으로 대단히 안정 • 결합력이 매우 강함 • 역학적 강도가 큼	보통	• 공학적으로 안전율은 제일 약함 • 팽창 · 수축이 큼 • 물에 가장 예민한 점토임

2.1.4 점토광물의 판별법

(1) X선 회절법

1) 결정격자 간격 d를 갖는 광물에 파장 λ인 X선을 입사시키면 어떤 입사각 θ에 있어서 $n\lambda = 2d \sin\theta$가 되는 Bragg의 식이 성립한다. 단 n은 X선 반사 차수를 나타내고 정(+)의 정수이다. 그래서, λ와 θ가 주어지면 결정격자 간격 d가 계산될 수 있다.
2) X선 회절법의 이와 같은 원리를 이용하여 서로 다른 광물에 있어서 그 결정격자 간격이 다르다고 하는 것을 이용하여 점토광물을 판별한다. 또, X선 회절법은 광물의 정량분석에도 이용된다.

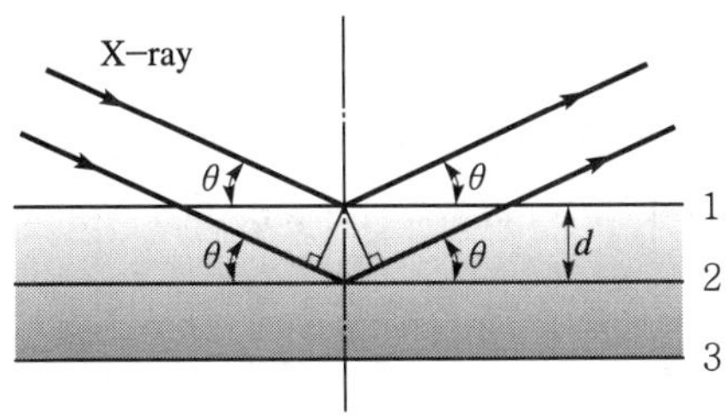

그림 1.13 Bragg's 회절조건

(2) 시차열(示差熱) 분석법

1) 광물을 가열할 때에 그 결정이 변화하기도 하고, 흡열 또는 발열 반응에 의한 광물의 화학조성의 변화가 발생한다. 시차열분석(Differential Theronal Analysis, D.T.A.)은 이와 같은 광물의 성질을 이용한 판별방법이다.
2) 이 방법에서는 보통 상온에서 1,000°C까지의 범위에서 흡열 및 발열 peak를 갖는 시차열 분석곡선이라고 하는 것에 관하여, 그 형태 peak 발생온도, peak의 면적 등에 의해 광물의 분류가 행하여진다.

(3) 전자현미경에 의한 관찰

원리는 전자선의 전자광학적 결상(結像)에 의해 시료의 확대상을 얻는 것으로 최근에는 약 200,000배까지의 배율을 얻을 수 있다. 이것에 의해 0.5μm 정도의 흙입자에 대한 광물학적 관찰이 가능하기 때문에 카올리나이트와 같이 입자형상이 명료한 점토광물의 판정이 가능하다.

(4) 이외 점토광물의 판별법으로는 적외선흡수, 스펙트럼에 의한 방법 등이 있다.

2.1.5 특징

1) 점토광물 입자의 특성은 입자모양이 판이나 막대모양인 경우가 대부분으로서 입자표면은 주로 동형치환 등에 기인하여 음전하를 띠고 있으며, 이로 인하여 입자 간에 전기적인 힘이 작용한다.
2) 음전하의 크기는 입자의 표면적과 직접 관련되어 있으며 입자가 작을수록 비표면적이 커지므로 많은 음전하를 띠게 된다.
3) 음전하를 띠고 있는 점토광물입자가 물속에 잠겼을 때 물분자의 양극성(⊕⊖)과 물속에 녹아있는 양이온(⊕) 들에 의해 서로 평형관계를 이루는 확산이중층이 형성된다.
4) 확산이중층에 의해 서로 평형관계를 갖는 점토광물 입자들이 서로 접촉하고자 할 때는 입자간 전기적 평형관계가 흐트러지고 입자표면의 음전하로 인하여 서로 반발력이 유발되기도 하고, 또한 입자간 Van der Waals(반델월스) 힘에 의해 인장력이 작용하기도 한다. 이들 반발력과 인장력은 입자간 거리에 따라 상대적인 크기가 좌우되며, 이러한 입자간의 전기적 힘들이 지반의 구조에 영향을 주게 된다.

[정리]
- 면모구조 : 인장력이 우세
- 이산구조 : 반발력이 우세

2.2 동형치환(Isomorphous Substitution)

2.2.1 정의

1) 동형치환(Isomorphous Substitution)이란 어떤 한 원자가 비슷한 이온 반경을 가진 다른 원자와 치환하는 것을 말한다. Sheet가 쌓여서 점토광물이 형성되는 과정에서 가끔 동형치환이 일어난다.

2.2.2 점토광물의 동형치환

점토광물이 생성될 때 실리카판 속의 S_i^{4+} 가 Al^{3+}로 치환되거나, 깁사이트판중 Al^{3+}가 M_g^{2+}로 치환된다.

표 1.4 점토광물의 동형치환

구분	치환	빈도	비고
Kaolinite	S_i 대신 Al로 치환	400개중 1개 꼴로 치환	
Illite	S_i 대신 Al로 치환 Al대신 M_g, Fe로 치환 M_g대신 Fe, Al로 치환	7개중 1개꼴로 치환	
Montmorillonite	Al대신 M_g로 치환	6개중 1개꼴로 치환	

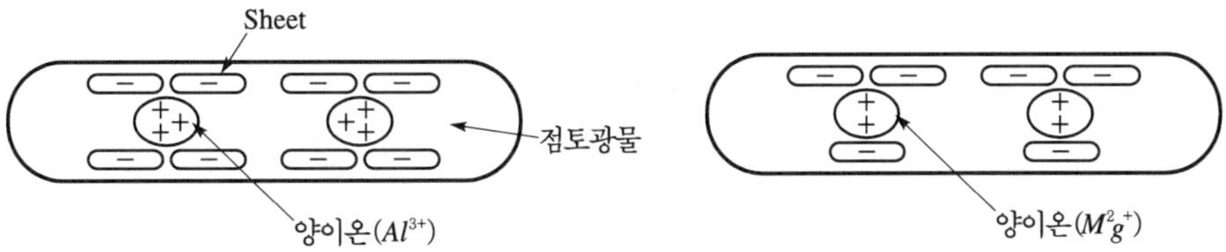

(a) 카올리나이트와 일라이트　　(b) 몬모릴로 나이트

그림 1.14 동형치환 모식도

2.2.3 결론

1) 점토광물이 음으로 대전되는 것은 주로 이러한 동형치환에 기인한다.
2) 동형치환으로 점토광물의 표면은 음의 전하를 가져 물이 첨가되면 양극성을 가진 물분자(⊕⊖)와 물속에 녹아있는 양이온(⊕)이 점토광물과 결합하기 때문에 점성을 가진다.
3) 확산이중층 내 흡착수 때문에 점성과 소성을 가지며, 점토입자의 크기가 1μm 정도밖에 되지 않는 이유는 동형치환으로 광물의 결정이 비뚤어져 더 이상 성장하지 못하기 때문이다.

2.3 확산이중층(Diffuse double layer)

2.3.1 정의

동형치환 등으로 음전하를 띠는 점토광물에 물이 첨가되면 물속에 녹아있는 양이온과 물분자의 양극성이 점토입자 주위로 모이게 되는데, 점토입자의 표면으로부터 멀어질수록 양이온의 농도는 감소하고 음이온의 농도가 증가하여 담수와 같은 농도가 되는 층이 생기는데, 이를 확산이중층이라 한다.

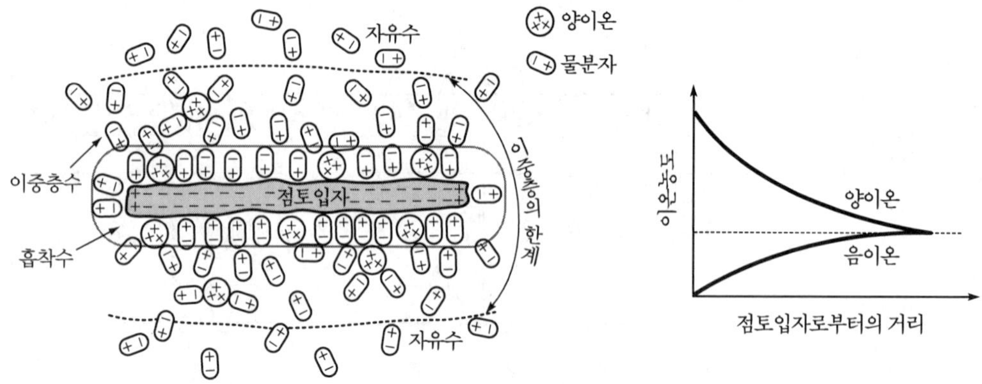

그림 1.15 확산이중층 모식도

2.3.2 이중층수와 흡착수

(1) 이중층수(double layer water)

확산이중층 내에 있는 물을 이중층수라고 하고 확산이중층 밖에 있는 물을 자유수라고 한다. 이중층수는 흙 입자로부터 인력을 받고 있기 때문에 이동이 자유롭지 못하므로 자유수와 완전히 구별된다.

(2) 흡착수(adsorbed water)

이중층내에서 점토입자에 완전히 붙어있는 물을 흡착수라고 한다. 어떤 학자들은(Das 등) 점토의 표면으로부터 10Å내에 있는 물만 흡착수라고 하였으며, 이는 물의 밀도가 현저히 높아서 물이라기보다는 고체에 가까운 성질을 띤다고 하였다. 흙이 점성과 소성을 발휘하는 것은 이 흡착수 때문이다.

※ 흡착수는 105±5℃로 18시간 이상 건조해야 제거 된다. 노건조를 60분으로 제한하는 이유는 흡착수 건조를 막기 위함이다.

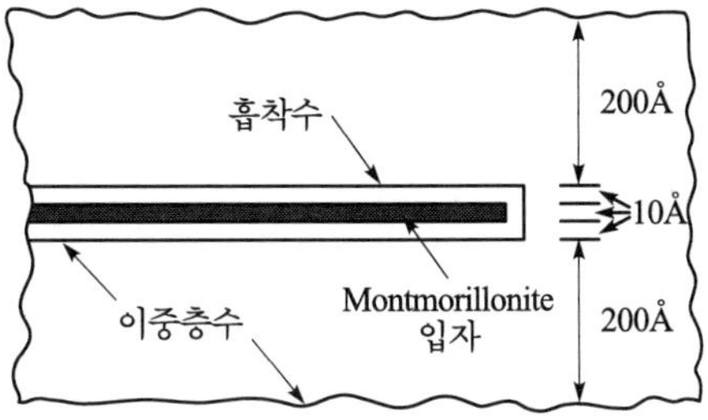

그림 1.16 몬모릴로나이트 입자의 흡착수와 이중층수 모식도

2.3.3 확산이중층이 점토에서만 존재하는 이유

1) 점토광물은 동형치환으로 점토표면에 음전하를 띠고 있다. 이 음전하는 물속의 양전하를 끌여 들일 수 있는 전기포텐셜을 가지고 있어 확산이중층을 형성할 수 있다.
2) 하지만, 사질토는 입자표면에 전기력을 가지고 있지 않아 확산이중층을 형성할 수가 없다.

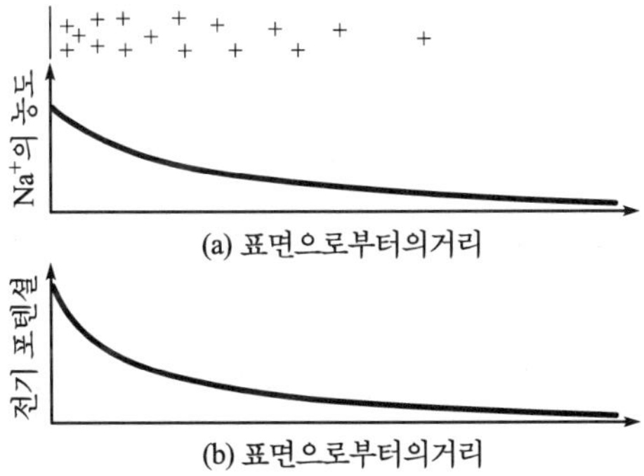

그림 1.17 Sodium Montmorillonite에 대한 입자표면에서의 거리에 따른 이온농도 및 전기 포텐셜의 변화

2.3.4 고찰

1) 이중층의 두께가 얇은 경우 두 입자 사이의 인력이 우세하여 면모구조를 가지고, 이중층의 두께가 두꺼운 경우 반발력이 우세하여 이산구조를 가진다.
2) 이중층의 두께에 영향을 주는 요소는 전해질의 농도, 이온가, 온도가 증가하면 두께가 증가하고, 수화이온의 크기, pH 등이 증가하면 이중층의 두께는 감소한다.
3) 점토의 consistency한계, 투수성, 팽창성, 압축성, 전단강도 등의 공학적 성질은 흡착수와 관계 깊다.

2.4 점성토의 구조

2.4.1 개요

1) 흙의 구조란 흙입자의 배열상태와 입자사이에 작용하는 전기적인 힘을 통틀어 일컫는 말이다. 사질토는 입자의 배열에 따라 단립구조와 봉소구조로 구분하고, 점성토는 입자 상호간에 작용하는 전기력에 따라 면모구조와 이산구조로 구분된다.

2) 점성토의 구조는 점토광물의 직접적인 결합이 아닌 전기화학적인 힘에 의해 형성된다. 이 전기화학적인 힘에는 이중층수에 의한 반발력과 반델라스의 힘에 의한 인력이 있다. 이 두 힘은 입자간의 거리가 가까울수록 증가하는데 이중층수의 두께가 얇은 경우에는 인력이 우세하여 면모구조가 되고, 두께가 두꺼운 경우에는 반발력이 우세하여 이산구조가 된다.

2.4.2 점성토의 구조

점성토의 구조는 면모구조와 이산구조로 구분한다. 일반적으로 점토 입자의 이중층의 두께가 얇으면 인력이 우세하여 면모구조가 되고, 두꺼우면 반발력이 우세하여 이산구조가 된다.

(1) 면모구조

① 입자간 전기적 인장력이 우세하여 면과 모서리가 결합된 구조로서, 이온이 많은 바닷물에서 퇴적된 세립토 지반에서 나타나는 구조이다.

② 입자들이 뭉쳐있거나 접촉되어 있지 않고 일정한 간격을 유지하며 성긴구조를 나타낸다.

③ 면모구조를 갖는 흙은 간극이 커서 투수성과 압축성이 크다.

(2) 이산구조(분산구조)

① 입자간의 전기적 반반력이 우세하여 면과 면이 결합된 구조로서, 주로 담수에서 퇴적되어 형성된 세립토 지반에서 나타나는 구조이다.

② 입자가 분리된 채로 침강하여 형성되므로 서로 평행한 구조를 이룬다.

③ 이산구조를 이루는 흙은 압축성과 투수성이 작은 반면에 물을 흡수하면 쉽게 팽창하게 된다.

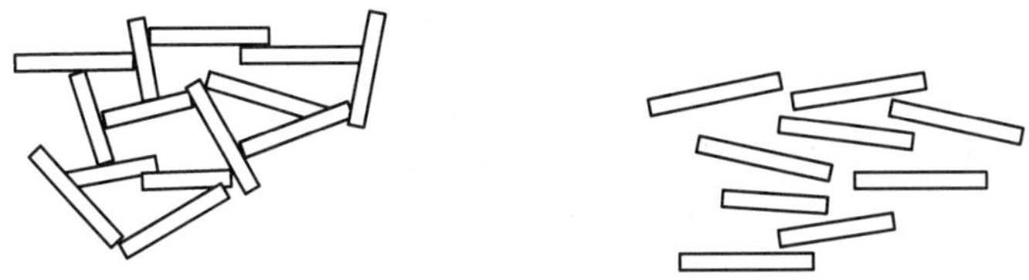

(a) 면모구조 (b) 분산구조

그림 1.18 점성토의 구조

표 1.5 면모구조와 이산구조의 비교

구 분	면모구조(綿毛, Flocculation)	이산구조(離散, Dispersion)
형성과정	바다에 퇴적된 점토, OMC 건조측 다짐	담수에 퇴적된 점토, OMC 습윤측 다짐
투수계수	큼	작음
압축성	작음	큼
팽창성	작음	큼
진동저항	큼	작음

2.4.3 결론

(1) 일반적으로 점토입자의 이중층 두께가 얇으면 면모구조, 두꺼우면 이산구조가 된다.

(2) 흙이 교란(재성형)되면 전단강도가 현저히 떨어지는데, 이는 흙의 구조가 면모구조에서 이산구조로 바뀌기 때문이다.

(3) 바닷물에 퇴적되어 면모구조를 가지는 점토가 용탈현상(Leaching)에 의해 이산구조로 바뀐다.

(4) 다짐시 강도를 목적으로 하면 건조측(면모구조)에서, 차수를 목적으로 하면 습윤측(이산구조)에서 다져야 한다.

■ 참고사항

〈사질토 구조〉

입자간 전기적 힘이 거의 없는 조립토의 입자모양은 일반적으로 둥글거나 각진 형태의 모양으로 단립구조와 봉소구조로 구분한다.

1. 단립구조

1) 단립구조는 자갈, 모래, 실트와 같이 입자사이에 점착력이 없이 서로 맞물려 매우 안정된 구조를 가진다. 상대밀도가 낮더라도 정적하중에 대해서는 비교적 작은 변위가 유발된다.
2) 그러나, 상대밀도가 낮은 지반에 충격이나 진동하중이 작용할 경우에는 비교적 큰 침하가 유발될 수 있다(액상화).

2. 봉소구조

아주 가는 모래와 실트가 아치형태로 결합되어 있어 비교적 간극이 크므로 충격이나 진동하중에 의해 흙 구조가 파괴되어 큰 침하가 유발되는 특성이 있다.

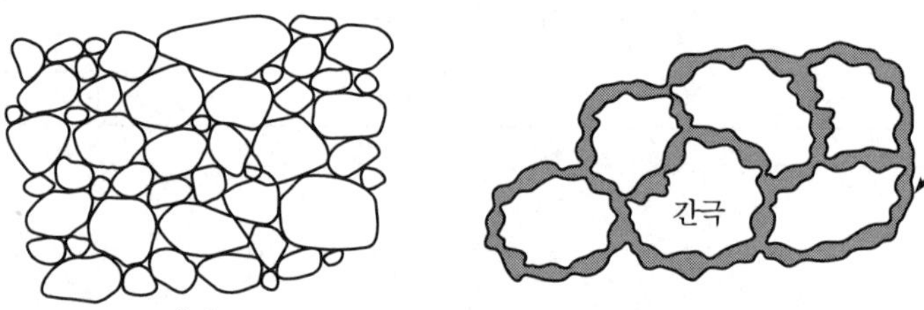

(a) 단립구조 (b) 봉소구조

그림 1.19 사질토 구조

3. 흙의 기본적 성질

3.1 흙의 공학적 특성의 상관관계

3.1.1 개요

1) 흙의 공학적 특성은 크게 물리적 특성과 역학적 특성으로 구분되는데, 이들 특성간에는 상호 수식적인 관계가 있거나 경험적으로 유추되어지는 관계가 있다.
2) 물리적 특성은 함수비, 비중, 간극비(간극률), 포화도, 입도 및 애터버그한계 등이 있으며, 이 특성중 비중, 함수비, 애터버그한계 등은 교란된 시료로부터 측정되는 값이며, 이 값은 교란여부에 관계없이 변하지 않는다.
3) 반면에, 역학적 특성에는 압축성, 강도, 투수성 등이 있으며 이 특성들은 그 상태가 달라질 때마다 또는 에너지가 변함에 따라 변하게 된다.

3.1.2 흙의 물리적 특성과 전단강도와의 관계

(1) Terzaghi와 Peck에 의하면 자연함수비가 액성한계보다 클 경우, 즉 액성지수가 1.0 이상일 경우 흙이 교란되면 슬러리와 같아진다고 한다. 액성지수가 1.0에 가까우면 교란되지 않은 점토의 일축압축강도는 30~100kPa 범위 내에 있으며, 액성지수가 0에 가까우면 100~500kPa의 범위 내에 있다고 한다.

(2) Casagrande 등에 의하면 액성한계 시험 시 25타에 해당되는 흙의 상태일 때의 전단강도 2,000~2,500kPa가 된다고 한다.

(3) Hansbo는 액성한계 값으로 강도증가율을 추정할 수 있는 경험식을 제안하였다.

$\alpha = (c_u/\sigma_v') = 0.45LL$(Hansbo)

3.1.3 흙의 물리적 특성과 압밀특성의 관계

(1) 액성지수와 선행압밀하중과의 경험적인 관계

미해군성(NAVFAC)은 그림 1.20과 같이 액성한계와 예민비와 선행압밀하중과의 경험적인 관계를 제안하였다.

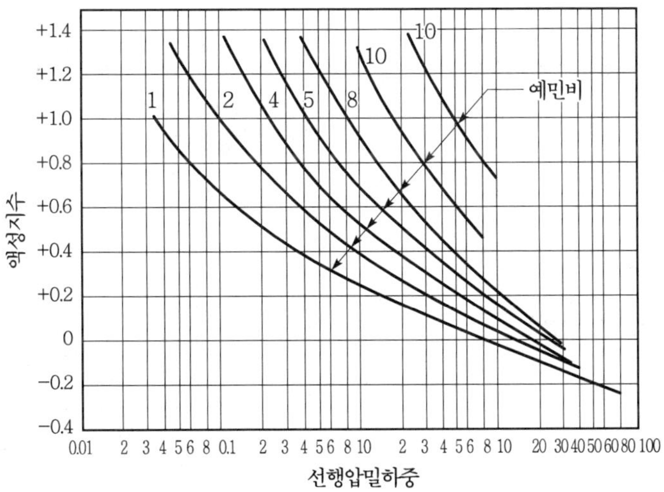

그림 1.20 액성지수와 선행압밀하중과의 경험적인 관계(미해군성, NAVFAC)

(2) 액성한계와 압밀계수의 관계

압밀계수는 액성한계가 작을수록 커지는 경향이 있다.

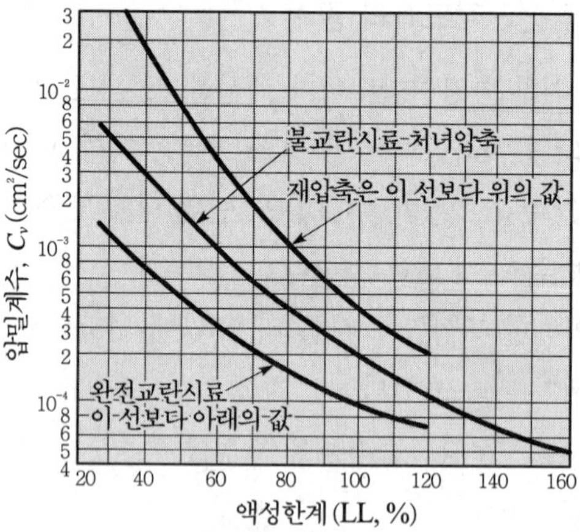

그림 1.21 액성한계와 압밀계수의 관계(미해군성, NAVFAC)

(3) 액성한계와 압축지수와의 관계

흙의 액성한계와 압축지수와의 경험적인 관계식은 많으나 Terzaghi와 Peck에 제안한 아래의 식이 가장 널리 이용되고 있다.

$$C_c = 0.009(LL-10)$$

(4) 함수비와 2차 압축지수와의 관계

유기물을 다량으로 함유하고 있는 점성토 지반은 2차 압밀침하가 크며 또 자연함수비가 높다. Mesri는 자연함수비와 2차 압축지수와의 경험적인 관계를 그림 1.22와 같이 제안하였다.

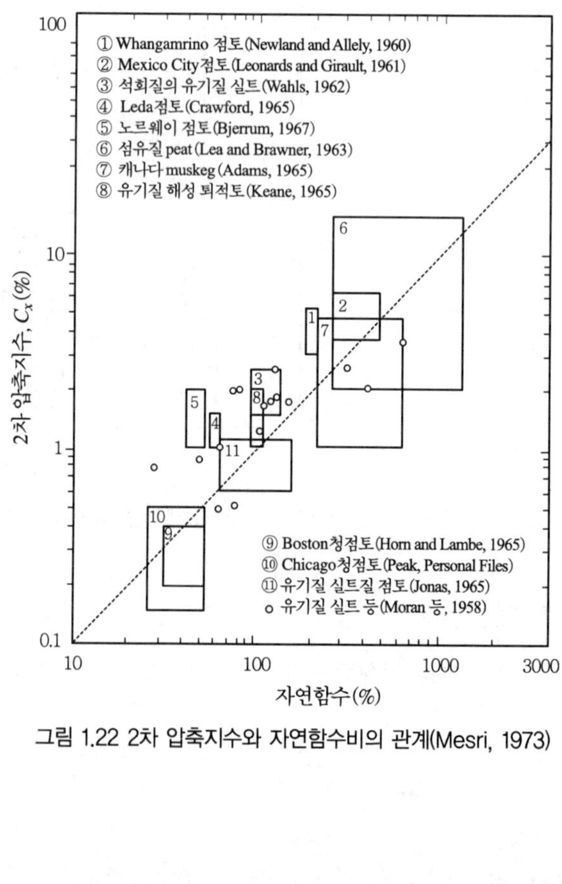

그림 1.22 2차 압축지수와 자연함수비의 관계(Mesri, 1973)

3.1.4 고찰

1) 흙의 액성한계는 점토의 함유량과 유기물의 함유량의 증가에 따라 증가하며 액성한계가 클수록 압축성은 증가한다.
2) 일반적으로 자연함수비가 액성한계를 초과하게 되면 이러한 흙은 급격한 하중증가나 충격을 받으면 Slurry 상태로 바뀌어 전단강도를 상실하게 되어 유동화가 쉽게 된다.
3) 소성지수나 액성한계가 큰 실트를 소성실트라 하며 이러한 실트는 연약한 점토와 비슷한 특성을 나타낸다(USCS : MH).
4) 소성지수(*PI*)는 *LL*−*PL*로서 나타내며, 흙이 소성상태로 존재할 수 있는 함수비의 범위를 가리키며, 소성지수가 클수록 공학적으로는 불안정하다. 소성지수의 크기는 세립토의 함유율에 따라 다르게 나타나며 점토성분이 많을수록 소성지수는 크게 나타난다.

3.2 흙의 기본적 성질

3.2.1 흙의 구성

1) 실제의 흙은 연속체가 아니며 흙입자, 물, 공기의 3가지 성상으로 구성되는 불연속체이다.
2) 각각의 상관관계를 통하여 부피, 중량, 비중, 단위중량을 이용하여 흙의 물리적 특성을 파악할 수 있다.

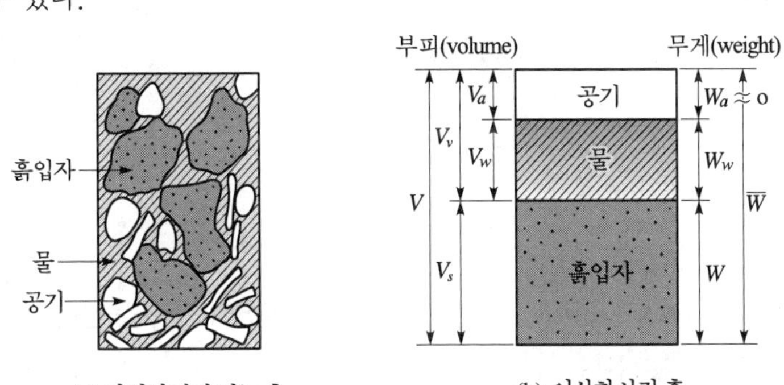

(a) 자연상태에 있는 흙　　(b) 이상화시킨 흙

그림 1.23 흙의 구성

비와 율의 차이점

2개의 집합으로 구성된 것의 비교는 "비"와 "율"로 표현한다. 비(比)는 부분 집합끼리의 비교이고, 율(率)은 부분과 전체의 비교이다.

(예) 비 : 함수비, 용적비, 간극비, 수축비

율 : 함수율, 간극률, 변형률 등

3.2.2 간극비와 간극률

(1) 간극비(Void Ratio)

1) 흙 속에서 흙입자를 제외한 공기, 물이 차지하는 부피를 간극이라 하며, 간극비는 흙입자의 부피에 대한 간극부피의 비이다. 간극비는 일반적으로 무차원으로 표기한다.

$$e = \frac{V_v}{V_s} \tag{1.3}$$

여기서, e : 간극비, V_v : 간극의 부피, V_s : 흙입자의 부피

2) e의 대표치

간극비는 소수로 표시되며, 이론상 간극비의 범위는 $0<e<\infty$이다. 대단히 촘촘하고 입도분포가 좋은 사질토는 이 값이 0.3 밖에 되지 않는 반면 어떤 점토는 2.0이상이 되는 흙도 있다.

① 자연상태의 모래 : e = 0.5~0.8

② 자연상태의 점성토 : e = 0.7~1.1

(2) 간극률(Porosity)

1) 간극률은 흙 전체의 부피에 대한 간극부피의 비이며 보통 백분율로 나타낸다.

$$n = \frac{V_v}{V} \times 100 \tag{1.4}$$

여기서, V : 흙 전체의 부피, V_v : 간극의 부피

2) 간극률의 범위는 $0<n<100\%$에 있으며, 간극비와 마찬가지로 동일한 흙에서 n이 클수록 느슨한 상태임을 의미한다.

(3) 이용

1) 흙의 단위중량 산정 : $\gamma_t = \dfrac{S \cdot e + G_s}{1+e}\gamma_w$

2) 투수계수 산정 : $k_1 : \dfrac{e_1^3}{1+e_1}$, $k_2 : \dfrac{e_2^3}{1+e_2}$

3) 상대밀도 추정 : 도표 이용

4) 1차 압밀침하량 산정 : $S_c = \frac{C_c}{1+e_0} H \log \frac{\sigma'_0 + \Delta\sigma}{\sigma'_0}$

5) 붕괴성 흙 판정

6) 액상화 판정

간극비와 간극률의 관계

1) $e = \frac{V_v}{V_s} = \frac{V_v}{V-V_v} = \frac{V_v/V}{V/V-V_v/V} = \frac{n}{1-n}$

2) $n = \frac{V_v}{V} \times 100 = \frac{V_v}{V_s/V_s + V_v/V_s} \times 100 = \frac{e}{1+e} \times 100(\%)$

※ 흙 요소가 압축되는 동안 간극률은 분모와 분자가 모두 감소하지만, 간극비는 단지 분자쪽만이 감소하므로 흙의 압축성에 대한 표현에서 간극비가 보다 유용하다.

3.2.3 포화도(Degree of saturation)

(1) 정의

간극부피 중에서 물이 차지하는 부피의 비율을 포화도라 하고 백분율로 나타낸다.

$$S = \frac{V_w}{V_v} \times 100(\%) \quad (0 \le S \le 100\%) \tag{1.5}$$

(2) 포화도에 따른 흙의 구분

간극(V_v)이 완전히 물로 채워진 흙을 포화토라고 하고, 간극에 공기가 일부 또는 전부가 존재하는 흙을 불포화토라고 한다.

1) $S = 100\%$: 완전 포화토

2) $0 \le S < 100\%$: 불포화토(습윤토 : $0 < S < 100\%$, 건조토 : $S=0$)

※ 시험실에서 시료를 노건조 시키면 건조토가 되고, 지하수면 아래에 있는 흙은 일반적으로 포화상태라고 가정한다.

(3) 이용

1) 흙의 단위중량 산정 : $\gamma_t = \dfrac{S \cdot e + G_s}{1+e}\gamma_w = \dfrac{G_s\gamma_w(1+w)}{1+e}$
2) 불포화토의 유효응력 산정 : $\sigma' = \sigma - \lambda u$
3) 간극수압계수 추정(제6장, 6.3.5 참조)
4) 흙의 공학적 성질 추정 : 점토 압축성, 전단강도, 투수계수

3.2.4 함수비(Moisture content)

(1) 정의

1) 흙속에 물이 얼마나 들어있나를 측정하기 위하여 함수비라는 용어를 쓴다. 함수비는 흙 속에 함유된 물의 중량과 그 흙의 건조중량과의 비를 말하며 백분율로 나타낸다.

$$w = \frac{W_w}{W_s} \times 100\% \qquad (1.6)$$

2) 액성한계, 소성한계, 원심함수당량 등은 함수비로 나타내며, 그 값은 세립토의 공학적성질을 판단하는데 이용된다.

(2) 함수비의 대표치

1) 일반적인 흙 : $w < 60\%$
2) 해성점토나 무기질 점토 : $w = 60 \sim 150\%$

(3) 이용

1) 개략적인 역학적 특성 파악
   자연상태의 흙은 토질과 함수비의 관계를 이용하여 개략적인 역학적 특성을 파악 할 수 있다. 특히, 함수비는 흙의 압축특성이나 강토특성과 밀접한 관계가 있다.
2) 함수비는 액 · 소성시험, 단위체적중량시험, 다짐시험 등에 이용한다.
3) 간극비, 포화도, 건조단위중량 등을 구하는데 이용($G_s \cdot w = S \cdot e$)한다.

(4) 실무적용 시 주의사항

1) 함수비가 큰 점토 일수록 공학적 성질이 불량하다.

2) 점토는 함수비가 큰 점토 일수록 비배수 강도가 감소한다.
3) 점토는 함수비가 큰 점토 일수록 침하가 크다.
4) 자연함수비가 20%이하이면 사질토, 40~50%이상이면 점성토인 경우가 많으며, 함수비가 200%이상이면 유기질토로 볼 수 있다.

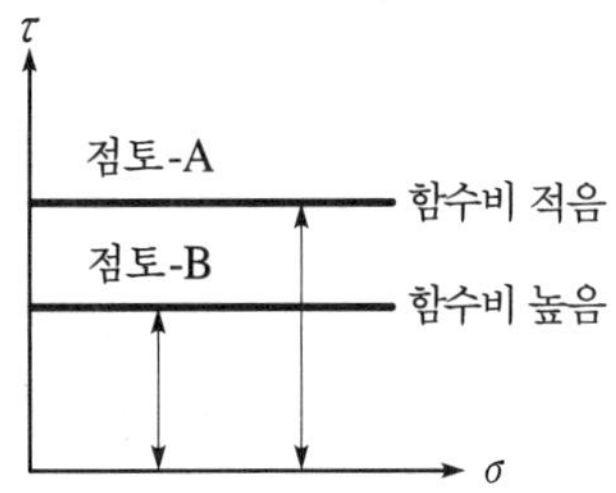

그림 1.24 함수비 변화에 따른 전단강도 특성

함수비 측정방법

1) 함수비 측정용 용기의 무게 TW를 측정한다.
2) 시료를 용기에 담아서 그 무게 WW를 측정한다.
3) 용기에 넣은 시료를 항온건조로에 넣고 24시간 105~110℃로 가열하여 흙을 건조시킨 후 무게 DW를 측정한다.
4) 함수비를 계산한다.

$$w = \frac{W_w}{W_s} \times 100\% = \frac{WW-DW}{DW-TW} \times 100(\%)$$

※ 함수비 측정시험에서 항온건조로 온도를 105~110℃로 하는 이유는 흡착수는 보존시키고 자유수만 증발시키기 위한 것이다.

3.2.5 단위중량

어떤 물체의 단위중량은 부피 1에 해당하는 그 물체의 무게를 말한다. 즉 단위부피당(체적당) 중량을 의미한다.

$$\gamma = \frac{W}{V} \ (\mathrm{kN/m^3}) \tag{1.7}$$

(1) 흙의 전체단위중량(=습윤단위 중량)

1) 흙의 단위중량이란 흙덩이의 중량을 이에 대응하는 용적으로 나눈 값이다.

$$\gamma_t = \frac{W}{V} \tag{1.8}$$

여기서, W : 흙전체의 무게, V : 흙전체의 부피

2) 자연상태에 있는 흙의 단위중량 값은 그 흙의 다져진 상태 입경과 입도분포, 함수비에 따라서 크게 달라진다.

3) γ_t의 대표치

사질토 : γ_t = 18~22kN/m^3, 점토 : γ_t = 16~20kN/m^3

흙에 유기질이 섞여 있으면 단위중량은 훨씬 낮아질 수 있다.

(2) 흙입자의 단위중량

$$\gamma_s = \frac{W_s}{V_s} \tag{1.9}$$

(3) 물의 단위중량

$$\gamma_w = \frac{W_w}{V_w} \tag{1.10}$$

물의 단위중량은 수온에 따라 다르지만 보통 1*gf*/cm^3=1*tf*/m^3=9.8kN/m^{3}이다.

※ 4℃ 증류수의 단위중량

$$\gamma_o = \frac{\text{4℃ 증류수의 무게}}{\text{4℃ 증류수의 부피}} = \frac{W_{wo}}{V_{wo}} = 1gf/cm^3 = 1tf/m^3 = 9.8kN/m^3$$

따라서, $\gamma_w = \gamma_o$

※ 현행 각 설계기준에서는 물의 단위중량을 9.8kN/m^3 대신 10kN/m^{3}을 사용하고 있다.

3.2.6 비중

어떤 물체의 비중은 그 물체의 무게를 그 물체의 부피와 같은 4℃ 증류수의 무게로 나눈 값을 말한다.

$$\text{즉, } G = \frac{\text{그 물체의 무게}}{\text{물체와 부피가 같은 4℃ 증류수의 무게}} = \frac{W}{W_o}\text{(무차원)} \tag{1.11}$$

비중을 단위중량으로 표현하면 다음과 같다.

만약 물체의 부피를 V라고 하고 분모로 취하며, 분자를 V로 나누어 주면,

$$G = \frac{W/V}{W_w/V} = \frac{\gamma}{\gamma_o} = \frac{\gamma}{\gamma_w}\text{(무차원)}$$

즉, 어떤 물체의 비중은 물의 단위중량에 대한 그 물체의 단위중량의 비이다.

(1) 흙입자의 비중(G_s)

$$G_s = \frac{\gamma_s}{\gamma_o} = \frac{\gamma_s}{\gamma_w} \tag{1.12}$$

여기서, γ_s: 흙입자의 단위중량　또는 $\gamma_s = G_s \cdot \gamma_w$

(2) 물의 비중(G_w)

$$G_w = \frac{\gamma_w}{\gamma_o} = 1 \tag{1.13}$$

(3) 흙 전체의 비중(G_t)

$$G_t = \frac{\gamma}{\gamma_o} \tag{1.14}$$

: 일반적으로 사용하지 않는다.

※ 흙의 비중이라고 하면 흙입자의 비중을 말한다.
흙입자 비중의 대표치 : 보통 2.65~2.72이다.
※ 위의 식(1.16)은 흙의 무게를 구할 때 자주 사용한다.
$W_s = V_s\gamma_s = V_sG_s\gamma_w$

3.3 상태정수 관계

3.3.1 보정 주상도

주상도의 모든 성분을 흙입자의 부피 V_s로 나누어 주면 흙입자의 부피가 1이 되는 보정주상도를 얻게 된다.

표 1.6 보정 주상도

주상도	보정 주상도(V_s로 나눔)	비 고
V_s	$V_s/V_s = 1$	
V_v	$V_V/V_s = e$	
V	$V = V_V + V_s = 1+e$	
W_s	$\frac{W_s}{V_s} = \frac{\gamma_s V_s}{V_s} = \gamma_s = G_s\gamma_w$	$\gamma_s = G_s\gamma_w$
W_w	$\frac{W_w}{V_s} = \frac{wW_s}{V_s} = \frac{w\gamma_s V_s}{V_s} = w\gamma_s = wG_s\gamma_w$	$W_s = \gamma_s V_s$, $\gamma_s = G_s\gamma_w$
W	$W = W_s + W_w = G_s\gamma_w + wG_s\gamma_w = G_s\gamma_w + Se\gamma_w$	$G_s w = Se$

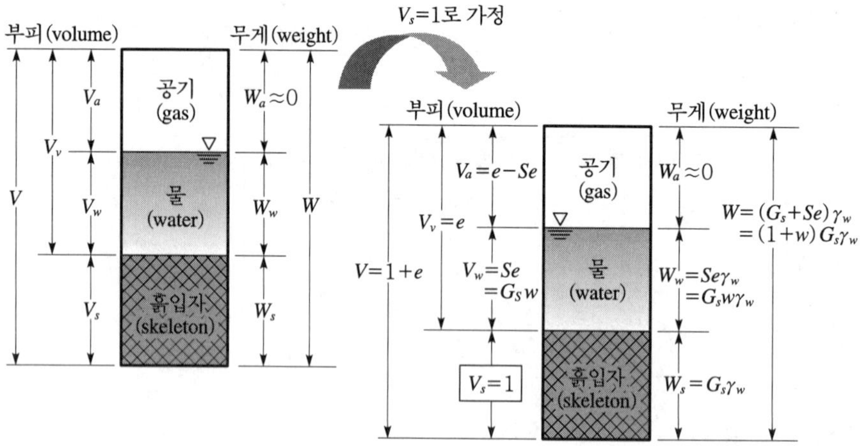

(a) 흙의 주상도 (b) V_s=1로 둔 보정 주상도

그림 1.25 주상도와 V_s = 1로 둔 보정 주상도

3.3.2 상태정수사이의 관계식

V_s = 1로 둔 보정 주상도를 이용하면 상태정수 사이의 관계식을 쉽게 얻을 수 있다.

(1) 간극비와 간극률 사이의 관계

$$n = \frac{n_v}{V} \times 100 = \frac{e}{1+e} \times 100(\%) \tag{1.15}$$

또는, $e = \dfrac{n}{100 - n}$

※ 보통 계산에서는 %를 붙이지 않고 실수로 표시하는 것이 더 편리하다.

(2) 포화도, 간극비, 함수비 사이의 관계

이 관계식은 함수비의 정의로부터 유도할 수 있다.

$$w = \frac{W_w}{W_s} = \frac{\gamma_w \cdot V_w}{\gamma_s \cdot V_s} = \frac{\gamma_w \cdot Se}{G_s \cdot \gamma_w \cdot 1} \tag{1.16}$$

$\therefore G_s \cdot w = S \cdot e$

여기서, $\gamma_s = G_s \cdot \gamma_w$, $V_w = S \cdot e$임

※ 포화도, 간극비, 함수비의 관계식은 부피를 중량으로 바꿀때 또는 중량을 부피로 바꿀때 유용하게 사용되는 식으로서 토질역학에서 가장 많이 이용되는 관계식 중 하나라라 할 수 있다.

(3) 단위중량의 관계

1) 습윤단위중량(γ_t)

$$\gamma_t = \frac{W}{V} = \frac{W_s + W_w}{V} = \frac{G_s \cdot \gamma_w + S \cdot e \cdot \gamma_w}{1+e} = \frac{G_s + S \cdot e}{1+e}\gamma_w \tag{1.17}$$

※ 자연상태에 있는 흙의 단위중량 값은 그 흙의 다져진 상태, 입경과 입도분포, 함수비에 따라서 크게 달라진다. 사질토의 전체단위중량은 18~22kN/m^{3}의 값을 보이며, 점토는 대략 16~20kN/m^{3}의 범위에 있다(흙에 유기질이 섞여 있으면 단위중량은 훨씬 낮아질 수 있음).

2) 건조단위중량(γ_d)

$$\gamma_d = \frac{W_s}{V} = \frac{G_s \cdot \gamma_w}{1+e} \tag{1.18}$$

※ 건조단위중량과 습윤단위중량과의 관계 : $\gamma_d = \dfrac{\gamma_t}{1+w}$

3) 포화단위중량(γ_{sat})

흙이 수중에 있거나 또는 모관작용에 의하여 완전히 포화되었다면 이때의 단위중량은 S=100%일 때의 습윤단위중량이므로

$$\gamma_{sat} = \frac{G_s + e}{1+e}\gamma_w \tag{1.19}$$

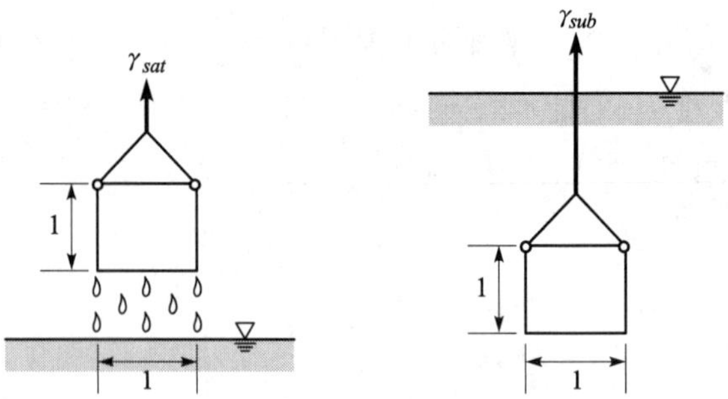

그림 1.26 포화단위중량과 수중단위중량의 비교

4) 수중단위중량($\gamma_{sub}=\gamma'$)

흙이 지하수위 아래에 있으면 부력을 받는다. 이때의 단위중량은 포화단위중량에서 부력을 뺀 값만큼 감소하므로 수중단위중량은 다음과 같다.

$$\gamma_{sub} = \gamma_{sat} - \gamma_w = \frac{G_s + e}{1+e}\gamma_w - \gamma_w$$

$$= \frac{G_s - 1}{1+e}\gamma_w \qquad (1.20)$$

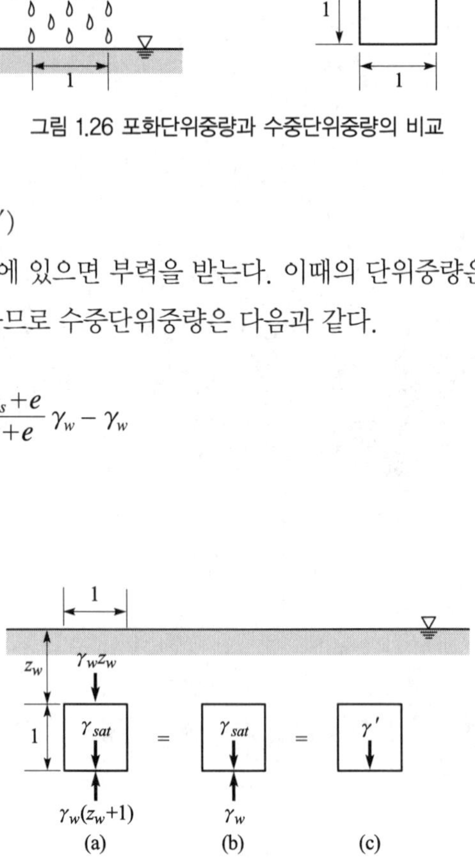

그림 1.27 부력과 수중단위중량

3.4 상대밀도(Relative density)

3.4.1 정의

1) 입도가 큰 조립토는 그 흙의 상태가 조밀한 상태인가 느슨한 상태인가에 따라서 흙의 공학적 성질이 크게 달라진다.
2) 조립토의 조밀한 정도를 수치적으로 표현한 것을 상대밀도(D_r, Relative Density)라고

하고 다음과 같이 정의한다. 즉, 상대밀도란 조밀한 정도를 판단하는 기준을 말한다.

$$D_r = \frac{e_{max} - e}{e_{max} - e_{min}} \tag{1.21}$$

여기서, D_r : 상대밀도($0 \leq D_r \leq 100$)　　e_{max} : 가장 느슨한 상태에서의 간극비

e_{min} : 가장 조밀한 상태에서의 간극비　　e : 자연 상태에서의 간극비

3.4.2 조밀정도 판단

1) 현재의 간극비 e만으로는 흙이 느슨한 상태에 있는지 조밀한 상태에 있는지를 알 수 없다. 조밀한 정도의 판단은 e_{max}, e_{min}, e의 3가지 값을 서로 비교해 보아야 판단이 가능하며, e가 e_{max}에 가까우면 느슨하고, e_{min}에 근접해 있으면 조밀하다.

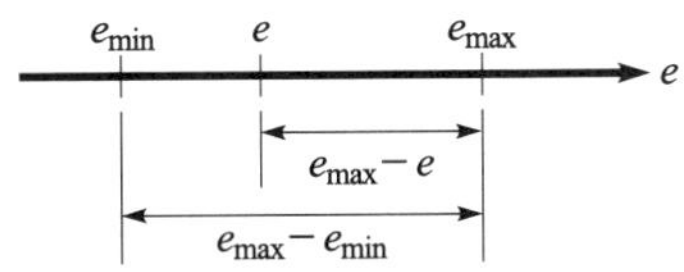

그림 1.28 상대밀도

2) Terzaghi가 최초로 모래의 밀도를 다음과 같이 3단계로 분류하였다.

D_r = 0~33% 느슨한 상태, D_r = 33%~70% 보통 상태, D_r = 70%~100% 조밀한 상태

그림 1.29 상대밀도와 상태 관계

3) Terzaghi – Peck, Peck 및 Meyerhof가 세분화 하였다.

표 1.7 상대밀도에 따른 조밀정도 판단

상대밀도(%)	상 태	N치	전단저항값
20 이하	매우 느슨	0~4	30° 이하
20~40	느슨	4~10	30°~35°
40~60	보통조밀	10~30	35°~40°
60~80	조밀	30~50	40°~45°
80 이상	매우조밀	50 이상	45° 이상

3.4.3 건조단위중량과의 관계식 유도

1) 상대밀도를 간극비로 정의하였으나 실험실에서 간극비를 구하여 상대밀도를 산정하는 것은 간단하지 않다. 따라서 실무에서는 대부분 간극비 대신 건조단위중량을 측정하여 상대밀도를 결정하고 있다.

2) 건조단위중량과 간극비 사이의 관계는

$$\gamma_d = \frac{G_s \cdot \gamma_w}{1+e} \quad \rightarrow \quad e = \frac{G_s \cdot \gamma_w}{\gamma_d} - 1$$

$$\gamma_{d\,max} = \frac{G_s \cdot \gamma_w}{1+e_{min}} \quad \rightarrow \quad e_{min} = \frac{G_s \cdot \gamma_w}{\gamma_{d\,max}} - 1$$

$$\gamma_{d\,min} = \frac{G_s \cdot \gamma_w}{1+e_{d\,max}} \quad \rightarrow \quad e_{max} = \frac{G_s \cdot \gamma_w}{\gamma_{d\,min}} - 1$$

위 식들을 식(1.21)에 대입하여 정리하면 다음과 같다.

$$D_r = \frac{\gamma_{max}}{\gamma_d} \times \frac{\gamma_d - \gamma_{min}}{\gamma_{d\,max} - \gamma_{d\,min}} \;(\times 100\%) \tag{1.22}$$

여기서, $\gamma_{d\,max}$: 가장 조밀한 상태의 건조단위중량
$\gamma_{d\,min}$: 가장 느슨한 상태의 건조단위중량
γ_d : 자연상태의 건조단위중량

D_r은 백분율로 표시한다.

$0 \le D_r \le 100\%$

$D_r = 0$ 이면 $e = e_{max}$: 가장 느슨한 상태

$D_r = 100\%$ 이면 $e = e_{min}$: 가장 조밀한 상태

※ D_r이 클수록 흙은 조밀한 상태에 있음을 알 수 있고 그 흙의 밀도(density) 또는 건조단위중량은 커진다. 이러한 의미에서 상대밀도를 밀도지수(密度指數, density index) DI 또는 I_d라고도 한다.

3.4.4 산정방법

(1) 실내시험에 의한 방법

실내에서 상대밀도를 계산하기 위해 간극비를 측정하는 것은 건조단위중량을 계산하는 것

보다 어렵기 때문에 보통 건조단위중량을 이용하여 상대밀도를 계산한다.

1) $\gamma_{d\,min}$측정법

- 깔때기의 높이를 약 1cm정도 유지하면서 시료를 자유낙하 시켜 몰드의 체적과 시료의 무게를 측정하여 $\gamma_{d\,min}$을 구한다($\gamma_{d\,min} = \frac{W_s}{V}$).

$$e_{max} = \frac{G_s \cdot \gamma_w}{\gamma_{d\,min}} - 1 \tag{1.23}$$

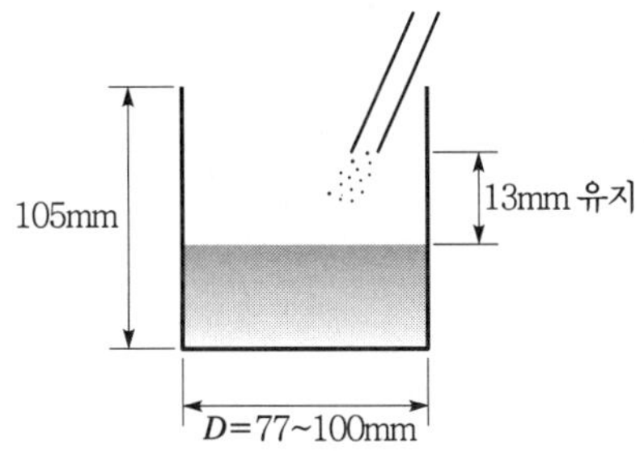

그림 1.30 상대밀도 측정 – $\gamma_{d\,min}$측정법

- ASTM D 2049에서는 낙하고를 1인치(2.54cm)를 유지하고, 몰드는 0.1ft^3(2,830cm^3)를 사용하도록 규정하고 있다.
- 실트의 경우 물 속에서 침강시켜 $\gamma_{d\,min}$상태를 얻기도 한다.

2) $\gamma_{d\,max}$측정

- 시료를 용기에 채우고 하중을 가한 상태에서 진동대로 진동을 가하거나, 망치로 충격을 가해 $\gamma_{d\,max}$를 구한다($\gamma_{d\,max} = \frac{W_s}{V}$). $\gamma_{d\,max}$로부터 e_{min}을 식(1.26)으로 구한다.

$$e_{min} = \frac{G_s \cdot \gamma_w}{\gamma_{d\,max}} - 1 \tag{1.24}$$

- 또 한가지 방법은 흙 입자가 파괴되지 않는 범위내에서 흙을 낙하시켜 얻기도 한다.

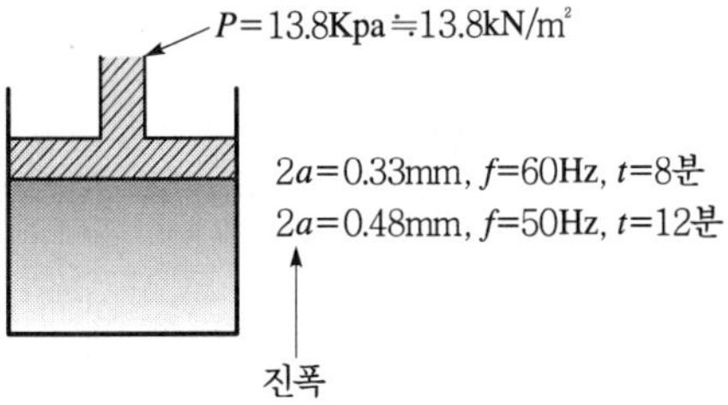

그림 1.31 상대밀도 측정 – $\gamma_{d\,max}$측정법

(2) 현장시험에 의한 방법

1) 표준관입시험에 의한 방법
2) 콘관입시험에 의한 방법
3) 딜라토미터(Dilatometer)시험에 의한 방법

3.4.5 상대밀도 활용

1) 액상화 판단 : D_r< 40%이면 액상화 검토가 필요
2) 얕은기초 지반의 파괴형태 구분 : D_r> 60% 이면 전반전단파괴(그림 11.6 참조)
3) 현장다짐관리 기준 : 시방서에서 규정하는 D_r값 이상이면 합격
4) 내부마찰각 추정(표 6.11 참조)
5) N값 추정(표 6.11 참조)

3.4.6 실무적용 시 유의사항

1) 현재까지 최대 및 최소 상대밀도를 산정하는 방법들이 많은 연구자들에 의해 다양하게 제시되어 있으나 시험방법에 따라 차이가 크며, 국내에서는 아직까지 시험방법이 표준화되지 않은 실정이다.
2) 기존에 발표한 연구(권, 1986)에 의하면 상하진동방식으로 에너지를 가하는 ASTM 방법에 의한 최대 상대밀도보다 수평타격으로 에너지를 가하는 Bowles 방법이 더 큰 값을 준다.
3) $\gamma_{d\,max}$와 $\gamma_{d\,min}$를 결정하는 방법에 따라 상대밀도의 값이 달라질 수 있음에 유의하여야 한다.

3.5 Atterberg 한계(Consistency, 연경토)

3.5.1 개요

1) 점성토는 흡착수막에 의한 점성 때문에 함수비가 크면 액체와 같이 거동하며, 함수비가 작을수록 체적이 감소하면서 소성상태, 반고체상태, 고체상태로 변화한다. 이때 각각의 경계상태의 함수비를 수축한계(SL), 소성한계(PL), 액성한계(LL)라 하는데 이를 통틀어 Atterberg 한계라 한다.

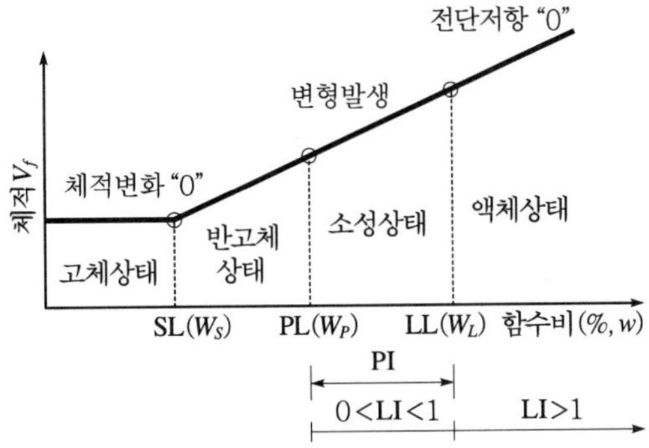

그림 1.32 함수비의 변화에 따른 점토의 부피와 상태의 변화

액체상태에 있는 점토의 함수비를 점차 감소시켜 가면 수축한계에 도달할 때까지는 부피가 감소한다. 그러나 수축한계 이하로 함수비가 적어지면 부피는 감소하지 않고 일정하게 된다.

이것은 수축한계 이상의 큰 함수비에서 점토는 포화상태에 있게 되므로 물이 증발하여 함수비가 감소하면 증발된 물의 부피만큼 흙의 부피는 감소하지만 흙은 포화상태를 유지한다. 한편 함수비가 수축한계보다 적어지면 증발된 물이 차지하고 있던 간극을 공기가 채우게 되어 더 이상의 부피감소는 일어나지 않으나 점토는 불포화 상태에 있게 된다.

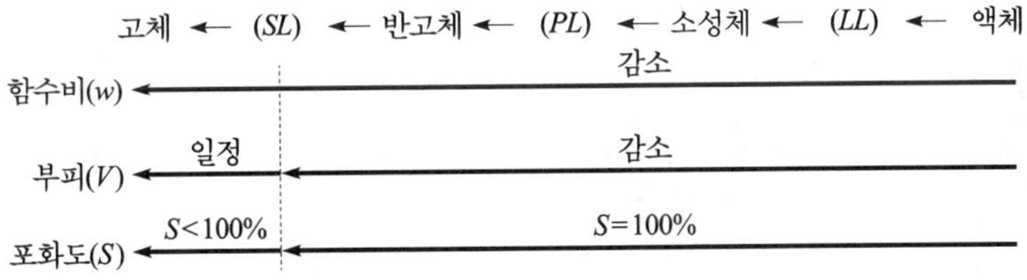

그림 1.33 함수비에 따른 흙의 특성

2) 조립토의 경우에는 흙의 상대밀도(또는 간극비)가 공학적 성질을 지배하지만, 세립토의 경우는 함수비의 변화에 따른 Atterberg 한계가 중요한 역할을 한다.

3.5.2 Atterberg 한계의 종류

(1) 액성한계

1) 정의

흙이 액체상태에서 소성상태로 넘어가는 경계의 함수비를 액성한계라 한다.

즉, 점토가 액체상태로 남아 있을 수 있는 최소의 함수비를 말한다.

2) 시험방법

① 황동컵에 잘 반죽된 흙을 채우고 홈파기 날로 홈을 판 후, 1cm 높이에서 초당 2회의 속도로 낙하시켜 홈의 가운데 부분이 약 1.5cm 길이로 부착될 때의 타수를 기록하고, 이때의 함수비를 측정한다.

② 동일한 시료에 증류수를 증가시키면서 ①과정을 4회이상 반복한다.

③ 반대수용지에 가로 타격횟수, 세로 함수비의 유동곡선을 그렸을 때 25타수에 해당하는 함수비가 액성한계이다.

3) 특징

① 흙의 액성한계는 점토의 함유량과 유기물의 함유량의 증가에 따라 증가한다.

② 액성한계가 클수록 압축성이 크다

③ 일반적으로 자연함수비가 액성한계보다 큰 흙은 급격한 하중증가나 충격을 받으면 Slurry상태로 바뀌어 전단강도를 상실하게 되어 유동화 되기 쉽다

④ 액성한계가 클수록 물을 더 많이 흡수하려는 경향이 있으므로 팽창이나 수축이 크다.

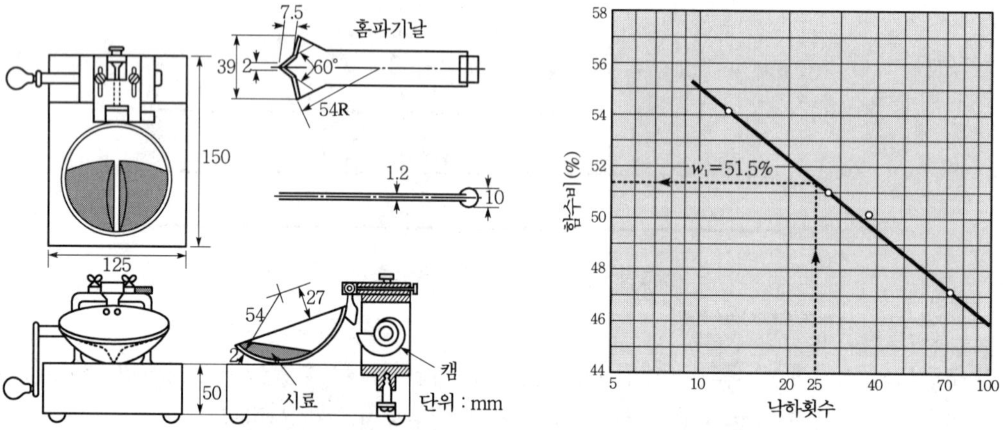

(a) 액성한계 시험기

(b) 유동곡선

그림 1.34 액성한계시험기와 유동곡선

(2) 소성한계

1) 정의

흙이 소성상태에서 반고체상태로 넘어가는 경계의 함수비를 소성한계라 한다.

2) 시험방법

0.42mm체 통과시료를 잘 반죽하여 유리판 위에서 손바닥으로 비벼서 3mm 정도의 굵기에서 끊어질 때의 함수비를 측정한다.

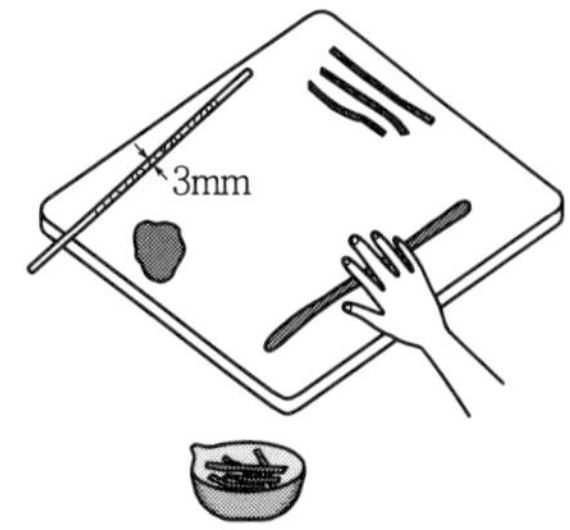

그림 1.35 소성한계 측정시험

3) 특징

① 소성상태를 유지하는 데 필요한 최소함수비를 말한다.

② 액성, 소성한계의 시험이 불가능한 흙은 Non-plastic(N.P) 즉, 비소성이라 한다.

비소성(Non-Plastic, N.P)

- 소성한계 또는 액성한계를 결정할 수 없을 경우와 소성한계가 액성한계보다 크거나 같을 때는 비소성(Non-Plastic, N.P)이라 표기한다.
- 비소성 흙은 어떠한 함수비에서도 소성을 나타내지 않는 흙이므로 직경 3mm의 흙 가래가 만들어지지 않는 흙이다.

(3) 수축한계

1) 정의

반고체상태에서 고체상태로 넘어가는 경계의 함수비를 수축한계라 한다. 즉, 흙을 건조시켜도 더 이상 체적이 감소하지 않기 시작하는 상태의 함수비이다.

2) 시험방법

수축한계는 다음과 같이 결정한다. 질량 m_1인 습윤토를 지름이 44.5mm이고 높이가 12.5mm인 자기그릇에 넣고 건조로에서 건조시킨다. 수축으로 인한 공간에 수은을 채움으로써 건조된 흙의 체적을 결정한다. 수축으로 감소된 체적은 이미 밀도를 알고 있는 수은의 질량을 재어 계산할 수 있다. 수축한계는 다음 식으로부터 결정한다.

$$SL = \left(\frac{m_1 - m_2}{m_2} - \frac{V_1 - V_2}{m_2}\frac{\gamma_w}{g}\right) \times 100 \tag{1.25}$$

여기서, m_1은 습윤토의 질량, m_2는 건조토의 질량, V_1은 습윤토의 체적, V_2는 건조토의 체적이다.

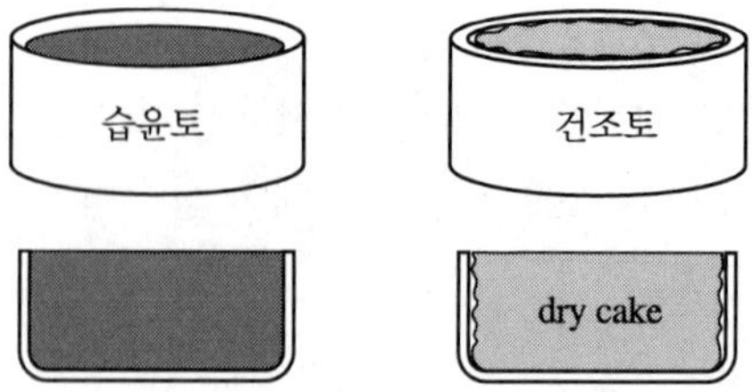

(a) 초기상태 (b) 건조상태

그림 1.36 수축한계 측정시험

3.5.3 특징

1) 액 · 소성한계는 흙입자의 입경이 작을수록 그 양이 많을수록 커진다.
2) 교환성 양이온이나 유기물의 양이 많을수록 커진다.
3) 액성한계가 클수록 압축성이 크다.

표 1.8 흙종류에 따른 소성한계 및 액성한계 범위

흙의 종류	소성한계(PL, %)	액성한계(LL, %)
점토	20~60	35~130
실트	20~50	30~80

4) 액 · 소성시험은 단순한 방법이지만 개인오차가 크며 그 영향은 소성한계 쪽이 더 크다.

3.5.4 실무활용

1) 소성지수를 구하여 소성상태의 함수비 범위를 결정한다.
   소성지수가 클수록 소성상태의 함수비 범위가 크다는 것을 의미하며 세립분이 많아 소성이 큰 흙임을 알 수 있다.
2) 액성지수를 구하여 세립토의 유동화 현상을 규명한다.

$$LI = \frac{w_n - PL}{LL - PL}$$

- 자연함수비(w_n)가 액성한계보다 크면 LI값이 1이상이 되어 충격을 받으면 Sluury 상태가 되어 유동화되기 쉽다.
- 액성지수가 0에 가까울수록 흙은 공학적으로 안정하다.

3) 액성한계와 소성지수를 이용하여 연약지반의 전단강도증가율을 추정한다.

표 1.9 액성한계와 소성지수를 이용한 강도증가율 추정식

소성지수로부터 추정하는 방법	액성한계에 의한 방법
$\alpha = \frac{C_u}{\sigma'_v} = 0.11 + 0.0037PI$(단, $PI>10$)	$\alpha = \frac{C_u}{\sigma'_v} = 0.45LL(\%)$

4) 컨시스턴시지수(I_c)를 이용, 점성토의 상대적인 굳기를 판단하여 흙의 안정성을 파악한다.

$$I_c = \frac{PL - w_n}{PI} \quad (I_c \fallingdotseq 0 : \text{불안정},\ I_c \fallingdotseq 1 : \text{안정})$$

5) 활성도 추정

$$\text{활성도}(A) = \frac{PI}{2\mu\text{m 이하 통과중량백분율}(\%)}$$

- 활성도는 흙의 팽창성을 판단하는 기준으로 활주로, 도로에 사용되는 건설재료의 적합 여부를 판단하는 데 이용된다.

6) 압축지수를 추정하여 압밀침하량을 구한다.

- 불교란시료 : $C_c = 0.009(LL-10)(\%)$
- 교란시료 : $C_c = 0.007(LL-10)(\%)$

7) 정지토압계수를 추정하여 토압계산에 이용된다.

- NC경우: $K_0 = 0.19 + 0.233\log PI$
- OC경우: $K_0 = K_{0(Nc)}\sqrt{OCR}$

3.5.5 결과이용 시 유의사항

1) Atterberg한계는 흙의 개략적인 공학적 성질을 아는 데 좋은 지침이 될 수 있으나, 교란된 시료로 토질시험을 하므로 자연상태의 흙입자 배열이나 흙의 강도정수 등에 관계되는 요소에는 고려될 수 없다. 즉, Atterberg한계는 자연상태에서는 존재하였으나 시료준비 과정에서 파괴되어 버린 입자구조나 잔류결합 등은 고려되지 않음에 유의해야 한다.

2) 실무에서 점성토의 공학적 성질을 판단할 경우 흙의 함수비만으로 흙의 성질을 판단하는 것 보다는 Atterberg 한계의 상관관계를 분석하여 판단하는 것이 바람직하다.

3) 흙의 액성한계는 점토 함유량과 유기물 함유량 증가에 따라 증가하며 액성한계가 클수록

압축성은 증가한다.

4) 일반적으로 자연함수비가 액성한계를 초과하게 되면 이러한 흙은 급격한 하중증가나 충격을 받으면 Slurry 상태로 바뀌어 전단강도를 상실하여 유동화되기 쉽다.

5) 소성지수나 액성한계가 큰 실트를 고소성실트라 하며 이러한 실트는 연약한 점토와 비슷한 특성을 나타낸다(USCS : MH).

6) 소성지수(PI)는 PI = LL−PL로서 나타내며, 흙이 소성상태로 존재할 수 있는 함수비의 범위를 가리키며, 소성지수가 클수록 공학적으로는 불안정하다. 소성지수의 크기는 세립토의 함유율에 따라 다르게 나타나며 점토성분이 많을수록 소성지수는 크게 나타난다.

3.6 Atterberg 한계 활용

3.6.1 소성지수(PI ; Plasticity Index)

(1) 정의

흙의 액성한계와 소성한계의 차이를 소성지수라 하며, 흙이 소성상태로 존재할 수 있는 함수비의 범위를 나타낸다.

$$PI = LL - PL \tag{1.26}$$

(2) 특징

1) 소성지수가 클수록 소성상태의 함수비 범위가 크다는 의미이며, 세립분이 많을수록 소성이 큰 흙임을 알 수 있다.

2) 점토성분이 많을수록 소성지수가 커서 공학적으로 불안정하다.
(소성지수↑ : 투수성↓, 압축성↑, 건조강도↑, 교란영향↑)

3) 사질토는 소성지수가 적거나 0인 상태이다.

4) 소성지수가 크면 도로지반의 재료로서 좋지 않다.

(3) 실무활용

1) 사질토와 점성토 구분(사질토 : $PI < 10$, 점성토 : $PI \geq 10$)

2) 소성도를 이용하여 흙의 공학적 분류에 활용

3) 활성도 추정

• 활성도$(A) = \dfrac{PI}{2\mu m \text{이하 통과중량백분율}(\%)}$

4) 차수재 판정 : 댐 core : $PI \geq 15$, 매립장 차수재 : $PI \geq 10$

5) 강도증가율 추정

• $\alpha = \dfrac{C_u}{\sigma_v'} = 0.11 + 0.0037PI$ (단, $PI > 10$)(%)

6) 도로지반 재료의 선정기준

• 노상, 동상방지층 : $PI < 10$, 보조기층 : $PI < 6$

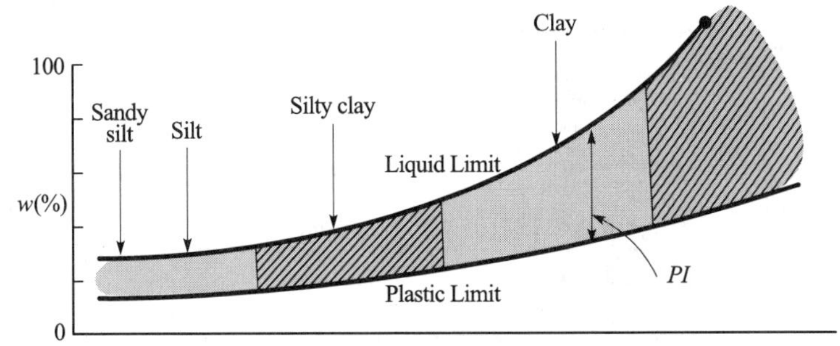

그림 1.37 도로지반 재료의 선정기준

3.6.2 액성지수(Liquidity index)

(1) 정의

1) 액성지수란 자연상태의 함수비와 소성한계의 차를 소성지수로 나눈 값이다.

$$LI = \frac{w_n - PL}{LL - PL} = \frac{w_n - PL}{PI} \tag{1.27}$$

2) 흙이 자연상태에서 함유하고 있는 함수비의 정도를 표시하는 지수이다.

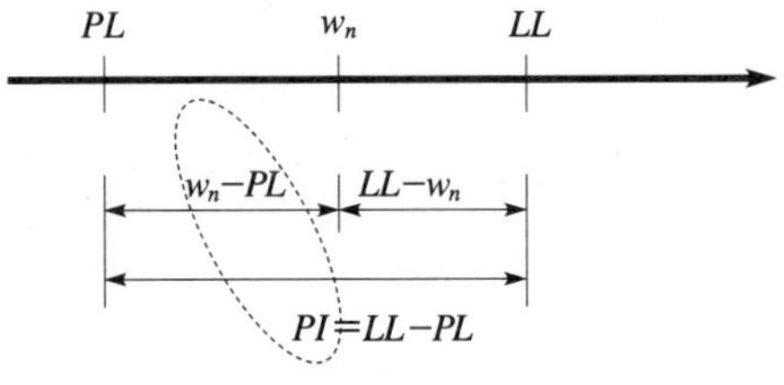

그림 1.38 액성지수의 범위

(2) 특성

1) Terzaghi와 Peck에 의하면 자연함수비가 액성한계보다 크면(즉 액성지수가 1.0 이상일 경우) 교란될 경우 슬러리와 같아진다고 한다.
2) 만일, 자연함수비가 소성한계보다 작으면(즉 액성지수가 음의 값을 가질 경우) 재성형이 불가능하다고 한다.
3) Simons와 Menzies에 의하면 정규압밀 점성토의 액성지수는 0.6~1.0 내외이며, 과압밀 점성토의 액성지수는 0~0.6 정도이다.

표 1.10 액성지수의 공학적 특성

함수비	액성지수 값	애터버그 한계	압밀특성
$w_n > LL$	$LI > 1$	액체상태(Slurry 상태) 저강도	예민한 점토
$w_n = LL$	$LI = 1$	액성한계상태 점토의 일축압축강도 = 30~100kN/m²	정규압밀점토
$w_n < LL$	$0 < LI < 1$	소성상태 강도 보통, 변형적음	LI = 0.6~1.0 : 정규압밀점토 LI = 0~0.6 : 과압밀점토
$w_n = PL$	$LI = 0$	소성한계상태 고강도, 취성파괴 점토의 일축압축강도 = 100~500kN/m²	
$w_n < PL$	$LI < 0$	반고체 상태, 재성형 불가	심함 과압밀점토

4) 액성지수, 예민비, 선행압밀하중과의 경험적인 관계

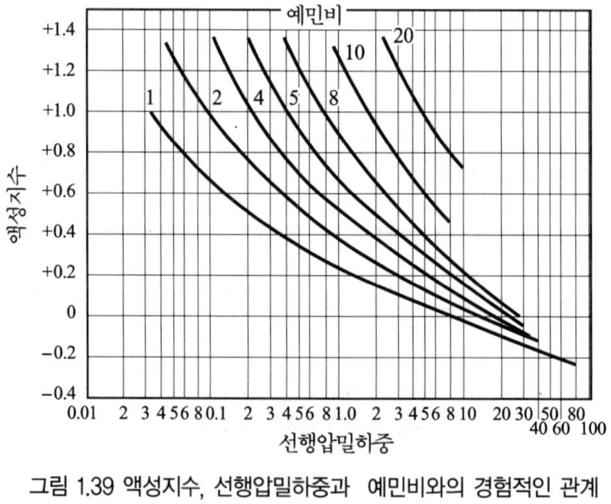

그림 1.39 액성지수, 선행압밀하중과 예민비와의 경험적인 관계

(3) 고찰

1) 액성지수로 세립토의 전단특성 및 압밀특성을 파악할 수 있다.
2) 액성지수와 연경지수의 합은 1이다($LI + I_c = 1$)
3) 액성지수는 예민비와 함께 quick clay 판별의 기준이 된다.

3.7 활성도(Activity)

3.7.1 개요

1) 활성도란 서로 다른 물질이 흡착하거나 물리적 또는 화학적으로 결합하려는 성질의 정도를 말한다.
2) 흙의 소성은 점토입자를 둘러싸고 있는 흡착수와 관련이 있는데 흡착수의 양은 점토광물의 종류와 함유량에 따라 크게 영향을 받는다.
3) Skempton(1953)은 소성지수(PI)와 2㎛(10^{-6}m)보다 더 작은 입자의 중량백분율 사이의 관계를 나타내는 직선의 기울기를 활성도라 정의하였다. 즉,

$$A = \frac{\text{소성지수}(PI,\ \%)}{2\mu m\text{보다 미세한 점토 입자의 중량백분율}(\%)} \qquad (1.28)$$

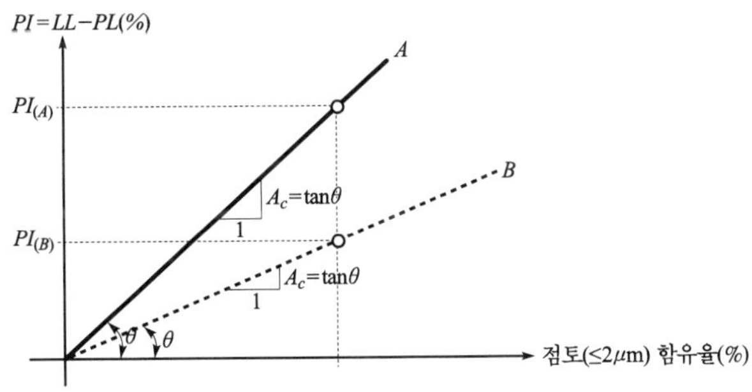

그림 1.40 점토의 활성도

3.7.2 활성도에 의한 점토 구분

(1) 비활성 점토(A<0.75)

1) 다른 점토에 비해 안정구조를 하고 있으며, 수소결합을 하고 있는 Kaolinite를 주성분으로 한 점토가 이에 해당된다.
2) 함수비 변화에 따른 수축, 팽창이 작다.

(2) 보통 점토(0.75≤A<1.25)

각 층간에 칼륨이온에 의해 결합된 Illite를 주성분으로 한 점토로서 해저 또는 하구퇴적토가 여기에 속한다.

(3) 활성 점토(A>1.25)

1) Montmorillonite를 주성분으로 한 점토가 이에 해당된다.
2) 층간 결합력이 약하여 점토의 수축 · 팽창이 크다.

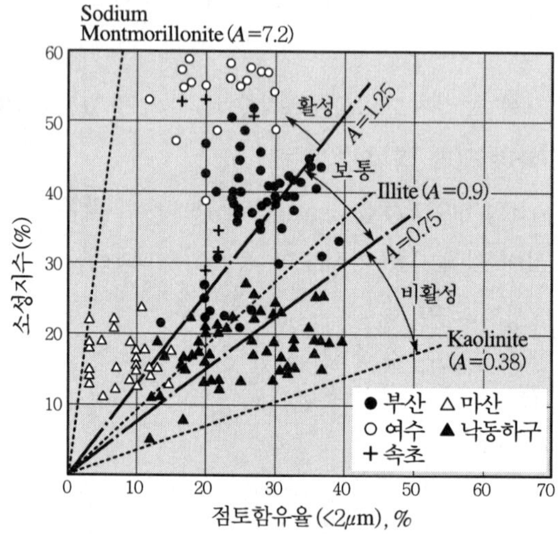

그림 1.41 활성도에 의한 점토 구분(김상규, 2004)

3.7.3 특성

1) 점토의 광물성분이 일정할 경우 활성도는 소성지수에 비례한다.
2) 점토입자의 크기가 작을수록(즉 비표면적이 클수록), 유기질이 많을수록 활성도가 크다
3) 활성도가 클수록 소성지수가 크게 되어 공학적으로 불안정하다.
4) 동일 퇴적층의 경우 입도조성이 달라도 활성도는 거의 일정하다.

3.7.4 활용

1) 활성도는 흙의 팽창성을 판단하는 기준으로 활주로, 도로 등의 건설재료로서의 적합여부 판단이 가능하다.

2) 채취한 점성토의 물리적 성질 판별 또는 지층변화 구분시 적용한다.
3) 활성도로 점토광물의 종류 추정이 가능하다.
4) 활성도는 교란시료에 대한 값이므로 자연 상태의 입자배열이나 부착력 등 전단강도의 특성까지 판단할 수 없다는 점에 유의하여야 한다.

3.7.5 활성도와 강도정수의 연계성

활성도가 높은 점토(Montmorillonite)는 강도의 대부분이 점착력에 의존하고, 활성도가 낮은 점토(Kaolinite)는 강도의 대부분이 마찰력에 의존한다.

3.8 소성도표(Plasticity Chart)

3.8.1 개요

1) Casagrande는 많은 자연 흙시료에 대한 소성지수와 액성한계 사이의 관계를 연구하여 흙의 압축성에 대한 도표를 만들었는데 이것을 소성도표라 한다.
2) 소성도표는 통일분류법(USCS : Unified Soil Classification System)에서 세립토를 분류하는데 주로 사용된다.

3.8.2 소성도표의 이해

1) A선 : 점토(C)와 실트 또는 유기질토(M,O)를 구분하는 경계의 선
   - 관계식 : $PI = 0.73(LL - 20)$ (1.29)
   - A선 위는 점토, 아래는 실트 또는 저유기질토
2) U선 : Atterberg 한계의 상한선을 나타냄
   - 관계식 : $PI = 0.9(LL - 8)$ (1.30)
   - 시험결과치가 U선을 벗어나면 재시험을 해야 함
3) B선 : 액성한계 50%를 기준으로 압축성의 정도를 구분
   - $LL < 50$이면 저압축성, $LL > 50$이면 고압축성

3.8.3 활용

1) 통일분류법에서 세립토 분류에 이용된다.
2) 수축한계 추정이 가능하다.

3) 점토광물을 구분할 수 있다.
   - Kaolinite : A선 바로 아래
   - Illite : A선 바로 위
   - Montmorillonite : U선 바로 아래

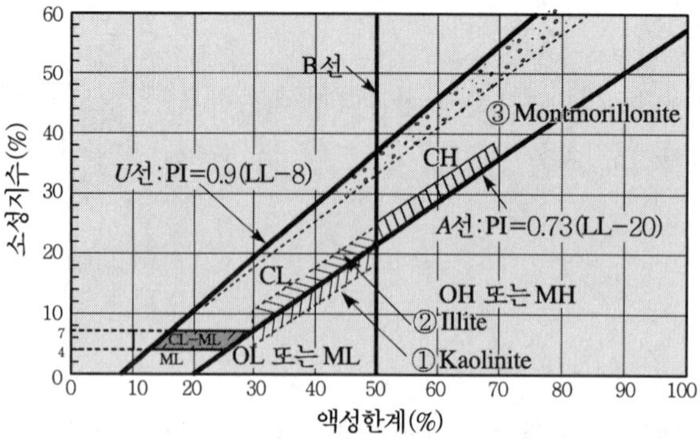

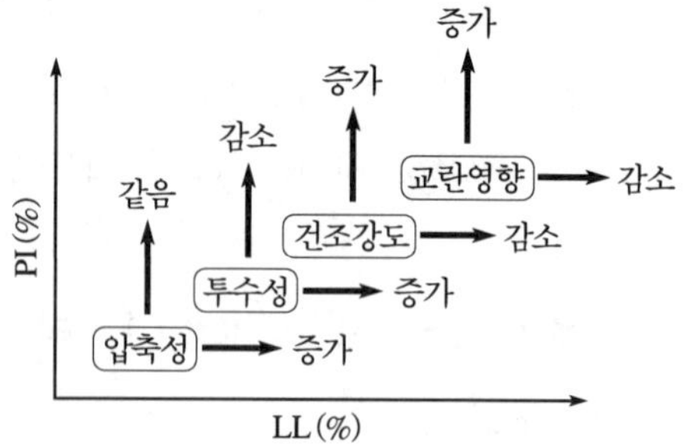

그림 1.42 소성도표 및 특징

4. 흙의 분류

4.1 흙의 입도분석

4.1.1 개요

1) 흙의 입경이란 흙입자의 크기를 말하며 점토광물의 두께인 10^{-6}mm에서 직경이 수십cm나 되는 돌에 이르기까지 대단히 폭넓게 분포하는데 입경에 따라 흙은 자갈(Gravel), 모래(Sand), 실트(Silt), 점토(Clay)로 구분된다.
2) 자갈과 모래는 조립토, 실트와 점토는 세립토라 하며, 이것의 구분은 입경 0.075mm를 기준으로 한다.

4.1.2 흙 입자 크기

1) 자갈과 모래를 구별하는 흙 입자의 크기는 대부분 2mm이나 통일분류법에서는 4.75mm로 매우 큰 편이다.
2) 또한 실트와 점토의 구분은 대부분의 분류법에서는 0.002mm이하를 점토로 분류했으나 통일분류법에서는 0.075mm이하의 흙 입자를 실트와 점토를 합한 세립토로 본다.

3) 실트는 암석이 물리적 풍화작용을 받아 가장 가늘게 분쇄될 수 있는 입자로 세립토로 분류되지만 공학적 성질은 사질토에 가깝다.

4) 2㎛이하의 점토입자는 주로 암석의 화학적 풍화작용으로 형성된다.

표 1.11 흙 입자 크기 분류

분 류 법	입자의 크기(mm)			
	자갈	모래	실트	점토
MIT	>2	2~0.06	0.06~0.002	< 0.002
USDA	>2	2~0.05	0.05~0.002	< 0.002
AASHTO	76.2~2	2~0.075	0.075~0.002	< 0.002
통일분류법	76.2~4.75	4.75~0.075	< 0.075세립토(실트+점토)	

4.1.3 입도분석 시험

(1) 개요

1) 흙의 크기는 일정할 수가 없으며 흙 안에 크고 작은 입자가 섞여있기 마련이다. 이 흙 입자 크기의 분포를 파악하기 위한 것이 입도분석시험이다.

2) 흙의 입경을 결정할 때에는 입경이 대략 0.075mm 이상이면 체분석을 하고, 그 이하의 입경은 비중계분석을 하는 것이 보통이다

(2) 체분석법

1) 체분석은 잘 분쇄되고 건조된 흙을 일정한 양만큼 취하여 수행한다.

2) 맨 밑바닥에 팬(pan)을 받치고 다음에 하부에서 상부로 체의 크기가 작은 것부터 큰 것 순서로 쌓아올린 일련의 체에 흙을 넣고 흔들어 통과시킨다.

3) 각 체에 남는 양을 계산하고, 체를 통과한 누가중량백분율을 구하여 입도분포곡선을 그려서 입도를 판단한다.

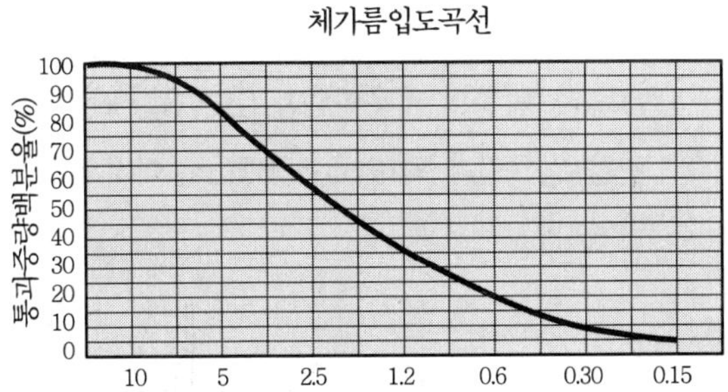

그림 1.43 체분석법

표 1.12 그림 1.44의 플롯값

체크기	잔류량	누가 잔류량	누가 통과량	누가 통과율	체크기	잔류량	누가 잔류량	누가 통과량	누가 통과율
10.0mm	0	0	531.1	100.0	5.0mm	88.7	88.7	442.4	83.3
2.5mm	136.2	224.9	306.2	57.7	1.2mm	120.9	345.8	185.3	34.9
0.6mm	81.1	426.9	104.2	19.6	0.3mm	57	483.9	47.2	8.9
0.15mm	25.4	509.3	21.8	4.1	PAN	21.8	531.1	-	0.0
전체	531.1								

(3) 비중계분석법(침강분석법)

1) 비중계분석법은 흙 입자의 크기가 0.075mm 이하의 세립토 입경을 구하는 실험으로 입자의 침강속도를 나타내는 stokes 법칙을 이용한 시험이다.
2) stokes 법칙은 아래의 식과 같이 구(球)를 물에 넣으면 침강속도는 구직경의 제곱에 비례한다는 원리이다.

$$v_s = \frac{\gamma_s - \gamma_w}{18\eta} d^2 \tag{1.31}$$

3) 따라서, 흙 입자의 침강속도를 측정하여 stokes의 법칙에 의해 흙 입자의 등치입경을 결정할 수 있다.

$$D = \sqrt{\frac{18\eta}{\gamma_s - \gamma_w}} \cdot \sqrt{v} = \sqrt{\frac{18\eta}{\gamma_s - \gamma_w}} \cdot \sqrt{\frac{L}{t}} \tag{1.32}$$

4) stokes 법칙의 적용범위는 0.2~0.0002mm까지이며, 0.2mm 이상의 입자는 침강할 때 교란을 일으키게 되며, 0.0002mm 이하의 입자는 브라운(Brown)운동이 심하므로 적용이 곤란하다.

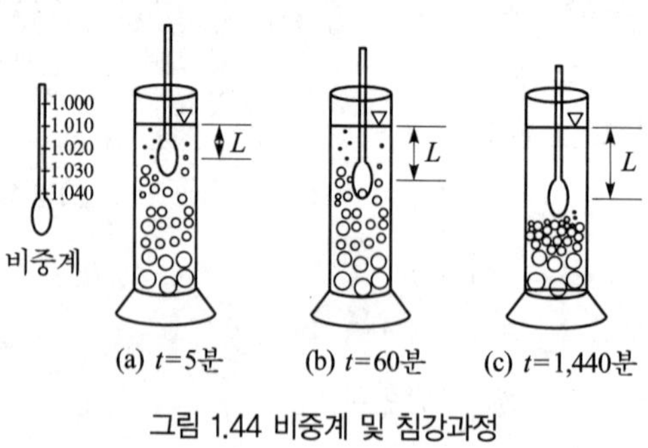

그림 1.44 비중계 및 침강과정

Stoke's 법칙

1. 정의

stokes의 법칙이란 "구의 침강속도는 구의 직경의 제곱에 비례한다"는 원리이다.

즉. $v_s = \dfrac{\gamma_s - \gamma_w}{18\eta} d^2$

여기서, γ_s : 구의 단위중량, γ_w : 물의 단위중량, η : 물의 점성계수, d : 구의 직경

2. Stoke's 법칙의 가정과 문제점

구 분	가 정	문제점(실제 점토입자의 침강)
침강입자	완전구형	판 상
침강형태	단독침강	간섭침강(응집), 브라운 운동(영동작용)
침강속도	느 림	수십~수백배 빠름

3. Stoke's 법칙의 이용

(1) 비중계 분석

(2) 준설토 침강속도 산정

브라운 운동(영동작용)

1. 정의

브라운 운동이란 물속의 미세한 입자가 입자표면의 전하 때문에 가라앉지 않고 떠돌아 다니는 현상을 말한다.

2. 브라운 운동 사례

(1) 비중계분석

비중계분석에서 비중계 속의 입자가 단독 침강하는 것으로 가정하였으나, 실제는 브라운 운동(영동작용)으로 입자가 떠돌아 다니다가 응집하여 침강한다.

(2) 준설점토의 침강압밀

준설점토의 침강압밀 거동은 입자크기가 미세하고 입자표면의 음의 전하 때문에 처음에는 영동작용을 하다가 시간이 흐르면서 응집하여 중량이 무거워져 침강한다.

브라운 운동(사전적 의미)

액체나 기체 안에 떠서 움직이는 미소입자의 불규칙한 운동. 물체가 전체적으로는 움직이지 않는 평형상태라도 물체를 이루는 미소입자는 열운동하고 있어서 다른 미소입자와 부딪치면서 병진운동을 하기 때문에 일어나는 현상이다. 물에 떠 있는 꽃가루의 운동, 냄새의 확산 현상 등에서 살펴볼 수 있다.

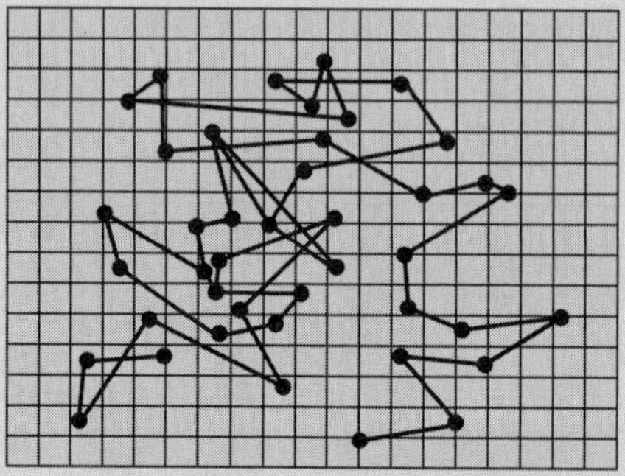

그림 1.45 브라운 운동의 경로추적

콜로이드 입자의 브라운 운동의 경로점은 30초마다의 움직임을 나타낸 것이다.

4.2 입도분포곡선

4.2.1 개요

1) 입도분석(체분석, 비중계분석)에서 얻은 결과를 이용하여 종축에는 통과중량백분율을 횡축에는 대수 입경을 표시하여 그린 곡선을 입도분포곡선(입경가적곡선, Grain size distribation curve)이라 한다.
2) 입도분포곡선으로부터 유효경, 균등계수, 곡률계수 등의 토질정수를 구해 입도분포 판정과 여러 가지 흙의 공학적 성질을 파악한다.

4.2.2 입도분포 판정

입도분포에 의한 흙의 공학적 성질을 파악하기 위해서는 유효경(D_{10}), 균등계수(C_u), 곡률계수(C_g)라는 지수를 알아야 한다.

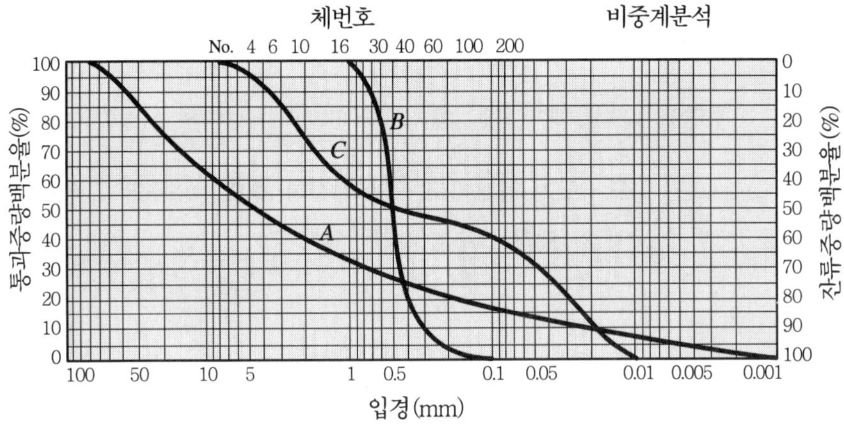

그림 1.46 입도분포곡선

(1) 유효입경(D_{10})

1) 입경가적곡선으로부터 통과중량백분율 10%, 30%, 60%에 대응하는 입경D(mm)를 읽어 이를 각각 D_{10}, D_{30}, D_{60}으로 표현하는데, 여기서 D_{10}을 유효입경이라 한다.
즉, 유효입경이란 통과중량백분율 10%에 해당하는 흙 입자의 직경을 말한다.

2) 이의 물리적 의미는 유효입경이 크면 클수록 주어진 흙 입자의 크기가 대체로 큼을 의미한다.

3) 유효입경으로부터 얻을 수 있는 지반정보

• 투수계수 추정

유효경은 흙의 투수성(배수성)을 지배하는 입경이라고 알려져 있다. 즉,

$K = C \times D_{10}^2$(cm/sec), Hazen의 방법, 깨끗한 모래에 적용

여기서, D_{10} : 유효입경, C : 비례상수(100~150, 둥근모래의 경우 100)

• 흙의 모관상승고 산정 : $h_c = \frac{0.3}{d}$(cm), $d = \frac{1}{5} \cdot D_{10}$

• 균등계수(C_u)와 곡률계수(C_g)를 구해 입도상태를 판정한다.

(2) 균등계수(C_u)

균등계수와 곡률계수는 입도분포의 넓이와 형태를 수치적으로 나타낸 지수이며 이들 값에 의하여 입도분포를 알 수 있다.

1) 균등계수는 유효입경에 대한 통과중량백분율 60%에 대응하는 입경의 비로 정의한다.

$$C_u = \frac{D_{60}}{D_{10}} \tag{1.33}$$

여기서, D_{60} : 통과량 60%에 해당하는 흙 입자의 크기

2) 균등계수(C_u)가 크면 입도분포가 양호하고, 균등계수가 적으면 입도분포가 나쁘다.
자갈 : $C_u \geq 4$이면 입도양호, 모래 : $C_u \geq 6$이면 입도양호

(3) 곡률계수(C_g)

1) 곡률계수는 다음과 같이 정의한다.

$$C_g = \frac{D_{30}^2}{D_{10} \times D_{60}} \tag{1.34}$$

$C_g = 1 \sim 3$일 때 입도분포가 양호

2) 곡률계수는 흙의 공학적 분류방법의 하나인 통일분류법에서 결손분포 판정의 기준이다. 즉, 그림 1.46에서 곡선 C와 같이 곡선이 구불구불하면 C_u가 크다고 하더라도 입도가 양호하다고 할 수 없다. 이와 같은 경우에는 곡률계수를 구해 입도분포를 판정한다.

(4) 입도분포 판정

입경가적곡선의 구배가 완만하면 입도양호, 구배가 급하면 입도불량(균등)하다.

1) 곡선 A : 입도양호
- 모래 : $C_u \geq 6$, $C_g = 1 \sim 3$
- 자갈 : $C_u \geq 4$, $C_g = 1 \sim 3$

2) 곡선 B : 입도가 균등

3) 곡선 C : 입도나쁨(결손분포), 균등계수는 크지만 곡률계수가 작음

4.2.3 결과 이용

(1) 흙의 공학적 분류에 이용

1) 조립토와 세립토 구분 : 0.075mm체 통과율(50%)

2) 자갈, 모래 구분 : 4.75mm체 통과율(50%)

(2) 동상성의 판단

다음과 같은 흙은 동상이 쉽게 발생한다.

1) C_u < 5이고, 0.02mm이하의 입경을 10%이상 함유한 경우

2) C_u >15이고, 0.02mm이하의 입경을 3%이상 함유한 경우

(3) 액상화 가능성 판정

다음과 같이 입도분포가 나쁜 사질토지반은 액상화 발생가능성이 크다

1) 입자가 둥글고 실트크기의 입자 함유량이 10% 이하인 경우

2) 평균입경 D_{50} = 0.075mm~2.0mm인 경우

3) 균등계수가 10보다 작은 입도분포가 나쁜 경우

4) 느슨하게 다져진 사질 퇴적지반

5) 지하수위가 지표면 아래 2~3m이내인 경우

6) 충적지반, 매립지

(4) Filter 재료의 적정여부 판정

① $\dfrac{(D_{15})_f}{(D_{85})_s} < 5$ ② $4 < \dfrac{(D_{15})_f}{(D_{15})_s} < 20$ ③ $\dfrac{(D_{50})_f}{(D_{50})_s} < 25$

(5) 균등계수(C_u)와 곡률계수(C_g)를 구해 입도분포를 판정

(6) 투수계수의 판정

$K = C \times D_{10}^2$(cm/sec), Hazen의 방법, 깨끗한 모래에 적용

여기서, D_{10} : 유효입경, C : 비례상수(100~150)

(7) 그라우팅 주입비 판정

$N = \dfrac{D_{15}}{G_{85}} \geq 15$: 주입가능

여기서, G_{85} : 그라우트재 누가 통과율 85% 입경

(8) 흙의 모관상승고 산정

$$h_c = \frac{0.3}{\frac{1}{5} \cdot D_{10}} (\text{cm})$$

4.3 통일분류법

4.3.1 개요

1) 흙을 분류하는 목적은 공학적 성질이 다른 여러 가지 흙을 간단한 시험을 근거로 하여 몇 가지 무리로 나누어 미리 그 흙의 공학적 성질을 알아두기 위해서 실시한다.
2) 흙의 공학적 분류는 입도분포와 컨시스턴시를 이용해서 분류하는 데 통일분류법(USCS : Unified Soil Classification System)과 AASHTO(American Association of State Highway and Transportation Officials)분류법이 대표적이다.
3) 통일분류법은 Casagrande가 2차대전 중 군비행장 설계용으로 흙을 분류했던 것을 기초로 몇 번 수정되어 완성된 방법으로 토질 및 기초공학 분야에서 가장 널리 이용되고 있다.

4.3.2 분류기호

통일분류법은 흙의 종류를 나타내는 제1문자와 흙의 성질(입도, 소성성, 압축성 등)을 나타내는 제2문자를 조합하여 총 26종의 기호로 분류한다.

표 1.13 통일분류법에 의한 흙의 분류

구 분	제1문자		제2문자		분류가능 기호
	기호	설 명	기호	설 명	
조립토 (18종)	G S	자갈(Gravel) 모래(Sand)	W P M C	입도분포가 양호한 입도분포가 불량한 실트를 함유한 점토를 함유한	GW, GP GM, GC SW, SP SM, SC 8개의 이중기호
세립토 (7종)	M C O	실트(Mo : 스웨덴어의 실트) 점토(Clay) 유기질토(Organic soil)	L H	소성 또는 압축성이 낮은 소성 또는 압축성이 높은	MH, ML CH, CL OH, OL CL-ML
고유기질토 (1종)	P_t	이탄(Highly organic soil)	-	-	P_t

4.3.3 분류방법(순서)

(1) 조립토와 세립토의 구분

No. 200체(0.075mm) 통과율
- 50%이하 : 조립토
- 50%이상 : 세립토

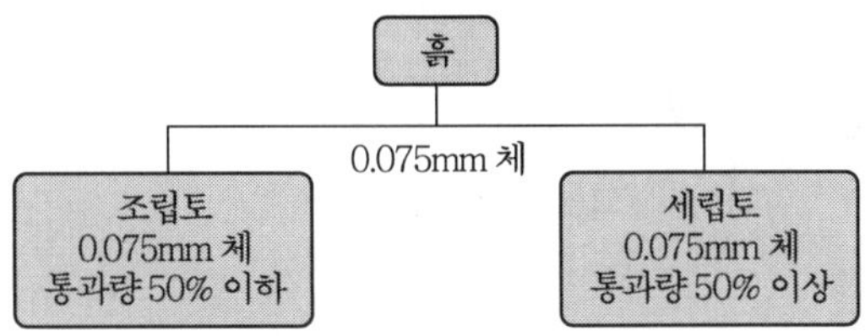

그림 1.47 조립토와 세립토의 구분

(2) 조립토의 구분 : 총 18종

1) 제1문자 : *G*와 *S*의 구분

No. 4체(4.75mm) 통과율
- 50%이하 : *G*(자갈)
- 50%이상 : *S*(모래)

2) 제2문자 : *W*, *P*, *M*, *C*의 구분

No. 200체(0.075mm) 통과율
- 5%이하 : $W(C_u=4\sim6,\ C_g=1\sim3)$, *P*(그 외)
- 5~12% : 8개의 이중기호
- 12%이상 : *M*, *C*(소성도에서 구함)

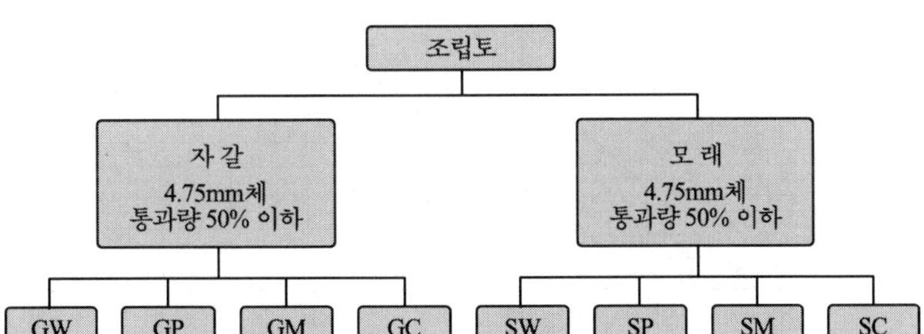

그림 1.48 조립토의 분류

(3) 세립토의 구분 : 총 7종

소성도표상에서 액성한계와 소성지수에 따라 *ML, MH, CL, CH, OL, OH, CL-ML*로 구분한다.

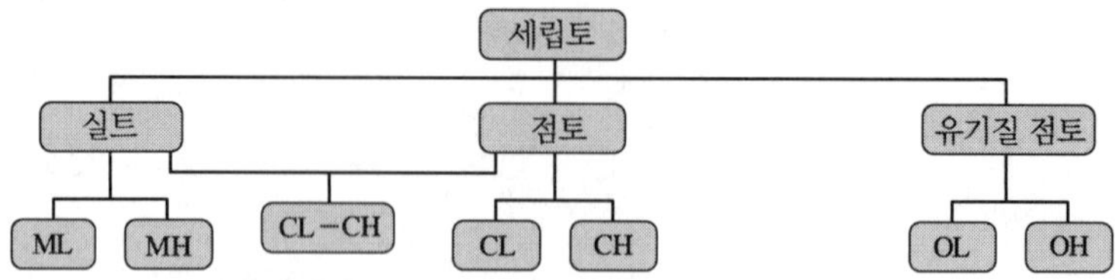

그림 1.49 세립토의 구분

1) 제1문자 : *M, C, O*의 구분

위의 소성도표에서 *A*선 위에 있으면 *C*(점토), *A*선 아래에 있으면 *M*(실트) 또는 *O*(유기질) 흙이다.

2) 제2문자 : *L, H*의 구분

위의 소성도표에서 B선(액성한계 50%)을 기준으로 좌측을 *L*, 우측을 *H*로 구분한다.

3) 이중기호

액성한계와 소성지수가 빗금친 부분에 해당되면 *CL–ML*로 분류된다.

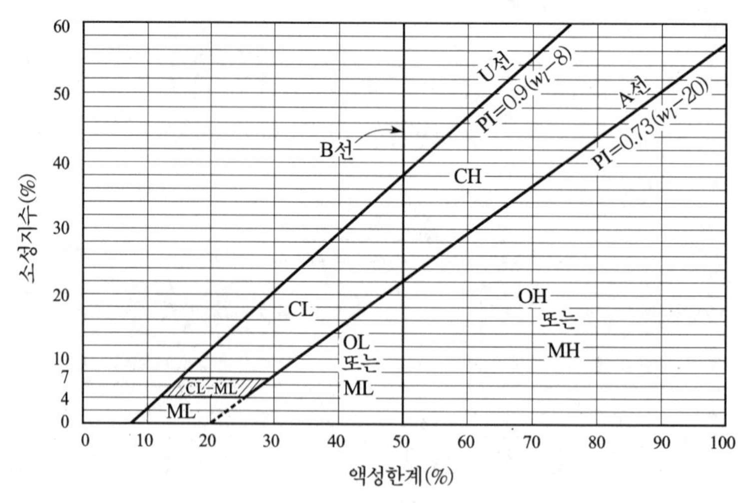

그림 1.50 Casagrande의 소성도

4.3.4 특징

표 1.14 통일분류법(USCS) 특징

장 점	단 점
① 세계에서 가장 많이 사용 ② 분류기호가 간단하여 의사전달이 용이 ③ 흙의 공학적 성질을 추정하는 도표가 있음	① 조립토와 세립토 구분은 AASHTO 분류법이 더 합리적임. → 이유 : 일반적으로 흙은 세립분 함유량이 35%이상이면 세립토와 같이 거동 ② 교란시료를 사용하므로 입자구조나 잔류결합 등이 고려되지 못함. ③ 특수토는 별도 분류가 필요. ④ 분류결과를 역학적 성질에 적용 시 큰 오류를 범할 수 있음.(예비판단 자료 정도로 활용함이 타당)

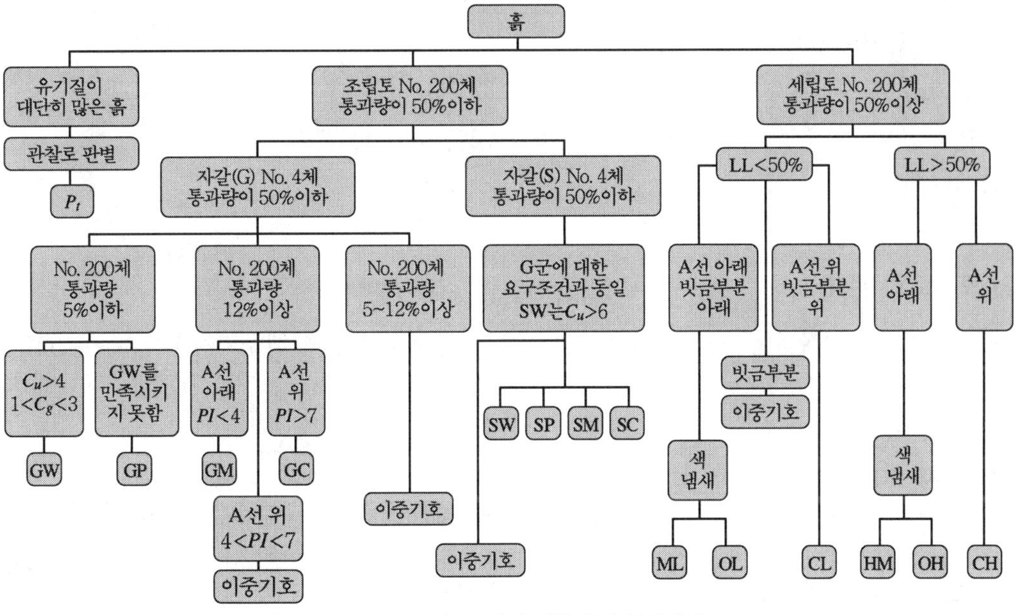

그림 1.51 통일분류법에 의한 흙의 분류방법

4.4 AASHTO분류법

4.4.1 개요

1) AASHTO(American Association of State Highway and Transportation Officials)분류법은 통일분류법과 마찬가지로 흙의 입도, 액성한계 및 소성지수에 의하여 흙을 분류한다.
2) 이 분류법은 1929년 도로노상재료의 적합 여부를 판단하기 위하여 제정된 PR 분류법을 여러 차례의 수정을 거쳐 1945년 미국연방도로연구위원회의 노상토 및 기층형태 도로용

재료 분류위원회에 의하여 현재 분류법을 갖추게 되었으며, A-1에서 A-7까지 7개의 군(群)으로 분류하고 각각을 세분하여 총 12개의 군으로 분류한 후에 군지수(GI ; group index)를 분류기호 뒤의 (　　)안에 표시하도록 되어있다.

4.4.2 분류방법

(1) 조립토와 세립토의 구분

No. 200체(0.075mm) 통과율
- 35%이하 : 조립토
- 35%이상 : 세립토

AASHTO 분류법의 입경에 따른 흙의 분류는 다음과 같다.

옥석(玉石, Bboulder)	> 75mm
자갈(gravel)	75mm~2mm(No. 10체)
모래(sand)	2mm(No. 10체) ~0.075mm(No. 200체)
세립분(fines)	<0.075mm(No. 200체)

(2) 조립토의 분류

A-1-(a)에서 시작하여 A-2-7까지 오른쪽으로 진행해 가면서 해당되지 않는 분류기호를 제거한다

표 1.15 AASHTO 분류법

일반적 분류	조립토(No.200체 통과율 35% 이하)							세립토(No.200체 통과율 35% 이상)			
분류기호	A-1		A-3	A-2				A-4	A-5	A-6	A-7 A-7-5 A-7-6
	A-1-a	A-1-b		A-2-4	A-2-5	A-2-6	A-2-7				
군지수	0		0	0		4이하		8이하	12이하	16이하	20이하
체분석,통과율의 % No.10체 No.40체 No.200체	50이하 30이하 15이하	50이하 25이하	51이상 10이하	35이하	35이하	35이하	35이하	36이상	36이상	36이상	36이상
(No.40체 통과 분의 성질) 액성한계 소성지수	6이하		NP	40이하 10이하	41이상 10이하	40이하 11이상	41이상 11이상	40이하 11이상	41이상 11이상	40이하 11이상	41이상 11이상
군지수	0		0	0		4		8	12	16	20
주요구성재료	석편, 자갈, 모래		가는모래	실트질 또는 점토질 자갈 모래				실트질 흙		점토질 흙	
노상토로서의 일반적 등급	우수 또는 양호							가능 또는 불가능			
* A-7-5 : PI ≤ LL-30, A-7-6 : PI ≥ LL-30											

4.4.3 군지수(GI ; Group Index)

군지수는 한 군내에서 노상토로서의 비교우위를 나타내기 위하여 고안된 것으로 0.075mm 통과율과 Atterberg 한계(액성한계, 소성지수)를 사용하여 다음의 식으로 구한다.

$$GI = 0.2a + 0.005ac + 0.01bd \tag{1.35}$$

여기서, a : No. 200체 통과율에서 35를 뺀 값(0~40의 정수만 취함)
b : No. 200체 통과율에서 15를 뺀 값(0~40의 정수만 취함)
c : 액성한계에서 40을 뺀 값(0~20의 정수만 취함)
d : 소성지수에서 10을 뺀 값(0~20의 정수만 취함)

(2) 군지수의 특징

1) *GI*가 클수록 노상재료로서 부적합하다
2) *GI*의 상한치는 없다.
3) 군지수는 반올림하여 정수로 나타낸다.
4) 군지수의 값이 음수인 경우 군지수는 0이다.
5) A-1-a, A-1-b, A-2-4, A-2-5, A-3에 해당하는 군지수는 항상 0이다.

4.4.4 특징

1) 조립토와 세립토 구분은 통일분류법보다 더 합리적이다.
2) 분류결과가 숫자로 표시되어 전문성이 없으며 판단에 어려움이 있다.
3) 유기질토 분류가 없다.
4) 군지수 값이 크면 흙 입자가 작고 팽창지수가 크며, 소성이 크므로 노상재료로 부적합하다.

4.4.5 실무적용 시 유의사항

1) 도로 또는 활주로 노상토 재료의 적합여부 판단 및 흙분류를 하기 위하여 제정된 방법이므로 기초분야에는 적용하지 않는다.
2) 군지수(*GI*)가 큰 노상토 일수록 공학적 성질이 나쁘므로 두꺼운 포장층이 요구된다.
3) AASHTO 분류법은 도로 또는 활주로의 노상토를 분류하는데 널리 이용되어 왔으므로 노상토공의 설계 및 시공에 관계되는 조사자료는 풍부하지만 그 이외의 분야에서는 사용되는 예가 적다.

4.5 통일분류법과 AASHTO 분류법의 비교

4.5.1 개요

1) 흙 분류는 유사한 거동을 보이는 그룹으로 구분하여 개략적인 투수성, 압축성, 전단특성과 같은 공학적 성질과 동상가능성, 토공재료의 품질, 다짐장비 선정 등을 판단할 수 있다.
2) 입도시험과 액성, 소성한계 시험에 주로 근거한 분류로부터 경험적인 관계식 또는 경험치에 의거하여 물리시험 결과로부터 역학적 특성을 예측하고 추정할 수 있다.
3) 기준에 의해 분류함으로써 객관적인 자료가 되고 기술자들간에 보고서로 의사전달 시 애매하거나 잘못 전달되는 일을 지양할 수 있다.
4) 분류시험에 의해 역학시험 종류, 방법 등의 시험계획에 활용되며 시공계획에 유용하여 업무의 효율성에 크게 기여된다.

4.5.2 공통점

1) 흙을 흙입자의 크기와 소성에 따라 분류한다.
2) 조립토와 세립토를 75㎛체 통과율에 따라 분류한다.

4.5.3 차이점

1) 조립토와 세립토의 구분은 통일분류법에서는 75㎛체 통과량을 기준으로 50%이상인 경우 세립토로 분류하나 AASHTO법에서는 75㎛체 통과율 35%이상인 경우 세립토로 분류한다. 약 35%의 세립토를 가진 조립의 흙은 세립토와 같이 거동을 한다. 이것은 조립토 사이의 간극을 채울만큼 충분히 세립이고 따로따로 그것들을 감싸고 있기 때문이다. 따라서, AASHTO법이 보다 적절하다.
2) 모래와 자갈의 구분은 통일분류법에서는 4.75mm체를 기준으로 분류하나 AASHTO분류법에서는 2mm체를 기준으로 분류한다.
   흙을 분리하는 입자크기의 한계라는 관점에서 보면 2mm체는 모래에 대한 상관관계를 잘 나타내므로 AASHTO법이 보다 합리적이다.
3) 통일분류법에서는 모래질, 자갈질 흙의 분류가 확실하나 AASHTO분류법에서는 모래질 자갈질 흙의 분류가 확실하지 못하다.
4) *GW*, *SM*,*CH* 등과 같은 symbol을 표기하는 방법인 통일분류법이 AASHTO분류법 보다 흙의 특성을 더 잘 나타내고 있다.

5) 통일분류법에서는 유기질흙(*Pt*, *OL*, *OH*)의 분류방법이 있으나 AASHTO분류법에서는 유기질토에 대한 분류가 없다.
6) 통일분류는 입도, 액성한계, 소성지수로 하나 AASHTO는 앞의 3가지에 군지수를 추가 분류요소로 한다.

표 1.16 통일분류법과 AASHTO분류법의 비교

분류항목	통일분류법	AASHTO	합당한 분류법
조립토 · 세립토 구분	75㎛체 통과량 50%	75㎛체 통과량 35%	AASHTO
자갈 · 모래의 경계 입경	4.75mm	2mm	AASHTO
실트 · 점토의 구분	A-Line PI=0.72(LL-20)	PI=10	USCS
유기질토의 분류	Pt, OH, OL	없음(A-8)	USCS
조립토의 분류	자세한 분류(GW, GC)	A-1, A-2, A-3	USCS
기호의 의미	서술적 의미 있는 기호	익숙하지 않는 경우 의미 파악 곤란	USCS
채택기관(미국의 경우)	관공서, 설계회사	도로전문기관	

4.5.4 통일분류법 장점

1) 세계적으로 많이 쓰이는 범용적 분류이다.
2) 분류를 흙종류와 특성을 고려한 2개 문자로 표기하므로 이해가 쉽고 의사전달이 편리하다.

4.5.5 통일분류법 문제점

1) 교란시료에 대한 시험치를 이용하므로 점성토의 경우 입자구조나 잔류결합 등은 고려되지 않는다.
2) 분류로부터 역학적 성질을 너무 맹신하는 경우 큰 오류를 범할수 있으며 예비 판단 자료로 활용해야 한다.
3) 세계적으로 통일분류법이 가장 많이 쓰이고 있는데 모든 흙에 대해 적용이 곤란한 경우에는 해당지역에 대한 분류기준을 추가할 필요가 있다.
   (예. 일본분류에서 화산회질 분류. 미국, 독일분류에서 유기질토 분류를 세분함)
4) USCS는 조립토, 세립토 구분을 75㎛체 통과량 50% 기준하고, 모래와 자갈구분을 4.75mm체로 하는데 흙의 공학적 거동관점에서는 AASHTO분류인 75㎛체 통과량 35%, 모래와 자갈구분은 2mm체 기준이 보다 합리적이다.

5. 용어 설명

5.1 Swelling(팽윤작용)

5.1.1 개요

1) 팽윤이란 점토광물의 결정층 사이로 물이 흡수되어 체적이 증가하는 현상이다.
2) 지반(흙 또는 암반)이 물을 흡수하면 간극을 채우는 1단계와 입자 또는 광물의 자체가 물을 흡수하는 2단계로 구분된다.
   ① 1단계 : 간극을 채우는 단계로 체적팽창 없음
   ② 2단계 : 간극이 물로 완전포화되면 흙 입자(점토광물)의 결정층 사이로 물이 흡수되어 체적이 팽창함
3) 팽창성 흙은 수분을 함유하면 체적증가가 크게 일어나고, 체적변화가 방지되면 팽윤압이 발생된다.

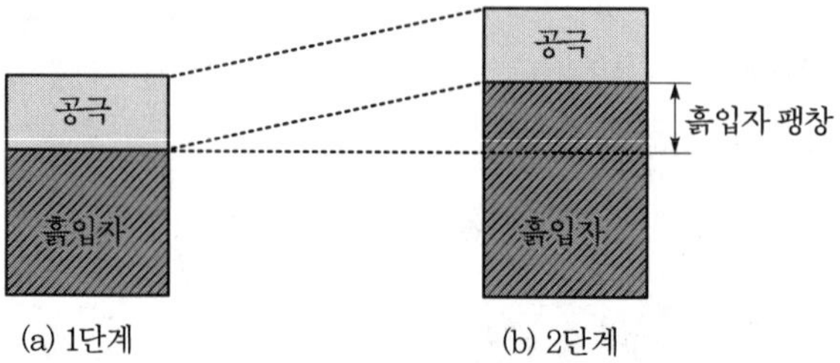

그림 1.52 Swelling으로 인한 흙의 체적변화

5.1.2 팽창성 지반

(1) 흙

1) 점토광물에 따라 팽창성이 다르다.
   Montmorillonite > Illite > Kaolinite
2) 함수비가 최적함수비 이상이 되면 팽윤량은 급격히 감소함
   이는 흙구조가 면모구조에서 팽윤이 크고, 이산구조에서 작기 때문임

(2) 암반

이암(퇴적암), 셰일, 사문암(변성암), 녹니암, 편암, 응회암 등 점토광물을 함유한 암반

5.1.3 팽창성 판단

(1) 활성도에 의한 방법

활성도가 클수록 팽창성이 크다.

$$활성도 = \frac{PI}{2\mu m 이하\ 통과백분율}$$

(2) Swelling(팽창성) 시험

그림 1.53 Swelling 시험

1) 팽창압 지수시험

불교란시료를 수침시켜 부피를 일정하게 유지할 때, 흡수에 의한 팽창압을 측정

2) 팽창변형률 지수시험(원주방향 구속)

- 원주방향 변형을 구속하여 축방향에 일정하중을 작용시켜 수침시킨 경우, 축방향 팽창에 의한 변형을 측정
- 원주방향의 변형을 구속하기 위해서 강재링을 사용하고, 축력에 약 0.003MPa를 작용시킨 상태로 팽창변형을 측정하여 다음 식에 의한 팽창변형률 지수를 구한다.

$$팽창변형률\ 지수 = \frac{d}{L} \times 100(\%)$$

여기서, d : 팽창변형량, L : 공시청의 초기 두께

5.1.4 지반안정에 미치는 영향과 대책

표 1.17 지반안정에 미치는 영향과 대책

구조물 종류	지반의 안정에 미치는 영향	대 책
도 로	도로포장 파손	• 치환, 안정처리
기 초	기초슬라브 융기, 균열, 파손 기초지지력 감소	• Waffle Slab, 치환 • 근입깊이 증가, 말뚝기초 • 지반보강(주입공법) • 배수층을 설치하여 지하수위 상승을 막음
터 널	쐐기파괴 굴착바닥 융기(Heaving) 지보공에 큰 지압 작용	• 지반보강 • 록볼트 설치 • 숏크리트 설치, 인버트 설치
비탈면	표면탈락 비탈면붕괴	• 보호공법(숏크리트, 식생공) • 암괴제거 • 록볼트, 낙석방지망+낙석방지책 • 비탈면구배 완화(대규모 붕괴)

5.2 Slaking(비화작용)

5.2.1 개요

1) 암석의 내구성은 여러 가지 풍화작용에 대한 저항성으로 정의하는데 동결내구성, 마모내구성, Slaking 내구성으로 구분한다.
2) 암석이 건습의 반복에 의하여 고결력을 잃고 조직이 파괴되어 입자간의 결합력이 급격히 저하되어 붕괴되는 것을 Slaking현상(비화작용)이라 한다.
3) Montmorillonite와 같은 점토광물이 많이 함유된 암석의 경우 자연상태에서는 단단한 고결력을 가지고 있다가도 건습의 반복작용으로 인해 고결력을 잃어 표면이 쉽게 떨어져 나간다.
4) 암석의 붕괴에 영향을 주는 2가지 중요한 요소는 Slaking과 Swelling이다.

그림 1.54 Slaking에 의한 세립화

5.2.2 암석 내구성시험(ISRM : 국제암반공학회)

1) 50g 암석 10개를 철망에 넣고, 110℃ 온도로 2~6시간 노건조 시킴
2) 시료를 드럼에 넣고 10분 동안 200회 회전시킨 후 다시 노건조 시킨 후 무게를 측정
3) 다시 2)의 과정을 반복하여 최종 무게 측정
4) Slaking 내구성지수 산정

$$\text{Slaking 내구성 지수} = \frac{\text{최종시료 무게}}{\text{초기의 시료무게}} \times 100(\%)$$

(80% 이상 : 내구성 있음, 50~80 : 보통, 50% 이하 : 내구성 낮음)

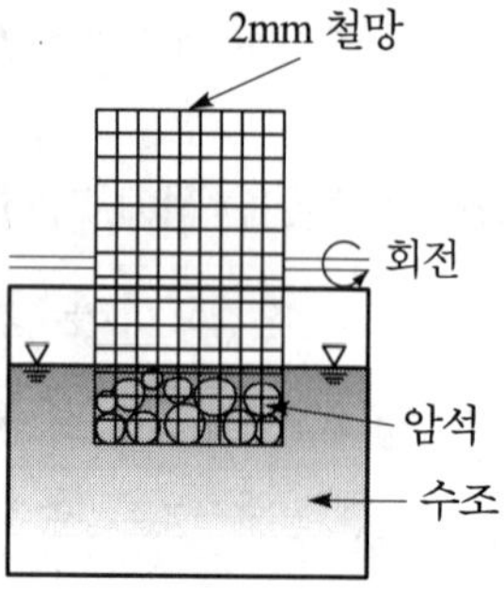

그림 1.55 암석 내구성 시험

5.2.3 Slaking이 잘 일어나는 암반

1) 화성암 : 잘 일어나지 않음
2) 퇴적암 : 이암, 셰일
3) 변성암 : 사문암, 편암

5.2.4 지반의 영향

표 1.18 Slaking에 의한 지반영향

구 분	문 제 점	대 책
비탈면	표면탈락, 산사태	록 볼트, 숏크리트
터 널	쐐기파괴 지보공에 큰 지압작용	록 볼트, 숏크리트

5.2.5 결론

1) 연암 등 미고결 암석에서 Slaking 현상이 현저하게 발생되는 경우가 많으며 특히 점토질 퇴적암(이암, 셰일)이나 화산암이 지표면에 노출되면 암질이 급격히 저하되는 경우가 종종 발생한다. 변질은 대부분의 경우 노출된 표면에 국한되어 수 년에서 수 십년에 걸쳐서 발생한다.
2) Slaking 내구성지수는 매우 다양하여 암석에 따라 0~100%의 범위를 보이며 암석의 지질학적인 연대와는 뚜렷한 관계를 보이지 않는다.
3) 밀도와는 비례의 관계를, 함수비와는 반비례의 관계를 보인다.
4) 흡수율이 클수록 Slaking 발생 가능성이 높다.

5.3 고유이방성과 유도이방성

5.3.1 개요

1) 지반의 한 지점에서 사방으로 공학적 성질이 같으면 등방성, 그렇지 않으면 비등방성(이방성)이라 한다.
2) 자연상태에 존재하는 흙은 퇴적 조건과 응력이력에 따라 입자배열의 이방성 또는 흙의 구조이방성을 가지며 이러한 이방성은 강도 및 변형 성질을 통해 나타난다.
3) 흙의 이방성은 고유이방성과 응력유도이방성으로 구분된다.

5.3.2 고유이방성

1) 고유이방성(Inherent Anisotropy, 초기이방성)이란 흙 생성과정에서 흙구조 차이에 의해 발생되는 이방성이며, 이는 흙이 퇴적될 당시에 특정한 방향성을 가지면서 퇴적되기 때문에 발생되는 이방성이다.
2) 고유이방성은 흙이 하중을 받아서 변형되기 이전부터 발휘되는 이방성이며 대부분의 흙은 고유이방성을 띠게 된다.
3) 자연상태의 사질토 입자는 완전한 구체가 아니기 때문에 부분적 또는 전체적으로 고유이방성을 가지나 그 크기는 점성토에 비해 아주 작아서 일반적으로 사질토의 고유이방성은 무시되어 균질하다고 본다.

5.3.3 응력 유도이방성

1) 유도이방성(Induced Anisotropy)이란 흙이 퇴적된 이후 하중을 받으면서 발생되는 후천적 이방성을 말한다.
2) 즉, 흙 입자들이 퇴적된 이후 받게 되는 응력체계(Stress System)가 변화하게 되면 흙 입자들은 가해지는 주응력에 가장 잘 저항할 수 있는 구조로 배열을 바뀌게 되며, 초기응력비($k_0 = \frac{\sigma'_h}{\sigma'_v}$), 중간주응력 및 중간주응력의 회전 등으로 인하여 퇴적 당시에 발달되었던 구조가 새로운 응력체계에 의해 변화하게 된다.

5.3.4 이방성에 따른 공학적 성질

(1) 하중작용 방향에 따른 비배수전단강도의 이방성

1) 정규압밀점토의 경우 최대주응력방향을 90° 회전시켰을 때(즉, 수평면의 방향) 비배수전단강도는 감소하고, 최대전단응력에 도달하는데 필요한 변형률은 증가한다.
2) 비배수전단강도의 이방성은 과압밀비(OCR)가 증가할수록 감소한다.

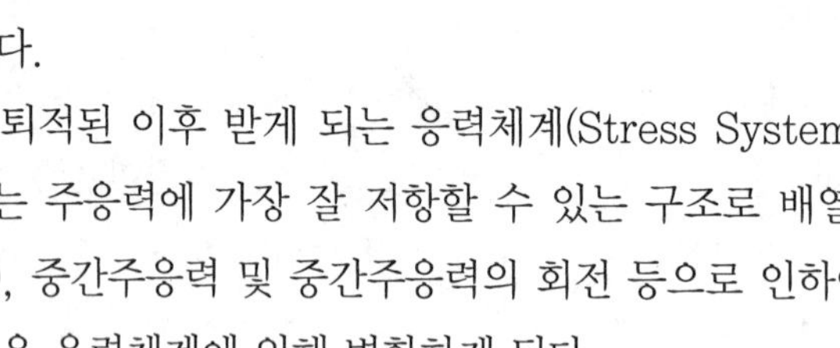

그림 1.56 비배수전단강도의 이방성

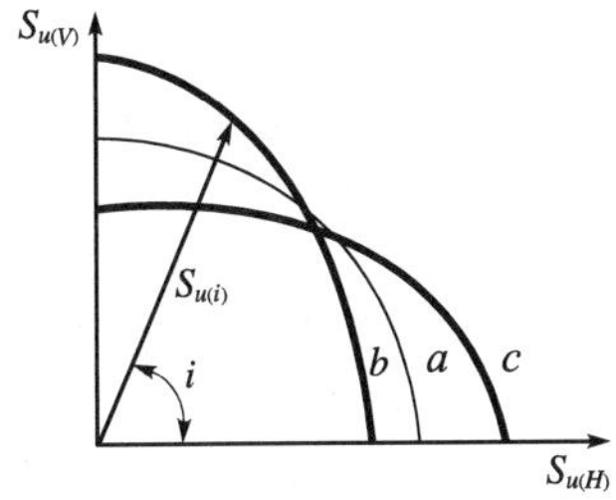

그림 1.57 비배수전단강도의 이방성

$S_{u(V)}$: 하중 방향이 수직인 경우 전단강도
$S_{u(H)}$: 하중 방향이 수평인 경우 전단강도
$S_{u(i)}$: 하중 방향이 수평면에 대해 i각도인 경우 전단강도

① 등방성(a) : $S_{u(V)} = S_{u(H)} = S_{u(i)}$
② 정규압밀점토(b) : $S_{u(V)} > S_{u(h)}$
③ 과압밀점토(c) : $S_{u(V)} < S_{u(h)}$

(2) 압밀방법에 따른 이방성(응력이력에 의한 원인)

1) K_0압밀시 비배수전단강도는 등방압밀시보다 10~15%가 작게 나타난다.
2) 응력-변형률 거동에서는 K_0압밀시 훨씬 작은 변형률에서 파괴에 도달한다.
3) 내부마찰각은 압밀방법과 무관하게 비슷한 값을 가진다.

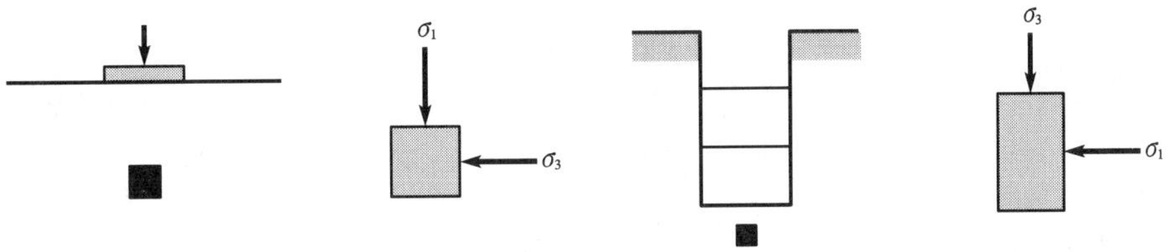

(a) 원형기초, 독립기초 (b) 삼축압축시험(TC) (c) 수직구굴착 (d) 삼축인장시험(TE)

그림 1.58 압밀방법에 따른 흙의 이방성

등방압밀에 의한 삼축압축시험은 응력상태가 등방압이기 때문에 K_0상태에서 나타나는 응력유도이방성을 상실하게 되고, 실제 지반의 1차원압축 과정에서 형성된 흙의 구조가 변화하기 때문에 실제 지반에서 발생하는 전단특성과 다른 거동을 보여주게 된다.

(3) 전단강도 이방성 : 비탈면안정

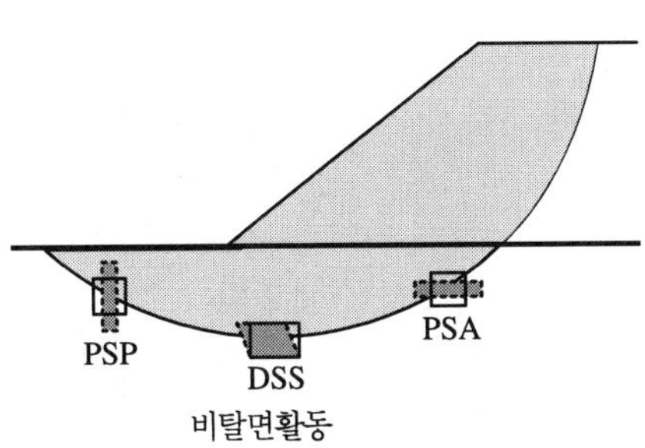

PSA(Plane Strain Active) : 평면변형주동시험,
DSS(Direct Simple Shear) : 단순전단시험
PSP(Plane Strain Passive) : 평면변형수동시험

그림 1.59 비탈면안정의 전단강도 이방성

(4) 투수계수

1) 자연퇴적토는 대략 평행한 층을 이루면서 퇴적되어 수평방향 투수계수가 연직방향 투수계수보다 약 10배 더 크다.

2) 풍적토인 레스(Loess)는 연직균열로 연직방향투수계수가 크며 일반적인 층다짐 성토는 수평방향투수계수가 크다.

3) 성층에 따른 투수계수

- 수평방향 투수계수 : $k_h = \dfrac{1}{H}(k_1 \cdot h_1 + k_2 \cdot h_2 + k_3 \cdot h_3)$
- 연직방향 투수계수 :

$$k_{v(eq)} = \frac{H}{\left(\dfrac{h_1}{k_{v1}}\right) + \left(\dfrac{h_2}{k_{v2}}\right) + \cdots \left(\dfrac{h_n}{k_{vn}}\right)}$$

(5) 압밀계수

정규압밀 점토의 경우 : $c_h = (2 \sim 10)\ c_v$

(6) 토압

1) 주동토압계수

- 연직방향의 응력은 동일하나 수평응력이 점차로 감소하여 흙이 팽창하여 파괴될 때를 주동상태라하며 이 때의 토압계수를 주동토압계수라 한다.
- $K_a = \dfrac{\sigma_{ha}}{\sigma_v} < 1$

2) 수동토압계수

- 연직방향의 응력은 동일하나 수평응력이 점차로 증가하여 흙이 압축되어 파괴될 때를 수동상태라하며 이 때의 토압계수를 수동토압계수라 한다.
- $K_p = \dfrac{\sigma_{hp}}{\sigma_v} > 1$

3) 연직 · 수평 토압

- $\sigma_h = K \cdot \sigma_v$

K는 주동, 수동, 정지상태에 따라 변하며, $\sigma_v \neq \sigma_h$인 이방성을 보인다.

(7) 침투유량

1) 등방인 경우 : $Q = k \cdot H \cdot \dfrac{n_f}{n_d}$

2) 비등방인 경우 : $Q = \sqrt{k_v \cdot k_h} \cdot H \cdot \dfrac{n_f}{n_d}$

여기서, k : 등방조건 투수계수　　k_h : 수평흐름 투수계수

k_v : 연직흐름 투수계수　　n_f : 유선망에서 유선의 간격수

n_d : 유선망에서 등수두선의 간격수　　H : 수두차

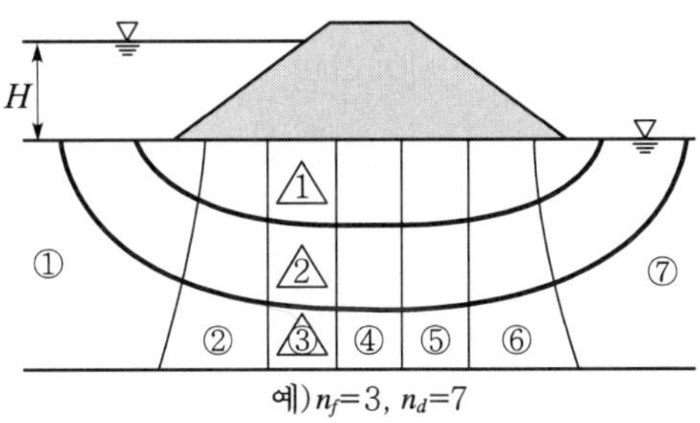

그림 1.60 유선망을 이용한 침투유량 산정(예)

5.3.5 이방성 산정방법

흙의 이방특성은 배열특성이나 응력상태 및 응력이력 등에 따라 결정되며, 결정된 이방특성은 공학적 특성으로 반영된다. 따라서 구조물을 설치하거나 추가적인 재하 또는 제하를 실시하는 시공 및 설계를 위해서는 지반의 이방성을 파악할 수 있는 지반조사가 요구된다.

1) 실내시험에 의한 방법

채취한 불교란 시료를 이용하여 수평 및 수직방향의 변화에 대해 실내시험을 한다.

2) 현장시험에 의한 방법

Vane의 날개모양을 변형시켜 수직전단강도와 수평전단강도를 구한다.

3) 전단파 속도를 이용하는 현장시험

전단파속도와 지반의 유효응력간의 상관관계를 이용하여 응력유도 이방성의 경향을 파악한다.

4) 전단파 속도 측정 실내시험

실내에서 전단파 속도를 측정할 수 있는 벤더 엘레먼트의 방향변화를 통해 이방특성을 파악한다.

5.3.6 결론

1) 실내시험만으로는 고유이방성을 포함한 복합이방성을 파악하기 힘들며 단지 이방성의 경향만을 파악할 수 있고 정량적 파악이 힘들다.
2) 또한, 시료채취과정에서 발생할 수 있는 교란효과나 원위치 상태의 지반을 완벽하게 반영할 수 없다
3) 따라서, 이방성의 정량적인 파악을 위해 방향별 유효응력을 측정하여 횡방향 응력계수를 측정할 수 있는 추가적인 시스템 구축이 필요하며, 점토입자의 고유이방성을 파악하기 위한 연구가 이루어져야 한다.
4) 원상태 지반의 이방성을 파악하고 실내시험의 한계를 극복할 수 있는 현장시험을 개발할 필요성이 있다.

5.4 비표적면과 비체적

5.4.1 비표면적

1) 비표면적이란 흙입자의 단위중량당 흙입자의 표면적을 말한다.

$$\text{비표면적} = \frac{\text{흙입자의 1g 표면적}}{\text{흙입자 1g}}(\text{m}^2/\text{kN}) \tag{1.36}$$

2) 흙입자의 비표면적은 입자크기, 형상, 표면상태에 따라 다르며 입자크기가 적을수록 입자형상이 편편할수록 커진다.
3) 비표면적은 사질토(입자형상)의 공학적 성질에는 영향이 거의 없고, 점토(판상형상)의 공학적 성질에 주로 많은 영향을 미친다.
4) 비표면적이 클수록 공학적 성질이 불량하다.

5.4.2 비체적

1) 비체적이란 $1+e$를 말하며 흙의 삼상도에서 체적(V)에 해당하는 부분에 흙입자의 부피(V_s)로 나누어 나타낸 체적을 비체적이라 한다.
2) 비체적은 점토의 변위를 해석할 때 사용한다.
3) 점토의 비체적이 크다는 의미는 간극비가 크다는 의미이며, 간극비가 클수록 흙의 공학적 성질은 불량하다.

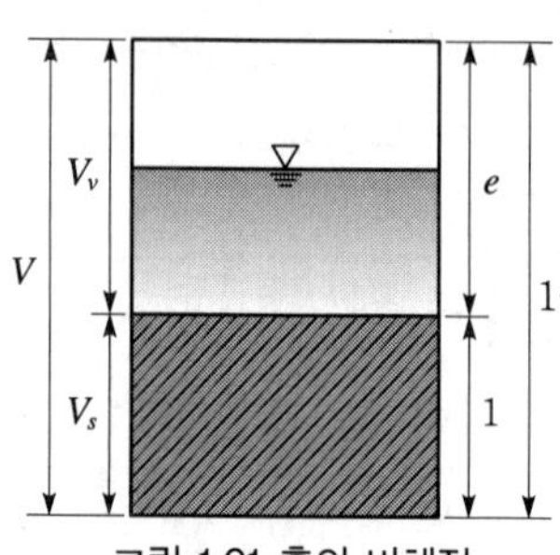

그림 1.61 흙의 비체적

5.4.3 공학적 특성

(1) 전단강도 특성

비표면적과 비체적이 클수록 비배수전단강도가 작다.

(2) 압밀특성

1) $e-\log\sigma'$ 곡선
   - 비표면적과 비체적이 클수록 압축성이 커진다.
   - 비표면적이 클수록 간극비와 함수비가 커진다.

2) $\log c_v - \log \sigma'$

   비표면적과 비체적이 클수록 압축(압밀침하)시간이 길어진다.

(3) 투수성

1) 투수성은 비표면적과 반비례관계이다.
2) 비표면적이 크면 점토입자의 확산이중층 두께가 두꺼워져 물의 흐름을 방해하므로 투수계수가 감소한다.
3) 비표면적이 크면 간극비가 커져 비체적(1+e)이 커진다.

5.5 모관흡수력과 함수특성곡선

5.5.1 모관흡수력

1) 불포화토는 흙입자, 물, 공기 세 가지로 구성되어 있으며, 흙입자 사이의 공간은 물과 공기로 채워져 있다. 지층 내의 공기의 압력(u_a)과 물의 압력(u_w)은 서로 다른데, 그 차이를 모관흡수력($u_a - u_w$)이라 정의한다.
2) 모관흡수력은 흙입자에 표면장력으로 전달된다. 이로 인하여 흡수력이 클수록 입자들을 서로 잡아당기며 흙 골격의 구속효과가 증가한다. 반대로 포화도가 증가하여 흡수력이 감소하면 구속효과는 감소하게 된다.
3) 모관흡수력은 불포화토 지반의 거동특성에 매우 중요한 역할을 하는 토질정수이므로, 불포화토와 관련된 흐름특성, 변형특성 및 강도특성을 적절히 고려하기 위해서는 모관흡수력의 영향을 반드시 고려하여야 한다.

5.5.2 함수특성곡선(Soil-water Retention Curve)

1) 함수특성곡선은 흙 속의 물의 양과 모관흡수력과의 관계로 정의되며, 물의 양은 중량 함수비, 체적함수비 또는 포화도로 나타낼 수 있지만 일반적으로 체적함수비와 모관흡수력과의 관계로 나타낸다.
2) 함수특성곡선은모관흡수력에 따른 흙 내부의 체적함수비와의 상관관계를 보여주며, 불포화 특성을 결정하는 기본물성이다.
3) 건조로 인하여 모관흡수력이 증가하면 포화도 및 체적함수비는 감소한다. 모관흡수력이 0인 경우는 포화상태를 의미하고, 완전 건조상태가 되면 모관흡수력은 100Mpa 수준의 거대한 압력이 작용하게 된다.

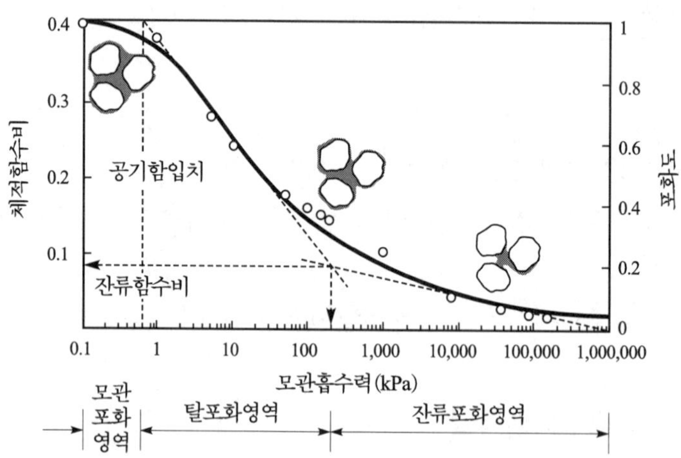

그림 1.62 함수특성곡선의 개념

4) 함수특성곡선은 세립토일수록 공기함입치가 크고 공기함입치보다 큰 모관흡수력에서는 포화도의 변화율은 작게 나타난다.

5.5.3 활용

1) 불포화토의 투수계수 산정 → 침투해석에 활용

불포화토의 투수계수는 포화토의 투수계수에 비해 그 값이 매우 작고 시험 중에 불포화 상태에서의 포화도를 유지하기란 매우 어렵다. 따라서 불포화토의 투수계수는 함수특성곡선을 이용한 경험식을 주로 이용하고 있다.

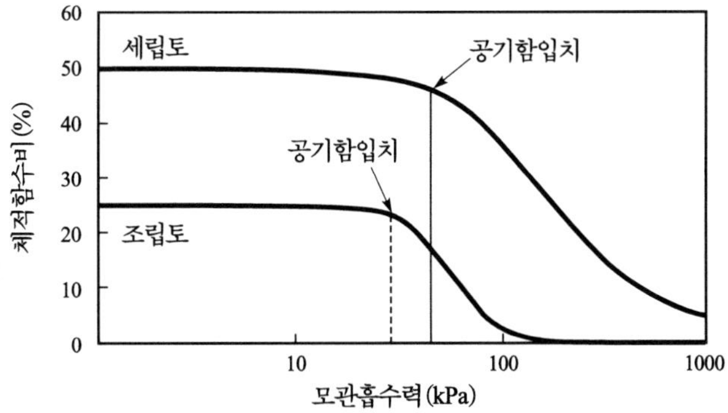

그림 1.63 세립토와 조립토에 대한 모관흡수력과 체적함수비와의 관계

2) 불포화토의 전단강도정수 산정 → 비탈면 안정해석에 활용

불포화토의 내부마찰각(ϕ_b)를 구하기 위해서는 공기와 물의 배수를 현장응력조건에 맞춰 삼축압축시험 등을 실시하기에는 시간과 비용이 많이 요구된다. 따라서 토질별 함수특성곡선을 이용한 경험식으로 ϕ_b를 추정할 수 있다.

제 2장 다짐

1. 실내다짐
2. 현장다짐

chapter 02

제 2장 다짐

1. 실내다짐

1.1 다짐(Compaction)의 기본개요

1.1.1 정의

다짐(Compaction)이란 흙에 인위적인 에너지를 가하여 간극중의 공기를 배출시켜 흙을 촘촘하게 만드는 것(즉 단위중량을 증가시키는 것)을 말하며 다짐에너지를 가하는 방법에는 전압, 충격력, 짓이김, 진동 등이 있다.

※ Compaction is the densification of a soil by the expulsion of air and the arrangement of soil particles.

> **압밀이란?**
> 완전히 포화되어 있거나 또는 부분적으로 포화된 흙에 하중이 가해지면 그 하중으로 말미암아 과잉 간극수압이 발생한다. 이 수압으로 인하여 흙속에 어느 두 점 사이에 수두차가 생겨서 물이 흙 속을 흐르게 된다. 이 때, 오랜 시간에 걸쳐서 흙의 간극으로부터 물이 빠져나가면서 흙이 천천히 압축되는 현상을 압밀(Consolidation) 이라 한다.

1.1.2 다짐의 원리

1) 다짐은 기계적인 에너지로 흙 속의 공기를 간극에서 제거하여 단위중량을 증대시키는 방법이다. 이 때 다짐의 정도는 흙의 건조단위중량으로 평가한다. 흙에 물을 뿌리면서 다짐을 실시하면 물의 윤활작용에 의해 흙 입자의 위치가 서로 이동하게 되어 밀도가 증가하게 된다. 다짐함수비가 증가하면 다짐된 흙의 건조단위중량은 증가한다.

2) 함수비(w)가 0(zero)인 완전히 건조된 흙일 경우, 습윤단위중량(γ_t)은 건조단위중량(γ_d)과 같다. 즉,

$$\gamma_t = \gamma_{d\,(w=0)} = \gamma_1$$

3) 함수비를 증가시키면서 동일한 에너지로 다짐을 실시하면 단위체적중량은 점진적으로 증가한다. 예를 들어 함수비가 w_1일 경우 습윤단위중량은

$$\gamma_t = \gamma_{d\,(w=w_1)} = \gamma_2$$

이때, 건조단위중량은 다음과 같다.

$$\gamma_{d\,(w=w_1)} = \gamma_{d\,(w=0)} + \Delta\gamma_d \tag{2.1}$$

4) 임의의 함수비 $w = w_2$를 초과하면 건조단위중량은 오히려 감소되는 경향이 있다. 이 현상은 물이 과잉 공급되는 경우 흙입자로 채워질 수 있는 공간을 물이 차지하기 때문이다. 최대건조단위중량이 얻어지는 함수비를 최적함수비라고 한다.
5) 다짐 시 최대건조단위중량과 최적함수비를 얻기 위해 실시하는 실내시험을 표준다짐시험이라고 한다(Proctor, 1933).

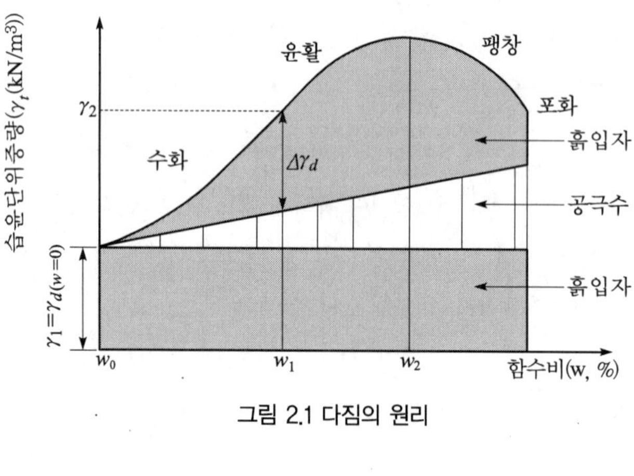

그림 2.1 다짐의 원리

1.1.3 다짐 목적

1) 흙의 단위중량 증가
2) 투수계수 감소

3) 압축성 감소
4) 전단강도 증가
5) 균질한 지반 형성
6) 동상 및 수축량 감소 등의 개선효과를 얻기 위해서 실시한다.

1.2 실내다짐시험

1.2.1 개요

1) 도로 등의 현장에서 다짐방법을 결정하기 위해서는 먼저 흙쌓기재로 사용될 흙을 토취장에서 채취하여 실내에서 다짐시험을 실시해야 한다. 실내다짐시험의 목적은 주어진 시료에 대하여 함수비와 최대건조단위중량의 상관관계(다짐곡선)를 구하여 시방서(최종품질 시방서, 다짐방법 시방서)를 작성하기 위해서 실시한다.
2) 현장에서는 주로 롤러(Roller)에 의하여 다짐작업을 하게 되나, 실내시험에서는 롤러다짐이 불가능하므로 작은 몰드에 흙을 3층 혹은 5층으로 나누어 넣으면서 각 층마다 래머(Rammer)를 낙하시켜 다져주는 시험을 실시하게 된다. 이때 다짐에너지의 크기에 따라 표준다짐시험과 수정다짐시험으로 구분한다.

1.2.2 다짐에너지와 다짐시험방법

(1) 다짐에너지

다짐에너지란 다져진 흙 단위부피당 가해진 에너지를 의미한다. 래머가 흙을 다질 때의 운동에너지는 래머를 규격에 정해진 높이만큼 뽑아 올렸을 때의 위치에너지와 동일하므로 다짐에너지의 크기는 다음과 같다.

$$E = \frac{W \cdot h \cdot N_l \cdot N_b}{V} \tag{2.2}$$

여기서, E : 다짐에너지
W : 래머무게(N)
h : 래머의 낙하높이(cm)
N_l : 다짐층수
N_b : 각 층당 다짐횟수
V : 몰드용적(cm^3)

(2) 다짐방법 및 순서

1) 다짐방법

다짐시험은 관련규격(KS F, ASTM, AASHTO)에 따라 소정의 몰드에 흙을 3층 또는 5층으로 나누어 넣으면서 각 층마다 규격이 정해져 있는 래머를 정해진 횟수만큼 자유낙하 시켜 흙을 다지는 시험으로 시험조건에 따라 A, B, C, D, E방법이 있으며, 시험방법 선정은 현장 다짐장비의 규격 및 허용최대 입경에 따라 선택한다.

표 2.1 흙의 다짐방법

다짐방법	래머 무게 W(N)	낙하 높이 h(cm)	몰드 안지름 (cm)	다짐 층수 (N_c)	다짐 횟수 (N_b)	허용 최대 입경 (mm)	실무적용
A	25	30	10	3	25	19	도로 노체의 일반성토 또는 댐(Dam)과 같이 차수목적인 경우 사용
B	25	30	15	3	55	37.5	
C	45	45	10	5	25	19	사용성이 거의 없음
D	45	45	15	5	55	19	도로에서 보조기층, 노상 및 활주로와 같이 지지력확보가 필요한 경우 적용
E	45	45	15	3	92	37.5	

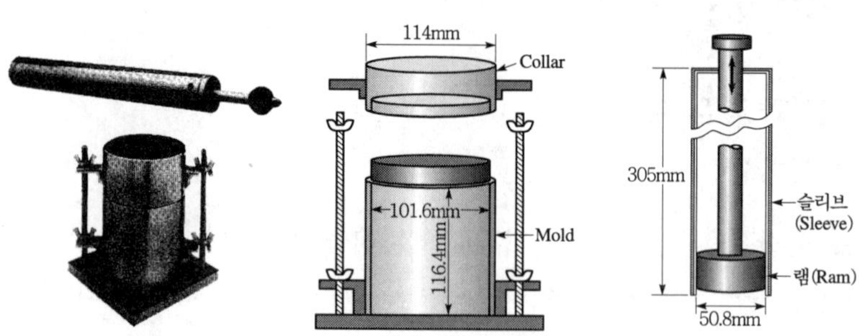

그림 2.2 다짐시험용 몰드

2) 시험순서(A방법)

① 공기건조 시료를 19mm체로 쳐서 통과분만 취한다.

② 흙에 물을 약간 가하고 잘 섞어서 10cm 몰드에 3층으로 나누어 넣고, 매층마다 무게 25N, 낙하고 30cm인 래머로 25회씩 다진다.

③ 그 다음 흙의 무게 W_1과 함수비 w를 측정한다.

④ 위에서 측정한 W_1과 w을 이용해서 습윤단위중량 γ_t과 건조단위중량 γ_d를 아래의 식으로 구한다.

습윤단위중량(γ_t)은

$$\gamma_t = \frac{W_1}{V} \qquad (2.3)$$

여기서, W_1 : 흙의 무게, V : 몰드의 부피(A방법은 1,000cm^3)

건조단위중량(γ_d)은

$$\gamma_d = \frac{\gamma_d}{1+w} \qquad (2.4)$$

따라서, 한쌍의 (γ_d, w)을 얻는다.

⑤ 함수비를 5회 이상 변화시켜 가면서 ②~④과정을 반복하여 여러 상의 (γ_t, w)을 얻어 다짐곡선을 그린다.

1.2.3 다짐곡선

(1) 일반토사(점성토 등)의 다짐곡선

1) 흙의 함수비를 변화시키면서 다짐을 실시하면 함수비에 따라 다져진 흙의 건조단위중량이 변한다. 이때 흙의 함수비와 건조단위중량과의 관계를 그린 곡선을 다짐곡선(Compaction Curve)이라 한다.

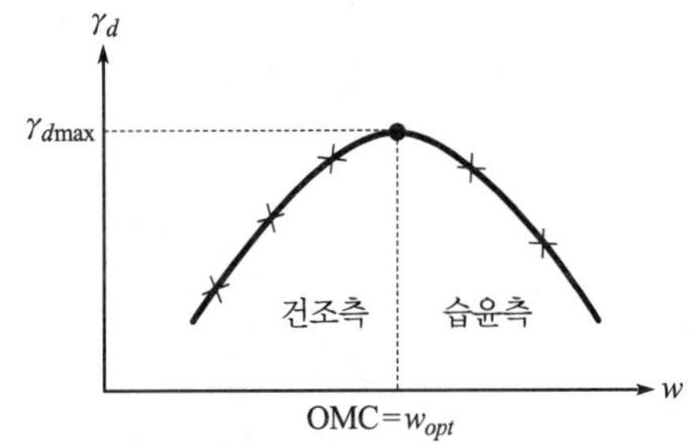

그림 2.3 다짐곡선의 정의

2) 함수비를 증가시키면 건조단위중량은 증가하다가 어느 함수비 이상이 되면 건조단위중량이 감소하게 된다. 이때 건조단위중량이 최대가 되는 지점의 함수비를 최적함수비(OMC, w_{opt})라 한다. ← 흙이 가장 잘 다져지는 함수비를 최적함수비라 한다.

3) 최적함수비를 기준으로 해서 함수비가 감소되는 쪽을 건조측, 증가되는 쪽을 습윤측이라 한다.

(2) 깨끗한 모래의 다짐곡선(Foster, 1962)

입경이 균등한 깨끗한 모래나 모래질 자갈에 대해 다짐시험을 하였다면 다짐곡선의 모양은 점성토와는 전혀 다른 다음과 같은 모양이 된다.

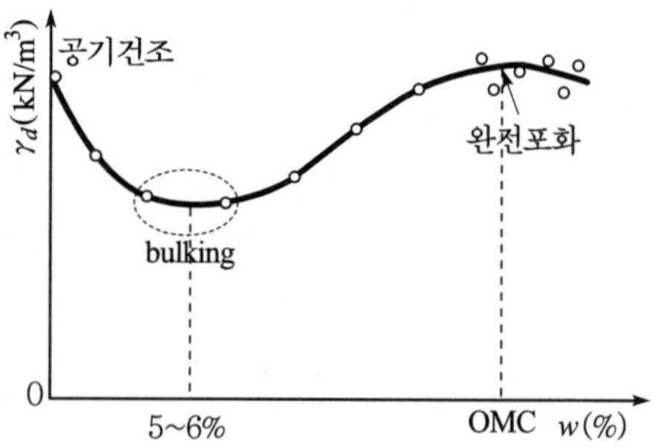

그림 2.4 순수한 모래의 다짐곡선 형태

1) 완전 건조상태에서의 다짐(w = 0%)

공기 건조상태에서는 더 조밀한 상태로 채워지기 위한 흙 입자의 이동은 마찰 저항에 의하여 저지되어 잘 다져지지 않는다(다짐불량).

2) 물을 약간 가한 상태에서의 다짐(w = 5~6%)

모래에 약간의 물을 가하면 모래입자간의 표면장력 때문에 이동저항력이 더 증가한다. 이때 흙입자는 모관압에 의해 부피가 팽창하므로 건조단위중량은 오히려 감소하게 되는데, 이러한 현상을 벌킹(Bulking)이라 한다(다짐불량 발생).

> ※ 그러나, 여기서 중요한 사실은 모래지반에서 벌킹현상이 발생하면 겉보기점착력이 생겨 일시적인 전단강도는 더 커진다는 사실을 이해해야 한다. 그러나 모래지표가 건조해지거나 포화되면 모관압이 소멸되고 이 겉보기 점착력이 사라지면서 강도저하가 급격히 일어난다.

3) 포화상태에서의 다짐(w = 100%)

물을 더 많이 가하면 표면장력이 없어지고 흙입자간의 이동저항력이 감소하여 체적이 감소하고 건조단위중량이 다시 증가하여 건조상태와 비슷하거나 약간 더 커진다. 따라서, 모래지반 다짐에서의 최적함수비는 포화상태의 함수비라 할 수 있다.

> ※ 준설모래의 물다짐이 한 예가 된다.

1.2.4 결과 활용

1) 성토재료 다짐도 판정 : 식 (2.6) 참조
2) 성토재료로서의 적정성 여부 판단
3) 토량 변화율(L, C) 산정
4) 노상토 지지력비(CBR)판정 등에 이용된다.

■ 참고사항

여러 가지 경우의 다짐곡선

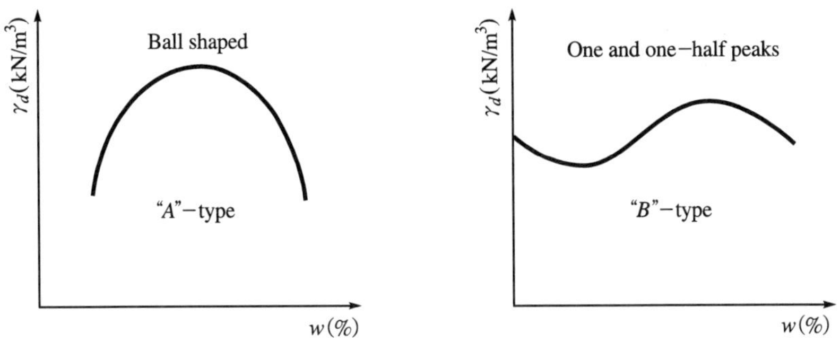

(a) 액성한계가 30-70%인 흙 (b) 액성한계가 30%이하인 흙 입도불량한 모래-모세관인장

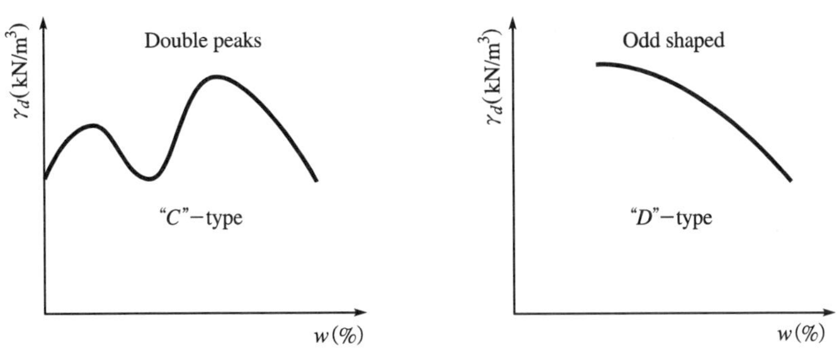

(c) 액성한계가 30%이하 또는 70%이상인 흙 (d) 액성한계가 70%이상인 흙

그림 2.5 여러 가지 경우의 다짐곡선

1.3 영공기간극곡선(Zero Air Void Curve ; ZAVC)

1.3.1 정의

1) 다짐에 의하여 흙속의 공기가 완전히 배출되었다면 건조단위중량은 정해진 함수비에서 도달 가능한 최대치가 될 것이다.
2) 공기가 완전히 배제되었다면 흙은 포화상태가 되고 공기간극이 없어지므로 영공기간극 상태 또는 포화상태가 된다. 이 때의 건조단위중량 - 함수비의 관계곡선을 영공기간극곡선(Zero Air Void Curve) 또는 포화곡선이라 한다.

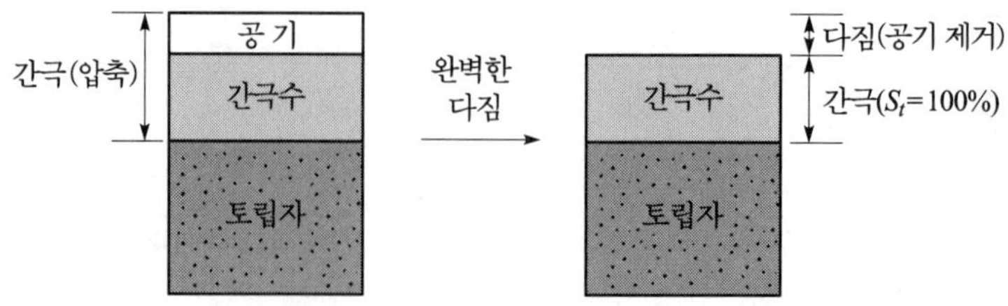

(a) 불포화 상태 (b) 포화상태(영공기간극상태)

그림 2.6 영공기간극상태

1.3.2 작도방법

1) 다짐시험에서 공기를 100% 배출시킨다는 것은 사실상 불가능하므로 다짐시험결과를 이용해서 영공기간극곡선을 그릴 수는 없고, 다만 이론식에 의해서 그릴 수가 있다.
2) 이론상으로 공기를 완전히 배출시켰다면 S=100%이므로 $e = w \cdot G_s$의 관계가 성립한다. 따라서, 영공기간극상태의 건조단위중량은

$\gamma_d = \dfrac{G_s}{1+e}\gamma_w$에서 e 대신에 $G_s \cdot w$를 대입하면

$$\gamma_d = \gamma_{d\,sat} = \gamma_{d\,ZAV} = \frac{G_s}{1+G_s \cdot w} \cdot \gamma_w$$

$$= \frac{1}{\dfrac{1}{G_s}+w} \cdot \gamma_w \qquad (2.5)$$

3) 식 (2.5)로 임의의 함수비에 대응하는 건조단위중량을 구해서 건조단위중량-함수비 관계 곡선을 그리면 그림 2.7과 같은 영공기간극곡선을 얻을 수가 있다.
4) 여기서 한가지 중요한 사실은 식 (2.5)로 구한 포화건조단위중량($\gamma_{d\,sat}$)은 이론상의 최대건조단위중량이다. 따라서 실제 다짐으로는 $\gamma_{d\,sat}$를 절대로 얻을 수가 없으므로 모든 실내시험다짐곡선은 영공기간극곡선의 왼쪽에 그려진다.

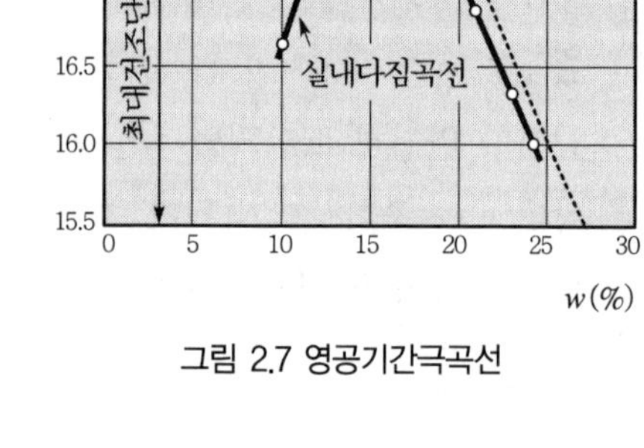

그림 2.7 영공기간극곡선

1.3.3 실무적용

1) 영공기간극곡선은 다짐 상태를 확인하기 위하여 사용한다. 즉, 다짐곡선이 영공기간극곡선에 접근하면 공기배제가 잘 되어 다짐이 잘된 것이고, 그렇지 않으면 공기배제가 잘 안 되어 다짐이 잘못된 경우로 판단한다.
2) 다짐을 아무리 잘한다 하더라도 공기를 완전히 추출할 수 없으므로 다짐곡선은 항상 영공기간극곡선(ZAVC곡선) 왼쪽에 그려진다.

포화도 곡선과 공기함유율 곡선

1. 포화도 곡선

(1) 흙을 다져서 포화상태(S=100%) 즉 공기가 0인 상태로 만들 수는 없지만 그림 2.8과 같은 포화도곡선을 그려서 다져진 흙의 포화도가 몇 %나 되는지를 알아 볼 수가 있다.

(2) 포화도 곡선은 특정한 포화도(예 : S=60%, 80% 등)일 때의 함수비와 건조단위중량 사이의 관계를 그린 그림이며 그 방정식은 다음과 같다.

$e = \frac{G_s \cdot w}{S}$를 $\gamma_d = \frac{G_s}{1+e}\gamma_w$식에 대입하면

$$\gamma_d = \frac{G_s}{1+\frac{G_s \cdot w}{S}} \cdot \gamma_w$$

※ 포화도가 크면 공기의 부피가 적으므로 흙은 잘 다져진 상태로 볼 수 있다.

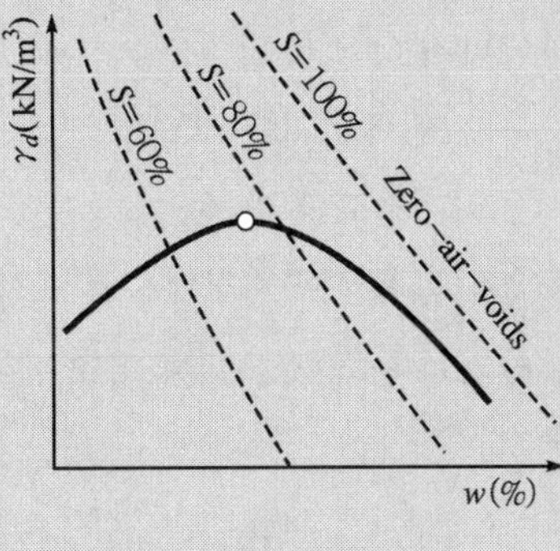

그림 2.8 포화도 곡선

2. 공기함유율 곡선

(1) 공기함유율(n_a)

$$n_a = \frac{V_a}{V} \times 100$$

(2) 공기함유율 곡선의 방정식은 다음과 같다.

$$\gamma_d = \frac{G_s}{1+e}\gamma_w = \frac{G_s(1-n_a)\gamma_w}{1+G_s w}$$

3. 결론

(1) S = 100% 일때의 포화도 곡선을 영공기간극 곡선이라 한다.

(2) 포화도 곡선과 공기함유율 곡선을 그려 현장의 다짐도를 관리한다.

1.4 다짐의 영향요소

1.4.1 다짐에너지 영향

1) 다짐에너지

다짐에너지란 다져진 흙의 단위부피당 가해진 에너지를 의미하며, 래머가 흙을 다질 때의 운동에너지는 래머를 규격에 정해진 높이만큼 뽑아 올렸을 때의 위치에너지와 같으므로 다짐에너지는 다음과 같이 구한다. 즉,

$$E = \frac{W \cdot h \cdot N_l \cdot N_b}{V}$$

여기서, E : 다짐에너지	W : 래머무게(N)
h : 흙의 낙하높이(cm)	N_l : 다짐층수
N_b : 각 층당 다짐횟수	V : 몰드용적(cm^3)

2) 동일한 흙일지라도 다짐에너지의 크기를 다르게 하면 상이한 다짐곡선이 얻어진다. 다짐에너지를 크게 할수록 $\gamma_d - w$그래프 상에서 좌상으로 이동한다.

즉, 다짐에너지를 크게 하면

① 최대건조단위중량($\gamma_{d\,max}$)은 증가하고 최적함수비는 감소하나

② 다짐곡선 꼭지점에서의 포화도는 다짐에너지의 크기에 관계없이 거의 일정하다.

3) 따라서, 다짐에너지가 크면 살수작업을 적게 해도 된다.

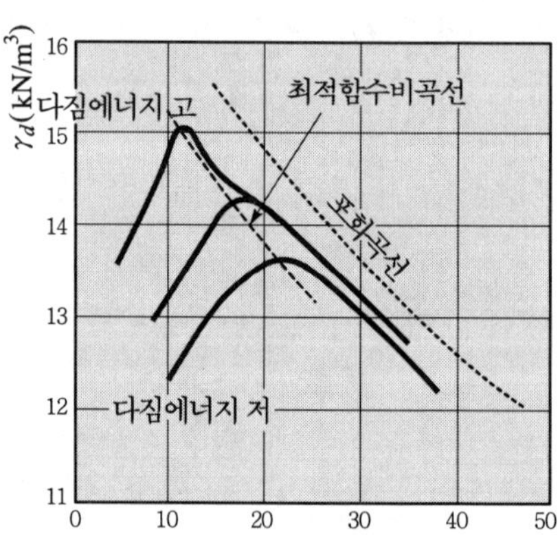

그림 2.9 다짐에너지에 따른 다짐곡선

최적함수비선

- 다짐에너지를 달리하여 그린 다짐곡선의 꼭지점을 연결한 선을 최적함수비선이라 한다.
- 동일한 흙으로 다짐을 했을 경우 다짐에너지의 크기를 다르게 했더라도 다짐곡선의 꼭지점은 항상 최적함수비선 상에 놓이게 된다.
- 이때 최적함수비선은 영공기간극곡선과 거의 평행하며 최적함수비선의 공기함유율은 동일하다. 한 포화도곡선 중 하나로 볼 수 있다.

1.4.2 흙의 종류에 따른 영향

1) 조립토가 세립토에 비하여 건조단위중량이 크게 나타나고 최적함수비는 적게 나타난다.
2) 조립토에서는 입도분포가 양호할수록, 최대건조단위중량은 크고 최적함수비는 적다.
3) 조립토일수록 다짐곡선은 급하고 세립토일수록 다짐곡선은 완만하게 나타난다.
4) 점성토에서는 소성이 클수록 최대건조단위중량은 감소하고 최적함수비는 증가하며 다짐곡선의 형태가 완만하다.
5) OMC보다 건조측에서 최대 전단강도가 나타나고, 약간 습윤측에서 최소 투수계수를 보인다.

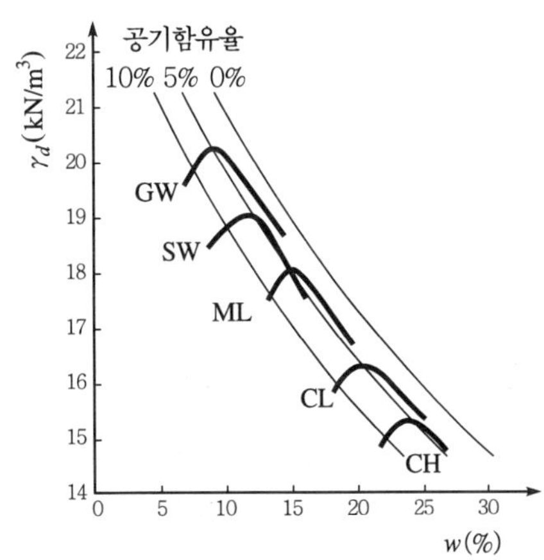

그림 2.10 흙의 종류에 따른 다짐곡선의 변화

1.5 다짐 점성토의 구조와 성질

1.5.1 다짐함수비에 따른 점성토의 구조변화

1) 점성토를 다지면 함수비의 증가에 따라 입자의 배열이 달라진다.
2) 다짐함수비가 "A"점과 같이 작은 경우에는 물의 양이 부족하므로 이중층수(흡착수)가 잘 생기지 않게 된다. 따라서 반발력보다는 인력이 우세하여 다짐점토는 면모구조를 띠게 된다.
3) 다짐함수비를 증가시켜 "B"점에 이르면 이중층수가 생기게 되어 반발력이 우세해지면서 점토구조는 이산구조로 바뀌기 시작한다.
4) 함수비를 계속 증가시키면("C"점) 더욱 이산구조가 발달된다. 이 상태에서는 물이 너무 큰 공간을 채우게 되므로 건조단위중량은 오히려 감소하게 된다.

5) 이러한 경향은 다짐에너지가 클수록 더 명백하게 나타난다(즉, “D”가 “C”보다 이산의 정도가 더 큼).
6) 이와 같은 구조의 차이 때문에 흙을 최적함수비의 건조측(OMC 왼쪽)이나 습윤측(OMC 오른쪽)이냐에 따라 투수성, 압축성, 전단강도, 팽창성 등의 공학적 성질이 달라진다.

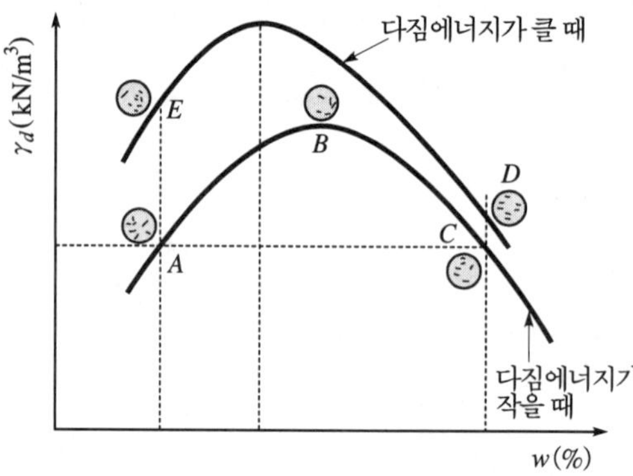

그림 2.11 다짐함수비에 따른 점토의 구조변화 (Lambe, 1962)

1.5.2 다짐함수비에 따른 투수성의 변화

1) 투수계수는 함수비가 증가하면서 감소하며, 최적함수비 보다 약간 큰 상태에서 최소값을 나타낸 후 그 보다 더 큰 함수비에서는 투수계수가 약간 증가한다.
2) 따라서, 점토는 최적함수비보다 약간 큰 함수비로 다질 때 투수성이 최소가 되므로 흙 댐의 심벽(Core) 등 차수목적으로 흙을 다질 때에서는 최적함수비보다 약간 습윤측에서 다짐을 하는 것이 더욱 바람직하다.

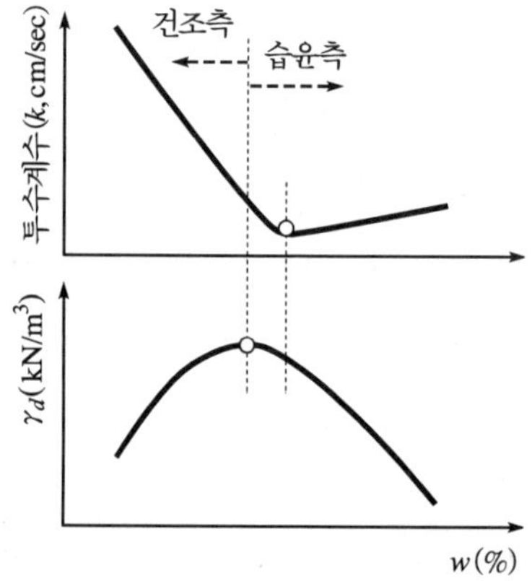

그림 2.12 다짐함수비에 따른 투수계수의 변화(Lambe, 1962)

1.5.3 다짐함수비에 따른 전단강도의 변화

(1) 다져진 점토의 함수비가 다짐함수비를 그대로 유지하고 있는 경우

1) 건조측 다짐에서는 다짐에너지가 증가할수록 강도는 증가하나(C→B→A), 습윤측에서는 다짐에너지의 크기에 따른 강도의 증가는 거의 무시할 수 있으며, 때로는 큰 에너지로 다진 경우의 강도가 오히려 더 작을 수도 있다(Over compaction 발생 우려).

2) 동일한 다짐에너지로 다지는 경우에는 건조측 다짐이 습윤측 다짐보다 훨씬 더 큰 강도를 보인다.

(2) 다져진 점토를 포화시킬 경우

이때에는 건조측 다짐과 습윤측 다짐에 따른 강도의 차이가 뚜렷하지 않다. 다져진 점토를 포화시킬 때 체적팽창을 억제하였다면 건조측이 약간 클 뿐이고 팽창을 허용하였다면 오히려 습윤측이 더 큰 강도를 보일 수도 있다.

※ 점토는 최적함수비로 다졌을 때 팽창성이 가장 적고, 건조측 다짐을 한 점토는 팽창성이 대단히 커진다. 따라서 건조측 다짐을 한 점토는 포화되면 물을 많이 흡수하여 팽창하므로 강도가 감소한다.

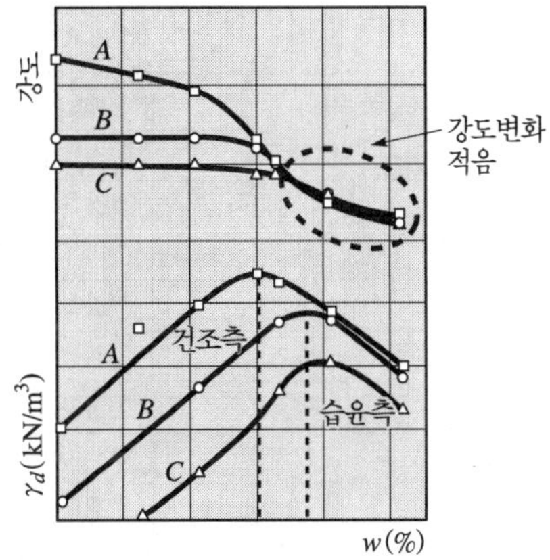

그림 2.13 다짐함수비와 다짐하중에 따른 점토의 비배수 강도의 변화 (Lambe, 1962)

1.5.4 다짐함수비에 따른 압축성 변화

동일한 시료로 하나의 시료는 최적함수비의 건조측에서 다지고, 다른 하나의 시료는 습윤측에서 다져 완전히 포화시킨 후 낮은 압밀압력과 높은 압밀압력 하에서 압밀시험을 하여 압축성을 비교하면 다음과 같다.

1) 낮은 압밀압력하에서는 습윤측이 건조측보다 훨씬 압축성이 크고, 더 오랫동안 압축이 일어난다.

2) 높은 압력하에서는 입자의 재배열로 건조측이 습윤측보다 훨씬 압축성이 크고, 압밀압력을 충분히 크게 하면 두 시료의 간극비는 대략 동일해진다.

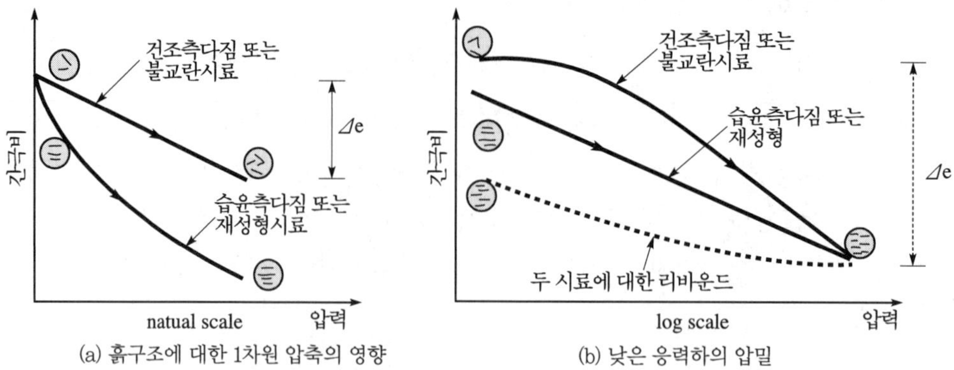

그림 2.14 다짐함수비와 압축압력에 따른 점토의 압축성(Lambe, 1958)

표 2.2 건조측 및 습윤측 다짐의 비교

특 성		비 고
구조	입자배열	건조측이 더 임의 배열을 이룬다.
	물의 흡입력 (Water deficiency)	건조측이 큼, 따라서 건조측이 더 많은 물을 흡수하여 더 많이 팽창하고 더 낮은 간극수압을 나타낸다.
	보존성	건조측이 변화에 민감하게 반응
투수성	크기	건조측의 투수성이 더 크다.
	보존성	침투가 일어나면 건조측 투수성이 훨씬 더 많이 감소한다.
압축성	크기	낮은 응력에서는 습윤측이 크고 높은 응력에서는 건조측이 크다.
	속도(rate)	건조측의 압밀속도가 더 빠르다.
강도	(재성형시) 비배수, 배수	건조측이 훨씬 크다. 건조측이 약간 크다.
	(포화후) 비배수, 배수	팽창을 방지한 경우 건조측이 약간 더 크다. 팽창을 허용하는 경우 습윤측이 더 커질 수 있다.

필댐 심벽의 습윤측 다짐이유

(1) 필댐 구조별 다짐목적

① 사력층, 필터층 : 전단강도 증가가 목적 ② 코어층 : 투수계수 감소가 목적

(2) 심벽(코어, core)의 역할

① 제체의 누수량 감소 ② 침윤선 저하 → 침투거리를 길게 하여 파이핑 방지

(3) 따라서, 심벽은 투수성을 작게하여 누수를 최대한 감소시켜 수압파쇄 또는 파이핑으로부터 안전하게 해야 하므로 습윤측 다짐이 필수적임

Bulking(체적팽창현상)

1. 개요

1) 건조한 모래나 실트가 물을 약간 흡수하게 되면 그 흙은 극히 느슨한 상태가 되어 마치 벌집처럼 엉켜서 건조한 상태에 비해 체적이 훨씬 증가하는 것을 볼 수 있는데 이러한 현상을 Bulking이라 한다.

2) 벌킹은 두 입자 사이의 수막에 작용하는 표면장력 때문에 발생한다.

2. 모래다짐에서의 벌킹현상

1) 모래에 물을 약간 가하면 입자간의 표면장력에 의해 모관장력이 생겨 이동저항력이 더 증가한다. 이때 체적이 증가하는 것은 벌킹현상 때문이며, 건조단위중량이 오히려 감소하게 된다. 그러나 겉보기 점착력이 발생하여 전단강도는 오히려 증가한다.

2) 이러한 체적변화는 입자의 크기와 함수비에 의존하는데 함수비가 5~6%일 때 그 체적은 최대가 된다 (약 125%까지 팽창).

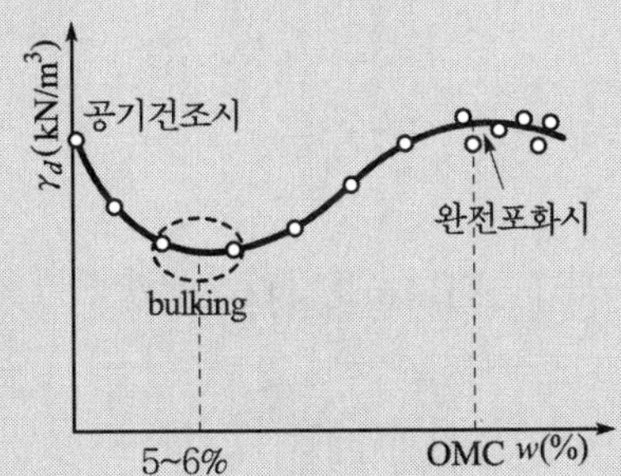

그림 2.15 Bulking 발생

3. Bulking의 예

1) 해변가 수면 바로 위로 자동차가 달릴 수 있는 현상

(미국의 경우 해변가, 국내 백령도 사곶해변의 경우)

2) 모래지반 굴토시 약간 젖은 경우가 건조시 보다 훨씬 더 깊이 굴착가능함.

일반적으로 벌킹은 모래의 입경과 형상, 표면의 거칠기 및 물의 온도 등에 영향을 받는다. 골재의 양을 체적을 쓰지 않고 중량으로 계량하는 것은 이 벌킹현상에 기인한 부정확성을 없애기 위한 것이다.

2. 현장다짐

2.1 현장다짐관리

2.1.1 개요

1) 토취장에서 채취한 흙으로 공사시방서에 주어진 관련 규칙(KS F, ASTM, AASHTO)에 따라 실내다짐시험을 하여 토취장 흙의 최적함수비와 최대건조단위중량이 구해지면 이를 자료로 하여 현장다짐에 대한 계획을 수립하게 된다.
2) 공사규모가 크거나 대단히 중요한 공사일 때에는 현장다짐시험(시험시공)을 실시하여 그 결과를 이용하여 현장다짐을 설계한다.
3) 현장다짐을 설계할 때 포함시켜야 할 사항으로는 다짐장비의 결정, 포설두께 및 다짐에너지(롤러의 통행횟수, 장비의 운전속도, 타이어 공기압 등)의 결정 등이 있다.

2.1.2 현장다짐 관리절차

(1) 실내다짐시험 실시

토취장에서 시료를 채취하여 실내다짐시험을 행한다.

(2) 다짐시방서 작성

실내다짐시험의 결과를 가지고 흙구조물의 설계가 완료되면 다짐시방서(최종품질시방서, 다짐방법시방서)를 작성한다.

(3) 현장품질관리시험 실시

공사관리 감독관(감리원)은 들밀도시험 등의 현장다짐관리시험을 실시하여 시공자가 공사시방서, 세부지침서의 요구조건을 충족시켰는지 확인한다.

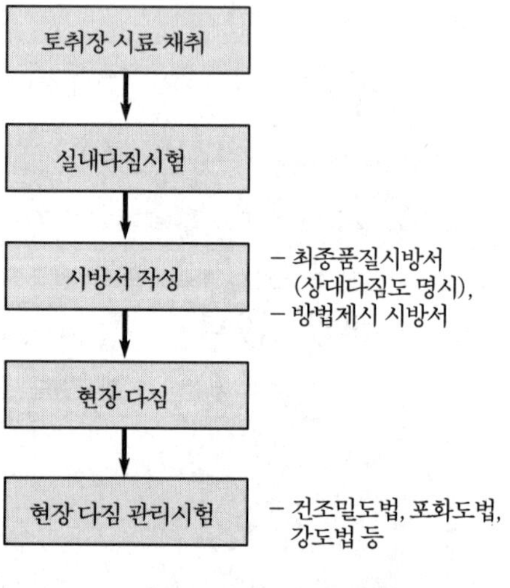

그림 2.16 현장다짐 관리절차

2.2 실내다짐과 현장다짐의 차이

2.2.1 개요

1) 실내다짐시험은 가하는 에너지의 크기에 따라 표준다짐과 수정다짐으로만 나누지만, 현장에서의 다짐은 다짐장비의 무게, 통행횟수, 운전속도 등에 따라 다양한 크기의 에너지로 다질 수가 있다.
2) 실내다짐시험에서는 래머(rammer)로 충격을 가하여 다지는 반면, 현장에서는 주로 롤러(roller)로 압력, 짓이김, 진동 등 여러 가지 방법으로 흙을 다질 수 있기 때문에 다짐방법을 일치시키지 않는 한 실내다짐과 현장다짐의 결과를 일치시키는 것은 사실상 불가능하다고 할 수 있다.

2.2.2 실내다짐과 현장다짐의 차이점

표 2.3 실내다짐과 현장다짐 비교

구분	실내다짐	현장다짐
다짐에너지	• 2.5kg(25N) 또는 4.5kg(45N) 해머로 다짐	• Roller 사용 • 다짐에너지 조절이 어렵다
다짐방법	• Rammer에 의한 충격력에 의해 다짐	• 토질조건에 따라 충격, 압력, 짓이김 등에 의한 다짐
시료의 최대치수	• 표준다짐 : 19mm, 수정다짐 : 37.5mm	• 실내시험 보다 더 큰 입경이 혼입될 수 있음
다짐조건	• 수평변위 구속	• 수평변위 허용
시험조건	• 최적함수비 조절 용이	• 최적함수비 조절 어려움
시료의 사용	• 시료반복사용 → 래머충격으로 흙입자 파손 → 현장보다 건조밀도 감소	• 비반복
시료의 균질성	• 시료 균질	• 시료 비균질
건조방법의 상이	• 노건조	• 자연건조

2.2.3 다짐효과 비교

(1) 실내다짐과 양족롤러에 의한 현장다짐효과 비교

실내다짐시험(표준다짐, 수정다짐)과 여러 가지 조건의 양족롤러(Sheep's foot roller)로 다짐을 실시하여 그 결과값으로 다짐곡선을 그려보면 일치하는 것은 하나도 없으며, 현장다짐의 최적함수비곡선이 더 낮게 그려진다.

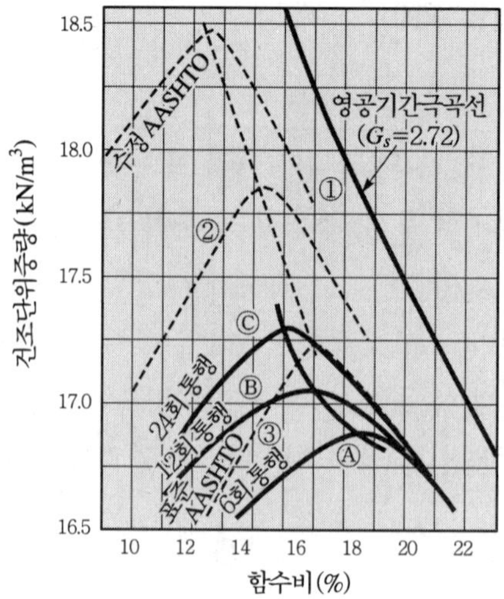

그림 2.17 양족롤러에 의한 현장다짐시험과 실내 다짐시험과의 비교

(2) 공기타이어 롤러에 의한 현장다짐

공기타이어롤러로 다지는 경우 실내시험보다 최적함수비선이 더 위로 그려진다. 그러나 다짐에너지가 커지면 두 선은 접근한다.

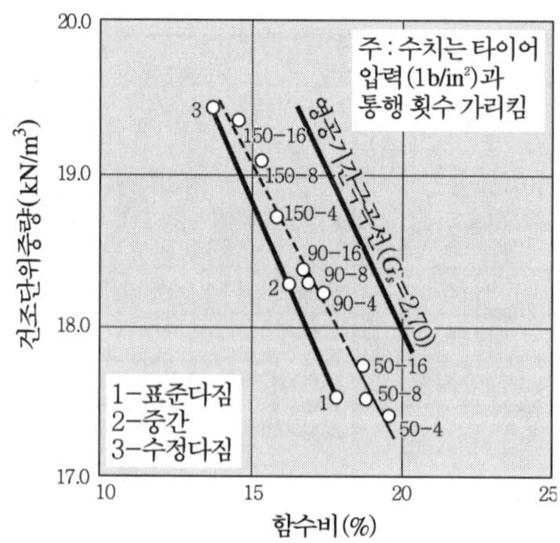

그림 2.18 공기 타이어 롤러로 다진 현장시험과 실내시험과의 비교

2.2.4 개선방향

1) 실내다짐과 현장다짐을 일치시키기 위해서는 다짐방법을 최대한 일치시켜야 한다. 예를 들면 실내시험에서 모형 하바드 다짐시험으로 시험한다면 양족롤러로 다진 시험결과와 잘 일치하고, 실내시험시 동적하중 대신 정하중을 사용하면 공기타이어롤러로 다진 시험결과와 잘 일치한다.
2) 그러나, 에너지를 서로 동일하게 하는 데 어려움이 있으므로 연구목적이나 특별히 중요한 다짐공사가 아니라면 이러한 차이에도 불구하고 동적실내시험의 결과를 품질관리의 기준으로 사용한다.

2.3 현장다짐 계획 시 고려사항

2.3.1 다짐장비

실내시험의 다짐에너지는 래머의 낙하에 의한 충격인데 반해 현장의 다짐에너지는 다짐장비에 의한 전압, 또는 짓이김, 압력, 진동 등으로 흙을 다지게 된다. 어떤 종류의 다짐장비를 선택하느냐 하는 것은 다지는 흙의 종류, 초기함수비, 공사의 특성 등 여러 요인을 종합적으로 고려하여 결정하게 된다. 보통 도로 및 비행장 활주로 공사를 위하여 흙을 통일분류법으로 분류하였을 때 각종 흙을 효과적으로 다질 수 있는 장비가 표로 수록되어 있다.

(1) 강륜롤러

일반적으로 기층을 다지는데 사용된다. 강륜롤러는 속이 빈 강재 원통형 바퀴로 이루어진 롤러로 머캐덤(Macadom) 롤러는 직경이 큰 2개의 후륜과 직경이 작은 1개의 전륜으로 구성되어 있으며, 기층을 다지는 데 주로 사용되며, 무게는 5~15톤에 이른다. 또 다른 형태는 도로의 포장재료를 다지는 데 사용되는 탠뎀(Tandem)롤러로 전륜과 후륜에 큰 드럼이 각각 한 개씩 달려있다.

(a) 머캐덤롤러 (b) 2축탠덤롤러 (c) 3축 탠덤롤러

그림 2.19 강륜롤러의 종류

(2) 공기타이어롤러

공기타이어롤러에는 200톤이나 되는 초중량급도 있으며 보통 두 축에 9~11개의 타이어를 가지고 있으며, 표면을 골고루 다질 수 있도록 타이어 간격이 적절하게 띄어져 있다. 이 롤러는 도로의 기층, 보조기층, 제방 등을 다지는데 주로 사용되며, 비행장이나 사력댐을 다지는 데도 사용된다.

(3) 양족롤러

양족롤러는 강재 원통 표면에 양의 발모양을 한 돌기가 다수 붙어 있는 롤러다. 발바닥 하나의 면적은 30~80cm²에 이르며 전 드럼 면적의 8~12%밖에 되지 않는 발을 통해 하중이 전달되기 때문에 지면에 높은 압력을 가할 수 있다. 이 롤러는 점성토를 다지는 데 적절하며, 특히 건조측 다짐에 적합하다.

그림 2.20 공기타이어 롤러

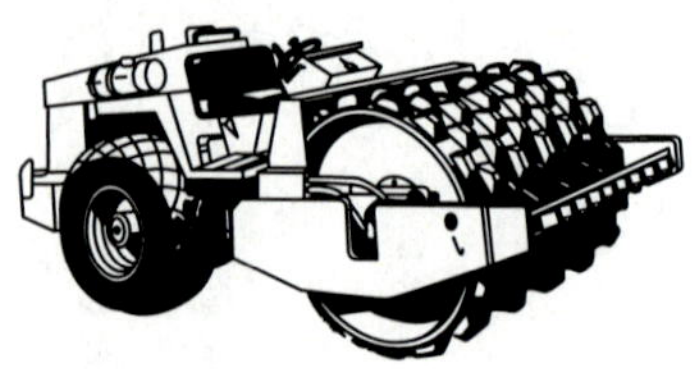

그림 2.21 양족롤러

(4) 진동롤러

진동롤러는 공기타이어롤러 또는 강륜롤러에 진동기를 붙여서 만든다. 진동롤러가 일반롤러보다 다짐효과가 훨씬 크며, 점성이 없는 사질토의 다짐에 적절하다.

그림 2.22 진동롤러

(5) 기타 진동 다짐장비

다짐을 하는 장소가 협소하거나 접근이 어려우면 위에서 열거한 대형 롤러는 사용이 불가능하므로 여기에 적절한 소형 다짐장비가 필요하다.

이에 해당되는 장비로는 진동콤팩터, 수동진동롤러, 진동탬퍼 등이 있다.

2.3.2 다짐에너지 결정

1) 일반적으로 다짐장비의 무게가 무거울수록, 롤러의 통행횟수가 증가할수록, 공기타이어롤러의 타이어 공기압이 증가할수록, 다짐장비의 운행속도를 느리게 할수록 다짐에너지가 커진다.
2) 일단 다짐장비가 결정되면 소요되는 건조단위중량을 얻기 위한 최소 다짐횟수(통행횟수)를 결정해야 한다. 다짐횟수는 장비의 형식과 무게, 다짐층의 두께에 따라 결정되지만 보

통 3~10회 정도이다(Craig, 1990).

3) 통행횟수가 충분하면 점성토에서는 실내표준다짐으로 얻은 최대건조단위중량의 95%정도는 어떤 롤러로 다져도 얻을 수 있다.

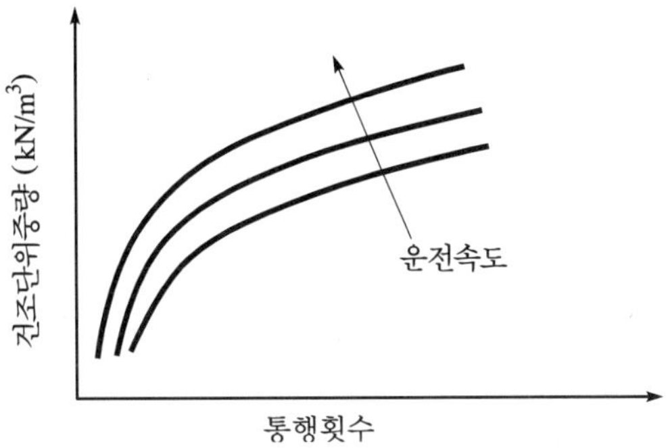

그림 2.23 다짐횟수(통행횟수) 증가에 따른 건조단위중량의 변화

※ 롤러의 통행횟수가 증가할수록 다진 흙의 건조단위중량은 증가하나, 통행횟수당 건조단위중량의 증가량은 차츰 둔화됨에 유의해야 한다. 따라서 과다한 통행횟수가 필요하면 용량이 큰 다짐장비 또는 다른 종류의 롤러로 교체를 검토해야 한다.

2.3.3 다짐두께 결정

흙을 다질 때에는 다짐층의 두께가 대단히 중요한 의미를 갖는다. 다짐층을 너무 두껍게 하여 다진다면 토질구조물을 균질하게 만들 수 없기 때문이다.

(1) 깊이에 따른 다짐효과의 변화

1) 공기타이어 롤러로 다졌을 때

다짐두께나 함수비의 크기에 상관없이 아래로 갈수록 다짐효과가 감소한다. 따라서 흙쌓기 작업시 한층의 두께를 20~30cm로 제한한다.

2) 양족롤러로 다졌을 때

양족롤러로 다지면 다짐면이 양족에 의해 교란되므로 다짐면보다 약간 아래에서 다짐효과는 가장 크게 나타나고, 깊이가 깊을수록 효과가 줄어든다(그림 2.25 참조).

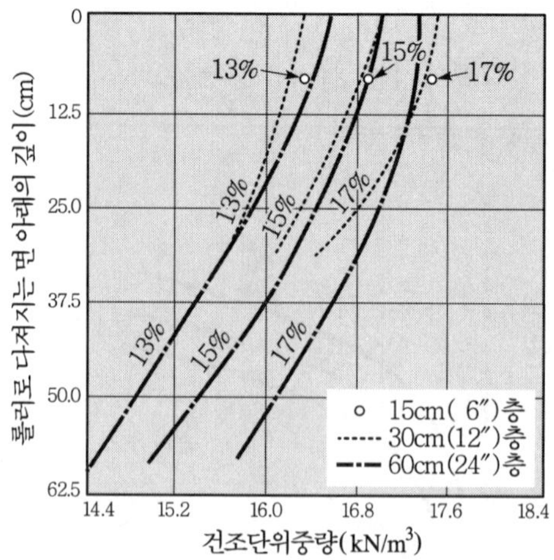

그림 2.24 깊이에 따른 다짐효과의 변화(US Army Engineering, 1957)

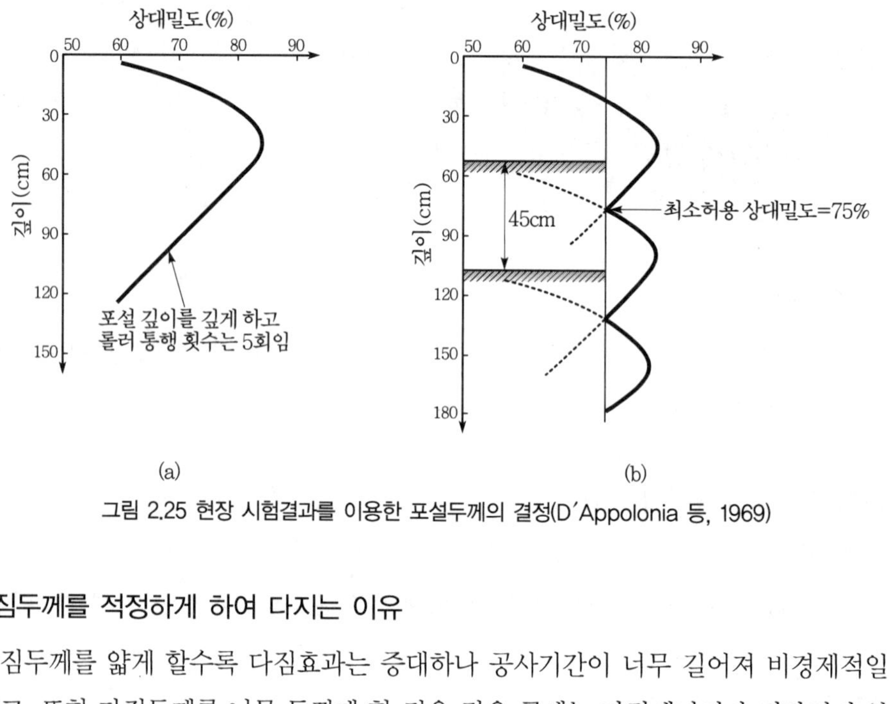

(a) (b)

그림 2.25 현장 시험결과를 이용한 포설두께의 결정(D´Appolonia 등, 1969)

(2) 다짐두께를 적정하게 하여 다지는 이유

1) 다짐두께를 얇게 할수록 다짐효과는 증대하나 공사기간이 너무 길어져 비경제적일 수가 있고, 또한 다짐두께를 너무 두껍게 할 경우 깊은 곳에는 다짐에너지가 전달되지 않아 균질한 성토체를 만들 수 없다.
2) 따라서, 현장시험을 통해 적정한 다짐두께를 결정한 후 다짐을 실시하는 것이 바람직하다.

(3) 다짐두께 결정방법

다짐두께는 사용되는 장비, 다짐함수비, 롤러의 통행횟수 등에 따라 달라지므로 현장시험을 통하여 결정하는 것이 바람직하다.

1) 현장시험에 의한 다짐두께 결정(양족롤러 다짐)

- 현장시험을 통하여 얻은 다짐층별 깊이-상대밀도 곡선을 서로 겹치게 그려서 최소허용상대밀도에 만족되는 두께를 결정[그림 2.25(b) 참조]
- 실제로는 아래층은 위층의 다짐에 의한 효과가 전달되므로 위에서 구한 두께보다 더 크게 할 수 있음

2) 국토교통부 시방서에서 추천하는 다짐두께

표 2.4 국토교통부 추천 다짐두께

구분	노체		노상
	암쌓기	일반 쌓기	
1층 다짐완료 후의 두께(cm)	60	30	20

3) 토질구조물별 최소허용 상대다짐도와 최대허용 포설두께

토질구조물별 최소허용 상대다짐도와 최대허용 포설두께는 다음 표 2.5와 같다.

표 2.5 토질구조물(공사)의 종류에 따른 최소허용 상대다짐도와 최대 허용포설두께(NAVAFAC DM-7.2, 1982)

토질구조물	요구되는 상대다짐도 (수정다짐 기준)	최적함수비의 허용오차 (%)	최대 포설두께(cm)
구조물의 기초	95	−2 ~ +2	30
저수지의 라이닝	90	−2 ~ +2	15
흙 댐(15m 이상)	95	−1 ~ +3	30(+)
흙 댐(15m 이하)	92	−2 ~ +2	30(+)
포장지지층 : 도로, 공항	NAVAFAC DM-5 참조	−2 ~ +2	20(+)
	NAVAFAC DM-21 참조	−2 ~ +2	20(+)
구조물의 뒷채움	90	−2 ~ +2	30(+)
교량의 뒷채움	90	−2 ~ +2	30(+)
필터	90	충분히 살수	20
굴토한 구조물 지반	95	−2 ~ +2	−
록필 댐	−	충분히 살수	60 ~ 90

2.4 다짐시방서 작성

다짐시방서(지침서, 세부지침서)는 최종품질시방서와 다짐방법시방서의 2종류가 있는데, 두 시방서는 각각의 작성방향이 기본적으로 상이하다.

2.4.1 최종 품질시방서

상대다짐도, 함수비 범위, 포설두께 등을 명시

1) 최종품질시방서에는 요구되는 최소 상대다짐도를 명시하여야 한다.

상대다짐도는 구조물의 중요도, 다짐의 목적, 흙의 종류 등에 따라 다른 값이 요구되며, 다음과 같이 정의한다.

$$\text{상대다짐도(RC)} = \frac{\text{현장의 건조단위 중량}}{\text{실내다짐시험으로 얻은 최대건조단위중량}} \times 100(\%) \qquad (2.6)$$

※ 상대다짐도는 70% 다짐, 95%다짐, 또는 표준다짐 90%, 수정다짐 95% 등으로 표현한다.

2) 최종품질시방서에는 함수비 범위를 명시하여야 한다.

최종품질시방서에는 규정된 상대다짐도만 달성하면 되므로 어떤 방법으로 다졌는지 또한 어떤 장비를 사용하였는지는 문제가 되지 않는다. 따라서 시공자는 가장 경제적이고 효과적인 방법을 자신이 정해야 한다.

그런데 이렇게 결정한 다짐방법은 상대다짐도(즉 건조단위중량) 만을 만족시킬 뿐이므로 다져진 흙이 바람직한 공학적 특성을 가지도록 하려면 종합적으로 검토되어야 한다. 즉 최적함수비의 건조측에서 다지느냐 습윤측에서 다지느냐에 따라 흙의 성질은 달라진다. 건조측 다짐을 하면 강도가 커지고, 약간 습윤측 다짐을 하면 투수성이 최소인 흙이 된다. 따라서 시방서(지침서, 세부지침서)에는 다짐의 목적에 따라 함수비의 범위를 명시하여야 한다.

다짐목적에 따른 함수비의 결정

1. 다짐함수비의 범위가 클 때에는 최적함수비의 건조측에서 다지느냐 습윤측에서 다지느냐에 따라 토질구조물의 거동은 많이 달라진다.
2. 만일 흙 댐의 심벽처럼 차수가 목적이라면 최적함수비의 습윤측에서 다질 때 투수계수는 더 작아지므로 최적함수비보다 약간 더 높은 함수비에서 흙을 다지는 것이 좋다.
3. 그러나, 강도가 목적이라면 최적함수비의 건조측에서 다질 때 더 큰 강도를 얻을 수 있다. 그런데 만일 습윤측 다짐에서 다짐장비가 너무 크면 소형장비로 다졌을 때보다 강도가 오히려 감소하는 경우가 발생할 수 있다. 이러한 현상을 과다짐이라 한다.

2.4.2 다짐방법 시방서

1) 다짐방법 시방서에는 다짐장비의 종류와 무게, 그리고 다짐층의 두께와 다짐횟수 등을 자세하게 제시해야 한다. 또한 다지는 흙의 최대입경도 함께 정해야 한다.
2) 따라서, 최종품질시방서와는 달리 품질에 관한 모든 책임은 발주자에게 있으므로 발주자는 시방서(지침서, 세부지침서)를 작성하기 이전에 여러 가지 다짐장비를 가지고 현장시험을 하여 자세한 정보를 얻어 두어야 한다.
3) 이와 같은 시험시공에는 많은 비용이 소요되므로 댐공사와 같은 대형공사를 제외하고는 이 지침서, 세부지침서를 적용하는 것은 경제성이 없다. 그러나 이 방법은 시험시공을 통해서 토질에 대한 불확실한 문제가 해결될 수 있으므로 여기에 드는 비용이 충분히 보상될 수 있으며 발주자는 자신을 가지고 공사를 감독할 수 있는 장점이 있다.

가장 경제적인 다짐조건을 결정하는 방법

최종품질시방서에서 상대다짐도가 90%이상 요구되고 있다고 가정할 경우 가장 효율적인 다짐함수비의 결정방법에 대하여 알아보자

1. 곡선 ①을 실험실에서 얻은 다짐곡선이라고 가정하고 최종 품질시방서에서 상대다짐도가 90%이상 되도록 요구하고 있다면 $\gamma_d = 0.9\gamma_{d\,max}$에서 수평선을 그려 다짐곡선과의 교차되는 함수비를 구한다. 이때 교차점의 함수비는 a와 c이므로 다짐함수비를 a보다는 크고 c보다는 적게 조절하면 요구되는 상대다짐도를 달성할 수 있다.
2. 그런데, 보다 경제적인 다짐은 상대다짐도를 만족시키면서 더 가벼운 롤러(또는 더 적은 다짐횟수)로 다지는 방법이다. 따라서 가장 이상적인 다짐방법은 다짐에너지를 ③으로 하고 b의 함수비로 다지는 것이다. 그런데 문제는 다짐시 함수비 b를 정확히 관리해야만 상대다짐도 90%를 만족할 수 있다. 그러나 기상변화 등 현장여건상 함수비를 b로 관리한다는 것은 사실상 불가능하다.
3. 따라서 다짐에너지 ③으로 시공하는 것은 현실적으로 불가능하므로 다짐에너지는 ③보다 약간큰 ②로 하고 함수비는 OMC와 b사이의 값을 유지하고 다지면 가장 합리적인 다짐방법이다.

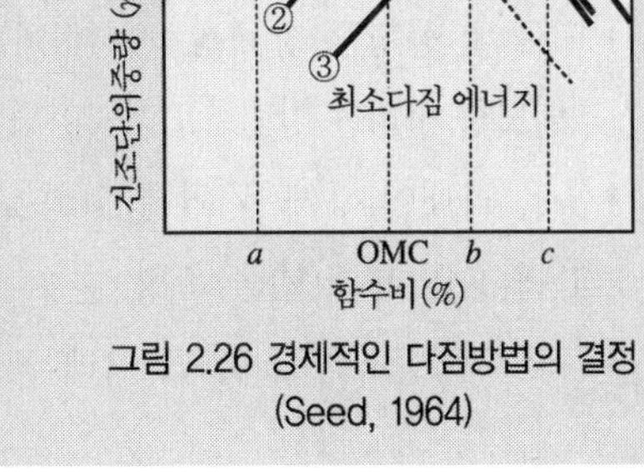

그림 2.26 경제적인 다짐방법의 결정
(Seed, 1964)

2.5 현장다짐의 품질관리

2.5.1 개요

1) 시공자가 다짐을 하면 감독자는 다진 흙이 다짐시방서의 요구조건을 만족하는지 계속해서 시험을 하여 현장다짐상태를 확인해야 한다.

2) 현장관리시험은 보통 성토량의 1,000~3,000m^{3}마다 실시하고 토성이 급격히 변화할 때에도 실시하여야 한다.

3) 현장에서의 다짐관리방법에는

① 건조밀도방법

② 포화도 및 공기간극률에 의한 방법

③ 강도측정방법

④ 다짐기계의 종류와 다짐횟수에 의해 규정하는 방법

⑤ 상대밀도방법

등이 있으나, 각각 장단점이 있어 토질 및 교통하중 등에 따라 적절한 방법을 선택하여 사용해야 한다.

2.5.2 현장다짐 관리방법

(1) 건조밀도방법

1) 판정기준 : 상대다짐도를 구해 판정한다.

상대다짐도는 실내다짐에서 얻어지는 실내최대 건조밀도 $\gamma_{d\,max}$에 대한 현장다짐에서 얻어진 들밀도(FDD)의 비를 말한다. 즉,

$$\text{상대다짐도} = \frac{\text{현장다짐시험의 } \gamma_d}{\text{실내다짐시험의 } \gamma_{d\,max}} \times 100(\%)$$

- 도로 및 공항 시방규정 : 노체 90% 이상, 노상 95% 이상

2) 건조밀도를 구하는 방법 : 모래치환법, 고무막법, 기름치환법, 방사선 밀도측정(RI) 등이 있다.

- 흙을 파내어 무게(W)와 함수비(ω)를 결정
- 파낸 흙의 용적(V)을 측정
- 흙의 건조단위밀도(γ_t)을 아래 식으로 계산

$$\gamma_t = \frac{W}{V}, \quad \gamma_d = \frac{\gamma_t}{1+\frac{\omega}{100}}$$

3) 장단점

- 신뢰성이 높고 가장 많이 적용하는 방법
- 일반적으로 사질토에 적용
- 다음과 같은 경우에는 적용 불가
  - 토질의 변화가 심한 흙
  - 자연함수비가 다짐함수비보다 클 때
  - 다짐곡선의 형상을 얻기 어려울 때(모래 및 자갈질 조립토)

(2) 포화도 또는 공기간극률에 의한 방법

1) 관리방법

현장에서 포화도 및 공기함유율을 구해 다짐도를 판단하는 방법이다.

$$\text{포화도(S)} = \frac{G_S \cdot w}{e}$$

2) 다짐기준

- 포화도 규정 : 85~95%
- 공기간극률 규정 : 10~12%의 범위

3) 장단점

- 다짐에너지(다짐횟수)를 규정하지 않으므로 건조밀도로 적용 불가능한 경우 합리적이다.
- 일정한 다짐횟수가 요구되지 않으므로 저함수비의 경우 높은 다짐에너지가 필요하게 되고, 고함수비의 경우 낮은 에너지로 다질 수 있다. 따라서 강도면에서 저함수비의 경우 필요이상으로 강하게 되고 고함수비의 경우 상당히 약한 상태라도 규정에 합격하게 되므로 흙쌓기의 시공과 안정에 필요한 강도가 얻어지느냐에 대해서는 의문이 발생한다.
- 그러므로 사전에 소요강도가 얻어지는 시공함수비를 규정해 둘 필요가 있다.

(3) 강도측정방법

1) 다짐관리방법

현장다짐한 지반에 대해 평판재하시험, CBR시험, 콘관입시험 등을 실시하여 각각 K_{30}

치, CBR치, Cone관입저항치를 측정하여 기준치와 비교하여 다짐도를 판정한다.

2) 적용지반
- 물의 침입에 의해 팽창이나 강도저하 등이 적은 재료
- 특히, 암괴, 호박돌 등은 건조밀도 측정이 곤란하므로 이 방법에 의해 규정

(4) 다짐기계의 종류와 다짐횟수에 의해 규정하는 방법(시험시공)

1) 토질이나 함수비 변화가 크지 않은 현장에서 적용 가능
2) 암괴 및 호박돌 등의 다짐에 적합
3) 현장다짐시험(K치, CBR, Cone관입저항치) 결과에 의해 적절한 장비종류와 포설두께, 다짐횟수를 결정
4) 현장다짐시험은 폭 3m이상, 길이 5m이상, 두께 15~50cm로 다짐기계 1종당 포설두께를 3종류 이상으로 변화시켜 시험한 후 K치, CBR치, 콘관입저항치, 채취시료의 강도시험을 실시한 후 다짐기계 종류, 포설두께, 다짐횟수 결정

(5) 상대밀도에 의한 방법

1) 시방서에서 규정한 값 이상이면 합격
2) 사질토에 적용
3) 상대밀도 : 사질토의 다짐에 대한 것으로 느슨하거나 조밀한 상태를 표시

$$D_r = \frac{e_{max} - e}{e_{max} - e_{min}} \times 100\% = \frac{\gamma_{max}}{\gamma_d} \times \frac{\gamma_d - \gamma_{min}}{\gamma_{d\,max} - \gamma_{d\,min}} (\times 100\%)$$

$$\gamma_d = \frac{G_S}{1 + G_S \cdot W} \cdot \gamma_w = \frac{1}{1/G_S + W} \cdot \gamma_w$$

2.5.3 결론

1) 다짐의 품질을 아무리 철저하게 관리한다고 하더라도 시방서의 요구조건을 완벽하게 충족시키는 것은 대단히 어렵다. 따라서 시공자에게 이 요구조건을 100% 달성하도록 하는 것은 무리이므로 전체 중에서 일부분은 받아들일 수 없는 시험결과가 나온다는 것을 감안하여 감독자와 시공자가 합리적으로 불합격 개소에 대한 처치 방안 등 납득할 수 있는 품질관리를 할 필요가 있다.
2) 현장에서는 주로 건조밀도법 또는 평판재하시험 등에 의한 강도법으로 품질관리를 하고

있으나, 최근 턴키설계 등에서 종종 사용하는 통계적인 방법에 의한 품질관리도 관심을 가져야 할 필요성이 있다.

3) 쌓기 사용재료의 간극을 최소화할 수 있도록 건조밀도로 다짐 품질을 관리하는 방법이 적절하나, 품질관리에 많은 시간과 노력이 소요되고 입경 등 재료 특성에 따라 건조밀도로 다짐 품질을 관리하기는 쉽지 않다. 따라서 현장에서는 다짐 후 비반복 평판재하시험(이하 평판재하시험으로 명함)과 반복평판재하시험(독일식 평탄재하시험)을 통하여 현장 다짐 품질관리를 수행하고 있다

2.6 과다짐(Over Compaction)

2.6.1 개요

1) 동일한 흙에 대해 다짐에너지 및 다짐횟수를 증가시키면 이에 따라 다짐효과가 증가하게 되는데 어떤 종류의 흙에서는 전압횟수가 너무 많아지거나 다지는 전압력이 크면 다진 흙이 오히려 결함을 일으키거나 강도저하를 초래하는데 이러한 현상을 과다짐(Over Compaction)이라 한다.
2) 과다짐은 일반적으로 화강풍화토나 점성토에서 많이 발생하며 OMC 습윤측에서 큰 에너지로 다져 표면의 흙입자가 깨져 전단파괴가 발생하고 그 결과 세립화로 인하여 강도저하가 일어난다.

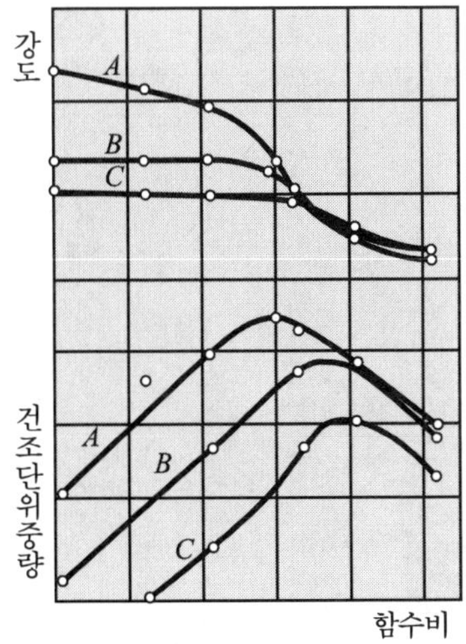

그림 2.27 다짐에너지와 함수비 변화에 대한 강도변화

2.6.2 과다짐 원인

1) 실트질 흙의 성토시 무거운 롤러로 전압할 때
2) 성토체 위에 일정한 장소를 트럭 등의 운반장비가 반복 통과할 때 궤적이 집중되는 경우

2.6.3 결론

과도전압현상이 발생되면 구조물의 안정에 불리한 경우가 발생되므로 시공시 과다짐 현상이 발생되지 않도록 주의하고 필요시 제거후 재시공 하여야 한다.

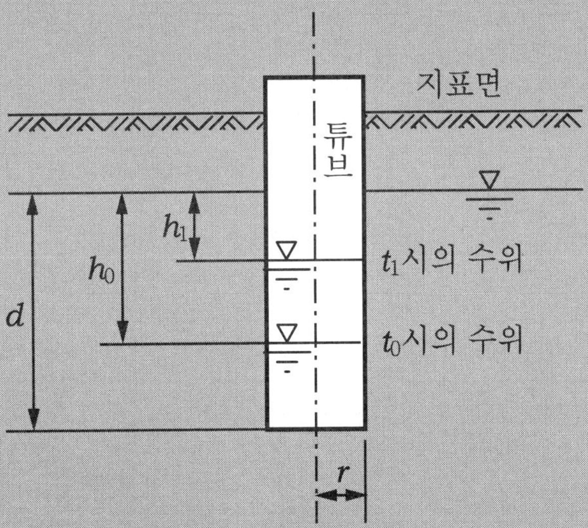

제 3장 투수

1. 흙의 투수성
2. 투수계수
3. 1차원 및 2차원 흐름

chapter 03

제 3장 투수

1. 흙의 투수성

1.1 간극수 역할

1.1.1 화학적 작용

흙은 광물입자와 유체로 이루어진 다상체계이다. 간극수에 화학물질이 녹아드는 경우 전기적 평형상태를 변화시켜 입자간격 및 입자배열에 영향을 미친다. 간극유체는 입자의 표면특성에 영향을 미치게 되고 이로써 입자 접촉면에서 일어나는 하중전달 체계에도 영향을 미친다. 이런 특성은 점토와 같이 입자가 세립화 될수록 중요한 의미를 갖는다.

그림 3.1과 같이 이중층 두께가 감소함으로써 변형이 진전되고 투수성이 저하된다.

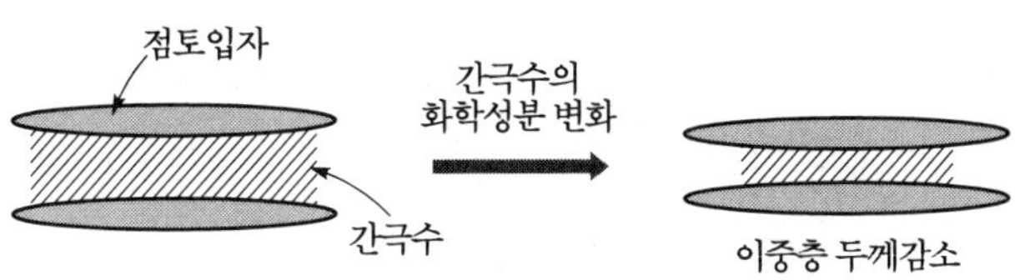

그림 3.1 간극수의 화학적 작용예

1.1.2 물리적 작용

물은 흙을 통하여 흐를 수 있으며 이때 발생하는 동수경사와 흙 입자와의 상호작용으로 입자간 접촉력의 크기가 변화되어 압축성 및 전단저항에 영향을 미친다. 간극수의 흐름이 입자체에 미치는 영향은 역학적으

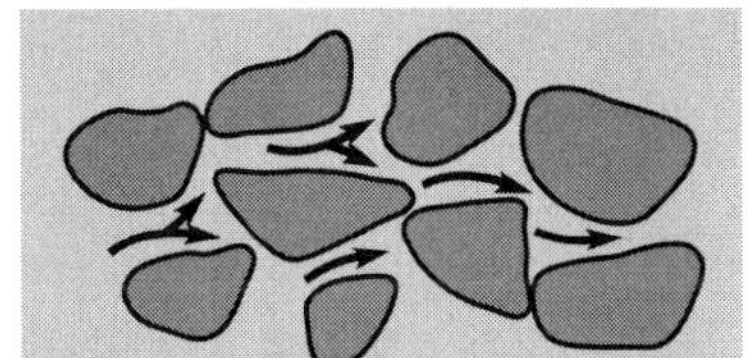

그림 3.2 흐름저항

로 견인 전단력이라 할 수 있다.

특히 조립질 입상토는 투수계수가 크므로 흐름의 영향이 크다.

1.1.3 하중분담 작용

흙에 작용하는 하중이 갑자기 변화하면 변화된 하중은 간극 유체와 입자의 양자에 의해 분담될 것이다. 이때 간극수압의 변화는 흙 내부에 흐름을 야기하게 되며 이로써 흙의 거동이 시간에 따라 변화하게 된다.

하중분담율은 수리 경계조건에 따라 달라지며 배수가 허용될 경우 아래 그림과 같이 시간에 따라 변화한다.

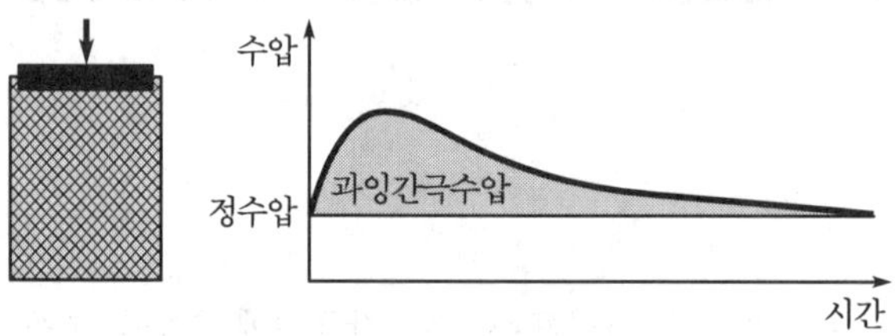

그림 3.3 시간에 따른 하중분담 변화

1.2 동수경사

1.2.1 베르누이 정리와 손실수두

동수경사를 이해하기 위해서는 베르누이의 정리 및 손실수두를 알아야 한다.

1) 지하수 흐름도 물이 흐른다는 관점에서 유체역학의 원리를 이용할 수 있다. 유체역학의 기본은 베르누이(Bernoulli)의 정리이다. 흐르는 유체 중 임의의 한 점에서의 전수두는 압력수두, 속도수두, 위치수두의 합으로 표현된다.

$$h_t = h_p + h_v + h_e = \frac{u}{\gamma_w} + \frac{v^2}{2g} + z \tag{3.1}$$

흙 속을 통과하는 물의 속도는 대단히 느리므로 토질역학에서는 일반적으로 속도수두 항을 무시한다.

$$h_t = z + \frac{u}{\gamma_w} \tag{3.2}$$

① 전수두 = 위치수두 + 압력수두

② 위치수두 : 기준면으로부터의 상대적인 높이

※ 기준면은 어느 지점에 설정하여도 상관이 없다.

③ 압력수두 : 스탠드 파이프를 꽂은 위치에서 파이프 속으로 수위가 올라간 높이

압력수두 = 전수두 − 위치수두

※ 간극수압 = 압력수두 $\times \gamma_w$

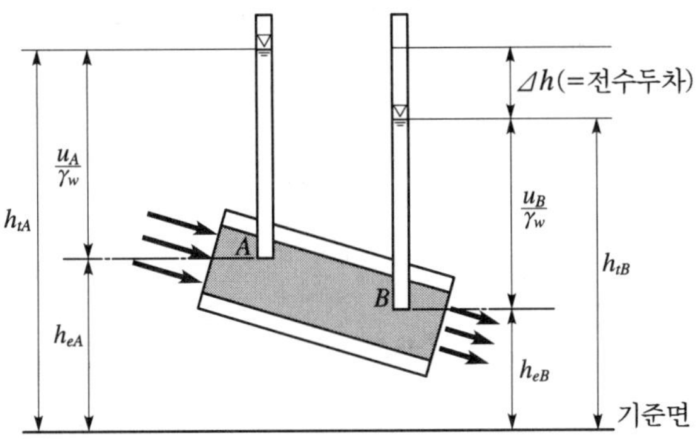

그림 3.4 베르누이 정리 개념도

2) 그림 3.4에서 A점의 전수두 h_{tA}가 B점의 전수두 h_{tB}보다 크므로 물은 A점에서 B점으로 흐를 것이다. 이때 A점에서 B점까지 흐를 때의 손실수두 Δh는 두 점 사이의 전수두차가 될 것이다.

$$\Delta h = h_{tA} - h_{tB} \tag{3.3}$$

※ 토질역학에서는 속도수두를 무시하므로 물로만 채워진 구간을 통과하는 경우에는 수두손실을 무시하고, 흙속을 통과하는 구간에서만 마찰력에 의해 수두손실이 발생하는 것으로 본다. 이때 마찰손실은 비표면적이 큰 점토가 모래보다 훨씬 크다.

1.2.2 동수경사(i)

(1) 정의

1) 동수경사란 임의 두 지점의 전수두차(Δh)를 물이 통과한 거리(L)로 나눈 값을 말한다.

$$\text{동수경사}(i) = \frac{\text{전수두차}(\Delta h)}{\text{물이 통과한 거리}(L)} \tag{3.4}$$

즉, 동수경사란 단위길이당 손실된 수두를 말하며, 무차원이다.

2) 동수경사는 물의 흐름에서 중요한 요소로서 동수경사가 증가한다는 것은 물의 흐름이 빨라져 수두차가 점점 커진다는 뜻이다.

(2) 동수경사와 유속과의 관계

물의 흐름은 층류, 난류 그리고 이 둘의 중간상태인 천이영역 흐름으로 나눌 수 있으며, 각 영역에서 동수경사는 흐름속도가 증가함에 따라 변하게 된다.

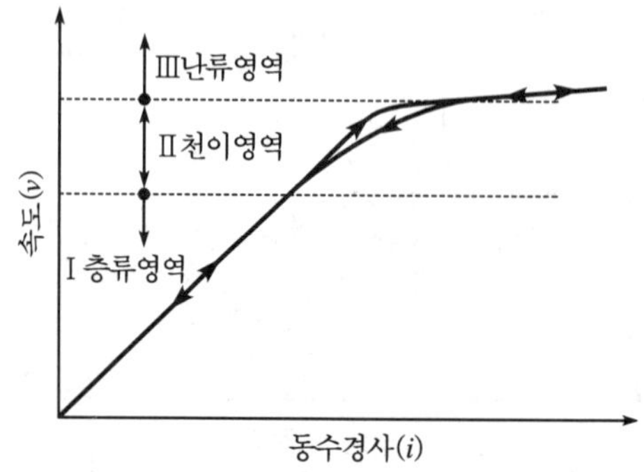

그림 3.5 동수경사(*i*)와 물이 흐르는 속도(v)의 관계

1) 층류영역 및 천이영역에서는 물의 속도가 증가함에 따라 동수경사도 선형적으로 증가하게 되나, 난류영역에서는 비선형적인 관계를 보인다.

2) 대부분 흙에서의 흐름은 속도가 매우 작기 때문에 층류로 간주되며 Darcy의 법칙이 성립된다.

$v \propto ki$

3) 그러나 파쇄대가 심한 암반, 돌, 자갈, 그리고 굵은 모래 속에서는 물의 흐름이 난류상태로 존재할 수 있으므로 위의 식이 성립되지 않는다.

(3) 이용

1) 유출속도 산정 : $v = ki$

2) 침투유량 산정 : $Q = kiA$

3) 침투수압 산정 : $j = i\gamma_w z$

4) 분사(Quick sand), 보일링, 파이핑 검토 : $F_s = \dfrac{i_c}{i}$

1.3 Darcy 법칙

1.3.1 개요

1) Darcy의 법칙은 한 마디로 "지중 속을 흐르는 물의 속도는 동수경사에 비례한다."라고 정의할 수 있다.

$v = ki$ 또는 $Q = kiA$ (3.5)

2) Darcy의 법칙은 투수문제를 해결하는 기본이론으로 1차원 투수문제의 경우 Darcy의 법칙만을 이용해도 기본해를 구할 수 있지만, 2차원 또는 3차원 투수문제는 연속성의 법칙과 Darcy의 법칙을 조합해야만 해를 풀 수 있다.

3) 기본가정

① 지하수의 흐름은 정상류임

② 층류에서만 적용 가능 : $R_e < 2000$, 흙속의 $R_e \doteqdot 1$(R_e : Reynold Number)

③ 이상유체에만 적용 가능 : $Q_{유입} = Q_{유출}$

1.3.2 Darcy 법칙 유도를 위한 실험

1) Darcy가 사용한 실험장치의 모식도는 다음과 같다.

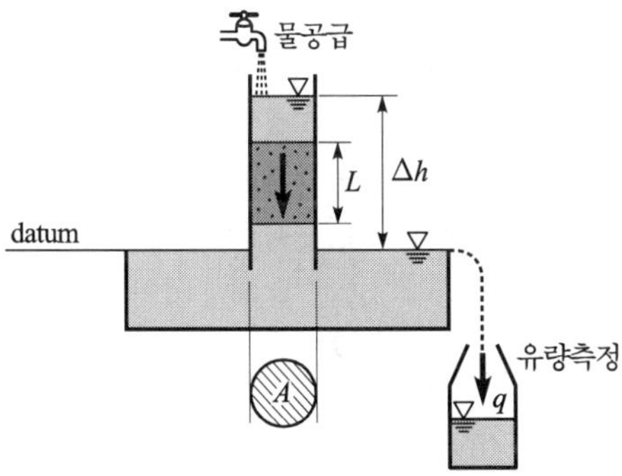

그림 3.6 Darcy의 법칙

Darcy는 정수장 모래여과지를 통해 여과되는 물의 유량을 위의 실험을 통해 관찰하였다. 그 결과 일정 시간 동안 모래여과지를 통과하는 유량은 시료의 단면적(A)과 수두차(Δh)에 비례하고 시료의 길이에 반비례하는 사실을 발견하였다. 즉,

$$q \propto \frac{\Delta h}{L} A$$

비례식을 등식화하기 위하여 흙의 투수특성에 관계되는 비례상수 k를 도입하였는데, 이것이 Darcy의 법칙이다.

$$q = k\frac{\Delta h}{L}A = kiA \quad (\text{또는 } v = ki) \tag{3.6}$$

여기서, q : 단위시간당 유량, i : 동수경사

Δh : 상, 하류의 수두차 또는 흙 시료 속을 흐르는 동안 발생하는 수두손실

L : 시료의 길이, K : 투수계수

v : 유출속도

※ Darcy의 법칙을 한 마디로 표현하여 지중의 투수 즉 물이 흐르는 속도는 동수경사에 비례한다는 것이다.

$$v = ki$$

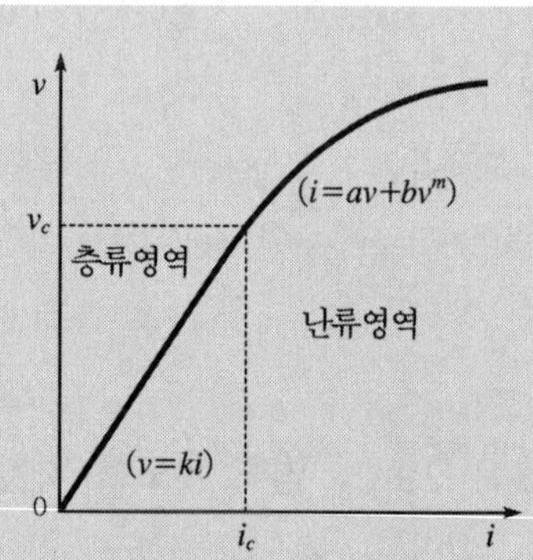

그림 3.7 층류와 난류

1.3.3 실제유속

1) Darcy의 법칙 $q = kiA = Av$으로 구한 유량은 실제 유량임에도 불구하고, A가 실제 통수 단면적이 아니므로 Darcy의 유속(또는 유량유속, 유출유속) v는 실제 침투유속이 아닌 가상유속이다.

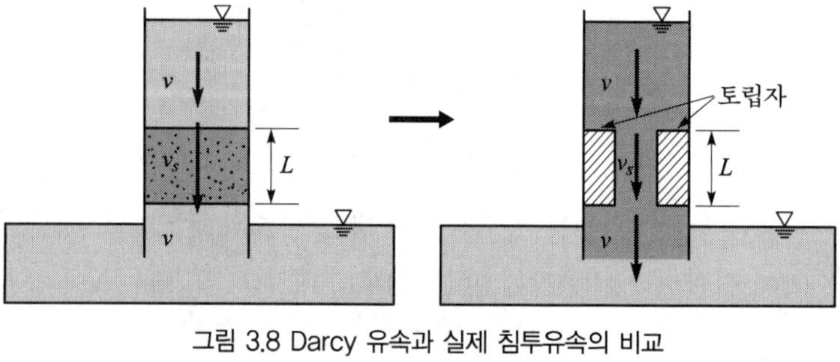

그림 3.8 Darcy 유속과 실제 침투유속의 비교

2) 따라서, 실제유속은 간극을 통해서 흐르는 물의 속도를 말하며, 연속의 방정식을 이용해서 구할 수 있다.

$q = Av = A_v v_s$에서

$$v_s = \frac{A}{A_v} v = \frac{AL}{A_v L} v = \frac{V}{V_v} v = \frac{v}{n} = \frac{ki}{n} \tag{3.7}$$

※ 흙 속에서 간극률은 1보다 작으므로 실제유속은 가상유속 보다 항상 크다.

1.3.4 결론

1) 자갈 속을 흐르는 투수를 제외하고는 흙 속의 물의 흐름은 유속이 작으므로 대부분 층류이다. 따라서 대부분의 투수문제에서 Darcy의 법칙이 성립한다고 할 수 있다.
2) 흐름의 2차원 방정식 유도 시 가정한다.
3) 압밀이론 유도 시 가정한다.

[핵심문제 3.1] **직경이 2m인 원형 단면의 유리관 속에 두께 3m인 흙이 그림과 같이 배치되어 있다. 흙의 간극비는 0.5, 투수계수는 0.01cm/sec라 할 때 유량과 실제 침투유속을 구하라(단, △h = 6m).**

[풀이]

(1) 유량은?

흙의 상하면 사이의 수두차 Δh=6m, 동수경사 i = 6/3 =2

$q = kiA = 0.01 \times 10^{-2} \times 2 \times (\frac{\pi \times 2^2}{4}) = 0.000628 \text{m}^3/\text{sec}$

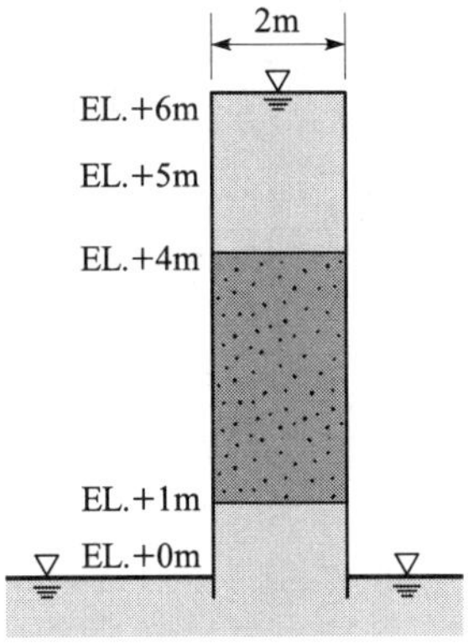

(a) 문제도

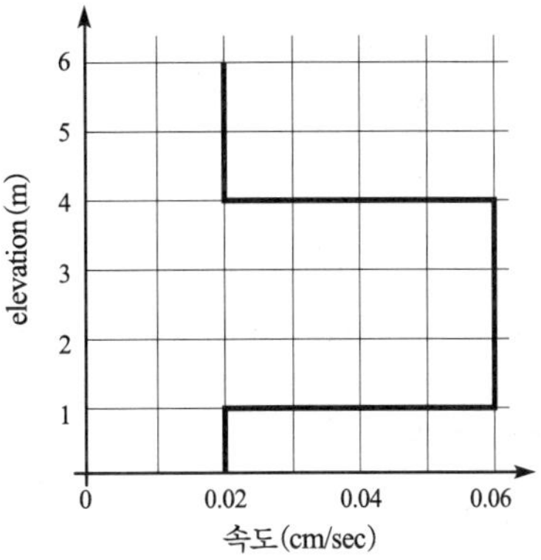

(b) 해답도

그림 3.9 문제도 및 해답도

(2) 표고에 따른 실제 침투유속 v_s의 분포도?

- $EL.$+6m~ $EL.$+4 m 구간 및 $EL.$+1 m~ $EL.$+0m은 Darcy의 유속 $v = ki$이다.

  즉, $v = ki = 0.01 \times 2 = 0.02$cm/sec

- 흙이 존재하는 구간은 실제 침투유속이다.

$$n = \frac{e}{1+e} = \frac{0.5}{1+0.5} = 1/3$$

$$v_s = \frac{v}{n} = \frac{0.02}{\frac{1}{3}} = 0.06\text{cm/sec}$$

2. 투수계수

2.1. 기본개요

2.1.1 정의

1) Darcy의 법칙 $v = ki$에서 비례상수 K를 투수계수라 하며, 속도의 단위(cm/sec)를 가진다.
2) 투수계수는 흙의 투수성 또는 배수의 정도를 나타내는 특성치이며, 흙의 종류에 따라 다양하게 변화한다.

2.1.2 흙 종류별 투수계수값

흙 입경이 클수록 간극의 크기가 커지므로 투수계수도 커진다. 흙 종류별 일반적인 투수계수값은 표 3.1과 같다.

표 3.1 흙 종류별 투수계수

흙의 종류	투수계수(cm/sec)	비 고
자 갈	10^{0} 이상	투수성 : 10^{-4} cm/sec 이상
모 래	$10^{-1} \sim 10^{-3}$	
실 트	$10^{-4} \sim 10^{-5}$	불투수성 : 10^{-7}cm/sec 이하
점 토	10^{-6} 이하	

2.2 투수계수 결정방법

2.2.1 결정방법

흙의 제반특성을 나타내는 물성치 가운데 그 분포폭이 가장 넓은 것이 투수계수이다. 따라

표 3.2 투수계수를 결정하는 방법

구분	시험방법		적용토질	특 징
실내시험	정수위 투수시험		사질토	• 수두차를 일정하게 유지하면서 시간과 유량을 측정하여 투수계수 결정
	변수위 투수시험		점성토	• 스탠드 파이프의 수두를 변화시키면서 유량과 속도 변화를 측정하여 투수계수를 결정
	압밀시험		점성토	• 시간이 많이 소요, 실용성 없음
	삼축투수시험		매립지 고화토	• 매립지 고화토 투수계수 산정에 이용
현장시험	관측정법	양수법	사질토, 점성토	• 현장 지하수위가 높은 경우
		주입법(주수법)	사질토, 점성토	• 현장 지하수위가 낮은 경우
	보링공에 의한방법	양수법(수위회복법)	사질토, 점성토	
		주입법(주수법)	사질토, 점성토	
		패커법(루젼시험)	암반, 점성토	• P-Q곡선을 작성하여 Lugeon치와 투수계수 구함
경 험 식	Hazen의 공식		사질토	• $k = C \cdot D_{10}^2$ [C : 100~150, D_{10} 유효경(cm)]

서, 이를 정확하게 산정한다는 것은 대단히 어렵다.

흙의 투수성은 시험실이나 현장에서 측정할 수 있는데 시험실 측정이 현장측정보다 훨씬 더 쉽다. 투수성은 흙의 구조(배열상태 및 지층 구성상태)에 크게 의존하며 대표적인 흙 시료를 구하기가 어렵기 때문에 정확한 투수성을 구하려면 현장시험을 실시하여야 한다.

투수계수를 결정하는 방법에는 경험식에 의한 방법, 실내시험, 현장시험 등이 있다.

표 3.3 투수계수의 개략치(1)

10^{-8} 10^{-7} 10^{-6} 10^{-5} 10^{-4} 10^{-3} 10^{-2} 10^{-1} 1 10 10^{2} cm/sec

10^{-4} 10^{-3} 10^{-2} 10^{-1} 1 10 10^{2} 10^{3} 10^{4} 10^{5} ft/day

← 균질점토	실트		자갈 →
	균열점토 및 풍화점토	모래	
불투수	투수불량	보통	투수양호

표 3.4 투수계수의 개략치(2)

토질	점토	실트	아주가는 모래	가는 모래	중간모래	굵은모래	작은모래
입경 D(mm)	0.0~0.01	0.01~0.05	0.05~0.10	0.10~0.25	0.25~0.5	0.5~1.0	1.0~5.0
k(cm/sec)	3.0×10^{-6}	4.5×10^{-4}	3.5×10^{-3}	1.5×10^{-2}	8.5×10^{-2}	3.5×10^{-1}	3.0

2.2.2 경험식에 의한 방법

1) 간단한 토질시험 성과를 이용하여 투수계수를 추정하는 방법으로 여러 가지 경험식이 제안되었으나 가장 잘 알려진 것은 Hazen의 경험공식이다.

$$k = C \cdot D_{10}^{2} \tag{3.8}$$

여기서, D_{10} : 유효경(cm), C : 상수(100~150)

2) Hazen의 경험 공식은 그 자체의 실용성(정확성) 보다는 흙의 투수계수가 그 흙을 구성하고 있는 다양한 크기의 입자중 상당히 가는 입자의 입경(D_{10})에 지배된다는 사실을 밝힌 것이 큰 의미가 있다.
3) 이것은 맹암거, 필터 등에서 세립분이 조금만 함유되어도 그 투수성(배수성)은 급격히 떨어진다는 것을 의미한다. 필터의 투수성을 적정수준으로 유지하기 위하여 0.075mm체 통과율을 5%이하로 제한하고 있는 것도 여기에 있다.

2.2.3 실내투수시험

(1) 정수위 투수시험(constant head permeability test)

1) 정수위 투수시험은 상 · 하류 수위차를 일정하게 유지하면서 t시간 동안의 유출량 Q를 측정하여 Darcy의 법칙에 의하여 투수계수를 결정한다.
2) 이 시험은 투수계수가 비교적 큰 모래 · 자갈 등에 적합하며, 투수계수가 대단히 작은 흙의 경우 유량 Q 측정에 장시간이 소요되므로 사용이 부적당하다.

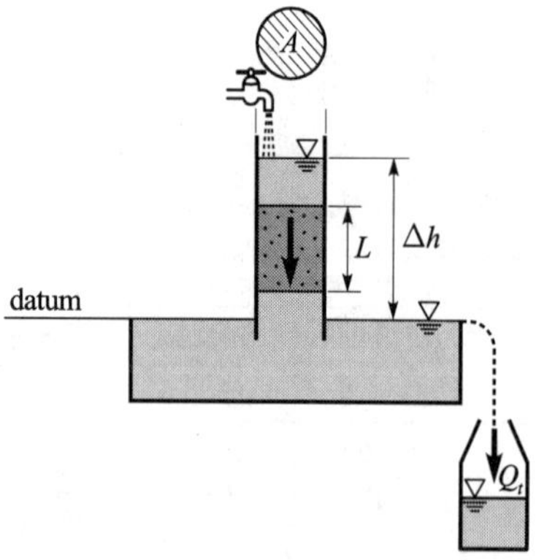

그림 3.10 정수위 투수시험

Darcy 의 법칙으로부터 t시간동안 유출량 Q는

$$Q_t = k \cdot i \cdot A \cdot t = k \cdot \frac{\Delta h}{L} \cdot A \cdot t$$

$$\therefore k = \frac{Q_t \cdot L}{A \cdot \Delta h \cdot t} \tag{3.9}$$

- 이미 알고 있는 값 : $A, L, \Delta h$
- 시험에서 측정하는 값 : Q_t, t

(2) 변수위 투수시험

1) 변수위 투수시험은 임의의 시간(dt) 동안 스탠드파이프의 강하수위를 측정하여 투수계수를 결정한다.

2) 이 시험은 투수계수가 너무 작아서 시간이 많이 흘러도 유출량이 미세하여 정수위 투수시험으로 시험이 곤란할 때 행하는 시험으로, 투수계수가 작은 점성토 지반에 적합하다.

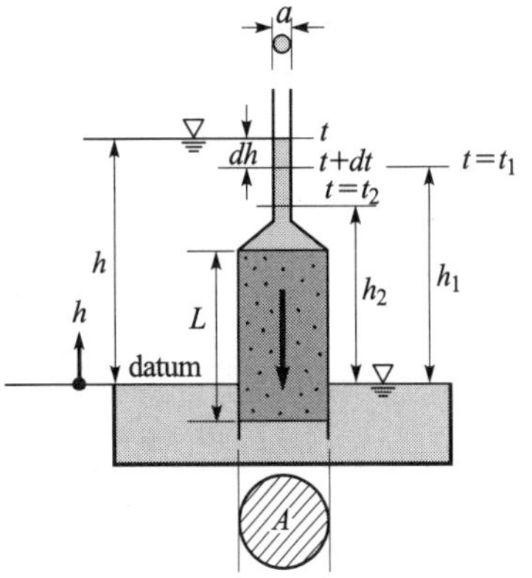

그림 3.11 변수위 투수시험

$$k = \frac{a \cdot L}{A(t_2 - t_1)} \cdot \log_e \frac{h_1}{h_2}$$

또는, $$k = 2.3\frac{aL}{A(t_2 - t_1)} \log_{10} \frac{h_1}{h_2} \tag{3.10}$$

- 이미 알고 있는 값 : a, A, L
- 시험에서 측정하는 값 : t_1, t_2, h_1, h_2

2.2.4 현장투수시험

실내투수시험의 경우 채취된 시료의 대표성에 문제가 있어 그 결과에 항상 신뢰성이 의문시된다. 실내투수시험결과는 실제의 투수계수보다 훨씬 작은 것이 일반적이다. 보다 신뢰성 있는 투수계수를 구하기 위해서는 현장투수시험을 하게 되는데 주로 시료채취 및 지반평가를 위해 천공한 Boring 구멍을 이용한다. 현장시험 중에서도 가장 신뢰성 있는 시험은 1개의 우물정과 1개 이상의 관측정을 설치하여 시험하는 양정시험이다. 양정시험은 신뢰성은 가장 크나 비용이 많이 든다.

(1) 양수시험

1) 자유수에 대한 양수시험

- 1개의 시험정과 2개 이상의 관측정을 굴착하고, 시험정에서 지하수위가 정상류 상태가 될 때까지 양수를 계속하면서 양수량과 주변 관측정의 수위를 측정하여 투수계수를 결정한다.
- 균질한 조립토의 투수계수를 측정하는 데 적합하며, 투수계수는 식(3.11)로 구한다.

$$k = \frac{2.3\,Q}{\pi(h_2^2 - h_1^2)} \log_{10} \frac{r_2}{r_1} \tag{3.11}$$

- 이미 알고 있는 값 : r_1, r_2
  - 시험에서 측정하는 값 : Q, h_1, h_2

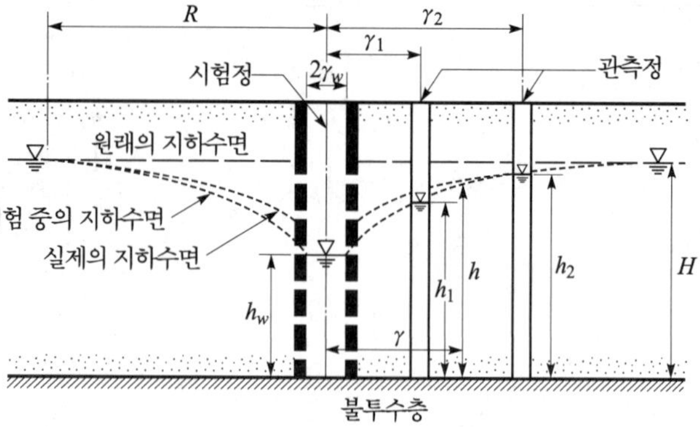

그림 3.12 자유수에 대한 양수시험

2) 피압지하수에 대한 양수시험

- 피압대수층의 평균투수계수는 대수층까지 완전 관입된 시험공을 통하여 정상침투 상태가 되도록 일정하게 양수를 계속하면서 양수량과 주변 관측정의 수위변화를 측정하여 산정한다.

$$k = \frac{2.3\,Q}{2\pi T(h_2 - h_1)} \log_{10} \frac{r_2}{r_1} \tag{3.12}$$

- 이미 알고 있는 값 : T, r_1, r_2
- 시험에서 측정하는 값 : Q, h_1, h_2

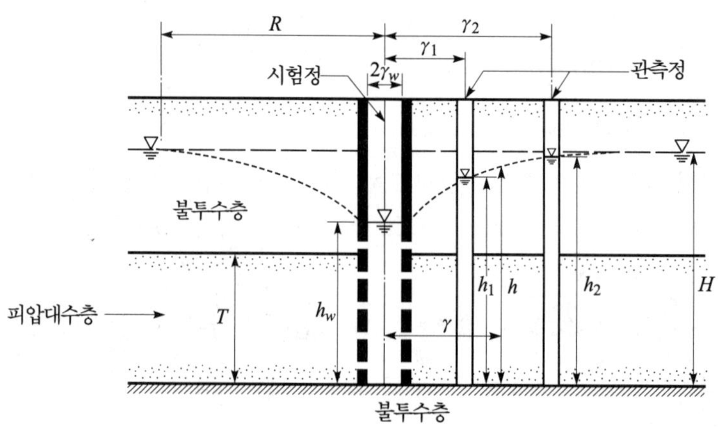

그림 3.13 피압수에 대한 양수시험

(2) 주수시험(주입법)

지하수위가 낮은 지반에서는 양수하는 대신 시험정에 물을 주입하여 일정한 수두를 유지하면서 주수량 Q와 관측정의 수위 h를 측정하여 지반의 투수계수를 결정하는 방법이다. 투수계수 산정은 양수시험에 대한 식에서 관측정의 수위 h_1과 h_2를 바꾸기만 하면 된다. 즉,

$$k = \frac{2.3\,Q}{\pi(h_1^2 - h_2^2)} \log_{10}\frac{r_2}{r_1} \tag{3.13}$$

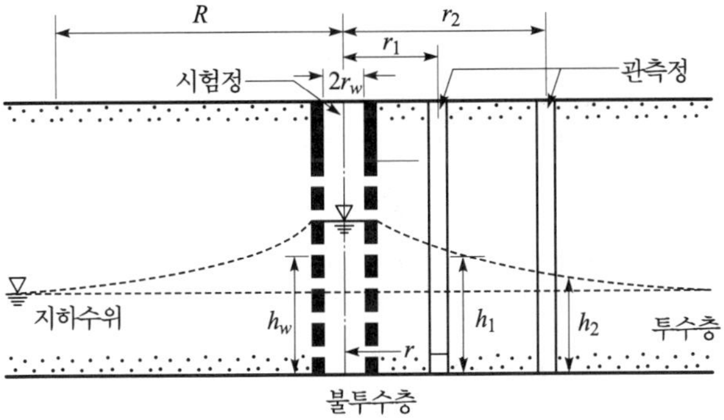

그림 3.14 주수시험

(3) 색소법, 전해질법, 방사선 동위원소법

우물 2개를 굴착하여 수위가 더 높은 우물에 색소 등을 투입한 후 수위가 더 낮은 우물에 이들 물질이 도달하는 시간을 측정하여 물의 실제 침투유속 를 산정하는 관계식에서 지반의 투수계수를 결정하는 현장시험이다.

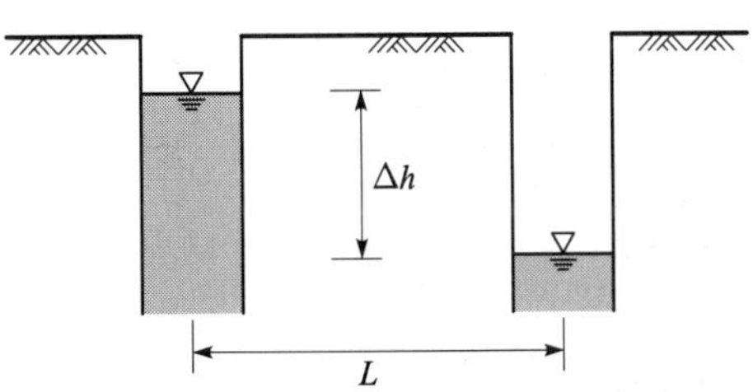

그림 3.15 색소법, 전해질법, 방사선 동위원소법

두 우물 사이의 거리를 L, 색소 등 물질이 최초로 하류측 우물에 도달하는 데 소요되는 시간을 t라 하면 실제 침투유속 v_s는

$$v_s = \frac{L}{t} \tag{a}$$

그런데 지반의 실제 침투유속 v_s는

$$v_s = \frac{ki}{n} = \frac{k}{n}\frac{\Delta h}{L} \tag{b}$$

여기서 Δh는 두 우물의 수두차이고 n은 지반의 간극률

식(a)와 식(b)에서

$$\frac{L}{t} = \frac{k}{n}\frac{\Delta h}{L}$$

$$\therefore k = \frac{n L^2}{\Delta h\, t} \tag{3.14}$$

- 알고 있는 값 : L, Δh, n
- 측정하는 값 : t

(4) 실무에서 현장 투수시험 필요성

1) 실내시험 시료가 자연 지반의 성질을 대표할 수 없다.
2) 시료채취 시 채취기구 벽면과의 마찰에 의하여 시료가 압축되는 경우가 많으므로 실험실에서 구한 투수계수는 자연 지반보다 작다. 흙 중에 존재하는 지하수와 실내 투수시험에 사용되는 물은 물리적, 화학적 성질이 다르다.
3) 실내 투수계수시험 시 실험실의 동수경사(i)는 $\frac{\Delta h}{L} \geq 5$이지만, 현장에서의 동수경사는 0.1~2미만이므로 가급적 투수계수시험은 현장에서 실시하는 것이 바람직하다.
4) 동일한 입도의 흙에서도 투수계수는 간극비, 구조, 포화도 등에 따라 달라지므로 현장시험에 의해 결정하는 것이 바람직하다.

2.3 수압시험(Lugeon Test)

2.3.1 정의

수압시험(Lugeon Test)은 시추공내에 Packer를 설치하고 수압을 가하면서 주입량을 측정하여 암반의 투수성을 파악하는 시험이다.

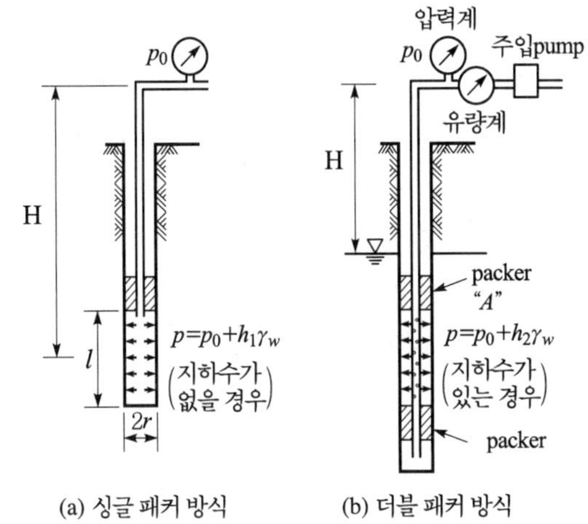

그림 3.16 암반수압시험

2.3.2 시험방법

(1) 시추공 내에 Packer 설치

시험구간은 일반적으로 3~5m 정도로 하고, Packer는 Single 또는 Double Packer를 사용한다.

(2) 압력을 가하면서 물주입

주입압력의 승강은 단계적으로 하고 승압 및 강압과정 모두 3~5단계 정도로 시험한다. 주입시간은 매 단계 5~10분 간격을 유지하고 최대 주입압은 유효압력으로 1,000kN/m^2 정도이나 한계압력이 1,000kN/m^2 이하의 경우에는 한계압력에 따라 결정한다.

(압력단계 사례 : 100 → 300 → 500 → 700, 700 → 500 → 300 → 100kN/m^2)
(100 → 300 → 500 → 700: 승압과정, 700 → 500 → 300 → 100: 강압과정)

(3) 주입압력과 주수량 측정

2.3.3 시험결과의 정리

(1) 투수계수

$$k = \frac{0.023\,Q}{2\pi LH}\log\frac{l}{r} \tag{3.15}$$

여기서, k : 투수계수(m/sec), Q : 주입량(m^3/sec), l : 시험구간(m)
H : 지하수위로 부터 pipe 상단의 압력계까지의 높이(m)
r : 시험공 반경(m)

(2) Lugeon

1Lugeon은 76mm의 시추공에 압력 1,000 kN/m^2을 가해 길이 1m당 주입량(l/분)을 말하며, 일반적으로 주입압력–주입량 곡선을 그려 구한다.

1) 그림 3.17에서 ①번과 같이 한계압력이 1,000kN/m^2 이상일 때는 1,000kN/m^2과 만나는 주입량 L_1이 Lugeon값이고,
2) 한계압력이 1,000kN/m^2 이하인 경우(② 및 ③번)는 직선부분을 연장하고 주입압력 1,000kN/m^2와 만나는 점의 주입량 L_2 및 L_3를 환산 루전값으로 한다.

$$L_u = \frac{1{,}000\,Q}{Pl} \tag{3.16}$$

여기서, Q : 주입수량(ℓ/min) l : 시험구간(m)
P : 주입압력(kN/m^2) L_u : Lugeon값

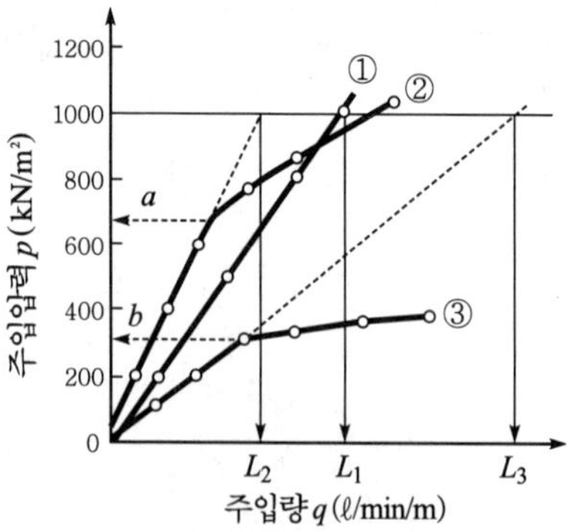

그림 3.17 주입압력–주입량 곡선과 루전치

2.3.4 시험 시 유의사항

1) 시험공 굴착시 공벽이 교란되지 않도록 최대한 주의를 기울여야 한다.
2) 공벽 형성을 위해 벤토나이트 이수 사용시 투수계수가 작게 산출되므로 반드시 청수로 깨끗이 세척후 시험을 해야 한다.
3) 공벽요철, 틈, 심한 파쇄대에서는 시험실패 가능성 크다.
4) Rod 연결부분에 누수확인이 필요하다.
5) 자연 지하수위를 제대로 파악해야 한다.

2.3.5 결과적용

(1) 기반암의 투수계수와 Lugeon치 산출하여 암반의 투수성을 판단

① 투수계수로 판단

- 풍화암 : $k = 10^{-5}$cm/sec 내외
- 연암이상 : $k = 10^{-6} \sim 10^{-7}$cm/sec 내외

② 루전치(L_u)로 판단 : $L_u < 5$이면 완전 불투수층

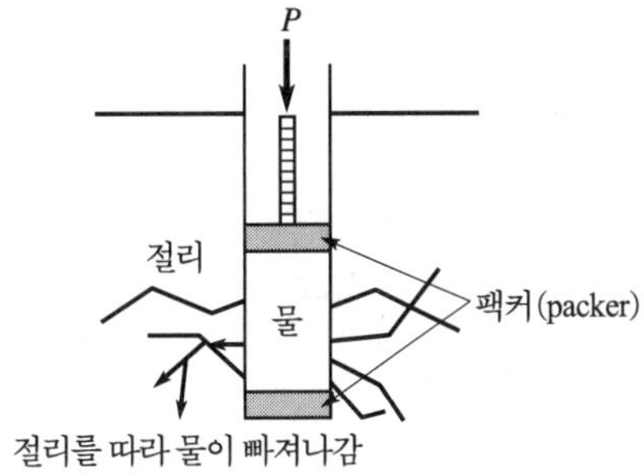

그림 3.18 암반절리로 인한 수압누수

(2) P-Q곡선에 의한 그라우팅 효과 판단(투수성 평가): 5단계로 구분

(3) 수리지질학적 특성을 파악하여 시공을 위한 굴착시 지하수의 유출량 파악

2.4 투수계수에 영향을 미치는 요소

2.4.1 Taylor의 이론식

투수계수에 영향을 미치는 요소는 투수물질인 물과 투수매체인 흙으로 대별할 수 있다. Taylor(1948)는 물과 흙의 모든 영향을 반영하는 식을 다음과 같이 제안하였다.

$$k = D_{10}^2 \cdot \frac{\gamma_w}{\eta} \cdot \frac{e^3}{1+e} \cdot C \qquad (3.17)$$

여기서, D_{10} : 유효입경　　γ_w : 물의 단위중량

η : 물의 점성계수　　e : 간극비

C : 형상계수

Taylor의 이론식은 투수계수를 정량적으로 결정하는 데는 사용하기 어렵고 투수계수에 영향을 미치는 요인들을 정성적으로 표현한 것이라 할 수 있다.

2.4.2 흙의 영향

(1) 간극비 : 투수계수는 $\dfrac{e^3}{1+e}$에 비례

$$k_1 : \frac{e_1^3}{1+e_1} = k_2 : \frac{e_2^3}{1+e_2} \tag{3.18}$$

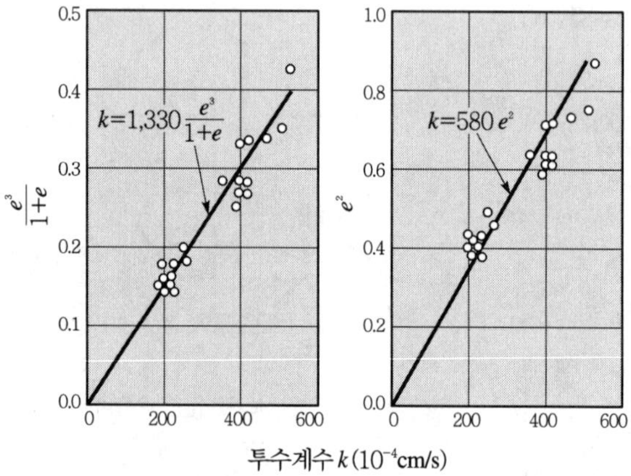

그림 3.19 투수계수와 간극비(Taylor에 의함)

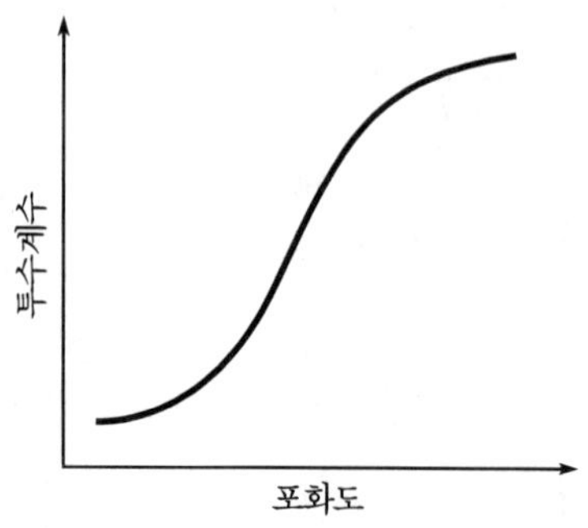

그림 3.20 포화도에 따른 투수계수 영향

(2) 형상

1) 둥근입자가 모난 입자보다 투수계수가 더 크다(둥근 입자 c=0.5, 모난입자 c=0.3)

2) 사질토의 입자가 길쭉하고 배열이 평행하다면 수평투수계수가 연직투수계수보다 크다.

(3) 유효입경

Taylor의 이론식에 의하면 투수계수는 입경의 제곱에 비례한다. 즉,

$k \propto D_{10}^2$

이러한 형태의 관계식으로 Hazen의 경험공식이 있다. 즉,

$k = c \cdot D_{10}^2$

여기서, C : 상수(둥글고 깨끗한 모래의 경우 C =100~150)

(4) 흙의 구조

면모구조가 이산구조보다 투수계수가 더 크다.

(5) 포화도

흙이 포화되지 않았다면 기포의 존재가 물의 흐름을 방해하므로 포화도가 높을수록 투수계수는 커진다(그림 3.20 참조).

2.4.3. 물의 영향

Taylor의 이론식에 의하면 물로 인한 투수계수에 영향을 미치는 인자는 물의 단위중량과 점성계수이다.

$$k_{15} = k_t \cdot \frac{\eta_T}{\eta_{15}} \tag{3.19}$$

여기서, k_{15} : 15℃에서의 투수계수 k_T : T℃에서의 투수계수

η_{15} : 15℃에서의 점성계수 η_T : T℃에서의 점성계수

그런데 r_w는 수온에 관계없이 거의 일정하지만 점성계수 η는 물의 온도와 밀접한 관계가 있다. 온도가 증가함에 따라 물의 점성계수는 감소하므로 투수계수는 온도의 증가와 더불어 증가한다.

2.5 다층지반(성층토)의 등가투수계수

2.5.1 개요

1) 퇴적토층의 경우 각 토층의 투수계수는 균질하다고 볼 수 있으나 전체 토층의 투수계수는 불균질하다. 이와 같이 투수계수가 각각 다른 이질 토층에 대하여 수평 및 연직방향의 등가투수계수를 구하면 여러 가지 계산을 아주 간소화 할 수 있다.
2) 다층지반의 침투유량을 결정하기 위해서는 각 층으로부터 불교란 시료를 채취하여 각 층의 투수계수를 결정한 후 전체 토층에 대한 등가투수계수를 구하여 침투유량을 산정하게 된다.
3) 정규압밀점토의 경우 보통 수평투수계수는 연직투수계수의 10배 정도가 되는 것으로 본다[즉, k_h = (10~20) k_v].

2.5.2 수평방향 등가투수계수

층상의 방향과 물의 흐름의 방향이 평형한 경우 물이 각 토층을 침투해서 흐르는 동안 생긴 수두손실은 모든 토층에서 공히 Δh가 된다. 따라서 동수경사는 토층에 상관없이 동일할 것이다.

(1) 기본원리

① 각 층에서의 동수경사는 같다

$(i_1 = i_2 = i_3 = i_4 \cdots = i_n = i_{eq})$

② 총 수평방향의 유량은 각 층의 유량의 합과 같다.

$(q = vA = v \cdot 1 \cdot H = v_1 \cdot 1 \cdot H_1 + v_2 \cdot 1 \cdot H_2 + \cdots + v_n \cdot 1 \cdot H_n)$

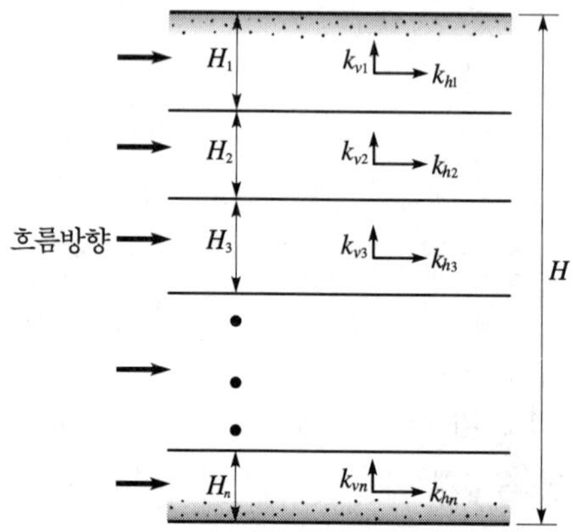

그림 3.21 성층지반의 수평방향 등가투수계수

(2) 등가투수계수 k_h의 결정

① 전체유량 : $q = k_h \cdot i(H \times 1)$

② 각 층의 유량

$$q_1 = k_{h1} \cdot i_1(H_1 \times 1),\ q_2 = k_{h2} \cdot i_2(H_2 \times 1),\ \cdots\cdots\cdots,\ q_n = k_{hn} \cdot i_n(H_n \times 1)$$

$$k_h \cdot i(H \times 1) = k_{h1} \cdot i_1(H_1 \times 1) + k_{h2} \cdot i_2(H_2 \times 1) + \cdots\cdots\cdots + k_{hn} \cdot i_n(H_n \times 1)$$

$$\therefore k_h = \frac{1}{H}(k_{h1}H_1 + k_{h2}H_2 + \cdots\cdots\cdots + k_{hn}H_n) \tag{3.20}$$

2.5.3 연직방향 등가투수계수

(1) 기본원리

① 각 층의 유출속도(또는 유량)는 같다.

$$q_1 = q_2 = q_3 = \cdots\cdots\cdots = q_n \ (\text{또는 } v = v_1 = v_2 = v_3 \cdots = v_n)$$

② 전체 손실수두는 각 층의 손실수두의 합과 같다.

$$\Delta h = \Delta h_1 + \Delta h_2 + \Delta h_3 + \cdots + \Delta h_n$$

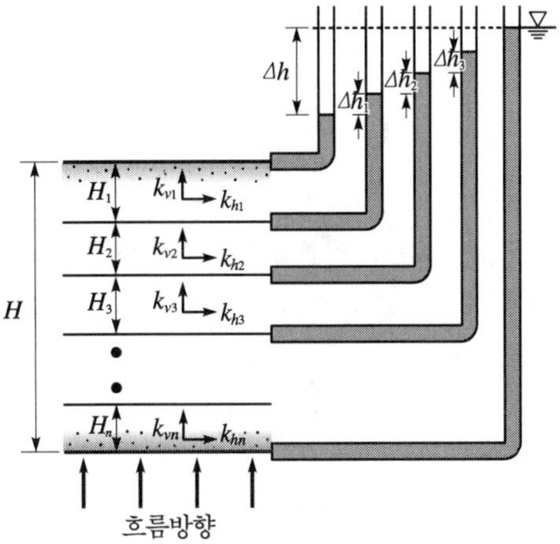

그림 3.22 성층지반의 연직방향 등가투수계수

(2) 등가 연직투수계수의 결정

① 전체 침투유량 q는

$$q = kiA = k_v \frac{\Delta h}{H} A$$

② 각 층의 침투유량

$$q_1 = k_{v1} \frac{\Delta h_1}{H_1} A,\ \ q_2 = k_{v2} \frac{\Delta h_2}{H_2} A,\ \cdots\cdots\cdots,\ q_n = k_{vn} \frac{\Delta h_n}{H_n} A$$

③ $q_1 = q_2 = q_3 = \cdots\cdots\cdots = q_n$인 기본원리를 이용하면,

$$q = q_1\text{에서, } k_v \frac{\Delta h}{H} A = k_{v1} \frac{\Delta h_1}{H_1} A \Rightarrow \Delta h_1 = k_v \frac{\Delta h}{H} \frac{H_1}{k_{v1}}$$

$$q = q_2\text{에서, } k_v \frac{\Delta h}{H} A = k_{v2} \frac{\Delta h_2}{H_2} A \Rightarrow \Delta h_2 = k_v \frac{\Delta h}{H} \frac{H_2}{k_{v2}}$$

$$q = q_3\text{에서, } k_v \frac{\Delta h}{H} A = k_{v3} \frac{\Delta h_3}{H_3} A \Rightarrow \Delta h_3 = k_v \frac{\Delta h}{H} \frac{H_3}{k_{v3}}$$

$$\vdots \qquad \vdots \qquad \vdots$$

$$q = q_n\text{에서, } k_v \frac{\Delta h}{H} A = k_{vn} \frac{\Delta h_n}{H_n} A \Rightarrow \Delta h_n = k_v \frac{\Delta h}{H} \frac{H_n}{k_{vn}}$$

화살표 우측 것을 모두 더하면, +)

$$\Delta h = k_v \frac{\Delta h}{H} \left(\frac{H_1}{k_{v1}} + \frac{H_2}{k_{v2}} + \cdots\cdots\cdots + \frac{H_n}{k_{vn}} \right)$$

따라서,

$$k_v = \frac{H}{(\frac{H_1}{k_{v1}})+(\frac{H_2}{k_{v2}})+\cdots(\frac{H_n}{k_{vn}})} \tag{3.21}$$

※ 특정한 1개 토층의 투수계수가 다른 층에 비해 비교할 수 없을 정도로 월등히 작은 경우에는 등가투수계수 K_V는 최소투수계수에 지배된다. 즉,

$$k_V \approx k_{min}\frac{H}{h''}$$

여기서, k_{min} : 최소투수계수, h'' : k_{min} 토층의 두께

3. 1차원 및 2차원 흐름

3.1 1차원 흐름

3.1.1 개요

1) 앞에서 언급한 동수경사, Darcy의 법칙 등 지하수 흐름의 기본원리를 설명하면서 허용한 제반 실험법 등은 물이 한 방향으로만 흐른다고 가정한 1차원 흐름이었다.
2) 1차원 흐름의 경우에는 Darcy의 법칙만을 이용해도 투수문제(유량, 전수두, 간극수압, 침투수압 등)를 풀 수 있으나, 널말뚝이나 댐 등의 하부로 통과하는 물과 같은 2차원(또는 3차원) 흐름의 경우에는 Darcy의 법칙만으로는 투수문제를 풀 수 없고 연속성의 법칙을 추가로 도입해야 한다.
3) 투수문제는 한 마디로 유량과 전수두를 구하는 것이다. 전수두를 구하면 간극수압, 침투수압, 유효응력 등을 구할 수 있고, 또한 파이핑 검토도 할 수 있다.

3.1.2 흐름발생 시 주요 특징

1) 흙 속에서 속두수두는 무시할 수 있다(층류).
2) 수두차는 흙 구간을 통과하면서 모두 소실된다(수두손실은 흙속에서만 일어남).

→ 흙이 없다면 수두손실은 발생하지 않는 것으로 본다.

3) 부의 간극수압이 존재할 수 있다.

4) 물의 흐름의 방향은 전수두에 의해 결정된다.

→ 즉, 물의 흐름을 결정하는 것은 전수두이지 위치수두나 압력수두가 아니다.

5) 수두결정은 먼저 전수두와 위치수두를 결정한 후 압력수두를 결정한다.

즉, 압력수두 = 전수두 - 위치수두

다만, 대기와 접한 곳은 압력수두가 0(zero) 이므로 전수두=위치수두가 된다. 따라서 굳이 전수두를 먼저 결정하지 않아도 된다.

6) 기준면(Datum)은 가급적 하류 수위면으로 정하는 것이 편리하다.

3.1.3 수두와 속도 계산

수두결정은 먼저 위치수두와 전수두를 결정한 후 압력수두를 결정한다.

(1) 하향흐름의 경우(단, 간극률 0.33, 투수계수 0.5cm/sec)

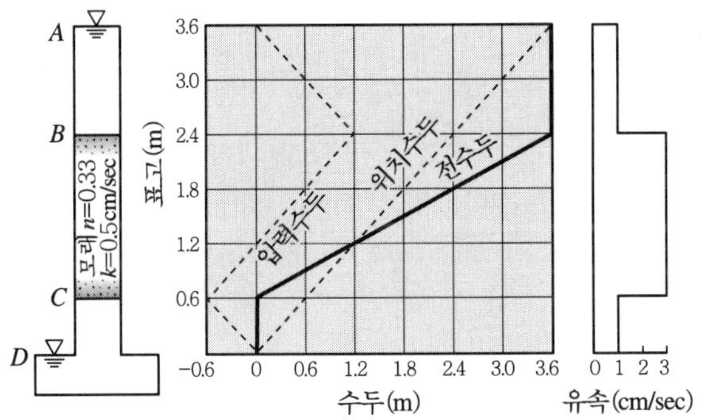

표고	전수두 (h_t)	위치수두 (h_e)	압력수두 (h_p)
3.6m	3.6	3.6	0
2.4m	3.6	2.4	1.2
0.6m	0	0.6	-0.6
0m	0	0	0

그림 3.23 하향흐름시 수두와 속도 계산(예)

1) A점의 수두

A점은 대기와 접해 있으므로 압력수두는 0(zero)이다. 따라서 전수두=위치수두이다.

$h_{t(A)} = h_{e(A)} = 3.6\text{m},\ h_{p(A)} = 0$

2) B점의 수두

A~B구간은 물로만 채워져 있으므로 수두손실이 발생하지 않는다.

$h_{t(A)} = h_{t(B)} = 3.6\text{m}$

$h_{e(B)}$ = 2.4m

$h_{p(B)} = h_{t(B)} - h_{e(B)}$ = 3.6−2.4 =1.2m

3) B점~C점구간

B~C구간은 흙이 존재하므로 물이 흐르는 동안 마찰저항에 의해서 수두손실이 발생한다. 이때의 수두손실은 흙이 균질하다고 가정하면 위치에 따라 직선적으로 감소할 것이다. 따라서 B점과 C점의 수두를 직선으로 연결하여 비례관계로부터 손실수두를 구하면 된다. B~C구간의 수두는 뒤에서 언급할 유선망을 그려 구할 수도 있다.

4) C점의 수두

C~D구간은 물로만 채워져 있으므로 전수두 손실은 없다.

따라서, $h_{t(c)}$ = 0, $h_{e(c)}$= 0.6m

$h_{p(c)}$ = 0−(0.6) = −0.6m

5) D점의 수두

D점은 전수두, 위치수두, 압력수두 모두 0(zero)이다.

→ 상류면과 하류면의 수위차 3.6m는 흙구간을 통과하면서 모두 감소하게 되며, C~D구간은 압력수두가 음(−)의 값을 가짐에 유의해야 한다.

6) 속도계산

- 튜브의 입구와 출구부분의 유출속도

  Darcy법칙에 의해서 구한다.

  $v = ki$ = 0.5×3.6/1.8 = 1cm/sec

- 흙 구간의 침투속도

  $v = \dfrac{ki}{n}$ = 1/0.33 = 3cm/sec

(2) 상향흐름의 경우

물이 상향으로 흐른다는 것을 제외하고는 하향흐름과 같음

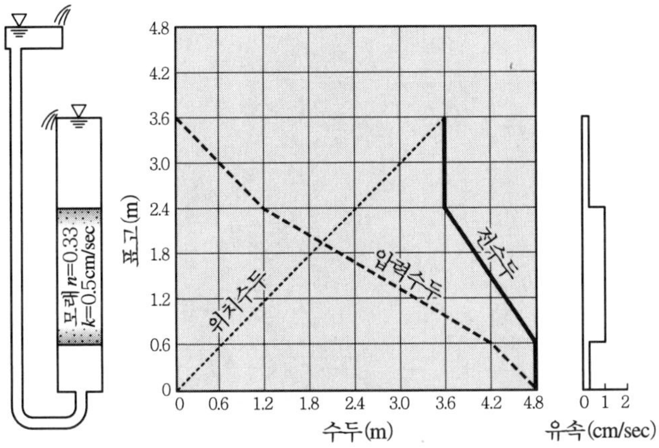

표고	전수두	위치수두	압력수두
3.6m	3.6	3.6	0
2.4m	3.6	2.4	1.2
0.6m	4.8	0.6	4.2
0m	4.8	0	4.8

그림 3.24 상향흐름시 수두와 속도 계산(예)

1) 대기와 접하는 지점은 전수두 = 위치수두이므로

- 3.6m지점(유출부) : 전수두 = 위치수두(3.6m)
- 4.8m지점(유입부) : 전수두 = 위치수두(4.8m)
- 물로만 채워진 구간은 수두손실이 발생하지 않으므로

$h_{t(3.6)} = h_{t(2.4)} = 3.6$

$h_{t(4.8)} = h_{t(0)} = h_{t(0.6)} = 4.8$

[핵심문제 3.2] $k_A = 1\times10^{-5}$cm/sec, $k_B = 1.5\times10^{-4}$cm/sec, $k_c = 2.0\times10^{-4}$cm/sec이다.

1) 폭(종이면에 수직한 방향) 1m당 유량(m^3/day)을 구하시오.

2) B단면의 중앙점에서의 압력수두를 계산하시오

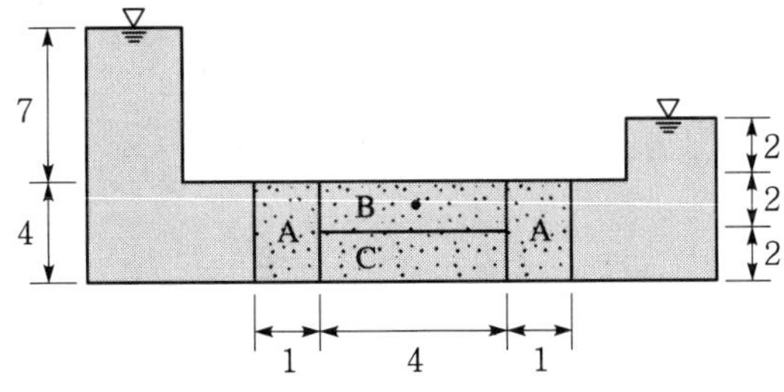

[풀이]

1. 유량 : $Q = kiA$

(1) 투수계수

① B, C 흙의 등가투수계수(K_h) 산정

$$K_h = \frac{1}{H}(K_1H_1 + K_2H_2)$$

$$= \frac{1}{4}(1.5\times10^{-4}\times2 + 2.0\times10^{-4}\times2)$$

$$= 1.75\times10^{-4}(\text{cm/sec})$$

② A, BC, A 흙의 등가투수계수 산정

$$K_v = \frac{H}{\dfrac{H_1}{K_1} + \dfrac{H_2}{K_2} + \dfrac{H_3}{K_3}}$$

$$= \frac{6}{\dfrac{1}{1\times10^{-5}} + \dfrac{4}{17.5\times10^{-5}} + \dfrac{1}{1\times10^{-5}}}$$

$$= \frac{6}{\dfrac{17.5+4+17.5}{17.5\times10^{-5}}} = \frac{6\times17.5\times10^{-5}}{39}$$

$$= 2.69\times10^{-5}(\text{cm/sec})$$

(2) 동수경사 : $i = \dfrac{\text{수두차}}{\text{침투거리}} = \dfrac{5}{6} = 0.833$

(3) 물이 침투하는 단면적 : $A = 4\times1 = 4(\text{m}^2)$

(4) 폭 1m당 유량

$$Q = KiA = 2.69\times10^{-5}\times10^{-2}\times0.833\times4\times86{,}400$$

$$= 0.077(\text{m}^3/\text{day})$$

2. B단면 중앙점에서의 압력수두 계산

(1) 전수두

① B점의 전수두를 구하는 방법은 유선망을 이용하는 방법, 침투해석 프로그램에 의한 방법, 피조메타에 의한 방법 등이 있다.

② 유선망으로 산정

유선망을 그려서 $H_t = \dfrac{n_d}{N_d}H$식으로 구하면 되나, 이 문제에서는 흙이 좌우대칭이므로 상하수두차의 1/2이 됨(기준면이 하류 수위면)

$$H_t = \frac{1}{2}\times5 = 2.5\text{ m}$$

(2) 위치수두 : −3m

(3) 압력수두 = 전수두 − 위치수두 = 2.5 −(−3) = 5.5m

3.2 2차원 흐름 기본방정식

3.2.1 개요

1) 1차원 흐름에서는 물이 한 방향으로만 흐르므로 Darcy의 법칙을 적절히 이용하면 투수문제(유량, 전수두 등)을 풀 수 있다. 그러나 지하수의 흐름이 2방향 또는 3방향인 경우 Darcy의 법칙만으로는 투수문제를 풀 수 없고 Darcy의 법칙과 연속성의 법칙을 조합하여 기본방정식을 유도해서 풀어야 한다.
2) 토목공학에서는 지하수의 2차원 흐름을 다루는 경우가 대단히 많다. 예를 들면 흙 댐을 침투하는 물의 흐름 또는 널말뚝이 설치된 지반을 침투하는 물의 흐름 등이 여기에 속한다.
3) 2차원 흐름에서는 흐름의 성분(흐름의 방향, 유속 등)은 각 위치마다 다르게 되며, 한 축 방향(지면속으로)의 유속은 0(zero)이다.
   즉, v_x, v_y, $v_z = 0$
4) 2차원 흐름의 특성을 해석하기 위해서는 기본방정식이 필요한데 이를 Laplace 방정식이라 한다. Laplace 방정식을 수학적으로 풀면 유선과 등수두선을 구할 수 있다.

3.2.2 2차원 흐름의 기본방정식을 유도하기 위한 가정

1) Darcy법칙은 정당하다.
2) 흙은 등방성이고 균질하다.
3) 흙은 포화되어 있고 모관현상은 무시한다.
4) 흙의 골격은 비압축성이고 물은 흐르는 동안 압축이나 팽창은 없다.

3.2.3 Laplace 방정식 유도

그림 3.25와 같이 널말뚝을 설치하면 지중속 K입자에는 왼쪽과 아래쪽에서 지하수가 유입되고 오른쪽과 위쪽으로 흘러나가게 된다. 즉 2차원 흐름이 발생한다. 이 경우 K입자에 대한 전수두 h를 구하는 기본방정식은 다음과 같이 유도할 수 있다.

그림 3.25와 같은 요소에 v_x와 v_z의 흐름에 대한 i_x, i_z는

$$i_x = -\frac{\partial h}{\partial x},\ i_z = -\frac{\partial h}{\partial z}$$

단위시간당 유입량 q_{in}

$$q_{in} = v_x\, dz\, dy + v_z\, dx\, dy$$

단위시간당 유출량 q_{out}

$$q_{out} = \left(v_x + \frac{\partial v_x}{\partial x} \cdot dx\right) dz\, dy + \left(v_z + \frac{\partial v_z}{\partial z} \cdot dz\right) dx\, dy$$

연속성의 법칙에서

$$q_{in} = q_{out}$$

$$v_x\, dz\, dy + v_z\, dx\, dy = \left(v_x + \frac{\partial v_x}{\partial x} \cdot dx\right) dz\, dy + \left(v_z + \frac{\partial v_z}{\partial z} \cdot dz\right) dx\, dy$$

이를 정리하면

$$\frac{\partial v_x}{\partial x} \cdot dx\, dy\, dz + \frac{\partial v_z}{\partial z} \cdot dz\, dx\, dy = 0$$

양변을 $dx\, dy\, dz$로 나누어 주면

$$\frac{\partial v_x}{\partial x} + \frac{\partial v_z}{\partial z} = 0 \quad \cdots\cdots ①$$

Darcy 법칙에서 (식 ①로부터)

$$v_x = k_x\, i_x = -k_x \frac{\partial h}{\partial x}, \quad v_z = k_z\, i_z = -k_z \frac{\partial h}{\partial z} \quad \cdots\cdots ②$$

②식을 ①식에 대입하면

$$\frac{\partial}{\partial x}\left(-k_x \frac{\partial h}{\partial x}\right) + \frac{\partial}{\partial z}\left(-k_z \frac{\partial h}{\partial z}\right) = 0$$

$$-k_x \frac{\partial^2 h}{\partial x^2} - k_z \frac{\partial^2 h}{\partial z^2} = 0$$

2차원 흐름의 가정에서 등방성($k_x = k_z$)이라고 가정하였으므로

$$\frac{\partial^2 h}{\partial x^2} + \frac{\partial^2 h}{\partial z^2} = 0 \text{ (Laplace의 방정식)} \quad (3.22)$$

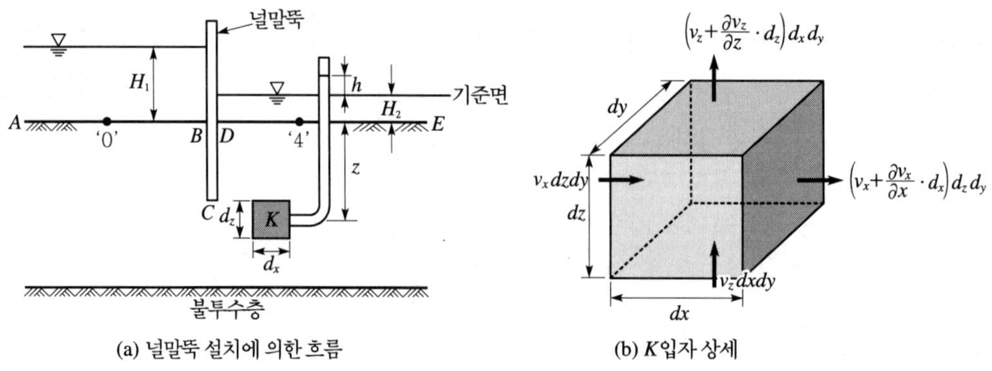

(a) 널말뚝 설치에 의한 흐름 (b) K입자 상세

그림 3.25 2차원 흐름의 기본원리

즉, K입자에 대한 전수두 h는 위의 Laplace 방정식을 수두에 대하여 편미분하면 된다. 그리고 Laplace 방정식의 해는 여러 개의 유선과 등수두선으로 이루어지며 유선과 등수두선은 직교한다.

3.2.4 Laplace 방정식의 해

Laplace 방정식으로 구하고자 하는 해는 유선과 등수두선이다. 여러 개의 유선과 등수두선을 구하면 유선망을 그려 유량, 전수두, 간극수압, 동수경사, 침투력 등을 구할 수 있다.

그런데 Laplace 방정식은 2차원 편미분 방정식이므로 이를 수학적으로 풀어야 전수두 h를 구할 수가 있는데 2차 편미분 방정식은 경계조건이 아주 단순한 경우가 아니고는 이론해를 구할 수 없는 경우가 대부분이다. 다만, 최근에는 컴퓨터의 발달과 함께 수치해석법의 도입으로 편미분방정식의 근사해를 쉽게 구할 수가 있게 되었다.

식 3.22를 수학적으로 다시 모델링하면 다음과 같은 두 개의 Laplace 방정식으로 유도된다.

$$\frac{\partial^2 \phi}{\partial x^2} + \frac{\partial^2 \phi}{\partial z^2} = 0 \tag{3.23}$$

$$\frac{\partial^2 \psi}{\partial x^2} + \frac{\partial^2 \psi}{\partial z^2} = 0 \tag{3.24}$$

여기에서 $\phi(x, z)$, $\psi(x, z)$ 각각 포텐샬 함수로써 다음과 같다.

i) $\phi(x, z)$포텐샬 함수값이 같은 점을 연결한 선을 등수두선이라 하며, ϕ포텐샬선의 방향은 유속의 속도벡터 방향과 직교한다. 등수두선은 전수두가 같은 값을 가지는 점을 연결한 선으로 생각하면 된다.

ii) $\psi(x, z)$포텐샬 함수 값이 같은 점을 연결한 선을 유선이라 하는데 이는 ψ포텐샬선의 방향이 유속의 속도벡터와 같기 때문이다. 즉, ψ포텐샬이 같은 선은 물이 흐르는 길을 표시한다.

이렇게 구한 유선과 등수두선을 한꺼번에 그린 것을 유선망이라 하며, 이 유선망을 이용하면 전수두와 유출량을 근사적으로 구할 수 있다.

3.3 유선망(Flow Net)

3.3.1 개요

1) 물은 수두가 높은 곳에서 낮은 곳으로 흐르는데 수두가 같은 점을 연결한 선을 등수두선

이라 하고, 물이 침투하는 경로를 유선(Flow Line)이라 한다. 이 등수두선과 유선으로 이루어지는 곡선군을 유선망(Flow Net)이라 한다.

2) 유선망으로부터 침투유량, 침투속도, 간극수압 등을 구할 수 있으며 또한 널말뚝, 댐 및 제방 등의 Piping에 대한 안정성을 검토할 수 있다.

3.3.2 유선망을 그리는 방법

(1) 도해법 : 가장 보편적인 방법

Forchheimer가 제안했으며 경계면의 조건을 이용하여 유선망을 그리는 방법으로 가장 많이 사용되고 있다.

(2) 수학적 해석

1) Laplace 방정식
2) 수치해석법 : 유한요소법, 유한차분법

(3) 실험적 방법

1) 수리모형시험법
2) 전기상사법

3.3.3 경계조건

Laplace 방정식의 해, 즉 유선과 등수두선을 그리기 위해서는 먼저 경계조건을 파악하여야 한다.

1) 선분 AB는 등수두선이다.
2) 선분 CD는 등수두선이다.
3) 널말뚝을 따라 상류면에서 하류면으로 흐르는 BEC는 하나의 유선이다.
4) 암반선을 따르는 FG도 하나의 유선이다.

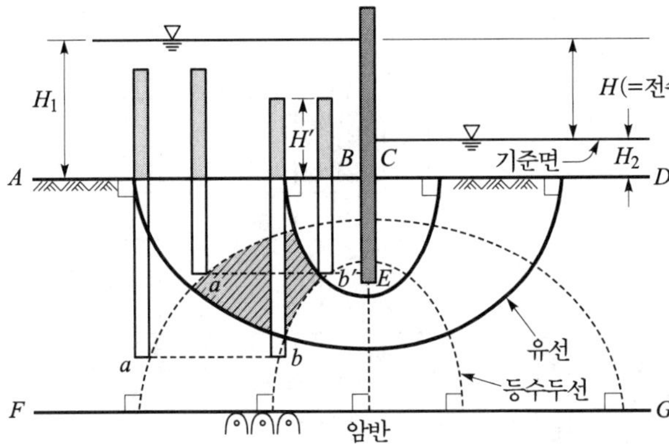

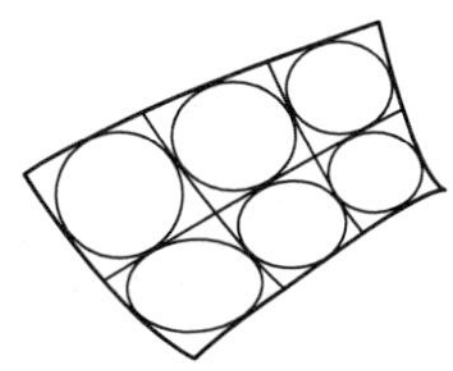
유선망의 특징

그림 3.26 유선망의 경계조건

3.3.4 특징

1) 인접한 두 유선 사이를 흐르는 침투수량은 서로 동일하다.
   즉, 모든 유로의 침투유량은 동일하다.
2) 인접한 두 등수두선 사이의 수두손실은 동일하다($\Delta h = \frac{H}{N_d}$).
3) 유선과 등수두선은 서로 직교한다.
4) 유선과 등수두선으로 둘러싸인 요소는 정사각형이다.
5) 유선망의 변의 길이가 가장 짧은 곳에서 동수경사가 최대값을 가진다
   또한, i가 최대인 곳에서 유속이 가장 빠르다.

3.3.5 작도방법(도해법)

1) 경계조건을 만족시키도록 두 개의 유선과 두 개의 등수두선을 그린다.
2) 추가로 몇 개의 유선을 가정하여 원활한 곡선이 되도록 그리되, 유선과 등수두선이 이루는 각 망이 대략 정사각형이 되도록 한다.
3) 한 번 그린 유선망을 여러번 수정해서 정확한 유선망이 되도록 한다.
4) 너무 많은 유선망을 작도하는 것은 좋지 않으므로 보통 4~5개의 유선을 그린다.

3.3.6 이용

유선망을 그리는 주 목적은 침투유량과 전수두를 구하기 위해서이다. 전수두를 구하면 간극수압, 동수경사, 침투수력 등을 추정할 수 있다.

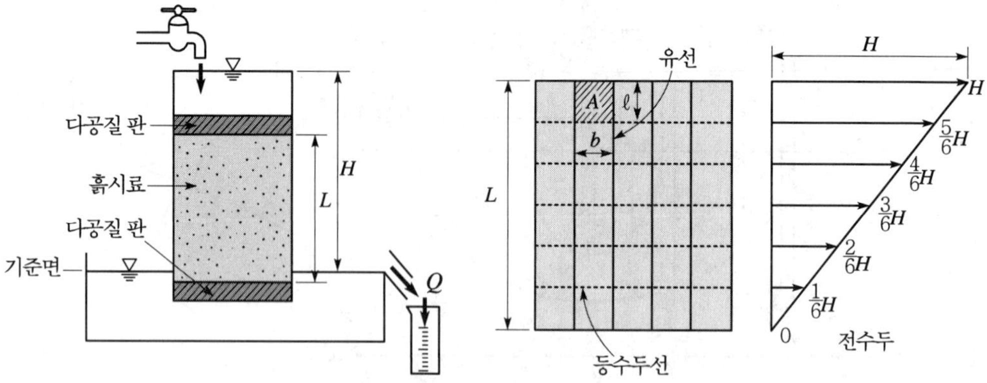

그림 3.27 간극수압, 동수경사, 침투수력 추정

(1) 침투유량의 결정

A요소로 흐르는 침투유량 q_A는 Darcy의 법칙에 의하여

$q_A = ki_A a_A$

여기서, a_A : 는 요소A의 단면적임

- 동수경사(i)

  단위 요소A의 손실수두(Δh)는 전손실수두(전수두차) H를 등수두선 간격의 수 N_d로 나눈 값임

  즉, $\Delta h = \dfrac{H}{N_d}$임

  ∴ 동수경사 $i = \dfrac{\Delta h}{l} = \dfrac{\Delta h}{b} = \dfrac{H}{N_d} \times \dfrac{1}{b}$가 된다.

- 따라서, 요소A를 통과하는 단위폭당 침투수량은

$$q_A = k\left(\frac{H}{N_d} \cdot \frac{1}{b}\right) \cdot b \times 1 = k\frac{H}{N_d} \tag{3.25}$$

- 전침투수량은 $q_A \times$ 유선으로 이루어진 간격의 수(N_f) 이므로

$$Q = kH\frac{N_f}{N_d} \tag{3.26}$$

여기서, K : 투수계수 　　H : 상하류면 수두차

N_f : 유선통로의 수 　　N_d : 등수두선의 수

(2) 간극수압 결정

1) 전수두 결정

한 칸의 등수두선을 지나는데 감소하는 수두, 즉 Δh는 $\frac{H}{N_d}$이다.

따라서 어느 한 지점의 전수두는 남은 등수두선의 수(n_d)에 $\frac{H}{N_d}$를 곱한 값이다.

$$h_t = \frac{H}{N_d} \times n_d \tag{3.27}$$

여기서, n_d : 남은 등수두선의 수

• 이때 기준면은 하류 수면으로 잡는 것이 유리하다.

2) 위치수두 결정 : 기준면으로부터의 높이

3) 압력수두 = 전수두 − 위치수두

4) 간극수압 = 압력수두 $\times \gamma_w$

(3) 동수경사의 결정

$$i = \frac{\Delta h}{L} \times n_d \tag{3.28}$$

여기서, Δh : 임의의 두 점의 수두차, L : 두 점의 이동거리

1) 동수경사는 물이 흐르는 거리에 대한 수두손실이므로 유선망을 그려두면 임의의 두 점에서의 동수경사를 쉽게 결정할 수 있다.

2) 1차원 흐름의 경우 등수두선 간격이 동일하므로 수두손실이 일정하다. 따라서 동수경사는 모든 위치에서 동일하다. 그러나 2차원 흐름의 경우 각 위치마다 동수경가가 다르다. 등수두선 간격이 가장 좁은 위치에서 동수경사 최대이다.

3) 동수경사의 값은 파이핑 현상의 존재 여부에 대한 지침이 될 수 있으며, 특히 침투수압을 결정하는 데 많이 이용된다($F_s = \frac{i_c}{i}$, $j = i \cdot \gamma_w \cdot z$)

(4) 침투수력(Seepage Force)의 결정

동수경사가 결정되면 침투수력을 결정할 수 있다.

• 단위체적당 침투력 = $i\gamma_w$

• 전침투수력(J) = $i\gamma_w A_z$

(5) 파이핑 검토(물체력을 이용하는 방법)

$$F_s = \frac{\text{유효중량}}{\text{침투수력}} = \frac{W'}{J} = \frac{\frac{1}{2}\gamma' D^2}{\frac{1}{2}\gamma_w \Delta h_{av} D}$$

$$= \frac{\gamma' D}{\gamma_w \Delta h_{av}} = \frac{i_c}{i_{av}} \qquad (3.29)$$

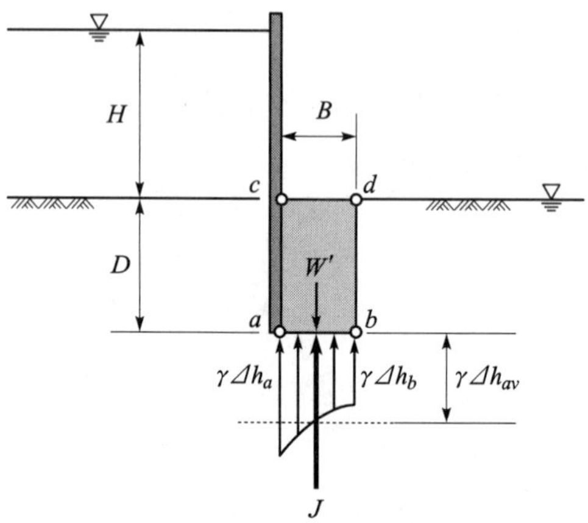

그림 3.28 널말뚝의 파이핑 검토방법

[핵심문제 3.3] 그림과 같은 댐에 대하여 (1) 침투수량, (2) A, B 및 C점에서의 간극수압, (3) C점에서 출구까지의 동수경사를 구하여라. 단, 이 흙의 투수계수는 3×10^{-1}cm/sec이다.

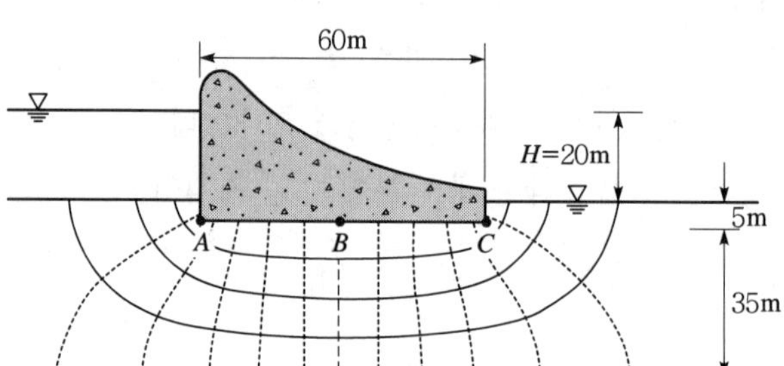

[풀이]

(1) 침투수량

유선으로 싸인 간격 수 $N_f = 4$이고, 등수두선으로 싸인 간격 수 $N_d = 12$이므로

$$Q = kH\frac{N_f}{N_d} = 3\times10^{-1}\times10^{-2}\times20\times\frac{4}{12} = 0.02\text{m}^3/\text{sec/m}$$

(2) A, B 및 C점에서의 간극수압

1) A점의 간극수압

① 하류면을 기준으로 할 때 A점에서의 전수두는 상 · 하류면의 수두차(H)에서 A점까지의 손실수두를 뺀 값이므로

$$h_{t(A)} = H - \frac{n_{d1}}{N_d}H = 20 - \frac{1.2}{12} \times 20 = = 18.0\text{m}$$

또는, $h_{t(A)} = \frac{n_{d2}}{N_d}H = \frac{10.8}{12} \times 20 = = 18.0\text{m}$

여기서, n_{d1} : 지나온 등수두선 간격의 수, n_{d2} : 남은 등수두선 간격의 수

② 압력수두는 전수두에서 위치수두를 뺀 값이므로

$h_p = 18.0-(-5)=23.0\text{m}$

③ 간극수압은 압력수두에 물의 단위중량을 곱한 값이므로

$u_A = 23 \times 10 = 230\text{kN/m}^2$

2) B점과 C점의 간극수압도 위와 동일한 방법으로 구하면 됨

$u_B = 150\text{kN/m}^2$, $u_C = 70\text{kN/m}^2$

3) 간극수압 분포도 : 댐의 바닥에서 상향으로 작용하는 양압력이 됨

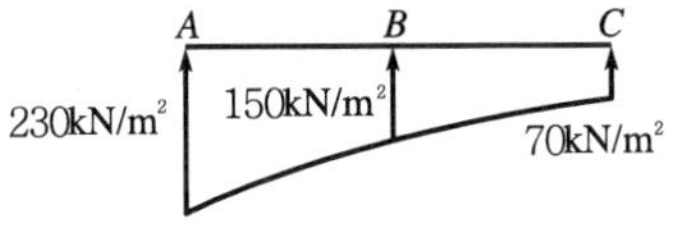

(3) C점에서 출구까지의 동수경사

1) C점에서의 출구까지의 손실수두는

$$\Delta h = \frac{n_{d2}}{N_d}H = \frac{1.2}{12} \times 20 = = 2.0\text{m}$$

2) 물의 이동거리가 5m이므로 동수경사는

$$i = \frac{\Delta h}{L} = \frac{2}{5} = 0.4$$

3.4 흙댐의 유선망

3.4.1 개요

1) 콘크리트댐 또는 널말뚝이 설치된 지층의 경우에는 경계조건이(2개의 유선과 2개의 등수두선) 정확히 결정되어 있으나, 흙댐의 경우에는 4개의 경계조건 중 최상부의 유선이 결정되어 있지 않다. 따라서 흙댐의 유선망을 그리기 위해서는 먼저 최상부의 유선(침윤선)부터 결정하여야 한다.

2) 침윤선(Phreatic Line)이란 하천제방이나 필댐에서 대기와 접하는 최상단의 유선을 말하며, 제체내 정상침투수의 자유수면을 나타내며 위치수두만 존재한다(즉, 압력두수=0).
3) Casagrand 등의 연구에 따르면 침윤선도 하나의 포물선에 가깝다고 하였다. 따라서 침윤선을 그리기 위해서는 포물선 방정식을 알아야 한다.

기본 포물선 방정식

포물선이란 초점과 준선에 이르는 거리가 같은 점을 연결한 궤적을 말한다. 포물선상의 한 점 P에서 초점까지의 거리는 P에서 준선까지 이르는 거리와 같아야 한다. 즉, PF=PE임.

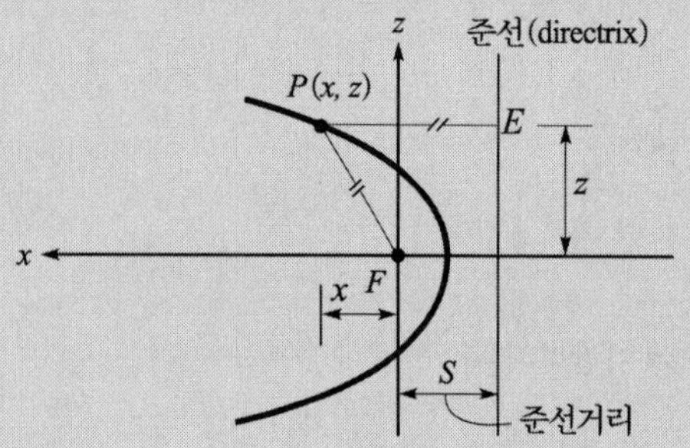

그림 3.29 기본 포물선 작도

$$\sqrt{x^2+z^2} = x + s$$
$$x^2+z^2 = x^2 + 2sx + s^2$$
$$2sx = z^2 - s^2$$
$$\therefore \text{ 포물선 방정식은 } x = \frac{z^2 - s^2}{2s}$$

3.4.2 침윤선 작도방법 [수평배수재가 있는 흙댐]

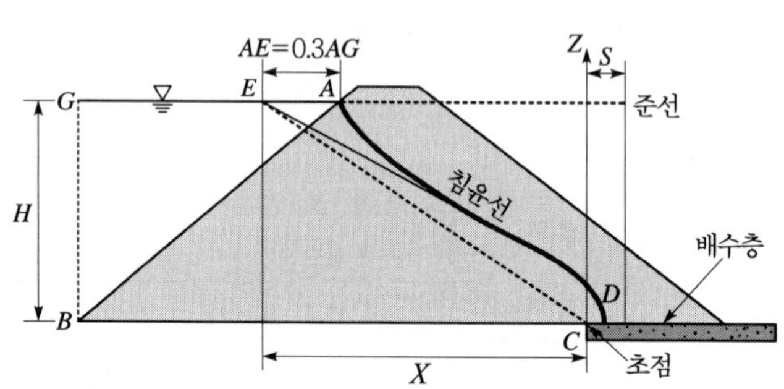

그림 3.30 침윤선 작도방법(수평배수재가 있는 흙댐)

(1) 유출점 결정 : 배수층의 선단(C = 좌표 원점)

(2) 기본포물선의 유입점 결정 : E점(X, H)

$\overline{AE} = 0.3\ \overline{AG}$

(3) 초점거리 s 및 D점 결정

1) $E(X, H)$점이 포물선상의 한 점이므로

$x+s=\sqrt{x^2+z^2}$

$s=\sqrt{x^2+z^2}-x$에서

이미 알고 있는 E점(X, H)값을 이용하여 s를 구하면

$s=\sqrt{X^2+H^2}-X$ · ①

2) 먼저 식①에서 s를 구하고 → D점 결정.

$CD=\frac{1}{2}S$로 구한다.

(4) 포물선 방정식에 의해 여러 개의(x, y)좌표를 구해서 기본포물선을 그린다.

$$x=\frac{z^2-s^2}{2s} \qquad (3.30)$$

(5) 상류측 보정

침윤선은 가장 위쪽의 유선이므로 A점에서 시작하는 것이 타당하다. $\overline{AB}$면은 등수두선이므로 침윤선은 A점에서 상류측 사면 $\overline{AB}$면에 수직하게 침투하여야 한다. A점과 기본포물선이 잘 접합하도록 적당히 보정하여 그리면 침윤선을 얻을 수 있다.

1) 수정전의 침윤선(기본 포물선) : ED

2) 수정된 최종 침윤선 : AD

3.4.3 경계조건

침윤선이 결정되면 경계조건을 기준으로 유선망을 작도할 수 있다.

1) AB : 등수두선(상류측 경계면)

2) CD : 등수두선

3) BC : 유선

4) AD : 최상단의 유선(침윤선)

3.4.4 작도방법

1) 경계조건 결정

2) 경계조건을 기준으로 적당한 간격으로 4~5개의 유선과 등수두선을 그려 넣음

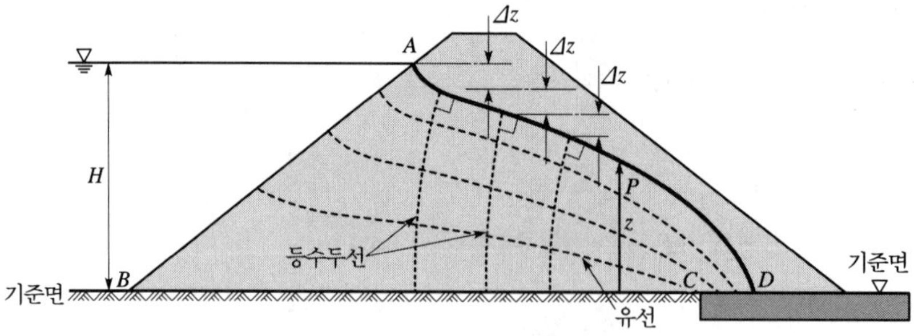

그림 3.31 유선망 작도

3) 작도된 유선망이 가급적 정사각형이 되도록 수정

3.5 필터(Filter)

3.5.1 개요

1) 필터란 침투수로 인한 흙의 유실을 방지하면서 유입된 물을 빨리 배수시킬 목적으로 설치하는 배수층을 말한다.
2) 흙속을 흐르는 물이 입자가 작은 흙에서 갑자기 입자가 큰 흙으로 통과한다면 작은 입자가 유실될 수도 있고, 반대로 입자가 큰 흙에서 작은 흙으로 통과한다면 간극수압이 증가하여 수압파쇄 등의 문제가 발생할 수도 있다.
3) 따라서, 작은 입자와 큰 입자의 사이에 적절한 입경의 배수층(필터)을 설치하여 이러한 문제를 해결하여야 한다.

3.5.2 필터 설치장소

1) 흙댐의 심벽 양쪽
2) 댐의 하류 경사면
3) 옹벽의 배수구멍 주위
4) 히빙 방지를 위해 하류면(또는 굴착면 저면)에 필터를 설치(재하필터)

3.5.3 필터 요구조건

1) 침투수로 인한 흙의 유실방지(파이핑 방지조건)

간극의 크기가 충분히 작아 인접해 있는 흙의 유실을 막을 수 있어야 한다.

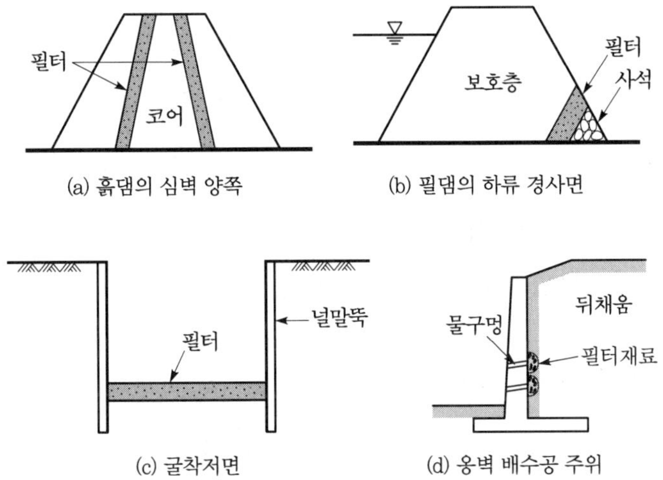

그림 3.32 필터 설치장소

2) 간극수압 증가 방지(수압파쇄 방지조건)

간극이 충분히 커서 필터로 들어온 물이 빨리 빠져나가야 한다.

3.5.4 설계기준[NAVFAC, 1971]

1) $\dfrac{(D_{15})_f}{(D_{85})_s} < 5$: 파이핑 방지조건

2) $4 < \dfrac{(D_{15})_f}{(D_{15})_s} < 20$: 파이핑 및 수압파쇄 방지조건

3) $\dfrac{(D_{50})_f}{(D_{50})_s} < 25$: 파이핑 방지조건

4) 재료분리 방지를 위해 필터의 최대입경은 75mm이하여야 한다.

5) 필터층내 유동방지를 위해 0.075mm체 통과율이 5%이하여야 한다.

3.5.5 규격 미달시 문제점

(1) 간극수압 증가

1) 상류측 사면안전율 저하

2) 수압파쇄로 지수벽 균열발생

(2) 침투수에 의한 하류면 제체의 유실 : 파이핑현상 발생

(3) 댐붕괴 등

3.5.6 필터 입도결정

1) 뒤채움(또는 코아) 흙에 대한 입도분포곡선 작도
2) 뒤채움 흙의 $(D_{15})_s$, $(D_{50})_s$, $(D_{85})_s$를 결정
3) 필터의 요구조건 검토
• 그림 3.33의 진한색 부분이 필터의 입경범위가 됨

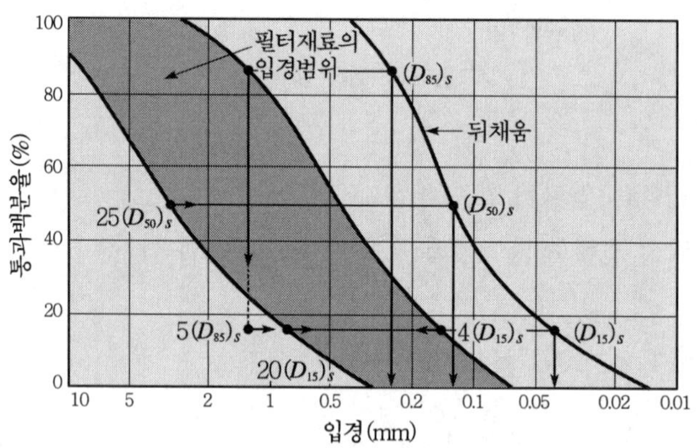

그림 3.33 필터 입도결정

3.6 침투해석 프로그램(SEEP/W)

3.6.1 개요

1) 컴퓨터 프로그램에 의한 수치해석으로 지반내 물의 흐름, 댐 제방의 침투, 굴착에 의한 수위 변화 등을 분석할 수 있다.
2) 침투해석 프로그램은 SEEP/W가 대표적이며, 이는 Darcy의 법칙과 Laplace의 방정식을 이용한다.

3.6.2 SEEP/W 특징

1) 유한요소 프로그램(FEM)

2) 정상상태(Steady state condition) 및 비정상상태(Transient condition) 흐름해석가능
3) 포화토 및 불포화토의 특성을 고려한 흐름해석가능
4) 1차원, 2차원 흐름해석가능
5) 다층지반 고려
6) 비등방성 투수계수 고려
7) 침윤선 및 유선망(Flow-Net) 작성
8) 침투유량, 유속, 침투력, 간극수압, 수두 및 동수경사를 구함

3.6.3 적용 범위

(1) 댐 제방의 침투

저수위 변화에 따른 간극수압 변화, Piping 검토, 누수량 검토 등

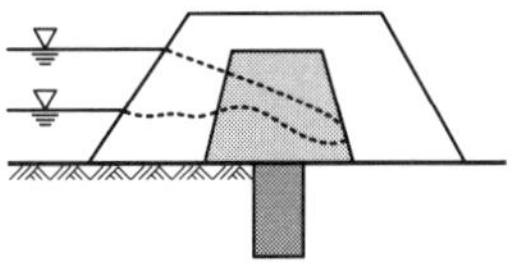

그림 3.34 저류 구조물(호수, 연못) 하부 침투

(2) 저류 구조물(호수, 연못) 하부 침투

폐기물 매립장내 침출수에 의한 지반오염 문제

(3) 굴착에 의한 지하수위 변화

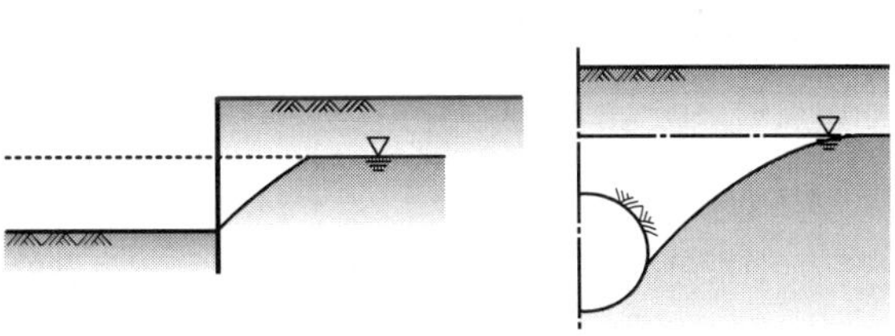

그림 3.35 굴착에 의한 지하수위 변화

(4) 압밀에 의한 과잉간극수압 소산

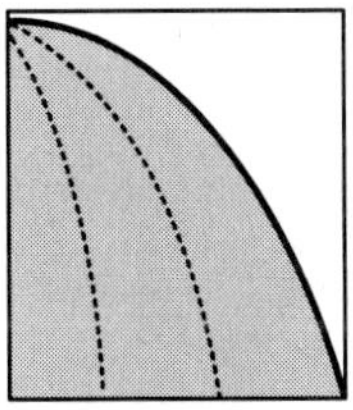

과잉간극수압

그림 3.36 압밀에 의한 과잉 간극수압 소산

(5) 양수에 의한 지하수위 변화

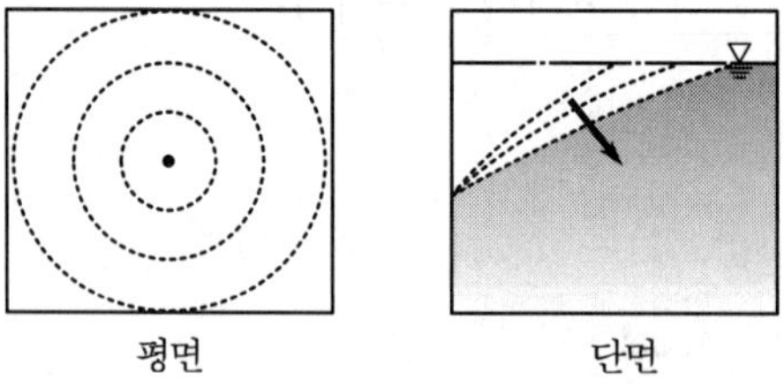

그림 3.37 양수에 의한 지하수위 변화

(6) 사면내 강우에 의한 지하수위 변화

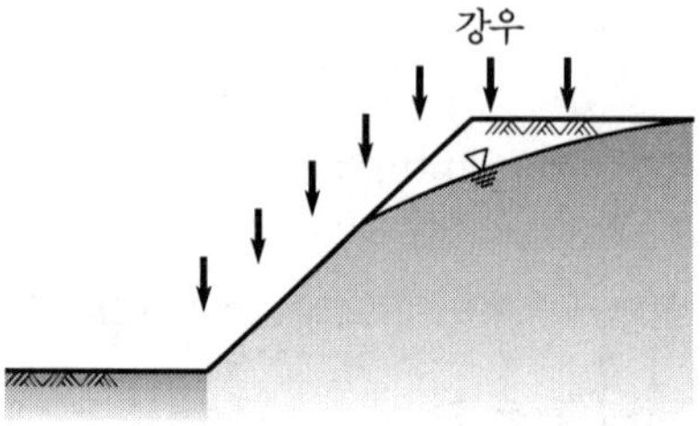

그림 3.38 사면내 강우에 의한 지하수위 변화

3.6.4 실무적용 시 유의사항

1) 국내의 경우 불포화 시 투수계수 및 체적함수량에 대한 시험결과가 부족한 관계로 SEEP/W는 해외문헌을 참고하여 지반특성을 해석하고 있으므로 이에 관한 시험 및 연구가 필요하다.
2) 해석 모델이 단순하면 정확한 해를 구할 수 있으나, 요소가 복잡할 경우[Sand Mat, 토목합성수지라이너(HDPE Sheet), 중간복토층 등] 해석결과에 대한 신뢰도가 떨어질 수 있음에 유의해야 한다.

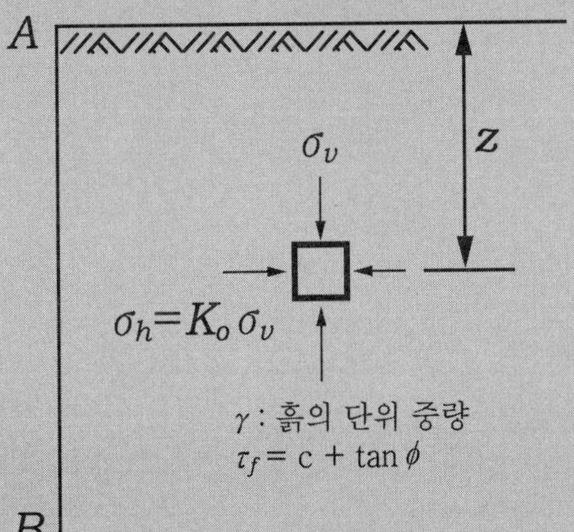

제 4장 지중응력 및 유효응력

1. 지중응력
2. 유효응력

chapter 04

제 4장 지중응력 및 유효응력

1. 지중응력

1.1 지중응력의 기본개념

1.1.1 요소의 작용응력

1) 지반내의 한 요소에 작용하는 응력은 흙 자체의 자중에 의한 응력(정지지중응력)과 지표면 위에 작용하는 외부하중에 의한 응력 증분으로 나타낼 수 있다.
2) 흙 자체의 무게로 인하여 생기는 응력은 유효토피하중(effective overburden pressure)이라 하며, 연직응력과 수평응력으로 구성된다.
3) 지표면 또는 지반 내에 하중이 작용할 경우의 지중응력은 흙의 자중에 의한 유효토피하중에 추가해서 응력 증분이 발생하게 된다.

1.1.2 응력 성분

(1) 응력 성분

한 요소에 작용하는 응력상태는 9개의 응력성분으로 정의할 수 있다. 즉 1개의 평면에는 1개의 수직응력(σ)와 서로 직교하는 2개의 전단응력(τ)을 합하여 3개의 응력이 작용한다.

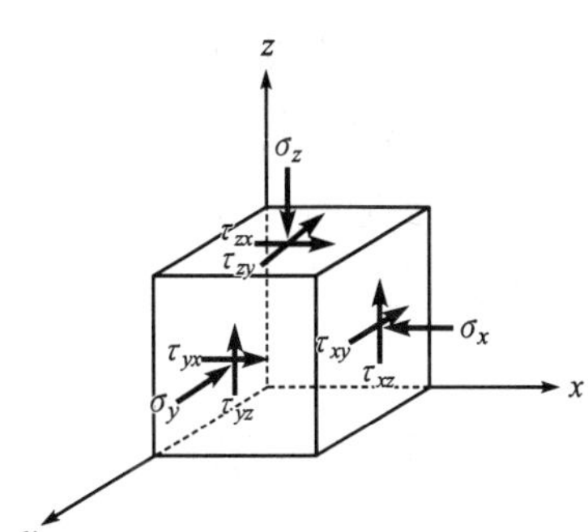

그림 4.1 응력의 성분

(2) 이들 응력에는 작용면과 작용방향에 따라 적절한 하첨자를 부여한다.

예) x평면인 경우

σ_x : x평면에 작용하는 응력 또는 x방향의 수직응력

τ_{xy} : x평면에 y방향으로 작용하는 전단응력

τ_{xz} : x평면에 z방향으로 작용하는 전단응력

(3) 부호에 관한 약속

표 4.1 부호규약

구분	양(+)	음(-)
수직응력(σ)	압축(compression)	인장(tension)
전단응력(τ)	반시계 방향(counter clockwise)	시계 방향(clockwise)

1.1.3 평면응력상태와 공액전단응력

(1) 평면응력상태

평면응력상태란 한 축방향으로 작용하는 응력을 무시한 상태를 말한다. 평면응력상태에서는 한 평면에 작용하는 응력은 1개의 수직응력과 1개의 전단응력으로 구성된다. 즉, x평면(x축에 수직한 평면)에 작용하는 응력은 σ_x, τ_{xy}으로 구성되고, y평면에 작용하는 응력은 σ_y, τ_{yx}으로 구성된다.

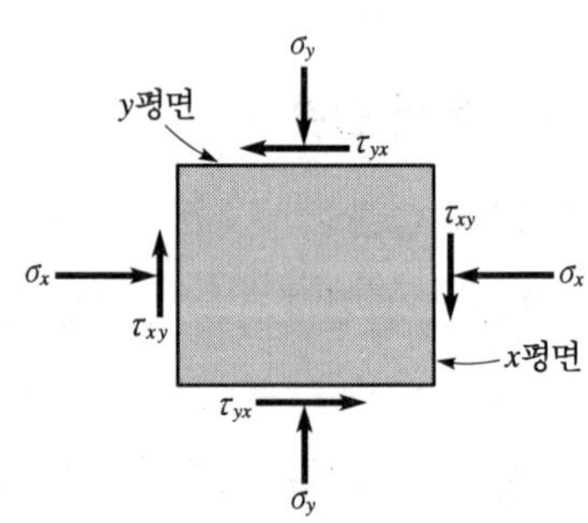

그림 4.2 평면응력상태의 응력성분

(2) 공액전단응력의 개념

1) 한 요소에 작용하는 응력상태는 앞에서 9개의 응력성분이 있다는 것을 알았다. 그런데 공

액전단응력의 개념을 알면 6개의 응력성분만으로 한 요소의 응력상태가 결정됨을 알 수 있다.

2) 공액전단응력이란 직교하는 두 평면에 작용하는 한 쌍의 전단응력이다. 공액전단응력은 크기는 같고 부호는 반대이다.
즉, 그림 4.2에서 $\tau_{xy} = -\tau_{yx}$가 공액전단응력이다.

※ 공액전단응력개념을 적용하면 실제 전단응력은 모서리에서 화살표의 머리는 머리끼리, 꼬리는 꼬리끼리 모이도록 그려야 한다.

1.1.4 중첩 원리

1) 탄성론에서 중첩의 원리란 수 개의 하중으로 인하여 생긴 전체 응력은 각각의 요인에 의하여 생긴 응력들을 산술적으로 더한 것과 같다는 것이다.

2) 예를 들면, 흙 자중과 외부하중 모두에 의하여 지중의 한 요소(A요소)에 작용하는 응력(σ_z)은 흙 자중만에 의한 응력(σ_v)와 외부하중 만에 의한 응력($\Delta\sigma_v$)의 합과 같다.
즉, $\sigma_z = \sigma_v + \Delta\sigma_v$

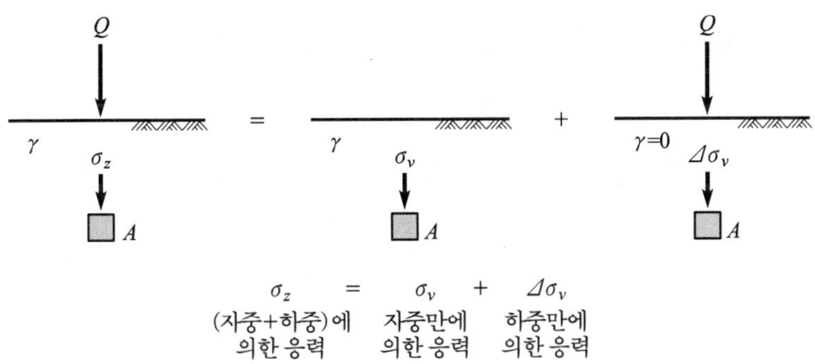

그림 4.3 중첩의 원리

1.2 흙 자체 자중에 의한 응력

1.2.1 불포화토 연직응력

(1) 지반이 균질한 경우

1) 지표면이 수평이고 흙이 균질하다면 지반내의 임의의 한 요소의 연직면과 수평면은 전단

응력이 0(zero)이다. 이때 임의의 깊이에서의 지중연직응력은 토피의 중량으로 간단히 계산할 수 있다.

$$\sigma_v = \gamma \cdot z \tag{4.1}$$

여기서, σ_v : 연직응력(또는 유효토피하중), γ : 흙의 단위중량

2) 지반이 균질한 경우 연직응력은 깊이 z에 따라 직선적으로 증가한다.

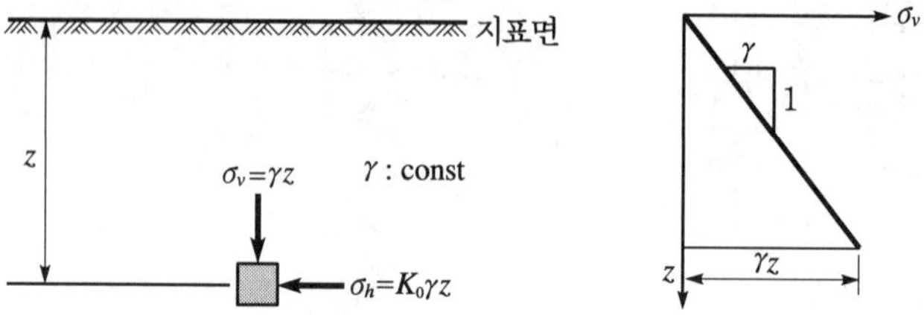

그림 4.4 흙 자중에 의한 연직응력의 분포

(2) 흙의 단위중량 γ가 층상으로 변할 때

1) 일반적으로 흙의 단위중량은 균질하지 않고 깊이와 함께 증가한다. 이것은 깊은 곳에 있는 흙은 큰 토피하중에 의하여 압축되어 조밀한 상태가 되기 때문이다.

2) 흙 자중에 의한 연직응력을 산정하기 위해서는 토층을 몇 개의 층으로 나누고 각 토층의 평균 γ를 택하여 성층토의 경우와 같이 연직응력을 구하면 된다.

$$\sigma_v = \Sigma\gamma \cdot \Delta z = \gamma_1 \cdot z_1 + \gamma_2 \cdot z_2 + \gamma_3 \cdot z_3 \tag{4.2}$$

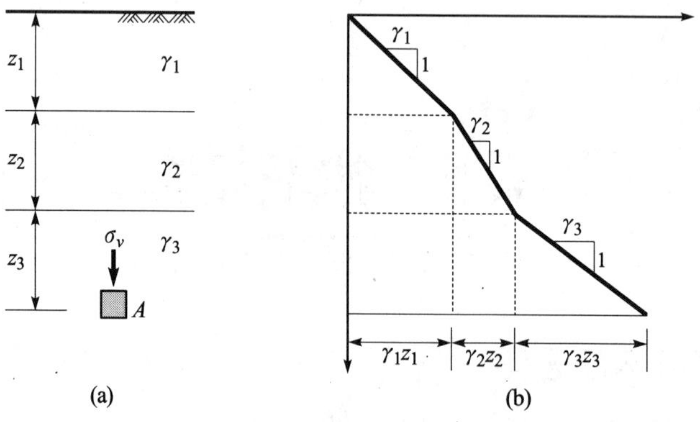

그림 4.5 성층토 지반의 연직응력과 그 분포도

3) 깊이에 따른 응력분포도를 살펴보면 각 토층의 단위중량이 서로 달라서 경계면에서 절곡이 생김을 알 수 있다.

(3) γ가 깊이에 따라 연속적으로 변할 때

흙은 일반적으로 토층의 깊이가 증가할수록 촘촘해져 단위중량이 증가한다.

이 때는 σ_v를 적분개념으로 산정한다.

$$\sigma_v = \int_o^z \gamma dz \tag{4.3}$$

1.2.2 수중상태 연직응력

(1) 유효응력 방정식

지반이 완전 포화토일 경우 흙입자를 통한 응력의 전달은 Terzaghi(1923)에 의하여 처음 설명되어졌는데 다음 3가지 응력상태로써 나타내었다.

1) 전응력(σ) : 전 토체에 작용하는 단위면적당 연직응력

2) 간극수압(u) : 간극에 채워져 있는 간극수가 부담하는 압력(응력)

3) 유효응력(σ') : 흙입자가 부담하는 응력

$\sigma = \sigma' + u$ 또는, $\sigma' = \sigma - u$

위의 식을 유효응력 방정식이라 하며, 전응력을 이와 같이 둘로 나누어 표시하는 이유는 유효응력만이 흙의 변형과 전단에 관계되기 때문이다.

(2) 수면이 지표면보다 위에 있을 때의 연직응력

그림 4.6과 같이 물 속에 잠겨있는 토층의 한 요소(a-a면)가 받는 전 연직응력, 간극수압, 유효연직응력을 구하면 다음과 같다.

1) 전 연직응력(σ_v)

이 요소의 전연직응력 σ_v는 흙과 물로 전단되는 응력의 합이다.

$$\sigma_v = h_w\gamma_w + z\gamma_{sat} \tag{4.4}$$

2) 간극수압(u)

물의 흐름이 없는 상태의 간극수압은 정수압과 같다.

$$u = (h_w + z)\gamma_w \tag{4.5}$$

3) 유효연직응력(σ'_v)

유효응력방정식에 의해서

$$\sigma'_v = \sigma - u = (h_w\gamma_w + z\gamma_{sat}) - (h_w + z)\gamma_w \tag{4.6}$$

$= z\gamma_{sub}$ 로 산정된다.

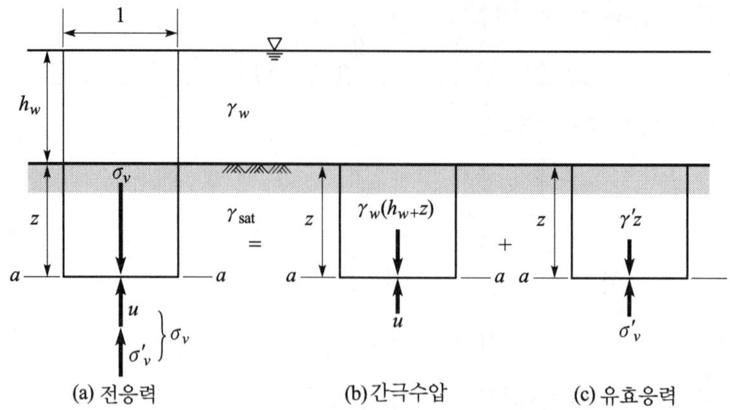

그림 4.6 지표면 위에 수면이 있을 때의 연직응력

(3) 수면이 지표면 내에 있을 때의 연직응력

지하수위가 지반 내에 있을 때에는 지하수위 위에 있는 토층의 무게와 그 아래에 있는 토층의 무게를 각각 구하여 합한다. a-a면에 대한 전연직응력, 간극수압, 유효연직응력은 다음과 같다.

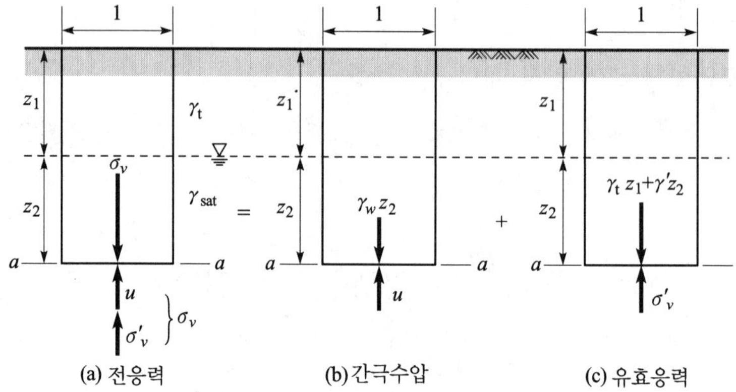

그림 4.7 지표면 아래에 수면이 있을 때의 연직응력

1) 전 연직응력(σ) : $\sigma_v = z_1\gamma_t + z_2\gamma_{sat}$ (4.7)

2) 간극수압(u) : $u = z_2\gamma_w$ (4.8)

3) 유효 연직응력(σ') : $\sigma'_v = \sigma - u = z_1\gamma_t + z_2\gamma_{sat} - z_2\gamma_w = z_1\gamma_t + z_2\gamma_{sub}$ (4.9)

1.2.3 불포화토 수평응력

1) 물은 그 성질상 깊이만 같다면 어느 방향이든지 수압이 같다. 그러나, 지반내에 존재하는 흙입자 자체는 연직방향응력과 수평방향응력이 다르다.
2) 수평응력은 연직응력과의 비로서 다음과 같은 식에 의해 구할 수 있다.

$$\sigma_h' = K \cdot \sigma_v' \qquad (4.10)$$

여기서, K : 토압계수

※ 토압계수는 연직유효응력에 대한 수평유효응력의 비임(전응력의 비가 아님에 유의)

3) 토압계수 K의 값은 수평방향의 변위유무에 따라 정지토압계수, 주동토압계수, 수동토압계수로 구분되는데, 주동토압계수와 수동토압계수는 토압론에서 다루기로 하고 여기에서는 정지토압계수만 언급하기로 한다.
   ① 정지토압계수(K_0) : 수평방향으로 변위가 없을 때의 토압계수
   ② 주동토압계수(K_A) : 수평방향으로 팽창할 때의 토압계수(정지토압계수보다 작음)
   ③ 수동토압계수(K_p) : 수평방향으로 압축될 때의 토압계수(정지토압계수보다 큼)

※ 보통 흙(정규압밀점토)는 $K_0 < 1$이지만 과거에 큰 하중을 받은 적이 있는 흙(과압밀점토)은 $K_0 > 1$이다. 토사지반의 경우 K_0값이 최대 3까지 될 수 있으나 암석의 경우에는 이 보다 훨씬 큰 값이 될 수도 있다.

1.2.4 수중상태 수평응력

1) 토층이 물 속에 잠겨 있을 때의 수평응력은 물과 흙의 응력비 K가 서로 다르므로 전수평응력 σ_h와 유효수평응력 σ_h'는 다르다. 즉, 물은 $K = 1$이고 흙은 보통 $K = 0.4 \sim 0.5$이므로 전 수평응력을 $\sigma_h = K_0 \sigma_v$로 구하면 안 된다. 왜냐하면 전응력에는 간극수압이 포함되어 있으므로 $\sigma_h = K_0 \sigma_v$로 구하게 되면 수압이 실제보다 작게 구해지는 셈이다.
   (즉, $\sigma_h \neq K_0 \sigma_v$이 성립되지 않음) 그러나, 유효응력은 간극수압이 포화되지 않으므로 $\sigma_h' = K_0 \sigma_v'$로 구할 수 있다.
2) 요약하면, 유효수평응력은 $\sigma_h' = K_0 \sigma_v'$로 구하면 되지만, 전(全)수평응력은 $\sigma_h = K_0 \sigma_v$로 구해서는 안 되고 아래와 같은 순서에 입각해서 구해야 한다.

전수평응력 계산순서

그림과 같은 지층조건에서 요소 A에 작용하는 전 수평응력 σ_h를 구하는 방법은 다음과 같다.

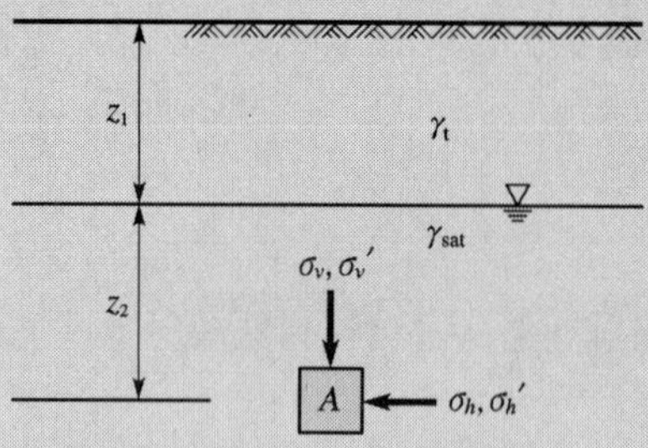

① 전 연직응력 : $\sigma_v = z_1\gamma_t + z_2\gamma_{sat}$

② 간극수압 : $u = z_2\gamma_w$

③ 유효 연직응력 :

$\sigma_v' = \sigma - u = z_1\gamma_t + z_2\gamma_{sat} - z_2\gamma_w = z_1\gamma_t + z_2\gamma_{sub}$

④ 유효 수평응력 : $\sigma_h' = K_0\sigma_v'$

⑤ 전 수평응력 : $\sigma_h = \sigma_h' + u$

※ σ_h를 ①~⑤의 과정을 거치지 않고 바로 $\sigma_h = K_0\sigma_v$로 구하면 틀린다. 왜냐하면 정지토압계수 K_0는 전응력의 비가 아니고 유효응력의 비이기 때문이다.(즉, $K_0 \neq \frac{\sigma_h}{\sigma_v}$, $K_0 = \frac{\sigma_h'}{\sigma_v'}$)

1.3 외부 하중에 의한 지중응력의 증분

1.3.1 개요

1) 지반에 건축물이나 물탱크와 같은 구조물을 축조하면 이 하중에 의하여 지반내에는 응력이 추가로 증가하여 작용하게 된다.

2) 이때 증가된 응력($\Delta\sigma$)은 탄성이론으로 구하는데 이 이론을 적용함에 있어서 흙은 균질하고 등방성이며 탄성이라고 가정한다. 그러나 실제 흙의 성질은 이 가정과는 많이 틀리나 탄성론으로 얻어진 결과는 실제와 크게 어긋나지 않는 것으로 알려져 있다.

3) 구조물의 침하나 지지력, 파괴 등은 이 응력에 의하여 발생하게 된다.

1.3.2 반무한 등분포하중에 의한 지중응력 증가량

1) 연직응력 증가량($\Delta\sigma_v$)

지표면에 반무한 등분포하중 q가 작용할 때 지반내에 증가하는 연직응력 $\Delta\sigma_v$는 깊이에 무관하게 지표면의 등분포하중 q가 그대로 전달된다.

$$\Delta\sigma_v = q \tag{4.11}$$

이는 하중 작용면적이 대단히 넓어서 등분포하중 q가 그대로 지반 속으로 모두 전달되기 때문이다.

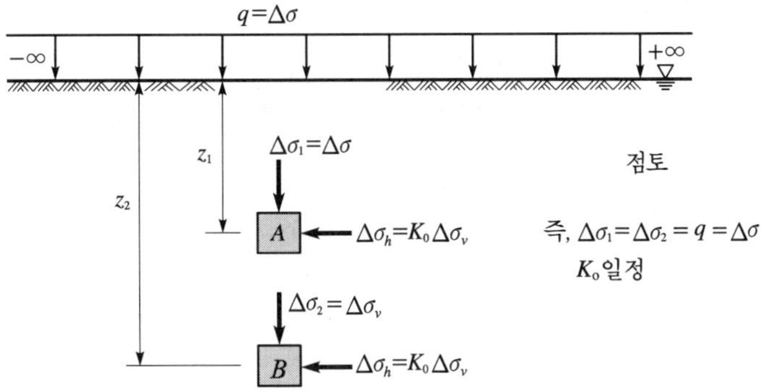

그림 4.8 지표면에 작용하는 반무한 등분포하중에 의한 응력

2) 수평응력 증가량($\Delta\sigma_h$)

하중작용면이 반무한이므로 지반내에서 수평변형은 발생하지 않기 때문에(ε_h = 0) 정지토압상태가 된다.

따라서, 수평응력 증가량 $\Delta\sigma_h$는

$$\Delta\sigma_h = k_0\,\Delta\sigma_v = k_0 q \tag{4.12}$$

3) 만약 하중면의 크기가 반무한이 아니고 제한되어 있으면(확대기초, 줄기초 등) 연직응력 $\Delta\sigma_v$는 깊이와 수평거리에 따라 달라진다. 또한 이 경우에는 수평변형이 일어나므로(ε_h ≠ 0) 수평응력 $\Delta\sigma_h$는 정지토압과 같지 않다($\Delta\sigma_h \neq k_0\,\Delta\sigma_v$).

1.3.3 집중하중에 의한 지중응력 증가량

1) 집중하중에 의한 지중응력의 증가는 1883년 Boussinesq에 의해서 다음과 같이 유도되었다.

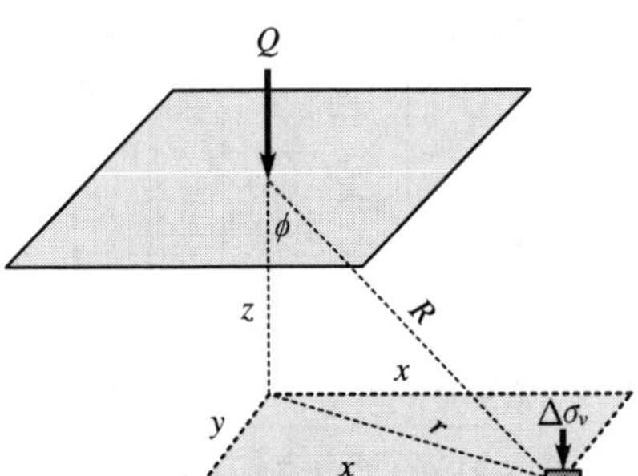

$$\Delta\sigma_v = I_0\left(\frac{Q}{z^2}\right) \tag{4.13}$$

여기서, $I_0 = \dfrac{3z^5}{2\pi R^5}$: 영향계수

그림 4.9 집중하중이 작용할 때의 지중응력 증가량

2) 지표면에 집중하중이 놓일 때 이로 인한 연직응력의 증가량은 깊이의 제곱에 반비례하고, 하중의 중심에서 멀어질수록 감소한다. 즉 다시 말하면 지중의 연직응력 증가량은 하중의 중심선 상에서 가장 크며 깊이가 깊어짐에 따라 감소하여 어느 깊이 이상에서는 지표면에 있는 하중의 영향을 받지 않는다.

3) 그런데 Boussinesq이론식은 기하학적 위치(r, z)만 같으면 흙의 특성치(종류, 상태)에 무관하게 $\Delta\sigma_v$는 같은 값이 된다. 즉 식(4.7)은 흙의 특성치(E, G, μ 등)가 전혀 고려되지 않아 위치만 같으면 모래, 점토, 암반 등 지반의 종류에 상관없이 $\Delta\sigma_v$는 동일한 값이 구해진다.

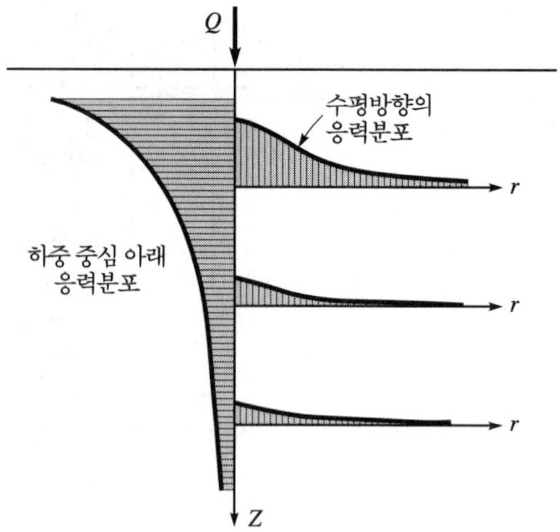

그림 4.10 집중하중이 작용할 때의 깊이에 따른 $\Delta\sigma$의 분포

1.3.4 원형등분포하중에 의한 지중응력 증가량

지표면에 원형등분포하중이 작용하는 경우 지중응력의 증가량을 구하는 식은 다음과 같다.

$$\Delta\sigma = I_0 q \qquad (4.14)$$

여기서, I_0 : 영향계수이며 아래의 도표로 구한다.

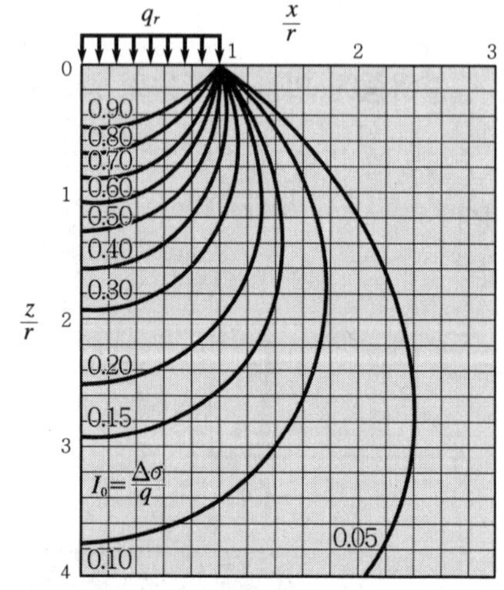

그림 4.11 원형 등분포하중에 대한 응력의 영향치(등압선) (Lambe & Whitman, 1969)

1.3.5 직사각형 등분포하중에 의한 지중응력 증가

1) 직사각형 등분포하중의 경우 모서리점 직하 깊이 z되는 곳의 응력을 구한다. 그 이유는 응력유도과정이 상대적으로 훨씬 간편할 뿐만 아니라 모서리점 아래 깊이 z되는 곳의 응력을 알면 직사각형 분할법으로 임의의 점 아래 깊이 z되는 곳의 응력을 쉽게 결정할 수 있기 때문이다.
2) $B \times L$인 직사각형 하중면에 등분포하중 q가 작용할 때 모서리점 직하 깊이 z되는 곳의 $\Delta\sigma_v$는 다음과 같다.

$\Delta\sigma_v = I_0 q$

여기서, I_0 : 영향계수(아래 도표에서 구함)

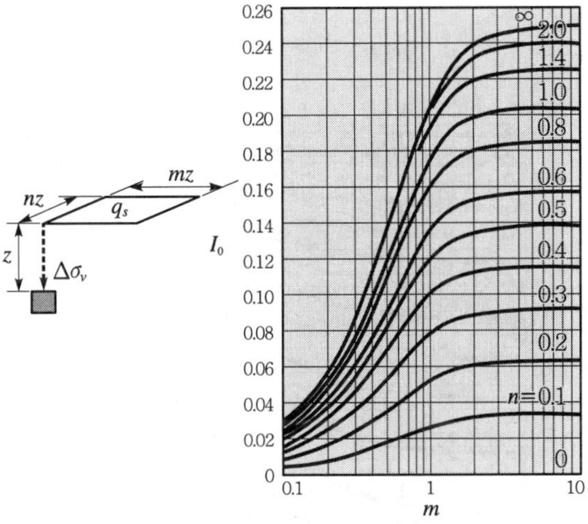

그림 4.12 직사각형 등분포하중의 응력 영향치

3) 직사각형 단면 안의 어떤 점 또는 재하단면 바깥쪽 한 점 아래의 연직응력은 그 점이 직사각형 단면의 한 모서리가 되도록 나누어서 각 직사각형 단면보다 계산한 값을 가감하여 구하면 된다.

1.3.6 제방하중에 의한 지반내의 응력

제방하중(堤防荷重, embankment load)은 하중분포 형상이 도로, 제방과 같이 사다리꼴 분포를 하며 그 길이가 대단히 긴 일종의 띠하중이다. 즉 제방하중은 삼각형 분포 띠하중, 등분포띠하중, 다시 삼각형 분포 띠하중이 결합된 띠하중이다(그림 4.13 참조).

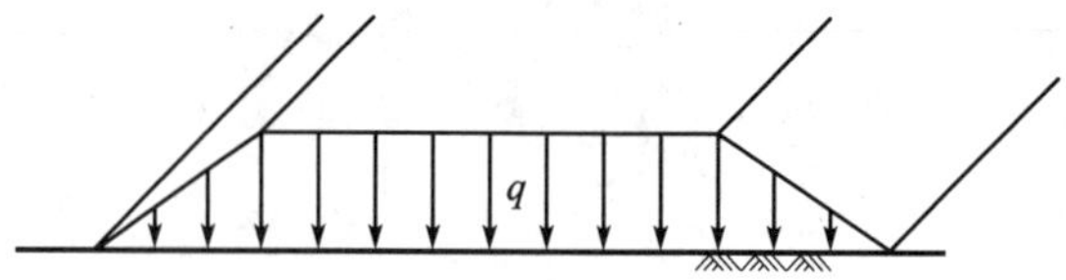

그림 4.13 제방하중

그림 4.14는 그림 안에 제시한 것처럼 삼각형 분포와 등분포 띠하중으로 이루어진 하중에 의하여 등분포하중의 끝 점 아래 깊이 z되는 곳의 $\Delta\sigma_v$에 대한 영향치 I_0를 제시하고 있다.

즉 삼각형 분포하중의 폭 a와 등분포하중의 폭 b를 알면 깊이 z되는 곳의 I_0를 찾을 수 있다.

a/z , $b/z \rightarrow I_0$

$\Delta\sigma_v = qI_0$

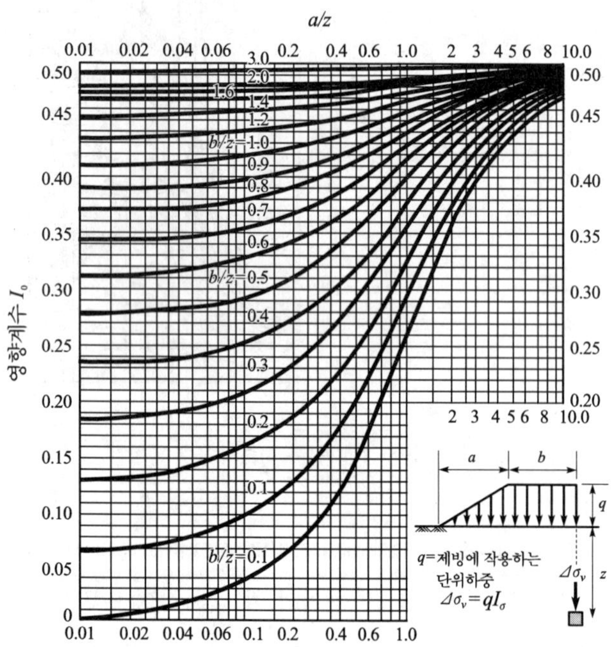

그림 4.14 제방하중에 의한 응력의 영향치(Osterberg, 1957)

등분포하중의 끝 점 아래 깊이 z되는 곳의 $\Delta\sigma_v$를 알면 임의의 점 아래 깊이 z되는 곳의 $\Delta\sigma_v$를 중첩의 원리를 이용하여 구할 수 있다. 또한 여러 종류의 띠하중에 대해서도 하중을 분할 또는 합성하여 임의의 점에 생기는 $\Delta\sigma_v$를 구할 수 있다.

1.3.7 등압선과 압력구근

(1) 등압선

연직응력의 증가량이 같은 점들을 연결한 선을 총칭하여 등압선이라 한다.

(2) 압력구근

1) 특정 등압선으로 형성된 구근 형태의 영역을 압력구근이라 한다.
2) 토질별 압력구근
   - 점성토 : $0.1q$
   - 사질토 : $0.2q$

(3) 대상하중과 정사각형 하중 q에 대한 등압선 비교

대상하중의 경우가 정사각형 하중에 비하여 압력구근(0.2q)이 훨씬 깊게 퍼져 있다. 왜냐하면 비록 폭 B는 같지만 직각방향(지면속으로)의 하중은 정사각형인 경우 $L=B$의 제한된 영역에만 하중이 작용하지만, 대상하중은 무한대($L=\infty$)로 하중이 작용하기 때문이다.

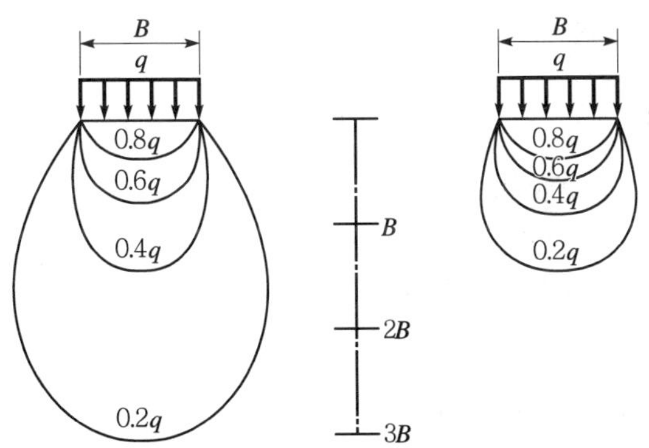

그림 4.15 대상하중과 정사각형 하중 q에 대한 등압선 비교

1.4 Newmark 영향원법

1.4.1 개요

영향원법은 지표면에 작용하는 임의 형상의 등분포하중에 의해서 지중의 임의 점에 생기는 응력을 구하는 도해법이다.

1.4.2 영향원법으로 $\Delta\sigma_v$를 구하는 방법

1) 응력을 구하려는 깊이 z를 영향원의 평면도상에서 얼마의 길이로 할지 축척(Scale)을 결정한다.

$$M = \frac{\text{가정한 길이}}{\text{응력을 구하려는 점의 깊이}} \tag{4.15}$$

예를 들어 깊이 10m를 5cm로 나타내기로 하면 $M = \frac{0.05}{10} = \frac{1}{200}$이 된다.

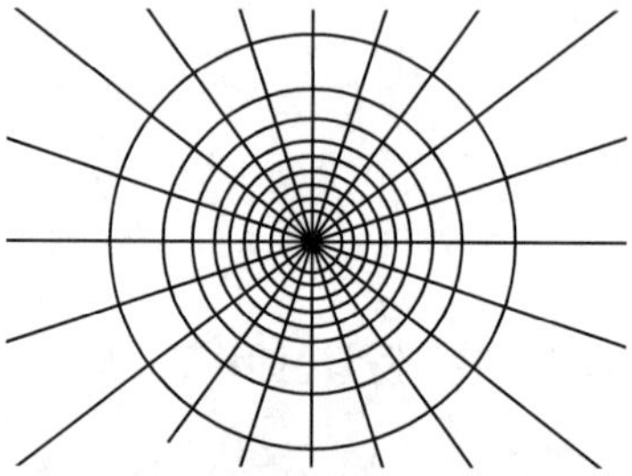

그림 4.16 연직응력에 대한 영향원

2) 동심원의 반경을 결정해서 9개의 동심원과 18° 간격으로 방사선을 그려 영향원을 완성한다.
   ① 동심원의 반경은 표에서 주어지는 $\frac{z}{r}$ 값을 이용해서 구한다.

   예) 제1동심원의 반경 : r_1 = 상대적반경$(\frac{z}{r}) \times$ 깊이(z)

   즉, $r_1 = 0.27 \times 5 = 1.35\text{cm}$

   ② 방사선 사이의 각도가 18°가 되도록 방사선을 그린다.
3) 응력을 구하려는 점의 평면위치를 영향원의 중심에 일치시키고 (1)에서 결정한 축척대로 하중면을 그린다.
4) 하중면이 차지하는 망의 수 N을 센다.
5) $\Delta\sigma_v$는 다음과 같이 구한다.

$$\Delta\sigma_v = I_v \times N \cdot q \tag{4.16}$$

여기서, I_v : 영향계수(동심원의 수가 9개이고 방사선의 수가 20개이면 $I_v = 0.05$임)

1.4.3 결론

이 방법은 등분포하중면의 형상이 불규칙해도 $\Delta\sigma_v$를 결정할 수 있다.

1.5 응력분포 근사해법(2:1분포법)

1.5.1 개요

1) Kögler는 응력은 하중의 양단에서 지반속으로 직선적으로(연직2, 수평1) 분포하여, 분포폭 내에서는 균등한 응력이 발생하고 분포폭 밖에서는 응력이 생기지 않는다는 개념으로 근사해를 발표하였다.
2) 근사해법은 하중에 의해서 유발된 응력의 합력($\sum \Delta\sigma_v$)은 하중의 합력(Q)과 같다는 것이 기본원리이다.

1.5.2 증가된 연직응력($\Delta\sigma_v$)의 계산

이 방법으로 응력을 결정하는 기본원리는 주어진 깊이에서 분포된 모든 응력의 합계는 지표면에 놓인 하중과 동일하다는 원리에 입각해서 구한다.

$$\Delta\sigma_v = \frac{Q}{(B+Z)\,(L+Z)} = \frac{q\,BL}{(B+Z)\,(L+Z)} \tag{4.17}$$

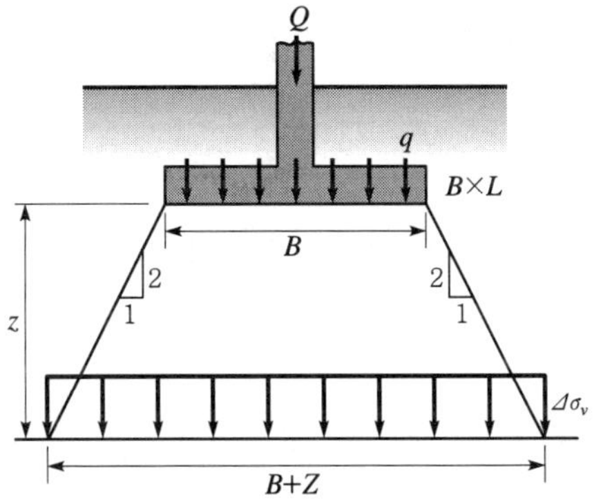

그림 4.17 응력분포 근사해법

1.5.3 결론

1) 간편법으로 구한 $\Delta\sigma_v$는 탄성해로 구한 값보다 중앙에서는 작고 양단에서는 크다
2) 간편법은 응력분포를 지나치게 단순화하고 있으므로 예비설계 단계나 연직응력의 개략치를 약산할 때 사용되고 있다.
3) 지표면에서의 연직하중은 일정한 반면 깊이에 따라 재하면적이 2:1로 증가되기 때문에 심도가 증가함에 따라 작용하는 응력은 감소하게 된다.

2. 유효응력

2.1 포화토 유효응력(정수압상태)

2.1.1 유효응력 원리

유효응력의 원리는 "유효응력의 방정식"과 "유효응력이 흙의 거동을 지배한다"는 것을 결합시킨 것이다.

(1) 유효응력의 방정식

1) 유효응력의 크기는 전응력에서 간극수압을 뺀 값이다.

$$\sigma' = \sigma - u \tag{4.18}$$

※ 유효응력은 직접 측정되는 값이 아니라 전응력과 간극수압에 의해서 계산되어 지는 값이다.

2) 유효응력 방정식은 모든 방향에 대하여 성립된다. 즉,

- 연직방향 : $\sigma'_v = \sigma_v - u$
- 수평방향 : $\sigma'_h = \sigma_h - u$

3) 토압계수 K는 유효연직응력에 대한 유효수평응력의 비이다.

$$K = \frac{\sigma'_h}{\sigma'_V} \tag{4.19}$$

※ $\sigma'_h = K\sigma'_V$는 성립하지 않음에 유의할 것

(2) 유효응력만이 흙의 거동(압축 및 강도 등)을 지배한다.

유효응력이 증가하면 지반은 압축되고 강도는 증가한다.

2.1.2 수위변화에 따른 유효응력 변화

(1) 외수위 상승 또는 하강에 따른 유효응력의 변화

홍수로 인하여 한강의 수위가 Δh_w만큼 상승했을 경우 하상 아래의 '*A*' 입자의 유효응력 변화는 다음과 같다.

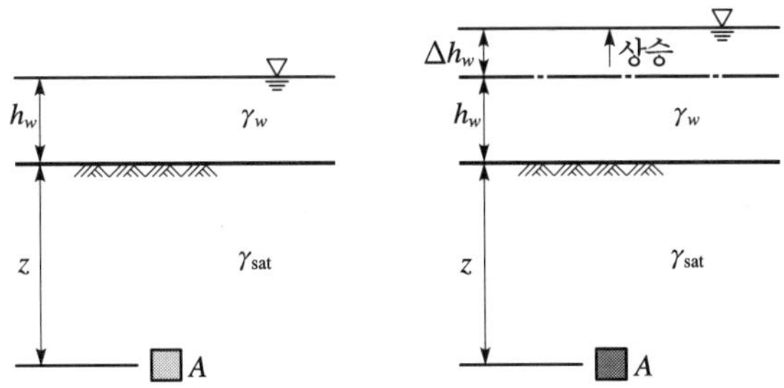

그림 4.18 수위 상승후 유효응력 변화

1) 초기상태

$\sigma_v = h_w\gamma_w + z\gamma_{sat}$

$u = (h_w + z)\gamma_w$

$\sigma'_v = \sigma_v - u = h_w\gamma_w + z\gamma_{sat} - (h_w + z)\gamma_w = z\gamma_{sub}$

2) 수위 상승후

$\sigma_v = (\Delta h_w + h_w)\gamma_w + z\gamma_{sat}$

$u = (\Delta h_w + h_w + z)\gamma_w$

$\sigma'_v = \sigma_v - u = (\Delta h_w + h_w)\gamma_w + z\gamma_{sat} - (\Delta h_w + h_w + z)\gamma_w = z\gamma_{sub}$

3) 수위 상승으로 인한 하상의 침하 및 강도변화 여부

수위가 상승할 경우 전 연직응력 σ_v와 간극수압 u가 동일한 크기로 증가하므로 유효응력 σ'_v변화가 없다. 따라서 'A' 입자는 거동(압축, 강도)하지 않고 원래의 상태 그대로 유지한다.

(2) 지중에서 지하수위가 하강할 경우의 유효응력 변화

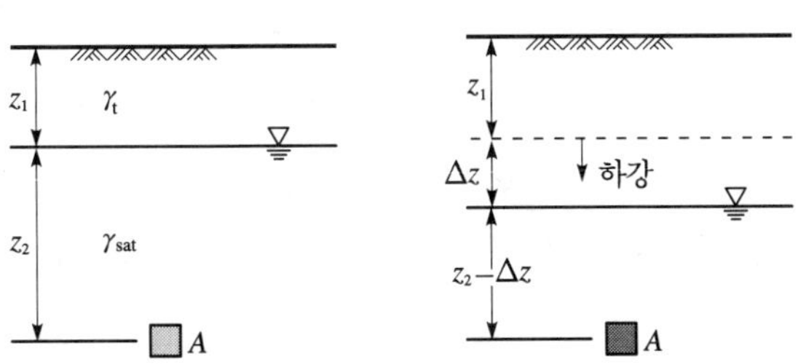

그림 4.19 지하수위 하강시 유효응력 변화

1) 초기상태

$\sigma_v = z_1\gamma_t + z_2\gamma_{sat}$

$u = z_2\gamma_w$

$\sigma'_v = \sigma_v - u = z_1\gamma_t + z_2\gamma_{sat} - z_2\gamma_w = z_1\gamma_t + z_2\gamma_{sub}$ . . . . ⓐ

2) 지하수위 하강후

$\sigma_v = (z_1 + \Delta z)\gamma_t + (z_2 - \Delta z)\gamma_{sat}$

$u = (z_2 - \Delta z)\gamma_w$

$\sigma'_v = \sigma_v - u = (z_1 + \Delta z)\gamma_t + (z_2 - \Delta z)\gamma_{sat} - (z_2 - \Delta z)\gamma_w$ . . . . ⓑ

$= (z_1 + \Delta z)\gamma_t + (z_2 - \Delta z)\gamma_{sub}$

$= z_1\gamma_t + \Delta z\gamma_t + z_2\gamma_{sub} - \Delta z\gamma_{sub}$

$= z_1\gamma_t + z_2\gamma_{sub} + \Delta z(\gamma_t - \gamma_{sub})$

3) 지하수위 하강으로 인한 지반의 침하 및 강도변화 여부

ⓐ식과 ⓑ식을 비교해보면 유효응력 증가량 $\Delta\sigma'$는

$\Delta\sigma' = \Delta z\gamma_t - \Delta z\gamma_{sub} = (\gamma_t - \gamma_{sub})\Delta z$

* 초기상태와 수위하강 후의 유효응력을 비교해보면 $\Delta z(\gamma_t - \gamma_{sub})$만큼 증가했음을 알 수 있다. 이는 σ_v와 u가 모두 감소하였으나 u의 감소량이 σ_v의 감소량보다 더 커서 σ'_v가 증가하였다. 따라서 유효응력 원리에 따라 지하수위가 하강하면 지반은 침하하고 강도는 증가하게 된다.

(3) 결론

1) 지표면보다 위에 있는 물은 수위가 변화하더라도 지반의 유효응력에는 아무런 변화가 없으므로 지반의 침하 및 강도의 변화를 일으키지 못한다.
2) 하지만, 지표면 아래의 지하수위의 하강은 지반의 침하와 강도의 증가를 초래한다.
3) 이러한 현상은 산업화에 따른 막대한 공업용수 및 인구의 도시집중에 의한 생활용수 공급을 위한 대규모의 지하수의 양수에 따른 지하수위의 하강에 기안한다고 볼 수 있다.

2.1.3 유효응력과 간극수압 특징

(1) 유효응력

1) 유효응력만이 흙의 변형과 전단에 영향을 미친다.

2) 점토지반의 지반개량에 의한 강도증가는 유효응력 증가에 기인된다.
3) 불포화토의 유효응력은 포화토보다 크며, 포화도가 적을수록 크게 된다.
4) 모관포화 시 (−)의 과잉간극수압이 생겨 일시적으로 유효응력이 건조시보다 증가한다.
5) 상향침투 시 유효응력은 $\Delta h \cdot \gamma_w$만큼 감소하고, 하향침투 시 유효응력은 $\Delta h \cdot \gamma_w$만큼 증가한다.

(2) 간극수압

1) 간극수압은 지반의 체적변화, 전단에 관계가 없으므로 중립응력이라고도 한다.
2) 모관포화 시 모관수두$\times\gamma_w$만큼 감소한다.
3) 피압작용 시 피압수두$\times\gamma_w$만큼 증가한다.

2.1.4 결론

유효응력의 원리는 지반공학에서 가장 중요한 개념이다. 흙의 압축과 전단강도는 유효응력에 좌우된다. 따라서, 유효응력의 개념은 옹벽구조물의 횡토압, 기초의 지지력 및 침하, 비탈면의 안정과 같은 지반공학적인 문제들을 해결하는데 매우 중요하다.

■ **유효응력**

[핵심문제 4.1] **점토층 위에 지표면까지 4.5m 깊이로 모래층이 덮혀있고 지하수위가 지표면에서 2m 아래에 있는 토층이 있다, 지하수위 위의 모래는 평균간극비가 0.52이고, 포화도는 0.37이다. 점토는 함수비가 42%이다. 이때, 지표면 아래 9m의 수평면에서 전응력, 유효응력 및 간극수압을 구하고, 이 깊이까지 압력분포도를 그려라(단, 모래와 점토의 비중은 모두 2.65로 가정)**

[풀이]

1. 개요도

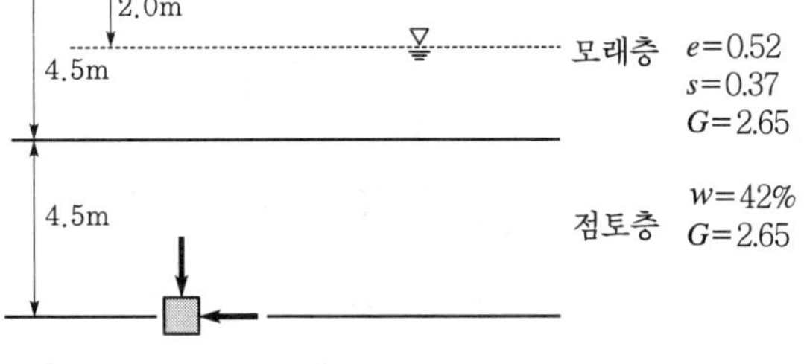

2. 단위중량 계산

(1) 모래의 단위중량

① 습윤단위중량(γ_t)

$$\gamma_t = \frac{S \cdot e + G_s}{1+e}\gamma_w = \frac{0.37\times0.52+2.65}{1+0.52}\times10 = 18.7\text{kN/m}^3$$

② 포화단위중량(γ_{sat})

$$\gamma_{sat} = \frac{G_s+e}{1+e}\gamma_w = \frac{2.65+0.52}{1+0.52}\times10 = 20.8\text{kN/m}^3$$

(2) 점토의 포화단위중량

포화점토의 경우 $S = 1$, w =42%, G_s = 2.65이므로

$$\gamma_{sat} = \frac{G_s+Se}{1+e}\gamma_w$$

$G_s \cdot w = S \cdot e$에서 $e = \frac{G_s+w}{S}$이므로

$$\therefore \gamma_{sat} = \frac{G_s+S\cdot G_s\cdot w}{1+G_s\cdot w}\gamma_w = \frac{2.65+2.65\times0.42}{1+2.65\times0.42}\times10 = 17.8\text{kN/m}^3$$

3. 전응력, 간극수압, 유효응력의 계산

(1) GL−2.0m인 경우

$\sigma_v = 18.7\times2 = 37.4\text{kN/m}^2$ $\qquad u = 0$

$\sigma'_v = \sigma_v - u = 37.4\text{kN/m}^2$

(2) GL−4.5m인 경우

$\sigma_v = 18.7\times2 + 20.8\times2.5 = 89.4\text{kN/m}^2$ $\qquad u = 10\times2.5 = 25\text{kN/m}^2$

$\sigma'_v = \sigma_v - u = 89.4-25 = 64.4\text{kN/m}^2$

(3) GL−9.0인 경우

$\sigma_v = 18.7\times2 + 20.8\times2.5 + 17.8\times4.5 = 169.5\text{kN/m}^2$ $\qquad u = 10\times7 = 70\text{kN/m}^3$

$\sigma'_v = \sigma_v - u = 169.5 - 70 = 99.5\text{kN/m}^2$

4. 응력분포도

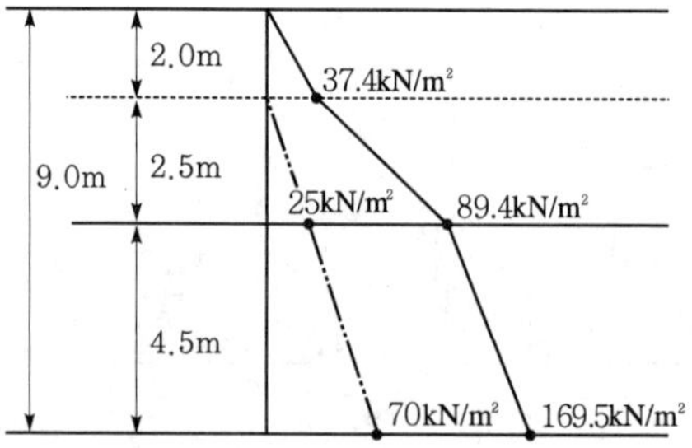

2.2 불포화토의 유효응력

2.2.1 개요

불포화토의 간극은 물과 공기로 채워져 있다. 따라서 간극수압(=u)은 포화토에 비해 간극수와 일부는 공기가 부담하게 된다.

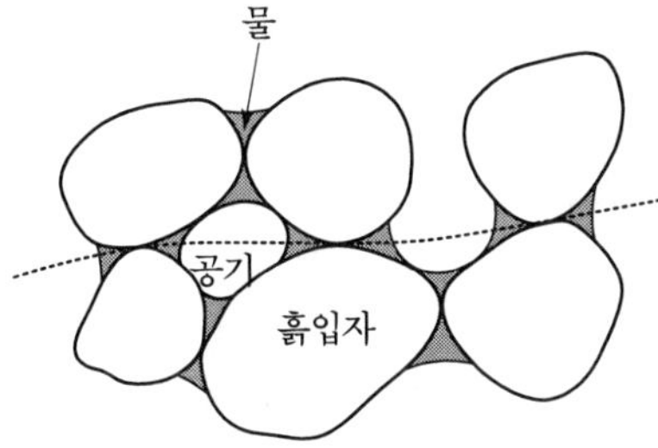

그림 4.20 불포화토의 간극상태

2.2.2 불포화토 유효응력

1) 불포화토는 흙 속의 공기를 포함하고 있으므로 포화토의 경우에 공기압을 추가해서 고려해야 한다. 이를 식으로 나타내면 다음과 같다.

$$\sigma' = \sigma - [\chi\, u_w + (1-\chi)\, u_a] \quad (4.20)$$

공기의 계기압력은 0이므로 u_a=0이다. 따라서,

$$\sigma' = \sigma - \chi u_w \quad (4.21)$$

여기서, χ : 포화도에 따른 계수

(포화토 : χ = 1, 불포화토 : $0<\chi<1$, 완전건조토 : χ = 0)

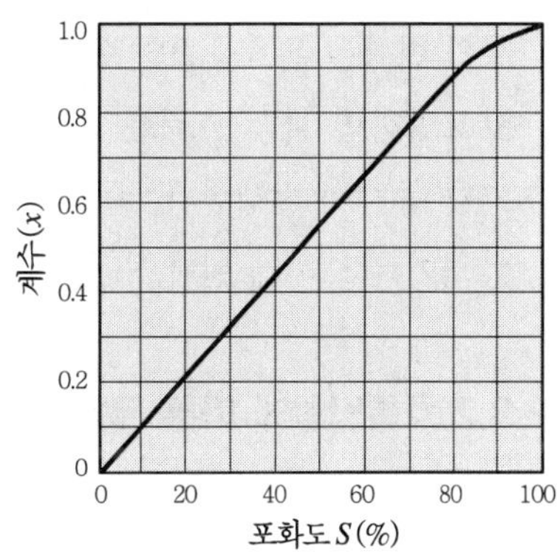

그림 4.21 포화도와 계수 χ 사이의 관계(Bishop 등, 1960)

χ의 값은 포화도 뿐만 아니라 흙의 구조 등에 따라 달라지므로 정확한 값을 구하기 어렵다. Bishop 등(1960)은 실험을 통하여 포화도에 따른 χ의 값을 제시하였는데 포화도가 0이면 χ = 0 이므로 전 압력과 유효압력은 같고, 포화도가 100%이면 χ = 1이다.

2) 위의 식으로 불포화토의 유효응력을 구하려면 간극수압을 측정해야 하는데, 불포화토의 간극수압을 측정하기가 쉽지 않으므로 보통 흙의 단위중량에 깊이를 곱하여 구한다. 이때 포화도는 단위중량에 반영되어 있다.

$$\sigma' = z \cdot \gamma_t$$

2.2.3 결론

1) 불포화토의 유효응력은 포화토의 유효응력보다 항상 크다.
2) 화강풍화토가 대부분인 우리나라 비탈면의 경우 평상시에는 불포화상태로 Soil Suction 작용으로 안정상태에 있다가 집중호우 시 빗물이 침투하게 되면 Soil Suction이 없어지면서 전단강도가 약화되어 산사태 등이 빈번하게 발생한다.

2.3 침투가 발생할 때의 유효응력

2.3.1 개요

1) 지반 속으로 물이 흐르게 되면(즉, 정상침투가 발생하면) 간극수압의 크기가 정수압상태보다 크거나 작아진다. 즉, 상향침투가 발생하면 간극수압이 정수압상태보다 커지고 하향침투가 발생하면 더 작아진다. 이때 침투가 발생하더라도 포화도와 간극비(부피)에는 변화가 없으므로 흙의 무게(즉, 포화단위중량)는 정수압 상태와 동일하다. 따라서, 간극수압의 변화는 유효응력의 변화에 영향을 미치게 된다.
2) 요약하면 물의 흐름은 침투수압을 유발하고 간극수압과 유효응력은 연직방향 침투압만큼 증감이 발생한다. 즉, 하향 침투시에는 유효응력이 증가하고, 상향 침투시에는 유효응력이 감소하게 된다.

2.3.2 흐름방향에 따른 유효응력 변화

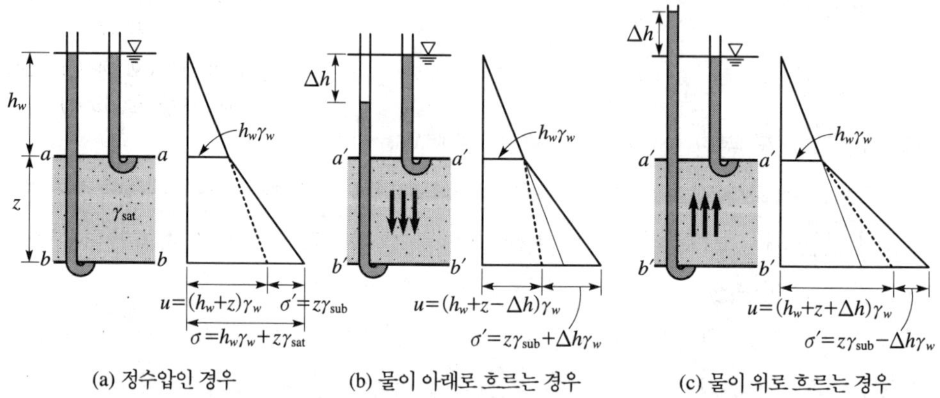

(a) 정수압인 경우 (b) 물이 아래로 흐르는 경우 (c) 물이 위로 흐르는 경우

그림 4.22 흐름방향에 따른 유효응력 변화

(1) 정수압인 경우

그림 4.22(a)에서 b-b면에 작용하는 전응력, 간극수압, 유효응력은 다음과 같다.

1) 전응력(σ) : $\sigma = h_w\gamma_w + z\gamma_{sat}$

2) 간극수압(u) : 간극수압 = 정수압이므로 $u=(h_w+z)\gamma_w$

3) 유효응력(σ) : $\sigma' = \sigma - u = z\gamma_{sub}$

(2) 하향 침투의 경우

그림 4.22(b)에서 b-b면에 작용하는 전응력, 간극수압, 유효응력은 다음과 같다.

1) 전응력(σ) : 정지상태와 동일

$\sigma = h_w\gamma_w + z\gamma_{sat}$

2) 간극수압(u)

- 하향 침투시 b-b면에 piezometer를 꽂으면 piezometer의 수위는 지하수위보다 Δh 만큼 낮아진다.
- 간극수압은 피에조미터의 수위(압력수두)에 물의 단위중량(γ_w)을 곱한 값이다. 즉,

  $u = (h_w + z)\gamma_w - \Delta h\gamma_w$
- 하향침투시 간극수압은 정지상태의 간극수압(정수압)보다 $\Delta h\gamma_w$만큼 작아짐을 알 수 있다.

3) 유효응력(σ')

$$\begin{aligned}\sigma' &= \sigma - u \\ &= h_w\gamma_w + z\gamma_{sat} - [(h_w + z)\gamma_w - \Delta h\gamma_w] \\ &= z\gamma_{sub} + \Delta h\gamma_w\end{aligned}$$

→ 하향침투 시 유효응력은 정지상태의 유효응력보다 $\Delta h\gamma_w$만큼 증가함을 알 수 있다. 즉, 간극수압 감소량 = 유효응력 증가량이다.

(3) 상향 침투의 경우

상향 침투발생시 b-b면에서의 전응력, 간극수압, 유효응력은 다음과 같다.

1) 전응력(σ) : 정지상태와 동일

$\sigma = h_w\gamma_w + z\gamma_{sat}$

2) 간극수압(u)

- 상향 침투가 발생할 때 b-b면에 Piezometer를 꽂으면 수위는 지하수위보다 Δh만큼

위로 올라간다.

- 따라서, b-b면에서의 간극수압은 피에조미터의 수위(압력수두)에 물의 단위중량(γ_w)을 곱한 값이다. 즉,

  $u = (h_w + z)\gamma_w + \Delta h\gamma_w$

- 상향침투시의 간극수압은 정지상태의 간극수압(정수압)보다 $\Delta h\gamma_w$만큼 증가함을 알 수 있다.

3) 유효응력(σ')

$$\begin{aligned}\sigma' &= \sigma - u \\ &= h_w\gamma_w + z\gamma_{sat} - [(h_w + z)\gamma_w + \Delta h\gamma_w] \\ &= z\gamma_{sub} - \Delta h\gamma_w\end{aligned}$$

※상향침투 시 유효응력은 정지상태의 유효응력보다 $\Delta h\gamma_w$만큼 감소함을 알 수 있다.

2.3.3 결론

(1) 침투 발생시 유효응력은 흐름방향에 따라 변화한다.

1) 하향침투의 경우 정수압상태보다 $\Delta h \cdot \gamma_w$만큼 증가하고,

2) 상향침투의 경우 정수압상태보다 $\Delta h \cdot \gamma_w$만큼 감소한다.

※ 여기서, $\Delta h \cdot \gamma_w$를 침투압력이라 한다.

(2) 하향침투는 물다짐과 같은 침투압밀공법의 원리와 관련이 있고, 상향침투는 분사현상(Quick sand)과 관련이 있다.

2.4 침투수압과 침투수력

2.4.1 개요

1) 흙속의 물이 상향 또는 하향으로 흐르게 되면 간극수압이 정수압상태보다 크거나 작아져 흙입자가 받는 유효응력이 달라지게 된다.

2) 흐름이 발생하는 경우의 유효응력은 정수압상태의 유효응력과 흐름으로 인하여 추가적으로 생기는 응력을 합한 것인데, 이때 흐름으로 인해 생기는 응력을 침투수압이라 한다. 즉, 흐름이 발생하는 경우의 유효응력은 흐름의 방향에 따라 침투수압만큼 증감이 발생한다.

2.4.2 침투수압

1) 물이 상향 또는 하향의 침투가 발생할 때 간극수압은 정지상태의 수압(정수압)과 차이만큼 증감이 발생한다. 이때 증감의 수압을 침투수압(Seepage pressure)이라 한다.
2) 이는 물의 흐름으로 인하여 흙에 추가적으로 작용하는 수압으로 항상 물이 흐르는 방향으로 작용한다.
3) 침투수압은 물의 흐름에 따른 유효응력의 변화량이라고도 할 수 있으며, 동수경사의 함수이다.
그림 4.22에서 동수경사는 $i = \dfrac{\Delta h}{z}$에서 $\Delta h = iz$이므로

$$\therefore \text{침투수압} = \Delta h\gamma_w = iz\gamma_w \tag{4.22}$$

2.4.3 침투수력(J)

1) 물이 흐르게 되면 물이 흐르는 방향으로 흙 입자에 추가적인 힘이 생기는데, 이 힘을 침투수력(Seepage force)이라 하며, 그 크기는 침투수압에 면적을 곱한 값이다. 즉,
침투수력(J) = 침투수압×면적
$= iz\gamma_w \times \mathrm{A}$
2) 단위체적당 침투수력(j)

$$j = \frac{\text{침투수력}}{\text{체적}} = \frac{iz\gamma_w A}{Az} = i\gamma_w \tag{4.23}$$

※ 흐름이 일정할 때에는 침투력은 흙 전체에 걸쳐 균등하게 분포한다.

[핵심문제 4.2] **다음 그림과 같이 흙 기둥을 통해서 물이 아래로 흐르고 있고, 이 흙의 포화단위중량은 19kN/m³이다.**

(1) A점과 B점 사이의 수두차를 구하여라.
(2) A점과 B점에서의 유효응력을 구하여라.
(3) B점에서의 단위면적당 침투수력(침투수압)은 얼마인가?
(4) 정수압인 경우에 비하여 B점에서의 유효응력의 증가량은 얼마인가?

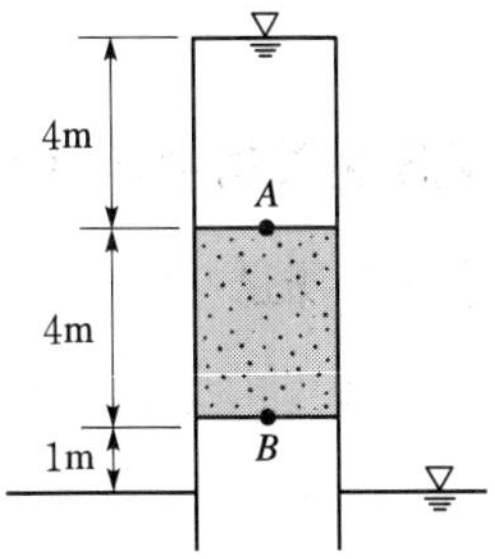

[풀이]

(1) A점과 B점 사이의 수두차

대기압이 작용하는 위치의 전수두는 위치수두와 같으며, 물을 통과하는 구간은 수두손실이 없다. 따라

서, 상류수면의 전수두와 A점의 전수두가 같고, 하류수면의 전수두와 B점의 전수두가 서로 같다.

위 치	전수두(m)	위치수두(m)	압력수두(m)
A점	9	5	9-5 =4
B점	0	1	0-1=-1

A점과 B점의 전수두의 차는 9-0 = 9m 임

(2) **A점과 B점에서의 유효응력**

전응력 : $\sigma = \gamma \cdot z$

간극수압 : u = 압력수두(h_p) × 물의 단위중량(γ_w)

유효응력 = 전응력 - 간극수압

위 치	전응력(kN/m²)	간극수압(kN/m²)	유효응력(kN/m²)
A점	4×10 = 40	4×10 = 40	40 - 40 = 0
B점	4×10+4×19 = 116	-1×10 = -10	116 - (-10) = 126

(3) **B점에서의 단위체적당 침투수력 및 침투수압**

단위체적당 침투수력 : $j = i\gamma_w = \dfrac{H}{L} \cdot \gamma_w = 22.5\text{kN/m}^3$

침투수압 $= j \cdot z = 90\text{kN/m}^2$

(4) **정수압상태 및 침투 시 B점에서의 유효응력**

정수압상태 B점에서의 유효응력 = $4 \times 9 = 36\text{kN/m}^2$

침투시 B점에서의 유효응력 = $4 \times 9 + 9 \times 10 = 126\text{kN/m}^2$

유효응력의 차이 : $\Delta\sigma' = 90\text{kN/m}^2$

2.5 한계동수경사와 분사현상

2.5.1 개요

1) 사질토 지반에서 상향침투가 발생할 때 침투수압과 유효응력이 같아질 때의 동수경사를 한계동수경사(Critical hydraulic gradient) 라 한다.

2) 동수경사가 한계동수경사를 초과하게 되면 유효응력이 0(zero)가 되어 전단강도를 완전히 상실하게 되는데 이때 지반은 상향의 흐름으로 인하여 모래가 위로 움직여 마치 찌개가 끓듯이 보글보글 끓는 현상이 발생한다. 이를 분사현상(Quick Sand) 또는 보일링(Boiling)현상이라 한다.

2.5.2 한계동수경사(i_c)

그림 4.23과 같이 상향침투가 발생할 경우 b-b면에서의 유효응력은 다음과 같다.

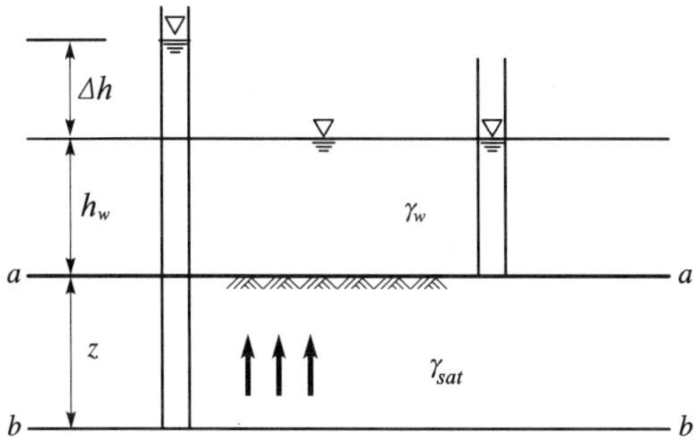

그림 4.23 분사현상

① 전응력(σ) : $\sigma = h_w\gamma_w + z\gamma_{sat}$

② 간극수압(u) : $u=(h_w+z)\gamma_w + \Delta h\gamma_w$

③ 유효응력(σ') : $\sigma' = \sigma - u = z\gamma_{sub} - \Delta h\gamma_w$

여기서, $\Delta h\gamma_w$를 침투압력이라 한다.

한계동수경사는 침투수압이 점점 증가하여 유효응력이 0(zero)가 될 때의 동수경사를 말하므로

$$\sigma' = \Delta h\gamma_w - \gamma_{sub}z = 0$$

$$\Delta h\gamma_w = \gamma_{sub}z$$

$$\frac{\Delta h}{z} = \frac{\gamma_{sub}}{\gamma_w}$$

$$\therefore\ i_c = \frac{\gamma_{sub}}{\gamma_w} = \frac{G_s - 1}{1+e} \tag{4.24}$$

※ 여기서, γ_w = 10kN/m³, $\gamma' = \gamma_{sat} - \gamma_w$ = (9~11)γ_w = (9~11)kN/m³이므로 분사현상을 일으키는 한계동수경사는 개략적으로 0.9~1.1사이이며, 약 1.0으로 본다.

2.5.3 분사현상 발생여부 판단

1) 분사현상 발생여부는 한계동수경사(i_c)를 동수경사(i)로 나눈값인 안전율로 판단한다.

$$F_s = \frac{i_c}{i} \tag{4.25}$$

① $F_s < 1$: 분사현상 발생

② $F_s \geq 1$: 분사현상 발생하지 않음

2) 이론상으로는 안전율(F_s)이 1 이상이면 안전한 셈이지만, 분사현상은 대단히 위험하므로

안전도에 충분한 여유를 주기 위하여 실제로는 계산된 F_s가 1보다 큰, 이른바 허용안전율 이상이어야 안전한 것으로 판단한다.

3) 분사현상은 사질토에서 주로 발생하고, 점성토에서는 분사현상이 잘 발생하지 않는다. 그 이유는 점성토는 점착력이 있어서 유효응력이 zero가 되어도 전단강도를 완전히 상실하지 않기 때문이다($\tau = c' + \sigma' \tan\phi'$). 따라서, 점성토의 경우 분사현상 대신 지반이 부풀어 오르는 히빙현상이 발생한다.

2.5.4 방지대책

1) 굴착저면 자갈포설 : 비중 증가 → 한계동수경사 증가($i_c = \dfrac{G_s - 1}{1+e}$)
2) Grouting(굴착저면, 배면) : 주열식공법, 심층혼합처리공법, 약액주입공법 등
3) 배수처리(배면, 굴착저면) : 웰포인트, Deep Well 등에 의한 지하수위 저하
4) 근입깊이 연장 : 유선을 길게 함으로서 동수경사를 작게 함($i = \dfrac{\Delta h}{L}$)

2.5.5 결론

1) 사질토 지반에서 지하수위 아래를 굴착하는 경우와 굴착면 아래에 피압대수층이 있는 경우 분사현상, 보일링현상, 파이핑현상을 검토해야 한다.

※ 분사현상 < 보일링현상 < 파이핑현상의 순으로 발생

2) 분사현상에 대한 안전성 검토는 이론상으로는 안전율(F_s)이 1 이상이면 안전한 셈이지만, 분사현상은 대단히 위험하므로 안전도에 충분한 여유를 주기 위하여 실제로는 계산된 F_s가 1보다 큰, 이른바 허용안전율보다 커야 안전한 것으로 판정한다.

※ 널말뚝 보일링에 대한 안전율은 2.0임(구조물 기초설계기준)

2.6 Piping 검토

2.6.1 개요

1) 모래층에서 상향 침투수류가 발생할 때 동수경사가 모래지반의 한계동수경사보다 크게 되면 유효응력이 0(zero)가 되어 전단강도를 상실하게 된다. 이때 지반은 마치 찌개가 보글보글 끓듯이 솟아오르게 되는데 이를 분사현상이라 한다. 이 분사현상이 발전되어 물의

통로가 생기면서 내부 토립분이 유출되는 과정을 파이핑(Piping)이라 한다.

→ 발생과정 : 상향침투 발생 → 분사현상 → 보일링현상 → 파이핑현상 → 구조물 파괴

2) 파이핑은 널말뚝의 하류면이나 유선이 집중되는 수로구조물의 뒷굽에서 주로 발생한다.

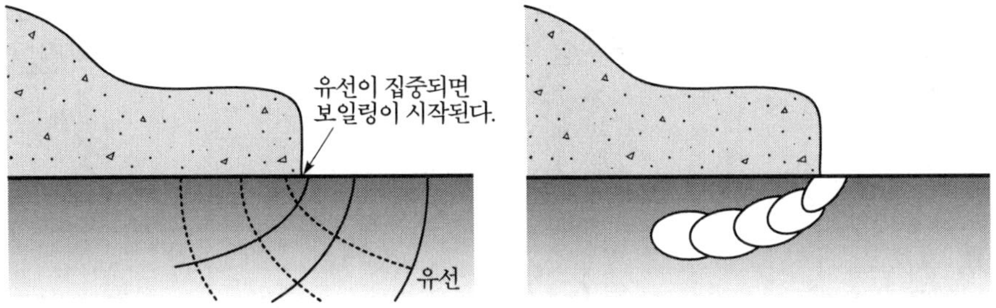

(a) 댐 뒷굽에서의 파이핑의 초기조건 (b) 상향으로 진전되는 파이핑

그림 4.24 Piping 파괴유형

2.6.2 발생 시 문제점

표 4.2 Piping 발생 시 문제점

널 말 뚝	댐 또는 제방
(1) 근입부 지지력 상실	(1) 댐 또는 제방 누수
(2) 굴착저면 하의 수동토압 상실	(2) 붕괴
(3) 배면의 토사유실	
(4) 배면지반 침하	
(5) 토류벽 붕괴	

2.6.3 발생원인

표 4.3 Piping 발생원인

널 말 뚝	댐 또는 제방
(1) 널말뚝 근입깊이 부족	(1) 흙쌓기의 다짐이 불충분한 경우
(2) 피압지반에 설치	(2) 제체에 균열 발생 및 동식물에 의해 누수경로가 생긴 경우
(3) 배면 수위 높음	(3) 필터층이 잘못 설계된 경우
	(4) 유선망이 촘촘한 하류부에 침투가 집중되는 경우
	(5) 간만의 조수차가 심한 해안의 방조제 축조 시 내외 수위 차가 큰 경우

2.6.4 Piping 검토방법

표 4.4 Piping 검토방법

널 말 뚝	수리 구조물(제체 및 기초)	비 고
1) Terzaghi의 방법	1) Terzaghi의 방법	물체력 이용
2) 유선망에 의한 방법	2) 유선망에 의한 방법	물체력이용
3) 한계동수경사에 의한 방법	3) 한계동수경사에 의한 방법	
	4) 크리프비에 의한 방법	콘크리트 댐
	5) 한계유속에 의한 방법	

(1) 널말뚝

1) Terzaghi의 방법

파이핑 검토영역 밑면(널말뚝 하단부)에서 흙입자 유효중량(W')과 전침투력의 비로 파이핑 발생여부를 결정한다.

즉, $F_s = \dfrac{W'}{J} > 1.5$이면 안전하다.

① 흙의 유효중량 : $W' = D \times \dfrac{D}{2} \times 1 \times \gamma_{sub}$

② 평균 침투력(J) : $J = h_{ave} \cdot \gamma_w \times \dfrac{D}{2} \times 1$

여기서, $h_{ave} = \dfrac{H}{2}$(H : 상하류 수두차)

$$\therefore F_s = \frac{\text{흙의 유효중량}}{\text{침투력}} = \frac{D \cdot \gamma_{sub}}{h_{ave} \cdot \gamma_w} \qquad (4.26)$$

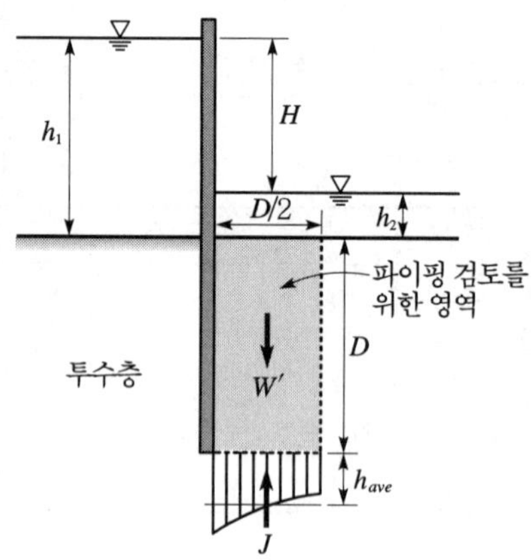

그림 4.25 Terzaghi 방법

2) 한계동수경사법(Harza)

한계동수경사(i_c)와 물이 흐르는 최단거리에 대한 동수경사(i)로 판단한다.

$$F_s = \frac{i_c}{i} \qquad (4.27)$$

여기서, $i_c = \dfrac{G_s - 1}{1+e}$, $i = \dfrac{H}{L} = \dfrac{H}{d_1 + d_2}$

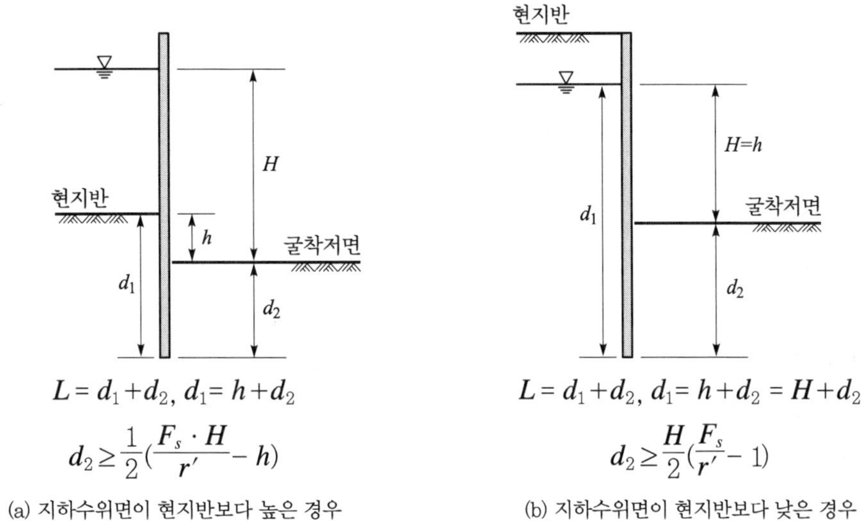

그림 4.26 한계동수구배에 의한 boiling의 검토방법

3) 유선망에 의한 방법

Terzaghi의 방법은 평균 전수두를 $h_{ave} = \frac{H}{2}$(H : 상하류 수두차)로 구하지만, 이 방법은 유선망을 그려 구하게 된다. 즉, Terzaghi의 방법과 평균수두를 구하는 방법만 다를 뿐이다.

$$F_s = \frac{\text{흙의 유효중량}}{\text{침투력}} = \frac{D \cdot \gamma_{sub}}{h_{ave} \cdot \gamma_w}$$

$$h_{ave} = (\frac{n_{d1}}{N_d} + \frac{n_{d2}}{N_d}) \times \frac{H}{2}$$

여기서, n_{d1}, n_{d2} : 남은 등수두선의 수

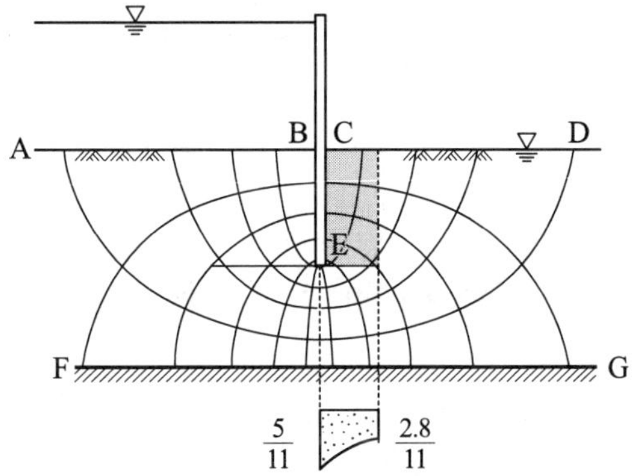

그림 4.27 유선망에 의한 방법

(2) 수리구조물

1) 유선망에 의한 방법 : 널말뚝과 동일

$$F_s = \frac{\text{흙의 유효중량}}{\text{침투력}} = \frac{D \cdot \gamma_{sub}}{h_{ave} \cdot \gamma_w}$$

• Terzaghi의 방법과 평균손실수두를 구하는 방법만 다르다.

$$h_{ave} = (\frac{n_{d1}}{N_d} + \frac{n_{d2}}{N_d}) \times H$$

여기서, n_{d1}, n_{d2} : 남은 등수두선의 수

2) Creep Ratio에 의한 Piping에 대한 안전(Lane, 1935)

① 개요

• Lane(1935)은 큰크리트댐의 파이핑 여부를 개략적으로 판정하기 위하여 가중 크리프비라는 개념을 발표하였다.

• 크리프비는 상 · 하류면의 수두차에 대한 최소유선거리의 비로 나타낸다. 즉,

$$C_R = \frac{l_w}{h_1 - h_2} = \frac{\text{유선의 최소거리}}{\text{상하류면의 수두차}} \qquad (4.28)$$

$$l_w = \frac{\sum l_h}{3} + \sum \ell_v$$

※ 유선이 45° 이상이면 연직거리, 유선이 45° 이하이면 수평거리로 간주한다.

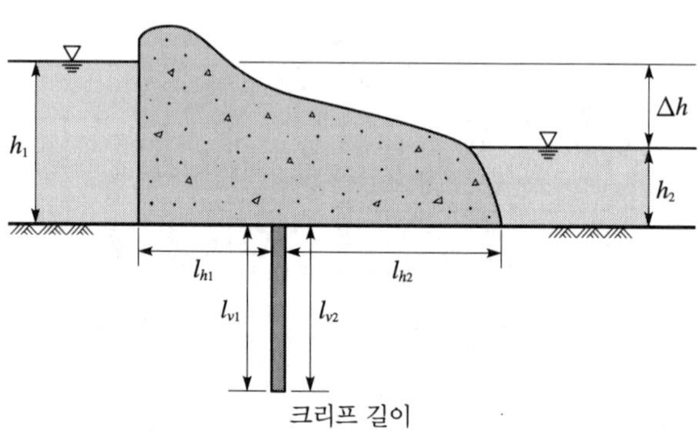

그림 4.28 Creep Ratio에 의한 Piping 안정계산

② Piping 판정방법

크리프 유선의 길이 l_w가 클수록 파이핑 가능성은 작아진다. 따라서, 식 (4.28)로 계산한

C_R값이 흙의 종류에 따라 미리 제시된 C_R값보다 크면 Piping에 대하여 안전한 것으로 판정한다.

표 4.5 흙의 종류에 따른 크리프비의 안전값(Lane, 1935)

흙의 종류	크리프비의 안전값	흙의 종류	크리프비의 안전값
아주 잔모래 또는 실트	8.5	굵은 자갈	3.0
잔모래	7.0	연약 또는 중간 점토	2.0~3.0
중간모래	6.0	단단한 점토	1.8
굵은 모래	5.0	견고한 지반	1.6
잔 자갈	4.0		

③ 결론

- 이 방법은 콘크리트댐의 파이핑 여부를 개략적으로 판정할 때 주로 사용한다.
- C_R은 널말뚝의 설치 위치에 따라 파이핑 억제효과가 달라지는 것을 반영하지 못한다. 즉 널말뚝을 상류쪽에 설치하든 하류쪽에 설치하든 C_R값은 동일하게 구해진다.

3) 한계유속에 의한 방법

① 정의

한계유속이란 흙입자가 침투력에 의해 밀려나가는 순간의 유속을 말하며, 흙댐 제체나 기초지반의 Piping 검토에 이용된다.

즉, 파이핑이 발생되는 경계의 유속을 한계유속이라 한다.

② Piping 판정

- $F_s = \dfrac{\text{한계유속}(V_{cr})}{\text{침투유속}(V_s)} > 1.0$이면 안정적이다. (4.29)

※「댐설계기준. 199쪽」(2003년도) "침투류의 실유속이 입경에 대한 한계유속의 1/100 이하가 되도록 해야한다."

- 한계유속 판단방법
  - 지반의 투수계수 방법
  - 입자크기에 의한 방법
- 침투유속 : $V_s = \dfrac{V}{n}$

③ 결론

제체재료 입경분포가 다양하여 기준치를 정하기 어렵기 때문에 충분한 안전율을 확보해야 한다.

2.6.5 방지대책

파이핑을 방지하기 위해서는 동수경사를 감소시켜 주거나, 한계동수경사를 증가시켜 주면 된다.

$$i = \frac{\Delta h}{L},\ i_c = \frac{G_s - 1}{1+e}$$

(1) 널말뚝의 경우

1) 굴착지반 자갈 포설 : 비중 증대 → 한계동수경사 증가
2) 굴착지반 Grouting : 비중 증대 및 간극 감소 → 한계동수경사 증가
3) 배수처리(Well point, Deep well) : Δh 감소 → 동수경사 감소
4) 근입깊이 연장 : 유선길이 L 증가 → 동수경사 감소

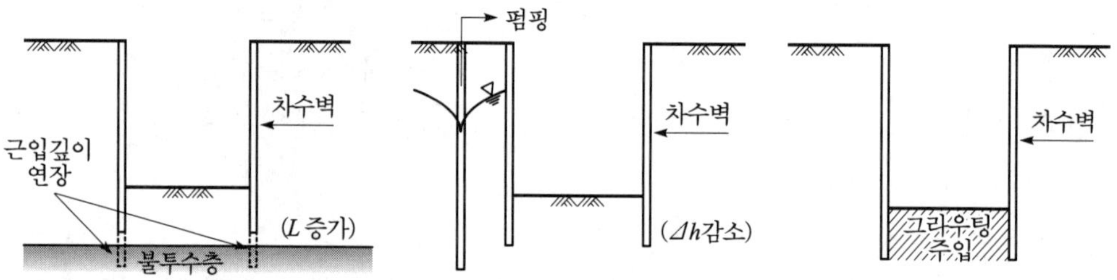

(a) 근입깊이 연장 또는 불투수층 관입 (b) 지하수위 저하 (C) 굴착면 그라우팅

그림 4.29 Piping 방지대책(1)

(2) 콘크리트댐의 경우

파이핑 방지대책으로는 유출부 동수경사를 감소시키는 방법과 흙의 유실을 방지하는 방법이 있다

1) 댐 하류면에 널말뚝을 설치하여 유선을 길게 한다.
   침투유량을 감소시키고 특히 유출부 동수경사를 크게 감소시킬 수 있으나, 양압력이 증가하는 단점 있음
2) 댐의 하류단 부근에 배수설비를 설치한다.
   파이핑 방지효과는 있으나 침투유량과 양압력 개선효과 없음
3) 댐의 상류측면에는 널말뚝을 설치하고 하류측 부근에는 배수설비를 설치한다.
   이 방법은 파이핑을 방지하고 침투유량을 감소시키며, 제체 저면의 양압력도 상당히 감소시키는 효과 있음

4) 댐 상류측 하상에 점토 등으로 불투수 블랭킷을 설치한다.
이 방법은 유선의 길이를 길게 하여 유출부 동수경사를 감소시킨다.

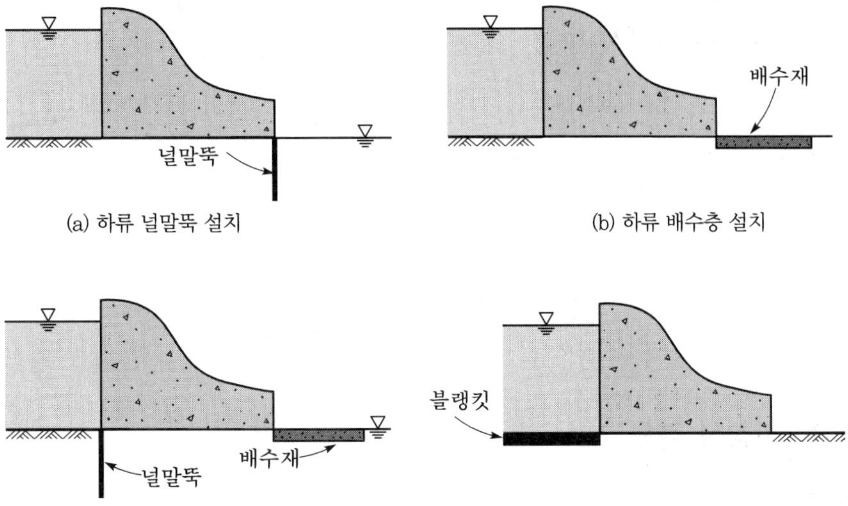

(a) 하류 널말뚝 설치 (b) 하류 배수층 설치

(c) 상류 널말뚝 + 하류 배수층 설치 (d) 상류층 블랭킷 설치

그림 4.30 Piping 방지대책(콘크리트댐의 경우)

(3) 흙댐, 제방의 기초지반

1) Curtain Grouting(지수주입)등 지수공 설치

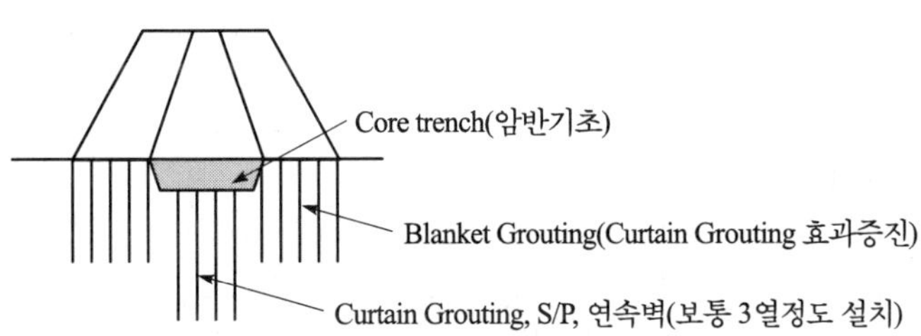

2) 파쇄대, 단층처리
연약부분 제거 → 콘크리트 채움 → 균열, 단층부는 그라우팅

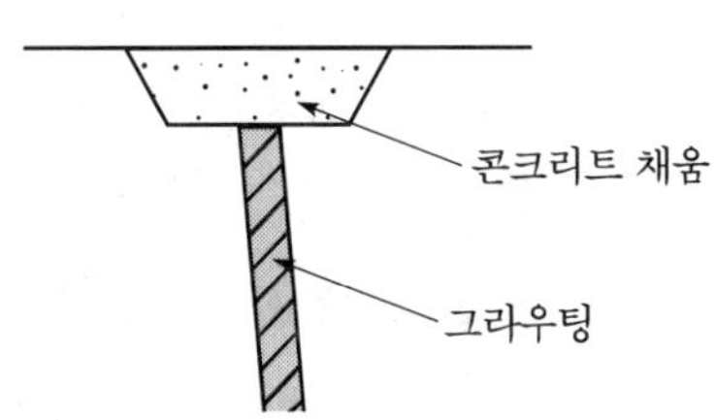

3) 블랭킷 또는 전면포장형 지수

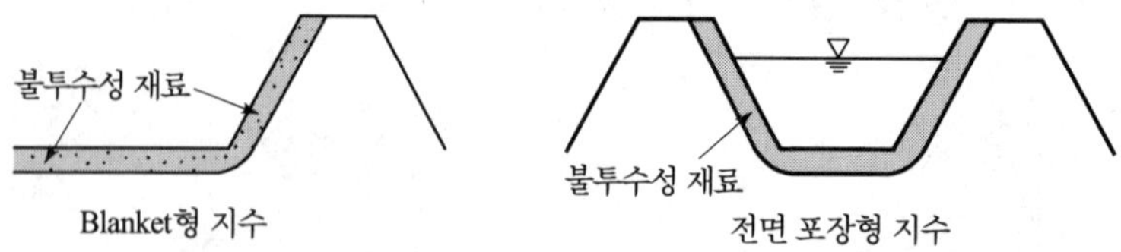

4) Relief Well(수압이완공)

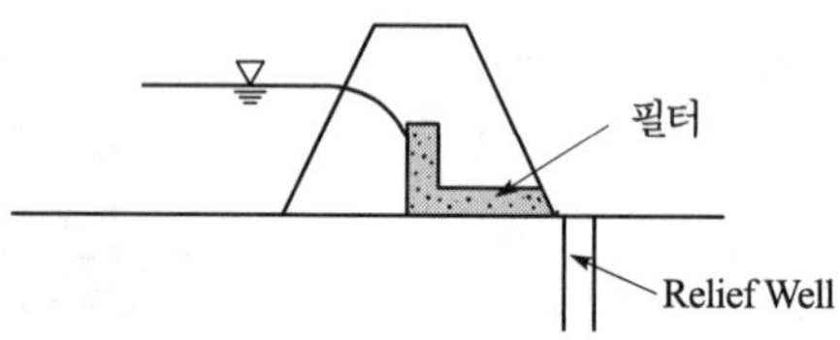

2.7 널말뚝 안정성 검토

2.7.1 개요

1) 그림 4.31과 같이 널말뚝을 설치하면 하단으로 2차원 흐름이 발생할 것이다. 이때, 널말뚝 왼쪽은 하방향 흐름이, 오른쪽은 상방향 흐름이 발생할 것이다. 이때 지중의 각 지점에서의 전수두, 간극수압, 침투수력 등은 유선망을 그려서 구할 수 있다.

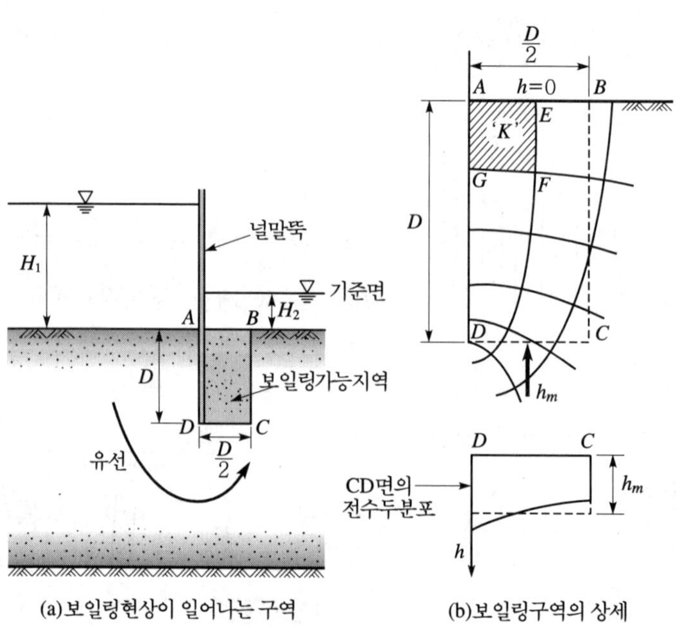

그림 4.31 널말뚝에서의 보일링 검토

2) 널말뚝의 오른쪽은 상향 침투수압이 발생하므로 유효응력이 감소하게 된다. 만약 모래지반의 경우 침투수압이 점점 증가하여 유효응력이 0이 되면 더 이상 흙으로 거동할 수 없고 물과 같이 거동하는 분사현상이 발생하게 된다. 그러나 원지반이 점토라면 유효응력이 0이 되어도 점착력이 있기 때문에 분사현상(또는 보일링현상)은 일어나지 않고 지표면이 부풀어 오르는 히빙현상(heaving)이 발생할 수도 있다.

2.7.2 Boiling에 대한 안정성 검토

널말뚝의 안정성 검토 방법에는 '한계동수경사에 의한 방법' 과 '물체력을 이용하는 방법' 이 있다. Terzaghi(1922)는 모델실험결과로부터 그림 4.31에서와 같이 널말뚝 근입깊이 D의 1/2에 해당되는 구역에서 주로 보일링현상이 일어난다고 보았다. 이때 CD구간에서는 물이 연직방향으로만 침투한다고 가정하였다.

(1) 한계동수경사에 의한 방법

Piping 가능지역의 동수경사를 구하여 이를 한계동수경사와 비교하는 방법이다. 즉, $i > i_c$이면, piping이 발생한다.

1) 먼저, AB면과 CD면간의 수두차를 구해야 한다.

기준면을 하류면으로 잡았으므로 AB면의 전수두는 0이 될 것이고, CD면의 전수두는 일정하지 않고 서로 다르다. 따라서 유선망을 그려 C점과 D점의 전수두를 구하여 보간법에 의해 CD면의 평균 전수두 h_m을 구한다. 따라서 $\overline{AB}$면과 CD면의 평균 수두차 Δh_m는

$$\Delta h_m = h_{m(CD)} - 0 = h_{m(CD)}$$

보통, $\Delta h_m = (\dfrac{n_{d1} + n_{d2}}{N_d})\dfrac{H}{2}$, Terzaghi 방법 $\Delta h_m = \dfrac{H}{2}$이다.

2) 평균동수경사(i_m)

평균동수경사를 구하는 방법에는 다음과 같은 2가지 방법이 있다.

① 첫 번째 방법은, 하나의 입자만을 고려해서 구한다.

즉, AEFG구역('K' 입자)에서의 동수경사를 구하는 것이다.

$$i = \frac{\Delta h}{\overline{AG}}$$

여기서, $\Delta h = \dfrac{H_1 - H_2}{N_d} \times 1$

② 두 번째 방법은 파이핑 검토영역으로 알려져 있는 ABCD구역에서의 평균동수경사를 구하는 것이다.

$$i_m = \frac{h_m - 0}{D} = \frac{h_m}{D}$$

3) 안정성 검토

$$F_s = \frac{i_c}{i_m}$$

즉, $i_m > i_c$이면, Piping이 발생된다.

※ 널말뚝이 Boiling에 대한 안전율은 2.0으로 봄(구조물 기초설계기준)

(2) ABCD구역에서의 물체력을 이용하는 방법

보일링에 대한 안정성은 유효중량 + 간극수압의 합력을 이용한 물체력을 근거로 평가할 수 있다. Terzaghi(1922)는 모델실험결과로부터 그림에서와 같이 널말뚝 근입깊이 D의 1/2에 해당되는 구역에서 주로 보일링현상이 일어난다고 하였다. 이때 CD구간에서는 물이 연직방향으로만 침투한다고 가정하였다.

1) 유효중량(W')

$$W' = \gamma' \times (\frac{D}{2} \times 1 \times D) = \frac{1}{2}\gamma' D^2 (\downarrow \text{ 하방향}) \tag{4.30}$$

2) 침투수력(J)

침투수력 = 단위체적당 침투수력 × ABCD의 체적

$$= i_m \gamma_w \times (\frac{D}{2} \times 1 \times D) = \frac{h_m}{D} \times \gamma_w \times \frac{D^2}{2}$$

$$= \frac{1}{2}\gamma_w h_m D (\uparrow \text{ 상방향}) \tag{4.31}$$

3) 총물체력 $= W' - J = \frac{1}{2}\gamma' D^2 - \frac{1}{2}\gamma_w h_m D$ (4.32)

4) 안전율

총물체력이 0이하이면 즉 상향 침투력이 유효중량보다 크면 보일링이 일어날 것이다. 따라서 히빙에 대한 안전율은 다음과 같다.

$$F_s = \frac{\text{유효중량}}{\text{침투수력}} = \frac{\frac{1}{2}\gamma' D^2}{\frac{1}{2}\gamma_w h_m D} = \frac{\gamma' D}{\gamma_w h_m} = \frac{i_c}{i_m} \tag{4.33}$$

2.7.3 필터재료를 이용한 보일링 방지대책

히빙에 대해 불안정한 것으로 검토되었을 경우 하류쪽 표면 위에 필터재료를 포설하는 경우가 많다. 이 때의 안전율은 필터의 유효중량을 분자에 더해 주면 된다.

$$F_s = \frac{W' + W'_f}{J}$$

$$= \frac{\frac{1}{2}\gamma' D^2 + \frac{1}{2}\gamma'_f D_1 D}{\frac{1}{2}\gamma_w h_m D} = \frac{\gamma' D + \gamma'_f D_1}{\gamma_w h_m} \tag{4.34}$$

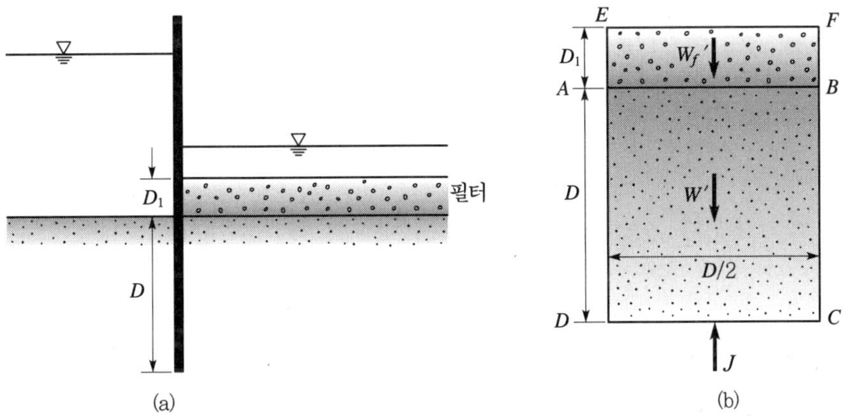

그림 4.32 필터재료를 이용한 히빙현상의 방지

■ **유선망 안전율**

[핵심문제 4.3] **Over Dam에 대한 유선망을 그림과 같이 작성하였다. 지반의 투수계수가 K=2×10⁻⁴ m/sec, 포화단위중량 γ_{sat} = 20kN/m³이고, B점은 등수두선 중점, C점 수두는 $\frac{1}{4}$× Δh인데, Δh는 1개의 수두선간의 수두임. 또 BC거리는 15m라 할 때 다음을 구하시오.**

(1) 이 댐체 하부지반을 통한 1일 침투량
(2) A점의 간극수압
(3) B-C구간에서 Piping에 대한 안전율
(4) B점의 동수경사

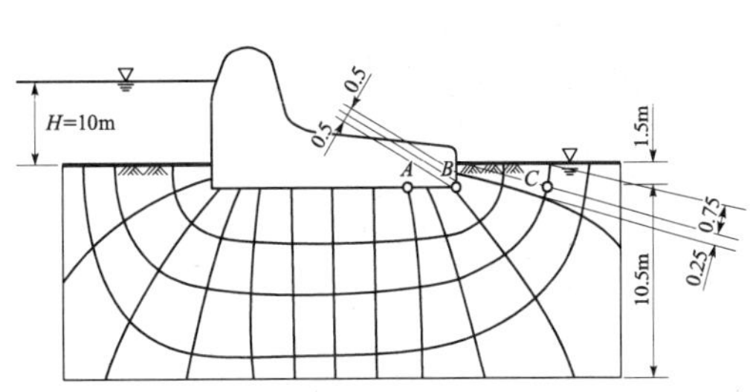

[풀이]

1) 1일 침투유량(Q)

$$k = 2\times10^{-4}\text{m/sec} = \frac{2\times10^{-2}}{86,400}\text{m/일} = 17.2\text{m/일}$$

$$Q = kH\frac{N_f}{N_d} = 17.2\times10\times4/12 = 57.6\text{m}^3\text{/일/m}$$

2) A점의 간극수압

전수두 = $\frac{n_d}{N_d}\times H = \frac{4}{12}\times10 = 3.33\text{m}$

위치수두 = −1.5m

압력수두 = 전수두 − 위치수두 = 3.33−(−1.5) = 4.83m

간극수압 = 압력수두×γ_w = 4.83×10 = 48.3kN/m²

3) B−C구간에서 Piping에 대한 안전율

• B−C구간에 대한 Piping 발생가능 구역은 아래의 그림과 같이 가정한다.

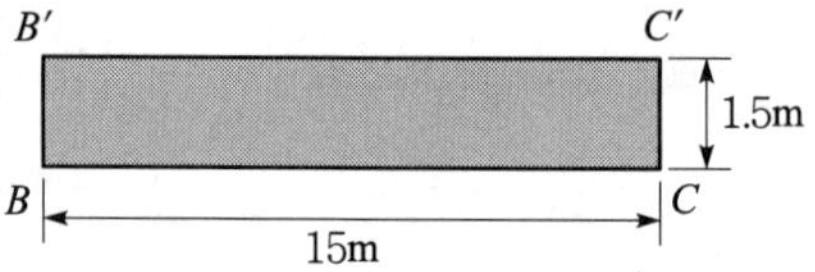

• B−C구간의 평균 동수경사

$$h_m = \frac{n_{d1}+n_{d2}}{N_d}\times\frac{H}{2} = \frac{1.5+0.75}{12}\times\frac{10}{2} = 0.94\text{m}$$

$$i_m = \frac{h_m}{L} = \frac{0.94\text{m}}{1.5\text{m}} = 0.63\text{m}$$

• 전체 침투수력

$J = i_m\times V$

$= 0.63\times15\times1.5\times10 \fallingdotseq 142\text{kN/m}$

• 전체 유효중량

$W' = 15\times1.5\times(20-10) = 225\text{kN/m}$

• 파이핑에 대한 안전율

$$F_s = \frac{W'}{J} = \frac{225}{142} = 1.58>1.5$$

※ 안전율이 1.5보다 크므로 Piping이 발생하지 않는다.

4) B점의 동수경사

• B점의 손실수두

$$h_B = \frac{n_d}{N_d} \times H = \frac{1.5}{12} \times 10 = 1.25$$

• B점의 동수경사

$$i_B = \frac{h_B}{L} = \frac{1.25}{1.5} = 0.83$$

■ **파이핑 안전율**

[핵심문제 4.4] **널말뚝의 파이핑에 대한 안전율을 구하여라. 이 흙의 전체단위중량은 16kN/m³이다.**

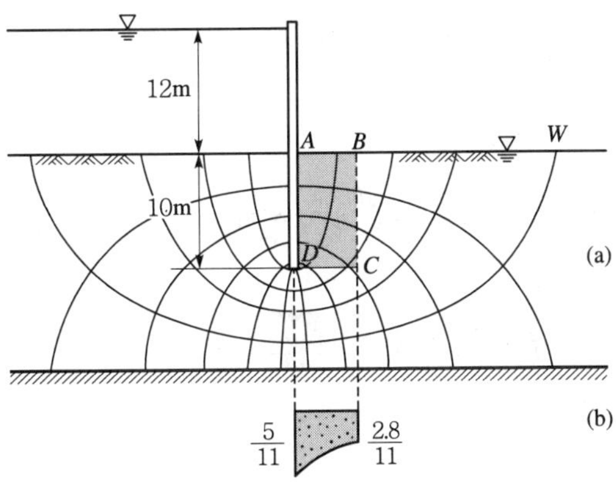

[풀이]

1) AB면과 CD면의 평균손실수두

$$h_m = \frac{nd_1 + nd_2}{N_d} \cdot \frac{H}{2} = (5/11 + 2.8/11) \times 1/2 \times 12 = 4.25\text{m}$$

2) 평균동수경사

$$i_m = \frac{h_m}{D} = 4.25/10 = 0.425$$

3) 전침투수력(J)

$$J = i \cdot \gamma_w \cdot V$$
$$= 0.425 \times 10 \times 10 \times 10/2 \times 1 = 213\text{kN/m}$$

4) 전유효중량

$$W = \frac{1}{2} r' D^2 = \frac{1}{2} \times (16-10) \times 10^2 = 300\text{kN/m}$$

5) 안전율

$$F_s = \frac{\text{흙의 유효중량}}{\text{침투력}} = 300/213 = 1.41 < 1.5(\text{허용안전율}) \quad \therefore \text{N.G}$$

2.8 Heaving 검토

2.8.1 개요

1) 굴착저면의 안정성 검토는 히빙 및 파이핑에 대한 안전성 검토가 수행되어야 한다.
2) 히빙(Heaving)이란 연약한 점토지반에서 굴착배면토의 중량이 굴착저면이하의 지반지지력보다 크게 되어 굴착면이 부풀어 오르는 현상을 말한다.
3) 굴착저면에 피압이 존재하는 경우도 heaving이 발생할 수 있다.

2.8.2 검토방법

히빙 검토방법에는 지지력식에 의한 방법과 모멘트 평형에 의한 방법이 있다.

(1) 하중–지반지지력에 의한 방법(Terzaghi–Peck 식)

1) 재하중강도(P_v)

• 전체하중 : $P = \frac{B}{\sqrt{2}}\gamma H - cH$

• 재하중강도 : $P_v = \gamma H - \frac{\sqrt{2}\,cH}{B}$

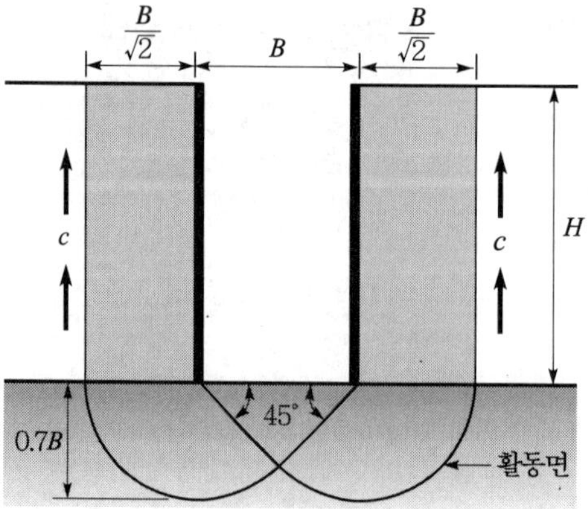

그림 4.33 굴착면 히빙 검토

2) 지반지지력(q_d)

$$q_{ult} = \underline{cN_c} + \underline{\frac{1}{2}rBN_r} + \underline{rD_fN_q}\text{에서}$$

ø =0일 때 Terzaghi의 지지력계수는 N_C=5.7, N_r =0, N_q =1이고

D_f = 0이므로 , q_d = 5.7c

3) 안전율(F_s)

$$F_s = \frac{\text{지반지지력}(q_d)}{\text{재하중강도}(P_v)} = \frac{5.7c}{\gamma H - \frac{\sqrt{2}cH}{B}} \geq 1.5 \qquad (4.35)$$

(2) 모멘트 평형에 의한 방법

1) 자립식

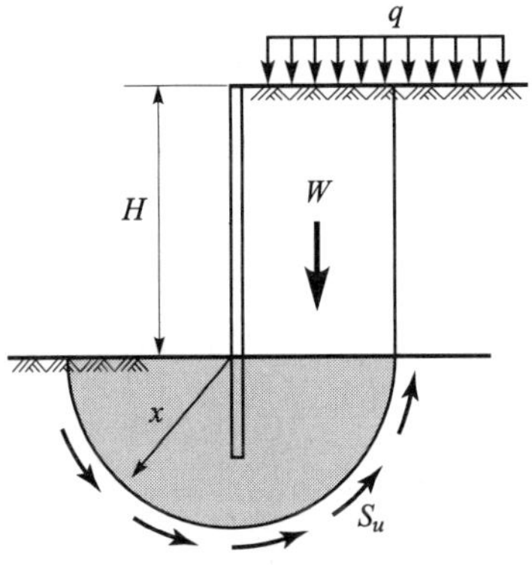

그림 4.34 자립식 방법

$$M_d = W \cdot \frac{x}{2} = (\gamma H + q)x \cdot \frac{x}{2}$$

$$M_r = \pi \cdot x \cdot S_u \cdot x$$

$$F_s = \frac{\pi \cdot x \cdot S_u \cdot x}{(\gamma H + q)x \cdot \frac{x}{2}} = \frac{2 \cdot \pi \cdot S_u}{\gamma H + q}$$

2) 버팀대식

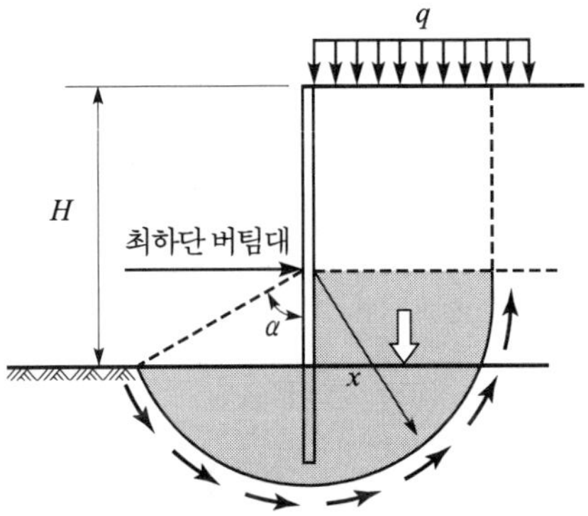

그림 4.35 버팀대식 방법

$$M_d = (\gamma H + q)x \cdot \frac{x}{2}$$

$$M_r = x\left(\frac{\pi}{2} + \alpha\right)x \cdot S_u$$

$$F_s = \frac{(\pi + 2\alpha)S_u}{(\gamma H + q)} \qquad \alpha : \text{라디안}$$

$$1\ \text{Rad} = \frac{360}{2\pi} = 57.3^\circ$$

$$90^\circ = \frac{\pi}{2} = 1.57\ \text{Rad}$$

(3) 피압상태인 경우 히빙검토

$$\text{안전율}(F_s) = \frac{\text{굴착후 남은 점토층 유효응력}(\sigma')}{\text{대수층수압}(u)}$$

$$= \frac{(\gamma_{sat} - \gamma_w)(H-h)}{(\gamma_w \cdot H_w)} = \frac{\gamma_{sub} D}{\gamma_w H_w} \quad (4.36)$$

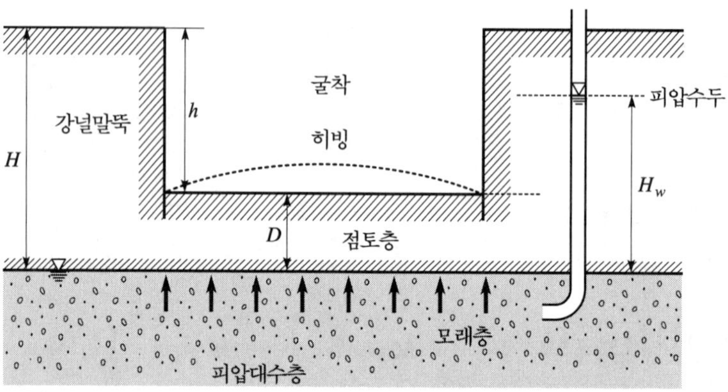

그림 4.36 피압 지하수압에 의한 Heaving

※ 히빙현상이 발생하지 않을 최대 굴착 깊이

히빙현상은 점토층과 모래층(피압대수층) 경계선상의 위에서 누르는 유효응력과 상향으로 작용하는 피압대수층의 수압이 서로 같아질 때 발생한다. 즉,

$$(H-h)\gamma_{sat} - \gamma_w H_w = 0$$

$$\therefore h = H - \frac{H_w \gamma_w}{\gamma_{sat}}$$

2.8.3 방지대책

1) 흙막이벽의 근입깊이와 강성을 크게 한다.
2) 굴착바닥면 아래의 지반을 개량하여 전단강도를 크게 한다.
3) 굴착깊이를 작게 하거나 굴착평면 규모를 축소한다.
4) 흙막이벽 뒤쪽의 흙을 절취하거나 안쪽 하단의 흙을 일부 남긴다.
5) 굴착주변 지반을 되도록 교란되지 않도록 한다.

6) 자갈포설
7) 그라우팅(Grouting)
8) 배수처리

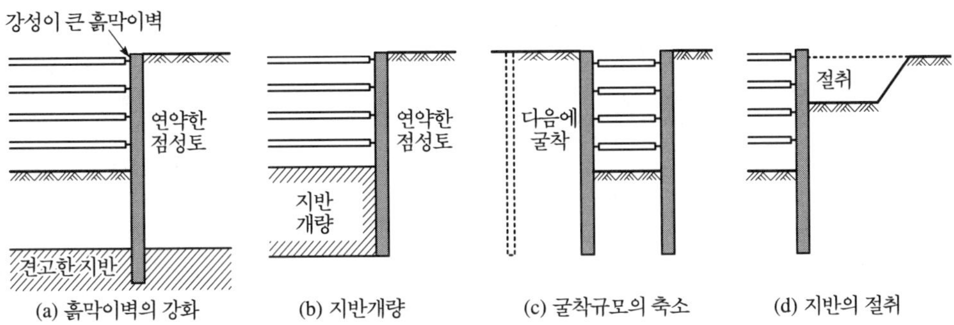

그림 4.37 Heaving 방지대책

2.9 모관작용에 의한 유효응력

2.9.1 유리관의 모관현상

(1) 정의

자유수면에 가는 유리관을 세우면 유리관 속으로 물이 상승하는데 이러한 현상을 모관현상이라 한다. 모관현상은 물과 유리관 사이의 부착력과 물의 응집력에 의한 표면장력 때문에 발생한다고 알려져 있으나 아직 정확하게 밝혀진 것은 아니다.

(2) 모관상승고와 모관압

1) 모관상승고

모관상승고는 자유수면에서 잰 메니스커스 하단까지의 높이로서 모관상승에 의해 상승한 물의 무게와 유리관 둘레에 작용하는 표면장력의 연직성분과의 평형관계로부터 구한다.

즉, 표면장력 연직성분의 합 = 물기둥의 무게

$$\pi d T \cos\alpha = \frac{\pi d^2}{4} h_c \gamma_w$$

$$\therefore\ h_c = \frac{4T\cos\alpha}{d \cdot \gamma_w} \qquad (4.37)$$

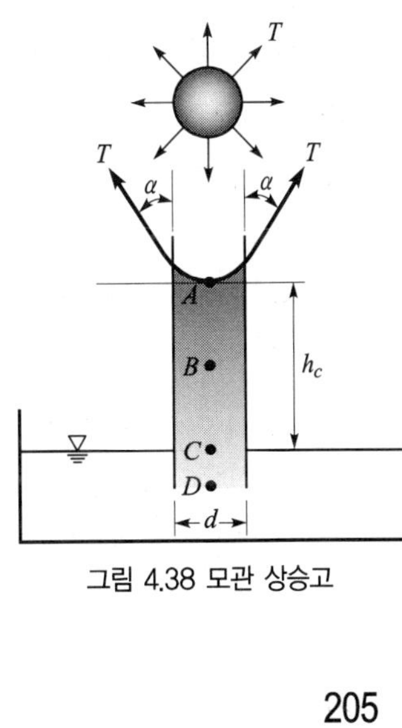

그림 4.38 모관 상승고

여기서, 20℃물의 경우 T=73, 깨끗한 유리관과 증류수이면 α = 0이므로

$$\therefore h_c = \frac{4T}{d \cdot \gamma_w}, \text{ 또는 } h_c = \frac{0.3}{d}\,(\text{cm}) \tag{4.38}$$

→ 모관상승고는 관의 직경에 반비례한다.

→ 모관상승구간에서는 물이 흐르지 않는다. 따라서, 그림에서 A, B, C, D점의 전수두는 모두 동일하나, 위치수두와 압력수두는 서로 다르다.

2) 모관압

모관상승구간의 간극수압은 음(-)의 값이 되며, 모관상승고에 물의 단위중량을 곱하여 구한다.

$$u_c = -\,h_c\gamma_w \tag{4.39}$$

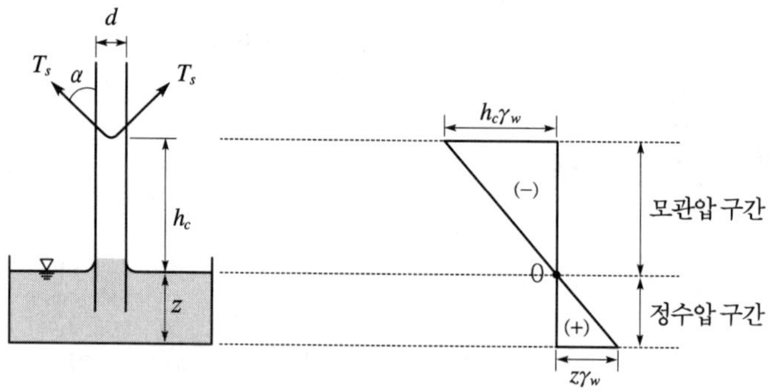

그림 4.39 모관압

2.9.2 자연지반의 모관현상

흙에서도 간극은 서로 연결되어 있으므로 대단히 복잡한 형상의 모관이 형성되어 지하수면에서부터 모관상승이 일어나는데 이로 인해 간극수압과 유효응력이 달라진다.

즉, 모관구간에서는 간극수압이 부(-)의 값을 가지므로 유효응력이 증가함으로 인해 전단강도도 증가한다.

(1) 모관상승고와 모관압

1) 모관상승고

그림 4.40(a)와 같이 건조한 모래를 관에 넣어 물과 접촉시키면 어느 정도의 시간이 경과된 후에는 모관상승으로 인한 높이에 따른 포화도의 변화가 대략 그림 4.40(b)와 같이 나타날 것이다. h_2이하의 높이에서는 포화도가 약 100%이며, h_2 이상의 높이에서는 100%

이하이다. 최대모관상승고는 가장 작은 간극에 의해 지배되며, Hazen(1930)은 모관상승고의 결정에 대한 다음 식을 제안하였다.

$$h_1(\text{mm}) = \frac{C}{e \cdot D_{10}} \tag{4.40}$$

여기서, D_{10} : 유효경(mm), e : 간극비, C : 상수(10~50mm²)

모관상승고를 다음과 같이 흙의 유효경의 1/5을 모관직경으로 가정하여 개략적으로 구할 수 있다.

$$h_c = \frac{0.3}{d}(\text{cm}),\ d = \frac{1}{5}D_{10} \tag{4.41}$$

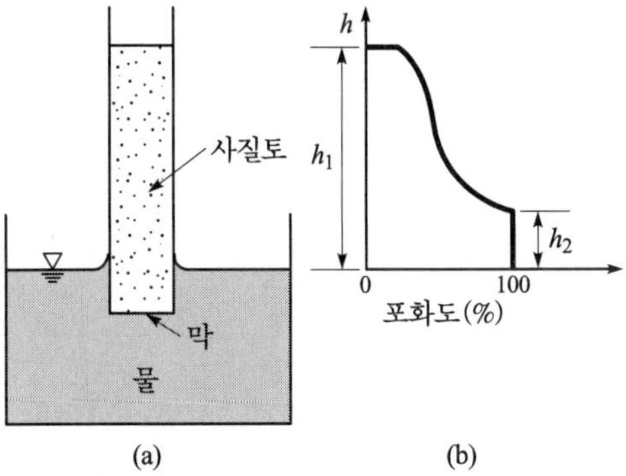

그림 4.40 흙속에서의 모세관 현상

표 4.6 흙 종류에 따른 개략적인 모관상승고

흙의 종류	상승 높이(cm)
굵은 모래	12~18
잔모래	30~120
실트	76~760
점토	760~2,300

2) 모관압

표면장력에 의해 흡착된 물은 모관상승고까지 연속적으로 연결은 되어 있으나, 흙의 간극을 모두 채우지는 못한다. 따라서, 수위면 위 어느 높이까지는 지하수위 아래처럼 완전히 포화되나(모관포화대), 그 이상에서는 공기가 흡입되어 포화도가 떨어져서 불포화 상태(불포화대)가 된다.

- 모관작용으로 모관포화대가 형성된 경우 : $-\gamma_w h_c$ 만큼 부압의 간극수압이 발생

$$u = -\gamma_w h_c \tag{4.42}$$

- 불포화대가 형성된 경우

$$u = -s\gamma_w h_c \tag{4.43}$$

모관상승구간에는 음(−)의 과잉간극수압이 작용하므로 유효응력이 건조 시 보다 증가하므로 흙의 강도도 증가한다.

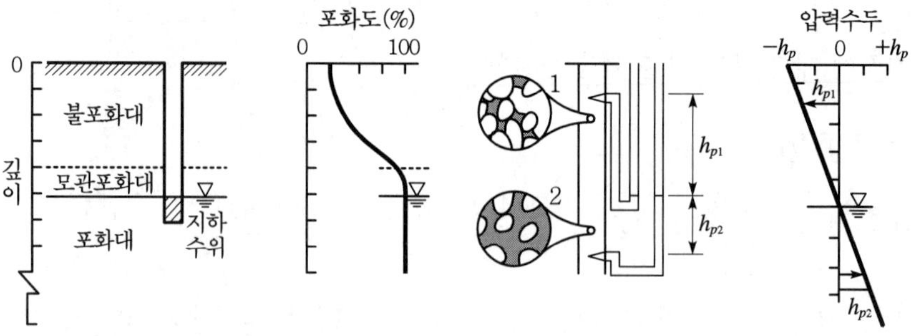

그림 4.41 불포화대의 모관압

2.9.3 모관포텐셜에 영향을 미치는 요소

(1) 모관포텐셜 정의

1) 흙의 모관수를 지지하는 힘(Gardner)

2) 모관포텐셜(ø)

$$ø = -p = -\gamma_w h_c = -T(\frac{1}{R_1} + \frac{1}{R_2}) \tag{4.44}$$

여기서, T : 표면장력

R : 매니스커스 곡률반경

3) 의미 : 모관포텐셜이 작을 수록 흙의 흡인력이 커짐

(2) 모관포텐셜에 영향을 미치는 요소

1) 흙의 함수비

흙속의 함수비가 감소하면 아래의 그림과 같이 흙입자 사이에 있는 물은 공극에 깊이 스며들어 곡률반경이 작아진다. 따라서 함수량이 감소하면 Potential 이 낮고 함수량이 많은 부분으로부터 공극수를 흡입한다.

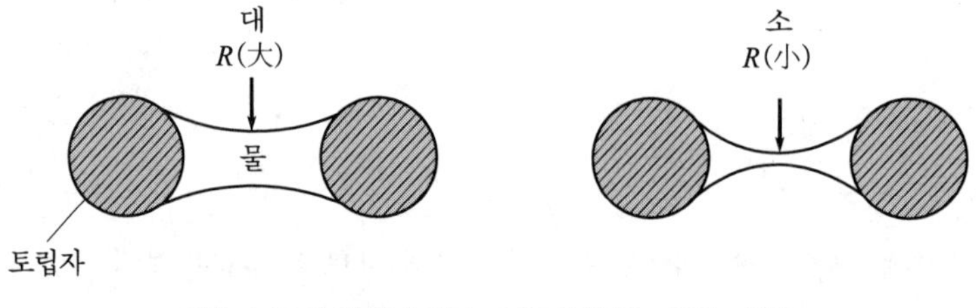

그림 4.42 흙의 함수비가 모관포텐셜에 미치는 영향

2) 흙의 입경

같은 양의 조립토와 세립토가 같은 함수량을 가지고 있다면 세립토의 전체의 표면적은 조립토의 전체의 표면적에 비해 대단히 크고 또 접촉점의 접촉개소도 많다. 따라서 각 접촉점에 있는 공극수는 소량이다. 이 결과로 세립토의 접촉점의 메니스커스 곡률 반경은 조립토에 비해 작으며 따라서 Capillary Potential은 낮아지게 된다.

3) 간극비의 영향

비교적 건조되어 있는 흙이 충분히 압밀되면 공극은 감소하고 차차 포화되어 간다. 그러나 이 경우에 함수량은 변하지 않고 흙입자간에 생기는 공기와 액체의 경계면의 곡률은 감소한다. 따라서 곡률반경이 커지므로 Potential은 높게 된다.

4) 온도

액체의 표면장력은 온도가 내려감에 따라 증가한다. 따라서 모관 Potential도 낮아지게 된다. 이러한 연유로 흙의 온도가 내려가면 물의 흡인력이 커지게 된다.

5) 용해 염류의 영향

일반적으로 염류는 액체의 표면장력을 증가시킨다. 따라서 곡률이 일정하다면 모관 Potential은 낮아지게 된다.

2.9.4 모관현상과 관련된 토질 문제

1) 사질토 지반에서 벌킹(Bulking) 현상에 의한 겉보기 점착력 발생

해변의 모래사장에서 수면 바로 위에 있는 수분을 함유한 모래 부분이 그 위에 있는 건조한 모래 지반보다 훨씬 더 높은 강도를 보이는 것은 모세관 현상에 의해 수위가 상승하여 벌킹에 의한 겉보기 점착력이 발생하기 때문이다.

2) 점토의 건조작용(Desiccation)

점토 지반에서도 모관장력에 의해 강도가 크게 증가되는 경우가 있다.

3) 동상과 융해

지반이 얼게 되면 아이스렌즈가 형성되는데 이때 아이스렌즈가 주변의 간극수를 흡수하여 간극을 만들고, 이 간극 속으로 모관수가 상승하여 동상과 융해에 영향을 미친다.

※ 자유수면 아래에 있는 물은 압축을 받고 있는 반면, 모관 속의 물은 인장력을 받는다.

[핵심문제 4.5] **다음 그림은 퇴적층을 나타내고 있다. 깊이에 따라 전응력, 간극수압, 유효응력 및 그 분포도를 그려라. 흙입자의 비중은 G_s = 2.65이고, e = 0.5이다.**

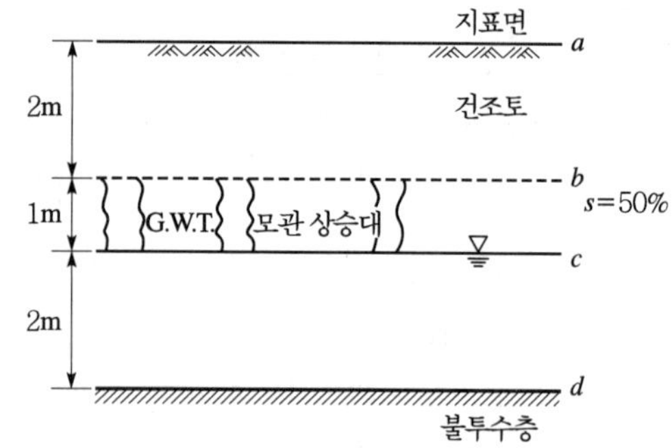

[풀이]

1) 단위중량 계산

a~b구간 : $\gamma_d = \dfrac{G_s}{1+e}\gamma_w = \dfrac{2.65\times 10}{1+0.5} = 17.7\text{kN/m}^3$

b~c구간 : $\gamma_t = \dfrac{G_s+S\cdot e}{1+e}\gamma_w = \dfrac{(2.65+0.5\times 0.5)}{1+0.5}\times 10 = 19.3\text{kN/m}^3$

c~d구간 : $\gamma_{sat} = \dfrac{G_s+e}{1+e}\gamma_w = \dfrac{(2.65+0.5)}{1+0.5}\times 10 = 21\text{kN/m}^3$

2) 전응력, 간극수압, 유효응력 계산

(단위 : kN/m²)

구 분		전응력(σ)	간극수압(u)	유효응력(σ')
a점 기준		0	0	0
b점 기준	b점 바로위	2×17.7 = 35.4	0	35.4
	b점 바로 아래		u = −0.5×1×10 = −5	40.4
c점 기준		35.4+(1×19.3) = 54.7	0	54.7
d점 기준		54.7+(2×21) = 96.7	2×10 = 20	76.7

3) 응력분포도

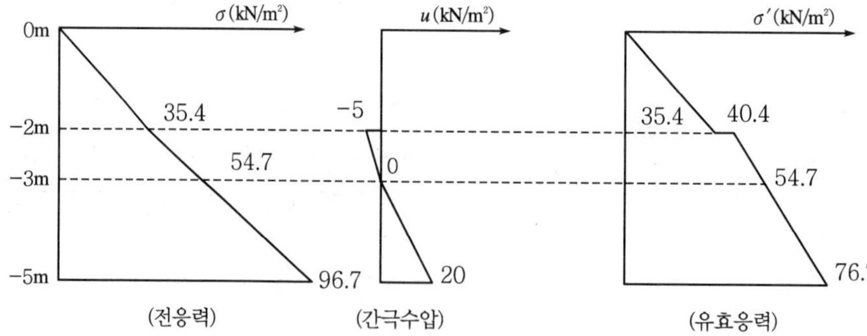

2.10 겉보기 점착력

2.10.1 정의

1) 모래(또는 점토)가 모관장력에 의해 물을 조금 머금고 있으면 표면장력 때문에 입자를 서로 밀착시키려고 하는 힘이 생긴다. 그러나 흙을 완전히 말리거나 물을 충분히 가한다면 이 힘은 소멸되어 없어진다.
2) 이 힘은 흙이 적절한 함수비를 가지고 있을 때만 생기므로 이를 겉보기 점착력이라 한다(즉, 겉보기 점착력은 모관인장력으로 생긴 강도를 말함).

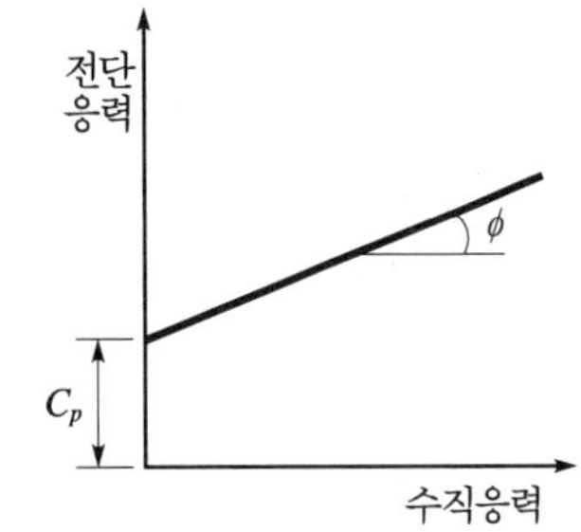

그림 4.43 겉보기 점착력

2.10.2 모래와 점토의 겉보기 점착력

1) 모래와 점토는 입자크기에 있어 큰 차이가 있기 때문에 모관인장에서 큰 차이를 보인다. 즉, 점토내에서는 매우 큰 모관인장이 있을 수 있으나, 모래내에서는 매우 작은 모관인장이 존재한다.
2) 전응력이 동일한 모래와 점토의 유효응력 비교
   ① 그림 4.44에서 전응력은 두 경우에 있어 동일하나 지하수위 상부의 유효응력은 점토내의 모관인장으로 인해 모래보다는 점토의 경우가 더 큼을 알 수 있다.
   ② 그러므로 모래와 점토의 깊이가 동일한 경우에는 점토의 전단저항력이 모래보다 크게 된다.

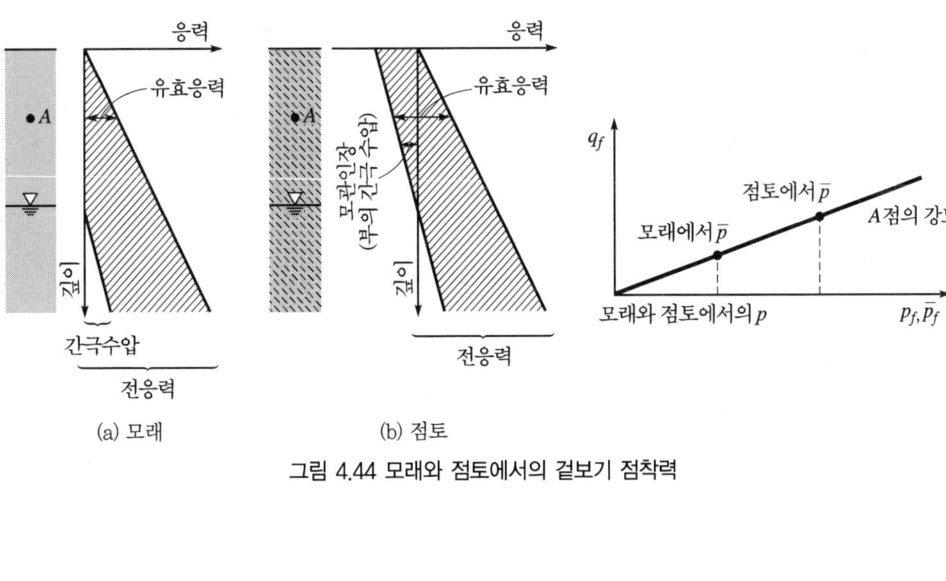

그림 4.44 모래와 점토에서의 겉보기 점착력

3) 예를 들면 포화토의 시료가 지중으로부터 채취되었을 때 모래시료는 점착력이나 모관인장이 없기 때문에 구속응력이 가해지지 않은 상태에서는 자중을 지탱할 수 있는 강도를 갖지 못한다.

그러나 점토시료는 작은 크기의 점착력과 지중에서 시료가 채취되는 순간 시료외벽에 형성된 메니스커스로 인해 점토내에서 모관인장에 의한 잔류간극수압이 발생하여 점토내에는 1기압 이상의 잔류유효응력이 존재하게 되는데, 그 결과 점토는 상당한 강도를 갖게 된다.

2.10.3 결론

1) 겉보기 점착력은 지하수위 상부에 있는 모든 세립토에 존재하는데, 점토함유량이 많을수록 더 중요한 역할을 하게 된다. 그러나 겉보기 점착력은 흙이 지하수위 아래에 놓이게 되면 곧 소멸된다.

2) 모래가 겉보기 점착력을 가지고 있으면 상당한 강도를 낼 수 있다.

해변의 모래사장에서 수면 바로 위에 있는 수분을 함유한 모래 부분이 그 위에 있는 건조한 모래 지반보다 훨씬 더 높은 강도를 보이는 것은 모세관 현상에 의한 겉보기 점착력이 발생되기 때문이다.

표면장력 영향

(1) 편의상 흙 입자를 구로 가정하면 두 구의 접촉점은 모관수로 둘러싸여 있고, 메니스커스가 있는 점에서 각 구의 접선을 따라 표면장력 T가 작용한다.

(2) 이 표면장력에 대하여 힘 P가 압축력으로 저항하며 이것이 두 구를 밀착시키려고 한다.

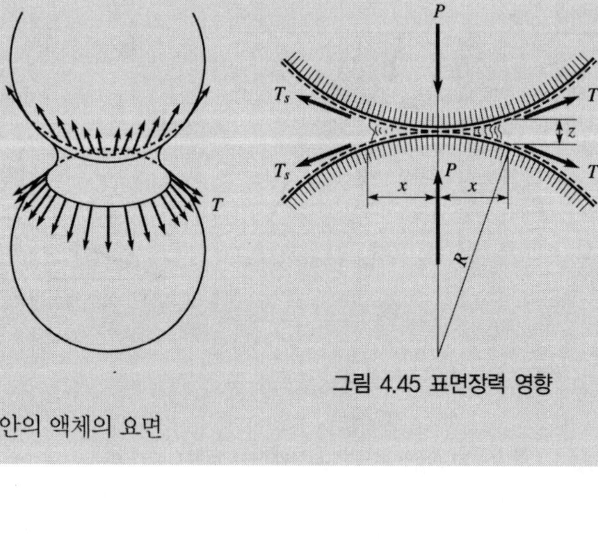

그림 4.45 표면장력 영향

※메니스커스 : 원통안의 액체의 요면

3) 또한 굴토 작업 시 촉촉한 모래 지반에서 지반의 붕괴없이 더 깊이 굴착할 수 있는 이유도 바로 겉보기 점착력으로 인한 강도 증가 때문이다.
4) 지중에서 채취된 점토시료가 붕괴되지 않고 자중을 지탱하는 것도 겉보기 점착력 때문이다.

2.11 점토 건조작용(Desiccation)

2.11.1 정의

점토층이 유수의 작용으로 퇴적되었다가 지하수위가 강하되었다면 지표면은 견고한 지층을 형성한다. 이것은 표층의 수분의 증발에 의한 강도증가와 모관작용에 의한 유효응력의 증가로 높은 강도를 나타내며 마치 과압밀점토의 거동을 보인다. 이러한 점토를 건조점토라 한다.

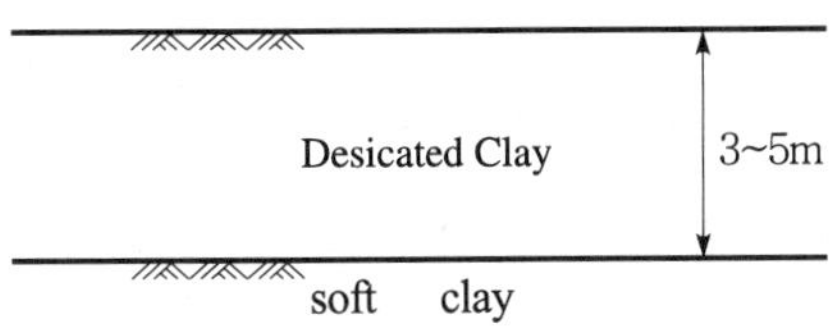

그림 4.46 점토 건조작용(Desiccation)

2.11.2 Desiccation에 의한 지반 거동

1) 지표면에 거북등 균열(Shrinkage) 많이 발생
2) 모관압에 의한 유효응력 증가
3) 전단강도 증가
4) 과압밀 거동
5) 수분 공급시 Slaking과 Swelling 발생

2.11.3 결론

1) 점토의 건조작용이 발생하는 지층 아래에는 연약한 점토층이 존재함에 유의해야 한다.
2) 건조점토에 물이 공급되면 Slaking(비화작용)과 Swelling(팽윤작용)이 발생되므로 구조물 설계시 주의해야 한다.

2.12 동상과 융해(동해)

2.12.1 개요

1) 지반이 얼었다 녹으면 그 위에 설치되어 있는 구조물에 피해가 발생하는데 이러한 피해를 동해라고 한다. 동해는 동상과 융해의 2가지로 구분 된다.
2) 동상이란 땅이 얼어서 지표면이 부풀어 오르는 현상을 말하는데, 이때 발생되는 체적변화는 약 10% 정도 된다.
3) 융해는 동결된 지반이 해빙기에 녹아서 흙 속에 과잉수분이 존재함으로서 전단강도가 크게 저하되는 현상이다. 이는 융해심도 아래에 얼음층이 존재하여 배수불량이 주요 원인이다.

2.12.2 동상 발생 매커니즘

1) 대기의 온도가 0℃ 이하가 되면 지표면 근처의 큰 간극에 있던 물이 얼면서 아이스렌즈를 형성한 후 작은 간극의 물을 흡수하면서 아이스렌즈가 확장된다.
2) 그 다음 모관작용으로 인해 비어 있던 작은 간극 사이로 모관수가 공급되면서 얼음결정은 점점 확장된다.
3) 0℃ 이하의 온도가 계속되면 동결선이 점차 아래로 내려가고 모관상승하던 물은 중도에서 얼어버리게 되므로 좀 더 깊은 곳에서 새로운 아이스렌즈가 형성된다.
4) 물이 얼게 되면 대략 10%의 체적팽창이 일어나고, 이 체적팽창 때문에 지표면이 부풀어 오르는 동상이 발생한다.

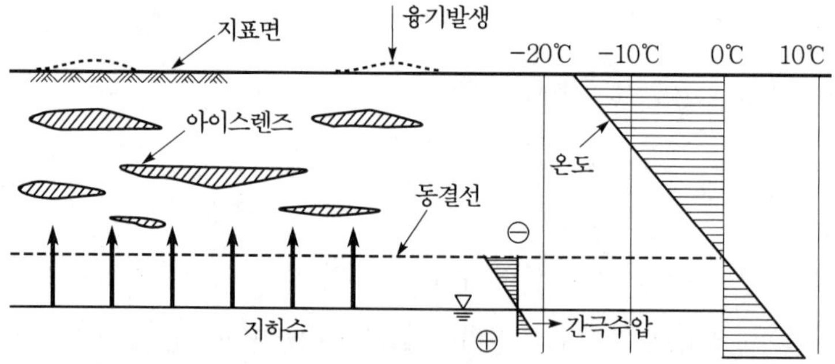

그림 4.47 흙의 동해 (김상규, 2004)

2.12.3 동상의 3가지 조건 : 흙, 온도, 물

1) 동상을 받기 쉬운 흙이 존재하여야 한다(실트>점토>모래).
2) 0℃ 이하의 온도가 오랫동안 유지되어야 한다.
3) 아이스렌즈를 형성할 수 있도록 물의 공급이 충분하여야 한다.

2.12.4 동결지수와 동결심도 결정방법

지반의 동결깊이는 기상조건, 흙의 종류, 흙의 함수비, 양지 또는 음지, 적설여부 등 여러 가지 요인에 따라 달라진다. 동결심도를 결정하는 다양한 관계식이 제안되어 있으나 다음과 같은 2가지 방법이 널리 사용되고 있다.

(1) 동결지수

1) 동결지수(frost index)는 포장내의 동결관입 깊이를 산정하기 위한 대표적 척도로서, 포장구조와 노상토를 동결시키는 대기온도의 강도와 지속기간의 누가영향(cumulative effect)으로 표시된다.
2) 동결지수의 단위는 온도 · 일(℃ · 일, ℉ · 일)이며, 어느 동결계절 동안의 일평균기온 누적치에 대한 시간 곡선상의 최고점과 최저점의 차이로 나타낸다.
3) 동결지수가 크면 혹한이 장기간 계속된 것이므로 동결깊이도 커진다.

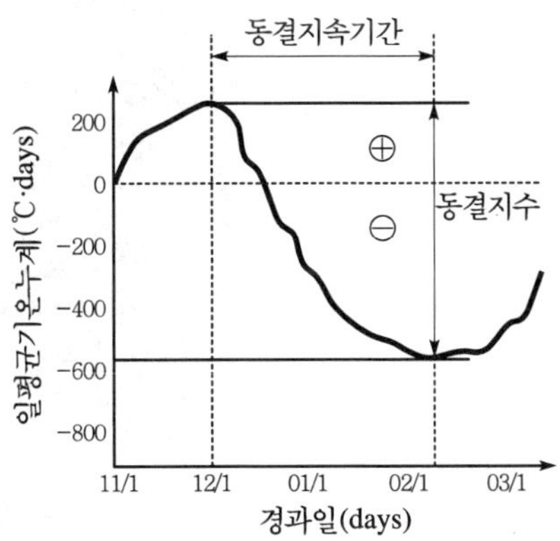

그림 4.48 동결지수 결정방법(국토교통부, 2007)

4) 수정 동결지수

수정 동결지수 = 동결지수±0.5×동결기간×표고차/100

(2) 동결심도 결정방법

1) 실측결과를 이용하는 방법

제설된 도로에서 2월 하순경 조사구멍을 파고 구멍벽면에서 식별할 수 있는 얼음덩어리의 최저선을 측정하여 동결깊이로 한다.

2) 동결지수에 의한 방법

① $Z = C\sqrt{F}$ (4.45)

여기서, Z : 동결심도(cm), F : 수정 동결지수(℃일)

C : 노면의 일조조건, 토질, 배수조건 등을 고려하여 3~5(통상 음지 : 5, 양지: 3)의 값을 취한다.

② $Z = 14 \cdot F^{0.33}$ (4.46)

③ $Z = 50 \cdot \log(\dfrac{F}{\gamma_d \cdot w})$ (w : 함수비) (4.47)

2.12.5 동상의 문제점

1) 도로포장 파손
2) 건물의 기초나 땅 위에 직접 놓인 슬래브 바닥 균열 또는 파손
3) 상수도 파손 등
4) 해빙기 석축 및 절개지 붕괴(융해)

2.12.6 동상 및 융해방지 대책

1) 구조물의 기초를 동결깊이보다 더 깊은 곳에 설치한다.
2) 동결심도의 흙을 비동결성 흙으로 치환한다.
3) 지하수위와 동결심도 사이에 차단재(조립토) 설치한다.
4) 동결심도의 흙에 단열제나 소금을 넣어 빙점을 강하시킨다.
5) 배수구를 설치하여 지하수위를 저하

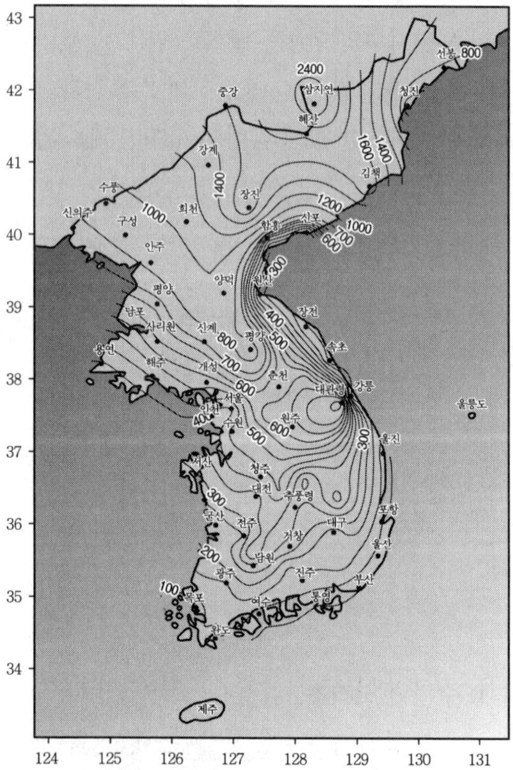

그림 4.49 전국동결지수선도

시킨다.

6) 약액처리공법을 실시한다.

2.12.7 실무적용 시 주의사항

1) 지하수위가 지표면으로부터 10m 아래에 있으면 동상피해 없다.
2) 포화된 세립토는 지하수면 위에 있다고 하더라도 동해의 영향이 있을 수 있다.
3) 소성한계 근처의 자연함수비를 가지고 있는 점토는 지하 수위면에 관계없이 동해를 받는다고 하며, 불포화토는 동상의 피해가 거의 없다.

2.13 피압작용 지반의 응력상태

2.13.1 개요

1) 피압대수층이란 불투수층 사이에 낀 모래지반과 같은 투수층을 말한다.
2) 피압대수층에 존재하는 물은 지하수면을 갖지 않으며 일반적으로 대기압 이상의 압력을 받고 있으며 마치 관수로에 작용하는 수압처럼 작용한다.
3) 따라서, 피압대수층에 피에조메타를 설치하면 피압작용 때문에 피에조메타의 수위가 지하수위면보다 더 높이 올라간다.

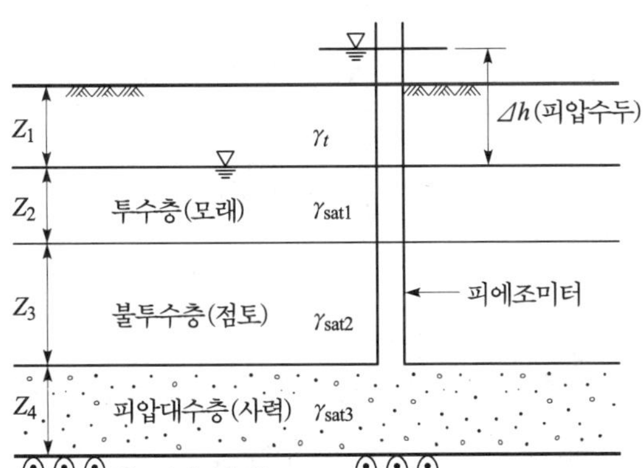

그림 4.50 개념도

2.13.2 피압작용 지반의 응력 분포도

피압이 작용하는 지반의 간극수압은 피압대수층의 경우 정수압 이외에 피압수두 만큼의 수압($\Delta h\gamma_w$)이 모든 깊이에서 동일하게 작용학, 피압대수층 바로 위 불투수층(점토)의 경우에는 하단에서는 피압수두 만큼의 수압($\Delta h\gamma_w$)이 더 작용하지만 위로 올라갈수록 직선적으로 감소하여 점토층 상단에서는 피압이 작용하지 않는다.

표 4.7 지층별 간극수압의 크기

구분		간극수압	비고
투수층(모래)		정수압	
불투수층(점토)	상단	정수압	피압 작용하지 않음
	하단	정수압+피압($\Delta h\gamma_w$)	
피압대수층		정수압+피압($\Delta h\gamma_w$)	전지역에서 동일한 피압 작용

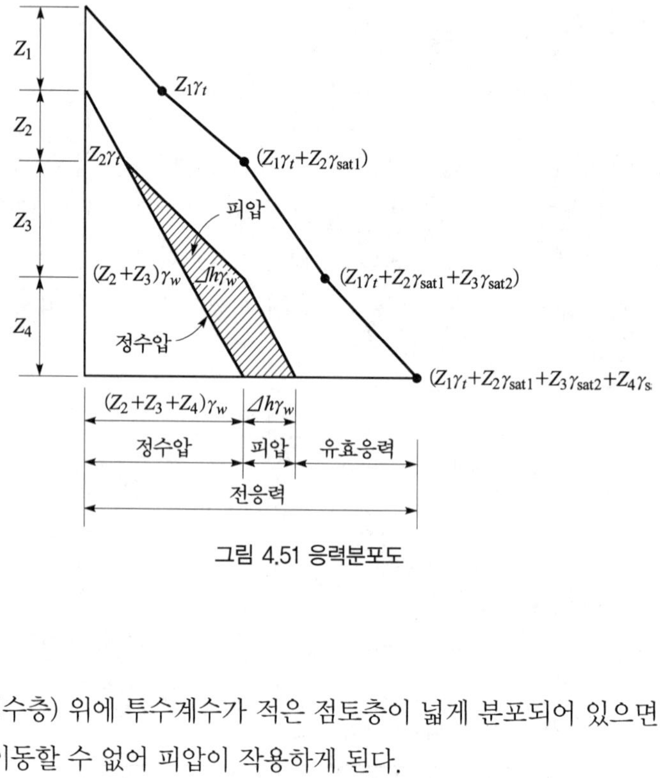

그림 4.51 응력분포도

2.13.3 결론

1) 모래자갈층(대수층) 위에 투수계수가 적은 점토층이 넓게 분포되어 있으면 지하수가 상하로 자유롭게 이동할 수 없어 피압이 작용하게 된다.
2) 피압대수층 상부에서 굴착을 할 경우 히빙으로 인한 토류벽 붕괴사고 등이 발생할 수 있으므로 설계 및 시공 시 히빙에 대한 안정성 검토를 반드시 실시하여야 한다.

[핵심문제 4.6] **그림과 같이 피압대수층이 작용하고 있는 지반의 깊이별 응력분포도를 그리시오.**

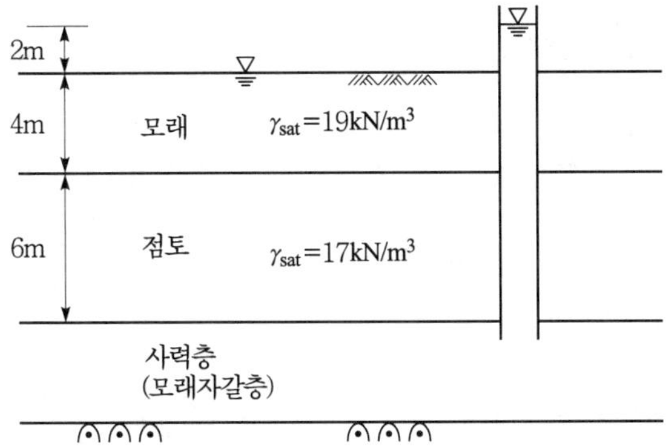

[풀이]

1. 깊이별 응력

1) GL-4.0m 지점의 응력

- 전 응 력 : σ_1 = 4×19 = 76kN/m²
- 간극수압 : u_1 = 4×10 = 40kN/m²
- 유효응력 : σ_1' = $\sigma_1 - u_1$ = 76−40 = 36kN/m²

2) GL-10.0m 지점의 응력

- 전 응 력 : σ_2 = (4×19)+(6×17)= 178kN/m²
- 간극수압 : u_2 = (10×10)+(10×2)= 120kN/m²
- 유효응력 : σ_2' = $\sigma_2 - u_2$ = 178−120 = 58kN/m²

2. 응력분포도

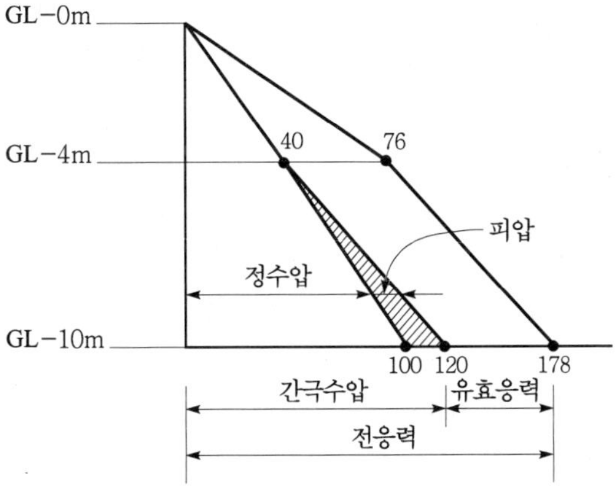

2.14 흙쌓기재하, 수위저하, 진공압밀 시 유효응력의 변화

2.14.1 흙쌓기재하 시 유효응력 변화

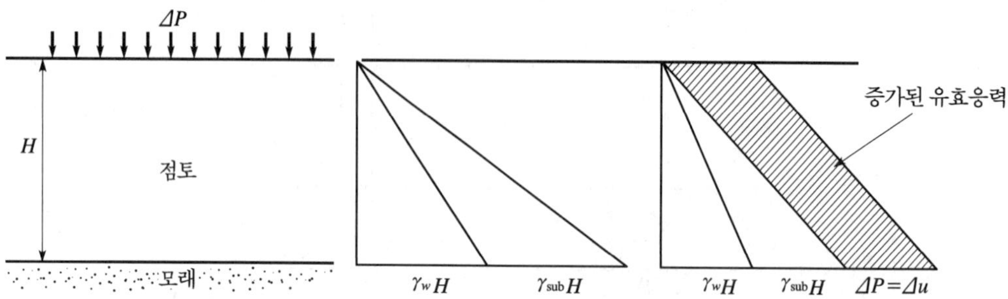

(a) 현장의 압밀상태 (b) 하중재하 이전의 응력상태 (c) 재하직후의 응력상태

그림 4.52 흙쌓기재하 시 유효응력 변화

2.14.2 수위저하 시 유효응력 변화

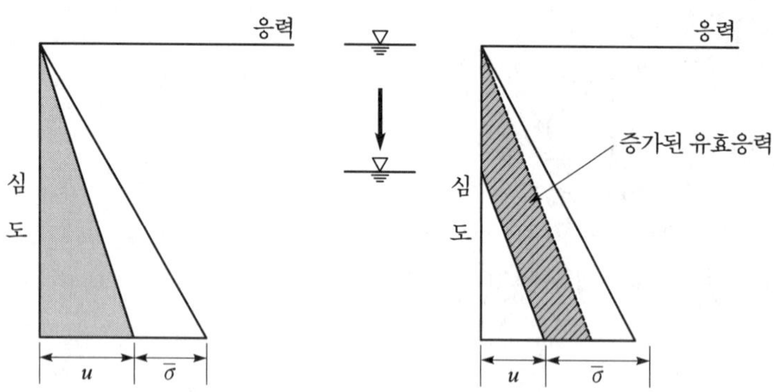

(a) 수위저하 이전의 응력상태 (b) 수위저하 후의 응력상태

그림 4.53 수위저하 시 유효응력 변화

2.14.3 진공압밀시 유효응력 변화

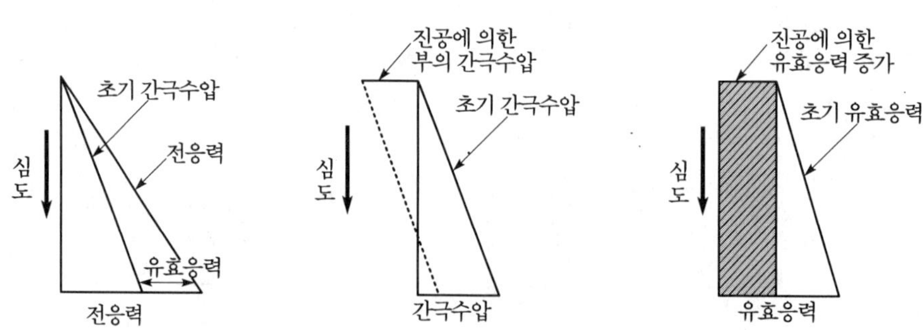

(a) 진공압밀 공법 적용시

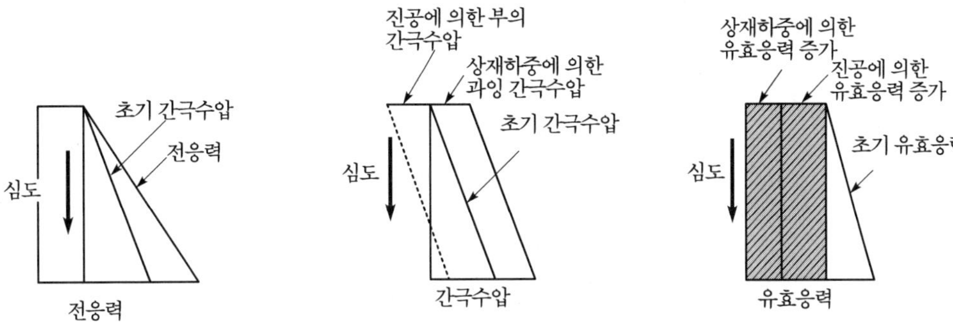

(b) 진공압밀+Preloading 공법 적용시

그림 4.54 진공압밀시 유효응력 변화

2.15 잔류 유효응력

2.15.1 개요

1) 현장의 포화점토 지반의 시료를 지상으로 추출하면 응력해방에 의해 시료 내부의 응력은 재배치가 일어난다. 이때 시료내부에는 부피 변화가 구속되므로 부의 간극수압 $-u_r$이 작용하는데 이를 잔류간극수압이라 한다.
2) 지상으로 추출된 시료는 잔류간극수압에 의해 시료의 수분이 증발하기 전까지 시료가 원상태로 보존된다. 이 잔류간극수압은 시간이 지나면서 점점 감소한다.

2.15.2 지중 및 공시체 응력상태

(1) 지중응력상태(시료채취 전)

정지토압상태($K_0<1$)에 있고, 간극수압은 정수압과 같다고 가정한다.

1) 연직전응력 : σ_{vo}
2) 간극수압 : u_o(정수압)
3) 연직유효응력 : σ'_{vo}
4) 수평유효응력 : $\sigma'_{ho} = K_o\sigma'_{vo}$
5) 수평전응력 : $\sigma_{ho} = \sigma'_{ho} + u_o = K_o\sigma'_{vo} + u_o$

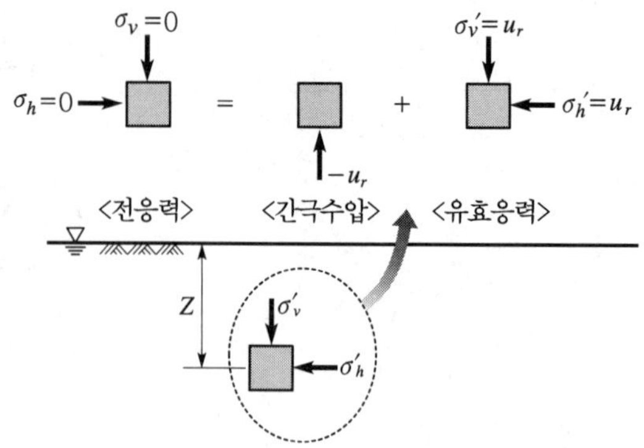

그림 4.55 지중응력상태

(2) 공시체 응력상태

지반으로부터 시료를 채취하고 이것으로 공시체를 만들면 이 공시체에 작용하는 전응력은 대기압 뿐이므로 0(zero)이다. 이때 공시체 내에 작용하는 수압은 잔류간극수압(u_r)이며 그 값은 음(−)이다. 유효응력은 유효응력방정식에 의하여 잔류간극수압(u_r) 크기만큼 등방으로 작용한다.

1) 전응력 : $\sigma_v = 0$, $\sigma_h = 0$
2) 간극수압 = 잔류간극수압 : $u = -u_r$
3) 유효응력 = 잔류유효응력 : $\sigma'_v = u_r$, $\sigma'_h = u_r$

2.15.3 잔류 유효응력의 크기

(1) 시료채취에 의한 간극수압의 변화량(Δu)

1) 시료채취 과정에서 물의 출입이 없고 완전포화상태(S=100%)를 유지하였다면 시료채취에 의하여 전응력이 모두 0(대기압)으로 감소함에 따라 부의 과잉간극수압(잔류간극수압)이 발생하게 된다.
2) 삼축압축하중 작용시의 과잉간극수압 크기는 다음과 같이 구한다

$$\Delta u_r = B[\Delta\sigma_3 + A(\Delta\sigma_1 - \Delta\sigma_3)]$$

여기서, $\Delta\sigma_3 = -\sigma_{ho}$, $\Delta\sigma_1 = -\sigma_{vo}$, $B=1$을 윗 식에 대입하면

$$\Delta u_r = -[\sigma'_{ho} + A(\sigma'_{vo} - \sigma'_{ho})]$$

(2) 잔류간극수압의 크기

1) 본래의 간극수압이 u_o 이므로 시료에 작용하는 간극수압 u는

$$u = u_o + \Delta u$$
$$= u_o - [\sigma_{ho} + A(\sigma_{vo} - \sigma_{ho})]$$

여기서, $\sigma_{ho} = \sigma'_{ho} + u_o$, $\sigma_{vo} = \sigma'_{vo} + u_o$를 윗 식에 대입하면

$$u = u_o - \{(\sigma'_{ho} + u_o) + A[(\sigma'_{vo} + u_o) - (\sigma'_{ho} + u_o)]\}$$
$$= u_o - [\sigma'_{ho} + u_o + A(\sigma'_{vo} + u_o - \sigma'_{ho} - u_o)]$$
$$\therefore u = -[\sigma_{ho} + A(\sigma_{vo} - \sigma_{ho})]$$

2) 이 간극수압은 시료채취 후 흙에 작용하고 있는 간극수압으로 잔류간극수압이라 하고 u_r로 표기한다.

여기서, $\sigma'_{ho} = K_o \sigma'_{vo}$이므로

$$u_r = -\sigma'_{vo}[K_o + A(1 - K_o)] \quad (4.48)$$

(3) 잔류유효응력의 크기

UU-test를 위해 제작한 공시체에 작용하는 전응력은 대기압 뿐이므로 간극수압은 잔류간극수압과 같다.

따라서, 잔류유효응력은 유효응력방정식에 의해서

$$\sigma'_v = \sigma_v - u = 0 - u_r = -u_r$$
$$\sigma'_h = \sigma_h - u = 0 - u_r = -u_r$$
$$\sigma_r = \sigma'_h = \sigma'_v = u_r$$
$$\therefore \sigma_r = \sigma'_{vo}[K_o + A(1 - K_o)] \quad (4.49)$$

2.15.4 결론

1) 제작된 공시체는 전응력은 0 이지만 잔류간극수압이 유효응력으로 작용하기 때문에 공시체의 자립이 가능하게 된다.
2) 잔류유효응력은 흙이 지중에서 받고 있던 유효응력 σ'_{vo}, σ'_{ho}과 같지 않다. 지반 내에서의 유효응력은 일반적으로 이방($\sigma'_{vo} \neq \sigma'_{ho}$) 인데 반해 공시체에 작용하는 잔류유효응력은 등방($\sigma'_{vo} \neq \sigma'_{ho} = \sigma_r$)조건이 된다.

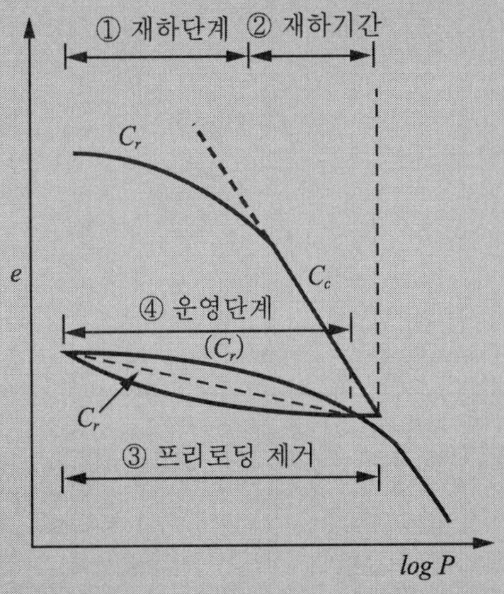

제 5장 압밀

1. 압밀이론
2. 압밀시험
3. 압밀침하량 계산

chapter 05

제 5장 압밀

1. 압밀이론

1.1 과잉간극수압

1.1.1 개요

1) 완전(또는 부분)포화 점토지반에 비배수조건에서 하중이 가해지면 물이 부담하는 압력(간극수압)에 증감이 발생하게 된다. 이때 증감의 간극수압을 과잉간극수압이라고 하며, 만약 압축이 일어나려고 하는 경우는 정(+)의 과잉간극수압이, 팽창이 일어나려는 경우는 부(−)의 과잉간극수압이 발생하게 된다.
   즉, 과잉간극수압은 "정수압 이외에 추가로 발생된 수압"을 의미한다.
2) A지점의 과잉간극수압의 크기는 A지점에 피에조메타를 설치했을 때 정수압보다 높이 올라간 높이에 물의 단위중량을 곱한 값이다.
   과잉간극수압 : $u_e = \Delta h \cdot \gamma_w$ (5.1)

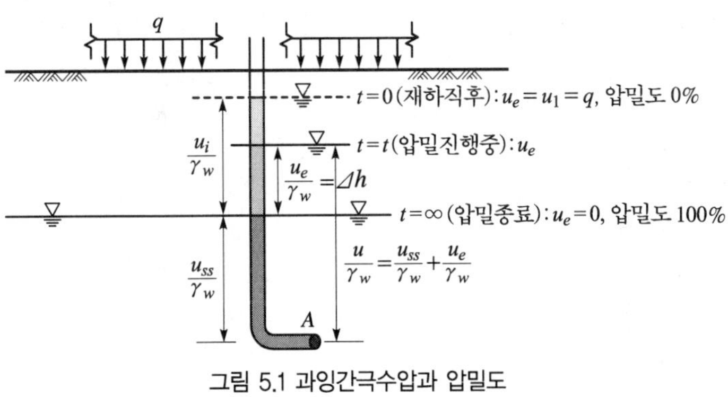

그림 5.1 과잉간극수압과 압밀도

3) 과잉간극수압이 시간이 지나면서 서서히 소산되는 과정을 압밀이라 하는데 압밀이 진행되면 흙의 밀도 및 유효응력이 증가하여 흙의 강도가 증가하게 된다.

$\tau_f = c' + \sigma' \tan \phi'$ 에서 $\sigma' \uparrow$ 이면, $\tau_f \uparrow$

1.1.2 과잉간극수압 소산에 따른 흙의 공학적 성질 변화

(1) 침투발생

하중 등에 의하여 과잉간극수압이 발생하면 수압이 정수압보다 커지므로 압력수두가 커지고, 따라서 전수두가 증가하여 물은 수두가 낮은 곳으로 흐르면서 침투압이 발생한다.

(2) 압밀침하 발생

과잉간극수압의 소산으로 압밀이 일어나고, 이로 인해 유효응력 및 전단강도가 증가한다.

정수압 및 간극수압

1. 정수압(u_{ss})

(1) 흐르지 않는 물속(또는 지반 속)에 임의 위치에 작용하는 물의 압력(수압)을 정수압이라 한다(즉, 모든 점에서 수두차가 없어서 물이 흐르지 않는 상태의 수압).

(2) 정수압의 크기는 물의 단위중량(γ_w)에 해당 심도(z)를 곱해서 구한다.

즉, 간극수압(=정수압)은 : $u_{ss} = \gamma_w \cdot z$

여기서, u_{ss} : 정수압, γ_w: 물의 단위 중량, z: 물의 심도

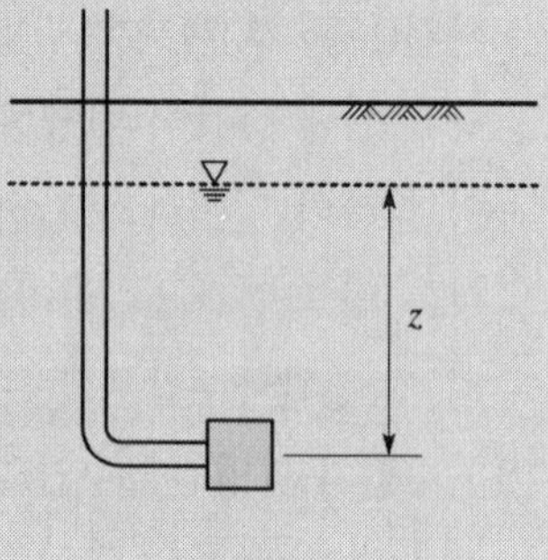

2. 간극수압(u)

간극수압은 물이 부담하는 압력이다(중립응력 : 전단강도와 압축성에 전혀 영향없음).

(1) 정수압 상태 시 : 간극수압 = 정수압

$u = \gamma_w \cdot z$

(2) 하중작용 시 : 간극수압(u) = 정수압 ± 과잉간극수압

$u = \gamma_w \cdot z + \gamma_w \cdot \Delta h = \gamma_w(z + \Delta h)$

(3) 정상침투 발생 시 : 간극수압 = 정수압 ± 침투수압

3. 정수압과 과잉간극수압의 차이점

구 분	정 수 압	과잉간극수압
침투발생 여부	침투발생 없음	침투발생
시간의 영향	없음	있음
압축 영향	압축발생 안함	압축(압밀) 발생
유효응력에 영향	영향 없음	소산에 따라 증가 또는 감소
전단강도의 영향	없음	배수강도 : 영향 있음 비배수강도 : 압밀(소산)에 따라 증가

(3) 유효응력의 변화(무한등분포 하중 작용시)

1) 재하초기(t=0) : 재하하중 전체를 물이 부담, 유효응력 변화 없음($\Delta\sigma = \Delta u_i$, $\Delta\sigma'$ =0)

2) 중간단계(0 < t < ∞) : 과잉간극수압이 소산된 만큼 흙이 부담, 유효응력이 점차 증가 ($\Delta\sigma = \Delta u + \Delta\sigma'$)

3) 완료단계(t =∞) : 재하하중 전체를 흙이 부담, 재하하중만큼 유효응력 증가 ($\Delta\sigma = \Delta\sigma'$, Δu=0)

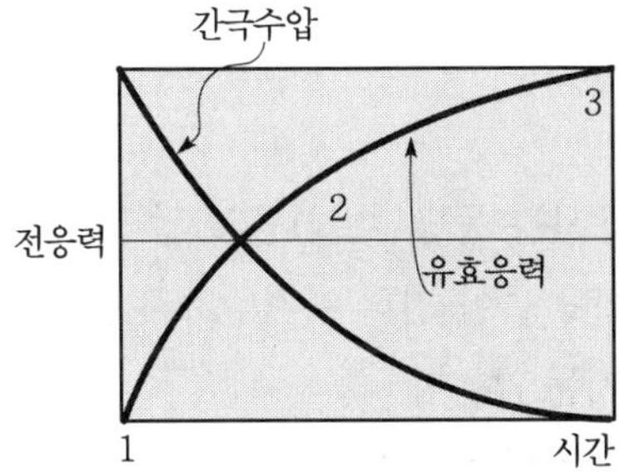

그림 5.2 압밀에 따른 간극수압과 유효응력 변화

(4) 강도 변화

유효응력이 증가하면 전단강도도 증가한다

즉, $\tau_f = c + (\sigma - u)\tan\phi$ 에서 u가 0(zero)가 되면 $\sigma' = \sigma$가 되어 전단강도도 증가한다.

1.1.3 응력 양상에 따른 과잉간극수압의 크기

하중증가가 있을 때, 물이 잘 빠져나가지 못하는 점토지반에서는 지중에 과잉간극수압이 발생하는데 이 과잉간극수압의 크기는 전응력의 증가량 양상에 따라 달라진다.

(1) 등방압밀하중 작용 시

1) 등방압밀하중이 작용하면 모든 방향에서 동일하게 응력이 증가하기 때문에 지중의 흙입자는 체적이 수축하려고 할 것이다. 그러나, 투수계수가 낮은 점토지반(비배수조건)에서는 물이 빠져나가지 못하므로 체적수축 대신 과잉간극수압이 발생한다(정규압밀점토).

→ 만약, 체적이 팽창하려고 하면 부(−)의 과잉간극수압이 발생(과압밀점토)

2) 이때, 발생한 과잉간극수압의 크기는 다음과 같다.

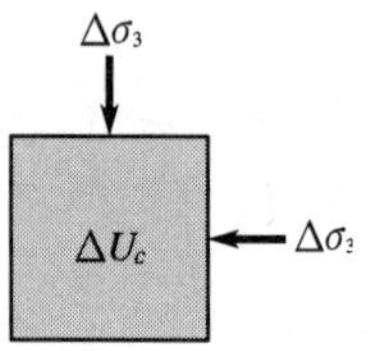

$$\Delta u_c = B\Delta\sigma_3 \quad (5.2)$$

여기서, B : 포화도에 따른 간극수압계수
(S = 0%이면 B=0, S = 100%이면 B = 1)

- 만약, 포화된 흙에 등방압밀하중이 작용되는 경우 물이 빠져나가지 않는다면 응력의 증가량은 모두 수압의 증가량이 된다. 즉, B=1이므로
  $\Delta u_c = \Delta\sigma_3$가 된다.

(2) 일축압축하중 작용 시

1) 흙입자에 일축압축하중 작용시는 등방압밀하중과 달리 흙을 완전히 구속시킨 상태가 아니므로(즉, 체적이 변화하므로) 물이 전혀 빠져나가지 않는다 하더라도 가해준 응력의 증가량을 모두 수압이 부담하지는 않는다.

2) 이때의 과잉간극수압의 크기는 다음과 같다.

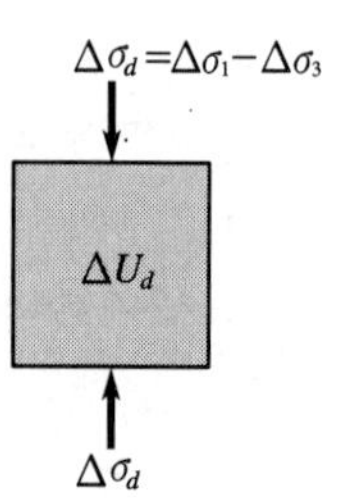

$$\Delta u_d = D\Delta\sigma_d = AB(\Delta\sigma_1 - \Delta\sigma_3) \quad (5.3)$$

여기서, D : 포화도에 따른 간극수압계수($D = AB$)
(S = 0%이면 B = 0, S = 100%이면 B = 1)

(3) 삼축압축하중 작용 시

삼축압축하중은 등방압밀하중과 일축압축하중의 조합으로 생각할 수 있으며, 이 때의 과잉 간극수압의 크기는 다음과 같다.

$$\begin{aligned}\Delta u &= B\Delta\sigma_3 + D\Delta\sigma_d \\ &= B\Delta\sigma_3 + AB(\Delta\sigma_1 - \Delta\sigma_3) \\ &= B[\Delta\sigma_3 + A(\Delta\sigma_1 - \Delta\sigma_3)] \end{aligned} \quad (5.4)$$

여기서, A : Skempton의 계수

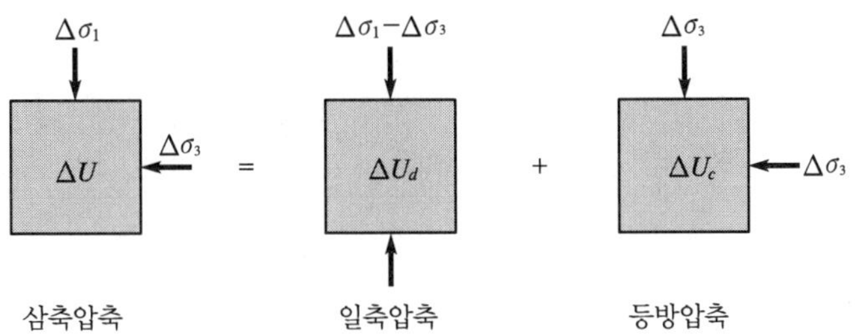

그림 5.3 삼축압축시의 응력상태

(4) 횡방향 구속의 축하중(1차원 압밀, K_0압밀상태) 작용 시

1) 횡방향이 구속된 상태(1차원 압밀상태, K_0압밀상태)에서 축하중을 받는 경우 흙 입자는 연직방향으로만 체적수축이 발생하려고 할 것이다. 그러나 비배수상태에서는 물이 빠져 나가지 못하므로 체적수축 대신 과잉간극수압이 발생하게 된다.
2) 이 때의 과잉간극수압의 크기는 다음과 같다.

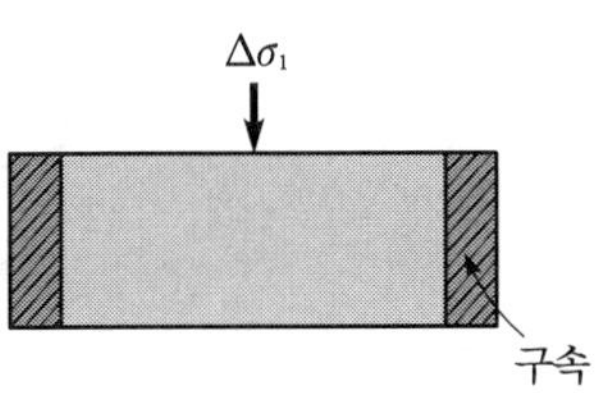

$$\Delta u = E\Delta\sigma_1 \quad (5.5)$$

여기서, E : 포화도에 따른 간극수압계수

(S =0%이면 E = 0, S=100%이면 E = 1)

포화된 점토지반에 무한등분포 하중과 같은 횡방향 구속하의 축하중이 작용할 경우 등방압밀하중의 경우와 마찬가지로 응력의 증가량이 모두 과잉간극수압으로 증가하게 된다. 즉,

$$\Delta u = \Delta\sigma_1$$

1.2 침하 종류

1.2.1 침하 종류

침하란 외력의 작용으로 인한 지반의 변형을 말하며, 토립자 형상의 변화(변형, 재배열), 체적의 변화(공기 및 물의 배제) 등이 주원인 이다.

(1) 즉시침하

1) 하중재하 즉시 발생되는 침하로써 토립자의 입자배열 변화가 주원인이다
2) 주로 모래지반에서 발생되며, 단기간에 발생한다.
3) 점성토 지반도 즉시침하(소성침하)가 발생하나 침하량은 크지 않고(전체침하량의 약 5~10%) 연직으로 침하한 체적만큼 횡방향으로 체적 팽창이 발생한다(전체 체적은 일정).

(2) 1차 압밀침하

1) 하중에 의해 유발된 과잉간극수압이 시간의 경과와 더불어 소산되어 발생하는 체적변화가 주원인이다
2) 포화 점성토(S=100%) 지반에서 발생되며, 침하완료 시까지 상당한 시간이 소요된다.

[참고] Primary consolidation is the change in volume of a fine grained soil caused by the expulsion of water from the voids and the transfer of load from the soft clay.

(3) 2차 압밀침하

1) 과잉간극수압의 소산 후에 발생하는 침하로써 입자재배열에 따른 체적변화에 기인되며 주로 Creep 변형에 의해 발생한다.
2) 유기질토에서는 2차 압밀침하가 크게 발생하며, 장기간에 걸쳐 침하가 일어난다.

[참고] Secondary consolidation is the change in volume of a fine grained soil caused by the adjustment of the soil fabric after primary consoliation has been completed.

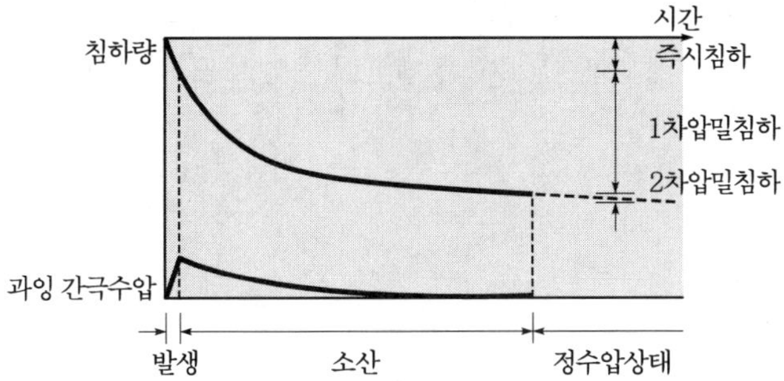

그림 5.4 시간에 따른 침하발생

1.2.2 모래와 점토의 침하거동 양상

(1) 모래

1) 모래는 점토에 비해 간극비가 작으므로 침하량이 작을 뿐만 아니라 투수계수가 커서 물이 순간적으로 빠져나가기 때문에 압축이 빨리 끝난다(즉시침하).

2) 모래 지반에서는 하중을 가하는 시간, 즉 건설 도중에 침하는 거의 모두 일어난다.

(2) 점토

1) 점토는 오랜 기간에 걸쳐 압축될 뿐만 아니라 침하량은 모래에 비하여 대단히 크다.

2) 이것은 점토의 간극비가 크고 투수계수가 매우 작기 때문이다.

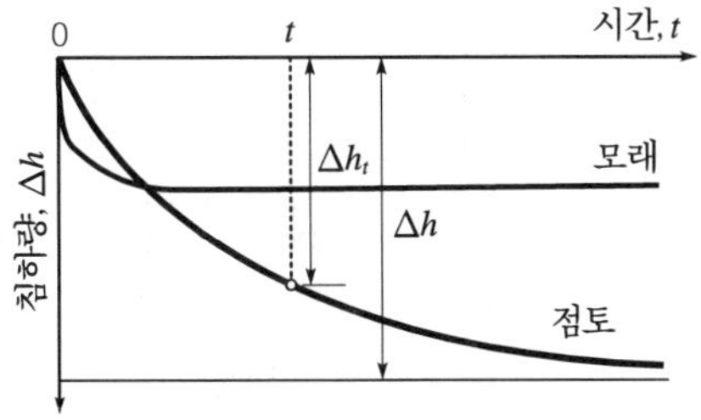

그림 5.5 모래와 점토의 압축곡선

1.3 Terzaghi 압밀모델

1.3.1 압밀모델장치

Terzaghi는 그림 5.6과 같은 압밀모델을 이용하여 무한등분포하중이 작용하는 점토지반의 압밀현상을 명쾌하게 설명하였다. 압밀모델은 그림과 같이 스프링이 달린 피스톤이다. 이 피스톤에는 물이 가득차 있고 밸브가 있어서 이 밸브의 열고 닫음에 따라 물의 배수를 조절할 수 있다.

1) 스프링 : 흙입자

2) 물 : 간극의 물

3) 구멍 : 흙의 투수계수

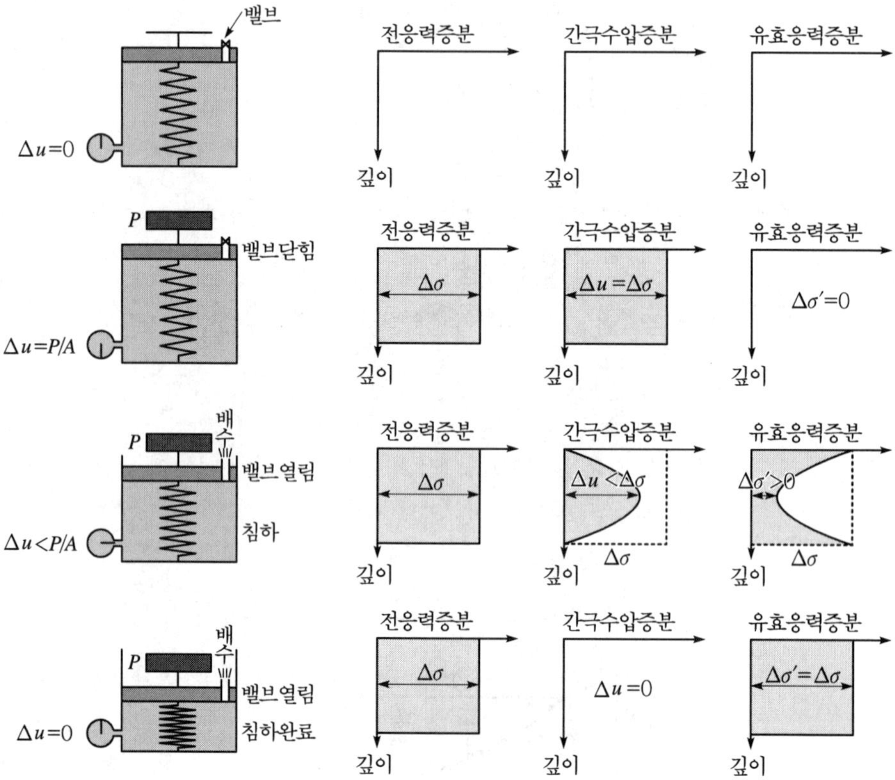

그림 5.6 압밀모델장치

1.3.2 시간경과에 따른 압밀과정

피스톤에 단위면적당 하중 $\Delta\sigma$을 가한 상태에서 배수밸브를 조절하면서 시간변화에 따른 스프링과 물이 받는 응력의 분담비율에 대해서 알아보자.

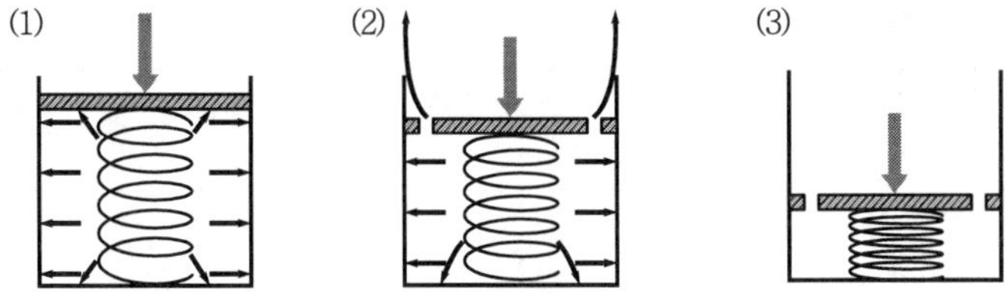

그림 5.7 Terzaghi의 압밀 모델

(1) 밸브가 닫혀 있는 경우(t=0)

물이 빠져나가지 못하므로 스프링은 압축되지 않고 밸브가 닫힌상태에서 하중을 가할경우 모든 하중을 물이 받는다. 따라서 이때의 초기과잉간극수압은 처음에 가해진 하중과 같으며 유효응력은 전혀 변함이 없다. 즉,

$$\Delta u = \Delta\sigma,\ \Delta\sigma' = 0 \tag{5.6}$$

(2) 밸브를 열어 압밀이 진행중인 상태($0<t<\infty$)

밸브로 물이 빠져나가면서 시간의 경과에 따라, 스프링은 압축되면서 힘을 받게 된다. 이때 피스톤에 작용하는 전응력은 변함이 없지만 스프링과 물이 분담하는 응력은 시간에 따라 변화하게 된다. 즉,

$$\Delta\sigma_v = \text{일정},\ \Delta u < \Delta\sigma \quad \Delta\sigma' > 0 \tag{5.7}$$

(3) 피스톤 압축이 완료된 상태(t=∞) : 하중 전체를 스프링(흙)이 부담

오랜 시간이 경과하면 가해준 힘의 크기 만큼 물이 빠져 나가면서 과잉간극수압은 0이 된다. 이때 외부에서 가해진 하중은 모두 스프링이 부담하며 또 이때 스프링은 최대로 압축된다. 즉,

$$\Delta\sigma_v = \text{일정},\ \Delta u = 0 \quad \Delta\sigma' = \Delta\sigma \tag{5.8}$$

(4) 하중분담

재하초기에는 물이 전하중을 분담하다가 압밀이 진행되면서 물이 받는 하중은 점점 감소하고 감소한 만큼 스프링이 하중을 분담하게 된다. 그리고 압밀이 완료되면 모든 하중을 스프링이 분담하게 된다.

표 5.1 압밀과정에서의 하중분담

구 분	스프링(흙)	물
재하초기	–	○
압밀중간	○	○
압밀완료	○	–

1.3.3 실무적용

1) 점토층이 하중을 받을 때에는 가해진 하중은 처음에는 전적으로 간극수압이 부담하며, 간극수압의 증가에도 불구하고 흙은 압축되지 않는다. 그러나 시간이 지남에 따라 물은 점차 간극으로부터 빠져나가므로 흙 골격은 모델의 스프링처럼 압축된다. 이와 같이 흙의 압축은 과잉간극수압이 완전히 소실될 때까지 계속된다.
2) 점토층이 하중을 받을 때의 압밀과정은 위에서 설명한 Terzaghi의 압밀모델과 흡사하다. 그림의 모델에서 스프링은 포화된 흙의 골격을, 모델의 물은 흙의 간극을 채우고 있는 물을, 밸브는 흙의 투수계수를, 스프링의 압축성은 흙의 압축성을 각각 의미한다. 따라서, 흙은 압축성이 클수록 압밀이 완료될 때까지 많은 시간이 소요되며 흙의 투수계수가 클수록 압밀속도는 빠르다.

1.4 무한등분포하중 작용시의 압밀거동

1.4.1 지중응력 증가

1) 그림 5.8과 같이 외부하중의 증가가 $q = \Delta\sigma_v$로서 $-\infty$부터 $+\infty$까지 넓게 작용하는 경우 지중의 A입자에서의 연직응력의 증가량은 깊이에 관계없이 $\Delta\sigma_v$가 된다. 이때 A입자는

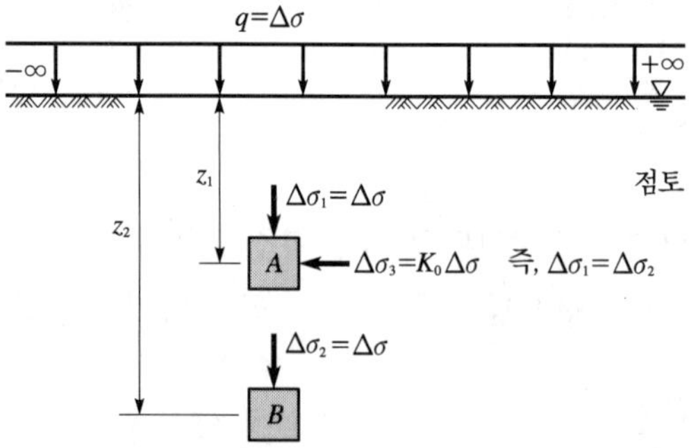

그림 5.8 무한등분포하중 작용시 지중응력 증가

수평방향으로 팽창이나 수축을 할 수 없으므로 수평방향의 응력증가($\Delta\sigma_h$)는 초기조건에서의 비(比)와 마찬가지로 $K_o \Delta\sigma_v$가 된다.

2) 만약 점토지반이 포화되어 있는 경우 A입자는 비록 수평방향으로는 흙이 전혀 움직일 수 없더라도 연직방향으로는 수축하려는 경향이 있기 때문에 과잉간극수압은 $\Delta u = \Delta\sigma_v$가 된다. 즉, 초기에 가해준 하중의 증가량이 모두 과잉간극수압으로 생성된다.

1.4.2 압밀거동

1) 포화된 점토에서의 즉시침하는 위 아래로 찌그러지는 만큼 수평방향으로 늘어날 수 있는 경우에만 발생한다. 따라서 A입자는 수평방향으로는 전혀 움직일 수 없으므로 무한대 하중작용시 즉시침하는 발생하지 않는다.

2) 따라서, A입자는 연직방향으로만 압축이 일어나며 이는 물이 빠져나가야만 압축이 가능하므로 압밀침하이다. 또한 수평방향으로는 전혀 변위가 발생되지 않고 연직방향으로만 발생한다는 의미에서 1차원(연직방향) 압밀침하라고 한다.

1.4.3 외부하중 q로 인한 전응력, 간극수압 및 유효응력의 증가 양상

두 모래층 사이에 긴 두께 H인 포화점토층에 외부하중이 순간적으로 작용하여 지중의 어느 한 지점에서 전응력이 $\Delta\sigma_v$만큼 증가되었다면 이는 간극수와 흙입자가 서로 어떤 비율로 부담하게 될 것이다. 즉, 흙입자가 부담하는 응력의 크기는 유효응력의 방정식에 의하여 다음과 같다.

$$\Delta\sigma'_v = \Delta\sigma_v - \Delta u \tag{5.9}$$

여기서, $\Delta\sigma'$: 유효응력의 증가량, Δu : 간극수압의 증가량

(1) t=0인 경우(하중재하 직후)

점토는 투수성이 아주 작으며 물은 흙골격과 비교해서 비압축성이기 때문에 시간 t=0에서는 모든 응력증가량 $\Delta\sigma_v$는 전 깊이에 걸쳐 모두 전달되게 되고, 흙골격으로는 어떤 힘도 전달되지 않는다.

즉, $\Delta\sigma' = 0, \Delta u = \Delta\sigma_v$ (5.10)

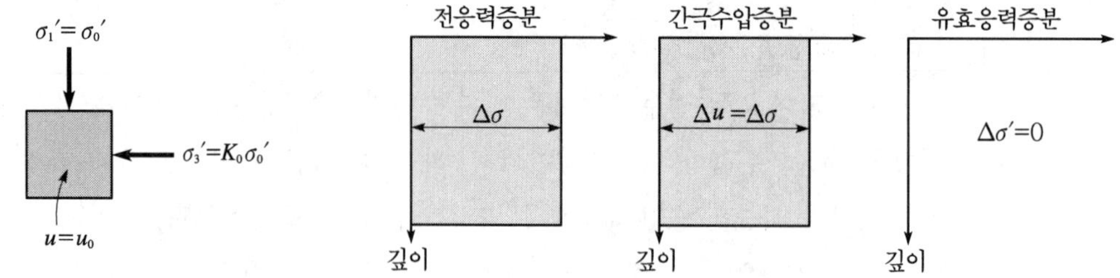

그림 5.9 외부하중 q로 인한 전응력, 간극수압 및 유효응력의 증가 양상(재하직후)

(2) $0<t<\infty$인 경우

점토층에 증가응력 $\Delta\sigma_v$가 작용하게 되면 간극 속의 물은 시간이 지나면서 양방향의 사질토층으로 배수가 될 것이다. 이러한 과정에 의하여 점토층의 모든 깊이에서 과잉간극수압은 점차적으로 감소하게 될 것이고 흙 골격에 의하여 전달되는 유효응력은 증가할 것이다.

$$\Delta\sigma_v = \Delta\sigma'_v + \Delta u \; (\Delta\sigma' > 0 \text{ 그리고 } \Delta u < \Delta\sigma_v) \tag{5.11}$$

이때 각 깊이에서의 $\Delta\sigma'$과 Δu의 크기는 상부나 하부의 사질토층으로의 배수경로의 최소길이에 따라 달라진다.

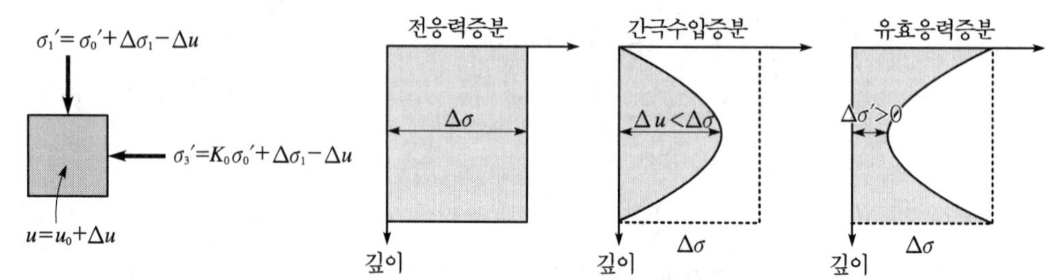

그림 5.10 외부하중 q로 인한 전응력, 간극수압 및 유효응력의 증가 양상($0<t<\infty$)

(3) $t=\infty$인 경우(압밀완료상태)

$t=\infty$에서 전체의 과잉간극수압은 점토층의 각 지점에 배수로 인하여 소산되어 $\Delta u = 0$이 될 것이며 전응력증가량 $\Delta\sigma_v$는 흙 골격으로 모두 전달될 것이다.

$$\Delta\sigma_v = \Delta\sigma'_v \tag{5.12}$$

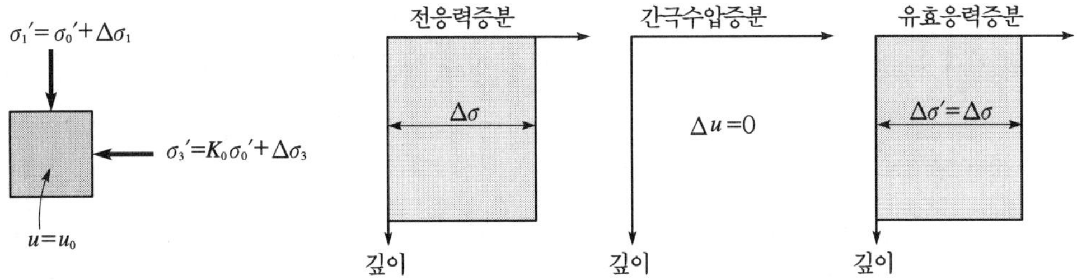

그림 5.11 외부하중 q로 인한 전응력, 간극수압 및 유효응력의 증가 양상(t=∞)

1.5 Terzaghi의 1차원 압밀이론(압밀 기본방정식)

1.5.1 개요

1) 압밀문제는 크게 두가지로 구분된다. 첫째는 압밀침하가 얼마나 크게 일어날 것인가 하는 압밀침하량과 관련된 것이고, 두 번째는 압밀이 얼마나 빠른 속도로 일어날 것인가 하는 압밀도와 관련된 것이다.
2) 압밀침하량은 압밀시험으로 구한 압밀정수(C_c, C_r,σ'_c)를 이용해서 산정할 수가 있으나, 압밀도는 압밀정수 만으로는 직접 산정할 수 없고 과잉간극수압의 소산정도를 예측할 수 있는 이론식을 이용하여야 한다.
3) Terzaghi는 무한등분포하중이 작용하는 경우에 대하여 1차원 압밀이론식을 제안하였는데, 이 식은 아직도 압축성이 큰 점성토지반의 압밀거동을 예측하는데 널리 이용되고 있다.

1.5.2 기본가정 및 문제점(모순)

1) 흙은 균질하고 완전히 포화되어 있다.
평면상의 위치와 깊이에 따라 흙은 비균질할 수 있으며 지하수위 아래 지반이라도 기포가 존재하므로 포화도는 100% 이하일 수 있다.
2) 흙입자와 물은 비압축성이다.
실제는 미소한 양의 압축성은 있으나 실용적으로 비압축성이다.
3) 압밀침하는 1차원으로 연직방향으로만 일어난다.
K_o 압밀상태에 대해서는 타당하나 도로성토, 방파제와 같은 대상하중은 2차원, 사각형 기초는 3차원으로 변위가 발생된다.

4) 투수계수, 체적변화계수, 압밀계수는 일정하다.

하중증가에 따라 이 값들은 변화하므로 실무적으로 하중범위에 대한 평균적인 값을 적용한다.

5) 2차 압밀침하는 없는 것으로 간주한다.

일차압밀침하 후에 입자 재배열에 따른 2차 압밀이 발생하므로 필요시(고압축성토질(CH), 유기질토) 고려해야 한다.

6) 간극비와 유효응력의 관계는 선형적이다.

실제는 유효응력이 증가하면 간극비는 비선형적으로 감소한다.

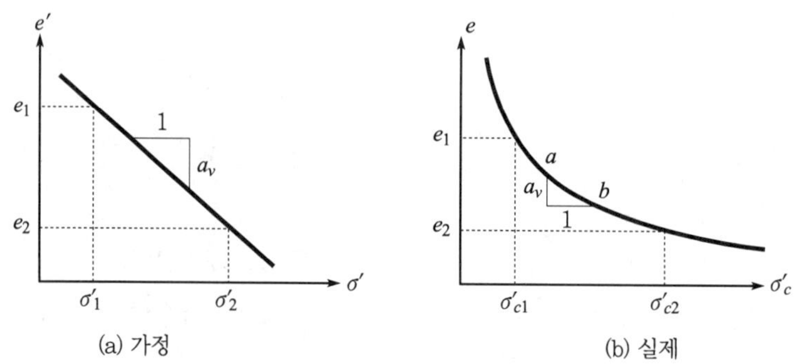

그림 5.12 압밀의 가정과 실제

표 5.2 Terzaghi 1차원 압밀의 기본가정 및 문제점(모순)

기본가정	문제점
흙은 균질하고, 완전포화 되어 있음	실제 비균질, 비포화(약간의 기포)
흙 속의 물은 1차원흐름이 발생하고 Darcy 법칙을 따름	실제는 2, 3차원 흐름이 발생하고, 순수한 자갈 또는 입자가 큰 모래층에서는 난류의 흐름이 존재하기 때문에 Darcy 법칙이 적용되지 않음
투수계수, 체적변화계수, 압밀계수는 항상 일정	압밀압력이 증가할수록 투수계수와 체적변화계수 및 압밀계수는 점점 감소
흙의 변형은 1차원적(연직방향)으로 발생	도로 성토와 방파제와 같은 대상하중 작용시 2차원 압밀, 확대기초 : 3차원 압밀
1차압밀이 발생하는 기간 동안에는 2차 압밀이 없는 것으로 가정	실제는 1차압밀 기간동안에도 2차 압밀이 발생
간극비와 유효응력관계는 선형임	실제는 비선형적인 관계임
미소변형조건	준설토 및 매우 연약한 지반은 유한변형조건임

1.5.3 Terzahi의 1차원 압밀방정식 유도

1) Terzaghi는 위의 기본가정을 근거해서 포화지반에 외력으로 생긴 과잉간극수압의 크기를 구할 수 있는 2계 미분방정식을 제안하였다. 식의 유도는 연속성의 법칙과, Darcy의 법칙을 조합해서 구할 수가 있는데 여기서는 생략하도록 한다.

$$c_v \frac{\partial^2 u_e}{\partial z^2} = \frac{\partial u_e}{\partial t} \tag{5.13}$$

2) 식 (5.13)은 편미분방정식으로서 Terzahi의 1차원 압밀방정식이라 하며, 이 식을 풀면 높이가 z인 각 점에서 시간에 따른 과잉간극수압을 구할 수 있다.

※ Taylor는 Fourier series 전개를 이용하여 위의 압밀방정식에 대한 해를 구했으며, Harr(1977)는 유한차분법을 이용하여 해를 구했다.

1.5.4 초기 과잉간극수압 분포가 깊이에 무관하게 일정한 경우의 압밀방정식의 해

식 (5.13)의 압밀방정식을 풀면 시간과 깊이에 따른 과잉간극수압의 크기를 구할 수 있는데, 과잉간극수압을 알면 압밀도를 알 수 있고, 압밀도를 알면 시간계수를 알 수 있다. 시간계수를 알면 압밀시간을 구할 수 있다.

(1) 초기조건 및 경계조건

압밀방정식을 풀기 위해서는 초기조건과 경계조건을 알아야 한다.

1) 초기조건

지표면에 등분포하중 q를 작용시킨 직후, 즉 초기(t=0)에는 압밀층 모든 깊이에서의 과잉간극수압의 크기는 동일하다. 따라서 초기조건은

$t = 0$에서, $u_e = u_i = q = \text{const}$

2) 경계조건

압밀층 상하면에는 완전한 배수층이 존재하므로 과잉간극수압은 항상 소산된 상태이다. 따라서, 경계조건은

$z = 0$(점토층 윗면)에서, $u_e = 0$

$z = 2H$(점토층 아랫면)에서, $u_e = 0$

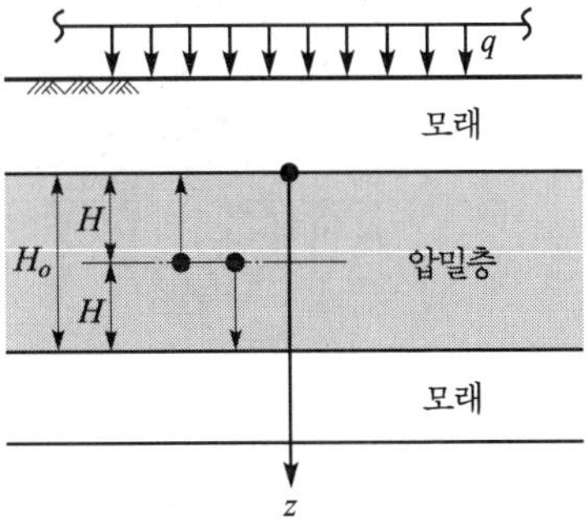

그림 5.13 양면배수 상태에서의 경계조건과 초기조건

(2) 압밀방정식의 해

1) 식 (5.13)을 변수분리법을 이용하여 풀고, 위의 경계조건을 적용하면 다음과 같은 압밀방정식의 해를 얻을 수 있다.

$$u_e = \sum_{m=0}^{\infty} = \frac{2u_i}{M}(\sin\frac{Mz}{H})e^{-M^2T_v} \qquad (5.14)$$

여기서, m = 정수, $m = \frac{\pi}{2}(2m+1)$

u_i : 초기(하중재하 직후)의 과잉관극수압

T_v : 시간계수($T_v = \frac{C_v \cdot t}{H^2}$)

2) 식 (5.14)로 과잉간극수압의 크기(u_e)를 구하는 것은 상당히 번잡하므로 대부분 아래의 도표로 구한다.

깊이계수 $Z = \frac{z}{H}$와 시간계수 $T_v = \frac{C_v \cdot t}{H^2}$를 알면 정규화된 과잉간극수압 $\bar{u}_e$를 그림 5.14로 부터 구할 수 있다. $\bar{u}_e$를 알면 과잉간극수압은 다음과 같이 구할 수 있다.

$u_e = \bar{u}_e \times u_i$

예를 들어 $Z = \frac{z}{H}$ =1이고 T_v = 0.3이면, $\bar{u}_e$ = 0.61이 된다.

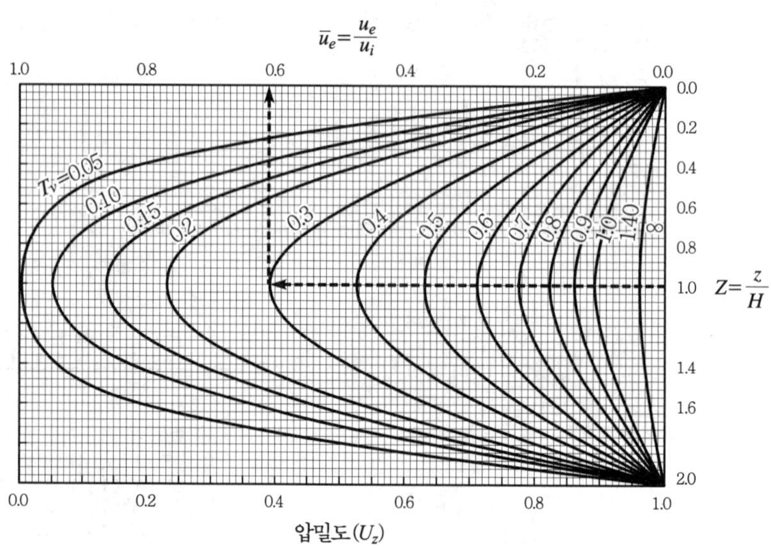

그림 5.14 압밀방정식의 해(양면배수의 경우)

1.5.5 실무적용 시 유의사항

1) Terzaghi 1차원 압밀이론은 과잉간극수압의 소산정도를 흙이 압축되는 양으로 가정하였

으므로 과잉간극수압과 관계없는 2차 압밀침하량 계산에는 적용할 수 없다.

2) 압밀방정식은 시공 즉시 구조물 전체의 하중(순간하중)이 작용한다는 가정에서 유도되었으므로 점증하중 작용 시는 순간하중으로 계산한 침하량을 수정해주어야 한다.

3) 압밀도는 대체로 실제에 가깝게 구해지나, 최종침하량은 다소 크게 산정되는 경향이 있다.

4) 미소변형률 조건에는 적용 가능하나, 준설토 지반과 같은 유한변형률 조건에는 적용할 수 없다.

5) Terzaghi 1차원 압밀이론은 2차 압밀을 무시하였으나, 유기질과 같은 지반은 2차 압밀침하량이 1차 압밀침하량보다 더 크므로 반드시 이를 고려해야 한다.

표 5.3 압밀해석의 종류

선형 압밀해석방법	비선형 압밀해석방법
① Terzaghi의 1차원 압밀해석	① 1차원 및 축대칭 비선형 압밀해석
② 배수재가 설치된 지반의 축대칭 압밀해석	② 변형률 속도를 고려한 점소성 압밀해석
- Barron의 해석방법	③ 2차 압축을 고려한 비선형 압밀해석
- Hansbo의 해석방법	④ 2차원 비선형 압밀해석
③ 다차원 압밀해석	

설계 예측치와 시공 계측치가 차이나는 원인

(1) 시료교란에 의한 압축지수 값의 과소평가(물성치의 부정확성)

(2) 2차 압밀침하(Creep 변형) 미고려

(3) Sand Seam의 존재

(4) 지반의 불균질성 등

1.6 2차 압밀현상을 고려한 비선형 압밀해석

1.6.1 개요

1) 연약지반의 압밀거동은 그동안 대부분 Terzaghi의 압밀이론(1923)을 사용하여 왔다. 그러나 실제 연약지반의 거동특성은 응력-변형률 관계의 비선형성, 압밀시 투수계수의 변화, 비등방성, 크리프 거동 등과 같이 Terzaghi의 가정사항과 일치하지 않는 경우가 많이 발견되었다.

2) 따라서, 그동안 많은 지반공학자들이 Terzaghi의 압밀이론의 문제점을 보완하고자 끊임없이 노력하여 왔지만, 연약지반의 침하량 거동예측에 대한 신뢰성은 아직 만족할 만한 수준에 도달하지 못하고 있다.
3) 침하량은 주로 압밀과 시간 의존적 변화인 크리프(creep)효과 때문에 발생하며, 이와 같은 침하량을 정확하게 산정하기 위해서는 지반의 비선형 거동특성을 표현할 수 있는 비선형해석 모델과 정확한 해석기법을 적용하는 것이다.
4) 전체 압밀침하량은 과잉간극수압 소산에 따른 1차 압밀침하량과 과잉간극수압 소산이 완료된 이후 크리프 변형에 의해 발생하는 2차 압밀침하량의 합이다. 압밀침하량을 계산함에 있어 가장 중요하면서도 의견이 분분한 사항은 2차 압밀침하를 어떻게 산정할 것인가가 논의의 대상이 된다.

1.6.2 2차 압밀을 고려한 비선형 압밀해석방법

비선형 압밀침하 해석방법은 2차 압밀량을 산정하는 방법에 따라 가정A와 가정B로 나눈다.

(1) 가정A(Hypothesis A)와 가정B(Hypothesis B)의 해석방법 비교

1) 가정A는 1차 압밀이 끝난 후에 2차 압밀이 일어난다고 가정하고 1차 압밀과 2차 압밀을 구분하여 침하량을 산정한다.
2) 가정B는 2차 압밀을 1차 압밀과 관계없이 압밀 전 과정에서 일어난다고 가정하여 압밀침하량을 산정한다.

표 5.4 2차 압밀을 고려한 비선형 압밀해석방법

구분	가정 A	가정 B
크리프 변형 유발 시점	1차 압밀이 완료된 후	압밀 전체과정(1차압밀 동안에도 유발)
응력-변형률 관계	EOP(end fo primary consolidation)에서 유효응력-변형률 곡선은 일정함	압밀기간(시료두께)에 의존
시료두께의 영향	없음	시료두께가 커지면 침하량 커짐
침하량 개선	전체침하량=1차 압밀침하량+2차 압밀침하량	수치계산 필요

(2) ε−log$t$곡선 비교

1) 가정A의 경우 시료두께는 EOP 압축곡선의 위치에 영향을 주지 않는다. 또한 ε−log$t$곡

선은 배수거리의 제곱에 비례해서 위치한다.

2) 그러나 가정B의 경우 시료두께에 따라 ε－log*t*곡선이 차이나므로 실내압밀시험에서 구한 응력－변형곡선을 이용하여 현장침하량을 예측하면 과소평가되는 결과를 얻을 수 있다.

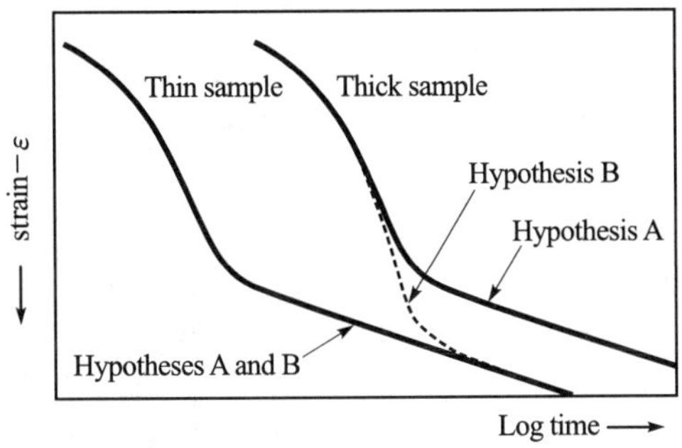

그림 5.15 ε－log*t*곡선 비교

3) 가정A와 가정B에 의한 침하량 크기 비교

가정A에 의해 계산된 침하량은 가정B에 의해 계산된 압밀침하량보다 작다. 이것은 1차 압밀동안에 발생되는 크리프변형이 무시되었기 때문이며, 가정A에 의해 계산된 침하량이 현장침하량보다 일반적으로 작다는 것을 의미한다.

압밀 전과정 동안에 2차 압밀이 유발된다고 가정한 가정B가 논리적으로는 타당하지만 침하량 계산이 수치적 해법에 의존하므로 가정A와 비교하여 복잡하다.

그러나 실무에서는 논리적으로는 가정A가 틀렸다고 인정하지만, 가정B에 비하여 압밀계산이 간단하므로 대부분의 실무자들이 가정A를 사용하고 있는 실정이다.

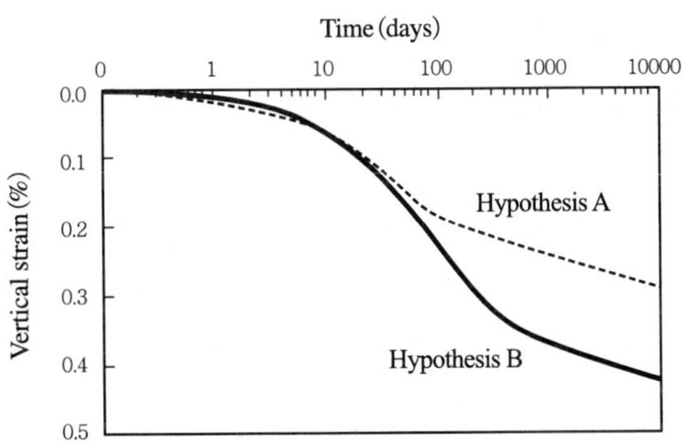

그림 5.16 가정A와 가정B에 의한 침하량 크기 비교

1.6.3 결론

1) 지반재료의 비균질성, 비등방성, 비선형성과 다양한 불확실성 등으로 인하여 구조물 시공시 혹은 시공이 끝난 후의 거동특성을 설계단계에서 정확히 예측한다는 것은 매우 어려운 실정이다. 특히 연약지반의 침하는 간극수압이 배수와 토립자 구조의 점성(혹은 creep) 변형으로 인하여 시간의존적인 거동특성을 나타낸다.
2) 일반적으로 가정 A에 의해 계산된 침하량은 현장의 계측 침하량보다 작다. 또한 가정 B가 논리적으로 타당하지만 압밀계산 과정이 복잡하므로 대부분의 설계회사에서는 가정 A를 많이 사용하고 있는 실정이다.
3) 따라서, 크리프 변형을 포함하는 연약지반의 압밀침하 거동을 간편하게 산정하여 설계에 반영할 수 있도록 현장지반의 거동특성을 정확히 예측할 수 있는 시스템 개발에 대한 연구가 더욱 요구된다.

1.7 미소변형률과 유한변형률

1.7.1 개요

1) Terzaghi의 1차원 압밀이론은 초기 압밀층의 변형을 미소변형률로 가정하여 압밀기간 중에 배수거리, 투수계수, 체적변화율 등이 일정하다고 가정하였다.
2) 그러나, 압축성이 큰(즉 압밀층이 두꺼운) 연약한 점토 또는 준설토는 미소변형률 이론을 적용하는 경우 실제 지반 거동과 많은 차이를 보이므로 유한변형률 이론에 의한 압밀해석이 요구된다.

1.7.2 유한변형률 이론의 필요성

1) 준설토와 같이 압밀층의 변형률이 큰 경우 고정좌표계(오일러 좌표계)를 이용하는 Terzaghi의 압밀이론은 한계가 있으므로
2) 압밀기간 중에 압밀층의 두께, 배수거리, 투수계수 및 체적변화율의 변화를 고려할 수 있는 변동좌표계(라그렌즈 좌표계)를 이용함으로써 시간변화에 따른 압밀층의 변화 및 임의 점에서의 간극비 또는 과잉간극수압의 분포를 해석할 수 있는 유한변형률 이론을 적용하여야 한다.

1.7.3 미소변형률이론과 유한변형률이론의 차이점

1) 압축성이 높은 연약한 점토 또는 준설토의 압밀해석 시 미소변형률 이론을 이용하여 구한 최종 압밀침하량은 유한변형률 이론을 이용하여 구한 것과 같으나, 미소변형률을 이용한 압밀속도는 유한변형률을 이용하여 구한 것보다 상당히 보수적이며 실제 현장계측결과와 비교할 때도 느린 것으로 조사되었다.
2) 또한, 미소변형률 이론에 의한 과잉간극수압은 유한변형률 이론에 비하여 과소평가됨으로서 전단강도가 과대평가 될 수 있다.

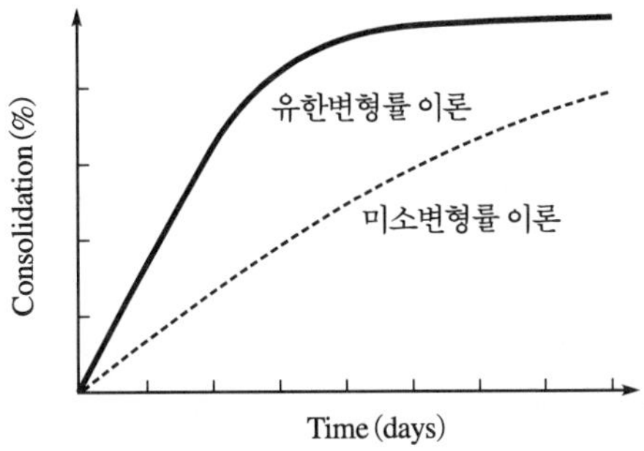

그림 5.17 유한변형률 이론과 미소변형률 이론을 이용한 압밀해석 비교

3) 미소변형률이론과 유한변형률이론의 차이점

표 5.5 미소변형률이론과 유한변형률이론의 차이점

구 분	미소변형률	유한변형률
간극비의 범위	매우 작음	매우 큼
자중	미포함	포함
간극비와 유효응력과의 관계	선형	비선형
간극비와 투수계수와의 관계	일정	변함
좌표계	고정좌표계(오일러)	변동좌표계(라그렌즈)

1.7.4 압밀해석 결과 비교

표 5.6 압밀해석 결과 비교

구 분	유한변형률	미소변형률
최종침하량	같음	같음
압밀속도	빠름	느림
과잉간극수압	큼	작음

1.7.5 결론

1) 압축성이 높은 점토지반 및 준설토에 대한 압밀해석 시 미소변형률 이론(Terzaghi 이론)을 이용하는 것보다 유한변형률 이론을 이용하는 것이 실제 지반거동을 잘 나타낼 수 있다.

2) 현재 국내 여러 기관에서 유한변형률 이론을 이요한 연약점토층에 대한 압밀해석을 실시하고 있으나, 아직까지는 연구실적이 미진한 상태이므로 앞으로 이 분야에 대해 많은 관심을 가져야 할 필요성이 있다.

1.8 압밀도와 평균압밀도

1.8.1 압밀도(U_z, Degree of Consolidation)

(1) 개요

1) 과잉간극수압의 분포는 시간과 깊이에 대한 함수이며, 지반 내의 어떤 점에서 임의 시간에 대한 과잉간극수압의 소산정도를 나타낸 것을 압밀도라 한다.

2) 압밀도는 간극수압계수 또는 계측으로 간극수압을 측정하여 아래의 식으로 구한다.

$$U_z = \frac{u_i - u_{e(z)}}{u_i} = 1 - \left(\frac{u_{(e)z}}{u_i}\right) \tag{5.15}$$

여기서, u_i : 초기과잉간극수압

$u_{e(z)}$: 임의 시간, 임의 깊이에서의 과잉간극수압

3) 따라서, 동일한 시간에서 점토층의 압밀도는 깊이에 따라 다르다

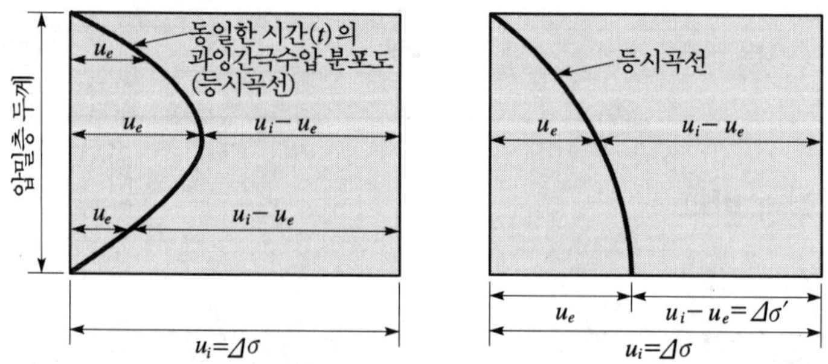

(a) 양면배수 (b) 일면배수

그림 5.18 배수조건에 따른 압밀도

(2) 압밀도와 시간계수의 관계

1) 압밀도는 시간계수의 함수이다.

$$U_z = 1 - \sum_{m=0}^{m=\infty} \frac{2}{M}\left(\sin\frac{Mz}{H_{dr}}\right)e^{-M^2T_v} \tag{5.16}$$

2) 초기 과잉간극수압이 점토층의 깊이에 따라 일정한 경우에 대한 압밀도, 시간계수 및 점토층의 깊이 사이의 관계는 다음과 같다.

- 초기조건 : $t=0$에서 $u_e=u_i=\Delta\sigma$
- 경계조건 : $z=0$에서 $u_e=0$

  $z=2H$에서 $u_e=0$

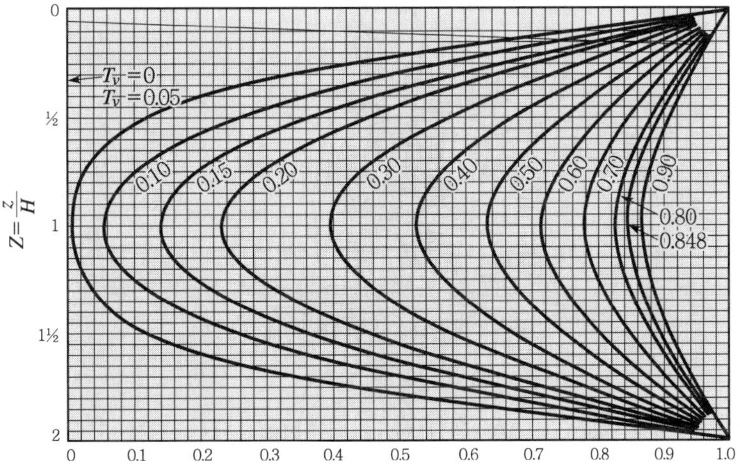

그림 5.19 압밀도와 시간계수

(3) 이용

1) 임의 시간에서의 과잉간극수압 크기 산정 : $u_e=(1-U_z)u_i$

2) 시간계수(T_v) 산정 : 압밀도와 깊이를 알면 위의 그래프에서 T_v를 구할 수 있음

1.8.2 평균압밀도(Average degree of Consolidation)

(1) 정의

평균압밀도란 임의의 시간에서 점토층 전체의 압밀도를 평균한 값이다.

어느 시간 t에서의 지층 깊이에 따른 과잉간극수압의 분포는 Sine곡선을 보이므로 압밀도는 지층의 깊이에 따라 다르나, 실무에서 필요로 하는 것은 각 깊이에서의 압밀도보다는 압밀층 전 두께의 과잉간극수압의 평균을 취한 평균압밀도이다.

(2) 평균압밀도를 구하는 방법

1) 간극수압에 의한 방법

현장에서 간극수압계로 간극수압을 측정하여 아래와 같은 분포곡선을 그려 평균압밀도를 구한다.

$$\overline{U} = 1 - \frac{\int_0^{2H} u_e dz}{\int_0^{2H} u_i dz} = 1 - \frac{AED\text{ 면적}}{ABCD\text{ 면적}} \tag{5.17}$$

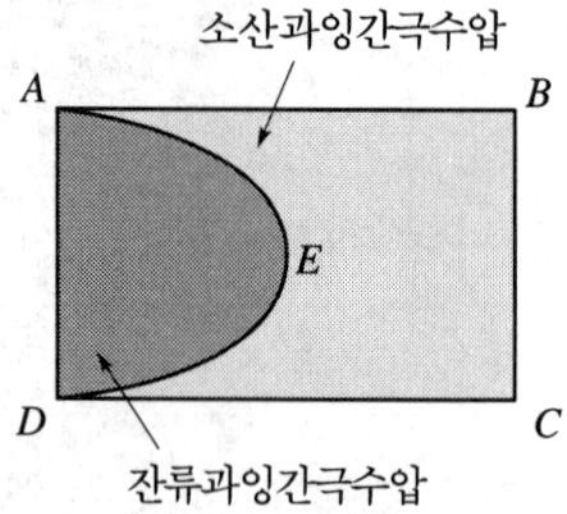

그림 5.20 간극수압 분포(양면배수의 경우)

예) 평균압밀도 계산 예 : $ABCD$ 면적 : 2,000mm², AED 면적 : 1,200mm²

$$\overline{U} = 1 - \frac{AED\text{ 면적}}{ABCD\text{ 면적}} = 1 - 1{,}200/2{,}000 = 40\%$$

2) 침하량에 의한 방법

현장에서 지표면 침하판, 층별침하계 등으로 침하량을 측정하고 과잉간극수압이 완전히 소산되면 더 이상의 침하가 없고, 과잉간극수압의 소산에 비례하여 침하가 발생한다고 가정하면 평균압밀도를 아래의 식으로 구할 수 있다.

$$\overline{U} = \frac{S_t}{S_T} \times 100(\%) \tag{5.18}$$

여기서, S_t : 임의 시간에서의 압밀침하량

S_T : 전 압밀침하량

(3) 시간계수와 평균압밀도의 관계

1) 평균압밀도는 시간계수의 함수이다. 이를 식으로 나타내면 다음과 같다.

$$\overline{U} = 1 - \sum_{m=0}^{\infty} \frac{2}{M^2} e^{-M^2 T_v} \tag{5.19}$$

2) 시간계수 T_v를 알면 평균압밀도를 구할 수 있고, 평균압밀도를 알면 시간계수를 구할 수 있다.

– 시간계수를 구하는 근사식

$$0 \le \overline{U} \leqq 53\% : T_v = \frac{\pi}{4}\left(\frac{\overline{U}(\%)}{100}\right)^2 \tag{5.20}$$

$$53\% < \overline{U} \le 100\% : T_v = 1.781 - 0.933\{\log[100 - \overline{U}(\%)]\} \tag{5.21}$$

– 평균압밀도를 위의 식으로 구하면 번거로우므로 다음과 같은 도표로 구한다.

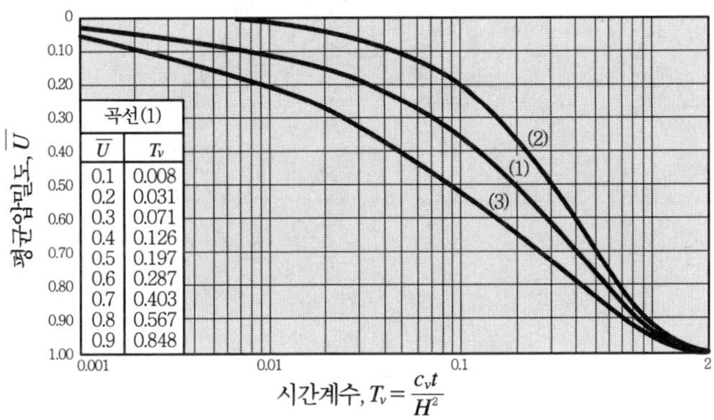

곡선(1)

$\overline{U}$	T_v
0.1	0.008
0.2	0.031
0.3	0.071
0.4	0.126
0.5	0.197
0.6	0.287
0.7	0.403
0.8	0.567
0.9	0.848

그림 5.21 평균 압밀도-시간계수 곡선

(4) 이용

1) 임의 시간에서의 압밀침하량 산정 : $S_{ct} = S_c \cdot \overline{U}$

2) 시간계수(T_v) 산정 : 근사식 또는 도표이용

3) 비배수강도 증가량(Δc) 산정 : $\Delta c = \alpha \cdot \Delta \sigma \cdot \overline{U}$

1.8.3 시간계수(T_v)

(1) 개요

1) 압밀도는 시간계수의 함수이다. 따라서 압밀도 또는 평균 압밀도를 구하기 위해서는 시간계수(Time Factor)를 반드시 알아야 한다.

2) 시간계수를 식으로 나타내면 아래와 같다.

$$T_v = \frac{c_v \cdot t}{H^2} \tag{5.22}$$

여기서, c_v : 압밀계수, t : 압밀시간

H : 배수거리(양면배수 : $1/2H$)

3) 시간계수는 무차원이며, 압밀시간이 경과할수록 커진다.

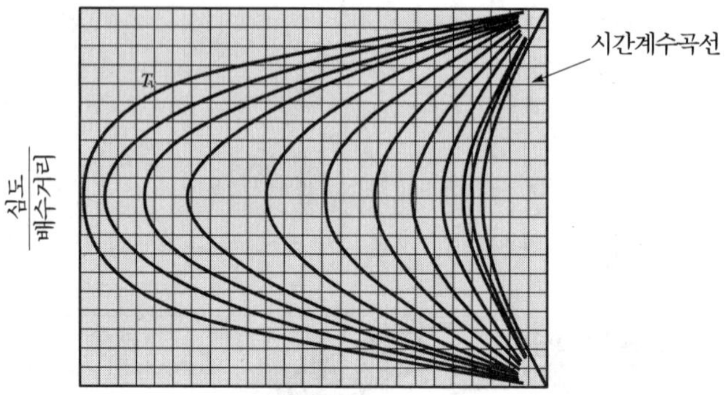

그림 5.22 시간계수 – 압밀도 관계

(2) 배수정도를 판정하는 기준

1) 배수상태 : $T_v > 3.0$

2) 비배수상태 : $T_v < 0.01$

3) 배수, 비배수상태 모두 고려 : $0.01 < T_v < 3.0$

> ※ 시간계수 산정이 불가능한 경우, 투수계수로 판정
> – 배수상태 : $k > 10^{-4}$cm/sec
> – 비배수상태 : $k < 10^{-7}$cm/sec
> – 압밀도 및 평균압밀도 추정

(3) 이용

– 압밀도 및 평균압밀도 추정

1.9 등시곡선

1.9.1 정의

지표면에 하중이 가해지면 간극수압이 증가한다. 이때 증가한 과잉간극수압은 시간이 지남에 따라 소산이 일어나는데, 깊이에 따라 소산의 정도가 다른데 임의의 시간에서 과잉간극수압이 같은 점을 연결한 선을 등시곡선(Isochrone)이라 한다.

1.9.2 배수조건에 따른 등시곡선

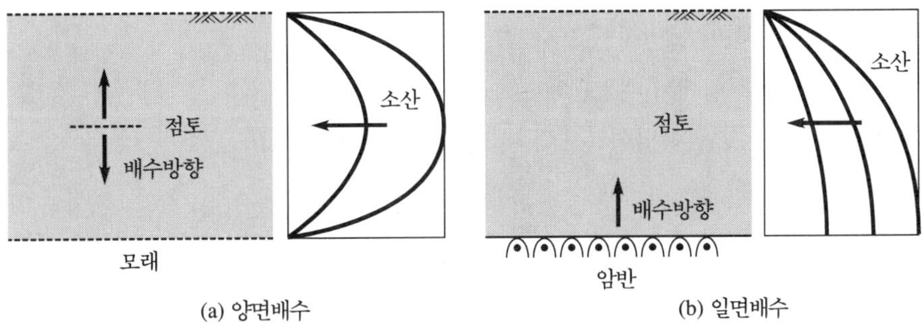

그림 5.23 배수조건에 따른 등시곡선

1.9.3 이용

1) 배수조건 판단 : 과잉간극수압이 소산되는 형태로부터 양면배수 또는 일면배수조건을 판단한다.
2) 압밀진행과정 파악 : 시공 시 간극수압계의 계측으로부터 지반의 압밀이 원활하게 진행되는 지의 여부를 파악한다.
3) 압밀도를 판단한다.

1.10 경시효과(Aging Effect), 의사(유사)선행압밀 효과

1.10.1 개요

1) 압밀항복응력이 선행압밀응력과 깊은 관계가 있는 것은 점토의 변형 경화현상에 의한 것이며, Desiccation, Cementation효과 및 경시효과와 관계된다.
2) 경시효과란 일정한 유효상재하중 하에서 시간이 지남에 따라 간극비가 줄어드는 현상을 말한다.

3) 실제 지질학적 연대를 거친 지반에 대한 점토의 압밀항복응력은 선행압밀응력이다. 이때의 압밀항복응력을 의사(유사)선행압밀응력이라고 하고, 의사(유사)선행압밀응력을 받은 점토를 고령 정규압밀점토(Aged NC Clay)라 한다.

1.10.2 경시효과의 발전과정

1) A → B구간 : 퇴적 및 자중압밀
  - B점 : Young NC Clay(압밀항복응력 =선행압밀하중)
2) B → C구간 : 경시효과에 의한 지연압밀
3) C점 : 시료를 채취하여 압밀시험을 시작하기 전 단계
4) C → E구간 : 압밀시험에서 재하단계(Loading)
  - D점 : Aged NC Clay(압밀항복응력 = 의사선행압밀하중)
5) E → F구간 : 제하단계
5) F → G구간 : 재재하단계

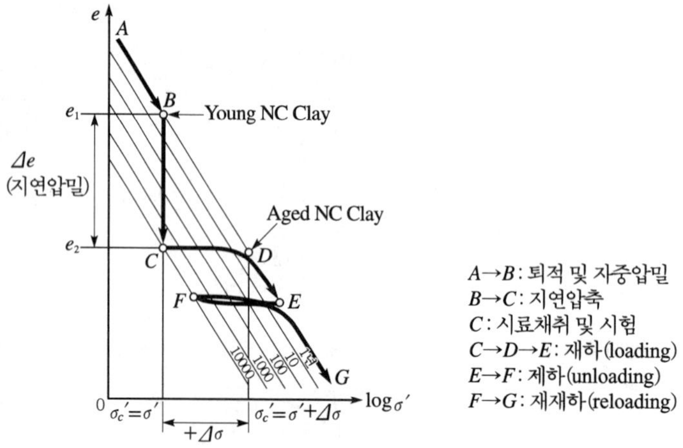

그림 5.24 경시효과 발전과정

1.10.3 결론

1) 경시효과는 간극비와 유효연직응력의 시간 의존적 관계 때문에 발생
2) 경시효과로 강도는 증대하고, 압축성은 감소함
3) 경시효과로 인해 발생하는 침하는 지연압밀(또는 2차 압밀)이라고 함
4) 경시효과는 소성지수가 큰 점토에서 영향이 큼

1.11 신생 및 고령 정규압밀점토

1.11.1 정의

(1) 신생 정규압밀점토(Young NC Clay)

1) 최근에 퇴적되어 자중압밀(1차압밀)이 완료된 점토
2) 유효상재응력 = 압밀항복응력 = 선행압밀응력

(2) 고령 정규압밀점토(Aged NC Clay)

1) 신생 정규압밀점토가 상재응력의 증가없이 오랜 세월의 경과(경시효과)로 지연압밀(2차압밀)이 발생하여 과압밀 거동을 보이는 점토
2) 압밀항복응력 = 의사선행압밀응력

1.11.2 고령 정규압밀점토 발생과정

1) 경시효과에 의해 과압밀 거동을 하는 점토를 Aged Normal Consolidated Clay라 하며 경시영향이 없는 점토를 Young Normal Consolidated Clay라 한다.
2) 경시점토는 유효상재응력 σ_0보다 선행압밀응력 σ_c가 크므로 $OCR = \dfrac{\sigma_c}{\sigma_0} > 1$이 된다.
3) 발생과정 : (신생)정규압밀토 → 2차 압밀진행(흙구조 변화, creep) → Aging Effect → 선행압밀응력 증가 → 고령 정규압밀점토

1.11.3 공학적 특성

1) 고령 정규압밀점토는 과압밀 거동을 보임 : OCR >1
   지질학적으로 오래되지 않은 정규압밀점토(Young NC Clay)의 압밀항복응력은 선행압밀응력과 거의 같으나, 지질학적으로 오래된 정규압밀점토(Aged NC Clay)의 압밀항복응력은 선행압밀응력 보다 크다.
2) 압축성 감소
3) 전단강도 증가
4) 경시효과는 토피하중제거와 같은 응력변화, 지하수위 강하후 수위회복 같은 간극수압 변화, 고결 등과 같이 과압밀 즉 선행압밀응력 발생원인이다.
5) 경시효과는 소성지수(Plasticity Index)가 큰 점토에서 영향이 크다.
6) 정규 압밀점토는 유효상재응력 σ_0와 선행압밀응력 σ_c가 거의 같아 OCR =1인 상태가 될 것이다.

2. 압밀시험

2.1 표준압밀시험

2.1.1 개요

압밀시험은 흙의 압밀특성을 파악하는 데 이용되는 토질정수를 구하는 시험이다. 이 시험에서 얻어지는 토질정수에는 Terzaghi의 1차원 압밀이론에 입각하여 압밀침하량을 구하기 위한 압축지수와 응력이력을 파악하기 위한 선행압밀하중, 그리고 압밀소요시간을 추정하는 데 필요한 압밀계수 등이 있다.

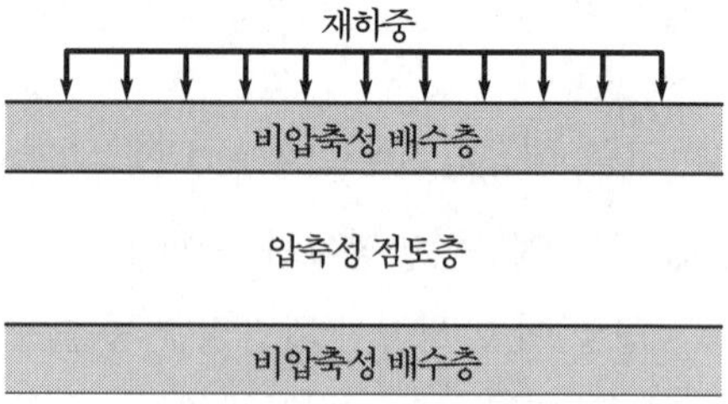

그림 5.25 정지상태압밀

2.1.2 기본원리

1) 반무한 평면에 하중이 작용하면 흙의 압축은 횡방향으로는 구속되어 변형이 일어나지 않고, 연직방향으로만 변형이 일어나는데 이러한 상태를 정지상태압밀(K_o압밀, 1차원 압밀)이라 한다.
2) 표준압밀시험은 이러한 1차원 압밀과정을 모식한 것이며 횡방향 구속을 위해 두꺼운 압밀링을 사용하고 양방향 배수가 가능하도록 상하부에 다공질판을 설치한다. 압밀링은 부동식과 고정식의 두 가지가 있는데, 부동식은 흙의 압축이 시료의 상하면에 발생하므로 고정식에 비해 측면 마찰이 적게 발생하는 장점이 있다.

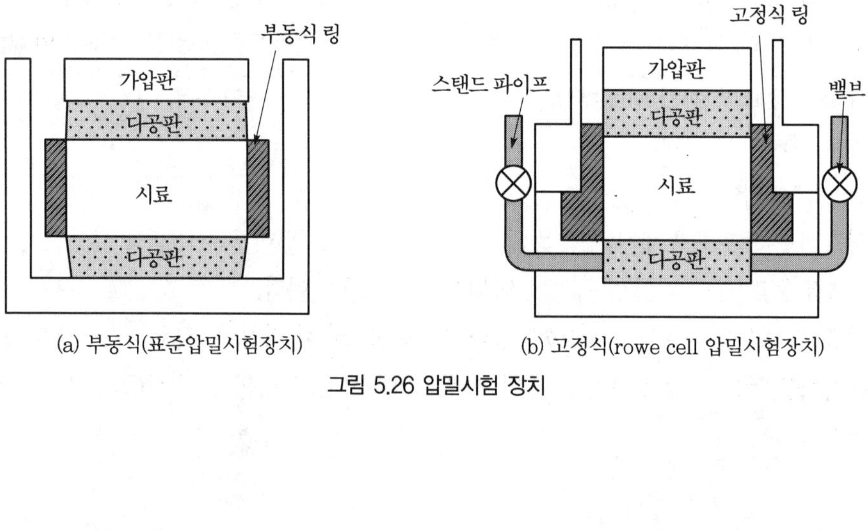

(a) 부동식(표준압밀시험장치)　(b) 고정식(rowe cell 압밀시험장치)

그림 5.26 압밀시험 장치

2.1.3 시험방법

1) 시료(D=60mm, H=20mm)를 압밀링에 넣어 압밀상자에 거치한다.
2) 표준압밀시험은 총 7~8단계로 이루어지며, 각 단계마다 24시간이 소요된다. 즉 압밀시험에 소요되는 총시간은 7~8일이다.
3) 하중은 각 단계마다 2배씩 증가시켜 가며 시험을 한다(하중증가비=1).
   → : 10, 20, 40, 80, 160, 320, 640, 1,280kPa(= 1.28MPa)의 순서로 하중을 가함
4) 최종단계(640kPa)의 압밀이 끝나면 재하를 풀어 Rebound량을 측정한다.
   (재압축 지수 C_r를 구하기 위함)
5) 각각의 단계하중에 대해 시간별 침하량을 기록하고, 단계별로 Reading한 최종침하량으로 e를 구한다.

$$e = \frac{H-H_s}{H_s}$$

6) $e-\log\sigma$곡선을 그려 C_c, C_r, σ_c를 구하고, 시간 – 침하량곡선($t-d$곡선)을 그려서 Cv를 구한다.

2.1.4 압밀시험 결과 이용

(1) 선행압밀응력 결정(σ'_c : Preconsolidation pressure)

$e-\log\sigma'$곡선에서 σ'_c값 선정하고 유효상재하중(σ'_0 : Overburden pressure)을 해당 심도에 대해 계산한다.

(2) 과압밀비 추정

과압밀비 $OCR = \frac{\sigma'_c}{\sigma'_o}$로 추정한다.

(3) 압밀상태 판단

1) $OCR=1$: 정규압밀, $OCR>1$: 과압밀, $OCR<1$: 압밀진행 중
2) $OCR=0.8\sim1.5$는 정규압밀로 취급
   Clemence와 Finber(1980)는 과압밀비가 0.8~1.5 범위에 있는 경우도 정규압밀 영역에 있다고 간주하였다.

(4) 압밀침하량 계산

1) 정규압밀 $S_C = \dfrac{C_c}{1+e} H \log \dfrac{\sigma'_o + \Delta\sigma'}{\sigma'_o}$ (5.23)

2) 과압밀 $\sigma'_0 + \Delta\sigma' \leq \sigma'_c : S_C = \dfrac{C_r}{1+e} H \log \dfrac{\sigma'_o + \Delta\sigma'}{\sigma'_o}$ (5.24)

$\sigma'_0 + \Delta\sigma' > \sigma'_c : S_C = \dfrac{C_r}{1+e} H \log \dfrac{\sigma'_c}{\sigma'_0} + \dfrac{C_c}{1+e} H \log \dfrac{\sigma'_0 + \Delta\sigma'}{\sigma'_c}$ (5.25)

3) 과소압밀 $S_C = \dfrac{C_c}{1+e} H \log \dfrac{\sigma'_0 + \Delta\sigma'}{\sigma'_c}$ (5.26)

4) 체적변화계수 이용 $S = m_v \Delta\sigma' H$

(5) 압밀소요시간계산 : $t = \dfrac{T_v H^2}{C_v}$ (5.27)

여기서, T_v : 압밀도에 따른 시간계수, H : 배수거리

(6) 투수계수 간접계산 : $K = c_v \cdot m_v \cdot \gamma_v$ (5.28)

(7) 2차 압밀 침하량 : $S = \dfrac{C_\alpha}{1+e_p} H \log \dfrac{t_2}{t_1}$ (5.29)

2.1.5 압밀시험에 영향을 미치는 요소(압밀시험의 문제점)

(1) 시료교란 영향

1) 압밀시험에 사용되는 공시체는 아무리 세심한 주의를 기울여도 시료채취(Sampling), 시료운반 및 공시체 제작(trimming) 과정에서 불가피하게 생기는 교란현상을 막을 수 없다.

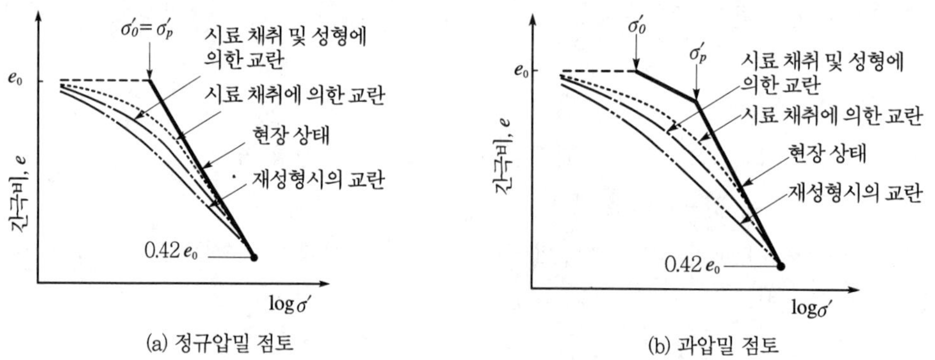

그림 5.27 시료 교란에 의한 영향

2) 시료교란이 심할수록 압밀시험에서 얻은 처녀압밀곡선의 기울기는 완만해 진다.
→ 즉, C_c 감소, C_r 증가, σ'_c 감소
3) 대책 : 보링(Boring) 기계의 개량과 시료 운반 및 성형 시 세심한 주의가 요구된다.

(2) 압밀링의 측면마찰

1) 압밀시험 시 압밀링과 시료측면의 경계부분에서 측면마찰이 생긴다.
2) 링의 측면마찰 때문에 실제 가한 하중보다 작은 하중이 시료에 작용하므로 보정곡선이 왼쪽으로 이동한다.
3) 시료 높이에 대한 직경의 비가 D/H = 3~4인 시험장치에서 시료에 작용하는 하중은 재하중의 약 95%이므로 큰 영향은 없으나, 제하시(Unloading)에는 압밀에 의해 정지토압계수(K_o)가 증가하여 마찰이 커지므로 팽창량은 작아진다.
4) 대책 : 측면마찰을 줄이기 위해 링에 구리스 등을 바른다.

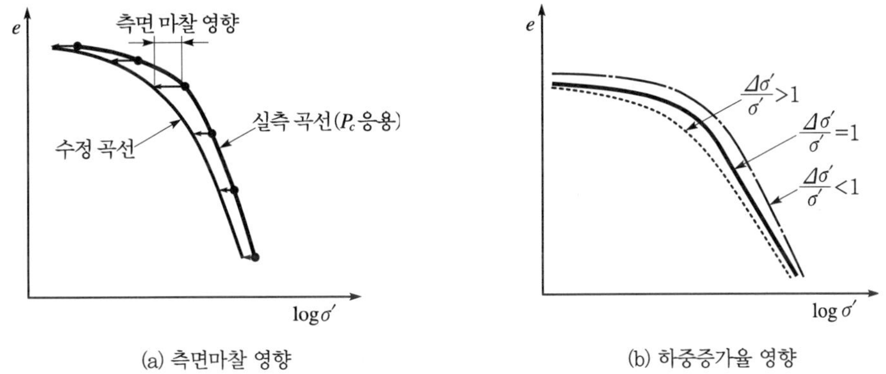

그림 5.28 측면 마찰 및 하중증가율 영향

(3) 하중증가율($\Delta\sigma'/\sigma'$)

1) 표준압밀시험의 경우 하중증가율($\frac{\Delta\sigma'}{\sigma'}$)을 1로 하고 있다.
(→ 단계별 하중 : 10, 20, 40, 80, 160, 320, 640, 1280kPa)
2) 하중증가율이 작은 경우 점토입자가 평행상태로 재배열되는 능력이 감소하여 하중증가율이 큰 경우보다 작은 변위량이 나타난다.
3) 하중증가율을 증가시키면 1차 압밀비는 커지고 1차 압밀시간은 짧아지며, 2차 압밀계수는 작아진다.

(4) 재하시간 변화

1) 표준압밀시험에서는 각 하중단계를 24시간으로 하고 있다.
2) 24시간 경과 후 다음 하중을 가하지 않으면 2차 압밀이 계속 진행되고 침하량은 24시간의 침하량보다 크며, 선행압밀응력이 변화한다.

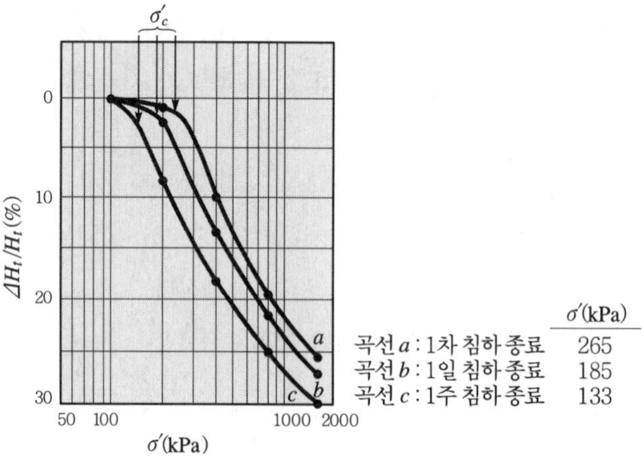

그림 5.29 재하기간의 영향

(5) 온도영향

1) 온도가 증가할수록 총압밀량에 대한 2차 압밀 비율 증가한다.
2) 현장 온도와 실험실 온도가 다를 때 압밀계수 보정한다.
3) 점토 입자는 물리, 화학적으로 결합하여 흡착수 층에 둘러싸인 한편 흡착수의 결합력은 온도의 영향을 받아 온도가 올라가면서 약해지므로 일정한 응력을 받는 상태에서는 온도가 상승하면 점토입자가 접근해서 간극비가 감소한다.

2.1.6 실무적용 시 유의사항

1) 압밀링의 측면마찰보정, 재하시간 길수록, 하중증가율이 증가할수록 e-logσ'곡선은 왼쪽으로 이동되며, C_c, σ'_c, C_v 값 등이 적게 평가된다.
2) 그에 따라 침하량 과소평가, 과압밀비 적게산출, 침하시간은 길게 산정되므로, 실내시험 시 교란의 최소화, 정밀조사, rowe cell시험 등을 통하여 보다 신뢰적인 지반정수의 산정이 필요하다.
3) 지반정수 산정시 실내시험과 현장시험의 상관성을 분석하여 과소 및 과대평가되지 않도

록 주의가 요구된다.

4) 지반조사, 설계, 시공 등 모든 과정이 중요함을 인식하고, 성실한 조사, 사례분석, 정보화 시공(정밀시공) 등을 통한 기술적 발전이 필요하다.

2.2 간극비-하중곡선

압밀시험으로부터 얻는 대표적인 결과는 간극비-하중곡선과 시간-침하량곡선이다. 간극비-하중곡선으로는 응력이력상태를 파악하기 위한 선행압밀하중과 압밀침하량을 구하기 위한 압축지수 및 팽창지수를 구할 수 있고, 시간-침하량곡선으로는 압밀계수를 구해서 압밀소요시간을 추정할 수 있다.

2.2.1 간극비 계산

간극비-하중곡선을 작도하기 위해서는 먼저 각 단계별 하중에 대한 간극비를 계산해야 한다. 공시체의 직경(즉 단면적 A), 압밀 전 공시체의 두께 H_o는 이미 알고 있고, 마지막 단계의 압밀시험이 끝나면 공시체를 건조시켜 W_s와 비중 G_s를 측정한다.

1) $e-\sigma'$곡선 : $a_v \rightarrow$ 압밀침하량 산정

2) $\varepsilon_v-\sigma'$곡선 : $m_v \rightarrow$ 압밀침하량 산정

3) $e-\log\sigma'$곡선 : C_c, $C_r \rightarrow$ 압밀침하량 산정, $\sigma'_c \rightarrow$ OCR $\rightarrow$ 흙의 응력이력 파악

(1) 압밀전 토립자만의 두께(H_s) 및 초기간극비(e_o)

$$\gamma_s = \frac{W_s}{V_s} = \frac{W_s}{H_s \cdot A} = G_s\gamma_w$$

$$H_s = \frac{W_s}{G_s\gamma_w A}\text{(불변값임)}$$

$$\therefore e_o = \frac{V_v}{V_s} = \frac{H_vA}{H_sA} = \frac{H_v}{H_s} = \frac{H_o - H_s}{H_s} \tag{5.30}$$

(2) 각 단계별 간극비

제 1단계 하중 10kPa으로 24시간 압밀완료 시킨 상태의 침하량 ΔH_1이라면

시료의 두께 $H_1 = H_o - \Delta H_1$

$$e_1 = \frac{H_1 - H_s}{H_s} = \frac{(H_o - \Delta H_1) - H_s}{H_s} = \frac{H_o - H_s}{H_s} - \frac{\Delta H_1}{H_s}$$

$$= e_o - \frac{\Delta H_1}{H_s} \tag{5.31}$$

제 2단계에서의 침하량이 ΔH_2이라면 시료의 두께 $H_2 = H_1 - H_2$

$$e_1 = \frac{H_2 - H_s}{H_s} = \frac{(H_1 - \Delta H_2) - H_s}{H_s} = \frac{H_1 - H_s}{H_s} - \frac{\Delta H_2}{H_s}$$

$$= e_1 - \frac{\Delta H_2}{H_s} \tag{5.32}$$

이와 같이 각 단계하중에 대하여 간극비 e_3, e_4, e_5, e_6을 구할 수 있다.

제 7단계 하중 640kPa에서 침하량이 ΔH_7이라면

$$e_7 = e_6 - \frac{\Delta H_7}{H_s}$$

2.2.2 간극비-하중곡선 작도

모든 하중(10, 20, 40, 80, 160, 320, 640kPa)에 대하여 압밀완료 후의 간극비를 구하면 총 7쌍의(e, σ')가 구해지는데 이를 이용하여 간극비-하중곡선을 그린다.

(1) e-σ'곡선과 ε_v-σ'곡선

압밀시험결과는 각 하중단계의 압밀량을 간극비의 변화로 나타내는 방법과 연직방향 변형률로 나타내는 두 가지 방법이 있으나, 실제로는 전자인 간극비의 변화로 나타내는 방법이 많이 사용된다.

1) e-σ'곡선

e-σ'곡선의 기울기를 압축계수 a_v라 하며, 침하량과 투수계수를 구할 때 사용한다.

$$a_v = \frac{\Delta e}{\Delta \sigma'} = \frac{e_1 - e_2}{\sigma'_2 - \sigma'_1} \tag{5.33}$$

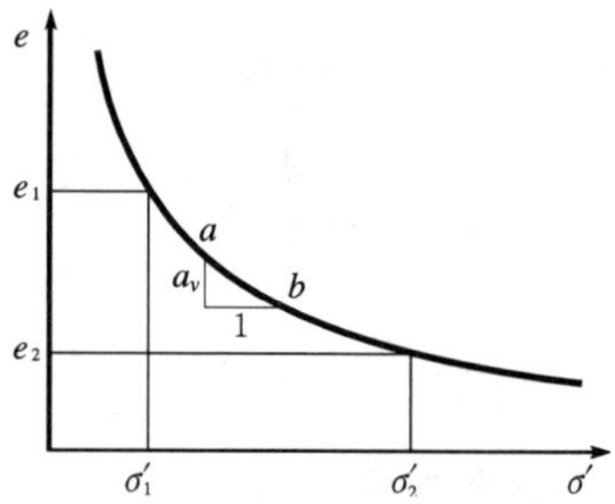

그림 5.30 압축계수

2) ε_v-σ'곡선

ε_v-σ'곡선의 기울기를 체적변화계수 m_v라 하며, 침하량과 투수계수를 구할 때 사용한다.

$$m_v = \frac{\Delta \varepsilon_v}{\Delta \sigma'} = \frac{\varepsilon_1 - \varepsilon_2}{\sigma'_2 - \sigma'_1} \tag{5.34}$$

※ a_v와 m_v의 상관관계

$$\Delta \varepsilon_v = \frac{\Delta H}{H} = \frac{\Delta V}{V} = \frac{\Delta e}{1+e_0}$$ 이므로

$$m_v = \frac{\Delta \varepsilon_v}{\Delta \sigma'} = \frac{1}{\Delta \sigma'} \times \frac{\Delta e}{1+e_0} = \frac{a_v}{1+e_0}$$

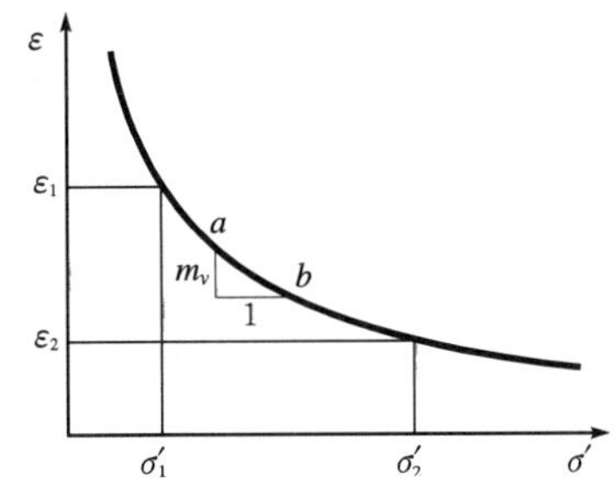

그림 5.31 체적변화계수

→ Terzaghi 1차원 압밀이론에서는 압밀이 진행되는 동안 m_v가 항상 일정하다고 가정하였으나, 실제는 시간이 경과할수록 m_v는 점점 감소하게 되며, 또한 어떤 흙에 대한 m_v의 값은 일정한 값이 아닌 압밀압력의 크기에 따라 달라지는 값임에 유의하여야 한다(계수와 지수의 차이점을 이해할 것).

(2) $e - \log\sigma'$곡선

간극비(e)와 압밀하중(σ')의 관계는 그림 5.30의 $e - \sigma'$곡선과 같이 비선형으로 나타나 해석이 곤란하므로 해석의 편의를 위해 σ'에 상용대수(log)를 취해(정규화해서) 압밀정수($C_{c'}$, C_r, σ'_C)를 구하고 있다.

그림 5.32의 A점은 현장의 응력상태를 나타내고 있으며, 시료를 샘플링하게 되면 응력의 해방으로 인해 B지점으로 이동하게 된다. 실내에서 다시 압밀시험을 실시하게 되면 C곡선을 얻을 수 있는데, C곡선에서 현장의 응력 상태였던 A지점까지는 곡선의 형태를 나타내게 되고 이를 지나면 흙 시료가 경험해 보지 않았던 응력을 경험하게 되는 것으로 직선의 형태를 나타내게 되며 이 직선부분을 처녀압축곡선(Virgin Compression Curve)이라 하고 이때의 기울기가 압축지수(C_c)이다.

실내의 처녀압축곡선은 시료의 추출과 시험과정에서 발생하는 교란의 효과로 인해 그림에서와 같이 현장의 처녀압축곡선보다 기울기가 작아지게 되어 교란이 심한 경우 선행압밀하중의 결정이 어려워지게 된다.

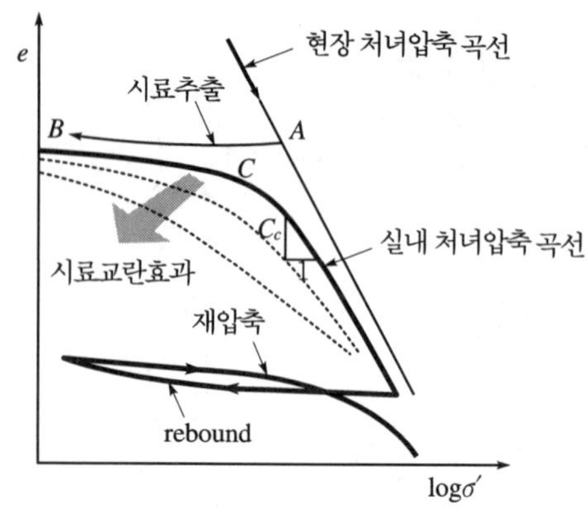

그림 5.32 e − logσ′곡선

2.2.3 $e - \log\sigma'$곡선으로부터 구할 수 있는 압밀정수

(1) 선행압밀응력

흙은 완전탄성체가 아니므로 과거에 작용했던 응력에 대해 일종의 기억능력을 소유하고 있는데, 이중 과거에 경험한 최대응력을 선행압밀응력이라 하고, 현재 받고 있는 응력을 유효상재응력이라 한다. 그림 5.33의 A점에 작용하는 유효상재응력은 $\sigma'_o = \gamma_t h_1 + \gamma' h_2$로 산정할 수 있고, 선행압밀응력은 압밀시험을 실시해서 산정하게 된다.

1) 유효상재응력 계산

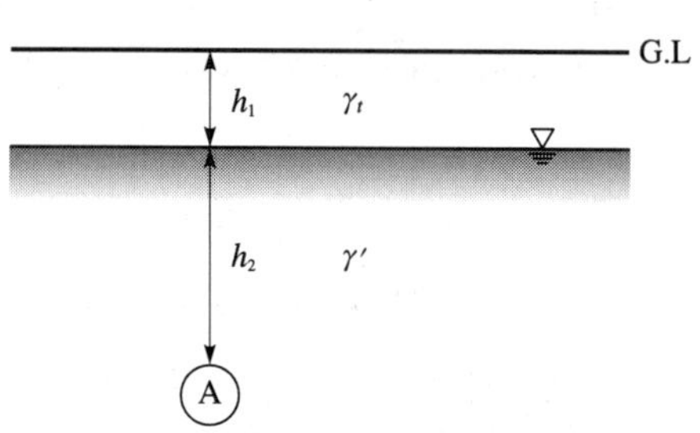

※ $\sigma'_o = \gamma_t h_1 + \gamma' h_2$

그림 5.33 유효상재응력 계산

2) 선행압밀응력의 결정(Casagrande의 방법)

① $e-\log\sigma'$곡선에서 곡률이 최대인 점(*A*)를 찾는다.

② *A*점에서 수평선(*L*)과 접선(*M*)을 긋는다.

③ *L*과 *M*의 이등분선(*N*)을 긋는다.

④ 처녀압밀곡선의 연장선(*O*)과 *N*선의 교점 *B*에서 수직선을 내려 $\log\sigma'$축과 만나는 점이 구하고자 하는 선행압밀응력이다.

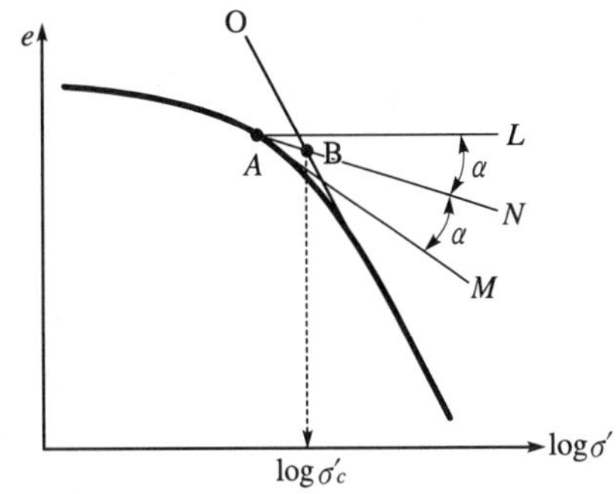

그림 5.34 선행압밀하중 산정방법

Schmertmann 방법

1) 먼저 Gw = se 식을 이용해서 초기간극비(e_0)를 산정하고, 대상지층의 유효상재응력(σ'_0)을 결정한다.

2) Casagrande(1936)방법으로 압밀곡선을 작도해서 선행압밀응력을 산정한다.

3) 그 다음 보정 압밀곡선을 그린다(후술하는 "4. 현장상태에 대한 압밀곡선의 보정방법" 참조).

4) 보정된 곡선에서 얻어진 간극비와 실내압밀시험에서 얻어진 간극비의 차이를 여러개 산정해서 $\Delta e-\log\sigma'$곡선을 그린다.

5) $\Delta e-\log\sigma'$곡선상에서 대칭을 이루는 위치의 압밀응력을 선행압밀응력으로 결정한다.

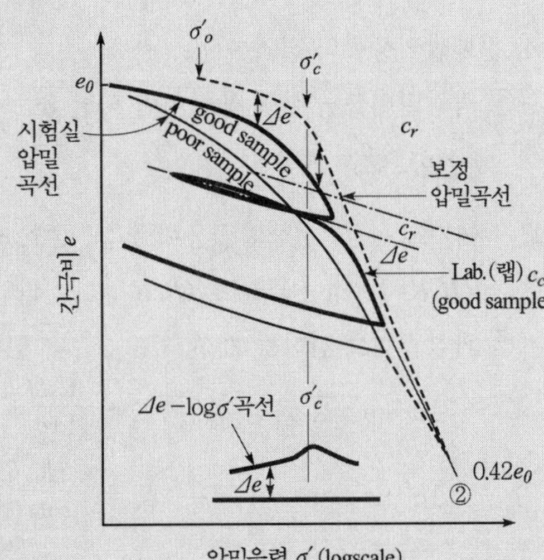

그림 5.35 압밀응력과 간극비 관계에서 σ'_c구하는 법

※ Casagrande(1936)방법보다 Schmertmann 방법으로 산정된 선행압밀응력이 다소 크게 평가되는 것으로 나타났다.

3) 과압밀비(*OCR*)

① 선행압밀응력에(σ'_c)에 대한 유효상재응력(σ'_o)의 비를 과압밀비라 한다.

$$OCR = \frac{\sigma'_c}{\sigma'_o}$$

② 압밀상태(응력이력) 판단

- $OCR = 1$: 정규압밀토
- $OCR > 1$: 과압밀토

- $OCR < 1$: 과소압밀(압밀진행중)

③ 과압밀 원인(선행압밀응력의 발생원인)

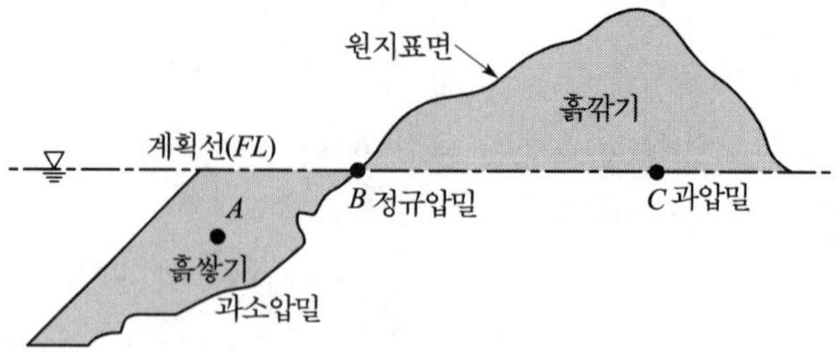

그림 5.36 지반의 응력이력상태

4) 선행압밀응력의 결과 이용

① 과압밀비를 구하여 응력이력 파악

$$OCR = \frac{\sigma'_c}{\sigma'_o}$$

여기서, σ'_c : 선행압밀응력, σ'_o : 유효연직응력

(OCR=1 : 정규압밀토, $OCR > 1$: 과압밀토, $OCR < 1$: 과소압밀)

② 과압밀점토 침하량 계산

- $\Delta\sigma' + \sigma'_o \le \sigma'_c$인 경우 : $S_c = \dfrac{C_r H}{1+e_o} \log \dfrac{\sigma'_o + \Delta\sigma'}{\sigma'_o}$

- $\Delta\sigma' + \sigma'_o > \sigma'_c$인 경우 : $S_c = \dfrac{H}{1+e_o} \left(C_r \log \dfrac{\sigma'_c}{\sigma'_o} + C_c \log \dfrac{\sigma'_o + \Delta\sigma'}{\sigma'_c} \right)$

표 5.7 과압밀의 원인

구 분	과압밀 원인
전응력의 변화	토피하중의 제거 구조물의 제거 빙하의 후퇴
간극수압의 변화	피압이 없다가 생김 심정 양수 후 수위회복 건조에 의한 증발산 식물에 의한 증발산 지하수위의 변화(하강 후 → 재상승)
흙구조의 변화	2차 압밀침하(Aging Effect, 지연압밀, Creep)
환경변화	pH, 온도, 염기
물리, 화학적 변화	풍화작용(단위중량 감소), 강우, 응고물질의 침전, 이온의 교환,

(2) 압축지수(Compression Index, C_c)

1) 개요

압밀응력이 선행압밀응력 σ'_c보다 커지면 정규압밀상태가 되어 $e-\log\sigma'$곡선은 직선이 된다. 이 때의 직선을 처녀압밀곡선이라고 하고, 이 직선의 기울기를 압축지수라 한다. 즉, 압축지수(C_c)는 $e-\log\sigma'$곡선에서 선행압밀응력 이후 직선부분의 기울기이다.

2) 압축지수를 구하는 방법

① 압밀시험에 의한 방법

$e-\log\sigma'$곡선에서 처녀압밀곡선의 기울기를 말하며, 무차원 값이다.

$$C_c = \frac{e_1 - e_2}{\log_{10}(\sigma'_2/\sigma'_1)} = \frac{\Delta e}{\Delta \log_{10}\sigma'} \tag{5.35}$$

② 경험식에 의한 방법

- 액성한계를 이용한 방법(Skempton)

  불교란 시료 : $C_c = 0.009(LL-10)$ (5.36)

  교란시료 : $C_c = 0.007(LL-10)$ (5.37)

- 간극비를 이용한 방법 : $C_c = 1.15(e_o - 0.35)$ (5.38)

  여기서, e_o : 지반의 초기간극비

- 함수비를 이용한 방법 : $C_c = \dfrac{w_n}{100}$ (5.39)

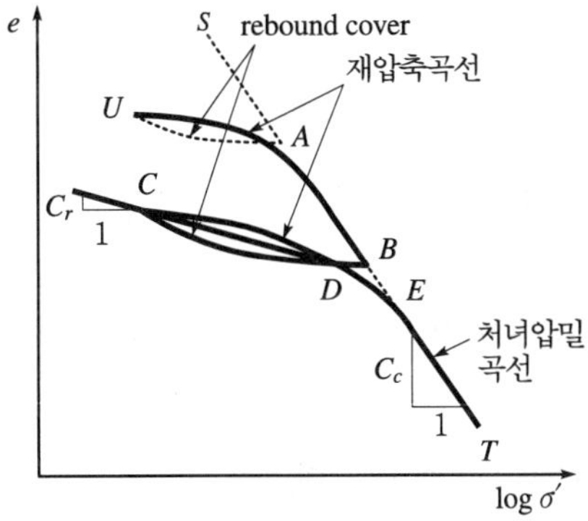

그림 5.37 압축지수 결정방법

3) 결과의 이용

① 압밀침하량 산정 : $S_c = \dfrac{C_c}{1+e_0} H \cdot \log\dfrac{\sigma'_0 + \Delta\sigma'}{\sigma'_0}$

② 팽창지수(C_r) 추정 : C_r=(5~10%)C_c

(3) 팽창지수 또는 재압축지수(C_r)

1) 정의

압밀시험 과정에서 응력을 제하했다가 재재하 하면 그림 5.37과 같은 재압축곡선을 얻을 수 있다. 이 곡선의 기울기를 재압축지수 C_r라 한다.

$$C_r = \frac{e_1 - e_2}{\log_{10}(\sigma'_1 - \sigma'_2)} = \frac{\Delta e}{\Delta \log_{10}\sigma'} \tag{5.40}$$

2) 특징

① 팽창지수는 일반적으로 압축지수보다 작으며 팽창가능성이 매우 높은 일부를 제외하고는 대부분 압축지수의 1/5~/10의 값을 갖는다.

② 팽창지수(C_s)는 압밀시험에서 팽창시 $e-\log\sigma'$의 기울기이며, 일반적으로 재압축시의 기울기인 재압축지수(C_r)와 같다.

③ C_r은 소성이 크고 과압밀비가 크면 그 값이 적어진다.

④ C_r은 시료의 교란과 선행압밀응력의 크기에 무관하게 일정한 값을 가진다.

(4) 결론

1) C_c의 값은 흙이 연약할수록 크고 견고할수록 작다

2) 점토가 모래보다 더 크다.

3) 시료가 교란되면 압축지수는 작게 구해지고, 재압축지수는 크게 구해진다.

4) 일반적으로 점토의 압축지수는 0.2~0.9의 값을 가지며, 예민비가 큰 점토의 압축지수는 1보다 큰 값을 가진다.

5) 압축지수와 팽창지수는 압밀에 의한 압밀침하량을 계산하는 데 필요한 상수이다.

2.2.4 현장상태에 대한 압밀곡선의 보정방법

(1) 실내 압밀곡선을 보정해서 사용해야 하는 이유

1) 압밀시험은 흙의 압밀특성을 파악하기 위하여 실시하며, 압밀시험결과인 압밀곡선을 통하여 얻어지는 주요 파라미터는 선행압밀응력과 압축지수이다.

2) 압밀시험에 사용하는 공시체는 아무리 세심한 주의를 기울여도 시료채취, 시료운반 및

공시체 제작, 응력해방 등으로 인하여 교란이 불가피하여 정확한 선행압밀응력과 압축지수를 얻을 수 없다.

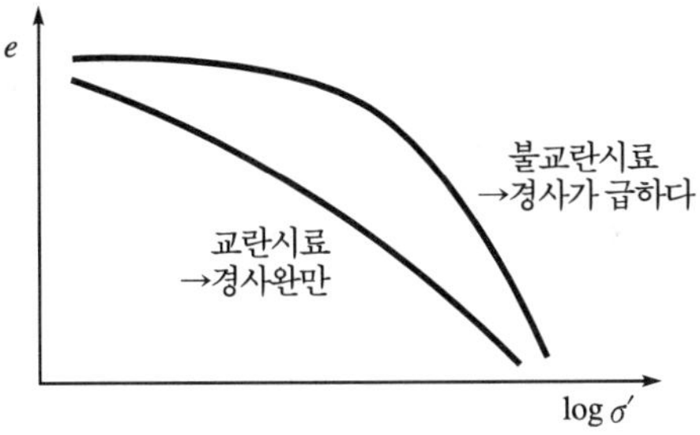

그림 5.38 교란 및 불교란 시료 $e-\log\sigma'$곡선 차이

3) 따라서, 정확한 원위치 압밀곡선을 얻기 위해서는 실내 압밀시험에서 구한 압밀곡선을 보정해 주어야 한다.

(2) Schmertmann의 보정방법

Schmertmann은 다음과 같이 정규압밀, 과압밀 점토에 대한 현장의 처녀곡선의 보정방법을 제시하였다.

1) 보정을 위한 Schmertmann의 2가지 기본과정

① 원지반의 처녀압밀곡선은 시험실 간극비-응력곡선과 반드시 교차하며, 모든 곡선이 초기 간극비의 0.42배에 해당되는 위치에서 만나게 된다.

② 선행압밀응력 보다 높은 압밀압력 단계에서 제하할 경우, 시료의 교란정도와 선행압밀응력의 크기에 무관하게 어느 응력단계에서도 동일한 재압축지수(C_r)가 산정된다.

2) 정규압밀 점토 보정

① 초기간극비(e_0)의 수평선과 선행압밀응력(σ'_c)에서 올린 연직선이 만나는 교점 B를 결정

② $0.42e_0$지점에서 현장압밀곡선과 시험실곡선이 만나는 교점 C를 결정

③ 점(B)와 점(C)를 직선으로 연결하면 이것이 현장상태의 처녀압밀곡선 임

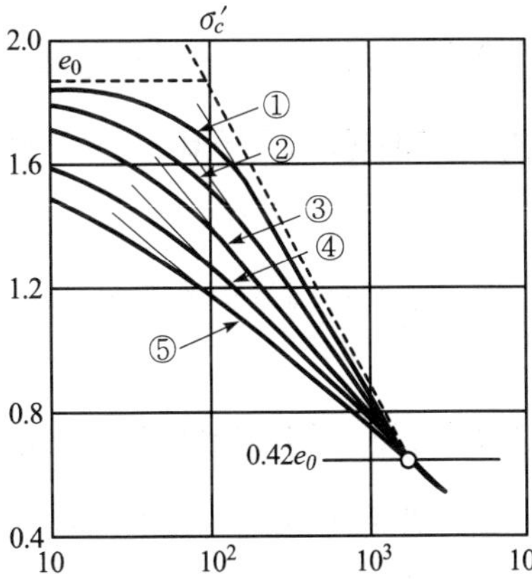

그림 5.39 교란정도에 따른 압밀곡선의 변화

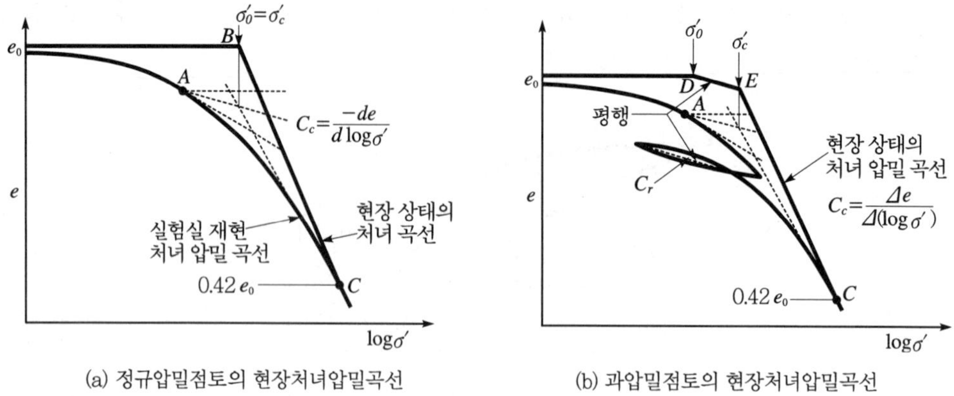

(a) 정규압밀점토의 현장처녀압밀곡선 (b) 과압밀점토의 현장처녀압밀곡선

그림 5.40 현장처녀압밀곡선

3) 과압밀 점토 보정

① 초기간극비(e_0)의 수평선과 유효상재응력(σ'_0)에서 올린 연직선이 만나는 점 D를 결정

② D점에서 재압축곡선의 기울기(C_r)와 평행하게 그은 선과 선행압밀응력의 연직선이 만나는 교점 E를 결정

③ $0.42e_0$지점에서 현장압밀곡선과 실험실곡선이 만나는 교점 C를 결정

④ C점과 E점을 연결한 선이 현장상태의 처녀압밀곡선 임

(3) 결론

교란의 정도가 클수록 압밀시험에서 얻은 처녀압밀곡선의 기울기가 감소한다. 따라서 실제 현장상태에서 처녀압밀곡선의 기울기는 실험실에서 구한값 보다 약간 크다.

2.3 지반의 간극비보다 압밀시험 간극비가 아래에 위치하는 이유

2.3.1 지반중의 간극비보다 압밀시험결과로 얻어지는 간극비가 아래에 위치하는 원인

1) 샘플링 또는 압밀시험 공시체 성형시의 기계적 교란에 의한 점토골격구조의 저하

2) 지중에서 채취되어 구속압에서 해방된 후, 팽창과 재압밀에 의한 반복압밀효과

2.3.2 일반적인 압밀시험 문제점

1) 지반 중에서 채취한 불교란 점토시료는 상재압의 해방에 의해 연직방향으로 늘어나는 동시에 수평방향으로 수축한다(이방상태가 됨).

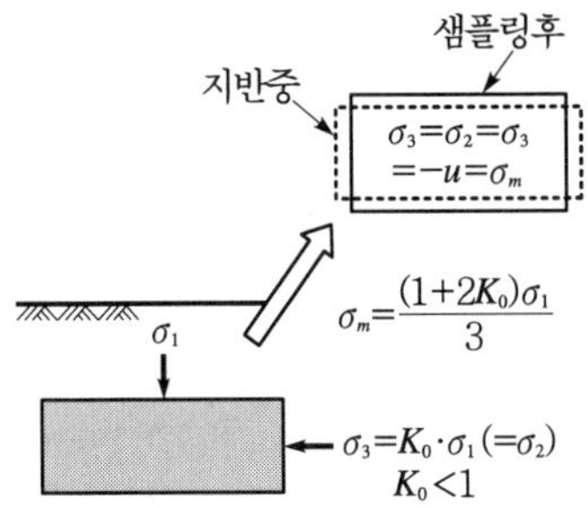

그림 5.41 응력해방에 의한 시료의 이방적 변형

2) 일반적인 압밀시험 공시체는 이러한 변형상태를 그대로 유지하여 압밀링과 같은 크기로 넣어지기 때문에 압밀응력을 받았을 때의 응력상태는 원지반중에서와 명확하게 다르며 또한 수평응력이 크다

3) 따라서, 압밀항복응력에 해당하는 응력에 재하되었을 때 평균주응력이 커져 압축량이 증가하므로 압밀시험에서 얻어지는 $e-\log\sigma'$곡선은 원지반의 $e-\log\sigma'$곡선 보다도 반드시 아래에 위치하게 되며 결국 원지반의 압밀거동을 나타내지 못하게 된다.

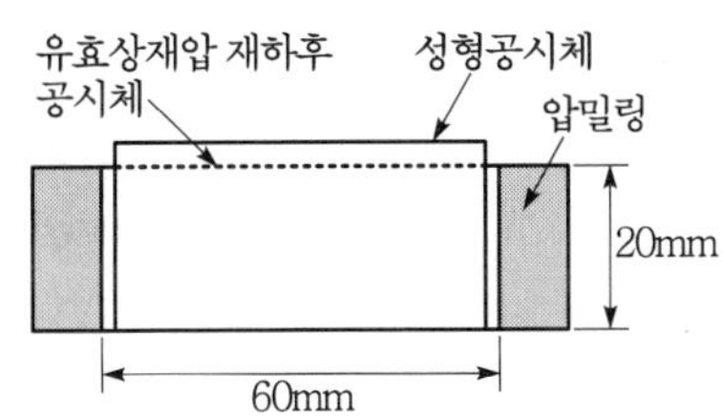

그림 5.42 원지반의 압밀거동을 재현하기 위한 압밀시험 공시체

2.3.3 원위치 압밀거동을 직접 구하는 압밀시험방법

(1) 압밀시험 공시체 제작 방법

1) 압밀거동을 실내시험에서 직접 구하기 위해서는 응력해방에 의해 이방적으로 변형된 시료의 연직방향의 신장량 또는 수평방향 수축량 측정결과를 통해 시료의 연직변형량을 고려한 공시체를 성형하여 압밀시험을 실시하면 된다

2) 즉, 압밀링 내경보다 약간 작고, 높이가 약간 큰 공시체를 사용하여 지반중의 유효상재압이 재하되었을 때 비배수변형으로 압밀링 내벽에 밀착하듯이 압밀링내에서 지반중의 상태로 되돌려주는 시험을 실시하면 된다.

(2) 비등방 압밀

1) 기계적 교란, 응력해방 등으로 응력변화가 발생된 시료를 현장응력조건으로 비등방 압밀함
2) 비등방으로 하기 위해서는 정지토압계수(K_o)를 알아야 하는 문제가 있음
3) K_o값을 구하기 힘든 경우 등방압밀을 할 수 있으며, 수직응력의 약 60% 수준의 등방압밀을 적용함

(3) $e-\log\sigma'$곡선 보정방법 : Schmertmann의 방법으로 압밀곡선을 보정

2.4 시간-침하량곡선

2.4.1 개요

1) 지반의 압밀침하속도(압밀소요시간)을 구하기 위해서는 압밀계수(c_v)의 값을 알아야 하는데, 압밀계수는 압밀시험결과중 시간-침하량곡선으로부터 구할 수 있다.
2) 시간-침하량곡선은 매 응력단계마다 그릴 수 있으므로 압밀계수값 역시 매 응력 단계마다 하나씩 구할 수 있다. 만약 압밀시험을 7단계로 실시하였다면 7개의 c_v값이 얻어지는데 응력의 크기에 따라 값이 달라짐에 유의하여야 한다.
3) 압밀계수(Coefficient of consolidation)는 지반의 압밀침하에 소요되는 시간을 추정하는 데 쓰이는 값이며, 단위는 cm^2/sec 또는 m^2/year를 사용한다.

2.4.2 압밀계수 결정방법

(1) 압밀시험에 의한 방법

압밀시험결과로부터 매 응력단계의 압밀계수 c_v값을 결정하는 방법에는 여러 가지가 있으나 전통적으로 가장 많이 쓰이는 방법은 Taylor가 제안한 $\sqrt{t}$ 법과 Casagrande 등이 제안한 $\log t$ 법이다.

1) $\log t$ 법

① 세로축에 침하량을 가로축에 시간(대수 눈금)을 잡아 측정결과를 그린다.

② 이 곡선의 중간 부분과 마지막 부분은 대략 직선이 되는데, 이 직선의 연장선의 교점을 d_{100}으로 정한다.

③ 대수눈금에서는 $t=0$인 점을 나타낼 수 없으므로 곡선의 처음 부분은 포물선이 된다고 가정하여 $t=0$ 되는 보정영점 d_s를 결정한다. 곡선에서 시간 t_1분의 다이얼 읽음 d_{s1}과 시간 $4t_1$분의 다이얼 읽음 d_{s2}를 결정하고, 이 들의 차 Δd_s 만큼 위쪽으로 수평선을 그

어 세로축과 만나는 보정영점 d_s를 결정한다. 이때 t_1을 정하기가 쉽지 않으므로 보통 t_1= 1분으로 한다.= $d_{s2}- d_{s1}= d_{s1}- \Delta d_s$

④ d_s와 d_{100}사이의 중간 값이 $d_{50}= (d_s= d_{100})/2$이므로, 이 값에 대응하는 시간 t_{50}을 결정한다.

⑤ 압밀계수(c_v)는 다음 식으로부터 구할 수 있다.

$$c_v = \frac{T_{50} H^2}{t_{50}} = \frac{0.197H^2}{t_{50}} \text{(Casagrande법)}$$

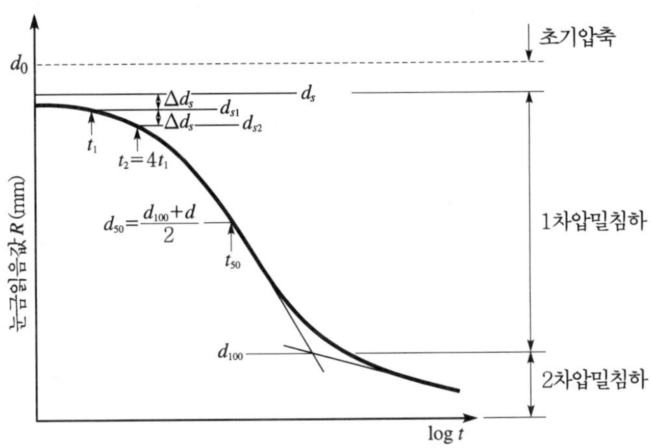

그림 5.43 log t법에 의한 압밀계수 결정

2) $\sqrt{t}$ 방법

① 세로축에 변형량, 가로축에 소요시간의 제곱을 잡아 측정 결과를 Plotting한다.

② 먼저 이 곡선의 직선 부분을 연장하여 세로축과 만나는 점을 초기치 d_o라 하고, 이점으로부터 실측 직선부 기울기의 1/1.15배 되는 기울기로 선을 그려서 실측곡선과 만나는 점을 90%압밀이 일어난 d_{90}으로 한다.

③ d_{90}에 해당하는 시간 t_{90}을 구한다.

④ 압밀계수 c_v는 다음 식으로 구한다.

$$c_v = H^2 \frac{T_{90}}{t_{90}} = \frac{0.848H^2}{t_{90}} \tag{5.41}$$

여기서, T_{90} : 90% 압밀도에 해당하는 시간계수

H : 배수거리로 1면 배수일 때에는 시료의 전체 두께를 취하고, 양면배수일 때에는 시료 두께의 절반을 취한다.

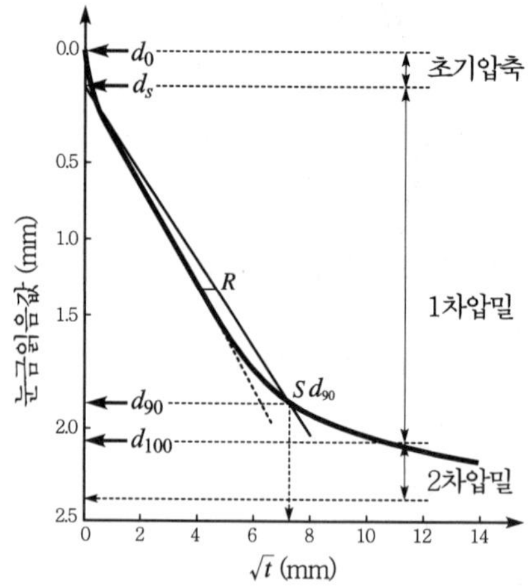

그림 5.44 $\sqrt{t}$ 법에 의한 압밀계수 결정

3) 결론

① 정규압밀점토의 경우 $\log t$법으로 구한 c_v값이 $\sqrt{t}$ 법으로 구한 c_v값보다 더 작으며, $\log t$법이 실제와 더 잘 맞는 것으로 평가받고 있으나 정설은 아니다.

② 압밀계수는 각 단계의 압밀응력마다 1개씩 측정되는데 그 값들이 압밀응력에 따라 다르다.

설계 c_v값 결정

(1) 설계에서 사용되는 c_v는 압밀시험에서 구한 각 하중과 c_v의 관계를 양대수용지에 plot후 그림과 같이 설계곡선을 정하고 이로부터 $\sigma'_0+\dfrac{\Delta\sigma'}{2}$에 대한 c_v값을 구한다.

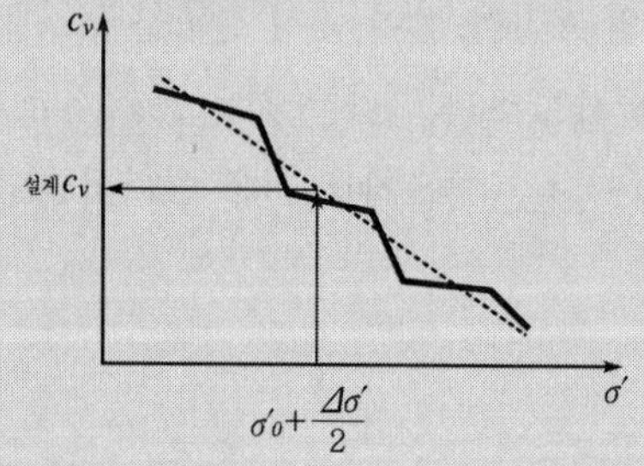

하중	c_v
0.1	1.184×10^{-3}cm²/ sec
0.2	:
0.4	:
0.8	:
:	:
:	:
6.4	:

(2) 침하가 예상침하보다 빠르다는 견지에서 σ'_c값 이상의 하중 즉, 정규압밀영역에서 최대값을 설계 c_v 값으로 사용한다.

(3) 평균압밀계수를 사용한다. : $c_v=\dfrac{c_{v1}+c_{v2}+\cdots\cdots c_{vn}}{n}$ 관용적으로 평균값을 사용한다.

→ *일반적으로 과압밀상태의 응력에서는 압밀계수가 크고 선행압밀하중 부근에서 최소가 되며 정규압밀상태의 응력에서는 거의 일정하다.*

(2) 투수계수에 의한 방법

$$c_v = \frac{k_v}{m_v \cdot \gamma_w} \tag{5.42}$$

여기서, m_v : 연직방향 체적압축계수, k_v : 연직방향 투수계수

(3) Asaoka 방법

$$c_v = -\frac{5}{12}Z^2\frac{\ln\beta_1}{\Delta t}(\text{Casagrande법}) \tag{5.43}$$

수평압밀계수 결정

(1) 수평방향 배수가 가능한 압밀셀 사용 $c_h = \dfrac{T_h \cdot H^2}{t}$

(2) Rowe cell 압밀시험

(3) 투수계수에 의한 방법 $c_h = \dfrac{k_h}{m_h \cdot \gamma_w}$

(4) 콘관입시험에 의한 방법 : 소산시험

2.4.3 압밀계수 특징

1) 압밀계수는 세립분이 많을 수록 작아진다.
2) 투수계수가 작을수록 작아진다.
3) 압축성이 클수록 작아진다.
4) 액성한계가 클수록 작아진다.

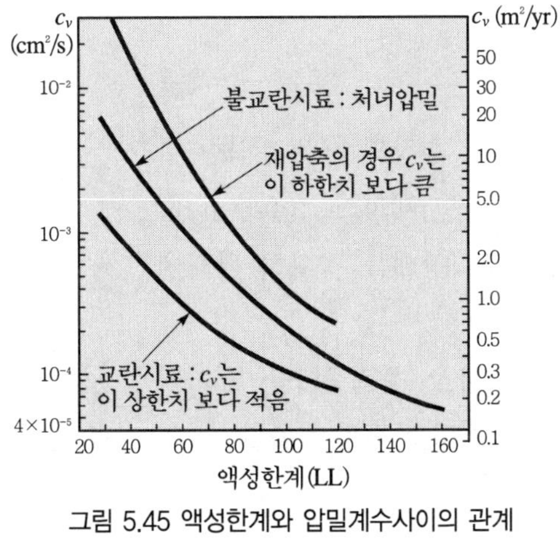

그림 5.45 액성한계와 압밀계수사이의 관계

5) 과압밀구간에서는 응력에 따른 c_v값 변화가 크나, 정규압밀구간에서는 대체로 일정하다

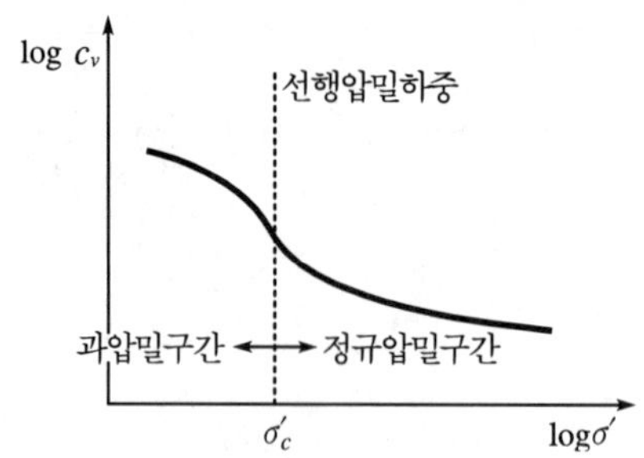

그림 5.46 압밀계수 특징

σ'_c근처에서 c_v값이 급격히 감소한다.

6) 보통 수평압밀계수가 연직압밀계수보다 크다. [c_h=(2~10)×c_v]

2.4.4 압밀계수 활용

1) 압밀침하 소요시간 계산 : $t = \dfrac{T_v H^2}{c_v}$

2) 투수계수 계산 : $k = c_v \cdot m_v \cdot \gamma_w$

3) 시료의 교란정도 파악

4) 시간계수 추정 : $T_v = \dfrac{c_v \cdot t}{H^2}$

2.4.5 현장 압밀계수와 실내압밀시험에서 구한 압밀계수가 다른 이유

대체로 실내시험에서 구한 압밀계수의 값은 현장에서 관측된 압밀계수의 값보다 작게 나타나는 데 그 이유는 다음과 같다.

(1) 압밀시험방법에 따른 원인

1) 시료의 대표성 부족 : 시료는 현장의 가장 취약한 부분에서 채취된 것이며 또한 공시체의 크기(d=60mm, H=20mm)가 작아 현장응력상태를 정확히 나타낼 수 없다.

2) 압밀시험시 압밀링의 측면마찰, 응력증가율, 재하시간 등의 영향으로 인해 정확한 c_v값을 산출할 수 없다.

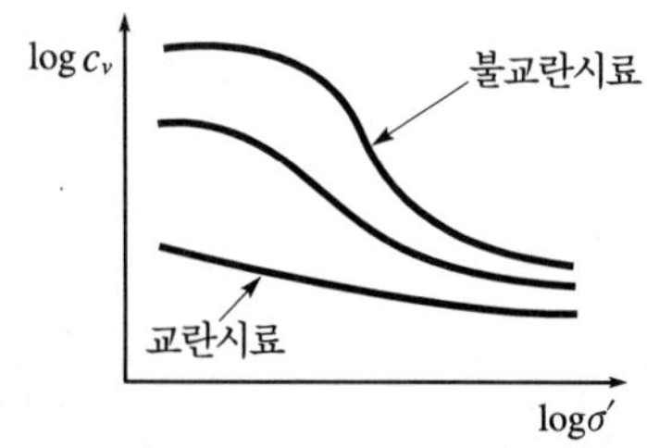

그림 5.47 압밀계수 – 압밀압력 곡선

(2) 시료 교란에 따른 원인

시료채취 시 응력해방, 운반, 트리밍 등의 과정에서 시료교란은 불가피하며, 이 교란으로 인해 c_v값이 실제보다 작게 구해 구해진다.

(3) 원위치에 Sand Seam 등의 존재

점토층 사이에 샌드심이 존재하면 투수계수가 크므로 압밀에 소요되는 시간이 훨씬 짧아진다.

(4) 2, 3차원 압밀

실내시험은 1차원압밀을 가정하지만 실제는 2차원 또는 3차원의 압밀이 발생하므로 압밀소요시간이 실내압밀시험에서 구한 값보다 작아진다.

→ 이론으로 예측한 압밀침하시간 보다 실제로 2~4배 더 빨리 침하되는 경우도 있다.

(5) 압밀계수는 환산층 두께법으로 단순화하여 계산하므로 실제의 압밀과 상이하다.

2.4.6 결론

1) 실내시험에서 구한 c_v로 압밀침하시간을 예측한 결과 보다 실제로 2~4배가 더 빨리 침하가 발생한다.

→ 이유 : 실제 현장에서는 2차원 및 3차원 압밀이 발생하기 때문인 것으로 추정

2) 설계 및 공사관리에 사용하는 압밀계수는 관용적으로 평균값을 사용하나, c_v계산방법, 시료의 교란도 및 시공시 지반의 교란 가능성 등의 영향으로 이를 고려한 공학적 판단이 되어야 할 것이다.

3) 퇴적점성토는 그 생성된 특성상 수평방향의 흐름이 우세하며, 따라서 수평방향 압밀계수가 연직방향 압밀계수보다 2~5배정도가 더 크다.

→ 설계시 적용 : 연직배수재의 설치 시 지반이 교란되는 것을 고려하여 통상 $c_v \fallingdotseq c_h$로 보고 설계 및 시공관리를 시행하고 있거나, Hansbo, Barron 등이 제안한 식을 사용하고 있다.

→ Sand Drain 및 Pack Drain : $c_v \fallingdotseq c_h$

PBD : c_h를 그대로 사용해도 된다.

2.5 계수(Coefficent)와 지수(Index)의 차이

2.5.1 개요

1) 계수와 지수는 일반적인 공학적인 문제를 해결하는데 매우 중요한 매개변수들이다.
2) 특히, 지반공학적 문제해결에 있어서는 그들의 의미에 대한 정확한 이해가 요구되며 적용에 있어서도 특히 유의해야 한다.
3) 그 의미상으로 분명히 구별되는 점은 계수는 응력상태에 따라 변화하는 값이고, 지수는 응력상태에 상관없이 흙의 개략적인 특성을 나타내는 고유값이라고 할 수 있다.

2.5.2 계수와 지수의 비교

1) 계수와 지수의 관계는 점토의 압밀시험에서 얻어지는 압축계수와 압축지수로부터 그 의미를 명확히 알 수 있다. 아래의 그림에서 보면 동일한 실험자료를 X축에 대하여 log scale의 사용유무(정규화)에 따라 다르다는 것을 보여주고 있다.
2) 좌측 그림의 기울기는 압축계수, 우측 그림의 기울기는 압축지수라고 한다.
3) 이들 두 plotting 자료의 차이는 곡선의 기울기가 응력상태에 따라 변화하느냐에 따라 계수와 지수로 서로 다르게 정의한다.

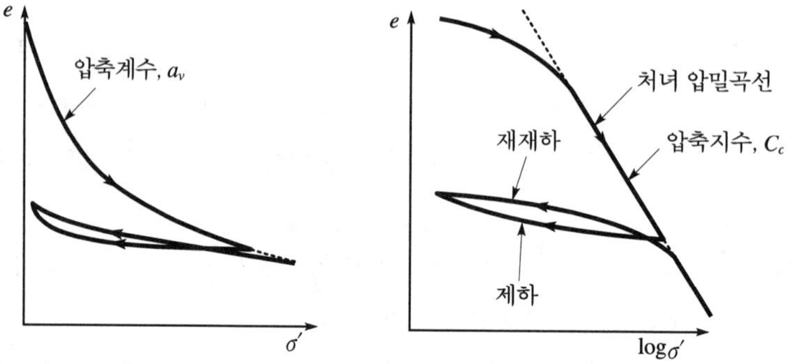

(a) 압축계수 (b) 압축지수

그림 5.48 압축계수 및 압축지수 비교

2.5.3 실무적용 시 유의사항

1) 지수와 계수는 응력상태에 따라 확연한 차이가 있으며, 특히 지반은 비선형 거동을 하므로 지반공학에서 계수를 사용하는 경우에는 주의가 필요하다.

2) 탄성계수는 $\sigma - \varepsilon$관계에서 기울기를 의미하며, 비선형거동을 하는 것으로 잘 알려져 있다. 따라서, 탄성계수를 접선탄성계수, 할선탄성계수 등으로 실무에서 간략화한 정의에 의하여 사용하나 실제거동을 모사하기 위해서는 응력조건(상태)에 따라 E값을 변화시켜가면서 해석하는 것이 필요하다.

3) 투수계수도 마찬가지도 응력조건에 따라 달라지므로 σ(응력조건)에 따라 k(투수계수) 값이 변화될 것이 예상되므로 응력과 투수의 연계해석(Coupled Analysis)을 통하여 적용하는 것이 실제거동을 모사하는 적절한 방법으로 판단된다.

4) 압축계수도 응력에 따라 변화하므로 응력조건(심도)에 따라 다른 압축계수를 적용하여 압축성을 판단하여야 실제 거동에 맞는 분석을 할 수 있다.

5) 반면 압축지수 및 소성지수 등은 흙의 종류 및 특성에 관계된 물성치이므로 흙의 상태, 개략적인 특성을 분석하는데 사용 수 있으며, 응력조건(상태)와는 큰 관계가 없이 사용하여도 판단의 근거를 해치는 오차는 발생하지 않을 것으로 판단된다. 이상과 같이 지수와 계수는 근본적으로 상당히 다른 의미를 가지는 중요한 특성치이며, 특히 비선형 거동을 보이는 지반의 거동 분석시 적용에 유의하여야 한다.

2.6 정규압밀점토와 과압밀점토

2.6.1 개요

1) 정규압밀점토란 선행압밀응력이 유효상재응력과 같은 상태의 점토($\sigma'_c = \sigma'_o$)를 말한다.
   ① 퇴적 점토지반이 현재의 토층 두께 압력이상의 압력으로 압축되지 않은 점토
   ② 연약지반의 대부분이 NC clay 임

2) 과압밀점토란 선행압밀응력이 유효상재응력보다 큰 상태의 점토($\sigma'_c > \sigma'_o$)를 말한다.

2.6.2 과압밀 원인

(1) 응력의 변화

1) 토피응력의 제거
2) 구조물의 제거
3) 빙하의 후퇴

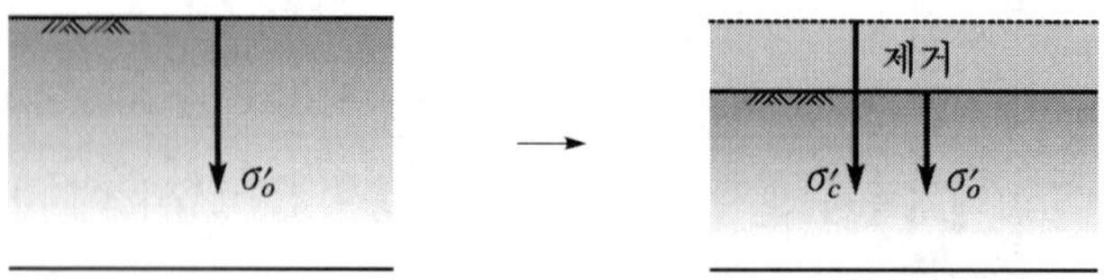

그림 5.49 응력의 변화에 의한 과압밀

(2) 간극수압의 변화

1) 지하수위의 변화(하강 → 상승)
2) 심정에 의한 양수후 수위회복
3) 피압(없다가 생김)
4) 건조나 식물에 의한 증발산

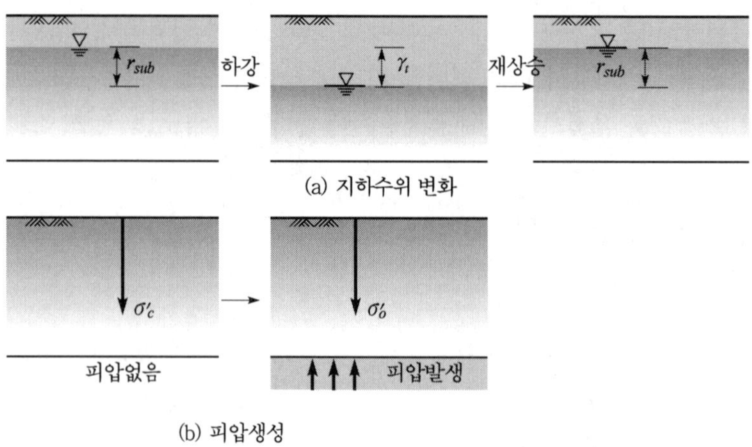

그림 5.50 간극수압의 변화에 의한 과압밀

(3) 흙 구조의 변화

1) 2차 압밀침하(지연압축)

(4) 환경의 변화

1) pH　　2) 온도　　3) 염분농도

(5) 화학적 변화

1) 풍화작용(단위중량감소)　　2) 응고물질의 침전　　3) 이온의 교환

2.6.3 물리적 성질

표 5.8 정규압밀점토와 과압밀점토의 비교

구 분	정규압밀점토	과압밀 점토
자연 함수비	$w_n > LL$	$w_n < LL$
액성지수	$I_L \fallingdotseq 1$	$I_L \fallingdotseq 0$
Consistency 상태	$I_c < 0$	$I_c > 0, I_c \to 0$
정지토압계수	$K_o = 0.4 \sim 0.6$	$K_o = 0.5 \sim 1.0$
OCR	$OCR = 1$	$OCR > 1$

2.6.4 역학적 성질

(1) 압밀특성

1) $e-\log\sigma'$곡선

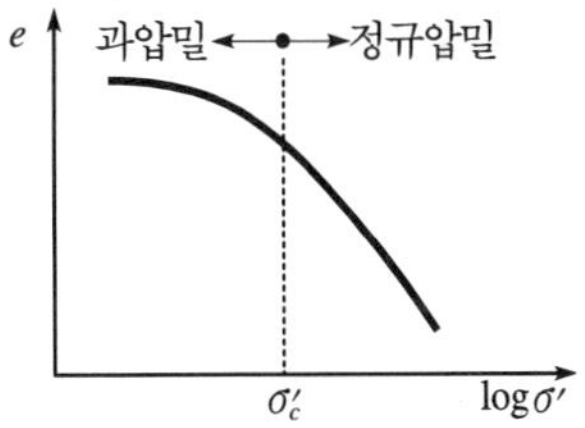

- 과압밀구간 : 압축 작음
- 정규압밀구간 : 압축 큼

  정규압밀구간이 침하량 큼

2) $\log c_v - \log\sigma'$곡선

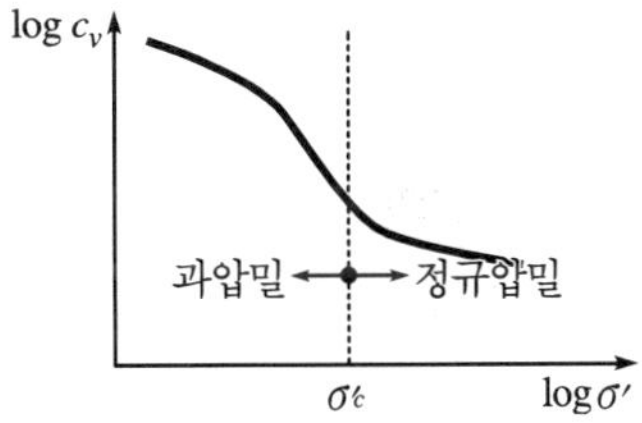

- 과압밀구간 : 응력에 따른 c_v값 변화큼
- 정규압밀구간 : c_v값 변화 거의 일정
- 과압밀구간은 압밀계수 커서 압밀소요시간이 정규압밀점토보다 짧음

3) $\log m_v - \log\sigma'$곡선

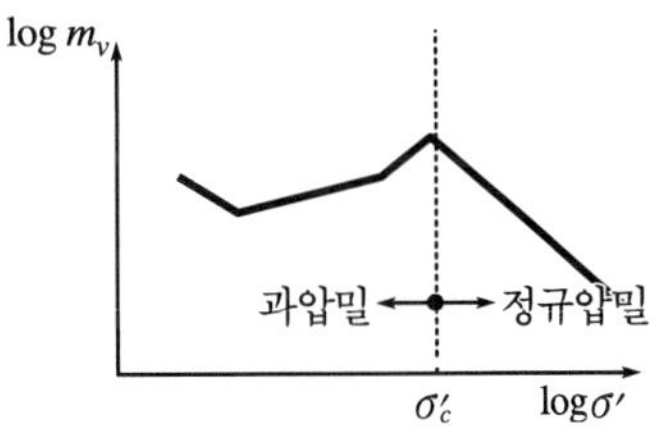

- 정규압밀점토 : m_v선형적 감소
- 과압밀점토 : m_v값 변화적음

4) σ'_c-심도 곡선

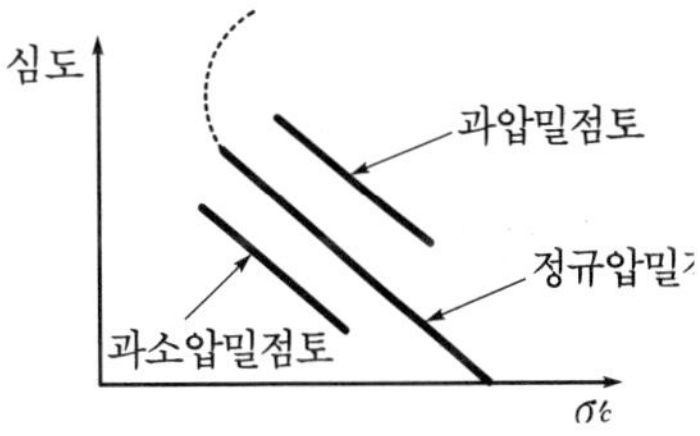

- 정규압밀점토 : $\sigma'_c = \sigma'_o$
- 과압밀점토 : $\sigma'_c > \sigma'_o$
- 과소압밀점토 : $\sigma'_c < \sigma'_o$

(2) **전단특성**(제6장 전단강도 참조)

1) 축차응력– 변형률

파괴시 축변형률에 대한 축차응력은 과압밀점토가 정규압밀점토에 비하여 크게 나타난다.

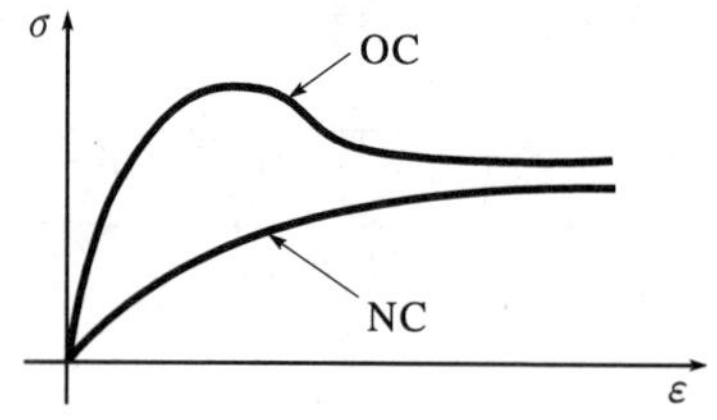

2) 전단강도–수직응력

① OC가 NC보다 전단강도 더 큼

② NC 파괴포락선 원점 통과, 전단강도 선형적으로 증가

③ OC 파괴포락선 원점 통과하지 않으며 전단강도 비선형적으로 증가

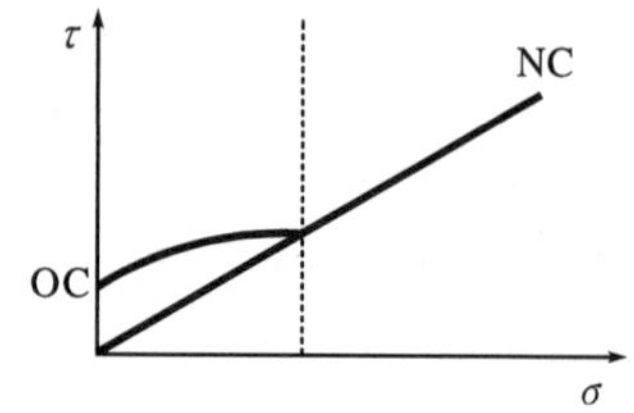

3) 체적변화–변형률

① OC의 경우 응력증가에 따라 체적 팽창

② NC의 경우 응력증가에 따라 체적 감소

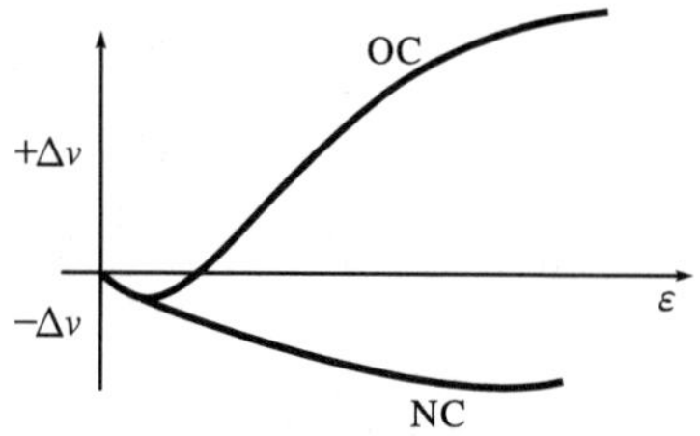

4) 간극수압 – 수직응력

① OC의 경우 파괴시 간극수압계수 급격히 증가

② NC의 경우 파괴시 간극수압계수 변화 없음

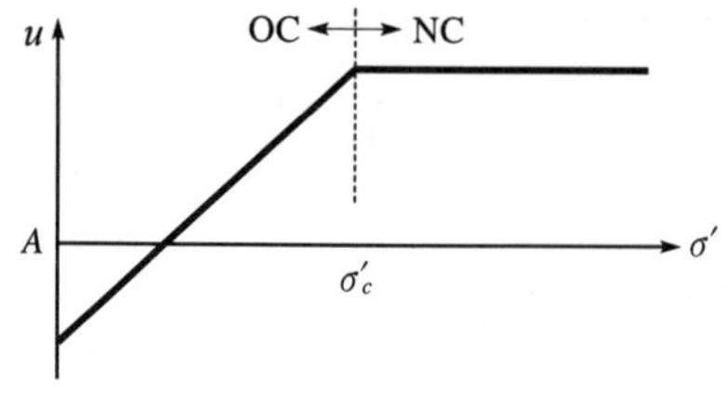

2.7 Rowe Cell 압밀시험

2.7.1 개요

1) 표준압밀시험의 단점을 보완하기 위해 일정한 변형을 가해 저항응력과 간극수압을 측정

하는 압밀시험 방법이다.

2) 상하 양면배수를 하지 않고 하부 다공판을 밀폐시켜서 여기로 빠져 나가려는 과잉간극수압을 측정할 수 있다.

2.7.2 표준압밀시험 문제점

1) 시료의 크기가 작으므로 침하가 작게 산정될 수 있다.
2) 간극수압측정, 수평배수가 불가능하다.
3) 단계응력만 가할 수 있다.
4) 얇은 시료에 비해 응력 분포가 변한다.

2.7.3 특징

1) 고무막을 통해 가압하므로 시료 구속영향이 경감되므로 성과가 양호하다.
2) 배수조건 조절하여 간극수압 측정 가능하다.
3) Back pressure를 가할 수 있다.
4) 직경이 큰 시료(D = 250mm)도 시험 가능하다.
5) 연속 응력 적용으로 시험기간 단축, 시험결과가 보다 양호하다.
6) 시료 가운데 구멍을 뚫어 배수층을 두어 방사선 방향으로 배수시켜 수평방향에 대한 압밀 계수 c_h값을 측정할 수 있다.

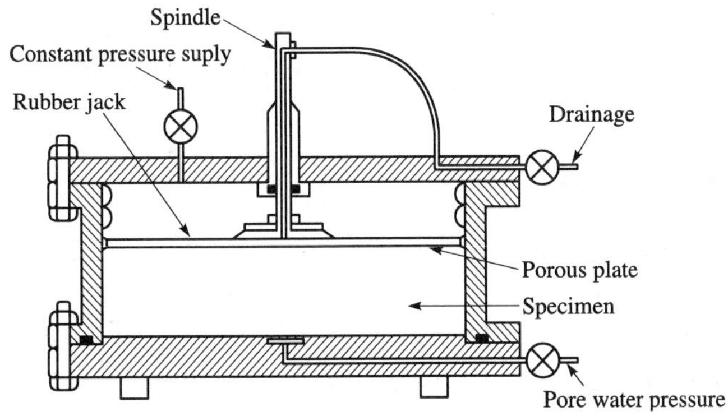

그림 5.51 Rowe cell 압밀시험기

3. 압밀침하량 계산

3.1 압밀침하량 계산방법

3.1.1 연약지반 침하량 추정방법

표 5.9 침하량 추정방법

구분	적용방법	특 징
토질 시험	일차원 압밀	압밀시험에서 구한 압축지수(c_c), 체적압축계수(m_v), 초기간극비(e_o) 등을 이용하여 구함
	Skempton~Bjerrum법 (1957)	표준압밀시험과 압밀비배수 3축압축시험을 실시하여 구한 체적압축계수, 압축계수, 압축지수, 간극수압계수 등을 이용하여 구함
	Lambe 응력경로법(1964)	압밀배수 삼축압축시험에서 연직변형을 구함
유한 요소법	선형 탄성해석, 비선형 탄성해석, 탄소성 해석	압밀비배수 삼축시험, 압밀배수 삼축시험에서 흙의 응력-변형률 관계를 모델화하여 구함
현장 계측	쌍곡선법, 평방근법, Asaoka법	현재까지 성토에 의한 계측결과의 침하량에서 최종침하량을 단계적으로 추정함

3.1.2 1차원 압밀침하량 산정방법

1) 점성토 지역의 침하량 예측은 Terzaghi의 일차원 압밀이론에 의한 침하량 산정식을 사용한다. 1차원 압밀침하량을 구하는 방법에는 압밀계수(a_v)을 이용하는 방법과 체적압축계수(m_v)를 이용하는 방법 및 압축지수(C_c)를 이용하는 방법이 있다.
2) 1차 압밀침하 산정시 실무에서는 주로 응력이력에 따라 침하산정이 용이한 압축지수(C_c)법을 주로 이용하며, 항만공사의 경우에는 m_v법을 주로 이용한다.

3.2 1차원 압밀침하량 계산

3.2.1 1차원 압밀침하량 기본식 유도

1) 두께가 H인 점토층 지반에 무한등분포응력이 작용할 경우 횡방향으로 변형이 일어나지 않고 연직방향으로만 압축이 되는 1차원압밀이 발생할 것이다.

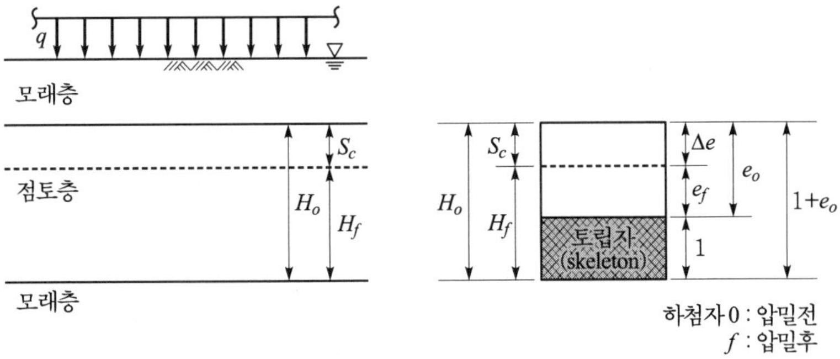

그림 5.52 1차원 압밀침하량

2) 현장조건에서의 연직방향 변형률은 완전 1차원압밀 즉, 수평방향 변형은 없는 조건이라면 체적변형률과 같을 것이다. 토립자는 비압축성이므로 부피의 변화가 없으나 간극의 부피는 배수에 의해 Δe 만큼 감소한다. 그러므로 흙의 변형률(ε_v)은 다음과 같다.

$$\varepsilon_v = \frac{\Delta H}{H_0} = \frac{S_c}{H_0} = \frac{\Delta e}{1+e_0} \text{ 에서}$$

$$S_c = \varepsilon_v H_0 = \frac{\Delta e}{1+e_0} H_0 (\text{압밀침하량 기본식}) \quad (5.44)$$

3.2.2 1차원 압밀침하량 산정방법

압밀침하량 기본식에서 Δe를 표현하는 방법에 따라 압축계수(a_v)에 의한 방법, 체적변화계수(m_v)에 의한 방법, 압축지수(C_c)에 의한 방법 등이 있다.

(1) 압축계수에 의한 방법

$$a_v = \frac{\Delta e}{\Delta \sigma'_v} \text{에서}$$

$\Delta e = a_v \cdot \Delta \sigma'_v$ 이므로

$$S_c = \frac{\Delta e}{1+e_0} H_0$$

$$= \frac{a_v}{1+e_0} \Delta \sigma'_v H_0 \quad (5.45)$$

여기서, $\Delta \sigma_v'$: 외부응력 등에 의하여 압밀층에 생기는 평균연직유효응력이며, 보통 압밀층 중앙면에 생기는 응력으로 생각함

실제로는 $a_v \neq$ const 이므로(즉, $e - \sigma'$직선관계가 아니므로) $\Delta \sigma'$큰 경우 위의 식은 정확성

이 떨어진다.

(2) 체적변화계수(m_v)에 의한 방법

$$m_v = \frac{a_v}{1+e_0} \text{ 이므로}$$

$$S_c = m_v \Delta\sigma'_v H_0 \tag{5.46}$$

(3) 압축지수(C_c)를 이용하는 방법

압축계수와 체적변화계수를 구하기가 쉽지 않으므로 보통 $e-\log\sigma'$곡선에서 구한 C_c값을 이용해서 1차원 압밀침하량을 구한다.

1) 정규압밀점토에서의 압밀침하량

정규압밀점토는 그림 5.53과 같이 압축지수 C_c인 처녀압밀곡선만 존재하므로 다음과 같다.

$$C_c = \frac{\Delta e}{\Delta \log\sigma'}$$

$$\Delta e = C_c \log\frac{\sigma'_1}{\sigma'_0} = C_c \log\frac{\sigma'_0 + \Delta\sigma}{\sigma'_0}$$

$$S_c = \frac{\Delta e}{1+e_0} H_0$$

$$S_c = \frac{C_c}{1+e_0} H_0 \cdot \log\frac{\sigma'_0 + \Delta\sigma}{\sigma'_0} \tag{5.47}$$

여기서, σ'_0 : 압밀전 압밀층의 평균유효토피응력 = 압밀전 압밀층 중앙면의 흙자중에 의한 연직유효응력

$\Delta\sigma$: 외부응력에 의한 압밀층의 평균연직유효응력 증가량 = 보통은 압밀층 중앙면의 유효응력 증가량

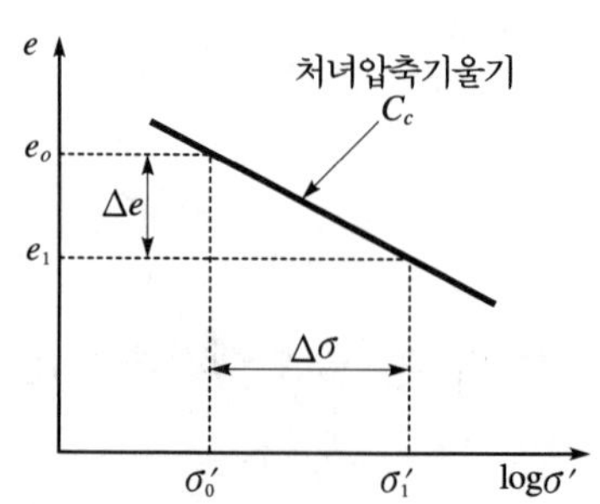

그림 5.53 정규압밀점토 압밀침하량 산정방법

2) 과압밀점토의 압밀침하량

과압밀점토의 경우에는 토층에 유발된 응력($\Delta\sigma$)이 선행압밀응력에 이르기까지는 간극비(침하량)가 재압축지수(c_r)에 의존하여 감소하고, 선행압밀응력(σ'_c)을 초과하면 정규압밀곡선의 압축지수에 의존하여 감소할 것이다. 따라서 이때에는 현재의 연직유효응력으로부터 선행압밀응력에 이르기까지의 압밀침하량과 선행압밀하중으로부터 최종 작용응력($\sigma'_c + \Delta\sigma$)에 이르기까지의 침하량을 나누어 계산하여 합하면 된다.

즉, 유효응력 증가분이 선행압밀응력을 넘느냐, 넘지 않느냐에 따라 다음과 같이 침하량 계산식이 달라진다.

① $\sigma'_0 + \Delta\sigma < \sigma'_c$인 경우

그림 5.54(a)와 같이 연직응력 증가분이 선행압밀 응력 이전의 경우, 전 침하량은 C_r에 의해 결정된다.

$$C_r = \frac{\Delta e}{\Delta \log\sigma'}$$

$$\Delta e = C_r \log\left(\frac{\sigma'_0 + \Delta\sigma}{\sigma'_0}\right)$$

$$S_c = \frac{\Delta e}{1+e_0} H_0$$

$$\therefore S_c = \frac{C_r}{1+e_0} H_0 \cdot \log\frac{\sigma'_0 + \Delta\sigma}{\sigma'_0} \tag{5.48}$$

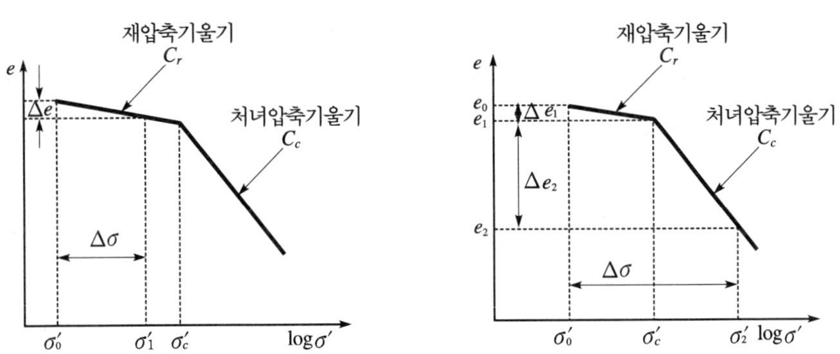

(a) 과압밀점토(1) (b) 과압밀점토(2)

그림 5.54 과압밀점토 압밀침하량 산정방법

② $\sigma'_0 + \Delta\sigma > \sigma'_c$인 경우

그림 5.54(b)와 같이 연직응력 증가분이 선행압밀응력 이상인 경우 전 침하량은 C_c와

C_r에 의해 결정된다. 이때 과압밀 영역에서의 간극비의 변화량은 C_r을 이용하게 되고, 정규압밀 영역에 대해서는 C_c를 이용하여 침하량을 구한다.

$C_r = \frac{\Delta e_1}{\Delta \log\sigma'}$에서

$$\Delta e_1 = C_r \Delta \log\sigma'_v = C_r \log\frac{\sigma'_c}{\sigma'_0}$$

$C_c = \frac{\Delta e_2}{\Delta \log\sigma'}$에서

$$\Delta e_2 = C_c \log\frac{\sigma'_0 + \Delta\sigma}{\sigma'_0}$$

$$\Delta e = \Delta e_1 + \Delta e_2$$

$$\Delta e = C_r \log\frac{\sigma'_c}{\sigma'_0} + C_c \log\left(\frac{\sigma'_0 + \Delta\sigma}{\sigma'_c}\right)$$

$$\therefore S_c = \frac{C_r}{1+e_0} H_0 \cdot \log\frac{\sigma'_c}{\sigma'_0} + \frac{C_c}{1+e_0} H_0 \cdot \log\frac{\sigma'_0 + \Delta\sigma}{\sigma'_c} \tag{5.49}$$

3) 과소압밀점토의 압밀침하량

$$S_c = \frac{C_c}{1+e_0} H_0 \cdot \log\frac{\sigma'_0 + \Delta\sigma}{\sigma'_c} \tag{5.50}$$

3.2.3 이론치와 실측치가 차이나는 이유

압밀시험결과를 이용해서 구한 압밀침하량(이론치)과 현장에서 계측기(침하판, 층별침하계 등)로 실측한 침하량을 비교해 보면 차이가 발생하는 경우가 많은데 그 이유는 다음과 같다.

(1) 지반의 불균질성

시료의 크기는 작아 균질하다고 볼수 있지만 실제 지반은 광범위하여 위치에 따라 불균질하여 물리적 및 역학적 성질이 다르다.

(2) 토질시험 시 토질정수의 결정상의 문제

1) 교란된 시료사용 : 채취, 운반, 트리밍 과정상의 교란, 응력해방

2) 압밀시험 자체의 문제점 : 시료교란, 응력증가율, 재하기간, 링마찰 등

3) 대표성 결여

(3) 압밀상태 판단 오류

1) 과압밀 지반을 정규압밀점토로 판단 → 침하량이 크게 구해져 비경제적 설계가 될 수 있음
2) 상부 표층부의 건조검토 무시

(4) Sand Seam의 존재

지반 내에 Sand Seam이 존재하면 압밀 소요시간이 줄어들게 되 압밀침하량이 작게 일어난다.

(5) 2차 압밀

압밀시험 결과를 이용하여 구한 침하량은 2차 압밀을 고려하지 않았지만 실제는 1차 압밀 기간중에도 2차 압밀이 진행된다.

(6) 다차원 압밀조건을 1차원 압밀조건으로 계산

1) Terzaghi 압밀이론은 연직방향으로만 변형이 일어나는 1차원 압밀조건으로 해서 압밀침하량을 구하지만, 확대기초 등의 제한된 면적에 응력이 가해지는 경우에는 수평방향으로도 변형이 일어나는 3차원(또는 2차원)압밀이 발생하므로 1차원 압밀침하량 공식을 사용하면 침하량이 실제보다 과소 평가된다.
2) 3차원을 고려해서 압밀침하량을 계산하면 1차원 압밀침하량 공식으로 구한 값보다 훨씬 작게 구해진다.

(7) 재하조건 상이

Terzaghi 1차원 압밀이론은 재하조건을 순간재하로 가정하지만, 실제는 점증재하로 재하가 이루어진다.

3.2.4 실무적용 시 유의사항

1) 일반적으로 계산한 최종침하량의 크기는 m_v법 < a_v법 < C_c법 순으로 나타난다.
2) 그러나, 어느 방법으로 계산해도 실측침하량은 계산침하량의 0.8~1.6배 정도의 편차가 있다고 보고되고 있다. 따라서 계산방법의 선택보다는 각각의 방법에 적용되는 압밀정수

의 결정이 중요하며 특히 m_v법과 C_c법은 압밀항복응력 σ'_c가, a_v법은 초기간극비 e_0의 영향이 매우 크다.

3) C_c법 등으로 계산된 침하량은 계측치의 약 20~15% 범위내에서 신뢰할 수 있으나, 지층이 여러 층으로 이루어져 있고, 연약하거나 큰 침하량이 일어나는 경우에는 침하추정의 신뢰성이 급격히 감소함에 유의하여야 한다.

[핵심문제 5.1] 포화된 점토지반 위에 유한면적의 응력이 작용될 때는 압밀침하와 즉시침하가 동시에 발생되지만, 무한등분포응력이 작용될 때는 즉시침하는 발생하지 않고 압밀침하만 발생한다. 그 이유를 논리적으로 설명하시오.

[풀이]

1. 개요

1) 즉시침하란 지반에 외부응력이 가해지자마자 일어나는 침하를 말하며, 흙의 실제 거동과는 다소 차이가 있지만 주로 탄성론에 의하여 침하량을 산정한다.
2) 모래지반과 불포화점성토 지반은 응력증가와 동시에 물과 공기가 빠져나가면서 즉시침하가 발생하고, 이 즉시침하가 전체 침하량과 같다(즉, $S_t = S_i$).
3) 그러나, 포화 점성토지반은 지반위에 작용하는 응력이 제한된 면적에 작용하느냐, 아니면 무한대로 넓은 면적에 작용하느냐에 따라서 즉시침하 발생여부가 결정된다.

2. 제한된 면적에 응력이 작용할 때의 즉시침하

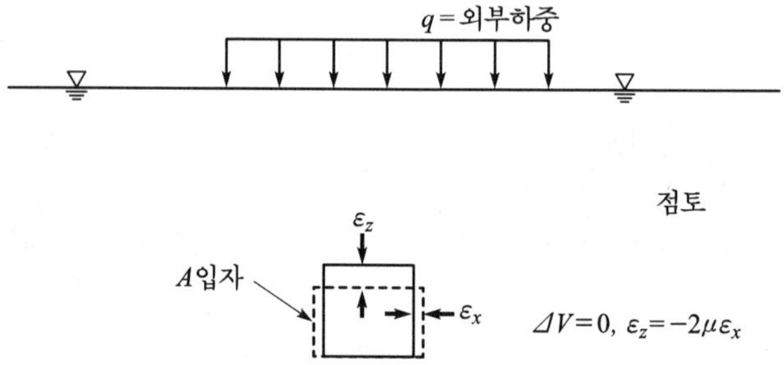

1) 포화점토지반은 외부응력이 작용하더라도 투수계수가 작기 때문에 물이 쉽게 빠져나가지 못한다.
2) 따라서 포화된 점토지반에서의 즉시침하란 체적변화가 없는 상태에서의 침하를 말한다. 다시 말해서 응력이 가해지는 방향으로 흙이 침하되나 침하된 체적만큼 다른 방향으로 팽창하여 결과적으로 전체 체적의 변화는 발생하지 않는 침하를 말한다.
3) 이때의 즉시침하량은 탄성이론식이나 Janbu의 제안식으로 구할 수 있다.

① 탄성이론식에 의한 방법

$$S_i = \int_o^z \varepsilon_v d_z = \int_o^z \frac{1}{E_u}(\Delta\sigma_v - 2\mu_u \Delta\sigma_h)\, d_z$$

또는, $S_i = q_o B = \frac{(1-\mu^2)}{E_u} I_S$

여기서, S_i : 즉시침하량(m),

E_u : 비배수조건의 탄성계수

μ_u : 비배수조건의 포아송비(0.5)

② Janbu 공식에 의한 방법

$$S_i = \mu_1 \cdot \mu_2 \frac{B \cdot q_o}{E_u}$$

여기서, μ_1 : $\frac{H}{B}$의 함수인 계수

μ_2 : $\frac{D_f}{B}$의 함수인 계수

E_u: 비배수조건으로 구한 탄성계수 (보통 삼축압축시험으로 결정)

3. 무한등분포응력 작용 시 즉시침하가 발생되지 않는 이유

1) 무한등분포응력 작용 시 지중의 A 입자에서의 연직응력의 증가량은 깊이에 관계없이 $\Delta\sigma$가 되며 수평방향의 응력증가량은 $K_o \Delta\sigma$가 된다.
2) 그리고 A입자는 수평방향으로 구속된 K_o 압밀상태가 되므로 수평방향으로는 팽창이나 수축이 일어나지 않는다.
3) 포화점토지반에서 즉시침하가 발생하기 위해서는 반드시 흙입자가 수평방향으로 변형이 되어야 하는데, A입자는 수평방향으로 구속되어 있어 변형을 할 수 없으므로 즉시침하가 발생되지 않는다.
4) 결국 A입자의 압축은 연직방향으로만 일어나고, 이는 과잉간극수압의 소산으로 인해 일어나는 압밀침하이다.

4. 결론

1) 포화점토에서 발생하는 침하는 공기나 물이 빠져나가면서 발생하는 침하가 아니므로 전체의 체적은 일정하다. 즉, 압축방향으로 발생하는 체적만큼 횡방향으로 팽창하는 소성침하라고 할 수 있다.
2) 포화점토지반에서의 즉시침하량은 전체침하량의 약 10% 정도로 실무에서는 보통 이를 무시하고 압밀침하량만 구하는 경우가 많다.

3.3 제한된 범위에 작용하는 응력으로 인한 압밀침하

3.3.1 개요

1) 무한등분포응력이 작용하는 경우는 수평방향의 변형이 발생하지 않으므로 즉시침하량은 발생하지 않고 연직방향의 압밀침하만 발생한다.
2) 그러나 포화된 연약 점성토 지반상에 제한된 면적의 구조물이나 성토응력이 가해지면 지반은 2차원 또는 3차원 압밀침하를 일으키는데, 이는 오래 전부터 연약지반과 관련된 지반공학의 중요한 문제로 대두되고 있다.

3.3.2 무한등분포응력과 제한된 응력이 작용하는 경우의 차이점

1) 제한된 응력이 작용할 경우 점토지반에 추가로 가해지는 응력의 증가량은 외부응력의 증가량 q와 같지 않고 깊이가 깊어질수록 감소한다.
2) 응력의 증가량이 모두 과잉간극수압으로 작용하여 물이 받아주는 것이 아니라 최대 및 최소주응력의 증가량에 따라 과잉간극수압의 크기가 달라진다. 즉,
$\Delta u = B[\Delta\sigma_3 + A(\Delta\sigma_1 - \Delta\sigma_3)]$만큼만 과잉간극수압이 발생될 것이다.
($\Delta u = \Delta\sigma = q$가 아님에 유의)
3) 포화점토지반의 경우 압밀침하 뿐만 아니라 즉시침하도 발생하며, 압밀침하는 $q = \Delta\sigma$의 모든 응력에 의하여 발생하는 것이 아니라 위의 식으로 계산한 과잉간극수압 Δu가 $\Delta\sigma'$으로 변해가는 것 만큼만 압밀침하가 발생한다. 따라서 제한된 범위에 작용하는 응력으로 인한 전체침하량은 압밀침하량과 즉시침하량의 합이다. 다시 말하면 제한된 면적에 응력이 작용하는 경우의 침하는 횡방향 변위로 발생하는 즉시침하와 시간적 함수인 압밀침하의 합이다. 이 때의 침하는 2차원 또는 3차원으로 발생한다.
$S_t = S_i + S_c$ 여기서, S_t : 전체 침하량, S_i : 즉시침하량, S_c : 압밀 침하량

표 5.10 무한등분포하중과 제한된 하중의 차이점

구 분	무한등분포 하중	제한된 하중
압밀형태	연직방향으로만 압밀(1차원 압밀)	연직 및 수평방향으로 압밀(3차원 압밀)
과잉간극수압	응력증가량이 전부 과잉간극수압으로 작용($\Delta u = \Delta\sigma = q$)	최대 및 최소주응력의 증가량에 따라 달라짐 $u_i = [\Delta\sigma_3 + A(\Delta\sigma_1 - \Delta\sigma_3)]$
외부하중의 증가량	깊이에 무관하게 일정 $\Delta\sigma = q$	깊이가 깊어질수록 감소 $\Delta\sigma = u_i = [\Delta\sigma_3 + A(\Delta\sigma_1 - \Delta\sigma_3)]$
간극수압계수	$A = 1$	$A \neq 1$

3.3.3 3차원 영향을 고려한 압밀침하량 산정

(1) Terzaghi(1925)의 방법(1차원 압밀침하량 공식을 이용하는 방법)

제한된 면적에 응력이 작용하면 실제는 횡방향으로 변형이 일어나 2차원 또는 3차원으로 압밀이 일어나지만, Taylor(1942)는 이를 무시하고 무한등분포응력의 경우와 마찬가지로 연직방향으로만 침하가 일어난다고 가정하고 1차원 압밀침하량 공식에 의해 침하량을 산정하였다. 이때는 사실상 횡방향의 변형은 없다고 가정하므로 즉시침하량은 발생하지 않는다고 가정한다. 따라서 1차원 압밀침하량은 연직방향의 유효응력증가에 의하여 발생하므로

$$S_c = \int_0^H m_v \Delta\sigma' dz \tag{5.51}$$

또는,

$$S_c = \frac{C_c}{1+e_0} H_0 \cdot \log\frac{\sigma'_0 + \Delta\sigma}{\sigma'_0} \text{(정규압밀점토)} \tag{5.52}$$

여기서, S_c : 압밀층 전체의 압밀침하량 H_0 : 압밀층의 전체 두께

e_0 : 초기간극비 C_c : 압축지수

σ'_0 : 압밀층 중앙에서의 연직유효응력

$\Delta\sigma$: 압밀층 중앙에서의 연직유효응력 증가량

그런데 한 가지 유의해야 할 점은 외부응력에 의한 지중응력의 증가량을 무한등분포응력이 작용할 경우와 같이 $q = \Delta\sigma = \Delta u = \Delta\sigma'$가 아니고 $\Delta\sigma'$는 외부응력에 의한 압밀층의 평균 연직유효응력의 증가량을 사용하여야 한다. 따라서 위의 식으로 압밀침하량을 산정할 때는 $\Delta\sigma'$을 다음과 같이 구분해서 적용해야 한다.

1) 압밀층이 비교적 얕은 경우

이 경우 비록 응력분포는 곡선이지만 그 두께가 얇으므로 근사적으로 $\Delta\sigma'=q$로 계산해도 큰 오차는 없다.

2) 압밀층이 두꺼운 경우

압밀층을 여러층으로 나누어 각 층마다 압밀침하량을 구하고 이들을 합하여 전체침하량을 산정한다(그림5.55 참조).

즉, $$\sum_{i=1}^{n} \frac{C_c}{1+e_0} H_i \cdot \log\frac{\sigma'_0 + \Delta\sigma}{\sigma'_0} \tag{5.53}$$

3) 압밀층이 두꺼운 경우 심프슨의 공식을 이용하여 구한다(그림 5.56 참조).

$$\Delta\sigma = \Delta\sigma_{(avg)} = \frac{\Delta\sigma_t + 4\Delta\sigma_m + \Delta\sigma_b}{6} \tag{5.54}$$

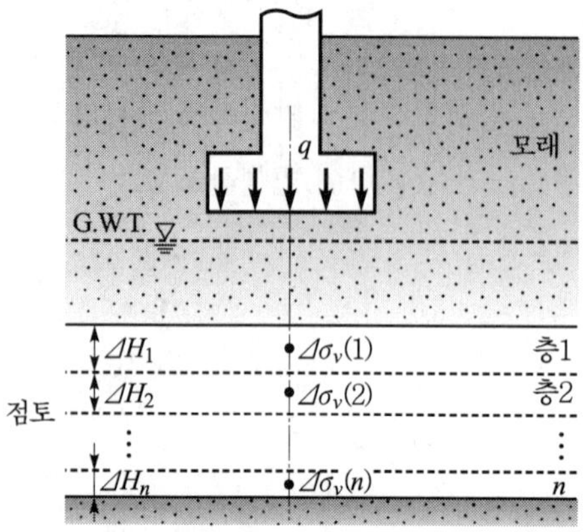

그림 5.55 층을 나누어 구한 압밀침하

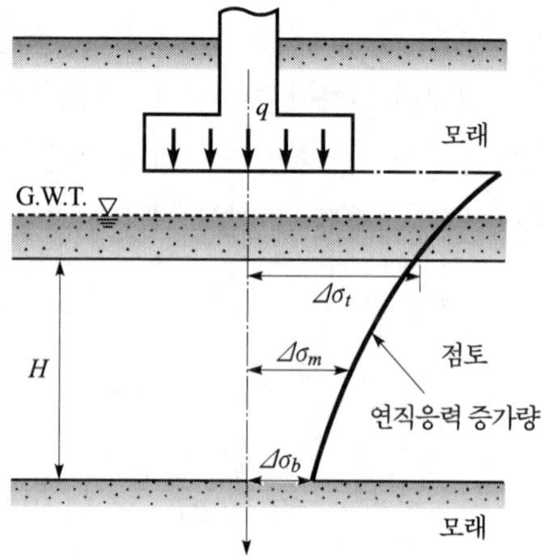

그림 5.56 연직응력의 증가량

(2) Skempton-Bjerrum의 방법

Skempton은 위의 1차원 압밀침하량 방식의 한계를 보완하기 위하여 3차원의 응력증가 조건을 과잉간극수압의 관점에서 해석하였는데, 지반내 연직 및 수평전응력의 증분에 의한 과잉간극수압 Δu를 압밀종점에서의 유효응력증분 $\Delta\sigma'$과 같다고 보고 3차원의 영향을 고려한 압밀침하량 공식을 다음과 같이 제안하였다.

$$\begin{aligned} S_c &= \int_0^H m_v \Delta\sigma' dz \\ &= \int_0^H m_v \Delta u dz \\ &= \int_0^H m_v [\Delta\sigma_3 + A(\Delta\sigma_1 - \Delta\sigma_3)] dz \end{aligned} \tag{5.55}$$

만약, m_v와 A가 깊이에 대해 일정하다면 침하비 개념을 도입하여 다음과 같은 방법으로도 3차원 침하량을 구할 수 있다. 즉,

$S_{c(3차원)} = S_c \cdot M_1$

여기서, S_c : 1차원 압밀침하량, M_1 : 침하비

원형하중이 작용할 경우의 계산 예

1) 먼저 1차원 압밀이론에 의해 침하량을 구한다.

$$S_c = \frac{C_c}{1+e_0} H_0 \log \frac{\sigma'_0 + \Delta\sigma}{\sigma'_0} \text{(정규압밀점토)}$$

2) CU시험으로 간극수압계수 A를 구한다.

3) H_0/B를 결정한다.(H_0 : 점토층 두께, B : 기초단폭)

4) 침하비(M_1)를 도표에서 찾는다.

5) 아래의 식으로 3차원 침하량을 계산한다.

$$S_{c(3차원)} = S_c \cdot M_1$$

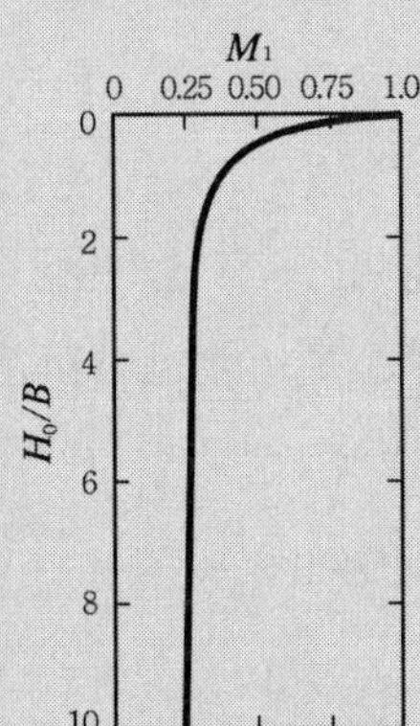

그림 5.57 H_0/B에 따른 M_1의 변화

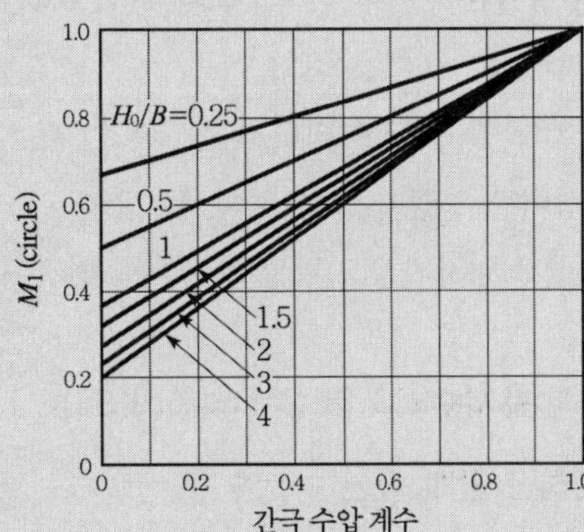

그림 5.58 원형 하중에 대한 침하비

3.4 2차 압밀침하

3.4.1 개요

1) 2차 압밀침하란 과잉간극수압이 완전히 소산(Δu=0)된 후, 즉 1차 압밀이 완료된 후 응력의 증가없이 점토의 Creep변형으로 인해 입자가 재배치되면서 발생되는 침하를 말한다.

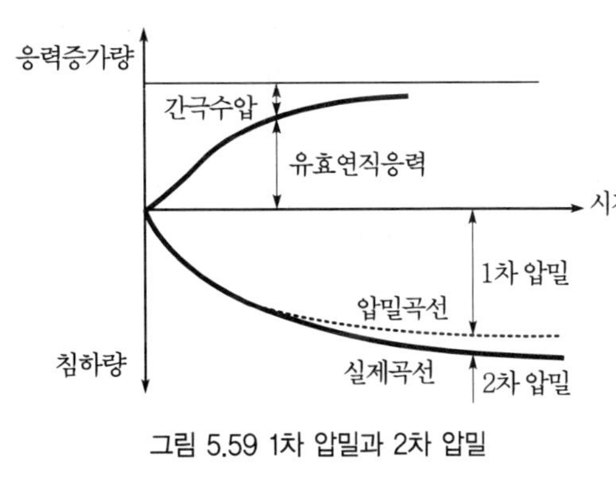

그림 5.59 1차 압밀과 2차 압밀

2) 1차 압밀침하는 Terzaghi의 압밀이론이 적용되지만, 2차 압밀침하는

Terzaghi의 압밀이론이 적용되지 않는다. 2차 압밀에 대한 이론은 많은 학자들이 레올로지로 설명하고 있으나 아직 정립된 이론은 없다.

3) 일반적으로 2차 압밀을 고려하지 않는 경우가 많으나 압축성이 큰 연약지반이나 유기질 점토 지반의 경우 2차 압밀침하를 반드시 고려해야 한다.

3.4.2 2차 압밀침하 발생원인

(1) 점토의 구조변화(이산구조 → 면모구조)

1) 1차 압밀완료 후 점토구조는 이산구조 이다.
2) 시간이 경과함에 따라 면모구조화 되면서 압축이 일어난다.

(2) Creep 현상에 의한 지연압밀

Creep현상이란 일정한 응력 하에서 시간이 경과함에 따라 변형이 증가하는 현상을 말하는데, 이로 인해 토립자의 입자배열이 다시 되면서 지연압밀, 즉 2차 압밀이 발생하게 된다.

3.4.3 2차 압축지수(C_α) 및 2차 압축비(C'_α)

(1) 시간-침하량 관계 곡선

1) 그림 5.60은 압밀시험에서 어떤 응력단계에 대한 시간-침하량(다이얼게이지 읽음) 관계를 반대수용지상에 그린 것이다.
2) 이 그림에서 알 수 있듯이 시간-침하량관계 곡선에는 2개의 직선부분이 나타나는데 이 두 직선의 교점($t_p = t_{100}$, d_{100})이 2차 압밀의 시발점인 동시에 1차압밀 종료를 나타내는 점

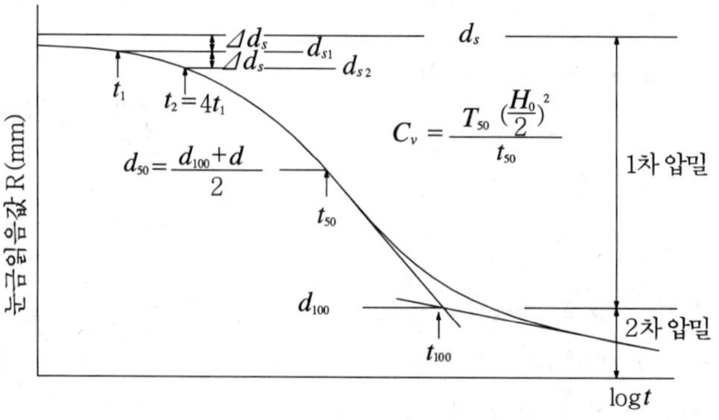

그림 5.60 시간-침하량 관계곡선

이다.

3) 그런데 시험실의 시간-침하량 측정결과를 현장에 적용하기 위해서는 세로축을 침하량 대신 무차원수로 나타내는 것이 편리하다. 무차원수로 나타내는 방법에는 간극비와 변형률이 있다.

(2) 2차 압축지수

2차 압축지수 C_α는 2차 압밀과정의 $e-\log t$의 기울기이다.

즉, $$C_\alpha = -\frac{\Delta e}{\Delta \log_{10} t} = \frac{\Delta e}{\log_{10}\dfrac{t_2}{t_1}} \tag{5.56}$$

Δe : 일차압밀 종료 후에 생기는 직선부 $e-\log t$선상의 시간 t_1과 t_2사이에 일어난 간극비의 감소량

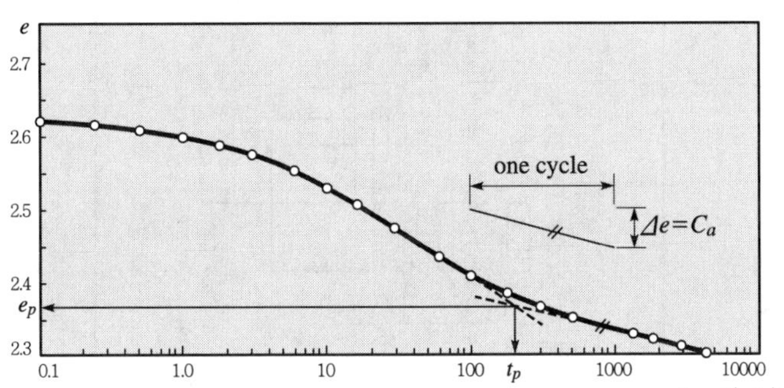

그림 5.61 간극비-시간관계

(3) 2차 압축비(C'_α) 또는 보정2차 압축지수

$\varepsilon_v - \log t$곡선의 기울기를 2차 압축비라 한다.

즉, $$C'_\alpha = \frac{\Delta H/H_p}{\Delta \log_{10} t} = \frac{\Delta H/H_p}{\log_{10}\dfrac{t_2}{t_1}} \tag{5.57}$$

여기서, H_p : 1차압밀이 완료되었을 때의 압밀층 두께

(4) 2차 압축지수와 2차 압축비의 관계

$$C'_\alpha = \frac{C_\alpha}{1+e_p} \tag{5.58}$$

> ※ C'_α의 일반적인 값 과압밀점토 : 0.001이하
> 정규압밀점토 : 0.005~0.03 유기질토 : 0.04이하

(5) 함수비와 2차 압축비의 관계(Mesri, 1973)

2차 압축비를 압밀시험으로 구할 수 없을 경우 함수비와 2차 압축비와의 관계로부터 구할 수 있다.

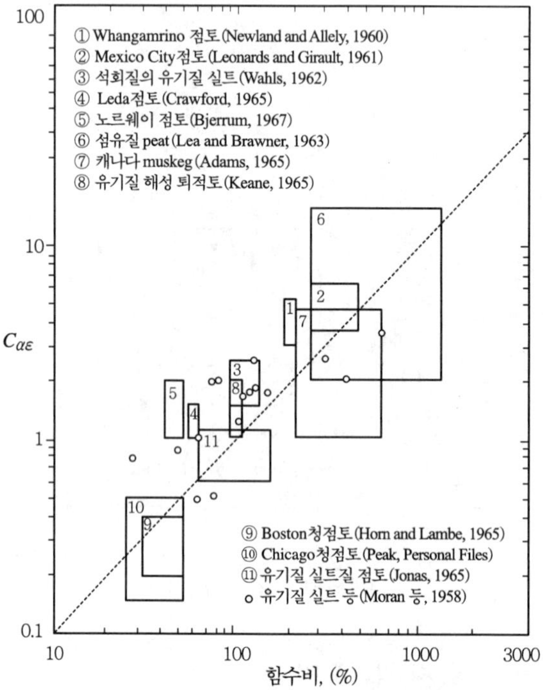

그림 5.62 함수비와 2차 압축비 사이의 관계(Mesri,1973)

3.4.4 2차 압밀침하량 산정

연직방향의 변형률 ε_v는

$$\varepsilon_v = \frac{\Delta H}{H} = \frac{\Delta e}{1+e_p} \tag{5.59}$$

$$S_s = \Delta H = \frac{\Delta e}{1+e_p} = \frac{C_\alpha}{1+e_p} H_p \log\frac{t_2}{t_1} \tag{5.60}$$

또는 $S_S = C'_\alpha \cdot H_p \cdot \log\frac{t_2}{t_1}$

여기서, e_p : 1차 압밀 완료시의 간극비

H_p : 1차 압밀 완료시의 점토층의 두께

→ 실제는 1차 압밀과 2차 압밀의 정확한 구분이 곤란하므로 위의 공식에서 H_p대신 H_o를 사용하고 있다.

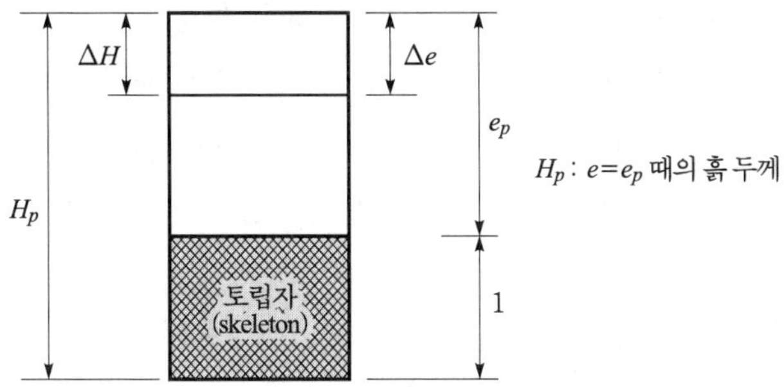

그림 5.63 2차 압밀 때의 주상도

3.4.5 2차 압밀이 현저한 흙

2차 압밀의 원인은 흙의 입자가 작용응력에 대응하여 보다 더 조밀한 상태가 되도록 상대적으로 활동하는 데에 시간적인 지체가 생기기 때문이며 다음과 같은 흙에서 현저하게 나타난다.

1) 연약한 정규압밀점토
2) 유기질 점토(Peat), Organic Clay
3) 소성이 큰 흙
4) 두께가 두꺼운 점토층

→ 2차 압밀이 실용상 크게 중요한 경우는 특수한 때이며 위와 같은 지반에서는 직접기초 대신 말뚝 등을 사용하여 침하를 방지하기도 한다.

3.4.6 결론

1) 2차 압밀침하량은 유기질흙과 높은 압축성의 무기질 흙에 있어서는 1차 압밀침하량보다 더 중요하다, 그러나 과압밀 무기질점토에서는 2차 압축지수는 매우 작으므로 실질적으로 무시할 수 있다.

→ 2차 압밀이 실용상 크게 중요한 경우는 매우 특수한 경우이나, 유기질토와 같은 지반

에서는 직접기초 대신 말뚝기초 등을 사용하여 침하를 사전에 방지할 필요성이 있다.

2) 점토층이 두꺼울 경우 1차 및 2차 압밀이 명확히 구분되지 않을 뿐만 아니라, 동일 토층에서 압밀이 먼저 진행된 배수층 부근에서는 1차 압밀이 완료되고 2차 압밀이 이미 시작되었어도 중앙에서는 아직 1차압밀이 진행되기도 하므로 실제에 있어서의 압밀침하량은 이와 같이 엄격히 분리되지 않는다.

3) 1차압밀이 종료된 후 지속되는 2차 압밀침하기간은 실무에서 도로는 약 20년, 공항 활주로의 경우에는 약 30년간 지속되는 creep 변형량을 계산하고 있으나, 이는 현장조건에 따라 달리 정할 수 있으며 포장공사 완료 후 2차 압밀침하가 거의 종료되면 Over lay(덧씌우기)를 하게 된다.

4) 2차 압밀을 고려한 압밀해석방법이 꾸준히 연구되고 있다.

3.5 점토 Creep현상

3.5.1 정의

1) Creep현상이란 응력의 증감이 없어도 시간이 지남에 따라 변형이 계속해서 증가하는 현상을 말한다.

2) 간극비와 유효연직응력의 시간 의존적 관계 때문에 발생되며, 점토의 크리프 현상은 경시효과(Aging Effect)에 따른 지연압밀을 말하며, 유기물 함유가 많을수록 Creep현상이 크게 발생된다.

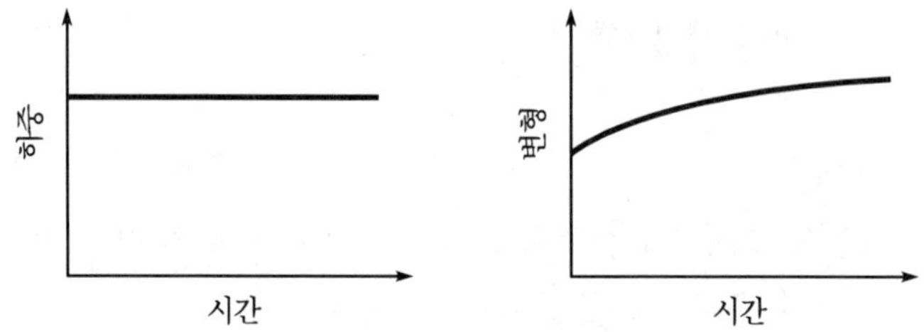

그림 5.64 점토 Creep현상

3.5.2 점토의 Creep거동에 영향을 주는 요소

1) 유기질이 많을수록, 활성도가 높을수록 크리프가 크다.

2) 함수비↑, 응력↑, 소성지수↑ : 크리프가 크다.

3) 배수상태일수록 Creep 값이 크다.

3.5.3 Creep 파괴를 고려해야 하는 경우

1) 지반활동지대의 점토사면
2) 지속적인 전단응력 증대가 예상되는 점토사면

3.5.4 결론

1) 점토의 크리프 현상은 경시효과(Aging Effect)에 따른 지연압밀을 말하며, 유기물 함유가 많을수록 Creep현상이 크게 발생한다.
2) Creep의 종류에는 배수 Creep와 비배수 Creep가 있으며, 전자는 포화점토에서의 2차 압밀 후자는 불포화점토에서의 시간의존 변형에 해당된다.

3.6 점증응력에 인한 압밀침하곡선 보정

3.6.1 개요

1) Terzaghi의 1차원 압밀이론식은 시공하는 순간 구조물 전체의 응력이 작용한다는 가정 아래 식이 유도되었으나, 실제는 응력이 순간적으로 재하되지 않고 단계적으로 증가하며, 재하 후 압밀이 완료되지 않은 상태에서 다음 단계를 재하하게 되는 점증재하가 된다.
2) 따라서, 순간재하에 의한 압밀곡선은 점증재하에 의한 압밀곡선으로 보정해주어야 한다.
3) 점증응력에 의한 압밀침하곡선 보정 방법에는 테르자기의 경험적 방법과 Olson의 수학적 방법이 있는데 여기서는 Terzaghi의 경험적 방법만 언급하기로 한다.

3.6.2 순간재하와 점증재하

(1) 순간재하

Terzaghi 압밀방정식은 순간재하를 가정하고 있다. 즉, 응력은 착공시(t=0) 순간적으로 재하되며, 그 후로는 같은 응력이 끝까지 유지된다고 가정한다.

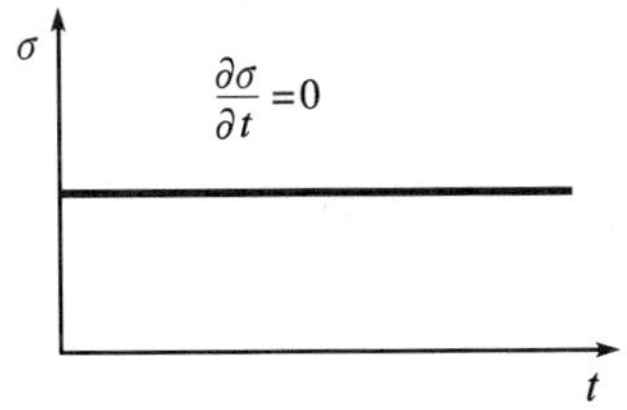

그림 5.65 시간경과에 따른 순간재하 응력

(2) 점증재하

실제 건설공사에 있어서는 응력은 착공부터 시간의 경과와 함께 점진적으로 증가하여 완공시($t = t_c$)가 되어야 최대응력이 되고, 완공이후는 이 응력이 그대로 유지된다.

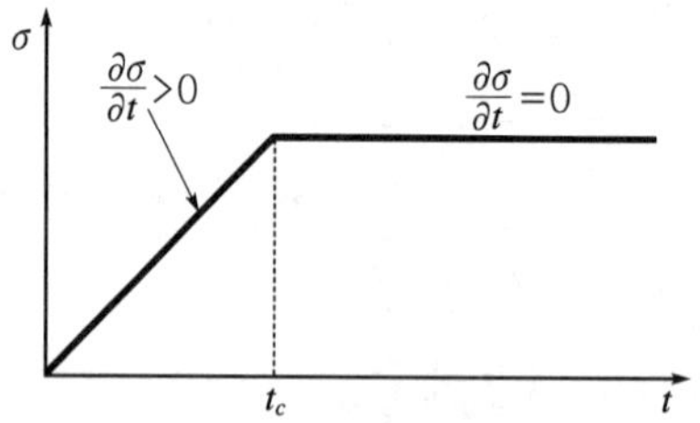

그림 5.66 시간경과에 따른 점증재하 응력

(3) 순간재하와 점증재하에 의한 압밀특성 비교

1) 최종침하량 S_c는 서로 같다.

2) 시간–침하량관계는 서로 다르다.

3.6.3 Terzaghi의 경험적 방법에 의한 보정

(1) 가정

1) 점증응력이 일정치에 도달했을 시간(t_c)에서 압밀침하량은 순간응력으로 인해 생긴 시간의 $\frac{1}{2}$에서의 침하량과 같다.

2) 응력이 증가하는 임의의 시간($0<t<t_1$)에서의 침하량은 순간응력으로 인한 그 시간의 $\frac{1}{2}$에서의 압밀침하량에 최종응력에 대한 점증응력의 비율을 곱한 값과 같다.

(2) 보정방법

1) $0<t<t_1$일 때(공사중)

임의의 시간 t에서의 침하량은 $\frac{1}{2}t$에서의 침하량에 점증응력증가율($\frac{t}{t_c}$)을 곱한 값이다.

2) $t = t_c$일 때(성토완료시)

점증응력이 일정치에 도달했을 때(t_c시간)의 침하량은 순간응력 침하곡선에서 $1/2t_c$시간에 해당되는 침하량으로 한다.

3) $t > t_c$ 일 때(완공후)

성토완료 후 침하량은 $1/2t_c$ 만큼 오른쪽으로 이동하여 구한다.

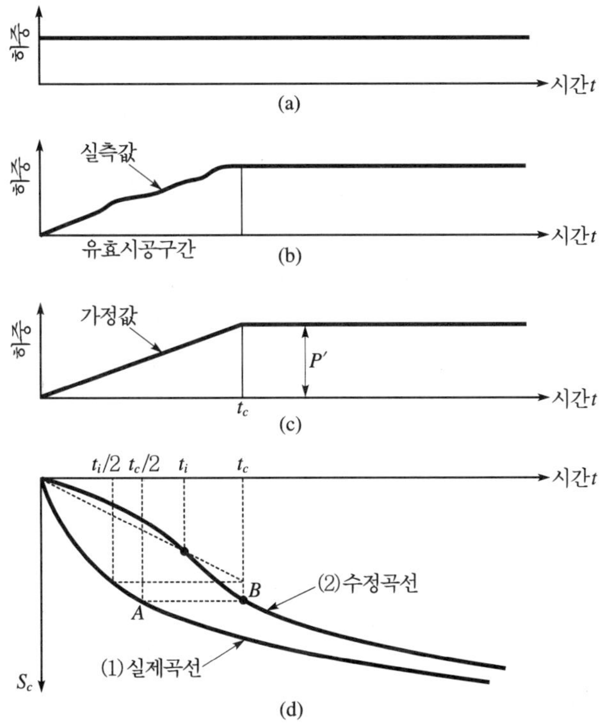

그림 5.67 순간재하를 기준으로 한 점증응력의 시간–침하량 관계

3.6.4 결론

1) 순간응력이나 점증응력 모두 최종침하량의 값은 동일하다.

2) 압밀이 완료되기 전까지는 순간응력에 비해 침하속도가 더 느리다. 즉 점증응력의 압밀 침하곡선이 순간재응력의 압밀곡선보다 더 오른쪽에 그려진다.

■ 압밀도, 시간계수

[핵심문제 5.2] **1. 점성토지반 위에 오래전에(시기는 알 수 없음) 일반토사가 야적(성토)되어 방치되었다. 점성토지반이 이 응력에 의해 압밀이 종료되었는지도 알 수 없는 상태이다. 아래 그림과 같이 시추를 하여 깊이 18m에서 기반암이 발견되었다. 이 성토가 얼마나 오래 되었는지 알아보기 위해 간극수압측정 피에조미터를 2개소에 설치하였다. 피에조미터 A와 B의 수위는 바닥으로부터 각각 7.07m와 12.63m이었다.**

1) 기반암은 배수경계면으로 작동 여부를 알 수 없다. 측정된 피에조미터 결과로 기반암이 배수경계면인지 판단하시오. 그에 따른 배수거리(H_{dr})를 결정하시오.
2) 이 토사가 얼마동안 성토되어 방치 되었는지 추정하는 방안을 이 피에조미터 수위 측정결과와 압밀관련 용어(압밀도 U_z, 시간계수 T_v, 압력계수 c_v, 배수거리 H_{dr} 등)로 설명하시오.

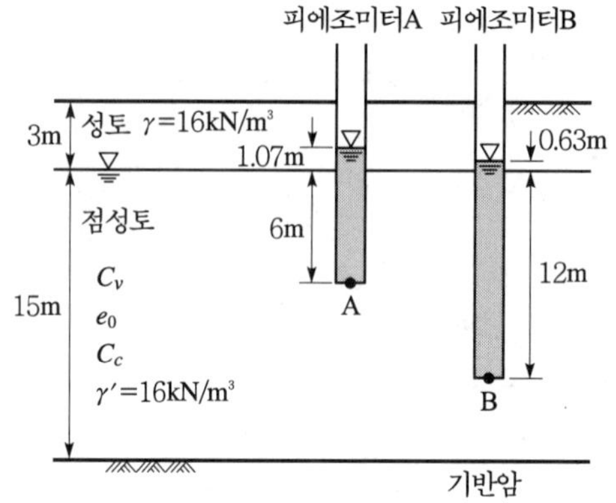

[풀이]

1. 기반암 배수경계면 작동여부 및 배수거리 결정

1) 무한등분포응력 작용시 지중응력 증가량 및 초기과잉간극수압

① 지중응력 증가량($\Delta\sigma_v$)

지표면에 무한등분포응력 q가 작용할 경우 지반내의 연직응력증가량은 깊이에 상관없이 일정하다.

즉, $\Delta\sigma_v = q = \gamma_t \cdot z = 16 \times 3 = 48\text{kN/m}^2$(깊이에 무관하게 일정)

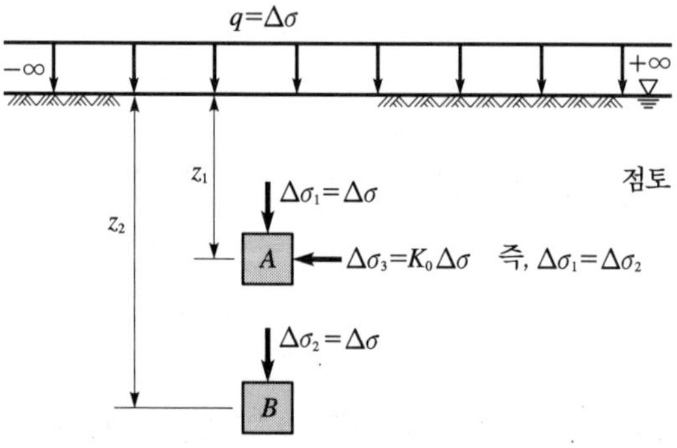

② 초기과잉간극수압(Δu_i)

점성토층은 투수계수가 작아 응력작용 직후에는 응력증가량을 모두 물이 부담하게 된다.

즉, 초기과잉관극수압 = 응력증가량

$\Delta u_i = \Delta\sigma = q = 48\text{kN/m}^2$

2) 초기조건 및 경계조건

① 초기조건 $t=0$: $\Delta u_e = \Delta u_i$

② 경계조건

- 양면배수 : $\frac{z}{H_{dr}}=0,\ \Delta u_e=0,\ \frac{z}{H_{dr}}=2,\ \Delta u_e=0$

- 일면배수 : $\frac{z}{H_{dr}}=0,\ \Delta u_e=0$

3) 현 시점에서의 과잉간극수압 분포도

- A점의 과잉간극수압

$\Delta u_{(A)} = 10\times1.07 = 10.7\text{kN/m}^2$

- B점의 과잉간극수압

$\Delta u_{(B)} = 10\times0.63 = 6.3\text{kN/m}^2$

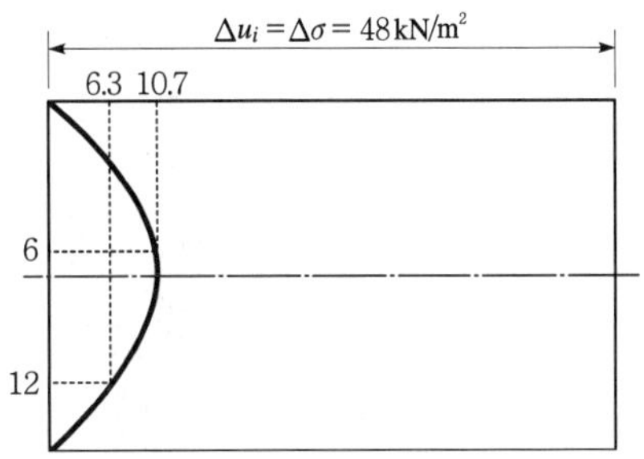

4) 기반암 배수경계면 작동여부 판정

- 등시곡선

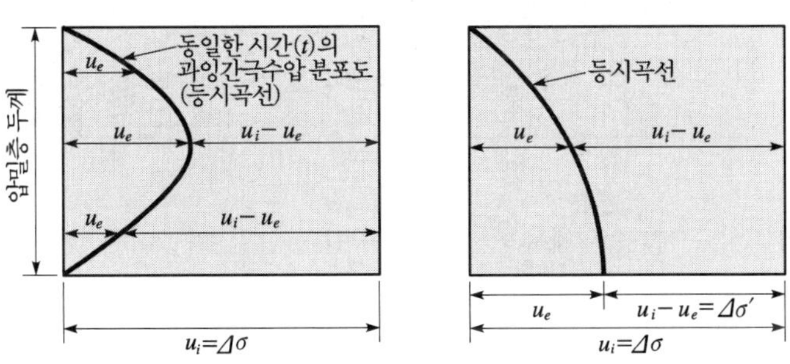

양면배수　　　　　일면배수

양면배수조건의 경우 점토층 중앙부에서 압밀이 가장 늦게 일어나고, 일면배수조건의 경우 점토층 최하단에서 압밀이 가장 느리게 일어난다.

- 이 문제에서는 12m지점(B지점)이 6m지점(A지점)보다 압밀이 더 빨리 일어났으므로 기반암도 배수경계면으로 작동하는 양면배수조건 임을 알 수 있음

5) 배수거리(H_{dr}) 결정

양면배수조건이므로 배수거리는

$H_{dr} = \frac{\text{점토층 깊이}}{2} = 15/2 = 7.5\text{m}$

2. 성토시기 추정

1) 압밀도(U_z) : 압밀도란 과잉간극수압의 소산 정도를 나타내는 것으로 다음과 같이 구한다.

$$U_z = \frac{u_i - u_{e(z)}}{u_i} = 1 - \frac{u_{e(z)}}{u_i}$$

여기서, u_i : 초기과잉간극수압

$u_{e(z)}$: 임의 시간, 임의 깊이에서의 과잉간극수압

2) 시간계수(T_v)

깊이계수(Z)와 압밀도의 관계 그래프로부터 시간계수를 구한다.

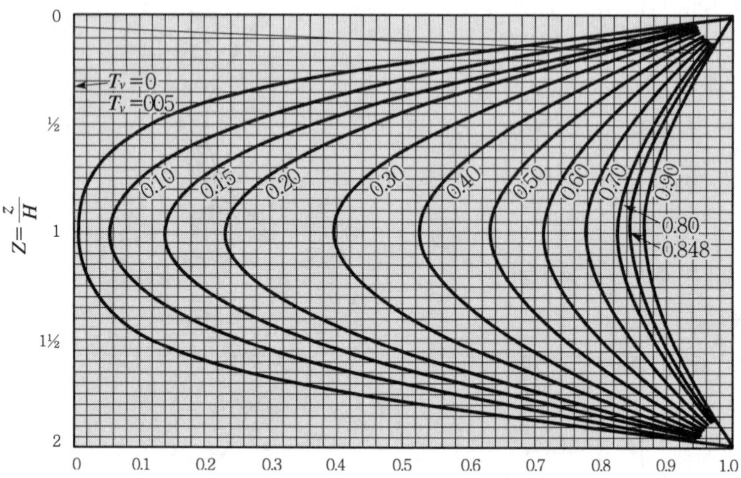

(3) 성토시기 결정 : 성토시기는 위에서 구한 시간계수(T_v), 압밀계수, 배수거리 등을 이용하여 결정할 수 있다.

즉, $t = \dfrac{T_v H^2}{c_v}$

여기서, T_v : 시간계수, c_v : 압밀계수, H : 배수거리

[핵심문제 5.3] **해성점토층에 10m 높이로 매립한 이후 9년이 경과한 시점에서 GL−10m 위치에 폭 20m의 지하차도를 계획한다.**

1) 매립후에 현재까지 발생한 침하량을 예측하시오.

2) 지반조사시 측정된 간극수압을 예측하시오.

3) GL−10m까지 굴착한 후 지하차도를 건설하고 되메우기 할 경우 해성점토층의 응력변화 상태를 e−logσ′를 그림에 표시하고 거동특성을 예측하시오.

4) 지하차도의 기초형식을 계획하고 그 이유를 설명하시오.

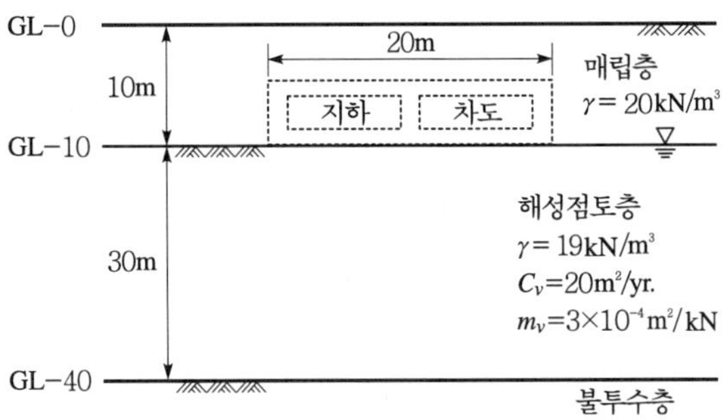

[풀이]

1. 매립 이후부터 현재까지 발생한 침하량

1) 최종 압밀침하량 산정

① 최종 압밀침하량 산정방법

- 압축지수(C_c)법 : $S_c = \dfrac{C_c}{1+e_o}H\log\left(\dfrac{\sigma'_o+\Delta\sigma}{\sigma}\right)$

- 체적압축계수(m_v)법 : $S_c = m_v \times \Delta\sigma \times H$

- 초기 간극비(e_o)법 : $S_c = \dfrac{e_o - e_1}{1+e_o} \times H$

② 해성점토층 중앙에서의 유효응력 증가량($\Delta\sigma$)

- 무한등분포응력이 작용할 경우 지중의 유효응력증가량은 점토층 전 깊이에서 $\Delta\sigma$로 동일하다.

즉, $\Delta\sigma = \gamma z = 20\times10 = 200\text{kN/m}^2$

③ 최종 압밀침하량 계산

$S_c = m_v \times \Delta\sigma \times H = 3\times10^{-4}\times200\times30 = 1.8\text{m}$

2) 9년이 경과한 시점에서의 평균압밀도($\bar{U}$)

① 시간계수(T_v) 추정

$T_v = \dfrac{t\cdot c_v}{H^2} = \dfrac{9\times20}{30^2} = 0.2$

② 평균압밀도

$T_v = \dfrac{\pi}{4}\left(\dfrac{\bar{U}}{100}\right)^2$에서

$\bar{U} = \sqrt{\dfrac{4T}{\pi}}\times100 = \sqrt{\dfrac{4\times0.2}{\pi}}\times100 \fallingdotseq 50\%$

3) 9년이 경과한 시점에서의 압밀침하량

$S_{c(9년)} = S_c \cdot \bar{U} = 1.8\times0.5 = 0.9\text{m}$

따라서, 심도별 점토층의 압밀특성을 파악하여 매립응력 10m 대하여 정규압밀인지 미압밀인지 파

악후 GL(−)40. bottom의 배수조건을 판단할 수 있다.

양면배수 → u=90%: 정규압밀

일면배수 → u=20%: 미압밀

2. **지반조사 시 측정된 간극수압을 예측하시오**

간극수압은 정수압에 과잉간극수압을 합한 것이다.

1) 정수압과 초기과잉간극수압

- 정수압(u_{ss}) : u_{ss} = 30×10 = 300kN/m²
- 초기과잉간극수압

  무한등분포응력이 작용하면 횡방향 변위는 0(zero)가 되므로 초기과잉간극수압은 $\Delta\sigma$와 같다.

  즉, $u_i = \Delta\sigma$ = 20×10 = 200kN/m²

2) t=9년 일 때의 간극수압 분포도

점토층은 투수계수가 작으므로 초기에는 외부응력을 물이 전부 부담하다가 시간이 지나면서 과잉간극수압이 차츰 소산되면서 유효응력 및 강도가 증가한다.

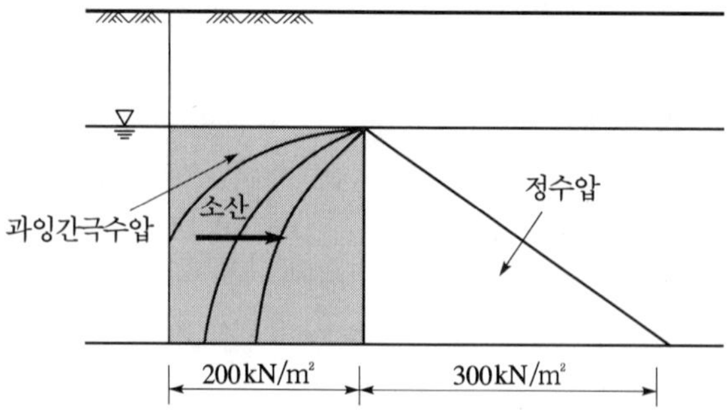

3. **GL-10m까지 굴착한 후 지하차도를 건설하고 되메우기 할 경우 해성점토층의 응력변화 상태를 e-logσ′ 그림에 표시하고 거동특성을 예측하시오.**

1) 새로 설치되는 지하차도의 내부는 중공상태가 되므로 제거된 토사의 무게보다 가벼워진다. 따라서 지하차도 설치이후 해성점토층은 과압밀비(OCR)가 1보다 큰 과압밀상태가 될 것이다. 만일 원지반 점토층이 매립응력에 대하여 정규압밀 조건이면 이 경우 지하차도 축조로 인한 압밀침하는 없더라도 제하−재재하(구조물 축조, 되메우기)로 인한 점토층의 재압축 침하 내지 즉시침하가 있다. (측방이 구속되어 있으므로 탄성침하 대신 즉시침하라 봄)

2) 즉, 해성점토층의 시료를 채취해서 압밀시험을 하면 선행압밀응력 이전까지는 응력증가에 따른 간극비 변화가 작다가, 선행압밀응력을 초과하면 간극비 변화가 크게 일어나면서 처녀압밀곡선을 따라 거동한다.

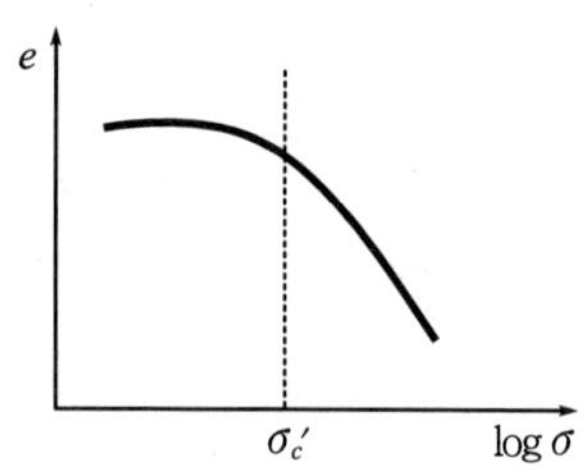

4. 지하차도의 기초형식을 계획하고 그 이유를 설명하시오.

1) 기초의 종류

① 얕은기초

- 푸팅기초 : 독립기초, 복합기초, 연속기초
- 전면기초 : 매트기초, 부력기초, 보상기초

② 깊은기초

- 말뚝기초 : 기성말뚝기초, 현장타설말뚝기초,
- 케이슨기초 : 오픈케이슨기초, 공기케이슨기초

2) 기초설계의 2가지 기본조건

① 구조물응력에 대해서 지반의 지지력이 충분해야 한다.

② 침하량이 구조물의 용도에 대한 허용치 이내이어야 한다.

3) 기초형식 선정 및 그 이유

① 상기 조건을 검토해볼 때 해성점토층의 깊이가 30m로 깊으므로 깊은기초보다는 얕은기초중 전면기초가 유리하다고 판단됨

② 얕은기초 설계시 지지력과 침하에 대하여 안정하여야 하나, 지하차도 구조물의 자중보다는 제거된 토사의 무게가 더 가벼워 전단파괴는 발생하지 않을 것으로 판단됨
따라서, 지지력에는 별 문제가 없으나 압밀층이 깊어 침하에 대한 검토가 매우 중요하며 필요시 지반개량이 요구된다.

③ 지반개량공법에는 다음과 같은 것들이 있다.
SCP공법, 쇄석말뚝공법, 심층혼합처리공법, 고압분사공법, CGS공법 등

[핵심문제 5.4] 다음 그림과 같은 토층이 있다. 지표면에 80kN/m²인 상재응력이 작용할 때 5.0m 점토층이 1차 압밀을 받을 경우 침하량을 계산하라(단, 점토는 정규압밀점토이고, 점토층 위에 4.0m의 모래층이 있다).

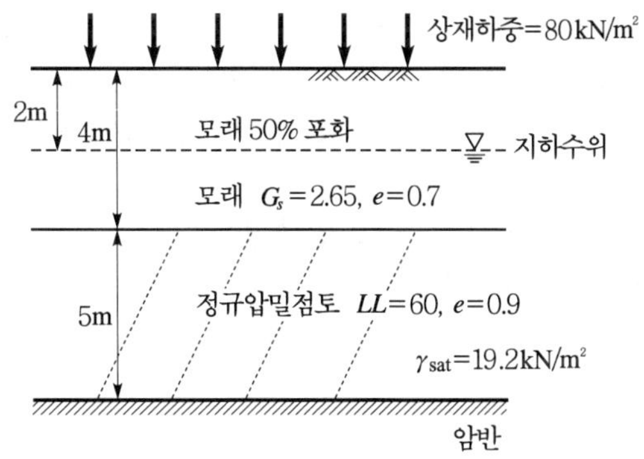

[풀이]

1. 압축지수 (C_c) 계산

$C_c = 0.009(LL-10) = 0.009(60-10) = 0.45$

2. 각 층의 단위중량

1) 모래층의 습윤단위중량(γ_t)

$$\gamma_t = \frac{G_s + S \cdot e}{1+e}\gamma_w = \left(\frac{2.65+0.5\times 0.7}{1.7}\right)\times 10 = 17.65\mathrm{kN/m^2}$$

2) 모래층의 포화단위중량

$$\gamma_{sat} = \frac{G_s + e}{1+e}\gamma_w = \frac{2.65+0.7}{1+0.7}\times 10 = 19.71\mathrm{kN/m^2}$$

3) 점토층의 포화단위중량은 문제에서 주어졌음

$\gamma_{sat} = 19.24\mathrm{kN/m^2}$

3. 점토층 중앙에서의 유효상재응력(σ'_o)

$\sigma'_o = 2\times 17.65 + 2\times(19.71-10) + 2.5\times(19.24-10) = 77.82\mathrm{kN/m^2}$

4. 점토층 중앙에서의 외부응력에 의한 지중응력 증가량($\Delta\sigma$)

반무한 등분포하중이 작용할 경우에는 K_o압밀상태에 놓이게 되므로 전 깊이에 상재하중이 일정하게 증가한다. 따라서, 점토층 중앙에서의 지중응력 증가량은 $80\mathrm{kN/m^3}$이다. 즉, $\Delta\sigma = q = 80\mathrm{kN/m^2}$

5. 압밀침하량 계산

$$S_c = \frac{C_c}{1+e_0}H \cdot \log\frac{\sigma'_0 + \Delta\sigma}{\sigma'_0} = \frac{0.45}{1+0.9}\times 5\times \log\frac{77.82+80}{77.82} = 0.362\mathrm{m} = 36.2\mathrm{cm}$$

[핵심문제 5.5] 두께 4m인 모래층($\gamma = 17\mathrm{kN/m^3}$, $\gamma_{sat} = 20\mathrm{kN/m^3}$)을 1m 굴착하여 2m×2m인 footing을 설치한 결과 $200\mathrm{kN/m^2}$의 접지압이 작용한다. 모래층 아래에는 두께 2m인 점토층($\gamma_{sat} = 15\mathrm{kN/m^3}$, $e = 1.0$, $C_c = 0.45$)이 있고, 그 아래에는 투수성지반이 존재한다. 침하관리상 piezometer로 점토층 중앙단면에서 정수압을 포함한 간극수압을 측정한 결과 $50.2\mathrm{kN/m^2}$이었다. 압밀계수(C_v)는 $1.64\times 10^{-4}\mathrm{cm^2/sec}$이고 지하 수위는 footing 밑면에 있다고 가정할 때 다음을 구하시오(단, 접지압의 지중분포는 2 : 1로가정함).

1) 최종 압밀침하량

2) 간극수압 측정시기의 압밀도와 압밀침하량

3) footing의 설치시기

[풀이]

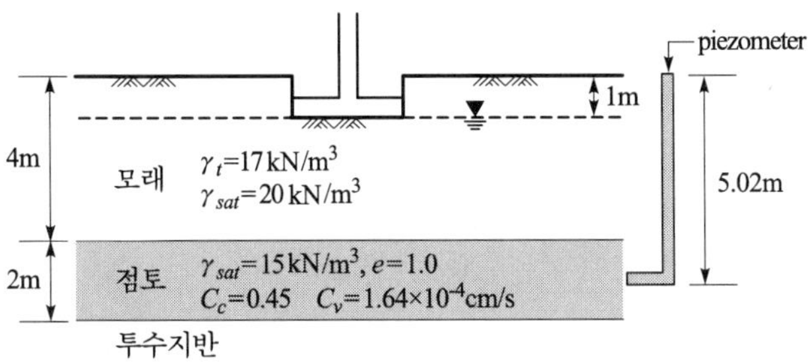

1. **최종침하량 (정규압밀점토로 판단함)**

1) $S = \dfrac{C_c}{1+e} H \log \dfrac{\sigma'_0 + \Delta\sigma}{\sigma'_0}$

2) e =1.0, C_c= 0.45, H = 200cm

3) 점토층 중앙에 작용하는 유효상재응력(σ'_0)

σ'_0=17kN/m³×1.0m+(20−10)kN/m³×3m+(15−10)kN/m³×1.0m = 52kN/m²

4) 점토층 중간에서의 지중응력 증가량($\Delta\sigma$)

순하중은 기초저면에 작용하는 접지압에서 굴착토량 무게를 뺀 값이다. 즉,

$q_{net} = q - \gamma_t D_f$ −=200−17×1 = 183kN/m²

점토층 중간에서의 응력증가량($\Delta\sigma$)은 2:1분포법으로 계산하면 다음과 같다.

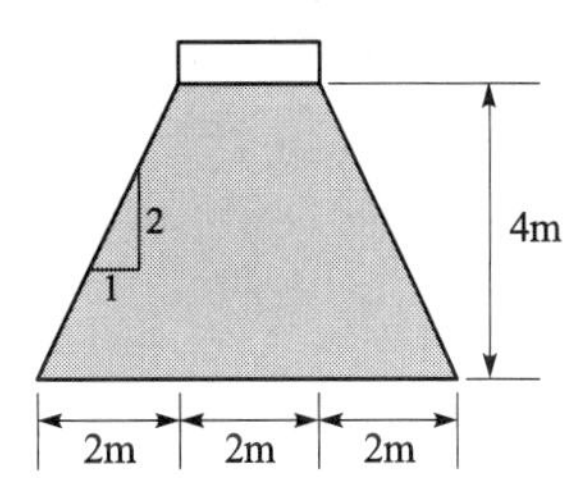

$\Delta\sigma = \dfrac{q_{net} \times B \times L}{(B \times Z)(L \times Z)}$

$= \dfrac{183\text{kN/m}^2 \times 4\text{m}^2}{36\text{m}^2} = 20.3\text{kN/m}^2$

5) 1차 압밀침하량

$S_c = \dfrac{0.45}{1+1.0} \times 200 \times \log \dfrac{52+20.3}{52} = 6.44\text{cm}$

2. **간극수압 측정시기의 압밀도와 압밀침하량**

1) 점토층 중앙단면에서의 압밀도

점토층 중앙단면에서의 과잉간극수압은 간극수압에서 정수압을 뺀 값이다. 즉,

$u_{e(z)}$ = 50.2 −10×4 = 10.2kN/m²

$u_i = \Delta\sigma$=20.3kN/m²

따라서, 압밀도는

$u_{e(z)} = u_i\,(1 - U_z)$

따라서, 10.2 = 20.3(1− U_z)

∴U_z = 1−10.2/20.3 = 49.8% ≒ 50%

2) 압밀 침하량

압밀도가 50%이므로 이때 침하량은 $S_{C(u=50\%)}=6.44\times0.50=3.22\text{cm}$

3. footing 설치시기

1) 시간계수

양면배수이므로 점토층 중앙단면에서는 압밀도와 평균압밀도가 같다. 즉, $\bar{U}=U_z=50\%$이다.

$\bar{U}=50\%$이면, $T_v=0.197$(또는 $\frac{\pi}{4}u^2=\frac{\pi}{4}0.5^2=0.196$)

$$0\leq \bar{U}\leqq 53\%:T_v=\frac{\pi}{4}\left(\frac{\bar{U}(\%)}{100}\right)^2=\frac{\pi}{4}\left(\frac{50(\%)}{100}\right)^2{}_2=0.197$$

2) footing 설치시기

$$t=\frac{T_vH^2}{C_v}$$

여기서, $C_v=1.64\times10^{-4}\text{cm}^2/\text{sec}$, $H=100\text{cm}$ (양면배수)이므로

$$\therefore t=\frac{0.197\times100^2}{1.64\times10^{-4}\times60\times60\times24}=139일=4.63개월$$

[핵심문제 5.6] 다음 그림과 같은 전면기초(폭 20m×길이 30m)의 총응력은 150,000kN이다. 점토층의 1차 압밀 침하량을 구하라(단, 2:1분포법을 이용하여 추가응력을 구한다).

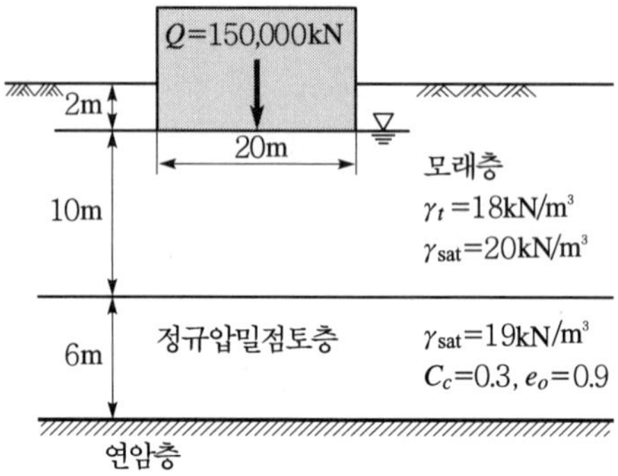

[풀이]

1. 개요

정규압밀점토이므로 침하량 공식은 다음과 같다.

$$S=\frac{C_c}{1+e_0}H\cdot\log\frac{\sigma'_0+\Delta\sigma}{\sigma'_0}$$

2. 압밀침하량 계산

1) 점토층 중앙에서의 유효상재응력(σ'_0)

$\sigma'_0 = 2\times18+10\times(20-10)+6/2\times(19-10) = 163(\text{kN/m}^2)$

2) 점토층 중앙에서의 외부응력에 의한 지중응력 증가량($\Delta\sigma$)

- 기초지반에서의 순하중 = 150,000 − 2×18×20×30 = 128,400(kN)
- 지중응력 증가량($\Delta\sigma$)은 2:1분포법에 의해서

$$\Delta\sigma = \frac{Q}{(z+B)\times(z+L)} = \frac{128,400}{(13+20)\times(13+30)} = 90.5(\text{kN/m}^2)$$

3) 압밀침하량

$$S=\frac{C_c}{1+e_0}H\cdot\log\frac{\sigma'_0+\Delta\sigma}{\sigma'_0} = \frac{0.3}{1+0.9}\times6\times\log\frac{163+90.5}{163} = 0.182\text{m} \fallingdotseq 18.2\text{cm}$$

3. 결론

1) 국부응력이 작용하는 확대기초나 연속기초의 경우 2차원 또는 3차원 압밀이 일어나기 때문에 Terzaghi의 압밀이론으로 압밀침하량을 구해서 안 된다.
2) 3차원 압밀침하량을 구하는 방법은 해석적 방법과 반경험적 방법(Skempton−Bjerrum방법, 응력경로법 등)이 있다.

[핵심문제 5.7] **압밀침하량 계산에서 점토층을 여러 층으로 나누어 침하량을 계산한다. 특히 무한 분포응력과는 달리 직접기초(Footing)와 같이 유한 분포응력인 경우 여러 층으로 나누어 계산하는 것이 매우 중요하다. 그 이유를 설명하시오.**

[풀이]

1. 개요

1) 압밀침하량을 구하기 위해서는 점토층 중앙지점의 증가된 유효상재응력을 알아야 한다.
2) 지중의 응력증가량은 지표면 응력 작용 양상에 따라 달라진다. 따라서 압밀침하량도 지중응력의 증가량을 고려해서 계산해야 한다.

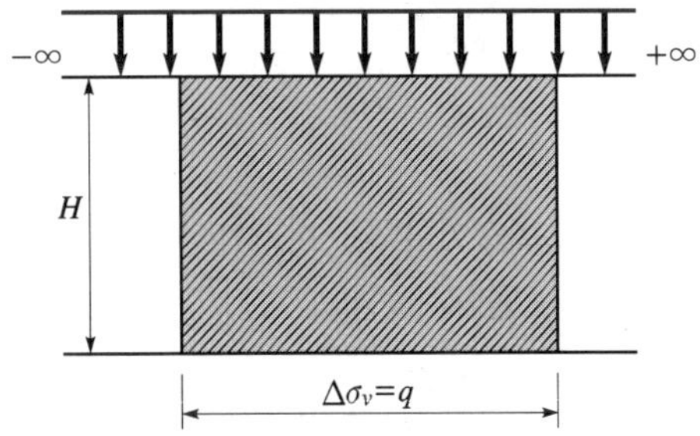

2. 지중응력 증가량

1) 무한등분포응력 작용시

지표면에 반무한 등분포응력 q가 작용할 때 지반내에 증가하는 연직응력 $\Delta\sigma_v$는 깊이에 무관하게 지표면의 등분포응력 q가 그대로 전달된다.

즉, $\Delta\sigma_v = q$

이는 응력 작용면적이 대단히 넓어서 등분포응력 q가 그대로 지반 속으로 모두 전달되기 때문이다.

2) 유한등분포응력 작용시

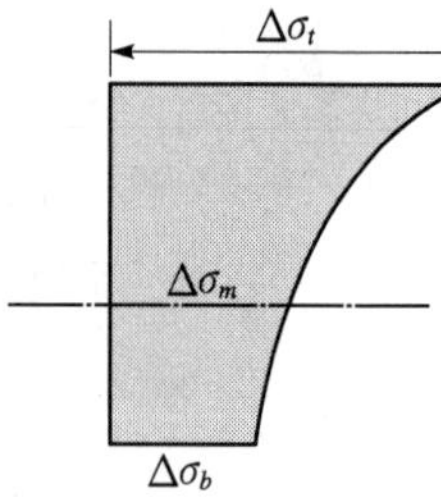

- 만약 응력면의 크기가 반무한이 아니고 제한되어 있으면(확대기초, 줄기초 등) 연직응력 $\Delta\sigma_v$는 깊이와 수평거리에 따라 달라진다.
- 깊이가 깊어질수록 수평거리가 멀어질수록 작아진다.

3. 무한등분포응력 작용시의 압밀침하

1) 무한등분포응력이 작용할 경우 수평방향으로 변형이 발생하지 않으므로 즉시침하는 발생하지 않고, 과잉간극수압 소산에 의한 압밀침하만 발생한다. 즉, $S_T = S_C$

2) 포화된 점토지반은 외부응력에 의한 지중응력 증가량이 압밀층 전 깊이에 걸쳐 동일하므로 여러층으로 나누어 계산할 필요없이 압밀층 중앙부에 대하여 한번만 계산하면 된다.

즉, $S_c = \dfrac{\Delta e}{1+e_0}H = \dfrac{C_c}{1+e_0}H \cdot \log\dfrac{\sigma'_0+\Delta\sigma}{\sigma'_0}$ =에서

$\Delta p = q$을 대입하여 구하면 된다.

4. 유한면적의 등분포응력 작용시의 압밀침하

1) 포화점토지반에 유한등분포응력이 작용시 전체침하량은 횡방향 변위로 인한 즉시침하량과 과잉간극수압 소산으로 발생하는 압밀침하량을 합한 것이다.

즉, $S_T = S_i + S_C$

2) 이때 압밀침하량은 외부응력에 의한 지중응력의 증가량이 깊이에 따라 달라지므로 연직응력의 증가량을 양단면평균법 또는 심프슨의 법칙에 의하여 구하여 사용하여야 한다.

① 압밀층이 얇은 경우

$$\frac{C_c}{1+e_0}H\log\frac{\sigma_0'+\Delta\sigma}{\sigma_0'} \quad \because \Delta\sigma = q$$

② 압밀층이 두꺼운 경우

압밀층의 두께가 두꺼울 경우 압밀층을 여러 층으로 나누어 구해야 한다.

즉, 압밀층을 n개의 층으로 나누어 각층에서의 압밀침하량을 구하고 이를 합한 값이 전체 압밀침하량이 된다.

$$\sum_{i=1}^{n}\frac{C_c}{1+e_0}H \cdot \log\frac{\sigma_0'+\Delta\sigma}{\sigma_0'}$$

$$\because \Delta\sigma = \Delta\sigma_{avg} = \frac{\Delta\sigma_t + 4\Delta\sigma_m + \Delta\sigma_b}{6}$$

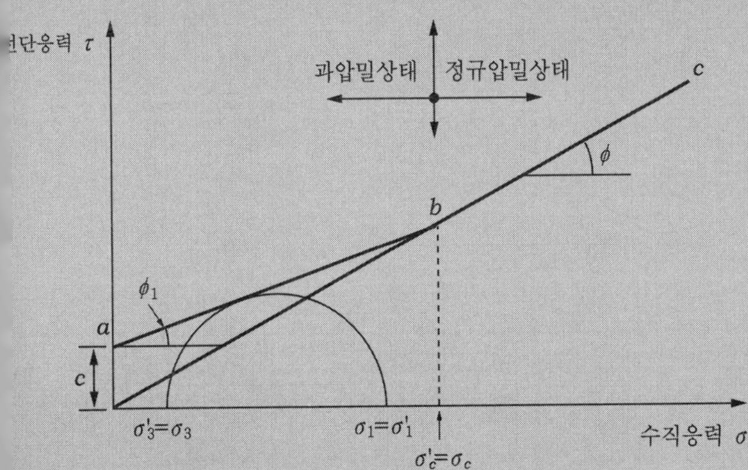

제 6장 전단강도

1. 전단강도 기본이론
2. 전단강도정수를 구하는 시험
3. 흙의 전단특성

chapter 06

제 6장 전단강도

1. 전단강도 기본이론

1.1 전단응력과 전단강도

1.1.1 개요

물체에 작용하는 힘은 원리에 따라 인장력, 압축력, 전단력, 휨력, 비틀림력 등으로 구분한다. 흙은 인장력, 휨력, 비틀림력 등에 저항하는 강도는 거의 없기 때문에 토질역학에서는 이들을 다루는 경우는 거의 없고 주로 압축력과 전단력만 다루게 된다.

1.1.2 전단응력(Shear Stress)

임의의 평면에 직각방향으로 작용하는 응력을 수직응력(법선응력)이라고 하고, 평행한 방향으로 작용하는 응력을 전단응력이라고 한다. 보통의 고체재료는 인장이나 전단에 의해 파괴되지만 흙은 인장저항력이 무시할 정도로 작으므로 전단저항력만 고려하면 된다.

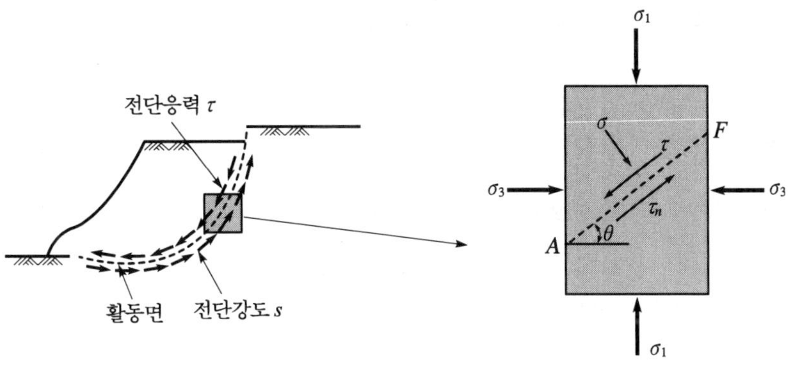

(a) 활동파괴 모식도 (b) 전단강도의 개념

그림 6.1 흙의 활동파괴 모식도 및 전단응력개념

지표면에 외부하중이 작용할 경우 지중에 있는 흙 입자는 연직 및 수평응력이 증가하게 된다. 이 응력의 증가로 인하여 흙입자의 임의의 한 면(AF면)에는 수직응력(σ)과 전단응력(τ)도 증가하게 된다.

수직응력은 압축응력을 양(+)으로, 인장응력을 음(-)으로 간주하고, 전단응력은 물체를 반시계 방향으로 회전시키는 것을 양(+)으로 간주한다. 각도는 기준면으로부터 반시계 방향으로 잰 각을 양(+)으로 간주한다.

1.1.3 전단강도(Shear Strength)

그림 6.1에서 AF면이 파괴면이라면 AF면 위에 작용하는 전단응력 τ에 의하여 전단파괴가 일어날 것이다. AF면에 τ의 전단응력이 작용하면 AF면 바로 아래에 있는 흙은 그림 6.1(b)와 같이 τ의 반대방향으로 전단저항력(τ_n)이 발생하게 되는데, 파괴 순간의 전단저항력(τ_f)을 전단강도 s라 한다. 다시 말해서, 전단강도란 파괴가능면에서 전단에 저항할 수 있는 최대저항력을 말하며 흙입자 사이의 마찰력과 점착력에 의하여 발생한다. 즉,

$$s = \tau_f = c + \sigma \tan \varnothing \qquad (6.1)$$

여기서, c : 점착력(응력에 관계없는 성분)

φ : 내부마찰각(응력에 관계있는 성분)

σ : 파괴면에 작용하는 수직응력

※ 흙의 전단강도는 다음과 같은 분야에 이용된다.

- 얕은 기초나 말뚝의 지지력 해석방법과 같은 기초공학의 문제
- 흙댐 및 성토 후의 사면안정해석
- 옹벽 및 토류벽에 작용하는 토압의 해석

1.1.4 결론

토질역학에서는 주로 압축력에 의한 전단력만 주로 다루게 되는데, 지지력, 사면안정 및 토류구조물에 작용하는 수평토압 등과 같은 흙의 안정성 문제를 해석하기 위해서는 이러한 흙의 전단저항특성을 제대로 이해해야 한다.

1.2 주응력(Principal Stress)

1.2.1 개요

1) 지반내의 어떤 요소에 작용하는 응력을 직각좌표계에 나타내면 총 9개의 응력성분으로 나타낼 수가 있다. 이때 1개의 평면에는 1개의 수직응력 σ와 서로 직교하는 2개의 전단응력 τ를 합하여 3개의 응력이 작용한다.
2) 그런데, 이들 응력은 평면의 방향에 따라 다르다. 평면의 방향을 변화시키다 보면 전단응력은 작용하지 않고(τ=0) 수직응력만 작용하는 평면이 존재하게 되는데, 이러한 평면을 주응력면이라 하고 이 면에 작용하는 수직응력을 주응력이라 한다.
3) 직각좌표계에서는 3개의 주응력면이 존재하고, 이들 주응력면에 작용하는 수직응력도 주응력이 된다. 즉, 3개의 주응력면은 서로 직교하며 이들 평면에 작용하는 3개의 주응력도 서로 직교한다. 3개의 주응력을 크기 순서대로 최대주응력 σ_1, 중간주응력 σ_2, 최소주응력σ_3이라 하고, 이들 각 주응력이 작용하는 평면을 최대주응력면, 중간주응력면, 최소주응력면이라 한다.

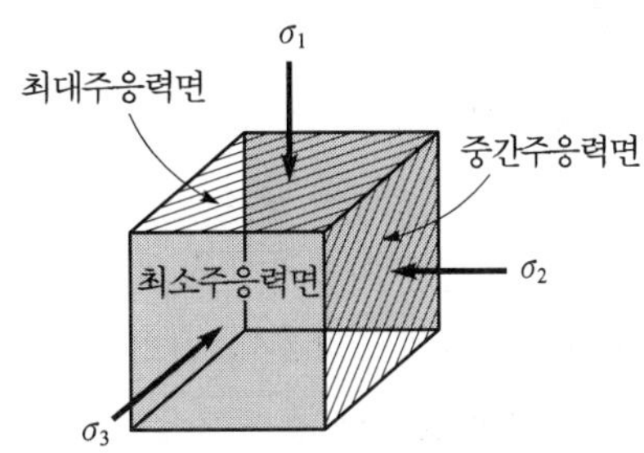

그림 6.2 주응력면의 종류

1.2.2 지표면이 수평인 정규압밀점토의 주응력면

지표면이 수평이고 흙이 균질한 지반인 경우 수평면과 모든 연직면은 주응력면이다. 정규압밀점토의 경우 수평면이 최대주응력면, 연직면이 최소주응력면이 된다.

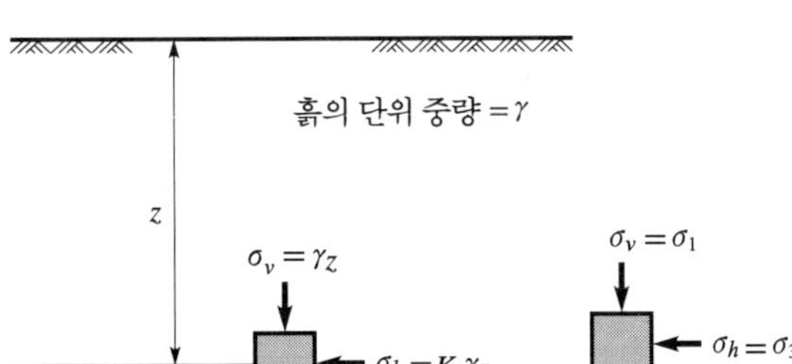

그림 6.3 지표면이 수평인 정규압밀점토의 주응력면

1.2.3 결론

1) 주응력의 크기를 알면 주응력면과 임의의 각도로 기울어진 평면에 작용하는 수직응력과 전단응력을 해석적 방법 또는 Mohr원을 이용해서 구할 수가 있다.
2) 토질역학에서는 보통 해석을 간단하게 하기 위하여 중간주응력 σ_2의 영향을 고려하지 않는데, 이는 안전측 결과를 얻는 것으로 알려져 있다. 예를 들면 평면변형률시험으로 구한 강도정수 값이 삼축압축시험(평면응력상태)으로 구한 값보다 더 크다($\phi_{ps} = 1.1\phi_{tx}$).

1.3 Mohr원(Mohr Circle) 및 평면기점(극점)

1.3.1 Mohr원

(1) 개요

1) 임의의 한 요소에 작용하는 모든 방향의 응력을 $\tau-\sigma$ 그래프에 점으로 찍어 나타낸 궤적을 Mohr원이라 한다.
2) Mohr원을 이용하면 흙의 전단파괴에 대한 역학적 상태를 쉽게 설명할 수 있다.
3) Mohr원을 이용하여 임의의 한 평면에 작용하는 수직응력과 전단응력은 해석적 방법 및 2θ법과 극점(평면기점, O_p점)법으로 구할 수 있다.

(2) Mohr원 작도(τ_{xy} = 0일 때)

연직응력이 최대주응력이고, 수평응력이 최소주응력인 요소에 대하여 Mohr원을 그리는 방법은 다음과 같다.

1) 힘의 평형방정식으로부터 유도된 σ와 τ를 원의 방정식 형태로 바꾸면 다음과 같다.

$$\left(\sigma-\frac{\sigma_1+\sigma_3}{2}\right)^2+\tau^2=\left(\frac{\sigma_1-\sigma_3}{2}\right)^2 \qquad (6.2)$$

즉, 중심이 $\frac{\sigma_1+\sigma_3}{2}$, 반지름 $r=\frac{\sigma_1-\sigma_3}{2}$인 원의 방정식이 된다.

2) 세로축에는 전단응력(τ)을 가로축에는 수직응력(σ)으로 잡고, 위의 중심과 반경을 기준으로 하는 Mohr원을 그린다.

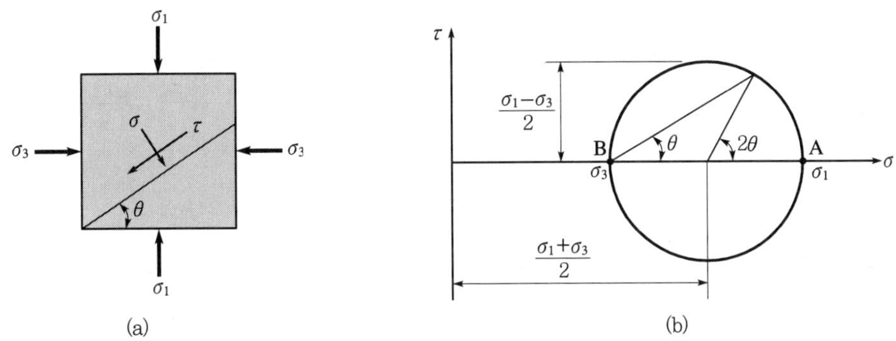

그림 6.4 Mohr 응력원의 작도

※ Mohr원과 σ 축이 만나는 점들이 주응력이며, B점(σ_3, 0)은 최소주응력면에 작용하는 응력을 표시한 것이고, A점(σ_1, 0)은 최대주응력면에 작용하는 응력을 표시한 것이다.

(3) Mohr원의 활용

1) Mohr원을 이용하여 임의면의 전단응력 및 수직응력을 구할 수 있다
2) Mohr원을 이용하여 주응력의 크기 및 방향을 구할 수 있다.
3) 삼축압축시험에서 얻은 σ_1과 σ_3로 Mohr원을 그려 강도정수(c, ø)를 구할 수 있다
4) Rankine의 토압이론에서 토압계수를 구할 수 있다.
5) 응력경로에 의해서 안정성을 판단할 수 있다.

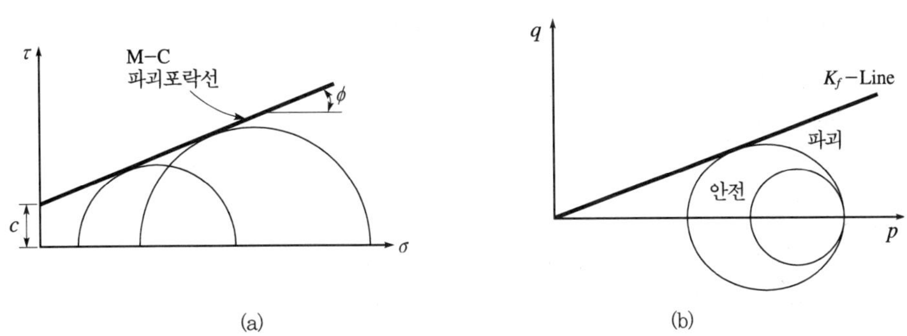

그림 6.5 응력경로에 의한 안정성 판단

1.3.2 평면기점(극점, O_p)

1) 이미 알고 있는 Mohr원의 응력점에서 그 응력이 작용하는 면과 평행하게 선을 그어 Mohr원과 만나는 점을 극점이라 말한다. 극점은 모든 방향의 응력을 구할 수 있는 하나의

기준점이다.

2) 극점은 구하고자 하는 임의면의 전단응력과 수직응력의 크기, 주응력의 크기와 작용방향을 구하는 데 이용된다.

3) 극점을 구하는 방법

① $\tau_{xy} = 0$인 경우

- 최소주응력점에서 최소주응력면과 나란하게 선을 긋고 Mohr원과 만나는 점이 O_p이다.
- 또는, 최대주응력점에서 최대주응력면과 나란하게 선을 긋고 Mohr원과 만나는 점이 O_p이다

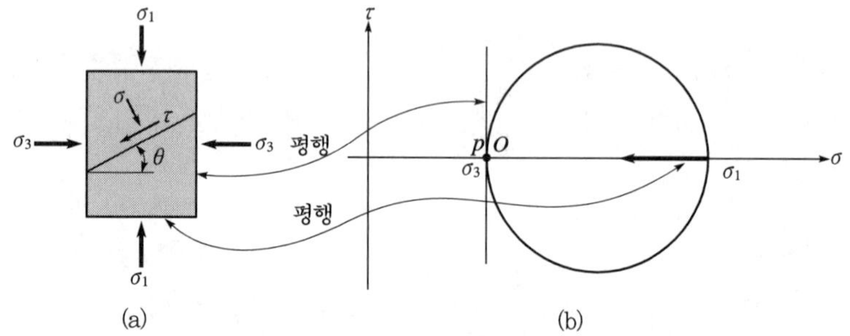

그림 6.6 극점을 구하는 방법($\tau_{xz} = 0$인 경우)

② $\tau_{xy} \neq 0$인 경우

Mohr원상에서 $(\sigma_y, -\tau_{yx})$의 좌표, 점(M)에서 σ_y가 작용하는 AC면과 평행하게 선을 그어서 Mohr원과 만나는 점이 극점이다.

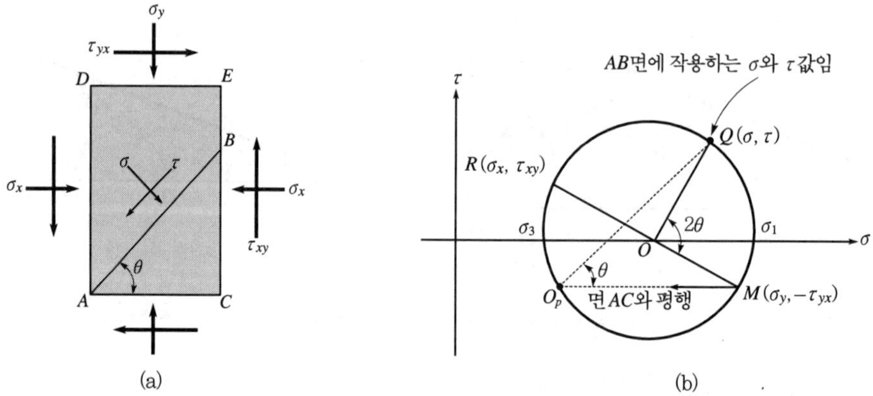

그림 6.7 극점을 구하는 방법($\tau_{xy} \neq 0$인 경우)

1.4 주응력이 주어졌을 때 임의의 면에 작용하는 수직응력과 전단응력을 구하는 방법

1.4.1 개요

1) 유효상재압력은 지금까지 지반이 계속하여 받아왔던 하중이므로 이 하중으로 인하여 흙요소에 문제를 야기시키지는 않는다. 그러나 외부하중에 의한 응력의 증가량은 지금까지 받아왔던 것이 아니라 추가로 받는 응력이므로 이 응력의 증가는 지반에 변형을 가져올 것이다.
2) 따라서, 이 추가응력으로 인하여 지반내 흙요소 A에 연직응력, 수평응력 및 전단응력의 증가가 발생되고 이로 인해 수평면과 임의의 각도(θ)로 기울어진 면에 작용하는 수직응력(σ_n) 및 전단응력(τ_n)도 증가하게 된다.
3) 주응력의 크기를 알면 주응력면과 임의의 각도로 기울어진 평면에 작용하는 수직응력과 전단응력을 해석적 방법 또는 Mohr원을 이용하여 구할 수가 있다.

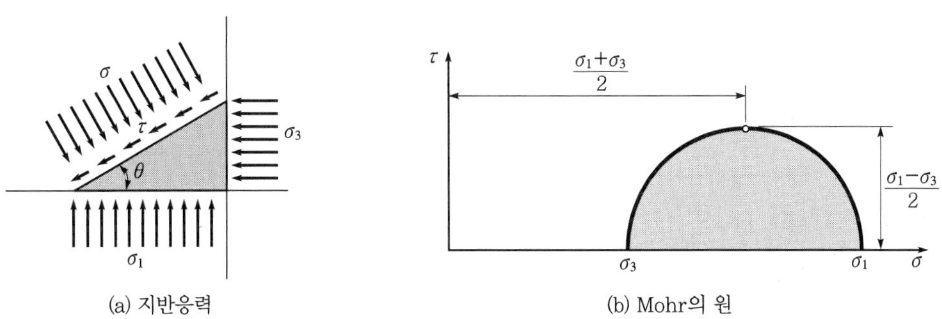

그림 6.8 수직응력과 전단응력 관계

1.4.2 임의면에 작용하는 수직응력과 전단응력을 구하는 방법

(1) 해석적 방법(힘의 평형방정식을 이용하는 방법)

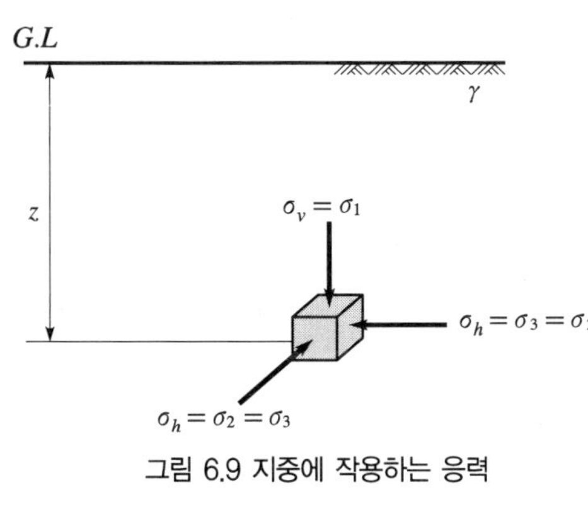

그림 6.9 지중에 작용하는 응력

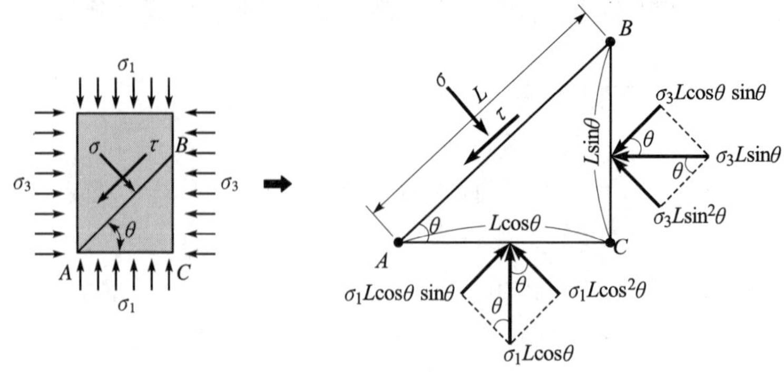

그림 6.10 한 요소에 작용하는 응력

1) 수직응력(AB면에 수직인 방향의 힘의 평형)

$$\sigma \cdot L = \sigma_1 L\cos^2\theta + \sigma_3 L\sin^2\theta$$

$$\sigma = \sigma_1 \cos^2\theta + \sigma_3 \sin^2\theta$$

$$= \frac{\sigma_1 + \sigma_3}{2} + \frac{\sigma_1 - \sigma_3}{2}\cos 2\theta \qquad (6.3)$$

2) 전단응력(AB면에 평행인 방향의 힘의 평형)

$$\tau \cdot L = \sigma_1 L\cos\theta\sin\theta - \sigma_3 L\cos\theta\sin\theta$$

$$\tau = (\sigma_1 - \sigma_3)\sin\theta\cos\theta$$

$$= \frac{\sigma_1 - \sigma_3}{2}\sin 2\theta \qquad (6.4)$$

cos, sin법칙

$$\cos^2\theta = \frac{1}{2}(1 + \cos 2\theta)$$

$$\sin^2\theta = \frac{1}{2}(1 - \cos 2\theta)$$

$$\sin\theta\cos\theta = \frac{1}{2}(\sin 2\theta)$$

(2) 2θ법

1) σ_1과 σ_3의 차를 지름으로 하는 Mohr원 작도

2) 최대주응력면과 $+\theta$(반시계방향)를 이루는 평면에 작용하는 응력(σ, τ)을 구하려면 그림과 같이 A(σ_1, 0)에서 중심각이 $+2\theta$(반시계방향) 되는 D점을 잡으면($\angle$ACD=2θ) 이 점의 좌표가 바로 임의의 면에 작용하는 수직응력과 전단응력이 된다.

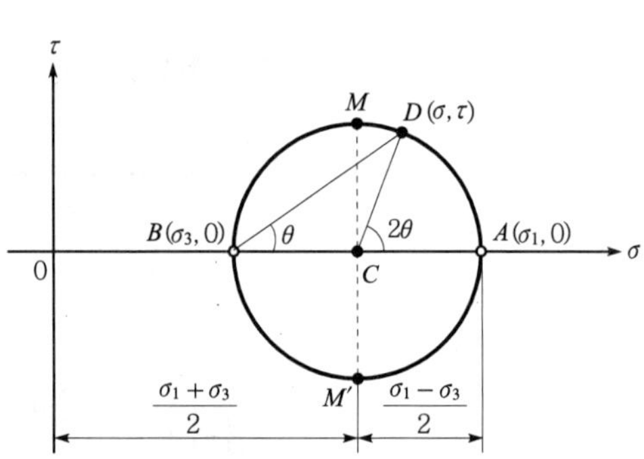

그림 6.11 2θ법

(3) 극점에 의한 방법

1) σ_1과 σ_3의 차이를 지름으로 하는 Mohr원 작도
2) O_p점 결정
3) O_p점에서 구하고자 하는 면과의 평행선을 그어 Mohr원과 만나는 교점을 결정
   - 교점의 좌표가 구하고자 하는 임의면의 전단응력과 수직응력 임

1.5 Mohr-Coulomb 파괴기준

1.5.1 개요

1) 물체가 외력에 의하여 파괴되는 상태를 응력이나 변형으로 나타낸 기준을 파괴기준이라 하고 이를 나타내는 식을 파괴식이라 한다.
2) 일반적인 재료에 대한 파괴기준은 수없이 많으나 현재 토질역학에서 가장 많이 사용되고 있는 파괴기준은 Mohr-Coulomb의 파괴기준인데, 이는 Mohr의 파괴포락선과 Coulomb의 전단강도식을 종합한 것이다.

1.5.2 Mohr-Coulomb 파괴기준

1) Mohr(1900)는 외력에 의해 재료가 파괴에 이르면 파괴면의 전단응력은 그 면에 작용하는 수직응력에만 관계된다는 파괴이론을 발표하였다. 즉,

$$\tau_{ff} = S = f(\sigma_{ff}) \tag{6.5}$$

여기서, τ_{ff} : 파괴면의 전단응력, S : 전단강도
σ_{ff} : 파괴시 파괴면에서의 수직응력

그런데 Mohr의 파괴이론식에 의해 파괴포락선을 그려보면 아래의 그림과 같이 포락선이 곡선이 되어 이를 토질역학분야에 적용하기에는 많은 불편이 따른다.

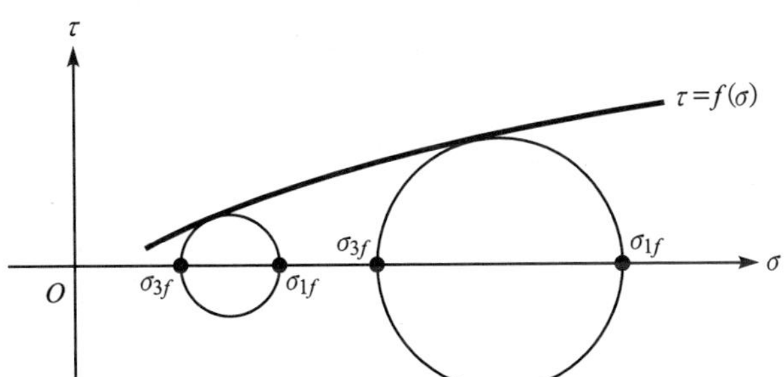

그림 6.12 Mohr-Coulomb의 파괴기준

2) 따라서, 아래와 같은 Coulomb의 전단방정식을 도입하여 Mohr의 파괴포락선을 직선화 하였는데, 이를 Mohr-Coulomb의 파괴기준이라 한다.

$\tau_f = S = c + \sigma \tan \text{ø}$

여기서, c : 점착력(응력에 관계없는 성분)

ø : 내부마찰각(응력에 관계있는 성분)

σ : 파괴면에 작용하는 수직응력

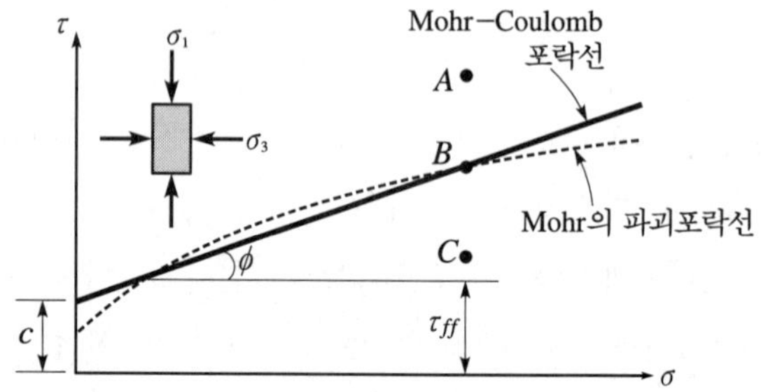

그림 6.13 Mohr-Coulomb의 파괴기준

세로축의 절편이 점착력 c이고, 포락선의 기울기가 내부마찰각 ø 이다.

① A점 : 존재할 수 없음

② B점 : 파괴가 일어남

③ C점 : 아직 파괴가 일어나지 않음

1.5.3 M-C 파괴규준의 모순점

1) 지반의 변위가 증가되어 파괴되는데 이 기준에서는 재하중에 대한 변위를 고려할 수 없는 문제점이 있다(이를 극복하기 위하여 안전율 개념을 사용함).
2) 이 기준은 흙의 강도정수를 일정하다고 보았으므로 잔류강도를 고려할 수 없다.
3) 중간 주응력이 전단강도에 영향을 미치지 않는다고 가정한다.

1.6 전단파괴각 결정

1.6.1 개요

1) Mohr-coulomb의 파괴기준에 근거한 전단강도 공식을 이용하고자 하면, 우선적으로 파

괴면을 설정해야 한다. 이 파괴면은 아무렇게나 형성되는 것이 아니고 일정한 법칙에 의해 형성된다. 즉 파괴면과 최대주응력면과는 항상 일정한 각도를 유지한다.

2) 전단파괴각은 힘의 평형 방정식과 Mohr원을 이용하여 구할 수 있다.

1.6.2 힘의 평형방정식에 의한 방법

1) 힘의 평형방정식을 이용해서 임의 면에 작용하는 수직응력과 전단응력을 구하면 다음과 같다.

$$\sigma = \frac{\sigma_1 + \sigma_3}{2} + \frac{\sigma_1 - \sigma_3}{2}\cos 2\theta \qquad (6.6)$$

$$\tau = \frac{\sigma_1 - \sigma_3}{2}\sin 2\theta \qquad (6.7)$$

2) 식(6.7)과 식(6.8)을 전단강도식 $\tau_f = c + \sigma \tan \phi$ 에 대입하면

$$\frac{\sigma_1 - \sigma_3}{2}\sin 2\theta = c + \left(\frac{\sigma_1 + \sigma_3}{2} + \frac{\sigma_1 - \sigma_3}{2}\cos 2\theta\right)\tan \phi \qquad (6.8)$$

3) 식(6.8)를 σ_1에 대하여 정리하면

$$\sigma_1 = \sigma_3 + \frac{c + \sigma_3 \tan \phi}{\frac{1}{2}\sin 2\theta - 2 \cdot \cos^2\theta \tan \phi} \qquad (6.9)$$

4) 최소주응력 σ_3와 c를 알면 파괴상태의 최대주응력을 구할 수 있다.

파괴각은 σ_1 이 최대가 될 때이다. 즉 식(6.9)에서 $\frac{1}{2}\sin 2\theta - 2\cos^2\theta \tan \phi$ 의 항이 최소이어야 하므로

$$\frac{d}{d\theta}\left(\frac{1}{2}\sin 2\theta - \cos^2\theta \tan \phi\right) = 0$$

$$\frac{1}{2} \times 2 \times \cos 2\theta - 2 \times \cos\theta(-\sin\theta)\tan \phi = 0$$

$$\cos 2\theta + 2\sin\theta\cos\theta\tan \phi = 0$$

$$\cos^2\theta - \sin^2 + 2\sin\theta\cos\theta\tan \phi = 0$$

상기 식을 만족하는 각도 θ를 구하면 $\theta = 45° + \frac{\phi}{2}$가 되며, 이는 파괴면과 최대주응력면이 이루는 전단파괴각이다. 즉,

$$\theta_f = 45° + \frac{\phi}{2} \qquad (6.10)$$

1.6.3 Mohr원에 의한 방법

1) O_p점 결정

최소주응력점(B)에서 최소주응력면과 나란하게 선을 그어 Mohr원과 만나는 점이 O_p점이다.

2) 파괴포락선과 모아응력원의 접점 F의 좌표(σ_{ff}, τ_{ff})가 파괴면의 응력이다.

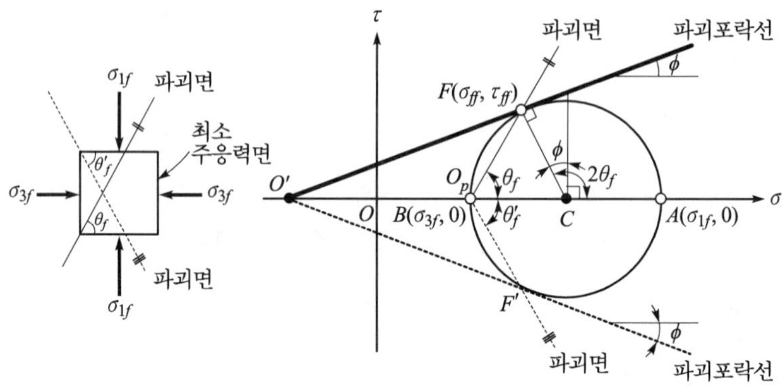

그림 6.14 Mohr원을 이용한 전단파괴각 결정방법

3) 수평면이 최대주응력면일 때 극점 O_p는 B점과 일치하며, O_p점과 F점을 연결한 선의 방향이 파괴면의 방향이 된다.

4) 최대주응력면(수평면)과 파괴면이 이루는 각도를 θ_f라 하면 상기 그림에서 $\angle FO_p A=\theta_f$이고 $\angle FCA = 2\theta_f$가 된다(원주각과 중심각의 크기 관계).

5) $\angle FCA$는 $\angle FO'C$의 외각이므로 $\angle FCA=\angle FO'C+\angle O'FC$ 이다. 따라서 $2\theta_f=90° + ø$

$\therefore\ \theta_f=45° + \frac{ø}{2}$

원주각과 중심각의 크기 관계

원에서 한 호에 대한 원주각의 크기는 중심각의 크기의 $\frac{1}{2}$이다.

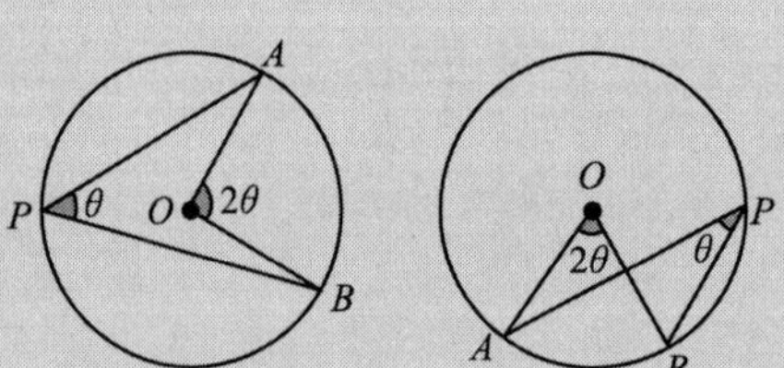

$$\angle APB = \frac{1}{2}\angle AOB$$

2. 전단강도정수를 구하는 시험

2.1 전단강도정수(c, ø)

2.1.1 개요

1) Mohr-Coulomb의 파괴포락선에서 y절편을 지반의 점착력 c, 기울기를 내부마찰각 ø라고 하는데 이 들을 전단강도정수라고 한다. c와 ø는 지반의 고유한 값이므로 이들을 알고 있으면 임의의 응력상태에서 그 지반의 전단강도를 구할 수가 있다. 전단강도정수는 실내 및 현장 전단시험으로부터 구할 수 있다.
2) 여기서 한 가지 주의해야 할 점은 전단강도정수는 흙의 고유한 값이지만 전단강도는 고유 값이 아니라 응력상태에 따라 변하는 값이라는 것을 알아야 한다.

※ 엄밀히 말하면 c, ø값도 흙에 따라 정해진 고유한 값이 아니고 전단방법과 배수조건에 따라 크기가 변하는 값이다.

2.1.2 내부마찰각(ø)

1) 내부마찰각이란 Mohr-Coulomb 파괴기준에서 응력과 관계있는 성분으로 파괴포락선의 기울기를 말한다.

$\tau = c + \sigma \tan ø$

여기서, c : 점착력, ø : 내부마찰각

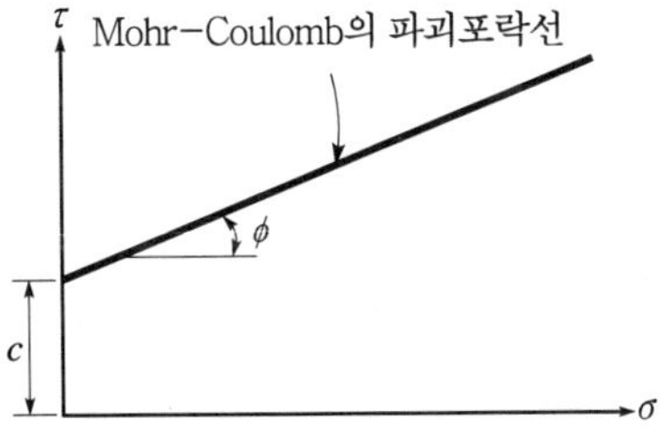

그림 6.15 내부마찰각(ø) 산정방법

- 내부마찰각은 배수조건과 전단방법에 따라 큰 차이가 난다.

2) 내부마찰각에 영향을 미치는 요소는
상대밀도, 입자의 크기, 입자형상 및 입도분포, 물, 중간주응력, 구속응력 등이다.

2.1.3 점착력(c)

점착력이란 Mohr-Coulomb 파괴기준에서 응력과 관계없는 성분으로 파괴포락선의 절편값을 말한다.

(1) 점착력 발생 원리

1) 점성토 : 입자간의 전기력에 의해서 발생
2) 사질토 : 모관압 작용 등에 의한 물의 표면장력에 의해서 발생(겉보기 점착력)

(2) 특성

1) 자연함수비가 크면 c가 작다
지반의 함수비가 증가할수록 점착력은 작아지고, 액상상태에서는 흡착수에 의하여 둘러싸여진 입자간의 거리가 멀어져서 더 이상 인력이 작용하지 않기 때문에 점착력은 실제로 영이 된다.
2) 변형이 발생하면 점착력은 0이다.(잔류강도 : $\tau_f = \sigma \tan \varnothing$)
3) 사질토는 모관압에 의해 점착력이 발생한다.
4) 초기간극비가 크면 c가 작다.
5) 면모구조가 이산구조보다 c가 크다.

안식각(angle of repose)

(1) 개요

① 안식각이란 흙이나 모래 따위를 쌓아 올릴 때, 비탈면이 안정을 유지할 수 있는 최대경사각을 말하며, 자연경사각 또는 휴식각이라고도 한다.

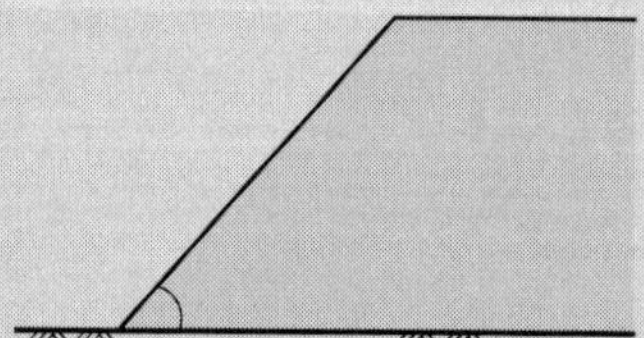
안식각

② 안식각은 함수비, 입자크기와 입도분포 등의 영향을 받는다.
③ 안식각의 크기는 실트<모래<모래와 자갈혼합토 순이며, 대략 25~35° 정도이다.

(2) 측정방법

① 실험적으로는 높은 곳에서 조금씩 모래를 떨어뜨리면서 고깔 모양의 비탈면을 만들고 그 각도를 재거나,

② 용기 중에 건조모래의 비탈면을 만들어 두고 그 경사를 증가시켜 가며 활동을 일으키기 직전 또는 직후의 비탈면각도를 재서 안식각으로 결정한다.

(3) 특징

① 절취 경사는 안식각의 약 2배까지 가능하다.

② 느슨하고 건조한 모래는 내부마찰각과 안식각이 거의 같다.

③ 특히 흙이 다져져 있거나 다소의 함수량이 있거나 또는 비탈면길이에 비하여 입경이 무시할 수 없는 정도로 크거나(그의 극단적인 예는 돌쌓기가 있다)하면 겉보기점착력(입자의 맞물림 포함)이 생겨 그 흙의 내부마찰각보다 상당히 급한 경사각으로 안정을 이루게 되는데 이것은 안식각이라 할 수 없다.

2.2 마찰저항과 엇물림(interlocking) 효과

2.2.1 개요

1) 모래나 자갈과 같은 점성이 없는 흙의 전단강도는 활동마찰 및 회전마찰로 생기는 마찰저항과 엇물림(interlocking)효과에 의한 구조적 저항의 합으로 이루어진다.

2) 느슨한 모래의 전단강도는 활동마찰 저항이 주가 되고, 촘촘한 모래는 활동마찰 저항, 회전마찰 저항 및 엇물림 효과의 합이다.

사질토의 전단강도 = 마찰저항 + 엇물림 효과 (6.11)

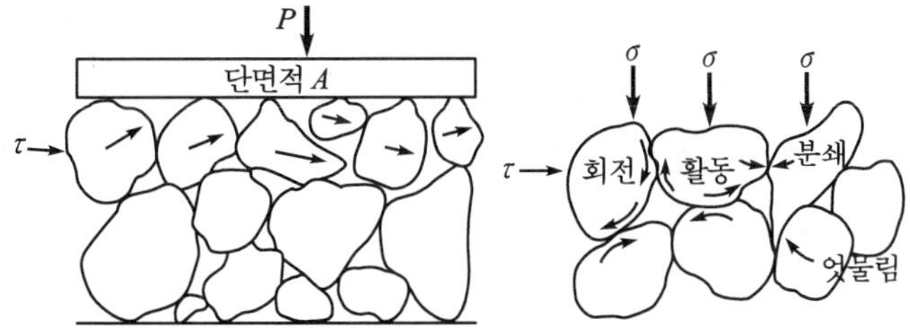

(a) 입자의 변위 (b) 전단에 대한 마찰저항 및 구조적 저항

그림 6.16 입상토 전단시 거동

2.2.2 마찰저항

마찰저항은 활동마찰과 회전마찰로 구분된다.

1) 활동마찰(ϕ_u)

활동마찰은 평면위에서 물체를 활동시킬 때 생기는 마찰이며, 두 물체의 특성에 따라 결정되는 특성치이다. 따라서, 마찰저항은 간극비의 크기와는 무관하다.

2) 회전마찰

회전마찰은 모래입자가 다른 입자의 위를 오르내리거나 회전하면서 이동할 때 생기는 마찰이다. 그런데 회전마찰의 크기는 측정에 어려움이 있으므로 보통 엇물림의 효과에 포함시킨다.

2.2.3 엇물림 효과(interlocking)

1) 엇물림 효과는 입자들이 서로 엇물려 있기 때문에 생기는 구조적 저항이다. 그림 (a)는 엇물림은 없고 활동에 대한 마찰저항만 있는 경우이다. 한편 그림(b)는 마찰저항뿐만 아니라 엇물림 효과로 인해 그림(a)보다 훨씬 큰 수평력을 가해야 활동을 일으킬 수 있다.

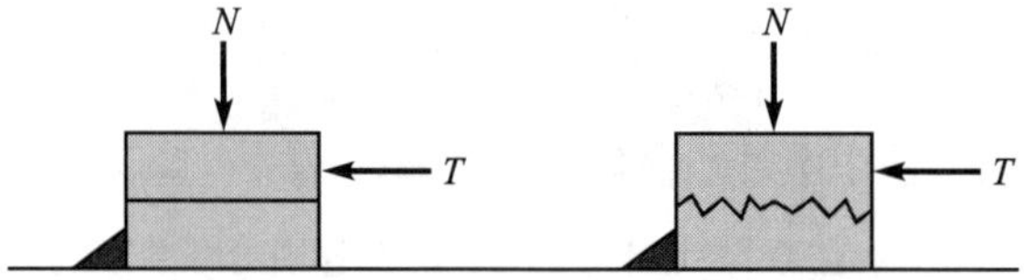

(a) 엇물림 효과없음 (b) 엇물림 효과 있음

그림 6.17 엇물림 효과의 비교

2) 엇물림 효과는 모래의 조밀한 정도에 따라 크게 달라진다. 느슨한 모래는 엇물림 효과가 거의 발생하지 않고 활동마찰에 의해 전단강도가 발휘된다. 반면에 조밀한 모래는 활동마찰 외에도 엇물림 효과가 크게 작용하는데, 이는 활동마찰보다 훨씬 크다.

3) 모래의 내부마찰각은 조밀한 모래에서는 크고 느슨한 모래의 경우는 작은데 그 차이는 대부분 엇물림 효과의 차이에 기인한다.

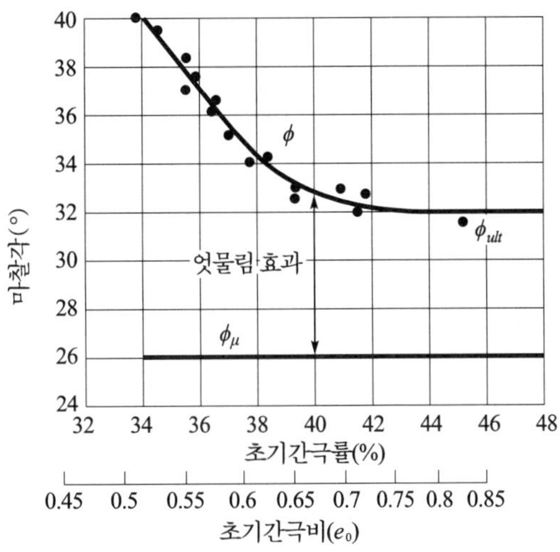

그림 6.18 사질토의 초기간극비에 따른 내부마찰각 관계

2.2.4 결론

1) 모래 입자사이의 활동마찰에 의한 마찰각 ϕ_u는 초기간극비 e_o 즉 조밀의 정도에 무관하게 일정하다.
2) 모래의 내부마찰각 ϕ와 ϕ_u의 차이는 엇물림효과에 의한 마찰각의 증가량이다. 엇물림의 효과는 조밀할수록 커진다.

2.3 모래의 전단저항각에 영향을 미치는 요소

모래의 전단저항각에 영향을 미치는 주된 요소는 간극비, 구속응력, 하중 재하조건 등이 있고, 이외에도 상대밀도, 토립자 형상, 입도분포, 조성광물 등 여러 가지 요소가 있으며 이를 정리하면 표 6.2와 같다.

2.4 비배수 전단강도

2.4.1 개요

1) 비배수강도란 투수계수가 낮은 점토지반에서 재하의 속도가 간극수의 배수속도보다 빨라서 재하 직후는 비배수상태가 되는데 이때 발휘되는 지반의 최대저항력을 말한다.
2) 점토의 비배수강도 c_u는 지반 속에서 흙이 본래 가지고 있는 강도라 할 수 있으며, 연약지반의 거동을 해석하는 데 있어 매우 중요하다.

표 6.1 모래의 전단저항에 영향을 미치는 요소

요 소	영 향
구속응력 σ_c	σ_c ↑, ø ↓
간극비 e	e ↑, ø ↓
중간주응력 σ_2	평면변형시험 $ø_{ps}$ ≥ 삼축시험 $ø_{tx}$
상대밀도 D_r	D_r ↑, ø ↑
입자형상(모난정도) A	A ↑, ø ↑
입도분포(균등계수) C_u	C_u ↑, ø ↑
표면거칠기 R	R ↑, ø ↑
함수비 w	w ↑, ø ↓(미소함)
입자크기	영향 없음 (간극비가 동일한 경우)
조성광물	운모 함량 ↑, ø ↓
충격하중(지진, 발파, 말뚝항타 등)	느슨한 포화 모래에서 액화현상 초래

2.4.2 비배수강도정수 구하는 방법

(1) 구하는 방법별 문제점

표 6.2 비배수전단강도 구하는 방법

구하는 방법		문 제 점
실내시험	일축압축강도시험	• 시료교란 영향으로 과소평가 되어짐.(안전측임) • 구속압이 없으므로(σ_3=0) UU시험보다 작은 값이 구해짐
	삼축압축시험 (UU시험)	• 등방압축으로 과대평가 되어짐 → 대단히 연약하거나 예민비가 큰 점토는 시료교란의 우려가 크므로 현장시험으로 대체함이 유리
현장시험	베인전단시험	• 대체로 과대평가 되는 경우가 많음 • 깊이가 깊어지면 유효상재압의 영향으로 과대평가 되어짐 → 따라서, 유효상재압에 대한 보정이 필요함
	콘관입시험	• 보통 연약 지반에서는 q_c값이 매우 작게 측정됨
경험적 방법	액성한계에 의한 방법	• 저소성의 점토에서는 실제보다 작게 평가됨
	소성지수에 의한 방법	• 비배수 전단강도의 변화를 근사적으로 평가
SHANSEP 방법		• 등방압밀과 시료교란의 영향을 모두 고려한 방법으로 가장 정확

※ 사실 토질정수를 한가지 측정방법만으로 정확한 값을 얻기란 상당히 어렵다. 따라서 가능하면 다양한 방법으로 토질정수를 측정하여 각각의 측정치를 비교 판단하는 자세가 필요하다.

(2) 구하는 방법별 비배수강도 크기 비교

CIU-Test > Vane 시험 > CAU-Test > 일축압축시험

1) 일축압축시험은 시료의 교란과 구속응력 σ_3=0이므로 UU시험에 비하여 작은 값이 구해진다.
2) Vane시험은 심도가 깊을수록 유효상재압의 영향으로 강도가 실제보다 과대 평가된다. 따라서, Vane시험이 일축압축시험보다 c_u값이 더 크게 구해진다.
   → 점토층(예민비 5~12)에서는 실제와 가장 근사함
3) 등방삼축압축시험(CIU)은 파괴전에 과대한 구속응력을 가하기 때문에 Vane시험 보다 c_u 값이 더 크게 구해진다. → CIU시험은 실제보다 10~20%정도 과대평가 되어짐
4) 점토의 현위치 c_u를 측정하는 가장 바람직한 방법은 CAU시험(비등방삼축압축시험)을 이용한 SHANSEP방법이다.

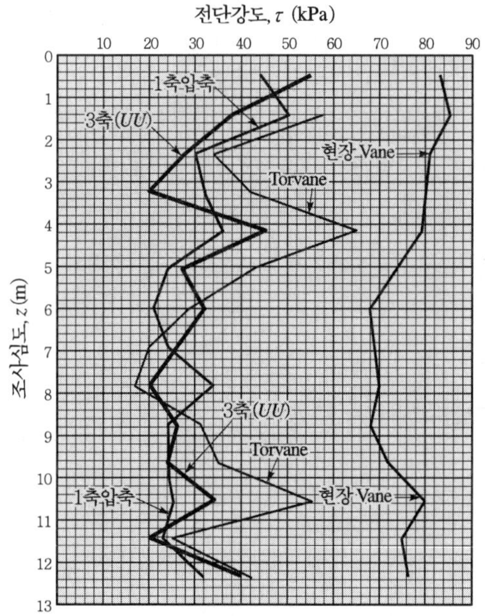

그림 6.19 실내 및 현장시험 종류에 따른 비배수 전단강도 측정결과

2.4.3 깊이에 따른 비배수강도 분포

점성토의 비배수전단강도는 깊이가 깊어짐에 따라 증가한다. 이는 유효상재압과 밀접한 관계가 있기 때문이다.

(1) 정규압밀점토

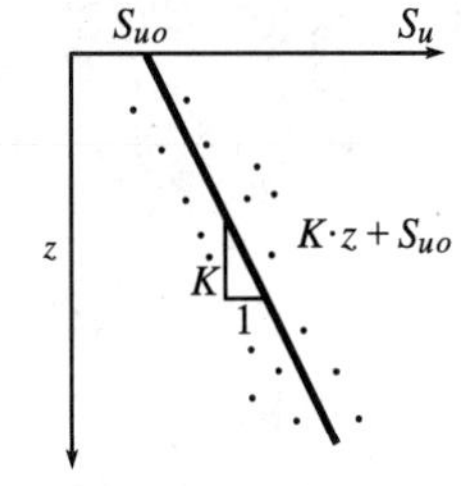

그림 6.20 정규압밀점토의 비배수강도 분포

1) 정규압밀점토의 비배수강도는 깊이에 따라 직선적으로 증가한다.

$$s_u = Kz \tag{6.12}$$

2) 그러나, 일반적으로 지표면에서도 비배수강도가 0이 아니므로 비배수강도의 깊이에 따른 분포는 다음과 같다.

$$S_u = S_{uo} + Kz \tag{6.13}$$

여기서, s_{uo} : 지표면에서의 비배수강도, z : 깊이

(2) 과압밀점토(OCR > 4~8)

1) 과압밀점토의 경우에는 지표면 부근에서는 직선적 분포가 나타나지 않는다. 이는 점토의 전기력에 의한 고유한 점착력이나 침식, 지하수위 저하, 증발산 등에 의해 점성을 띄기 때문이다.

2) 또한, 과압밀점토는 전단되는 동안 부피가 팽창하는 경향이 있기 때문에 부의 간극수압이 발생하므로 정규압밀점토의 배수전단강도(dilatancy)보다 크다. ø =0개념은 과압밀비가 2~4를 초과하는 과압밀점토에서는 적용성을 심각히 고려해야 한다.

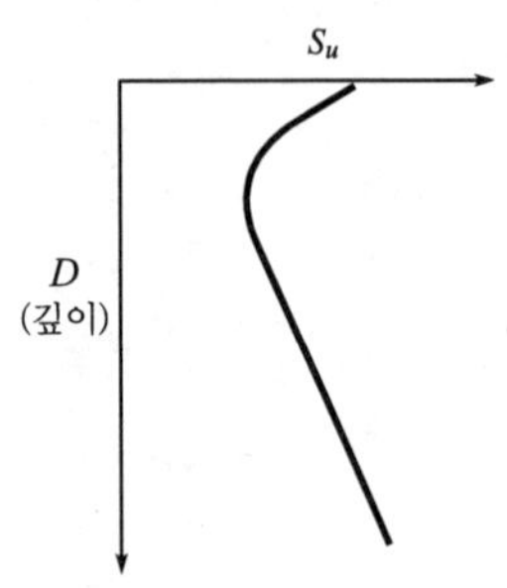

그림 6.21 과압밀점토의 비배수강도 분포

2.4.4 비배수강도에 영향을 미치는 요소

(1) 시료교란

시료가 교란되면 비배수강도가 감소한다.

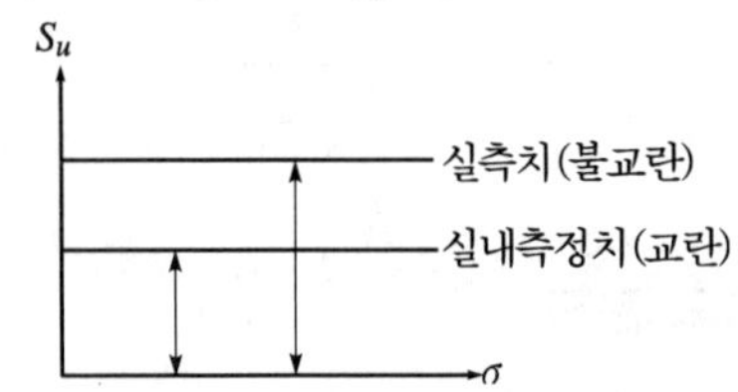

그림 6.22 시료교란에 따른 비배수 전단강도 영향

(2) 재하속도

전단속도가 빠르면 비배수강도는 크게 구해진다. 모래지반의 경우 전단강도는 변형속도(재하속도)의 빠르고 느림에 대한 영향이 작다. 그러나 점토지반의 비배수전단강도는 변형속도의 영향이 대단히 크다.

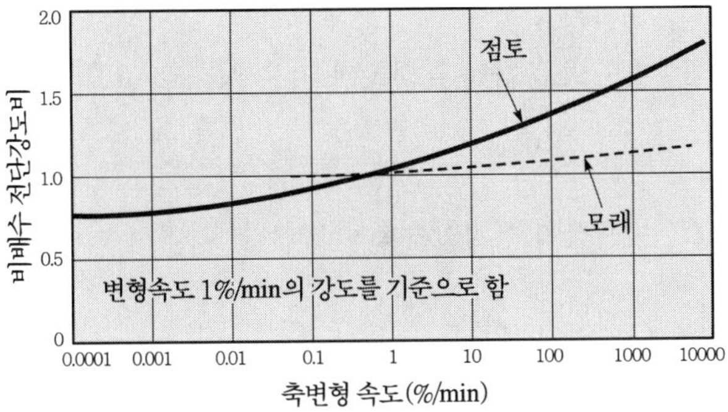

그림 6.23 변형속도와 비배수전단강도의 관계

(3) 강도의 이방성

1) 원인 : 응력이력, 하중작용 방향

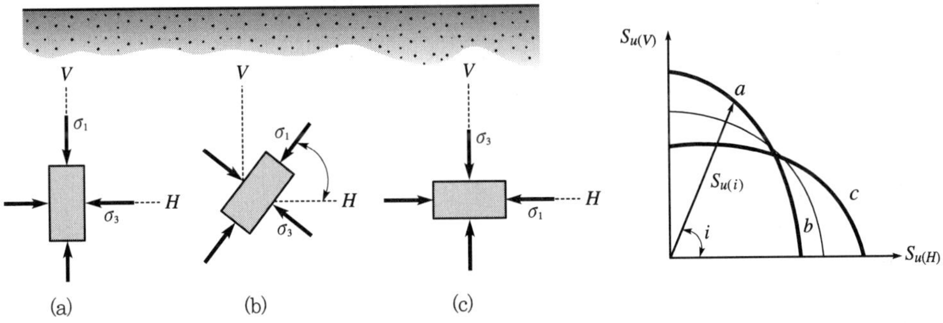

그림 6.24 강도의 이방성

2) 특히 소성이 작은 점성토의 경우에 중요함

(4) 유효상재하중

자연지반의 점성토의 비배수전단강도는 깊이가 깊어짐에 따라 증가하는 것이 일반적이다. 이는 비배수강도가 유효상재압과 밀접한 관계가 있기 때문이다.

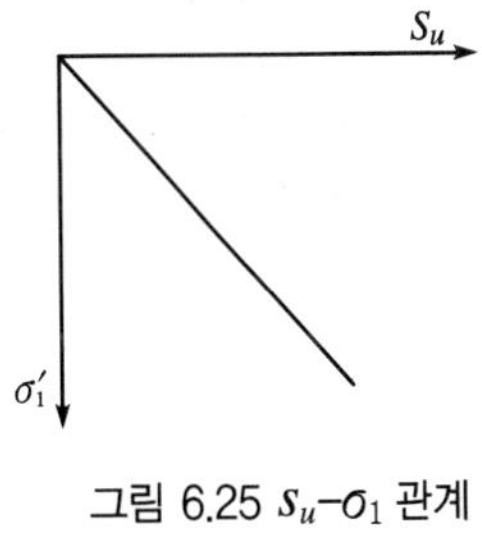

그림 6.25 s_u–σ_1 관계

(5) 현장과 실내시험의 응력상태 차이

(6) 단단한 점성토의 균열

점성토의 강도는 때로는 그 내부의 균열강도로 나타날 수 있다.

(7) 압밀시간

시간경과에 따른 비배수강도의 증가량은 다음과 같은 식으로 구한다.

$\Delta s_u = \alpha \Delta \sigma' \bar{U}$

여기서, 평균압밀도($\bar{U}$)는 시간이 경과할수록 증가한다. 따라서 비배수강도도 증가한다.

(8) 시료의 불균질성

(9) 포화도

2.4.5 유효상재압과 비배수강도와의 관계

1) 점성토층의 비배수전단강도는 유효상재하중과 비배수전단강도와의 관계로부터 유추할 수 있다. 즉 임의의 깊이의 비배수전단강도를 알고자 할 때는 그 깊이에서의 유효상재압을 구하고 그 값에 강도증가율($\frac{c_u}{\sigma'_v}$)를 곱해주면 된다.
   즉, 비배수전단강도 = 유효상재압 × 강도증가율(α)
2) 강도증가율(α)은 다음과 같은 방법으로 구할 수 있다(6.3.6 강도증가율 참조).
   ① 깊이에 따른 전단강도의 경향식으로부터 구하는 방법

   $$\alpha = \frac{c_u}{\sigma'_v} = \frac{k}{\gamma'}$$

   ② 삼축압축시험(CU)으로부터 구하는 방법
   ③ 삼축압축시험($\overline{\text{CU}}$)으로부터 구하는 방법
   ④ 소성지수를 이용하는 방법

   Skempton(1957)은 정규압밀점토의 비배수강도는 유효연직응력에 직선적으로 비례하며, 소성지수(PI)에도 관계된다는 것을 다음과 같은 경험식을 통해 발표하였다.

   $$\frac{c_u}{\sigma'_v} = 0.11 + 0.0037(PI)$$

   여기서, σ'_v는 점토가 받고있는 유효연직응력이다.

⑤ 액성한계를 이용하는 방법

⑥ 선행압밀하중과 비배수강도의 상관성으로부터 구하는 방법

3) 연약지반 개량공법에서의 비배수강도 증가량(Δc_u) 산정

유효상재압과 비배수강도와의 관계는 연약지반 개량공사나 성토의 단계별 시공 등의 설계 등 시공관리에 중요한 요소이다. 즉, 선행압밀공법에서 비배수강도의 증가량을 결정하는데 널리 사용되고 있다. 예를 들면 넓은 면적에 걸쳐 성토하중 q가 작용하여 압밀이 완료되었다면 $\Delta c_u = \alpha \Delta \sigma' \overline{U}$ 이다

2.4.6 배수강도와 비배수강도의 비교

표 6.3 배수강도와 비배수강도의 비교

구 분	비배수 강도정수		배수 강도정수
해석방법	전응력 해석법		유효응력해석법
전단강도식	$\tau_f = S_u = c_u$ (ø=0해석법)	$\tau_f = c_u + \sigma \tan ø_u$	$\tau_f = c' + (\sigma - u) \tan ø'$
구하는 방법	• 실내시험 : 일축압축시험, UU시험, • 현장시험 : Vane시험, Cone 관입시험, 표준관입시험, 공내재하시험	CU시험	• 직접전단시험 • $\overline{CU}$시험 • CD시험 • 표준관입시험
적용	• 시공속도가 과잉간극수압 소산속도 보다 빠르거나 배수가 되지 않는 경우에 적용 • 구조물 건설 직후의 단기안정 계산에 적용	• 압밀후 비배수 전단강도 추정에 참고활용 그러나 과대평가 • 전단강도식이 아니므로 실제 적용을 하지 않음	• 굴착사면의 장기 안정문제를 계산할 때에 적용 • 배수조건시의 안정해석

2.5 현장조건과 실내시험의 상관관계

2.5.1 개요

전단강도정수는 배수조건과 현장응력체계에 따라 값이 달라지므로 현장조건에 맞는 시험방법을 선택하여 구해야 한다.

2.5.2 현장응력체계에 따른 시험방법

(1) 사면

제방중심에서는 삼축압축(또는 평면변형압축)시험, 제방비탈면에서는 단순전단(또는 직접

전단)시험, 비탈면의 선단부근에서는 삼축인장(평면변형인장)시험을 실시한다.

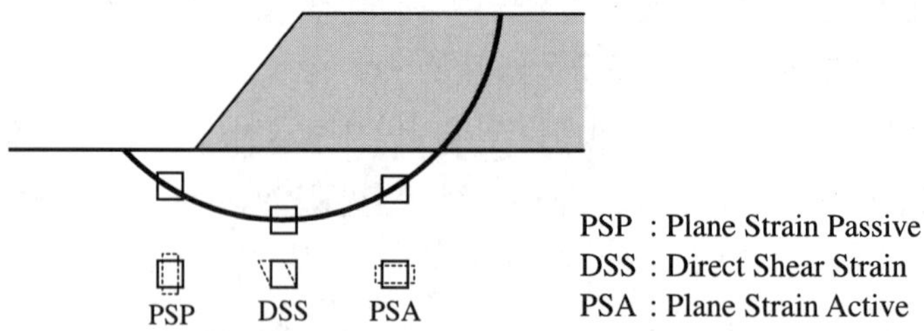

그림 6.26 사면의 현장응력체계에 따른 시험방법

1) 연약한 지반에 도로제방을 만들 경우 활동이 시작되는 제방 중심부분에서는 연직방향으로 압축이 일어나면서 파괴되므로 통상적인 실내압축시험으로 시험하면 이 상태에 대한 전단거동과 거의 일치한다.
2) 활동면의 중간부분에서는 활동면이 수평면에 가까우므로 이 때의 전단거동은 단순전단시험으로 표현할 수 있다.
3) 제방 선단에서는 연직방향으로 인장이 일어나므로 삼축인장시험으로 그 거동을 나타낼 수 있다.

(2) 기초

1) 독립기초 또는 원형기초

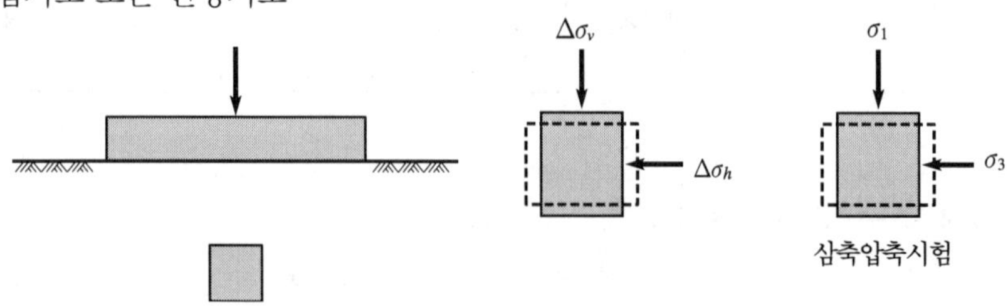

2) 연속기초

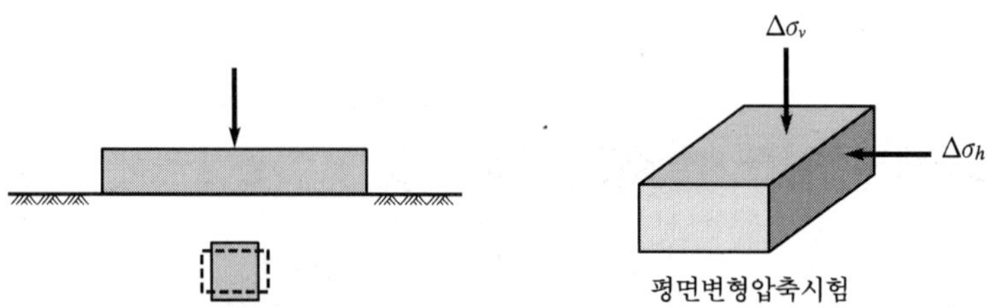

(3) 굴착

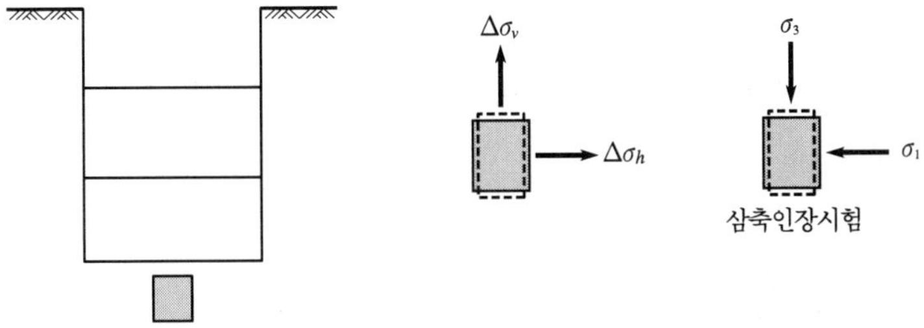

(4) 옹벽

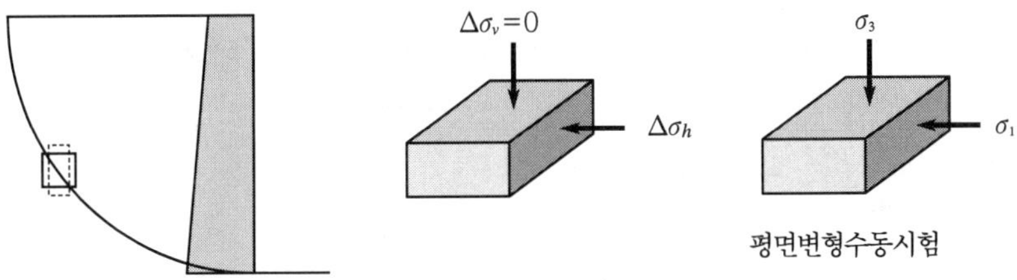

그림 6.27 기초의 종류에 따른 시험방법

표 6.4 현장상태에 따른 실내시험법

현장상태		실험실 모델	실내시험	
			원칙	실무
제방	제방중심	축압축(AC)	평면변형압축시험	삼축압축시험
	제방사면	수평력 작용	단순전단시험	직접전단시험
	제방선단	축인장(AE)	평면변형인장시험	삼축인장시험
기초하부	독립기초	축압축(AC)	삼축압축시험	삼축압축시험
	연속기초	축압축(AC)	평면변형압축시험	삼축압축시험
굴착 저면		축인장(AE)	삼축인장시험	삼축인장시험
옹벽 배면		측인장(LE)	평면변형인장시험	삼축인장시험

2.5.3 실무적용 시 유의사항

1) 삼축압축시험에서는 시험방법의 편의상 구속응력을 등방상태로 시험을 하는 것이 통례이다. 그러나, 현장조건에 보다 접근되도록 하려면, $K_0 \neq 1$인, 즉 구속응력을 비등방압축상태로 시험해야 한다.

2) 제방, 대상기초 및 옹벽은 원칙적으로 평면변형시험에서 구한 강도정수를 사용해야 하지

만 복잡하기 때문에 실무에서는 삼축압축(또는 삼축인장)시험으로 구한 강도정수를 사용하는 경우가 많다.

3) 많은 연구결과에서 삼축압축시험과 삼축인장시험으로 얻어지는 강도정수는 서로 같은 것으로 확인되고 있다. 따라서 실무에서는 주로 삼축인장시험 대신 삼축압축시험의 결과를 사용하고 있다.

2.6 직접전단시험

2.6.1 개요

1) 직접전단시험은 상하가 분리된 전단상자에 시료를 넣고 수직력을 가해 압밀시킨 후 수평력(전단력)을 가하면서 전단력, 수평변위, 수직변위 등을 측정하여 강도정수를 구하는 시험이다.
2) 주로 사질토 지반에 이용되며, 시험이 간단하다.

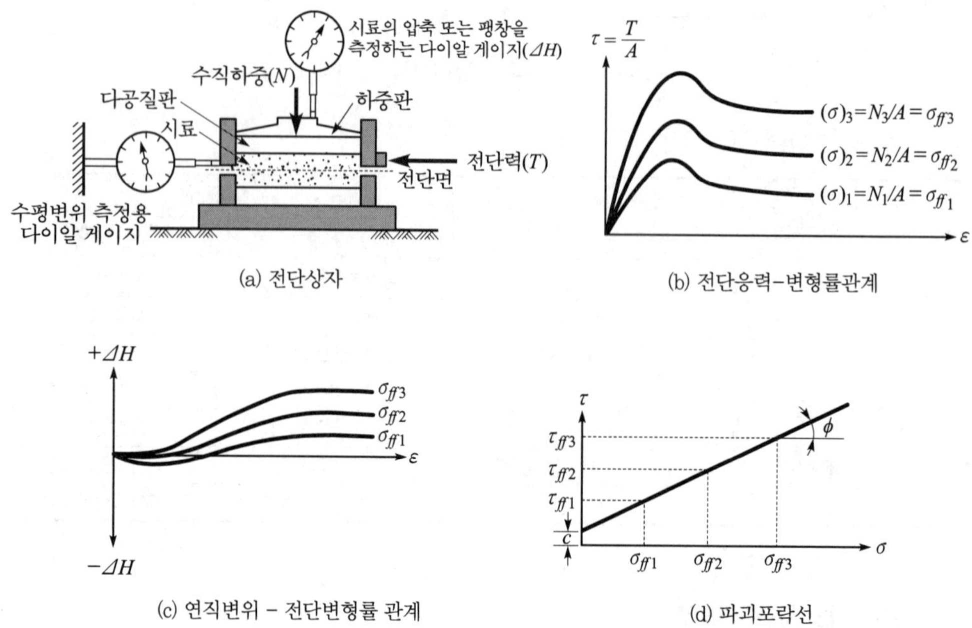

그림 6.28 직접전단시험

2.6.2 시험방법

1) 전단상자에 시료를 Setting한다(시료 크기: 직경 6cm, 높이 2cm).
2) 수직력을 가하여 압밀시킨다(약 60분 소요).
   → 이때 일정 간격마다 수직변형량(압밀량)을 측정한다.
   (예 : 6,9,15,30초, 1, 1.5, 2, 3, 5, 7, 10, 20, 30, 60분마다 연직 변형량 측정)
3) 압밀이 완료되면 일정변형률이 되도록 수평력(전단력)을 가한다.
   → 일정 간격마다 수평하중(전단하중) 및 수평변형량을 측정한다(약 1분 40초 소요)
4) 대략 8mm 수평변위에서 시험을 종료한다.
5) 수직력을 변화시켜(2)~(3)과정을 3~4회 반복한다.
6) Mohr의 파괴포락선을 그려 c, ø를 구한다.

2.6.3 장 · 단점

(1) 장점

1) 시험이 간단하고 조작이 용이하다.
2) 공시체의 두께가 얇고 구조적으로 간극수가 쉽게 유출되므로 배수전단(CD)시험으로 본다.
3) 전단면이 고정되어 있다.
4) 결과의 정리가 쉽다.
5) 전단중에 측방변위가 없다.

(2) 단점

1) 응력집중이 발생하여 응력이 전단면에 골고루 분포되지 않는다.
2) 전단면의 중앙보다 모서리 부분에 응력이 집중되어 진행성파괴가 일어난다.
3) 파괴시의 전단저항을 측정하므로 파괴가 일어나기 전의 응력상태를 모른다.
4) 전단시험시 함수비가 변하고 배수전단시키므로 간극수가 빠져나가기 때문에 간극수압 측정을 못한다. 그러므로 충분히 완속전단하여 수압이 발생되지 않도록 제어한다.
5) 시험의 초기 및 파괴될 때의 주응력의 방향이 달라진다.
6) 배수조절이 곤란하여 점성토에 적용하기가 곤란하다.
7) 전단면이 고정되어 있다.

2.6.4 결과 정리

(1) 전단응력-수평변형률관계

전단응력-수평변형률 그래프를 그려서 최대전단응력을 구한다.

1) 조밀한 모래의 경우 τ_{max}가 뚜렷하게 나타나는 첨두강도를 보이지만,
2) 느슨한 모래에서는 첨두강도가 나타나지 않는데 이 때는 τ_f를 특정한 변형률에 대응하는 값으로 한다.

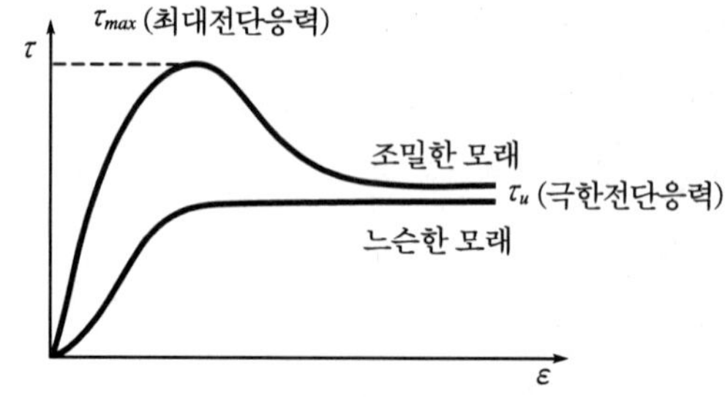

그림 6.29 전단응력-수평변형률 관계

(2) 전단응력-수직응력관계

1) 각각의 수직응력에 해당하는 최대전단응력을 $\tau-\sigma$그래프상에 나타내고, 이를 연결하여 c, ø를 구한다.
2) 느슨한 사질토는 파괴포락선이 원점을 통과하지만, 조밀한 사질토는 세로축 상에 절편을 가진다.

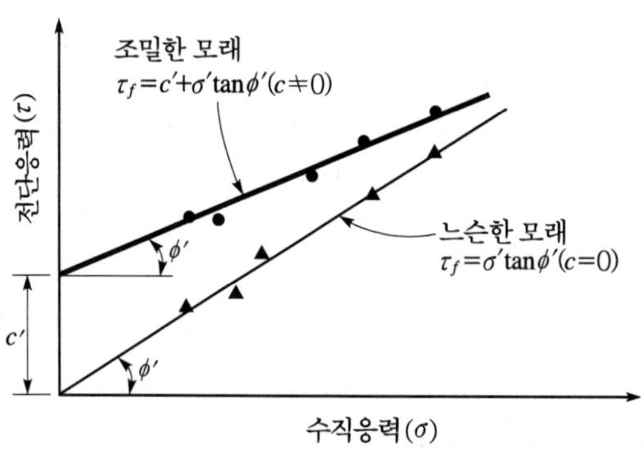

그림 6.30 전단응력-수직응력관계

(3) 연직변위–수평변위의 관계

1) 조밀한 모래의 경우 수평변위가 작을 때에는 높이, 즉 체적이 약간 감소하다가 변위가 증가함에 따라 체적이 증가하는 경향을 보인다.
2) 그러나, 느슨한 모래의 경우에는 처음부터 체적이 감소하므로 곡선이 가로축 아래에 그려진다.

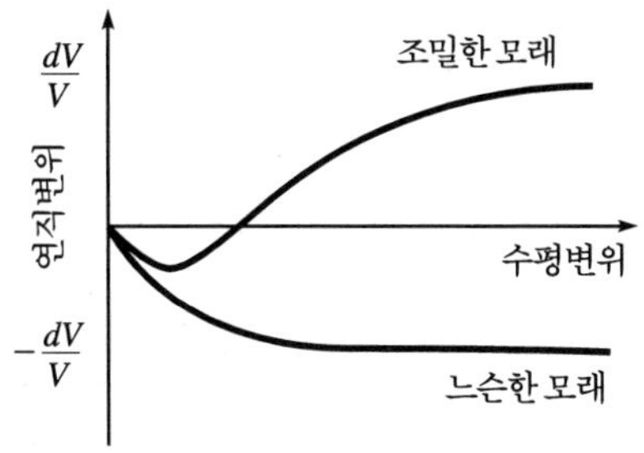

그림 6.31 연직변위–수평변위의 관계

2.6.5 직접전단시험의 문제점

1) 파괴면이 미리 정해진다(가장 약한 면이 아님).
   전단파괴면이 시험도중 자연적으로 생성되는 것이 아니라 미리 수평면을 파괴면으로 정해진다.
2) 파괴도중에 주응력의 방향이 회전한다.
   주응력의 방향이 일정하게 유지되는 것이 아니라 시험과정에서 회전하는 문제점이 있다.
3) 배수조건 조절이 어렵다.
   3축압축시험에서처럼 배수조건을 조절할 수 없으므로 점성토에 대한 전단시험으로서는 적절하지 못하다.
4) 응력집중 현상으로 진행성파괴가 발생한다.
   시료의 경계면에 응력이 집중되므로 응력이 전(全)단면에 골고루 분포하지 않아 진행성파괴가 일어나다.
5) 시료의 유효입경(전단상자 크기의 제한성)이 제한된다.
6) 파괴전의 응력상태를 모른다.

2.6.6 결론

1) 상기와 같은 여러 가지 문제점이 있음에도 불구하고 직접전단시험은 간편할 뿐만 아니라 시험결과를 단시간에 획득할 수 있어 사질토의 강도정수 측정에 널리 사용되고 있다.
2) 직접전단시험으로 결정한 조밀한 모래의 내부마찰각 ϕ는 삼축압축시험으로 구한 값보다 $2°$ 정도 큰 것으로 평가되고 있다(Taylor, 1939).
3) 직접전단시험 장치는 흙과 다른 물체, 예를 들면 금속면이나 콘크리트면 사이의 벽면마찰각(ϕ_w)과 부착력(c_a)을 측정하는데 활용할 수 있다(보통 $\phi_w \le \phi$, $c_a \le c$임).

2.7 일축압축시험

2.7.1 개요

1) 점토시료로 만든 원주형 공시체에 축하중만 가해서 축방향 변위량과 하중을 측정하여 흙의 강도정수와 예민비를 구하는 시험이다.
2) 일축압축시험은 표준삼축압축시험 중 비압밀비배수(UU)시험에서 구속응력(σ_3)을 0(zero)으로 취한 특수한 경우와 같다.

2.7.2 시험조건

1) 시료가 100% 포화되어야 한다.
2) 균질점토이어야 한다(균열이나 불순물이 섞이지 않아야 됨).
3) 전단속도를 아주 빠르게 해야 한다(약 5~15분정도).

2.7.3 시험방법

1) 공시체를 시험기 본체에 Setting 한다.
2) 0.5~2.0%/min의 변형속도로 공시체를 압축한다.
   - 약 20초마다 하중값, 축방향 변위량을 읽음
3) 압축변형률이 15%가 되거나, 시료가 파괴되면 압축을 종료한다.
4) 파괴된 시료를 함수비 증가없이 반죽해서 Milter Box로 재성형한다.
   - 재성형 시료로 (1)~(3)과정을 반복
5) $\sigma-\varepsilon$ 그래프 및 $\tau-\sigma$ 그래프를 작성해서 ① 일축압축강도 ② 예민비 ③ 변형계수 등을 구한다.

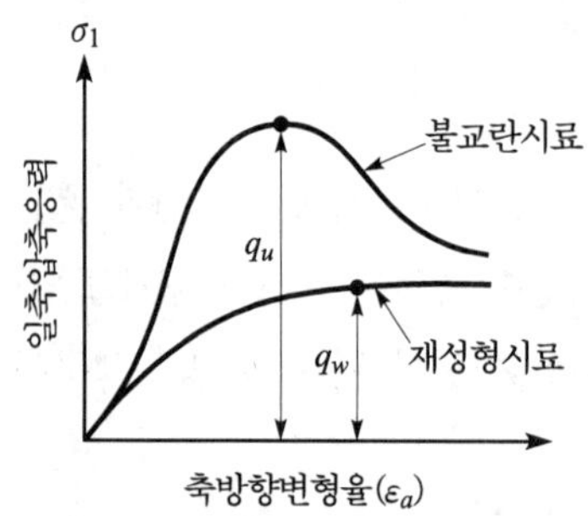

(a) $\sigma-\varepsilon$ 그래프

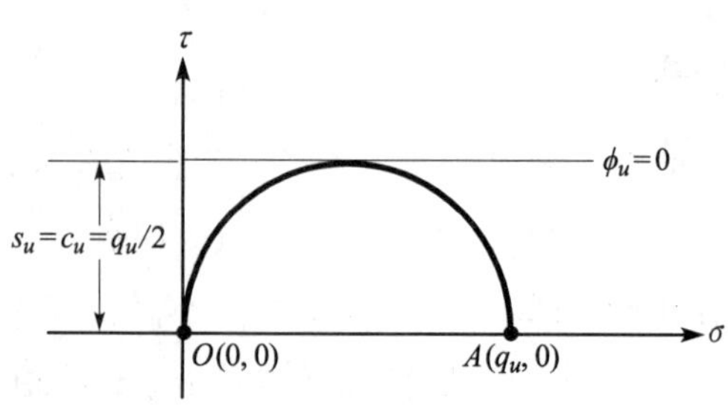

(b) $\tau-\sigma$ 그래프

그림 6.32 일축압축시험에 의한 포화점토의 비배수강도 결정

2.7.4 장 · 단점

표 6.5 일축압축시험의 장 · 단점

장 점	단 점
(1) 시험이 간단하다 (2) 개인오차가 적다 (3) 연약한 점성토에는 편리하며 이용 경험이 풍부하다	(1) 점성토에만 적용 가능하다. (2) 배수조절이 불가능하다. (3) 경질점토에서는 전단파괴 되지 않고 취성파괴 되는 경우도 있으므로 주의해야 한다. (4) 고유기질토는 시험과정에서 배수가 상당히 발생되므로 주의해야 한다.

2.7.5 특징 및 적용성

1) 일축압축시험은 포화된 점토와 같이 전단저항각 ϕ_u =0이고 점착력 c_u만을 갖는 흙의 비압밀비배수 전단강도를 구하는 경우에 사용되며, 일반적으로 소성지수(I_p)가 30이상인 경우에 적용이 가능하다. → 소성지수 10~30인 경우 : 삼축압축시험
2) 일축압축시험은 구속압 σ_3 = 0인 UU시험의 특별한 경우이다.
   → 이론적으로는 $\frac{q_u}{2}$와 c_u값이 같아야 하나 일축압축시험은 시료의 교란과 구속응력 σ_3=0이므로 UU시험에 비하여 작은 값이 구해진다.
3) UU조건의 하중상태에 대해 더 정확한 값을 구하고자 할 경우에는 UU시험을 실시해야 한다.
4) 포화점성토에 대한 비압밀 비배수 전단강도는 일축압축시험이나 삼축압축시험으로 구할 수 있다. 그러나 불포화 점성토나 사질성분이 많은 점성토 및 경질 점성토에서는 ϕ_u>0인 경향이 있기 때문에 일축압축강도가 과소평가될 우려가 있으므로 이와 같은 경우에는 UU시험이 더 적합하다.

2.7.6 결과 이용

1) 점토의 consistency 추정
2) N치 추정[q_u = 12.5N에서, $N = \frac{q_u}{12.5}$(q_u: kPa), 또는 $q_u = \frac{N}{8}$(q_u: kgf/cm^2)]

표 6.6 N치에 의한 연경도 판별

N 치	Consistancy	일축압축강도(kPa)	비 고
2 이하	매우연약(Very Soft)	25 이하	주먹이 쉽게 관입
2 ~ 4	연약(Soft)	25~50	엄지손가락이 쉽게 관입
4 ~ 8	보통 단단(Medium Stiff)	50~100	엄지손가락이 관입
8 ~ 16	단단(Stiff)	100~200	엄지손가락이 힘들게 관입
16 ~ 32	매우단단(Very Stiff)	200~400	엄지손가락의 손톱으로 쉽게 자국이 남
32 이상	견고(Hard)	400 이상	엄지손가락의 손톱으로 힘들게 자국이 남

3) 변형계수 추정

$$E_s = \frac{q_u/2}{\varepsilon_{50}(\%)}$$

여기서, $\varepsilon_{50}(\%)$: 파괴응력 50%에 대한 축방향 변형률

4) 예민비에 따른 점토를 분류

$$S_t = \frac{q_u}{q_{ur}}$$

여기서, S_t : 예민비(Sensitivity Ratio), q_u : 교란되지 않은시료의 일축압축강도

q_{ur} : 교란된 시료의 일축압축강도

※ 4 이하 : 저예민, 4~8 : 예민, 8 이상 : 고예민(Quick Clay)

5) 점착력 산정

$$c = \frac{q_u}{2 \cdot \tan(45^\circ + \frac{\phi}{2})}$$

포화점토 $c = \frac{q_u}{2}$

6) 지반개량공법에 대한 효과 판정

2.8 예민비(Sensitivity Ratio)

2.8.1 개요

1) 자연적으로 퇴적된 대부분의 점토는 함수비의 변화없이 재성형하면 퇴적과정에서 형성된 점토입자의 구조배열이 바뀌어서 일축압축강도가 상당히 감소하게 된다.

2) 시험실에서 교란된 점토를 재성형 하여 공시체를 제작하고 그 강도를 측정하면 불교란상태에 비해 강도는 감소하는데 이러한 점토의 성질을 예민성이라 하고, 교란시료에 대한 불교란시료의 일축압축강도의 비를 예민비라 한다.

$$s_t = \frac{q_u}{q_{ur}} \qquad (6.14)$$

여기서, s_t : 예민비

q_u : 불교란시료의 일축압축강도

q_{ur} : 교란시료의 일축압축강도

– 대부분의 점토는 예민비가 약 1~8까지 임

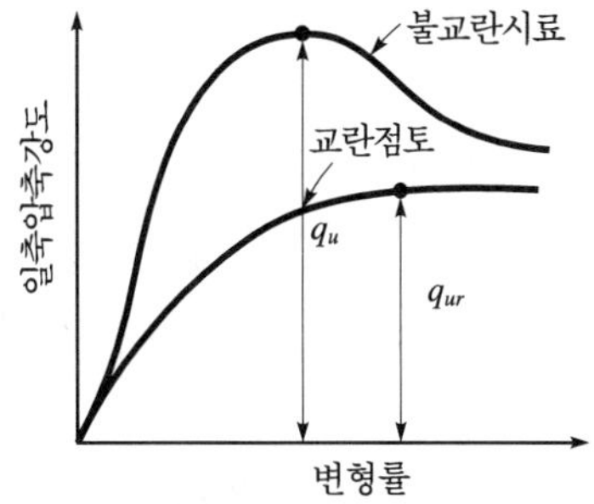

그림 6.33 불교란 점토와 교란점토의 일축압축강도

2.8.2 예민비에 따른 점토구분

1) 포화점토의 예민비는 1.5~100 이상에 걸쳐 광범위한 값을 가진다.

표 6.7 예민비에 따른 점토분류(Rosenqvist,1953)

예민비	점토의 분류
1~4	비예민성 점토
4~8	예민성 점토
8~64	Quick Clay
64 이상	Extra Quick Clay

2) 예민비가 대단히 크면서 동시에 자연함수비도 액성한계보다 큰($w > LL$) 점토는 Quick Clay가 될 가능성이 높다.

3) 예민비가 16이상이고 액성지수가 1보다 큰 점토는 지진이나 발파 등 동적하중을 받으면 강도를 잃어버리고 액체처럼 점성유동을 하게 된다. 이러한 점토를 Quick clay라 하며 Scandinavia반도와 캐나다 북부에 분포되어 있다.

4) 예민비로 점토의 연약성을 파악한다.

2.8.3 실무적용 시 주의사항

1) 예민비가 큰 점토가 교란되면 강도저하가 크게 발생하므로 지반강도 평가 시 반드시 이를 감안해야 한다.

2) 예민비가 큰 Quick Clay는 충격이나 진동시 쉽게 액체처럼 유동화되고 비탈면활동 등 지반붕괴가 쉽게 일어나므로 유의해야 한다.
3) 예민비가 클수록 응력유도이방성에 의한 영향이 크다.
4) 시료가 교란되면 예민비가 작게 평가되므로 정확한 판정을 위해 시료교란을 최소화해야 한다.
5) Quick clay는 약간의 변위에도 쉽게 교란되므로 유의해야 한다.

2.9 Quick Clay

2.9.1 개요

1) Quick clay란 해저에서 퇴적된 면모구조의 점토가 지반의 융기로 말미암아 담수로 세척되어 형성된 매우 예민한 점토를 말한다.
2) Quick clay는 스칸디나비아 또는 캐나다 북부에서 많이 분포되어 있다.

2.9.2 특징

1) 예민비가 큼(예민비 8이상)
2) 교란되었을 때 강도저하가 큼
3) 모두 해성퇴적임
4) 비교적 작은 변형에서 붕괴가 일어남

2.9.3 Quick clay 판정

1) Quick clay는 예민비를 측정해서 쉽게 판단할 수 있다.

$$S_t = \frac{q_u}{q_{ur}}$$

예민비가 8이상이면 Quick clay 이다.

2) 응력-변형곡선의 형태로부터도 알 수 있다.

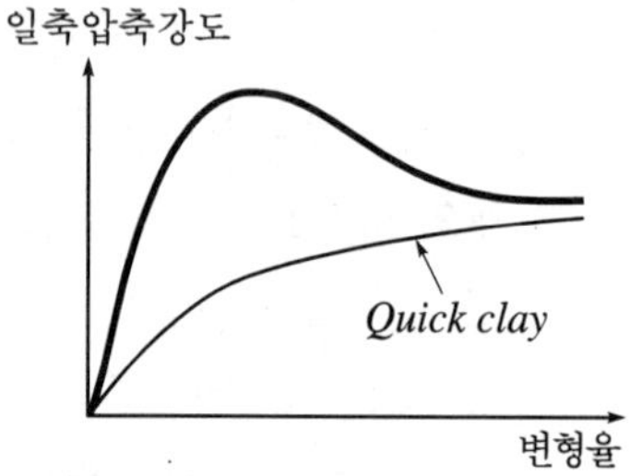

그림 6.34 불교란 점토와 교란점토의 일축압축강도

2.9.4 결론

1) 예민비로 점토의 연약성을 파악할 수 있으며, 예민성에 따라 점토를 분류할 수 있다.
2) 예민비가 큰 Quick Clay는 충격이나 진동 시 액체처럼 쉽게 유동화되어 비탈면활동 등 지반붕괴가 일어나기 쉬우므로 실무적용 시 유의해야 한다.

3) 예민비가 클수록 응력유도이방성에 의한 영향이 크다.

4) 용탈로 인해 면모구조가 이산구조로 바뀌어 전단강도가 상당히 상실된 점토이다.

Quick clay 생성과정

1) Quick clay란 해저에서 퇴적된 면모구조의 점토가 지반의 융기로 말미암아 담수로 세척되어 형성된 매우 예민한 점토를 말한다.

2) 점토는 대부분 그 입자의 형상이 얇은 판 모양을 하고 있으며 단부(edge)에는 양(+) 전기를 띠는 반면, 면(face)에는 음(−) 전기를 띠고 있다. 점토 입자들이 바닷물 속에서 부유하다가 단부와 면이 만나면 서로 결합하게 되는데 이러한 결합이 계속되면서 해저에 침전하게 되면 해성점토가 된다.

3) 해성점토는 면모구조를 하고 간극비가 대단히 크므로 함수비가 매우 큰 상태에 있게 된다. 이러한 해성점토가 해수면 위로 융기한 다음 빗물에 의해 세척되면 용탈현상이 생겨 입자간 접촉부의 전기화학적 결합력은 상실되고 함수비는 대단히 큰 상태가 된다. 이런 과정을 통해 생성된 점토를 quick clay라 한다.

2.10 틱소트로피(Thixotropy)

2.10.1 정의

1) 교란된 점토질 흙을 함수비 증감 없이 그대로 방치해 두면 흙은 시간이 지남에 따라 강도를 서서히 회복하게 되는데, 이러한 현상을 틱소트로피라 한다.

2) 대부분의 흙은 강도를 부분적으로만 회복할 수 있다.
즉, 교란으로 인해 발생한 강도손실부분은 시간이 경과하더라도 완전히 회복되지 않는다. 흙에 있어서 원래의 강도와 회복후의 강도간에 차이가 발생하는 것은 초기 퇴적과정에서 형성된 점토 입자구조가 이미 손상되었기 때문이다.

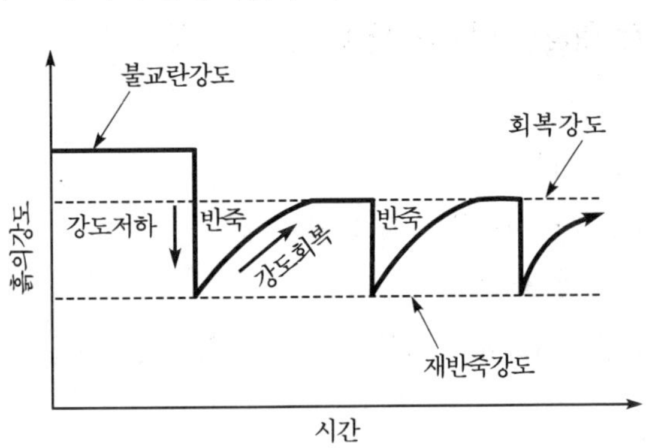

그림 6.35 흙의 Thixotropy 현상

2.10.2 강도회복 메커니즘

1) 자연퇴적으로 생성된 점토는 대부분 면모구조를 띤다. 면모구조를 띠고 있던 흙을 교란시키면 흙의 구조가 이산구조로 바뀌게 되는데, 이때 강도가 크게 감소한다. 그런데 교란된 점토를 함수비 변화없이 가만히 두게 되면 시간이 지나면서 전기화학적 성질에 의해 새로운 부착력이 생겨 면모화 되면서 강도를 다시 회복하게 된다.

그림 6.36 강도회복 메커니즘

2) 강도회복현상은 전기화학적 성질에 영향이 크기 때문에 활성도가 크고 예민한 점토에서 크게 일어난다(강도회복크기 : Kaolinite < Illite < Montmorillonite).

2.10.3 Thixotropy 강도비

1) 틱소트로피 강도비는 교란시점에서의 비배수강도에 대한 시간경과에 따른 비배수강도의 비로 정의하며, 회복의 정도를 나타내는 수치이다.

$$\text{틱소트로피 강도비} = \frac{S_{u(t)}}{S_{u(t=0)}} = \frac{\text{교란후 } t\text{시간 경과시 비배수강도}}{\text{교란 시점에서의 비배수강도}} \qquad (6.15)$$

2) 강도비 범위는 대략 1.3~1.5정도이고, 본래의 비배수강도까지는 회복되지 못한다.

2.10.4 Thixotropy에 영향을 미치는 요소

1) 액성지수가 클수록 크다.
2) 교란정도가 작을수록 크다.
3) 몬모릴로나이트 점토광물 함유율이 많을수록 크다.
4) 대부분 흙은 강도를 부분적으로만 회복된다.
5) 틱소트로피에 의한 강도회복율은 방치시간의 초기에 크다.

2.10.5 Thixotropy를 실무에 적용하는 사례

1) 말뚝재하시험 시기 결정

Thixotropy 강도비와 시간관계로부터 점토지반의 말뚝재하시험 시기를 결정할 수 있으며, 보통 점토지반에 말뚝을 항타했을 경우 시간에 따른 지지력 회복을 감안하여 20~30일 후에 정재하시험을 실시한다.

※ 지지력회복 원인 : 과잉간극수압 소산에 따른 1차 압밀, 2차 압밀,Thixotropy, Aging 등

2) 연약지반의 개량정도를 파악하기 위하여 실시하는 현장시험 일자를 결정할 때 이용한다.
3) 베인전단시험 시 베인을 삽입하고 일정한 시간(약 3분정도)이 경과한 후 시험을 실시해야 한다. 왜냐하면 베인 삽입시 발생한 과잉간극수압이 시간이 지나면서 소산되면서 Thixotropy에 의한 강도증가가 발생하기 때문이다.

2.11 삼축압축시험

2.11.1 개요

1) 삼축압축시험은 가장 현장조건을 잘 재현할 수 있는 시험으로서 연구 및 설계목적으로 가장 많이 사용되는 시험법이다.
2) 삼축압축시험은 직접전단시험과 달리 파괴면을 미리 설정하는 것이 아니라, 흙입자 외부에서 최대주응력(σ_1)과 최소주응력(σ_3)을 가하여 두 응력차(축차응력)로 인하여 흙 입자 내부에서 자연발생적으로 전단파괴면이 형성되고, 이 파괴면을 따라 전단파괴가 발생되도록 하는 시험법이다.

2.11.2 시험방법

1) 흙 시료에 얇은 고무막(멤브레인)을 씌우고 삼축 셀(Cell)에 Setting한다.
2) 구속압력(σ_c)을 가한다.

① 가압장치를 이용하여 압축실에 수압을 가하면 공시체는 상하 양면과 주면이 동일한 압력을 받게 된다.

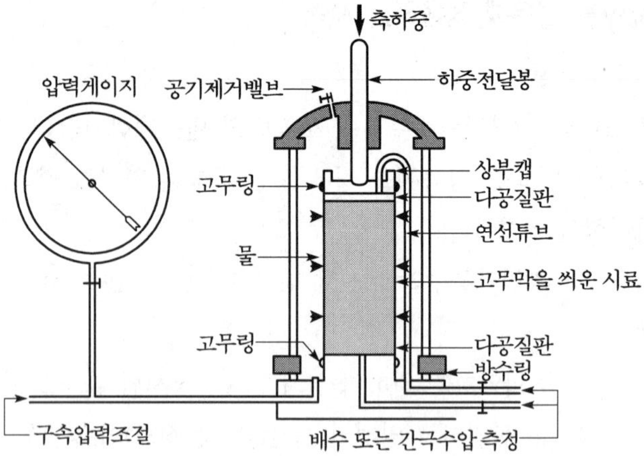

그림 6.37 삼축압축시험 시험기

② 배수조건 ┌ UU : 비배수(비압밀)
├ CU : 배수(압밀)
└ CD : 배수(압밀)

③ 구속압력을 가하는 단계에서는 등방압축상태이므로 파괴가 발생하지 않는다.

3) 축차응력($\Delta\sigma_d$)을 가해 전단시킨다.

① 구속압력을 가한 상태에서 연직축 방향으로 축차응력을 증가시켜 시료를 파괴시킨다.

$$\sigma_1 = \sigma_3 + \Delta\sigma_d$$

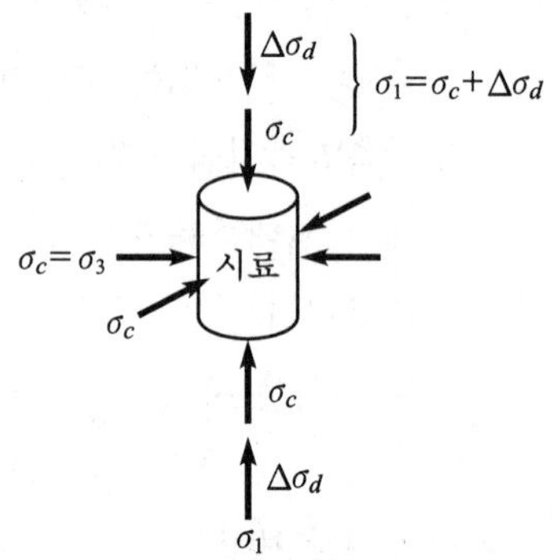

그림 6.38 축차응력 분포

② 배수조건 ┌ UU : 비배수
├ CU : 비배수
└ CD : 배수

③ 전단속도 ┌ UU, CU시험 : 비배수상태에서 축방향 변형률이 1%/분이 되도록 전단
└ CD시험 : 배수상태에서 축방향 변형률이 0.5%/분이 되도록 전단

4) 구속압력을 변화시켜 가면서 2)~3)과정을 3~4회 반복한다.

5) 시험종료 : ε_a = 15% 또는 최대 $\Delta\sigma$값이 2/3감소

6) 각 단계별 최대주응력과 최소주응력을 이용하여 Mohr원을 그리고 공통접선, 즉 파괴포락선을 그려서 c, ø를 결정한다.

구속압력 크기 결정

(1) 초기 구속압 : 보통 50kPa을 사용

- UU시험, CU시험 : 전응력 토피하중
- CD시험 : 유효응력 토피하중

(2) 다음 단계 구속압 : 초기 구속압에 50~100kPa 씩 증가 시켜가면서 시험

(예 : 50 → 100 → 150 → 200kPa)

> ※ 실무에서는 시료채취 위치에 관계없이 편의상 50(초기 구속압), 100, 150, 200kPa의 구속압력을 가하여 c, ø 값을 결정한다.

예) *GL*. − 7.5 m 위치에서 시료를 채취했을 경우 CD 시험의 초기 구속압력 크기는?(단, $K_o = 0.5$)

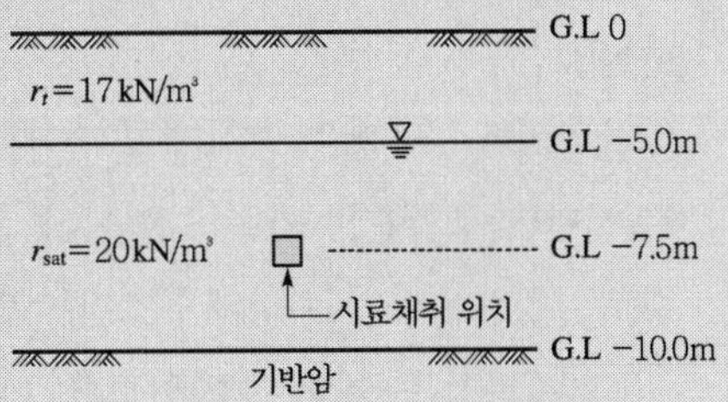

$$\sigma'_v = \gamma_t z_1 + (\gamma_{sat} - \gamma_w) \times z_2$$
$$= 17 \times 5.0 + (20 - 9.8) \times 2.5$$
$$= 110.5\text{kPa}$$
$$\sigma'_h = K_o \sigma'_v = 0.5 \times 110.5 \fallingdotseq 55.3\text{kPa}$$

따라서, 초기 구속압력의 크기는 비등상 삼축압축시험의 경우 σ'_{vc} = 110kPa, σ'_{hc} = 55kPa을 사용하고, 등방 삼축압축시험의 경우 σ'_c = 55kPa을 사용한다.

2.11.3 장 · 단점

표 6.8 삼축압축시험의 장 · 단점

장 점	단 점
① 모든 토질에 적용이 가능하다.	① 시험이 복잡하다.
② 간극수압 측정이 가능하다.	② 주응력의 방향이 한정되어 있다.(현장응력체계 고려한 시험 곤란)
③ 배수조절이 쉽다.	③ 축대칭 시험이다.(극복 : 평면변형시험, 비틀림전단, 입방체 삼축시험 등)
④ 파괴면의 방향이 자연상태와 거의 비슷하다.	④ 공시체 상하단면 구속영향 배제가 어렵다.
⑤ 현장 응력상태 재현이 가능하다.	

2.11.4 시험 종류

표준삼축압축시험은 전단 전(즉 등방압축과정) 및 전단 시(즉 일축압축과정)의 배수조건에 따라 UU시험, CU시험, CD시험으로 구분한다. 배수조건에 따른 3가지 시험에서 얻어지는 강

도정수는 서로 다르다. 삼축압축시험을 실시함에 있어서 배수조건의 선택은 측정된 강도정수의 사용목적에 달려있다. 배수조건의 결정원칙은 시험실에서의 배수조건을 현장에서의 실제 배수조건과 일치시키는 것이다.

모래는 투수성이 크므로 재하 즉시 압밀(배수)이 완료되어 항상 배수상태에 있게 된다. 그러나 점토는 투수성이 대단히 작아서 재하 직후는 압밀(배수)되지 않으므로 비배수상태가 되고 장기간 경과 후에는 압밀이 완료되어 배수상태가 된다. 따라서 모래의 경우에는 배수상태에서의 강도정수가 중요한데 반해 점토에서는 배수 및 비배수조건의 강도정수가 모두 중요하다.

(1) 비압밀비배수(UU)시험

1) 시험방법

비압밀비배수시험은 공시체를 비배수상태에서 구속응력 σ_c로 등방압축한 후 비배수상태로 전단(일축압축)시키는 시험이다.

즉, 등방압축과정 → 비배수조건(비압밀)

전단과정 → 비배수조건(전단)

2) UU시험에서 얻어지는 강도정수

① 압밀배수시험 및 압밀비배수시험에는 등방압축시키는 구속응력의 크기가 클수록 파괴상태의 축차응력 즉 Mohr원의 직경은 더 커진다. 그러나 비압밀비배수시험에서는 구속응력의 크기에는 무관하게 파괴상태의 모아 응력원 직경, 즉 $\Delta\sigma_{df}$는 모두 동일하게 된다.

② 파괴상태의 전응력원은 σ_c의 크기에 따라 위치는 달라지지만 그 직경은 $\Delta\sigma_{df}$로 같게 된다. 따라서 파괴포락선은 수평선이 되어 $\phi_u = 0$이고 절편은 $c_u = \frac{\Delta\sigma_{df}}{2} = \frac{(\sigma_1 - \sigma_3)_f}{2}$가 되는데 이것을 비배수강도 S_u라 한다.

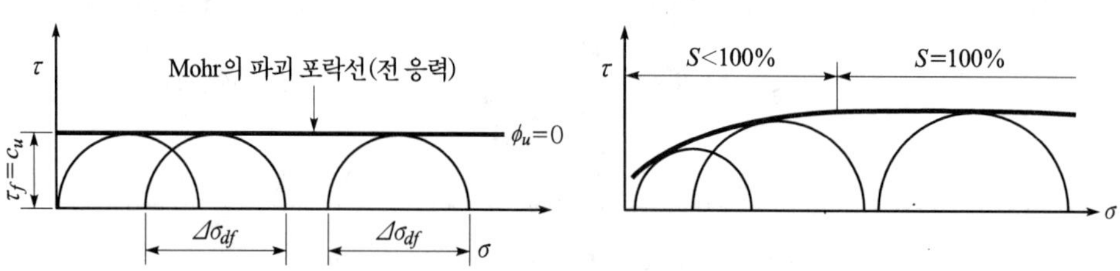

(a) 100% 포화점토 (b) 불포화점토

그림 6.39 비압밀비배수(UU)시험에 의한 강도정수 결정

3) 문제점

① 시료교란으로 강도정수가 과소평가 됨

→ 대단히 연약하거나 예민비가 큰 점토는 시료채취 시부터 교란의 우려가 있으므로 현장시험으로 비배수강도를 구하는 것이 더 유리함

② 시료의 수분증발로 포화도가 떨어지면 불포화토 거동을 보이므로 유의

→ 대책 : 배압을 가함

③ 등방압밀로 실제보다 10~20% 과대평가 됨

→ 특히, 연약지반에서 이러한 경향이 뚜렷함

UU시험에서 Mohr응력원의 직경이 동일한 이유

- 삼축압축시험은 크게 등방압축단계와 전단(일축압축)단계로 나누어 시험을 하게 되는데 등방압축단계는 비배수상태에서 압밀을 시키지 않는 방법(UU시험)과 배수상태에서 압밀을 시키는 방법(CU, CD시험)이 있다.
- CU, CD시험과 같이 등방압축단계에서 배수상태로 압밀을 시키게 되면 유효응력이 증가하여 강도가 증가하게 된다. 따라서 강도가 크지면 시료를 파괴시키는 데 더 큰 축차응력이 필요로 하므로 σ_c의 크기가 클수록 축차응력($\Delta\sigma_{df}$) 즉 Mohr원의 직경이 커지게 된다.
- 그러나 UU시험의 경우에는 등방압축단계에서 비배수상태로 시험을 하므로 증가된 σ_c를 모두 물이 부담하게 된다. 따라서 UU시험에서는 σ_c를 증가시켜도 유효응력 및 전단강도의 변화가 없으므로 전단단계에서 축차응력의 크기 즉 Mohr원의 직경은 항상 일정한 값을 가진다.

(2) 압밀비배수(CU 및 $\overline{\text{CU}}$)시험

1) 시험방법

공시체를 구속응력 σ_c로 등방압축하여 압밀완료시킨 다음 비배수상태로 축차응력을 가해 시료를 전단파괴시키는 시험이다.

2) CU시험에서 구해지는 강도정수(CU시험 : c_{cu}, ϕ_{cu}, $\overline{\text{CU}}$시험 : c', ϕ')

① 정규압밀점토

- 정규압밀 점토에서는 포락선이 원점을 통과하므로 $c = c' = 0$이고, 전단저항각은 전응력과 유효응력으로 각각 구할 수 있다.
- 정규압밀 점토는 전단될 때 정(+)의 간극수압이 발생하므로 유효응력 Mohr원이 과잉간극수압의 크기(Δ_u)만큼 전응력 Mohr원의 왼쪽에 그려진다[그림 6.40(a)].

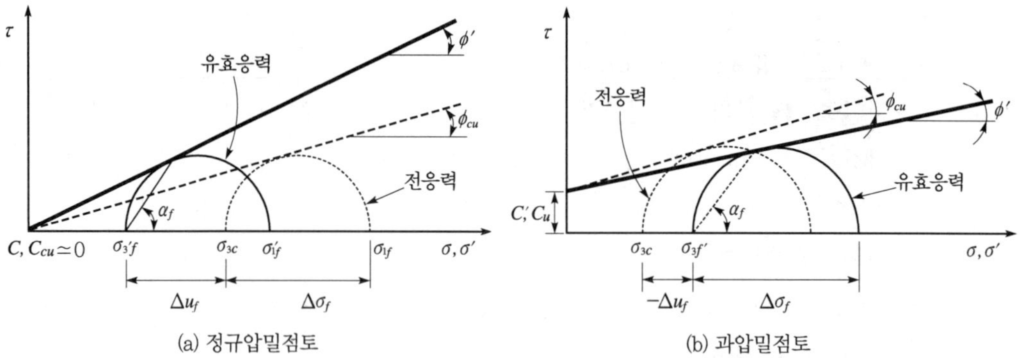

그림 6.40 압밀비배수시험(CU, $\overline{CU}$)에 의한 강도정수 결정

② 과압밀점토

- 과압밀점토는 포락선이 세로축과 교차하므로 점착력과 전단저항각이 모두 얻어진다.
- 전단될 때 부(−)의 간극수압이 나타나므로 유효응력의 Mohr원이 전응력으로 표시한 Mohr원의 오른쪽에 그려진다[그림 6.40(b)].
- 과압밀점토를 시험할 때 압밀압력을 선행압밀압력 이상으로 가하여 CU시험을 했다면 Mohr 포락선은 마치 정규압밀 점토에 대한 시험과 같게 그려진다(그림 6.41).

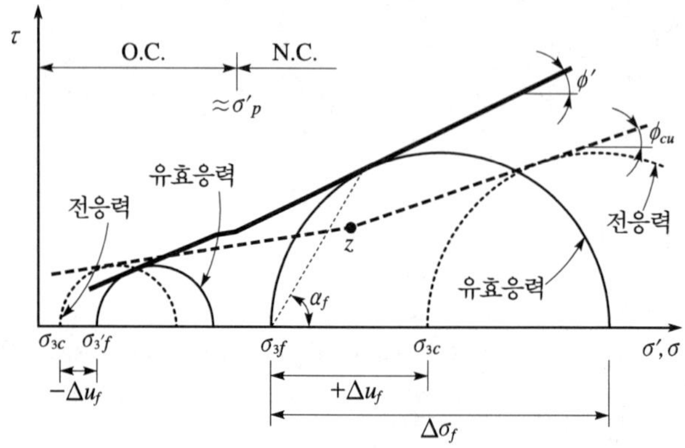

그림 6.41 과압밀점토를 선행압밀압력 이상 압밀시켜 전단시험을 하였을 때와 Mohr 포락선

(3) 압밀배수(CD)시험

1) 유효상재하중에 해당하는 만큼의 구속압을 가해 압밀을 시킨 다음, 배수상태에서 간극수압이 발생하지 않도록 천천히 축차응력을 가해 시료를 전단파괴시키는 시험이다.
2) CD시험에서 파괴시 응력상태를 표시하는 Mohr원은 유효응력으로만 표시된다. 이론적으

로 보면 CD시험에서 얻는 강도정수는 CU시험에서 유효응력으로 얻는 강도 정수와 동일하다.

3) 정규압밀점토는 파괴포락선이 원점을 통과하나, 과압밀점토는 파괴포락선이 원점을 통과하지 않는다.

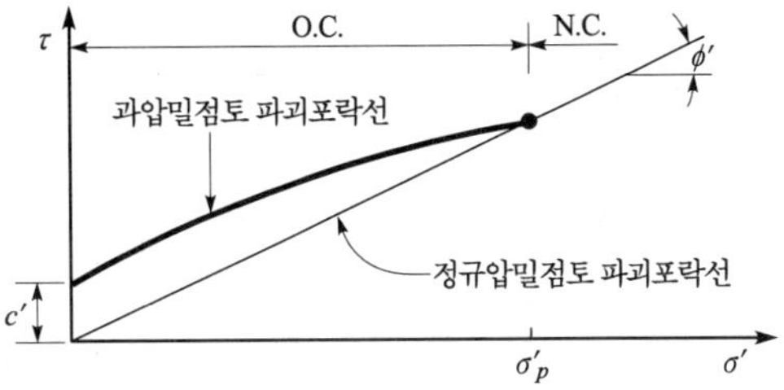

그림 6.42 압밀배수(CD)시험에 의한 강도정수 결정

CD시험을 $\overline{CU}$시험으로 대체하는 이유

- CD시험은 전단중에 간극수압이 발생하지 않도록 재하속도를 아주 느리게 해야 하므로 시험기간이 상당히 오래 걸린다.
- CD시험에서 구한 전단강도는 $\overline{CU}$시험에서 구한 전단강도와 거의 동일하므로 CD시험을 $\overline{CU}$시험으로 대체하여 사용하는 것이 실용적이다.
- 정규압밀점토 및 느슨한 모래의 경우 c_d, ϕ_d는 c′, ø′와 거의 일치하지만 크게 과압밀된 점토나 조밀한 모래의 경우 팽창특성으로 인하여 ϕ_d가 ø′보다 크게 나타난다.

2.11.5 결과 이용

1) 점토에 대한 지반개량공사에서 전단강도의 증가를 추정할 수가 있다.

- 강도증가율(α) = $\dfrac{c_u}{\sigma'_v} = \dfrac{\sin\phi'}{1+\sin\phi'}(A_f = 1$일때) : $\overline{CU}$시험
- 강도증가율(α) = $\dfrac{c_u}{\sigma'_v}$ = tan ø : CU시험

여기서, c_u : 비배수 전단강도, σ'_v : 유효 상재압

ø′ : 압밀비배수시험에 의한 유효응력으로 표시한 전단저항각($\overline{CU}$)

ø : 압밀비배수시험에 의한 전응력으로 표시한 전단저항각(CU)

2) 간극수압계수를 구하여 간극수압 계산에 이용한다.

$\Delta u = B\{\Delta\sigma_3 + A(\Delta\sigma_1 - \Delta\sigma_3)\}$

3) 변형계수를 추정한다.

전단응력-변형률 곡선에서 응력의 최대치의 1/2 되는 점과 원점을 연결하는 직선의 기울기로서 변형계수 E_{50} 또는 E_s로 다음과 같이 표시한다.

$$E_s = \frac{(\sigma_1 - \sigma_3)_{max}/2}{\varepsilon_{50}(\%)}$$

여기서, ε_{50} : 파괴응력 50%에 대한 축방향 변형률(%)

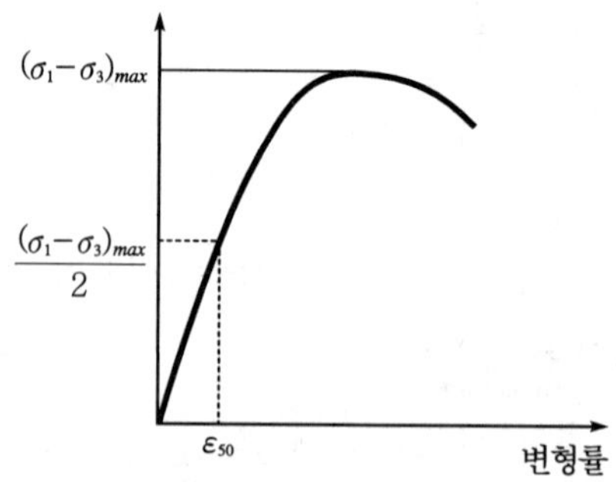

그림 6.43 변형계수 추정

4) c'와 ϕ'를 이용하여 구조물에 작용하는 토압, 기초의 지지력 및 절토, 성토비탈면의 안정 해석할 수 있다.

5) 정규 압밀점토와 과압밀점토를 판단할 수 있다.

표 6.9 정규압밀점토와 과압밀점토 판단기준

구 분	정규압밀점토	과압밀점토	비 고
액성지수	$LI \fallingdotseq 1(0.6\sim1.0)$	$LI \fallingdotseq 0(0.0\sim0.6)$	$LI = \frac{Wn-PL}{PI}$
A_f	약 1 (0.7~1.3)	1이하	$\overline{CU}$ 시험
정지토압계수	$K_0 = 0.4\sim0.6$	$K_0 = 0.5\sim1.0$	$K_0 = \frac{\sigma_h'}{\sigma_v'}$
체 적 변 화	압 축	팽 창	CD시험
간극수압변화	증 가	감 소	$\overline{CU}$ 시험

[핵심문제 6.1] 압밀배수 삼축시험을 행하였다. 구속압력을 280kN/m²로 하고, 축차응력을 가하여 280kN/m²이 되었을 때 파괴가 일어났다(C=0으로 가정).

(1) 파괴시의 응력상태를 표시하는 Mohr원을 그려라

(2) 전단저항각, 파괴면의 경사각 및 수직응력과 전단응력을 구하여라

(3) 최대전단응력의 크기와 그 응력이 작용하는 면의 경사각과 수직응력을 구하라

(4) 전단파괴가 최대전단응력면이 아닌 θ=54.7° 면에서 발생하는 이유

풀이

1. 파괴시의 응력상태를 표시하는 Mohr원 작도

σ_{3f} = 280kN/m^2, $\sigma_{1f} = \sigma_{3f} + \sigma_d$ = 280kN/m^2 + 280kN/m^2 = 560kN/m^2

최소주응력과 최대주응력의 점을 찍고 $\dfrac{(560-280)}{2}$=140kN/m^{2}을 반지름으로 하는 원을 그리면 이것이 파괴시의 Mohr원이 됨

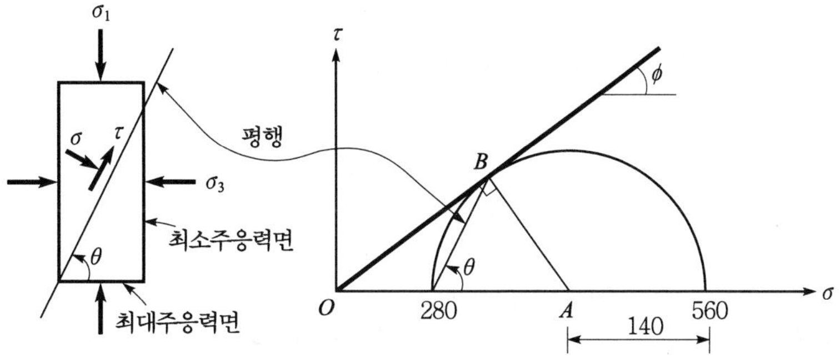

2. 전단저항각, 파괴면의 경사각(θ) 및 수직응력과 전단응력 계산

1) 전단저항각(ø)

① 방법1

$$\sin ø = \frac{AB}{OA} = \frac{\frac{\sigma_1-\sigma_3}{2}}{\frac{\sigma_1+\sigma_3}{2}} = \frac{\sigma_1-\sigma_3}{\sigma_1+\sigma_3}$$

$$\therefore\ ø = \sin^{-1}\frac{\sigma_1-\sigma_3}{\sigma_1+\sigma_3} = \sin^{-1}\left(\frac{560-280}{560+280}\right) = 19.5°$$

② 방법2

c=0이므로 원점과 Mohr원의 접선을 연결한 선이 파괴포락선이며, 이 선의 기울기가 전단저항각 (ø)이다. → 분도기로 직접 재어서 구함

2) 파괴면의 경사각(θ_f)

파괴각은 최대주응력이 작용하는 면에서 반시계방향으로 회전시켰을 때 파괴면과 이루는 각을 말함

$$\theta_f = 45° + \frac{ø}{2} = 45° + 19.5°/2 = 54.7°$$

3) 파괴면의 수직응력(σ_f)과 전단응력(τ_f)

① Mohr원 이용 : 파괴포락선과 Mohr원의 교점의 좌표를 읽으면 됨

② 해석적 방법

$$\sigma_f = \frac{\sigma_1+\sigma_3}{2} + \frac{\sigma_1-\sigma_3}{2}\cos 2\theta = (560+280)/2 + (560-280)/2 \cdot \cos(2\times 54.7) = 374\text{kN/m}^2$$

$$\tau_f = \frac{\sigma_1 - \sigma_3}{2}\sin 2\theta = (560-280)/2 \cdot \sin(2\times 54.7) = 132\text{kN/m}^2$$

3. 최대전단응력의 크기, 그 면의 경사각 및 수직응력

1) 최대전단응력의 크기와 경사각

최대전단응력이 작용하는 면의 경사각은 45° 일 때, 즉 Mohr원의 정점과 연결한 선이다. 따라서, 최대전단응력은

$$\tau_{max} = \frac{\sigma_1 - \sigma_3}{2} = (560-280)/2 = 140\text{kN/m}^2$$

2) 수직응력

$$\sigma_{(\theta=45°)} = \frac{\sigma_1 + \sigma_3}{2} + \frac{\sigma_1 - \sigma_3}{2}\cos 2\times 45° = \frac{\sigma_1 + \sigma_3}{2}$$

$$= (560+280)/2 = 420\text{kN/m}^2$$

4. 전단파괴가 최대전단응력면이 아닌 $\theta = 54.7°$ 면에서 발생하는 이유

1) $\theta = 45°$ 면과 $\theta = 54.7°$ 면에서의 전단강도와 전단응력 비교

파괴면	전단강도	전단응력	비 고
θ = 45° 면	$\tau_f = \sigma \tan\phi$ = 420×tan19.5 = 148.7kN/m²	τ = 140kN/m²(최대전단응력)	$\tau_f > \tau$: 파괴발생하지 않음
θ = 54.7° 면	$\tau_f = \sigma \tan\phi$ = 374×tan19.5 = 132kN/m²	τ = 132kN/m²	$\tau_f = \tau$: 파괴발생

2) 전단파괴는 전단응력이 전단강도(전단저항)보다 크거나 같을 때 발생한다. 따라서 θ =45° 면에서는 $\tau_f > \tau$이므로 전단파괴가 발생하지 않고, $\tau_f = \tau$인 θ=54.7° 면에서 파괴가 발생한다.

※ 전단강도는 지반의 고유의 값이 아니라 수직응력의 크기에 따라 변화한다.

2.12 평면변형시험

2.12.1 개요

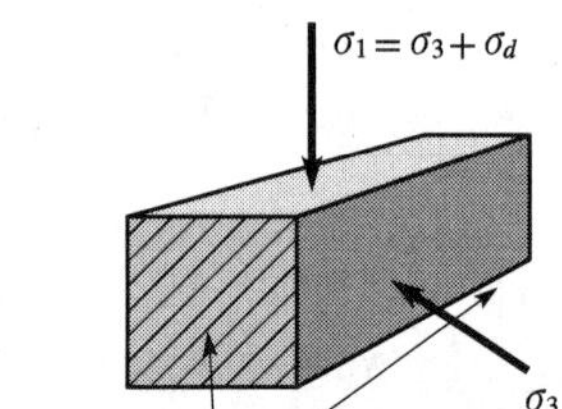

그림 6.44 평면변형시험

1) 평면변형상태란 중간주응력 σ_2가 작용하는 면의 변형률이 전단되는 동안 항상 0인 응력상태를 말한다.

2) 선형구조물인 제방, 옹벽, 연속기초 등은 평면변형상태로 구한 강도정수를 이용하여 안정성 검토 및 지지력을 산정하여야 한다.

2.12.2 시험방법

1) 직육면체 공시체를 제작한다.
2) 윤활처리된 강성판을 σ_2작용면에 부착한다.
3) 비등방으로 구속압력 σ_3을 가한다.

   최소주응력에 대한 최대주응력의 비가 2가 되도록 비등방 압밀한다.

   $$K_o = \frac{\sigma'_1(\text{압밀})}{\sigma'_3(\text{압밀})} = 2$$

4) 축차응력($\Delta\sigma_d$)을 가한다.
   - 축방향 변형률이 1%/분이 되도록 응력을 증가
   - ε_a = 15% 또는 최대 $\Delta\sigma$가 2/3 감소하면 시험종료

2.12.3 등방삼축압축(CIU)시험과의 비교

1) 평면변형률시험으로 구한 강도정수가 표준삼축압축시험으로 구한 강도정수보다 더 크다.(조밀한 모래 : 4~9°, 느슨한 모래 : 2~3° 정도)

   → 이는 삼축압축시험에서는 전단변형 시 3방향 모두 자유롭게 변형할 수 있으나, 평면변형은 2방향만 허용하므로 구속조건에 의한 차이로 추정된다.

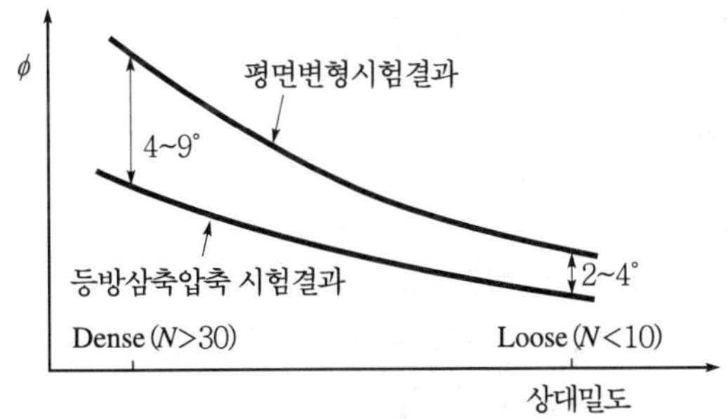

그림 6.45 평면변형시험과 등방삼축압축시험 결과비교

2) 이때, 가장 큰 차이는 낮은 구속압력하의 조밀한 모래에서 시험했을 때에 발생하고 가장 작은 차이는 느슨한 모래를 구속압에 상관없이 시험했을 때 발생한다.

2.12.4 적용

1) 옹벽, 제방, 비탈면, 터널 등의 안정성 검토

2) 사질토지반 연속기초 지지력 산정

- 연속기초 : $\phi_{ps}=1.1\phi_t$
- 장방형기초 : $\phi_{ps}=(1.1-0.1\dfrac{B}{L})\phi_t$

3) 통상 시료교란을 감안하여 등방압밀의 결과치를 사용해도 현장강도와 별 차이가 없다고 간주하여 일반적으로 삼축압축시험을 이용한다.

평면응력(Plane stress)

(1) 중간주응력(σ_2)과 최소주응력(σ_3)이 같다고 가정하여 최대주응력(σ_1)과 최소주응력(σ_3)만 고려한 2차원응력을 말함

(2) 즉, 표준삼축압축시험은 평면응력상태의 시험법임

(3) 적용 : Mohr 파괴이론, 삼축압축시험

■ **실내전단시험으로 구한 값과 실제 값이 차이나는 원인**

1. 시료의 교란 : 시료가 교란되면 강도가 과소평가 되어 진다.
2. 전단속도 : 시험실에서의 전단속도가 현장의 실제 파괴속도보다 대단히 빠르므로 강도를 과대평가한다.
3. 중간주응력의 영향 : 현장이 평면변형 상태인 경우라면 보통의 전단시험은 강도를 과소평가 한다.
4. 전단방법의 차이 : 이와 같이 어떤 요소는 과대평가되고 어떤 요소는 과소평가하게 되므로 서로 상쇄되어 근사치에 가까운 값이 얻어진다고 간주하고 있다.

2.13 SHANSEP방법(Stress History And Normalized Soil Engineering Properties Method)

2.13.1 개요

1) SHANSEP방법이란 현장조건과 다른 등방압밀효과와 교란효과를 제거한 비배수강도를 구하는 방법으로, 이는 현장응력보다 큰 응력에서는 점토시료 교란영향이 소멸되고, 강도가 정규화 거동하는 것을 이용한 것이다.

2) SHANSEP 방법은 기존의 비배수강도 결정방법의 문제점을 해결하기 위해 고안되었다.

① 일축압축시험, UU시험 : 시료교란으로 과소평가

② UU시험, CU시험 : 등방압밀로 과대평가

③ Vane Test : 전단속도가 현상상태보다 빨라 과대평가

3) 특징

① 일축압축시험, 삼축압축시험, 베인시험 등에 비해 현장응력체계 고려, 교란영향 제거 등 신뢰성이 큰 비배수강도를 구할 수 있음.

② K_0 조건시험을 하기 위해 현장응력조건을 결정해야 하며 선행하중을 정확하게 구하는 것에 문제가 있음.

③ K_0 조건시험기의 보급과 관련기술자의 적극적인 관심이 있어야 함.

2.13.2 시험방법

1) 먼저 종래의 압밀시험으로부터 원위치 시료의 선행압밀응력(σ_c)과 과압밀비(OCR)를 구한다.

2) 시험압밀응력에 대응하는 비배수전단강도(S_u)를 산정한다.

① 시험압밀응력(σ)에 의한 시료압밀

- 정규압밀점토의 압밀응력 : σ=(1.5~4)σ_v'

- 과압밀점토의 압밀응력 : $\sigma > \sigma_c$

여기서, σ_v' : 현장유효상재응력, σ_c' : 선행압밀응력

② 시료의 전단

- K_0조건 시험을 위해 직접단순전단시험(DSS) 또는 비등방 삼축압축시험(CAU-Test)을 실시

③ 압밀압력을 변화시켜 ①~②과정을 반복한다.

3) S_u/σ'_v – LogOCR 곡선을 작도한다.

시험압밀 압력(σ')	P에 대응하는 S_u값	S_u/σ'	OCR (σ'/σ'_v)	비고
σ'_1	S_{u1}	S_{u1}/σ'_1	σ'_1/σ'_v	σ'_v = 일정
:	:	:	:	

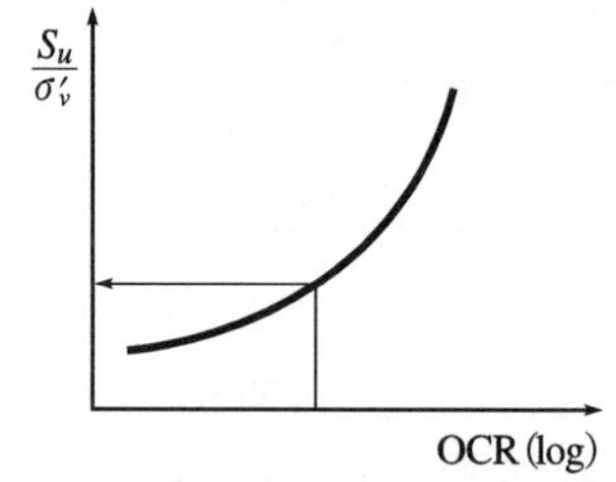

그림 6.46 S_u/σ'_v – LogOCR 곡선

4) 원위치 시료의 S_u값

① S_u/σ'_v – LogOCR곡선에서 (1)에서 구한 원위치 시료의 OCR에 대응하는 S_u/σ'_v 값을 구한다.

② 원위치 시료 S_u값 : $S_{uo}= S_u/\sigma'_v \times$원위치 σ'_v

2.13.3 실무적용

1) SHANSEP법에서는 응력의 비등방성을 고려하기 위하여 삼축압축시험과 삼축인장시험을 실시하여 비배수전단강도의 평균치를 취하도록 한다.
2) 또 변형률속도를 고려하기 위하여 전단속도를 0.01%/min로 느리게 한다.
3) 재압밀에 의하여 Aging 효과나 구조적 특성이 회복될 수 없으며 선행압밀하중보다 큰하중으로 재압밀 하면 오히려 구조가 파괴될 수 있음에 유의한다.
4) SHANSEP방법은 에이징과 시멘테이션이 적은 균등한 점토에 적용 가능하며, 깊이에 따라 OCR과 강도특성이 차이가 나는 토층에서는 적용이 곤란하다.

[핵심문제 6.2] 현재 지하수가 지표면에 위치하고 과거에는 지표 아래 2m에 존재하였다.

1) σ'_o, σ'_c, OCR를 계산하고 10m까지 분포도를 그리시오.

2) 과거에 지표하 1m에 −10kN/m^{2}의 수압이 작용하고 있었다면, 비배수 전단강도는?
단, S_u/σ'_o = 0.3(OCR)$^{0.8}$, γ_{sat} = 18kN/m^3

풀이

1. 지표하 10m까지의 σ'_o, σ'_c, OCR 분포도

표 6.10 지표하 10m까지의 σ_o', σ_c', OCR 분포도

구 분	σ_o'(kN/m²)	σ_c'(kN/m²)	OCR
GL.-1m	8×1= 8	18×1=18	2.3
GL.-2m	8×2=16	18×2=36	2.25
GL.-5m	8×5=40	18×2+8×3=60	1.5
GL.-8m	8×8=64	18×2+8×6=84	1.3
GL.-10m	8×10=80	18×2+8×8=100	1.25

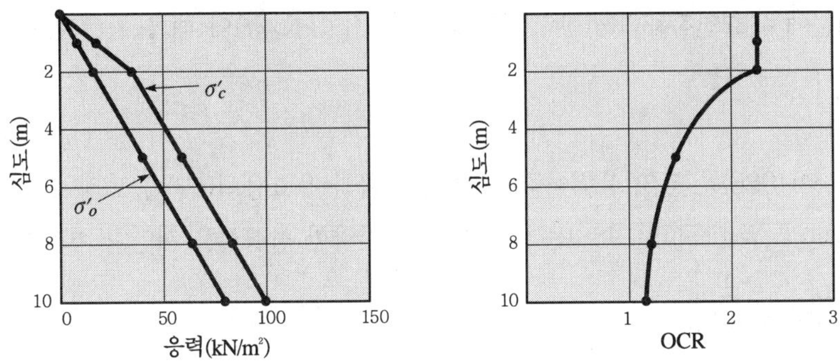

그림 6.47 지표하 10m까지의 σ_o', σ_c', OCR 분포도

2. 과거에 지표하 1m에 −10kN/m²의 수압이 작용했을 경우 비배수전단강도

GL.(−)1.0m : $\sigma_c' = (18\times1)-(-10) = 28\text{kN/m}^2$

$\sigma_o' = (8\times1) = 8\text{kN/m}^2$

$$OCR = \frac{\sigma_c'}{\sigma_o'} = \frac{28}{8} = 3.5$$

$$S_u/\sigma_o' = 0.3(OCR)^{0.8} = 0.3\times(3.5)^{0.8} = 0.82$$

$$S_u = (S_u/\sigma_o')\times\sigma_o' = 0.82\times8 = 6.56\text{kN/m}^2$$

2.14 표준관입시험

2.14.1 개요

1) 63.5kg(635N) 해머를 76cm의 높이에서 자유낙하 시켜서 Split spoon Sampler를 30cm 관입시키는데 요구되는 타격수를 N치라 한다.

2) 사질토는 불교란 시료 채취가 어렵고 시험실에서 현장응력상태 재현이 대단히 어렵다. 따라서, 사질토의 강도정수는 주로 표준관입시험을 통하여 상대밀도를 추정하고 채취된 시료로 입도분석을 하여 구한다.

3) N치로 모래의 상대밀도나 점성토의 컨시스턴시를 추정하는 데 사용한다.

2.14.2 유효상재압에 대한 N값 보정

N값은 유효상재압에 대한 수정된 값을 사용하여야 한다($N= C_N \cdot N_f$).

1) 사질토에서 수행한 표준관입시험의 N값은 유효상재압에 의해 좌우되기 때문에 이에 대한 보정을 실시해야 한다. 즉, 동일한 조건의 지반이라도 시험깊이가 깊을수록 N값이 크게 나오기 때문에 유효연직응력(σ_v')이 100kpa(또는 100kN/m²)일 때를 기준으로 보정을 해주어야 한다.

2) 보정값

Skempton(1986)은 흙의 응력이력 및 입경에 따라 유효응력(C_N)을 보정해야 한다고 하였으며, Liao & Whitman(1986)은 아래와 같은 간략한 경험식을 제안한 바 있다.

$$C_N = 9.78\sqrt{\frac{1}{\sigma_v'\,(\text{kPa})}} \tag{6.16}$$

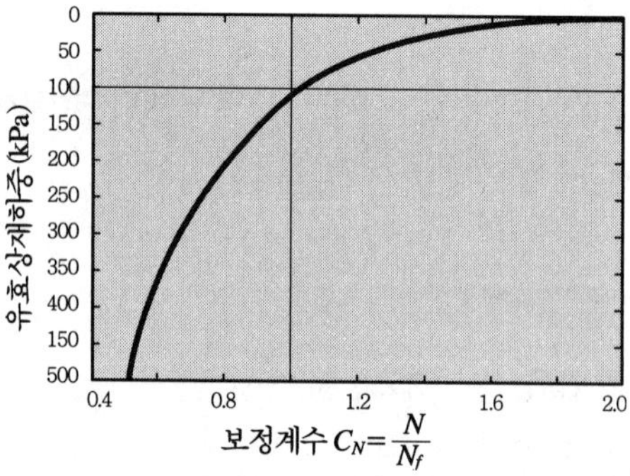

그림 6.48 보정계수

2.14.3 사질토 내부마찰각 추정

사질토는 투수계수가 커서 배수가 잘 되므로 전단저항각은 일반적으로 배수전단저항각을 의미한다.

(1) Peck-Meyerhof(1956)

표 6.11 사질토 내부마찰각 추정(Peck-Meyerhof방법)

N 치	상대밀도(Dr)	내부마찰각(Ø)	
		Peck	Meyerhof
0~4	Very loose(0.0~0.2)	<28.5	<30
4~10	loose(0.2~0.4)	28.5~30	30~35
10~30	Medium(0.4~0.6)	38~36	35~40
30~50	Dense(0.6~0.8)	36~41	40~45
50<	Very Dense(0.8~1.0)	41<	45<

(2) Dunham(1954)

1) 입자가 둥글고 입도분포가 균일한 모래 : $\phi=\sqrt{12N}+15$ (6.17)

2) 입자가 둥글고 입도분포가 좋은 모래 : $\phi=\sqrt{12N}+20$ (6.18)

3) 입자가 모나고 입도분포가 균일한 모래 : $\phi=\sqrt{12N}+20$

4) 입자가 모나고 입도분포가 좋은 모래 : $\phi=\sqrt{12N}+25$ (6.19)

(3) Peck의 제안식 : $\phi=0.3N+27$ (6.20)

(4) Ohzaki(1969) : $\phi=\sqrt{12N}+15$ (6.21)

(5) 도로교 시방서 : $\phi=\sqrt{12N}+15$ (6.22)

2.14.4 점성토 점착력 추정

Terzaghi-Peck의 제안식에 따르면 점성토의 점착력은 일축압축강도의 1/2이다.

$$S_u = c_u = \frac{q_u}{2} \tag{6.23}$$

표 6.12 점성토의 N치와 연경도 및 일축압축강도 관계

N치	연경도(consistency)	일축압축강도(q_u, kPa)	현장 판별방법
2이하	대단히 연약	25 이하	주먹이 쉽게 관입
2~4	연약	25~50	엄지손가락으로 쉽게 관입
4~8	중간	5~100	힘을 가해야 엄지손가락 관입
8~15	견고	100~200	엄지손가락으로 누르면 우묵하게들어감
15~30	대단히 견고	200~400	손톱으로 긁을 수 있음
30이상	고결	400 이상	손톱으로 긁을 수 없음

2.15 베인전단시험(Vane Shear Test)

2.15.1 개요

1) 베인전단시험은 롯드에 부착된 십자형 날개를 점성토 지반에 관입하여 회전시키면서 회전 모멘트를 구하여 이로부터 비배수전단강도를 구하는 시험이다.
2) 주로 연약한 점성토지반의 비배수전단강도(c_{uv})와 예민비를 구하기 위해서 실시한다.
3) 실내시험보다 시료교란영향을 덜 받는다.

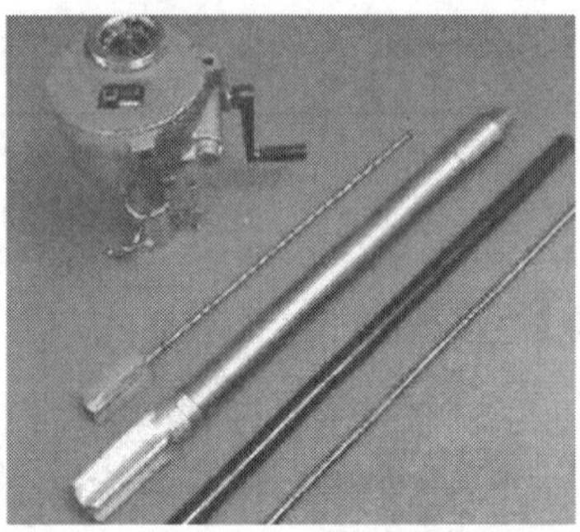

(a) 베인전단시험 장비

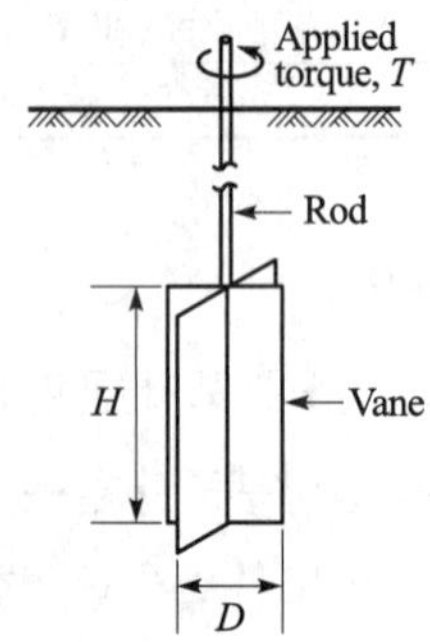

(b) 개념도

그림 6.49 베인전단시험기 및 개념도

2.15.2 비배수강도 계산방법

베인시험으로 우력(T)을 측정하여 식 6.33으로 비배수강도(c_u)를 구한다.

$$c_{uv} = \frac{T}{\pi D^2 \left(\frac{D}{6} + \frac{H}{2}\right)} \tag{6.24}$$

여기서, c_{uv} : 베인시험으로 얻은 점착력(kN/m²)

T : 우력(kN/m)

H : 베인의 높이(m)

D : 베인의 직경(m)

1) 대체로 큰 값의 비배수전단강도를 얻는다.
   → 이유 : 재하속도가 실제보다 빠르기 때문이며 이는 소성지수가 클수록 영향이 더 큼
2) 따라서, 소성지수에 대한 보정을 해주어야 한다.

$$c_u = \mu c_{uv} \tag{6.25}$$

여기서, μ : 보정계수(보통0.6~1.0)

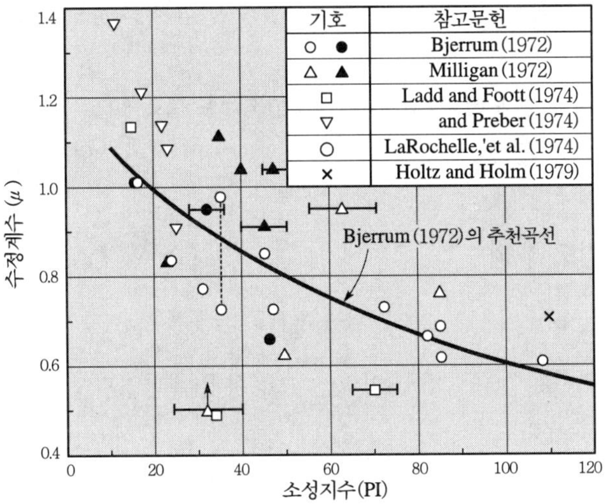

그림 6.50 베인 전단강도와 소성지수와의 관계

3) 점토층(예민비 5~12)에서는 Vane 전단시험 결과가 대체로 균질한 점착력에 근사함

2.15.3 실무적용 시 유의사항

1) 점토층에 Sand seam이나 실트층이 존재하면 과대평가 된다.
2) 베인 전단속도가 빠르면 과대평가 된다.
   → 특히, 소성지수(PI)가 높은 점토일수록 베인의 회전속도에 따라 비배수 전단강도에 대한 영향이 큼
3) 베인 삽입 후 일정한 시간이 경과한 후 시험을 실시해야 한다.
   → 베인 삽입 후 시간이 경과하면 Thixotropy영향으로 강도가 회복되므로 일정한 시간(약 3분정도) 경과후 시험을 실시
4) 베인 두께가 증가하면 교란영역이 증가하여 전단강도가 감소한다.
5) 베인 규격은 가능하면 큰 것을 사용하는 것이 유리하다.

2.16 콘관입시험

2.16.1 개요

1) 원추형 Cone probe를 흙 속에 일정한 속도로 관입시켜 Cone의 선단저항과 주면마찰력을 측정하는 시험이다.

2) 최근 콘관입기에 부착된 특수장비로 간극수압과 탄성파 측정도 가능하며, 연약하고 예민한 점토지반에 적당하다.

3) 피에조콘과 정적콘관입시험의 표준화된 관입속도는 ASTM에 1~2cm/sec±25%를 추천한다.

2.16.2 비배수전단강도 추정

$$S_u = \frac{(q_t - \sigma_{vo})}{N_{kt}} \tag{6.26}$$

여기서, N_{kt} : 피에조콘계수(대략 5~30), q_t : 보정된 원추관입저항력

σ_{vo} : 전 수직응력

2.16.3 관입속도에 따른 관입저항력의 영향

콘의 관입속도는 일반적으로 2cm/sec로, 이보다 빠르게 관입하는 경우 흙내 유체의 점성과 동적효과 때문에 발생하는 변형속도 효과로 관입저항력이 증가하며, 반대로 이보다 느린 경우 관입저항력이 감소하게 된다.

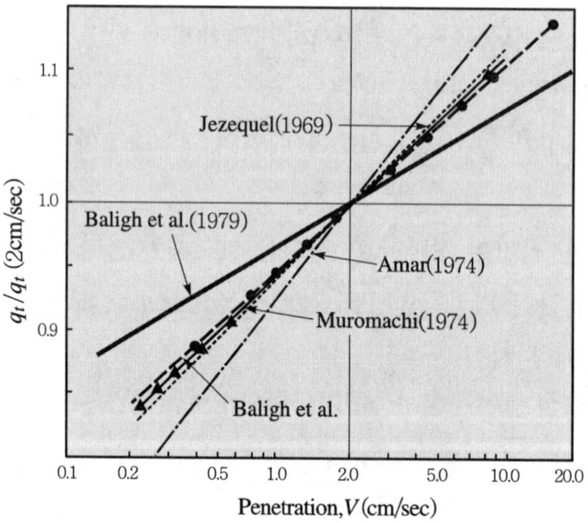

그림 6.51 관입속도에 따른 관입저항력의 영향

2.16.4 관입속도에 따른 관입 간극수압의 변화

1) 2cm/sec의 관입속도는 지반의 종류에 따라서 발생되는 간극수압의 크기 및 실험 시 지반에 발생되는 배수조건과도 관련이 있다.

2) 실험에 의하면 선단부는 관입속도의 변화에 큰 영향을 받지 않는데 반하여 마찰부는 변형속도가 빠를수록 큰 간극수압이 유발되는 경향이 있다고 보고되고 있다.

2.16.5 실무적용 시 유의사항

1) 보통 연약지반에서는 q_c 값이 매우 작게 측정된다.
2) 변형속도는 관입저항력과 간극수압 관측요소의 위치에 따라 그 영향이 다양하므로 반드시 일정하게 관입속도를 지키는 것이 바람직하다.

2.17 재하속도

2.17.1 개요

1) 재하속도란 지반의 전단속도를 말하며, 현장의 실제 전단속도와 실내시험에서의 전단속도에 상당한 차이가 있다.
   - 실제 : 전단속도 매우 다양
   - 실내시험 : 비배수전단시험의 경우 매우 짧은 시간에 실시 됨
2) 재하속도가 빠르면 전단강도가 크게 측정되므로 배수조건에 따른 재하속도의 규정이 필요하다.

2.17.2 시험별 재하속도(KS 규정)

1) UU시험 : 축변형률 1%/분
2) CU시험 : 축변형률 1%/분
3) CD시험
   ① 사질토 : 축변형률 0.5%/분 이하
   ② 실트와 점토 : 축변형률 0.1%/분
4) 베인전단시험 : 회전속도 6°/분
5) 콘관입시험 : 관입속도 2±0.5 cm/sec

2.17.3 변형속도와 비배수전단강도의 관계

(1) 모래지반

1) 모래지반의 전단강도는 변형속도(재하속도)의 빠르고 느림에 대한 영향이 작다.

2) 매분 1,000 %의 축변형 속도에 있어서 나타낸 강도는 매분 1 %의 변형속도 경우 보다 약 10 % 크게 되는데 지나지 않는다.

(2) 점토지반

1) 점토에 있어서는 변형속도의 영향이 크다.
2) 매분 1%의 변형속도의 시험에 대한 강도를 표준으로 하면 매분 1,000%의 변형속도에 있어서 강도는 50% 정도 크게 된다. 그러나, 매분 0.001 %의 속도로 감소한 경우는 강도의 감소율은 20% 밖에 되지 않는다.

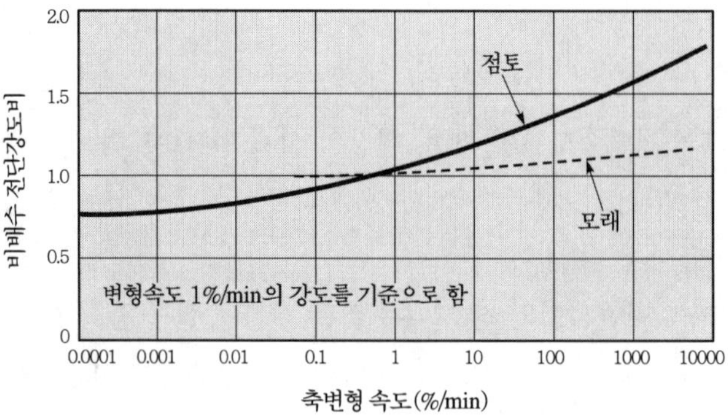

그림 6.52 변형속도와 비배수 전단강도의 관계

2.17.4 결론

1) 실제 지반의 전단속도와 실내시험 및 현장시험의 전단속도에는 차이가 있으므로 이를 감안하여 전단강도를 결정해야 한다.
2) 전단속도는 사질토 지반은 영향이 적고, 점성토 지반은 영향이 크다.

2.18 배압(Back Pressure)

2.18.1 개요

1) 현장에서 완전포화상태로 있는 흙을 채취하여 시험실에서 공시체를 만들었을 때 수분의 증발 등에 의해 시료가 불포화상태가 된다면 현장의 실제 거동과 상이한 거동을 하게 될 것이다.
2) 따라서, 시험에 앞서 공시체를 포화상태로 만들어 주기 위하여 시료 내부에 수압을 가해

주는데 이 수압을 배압이라 한다(배압의 크기는 통상 200~300kN/m^2이다).

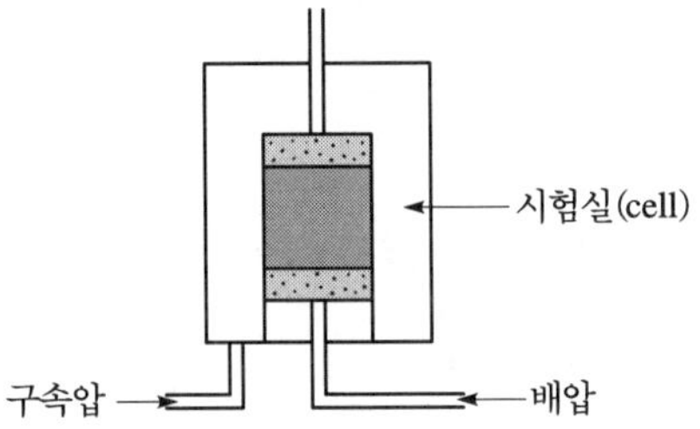

그림 6.53 배압시험

2.18.2 배압목적 [불포화토를 포화토로 만드는 이유]

1) 시료에 공기가 유입되어 불포화상태가 되면
   ① UU시험시 정확한 $\phi = 0$해석이 곤란하고,
   ② CU시험에서는 정확한 간극수압 측정이 곤란하다.
2) 따라서, 유입된 기포를 원상태로 용해시키기 위해서는 공시체가 원상태의 수압을 받도록 시료에 별도의 수압을 가해주어야 한다.

2.18.3 배압 방법

1) 먼저 시료를 수조에 담아 약 20시간 정도 충분히 포화시킨다.
2) 시료를 삼축압축시험기에 넣고 구속압력과 배압을 동시에 조금씩 가한다.
   → 이때 각 단계별 압력의 증가량은 50kN/m^2이 적당
3) 다음에 다시 구속압력($\Delta\sigma_3$)을 증가시키고 이때 유발된 과잉간극수압(Δu)을 측정한다.
4) 간극수압계수 B를 계산하여 포화도를 판단한다.

$$B = \frac{\Delta u}{\Delta\sigma_3} \geq 0.95\text{이면 OK}$$

5) $B < 0.95$이면 다시 포화시켜 위의 과정을 반복한다.

2.18.4 배압시 주의사항

1) 배압은 반드시 구속압력과 동시에 가해야 하며, 배압이 구속압력보다 커지면 시료의 체적이 팽창하면서 교란되므로 주의하여야 한다.
2) 배압을 가할 때에는 공시체 내외부가 평형이 되도록 하중을 여러 단계로 나누어 가해야 한다.

3) 배압은 시료속의 유효응력을 변화시키지 못하므로 작용 시켜준 Back Pressure 만큼 구속응력을 증가시켜 주어야 한다.

4) $B = \dfrac{\Delta u}{\Delta \sigma_3} < 0.97$이면 UU-Test 자체가 쓸모없다.

2.19 등방삼축압축시험과 비등방삼축압축시험

2.19.1 등방삼축압축시험(CIU ; Isotropic triaxial compression test)

1) 현장에서의 유효상재하중에 해당하는 하중(σ_c)을 등방으로 가하여 압밀시킨다.
2) 구속압력을 일정하게 유지한 상태에서 축하중을 증가시켜 비배수상태로 전단파괴 시킨다.
3) 구속응력을 증가시켜서 3~4회 정도 시험을 한다.

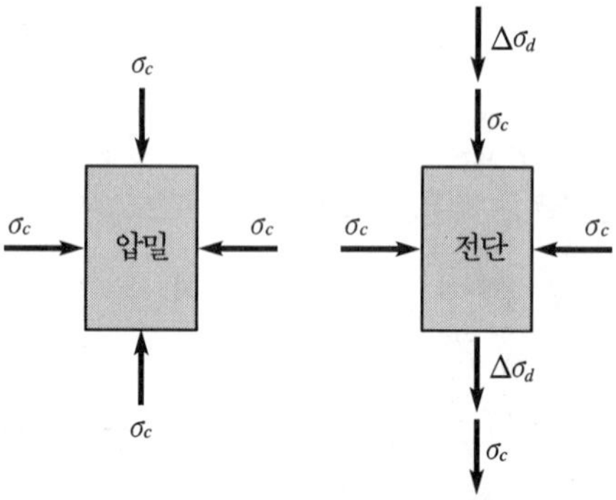

(a) 압밀단계 (b) 전단단계

그림 6.54 CIU 시험

2.19.2 비등방삼축압축시험(CAU ; Anisotropic triaxial compression test)

1) 거의 대부분의 불교란 점토는 강도 및 변형성질에 있어서 이방성을 나타낸다.
2) 따라서, 현장조건과 일치시키기 위하여 압밀시 축방향의 구속압은 유효상재하중 σ_v값을 취하고, 수평방향의 구속압은 $K_o\sigma_v$를 가해 압밀시킨다.
3) 그 다음 비배수조건으로 축하중을 증가시켜서 시료를 전단시킨다.

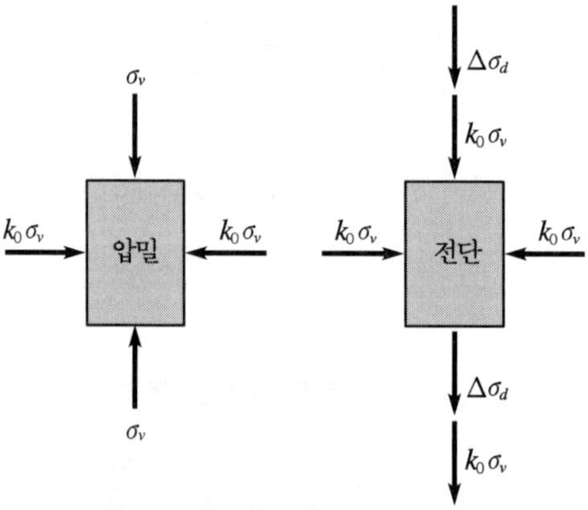

(a) 압밀단계 (b) 전단단계

그림 6.55 CK_oU시험 : $\sigma_3 = K_o\,\sigma_1$

2.19.3 결론

1) 등방삼축압축시험이 비등방삼축압축시험보다 10~20%정도 과대평가 되어 진다.(비등방강도 = 85~90% 등방강도)
2) 편리상 CIU시험을 주로 실시하고 있는데 가능하면 현장응력상태를 재현할 수 있는 CAU시험을 실시함이 바람직하다.

3. 흙의 전단특성

3.1 사질토 전단특성

3.1.1 개요

1) 모래나 자갈과 같은 점성이 없는 흙의 전단강도는 활동 및 회전마찰로 생기는 마찰저항과 엇물림(Interlocking)으로 인한 구조적 저항의 두 성분으로 이루어진다.
2) 이러한 마찰저항과 구조적 저항은 유효수직응력에 크게 영향을 받는다.($\tau_f = \sigma \tan ø$)
3) 사질토의 전단저항력 발생요인
   ① 느슨한 모래 : 활동마찰 저항
   ② 촘촘한 모래 : 활동마찰 저항, 회전마찰 저항, 엇물림(Interlocking)
   → 촘촘한 모래는 엇물림의 영향이 대단히 크다.

3.1.2 전단응력-수직응력 관계

1) 배수전단시험을 하여 최대전단응력-수직응력 그래프를 그리면 파괴포락선이 원점을 통과하므로 점착력은 0이고 전단저항각 ø만 얻어진다.
2) 이때, 촘촘한 모래의 전단저항각($ø_d$)이 느슨한 모래의 전단저항각($ø_l$) 보다 훨씬 크다.

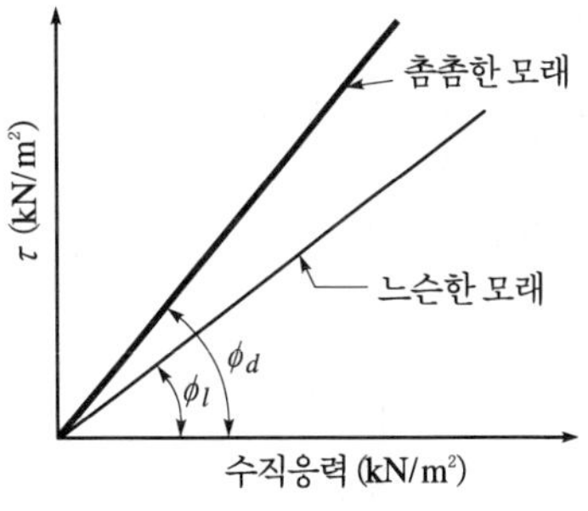

그림 6.56 전단응력-수직응력 관계

3.1.3 전단응력-변형률 관계

1) 느슨한 모래는 변형률이 증가함에 따라 강도가 서서히 증가하며 첨두강도는 나타나지 않는다. 보통 ε_a=15%일 때를 파괴상태로 보며 이때의 강도를 극한강도라 한다.

2) 촘촘한 모래는 작은 변형률에서 첨두강도가 나타난 후 변형률 증가와 함께 응력은 오히려 감소하여 전단이 충분히 진행되면 잔류강도가 되어 일정한 값이 된다.

※ 촘촘한 모래는 엇물림의 영향 때문에 초기에 더 큰 전단응력을 보인다.

3) 동일한 흙의 잔류전단응력은 흙의 다져진 상태가 느슨하든 또는 촘촘하든 거의 일정한 값이 된다.

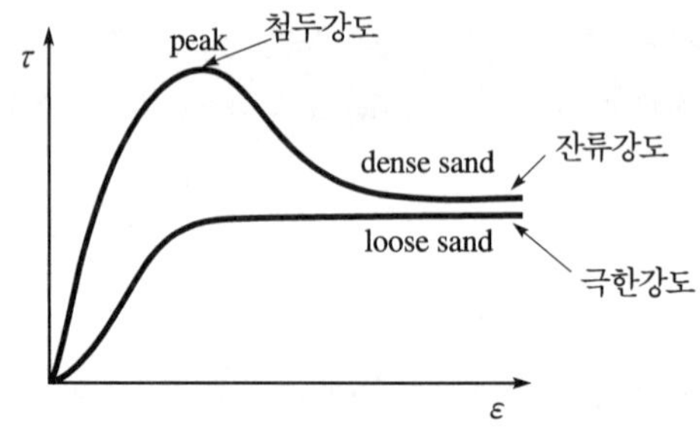

그림 6.57 전단응력-변형률 관계

3.1.4 간극비와 변형률 관계

1) 간극비가 상대적으로 큰 느슨한 모래는 변형이 일어나면서 간극비가 감소하나, 촘촘한 모래는 처음에는 약간 감소하였다가 전단이 진행됨에 따라 점차로 증가한다.

2) 변형률이 상당히 커질 때, 상대밀도가 다른 두 모래의 간극비는 어떤 일정한 간극비로 수렴한다. 이때의 간극비를 한계간극비라 한다.

3.1.5 체적-변형률 관계

느슨한 모래는 체적이 감소하고 촘촘한 모래는 초기에 체적이 약간 감소한후 증가(dilataney) 한다.

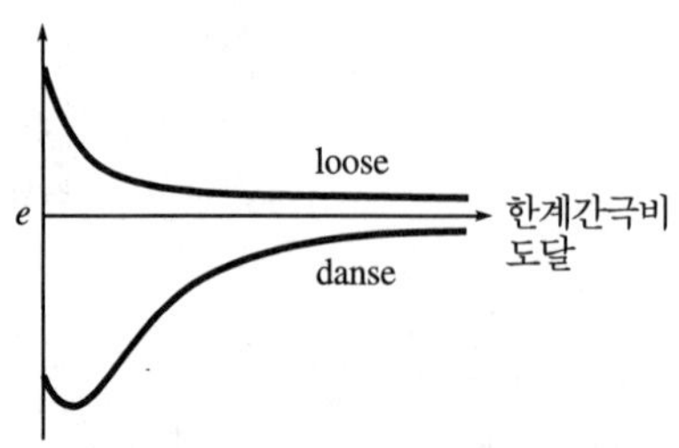

그림 6.58 간극비 - 변형률 관계

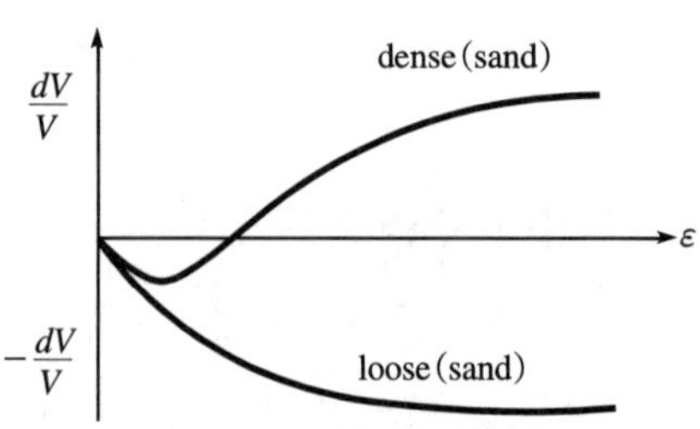

그림 6.59 체적 - 변형률 관계

3.1.6 간극수압-변형률 관계

사질토는 전단하는 동안 배수가 원활히 이루어지므로 과잉간극수압이 발생하지 않는다.

3.2 한계간극비(Critical void ratio)

3.2.1 개요

1) 사질토에 전단파괴가 발생할 때 조밀한 모래는 체적이 팽창하고 느슨한 모래는 체적이 감소한다.
2) 삼축압축시험에서 전단파괴시 변형률이 상당히 커질 때 상대밀도가 다른 두 모래의 간극비는 체적변화가 발생하지 않는 간극비로 수렴한다. 이때의 간극비를 한계간극비(Critical void ratio)라 한다. 즉, 다이러턴시가 Zero(0) 일 때의 간극비를 말한다.
3) 일단 한계간극비에 도달하면 흙은 일정한 강도, 일정한 체적을 가진 마찰유체(Friction Fruid)와 같은 거동을 한다.

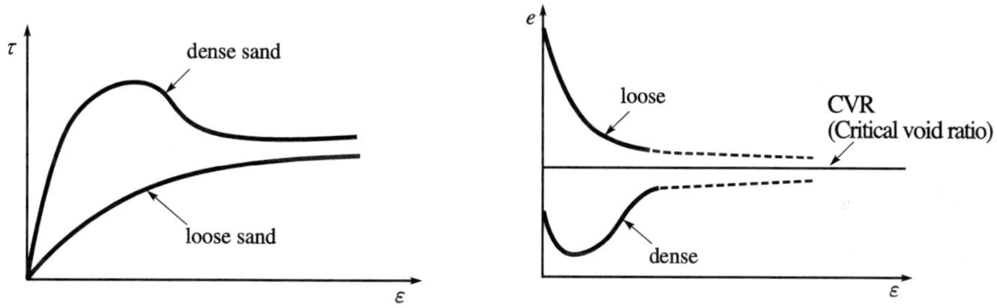

그림 6.60 흙의 한계간극비

3.2.2 영향요소

1) 입자의 형상
2) 입도
3) 유효수직응력에 관계가 있으며, 초기의 조밀한 정도와는 관계가 없다

3.2.3 전단파괴시 초기간극비와 체적변화와의 관계

1) 간극비는 체적과 관계되므로 느슨한 모래는 전단될 때 체적이 감소하고 촘촘한 모래는 체적이 증가하며 마지막에는 일정하게 된다.

2) 사질토의 전단특성은 초기간극비가 한계간극비보다 크면 느슨한 모래와 같고 한계간극비보다 작으면 조밀한 모래성향을 띤다.
($e_{01} > e_c$: 느슨한 모래, $e_{01} < e_c$: 조밀한 모래)

한계간극비는 항상 일정한 값을 갖는 것은 아니다. 즉 동일한 모래로 시험을 하더라도 구속압에 따라 한계간극비의 값은 달라진다. 따라서, 구속압력이 클수록 한계간극비는 작아진다.

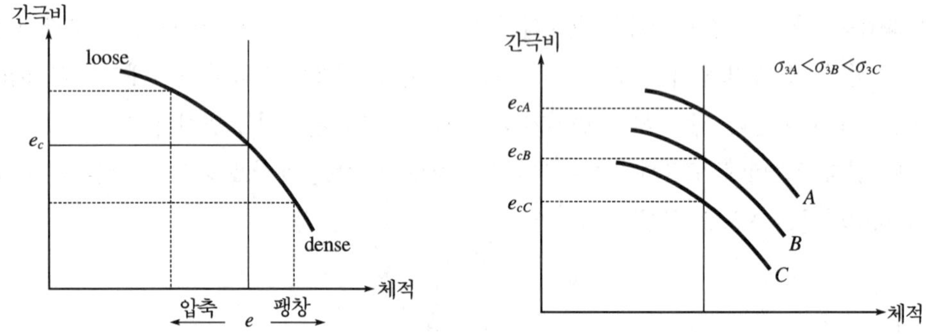

그림 6.61 초기간극비와 한계간극비

3.2.4 액상화 관계

비배수상태에서 한계간극비보다 더 큰 간극비 상태에 있으면 과잉간극수압이 증가하여 액상화 발생의 가능성이 높다(한계간극비 ≒ 0.8 정도임).

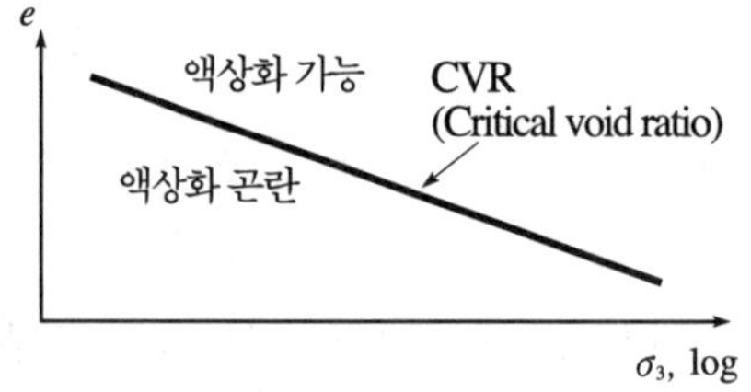

그림 6.62 액상화 관계

3.3 점성토 전단특성

3.3.1 개요

1) 사질토는 투수계수가 크므로 하중이 작용하면 쉽게 배수된다. 따라서 사질 지반에 대한 안정계산은 배수조건에서 얻은 전단저항각을 적용하는 것이 실제와 부합한다.

2) 그러나, 점성토 지반에서는 하중이 작용하면 배수가 잘 안 되면서 과잉간극수압이 유발되고, 시간이 지남에 따라 유발된 과잉간극수압이 소산되어 간다. 이 과정은 오랫동안 지속되면서 지반의 변형을 가져오게 되므로 지반의 강도 특성도 많이 달라질 수 있다. 따라서, 이에 부합하는 안정계산을 하기 위해서는 압밀과 전단시의 배수조건을 바꾸어서 시험하여 얻은 강도정수를 적용해야 한다.

3.3.2 전단응력-수직응력 관계

(1) UU시험(ϕ = 0해석) : 비배수강도

- 완전 포화토의 경우 구속압력을 바꾸어도 비배수이므로 압밀이 되지 않아 Mohr원은 동일한 크기로 그려짐(ϕ = 0법)
- 유효응력 Mohr원은 오로지 하나임

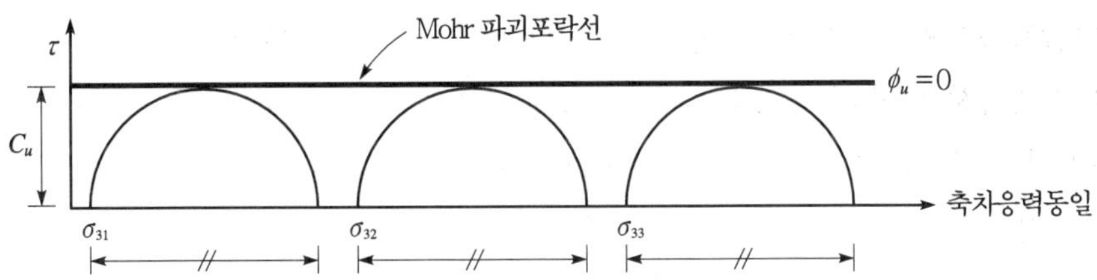

그림 6.63 UU시험(ϕ = 0)의 비배수강도

(2) CU시험

1) 정규압밀점토(=정규압밀구간)

① 정규압밀 점토에서는 포락선이 원점을 통과하므로 $c=c'$ =0이고, 전단저항각은 전응력과 유효응력으로 각각 구할 수 있다.

② 정규압밀 점토는 전단될 때 정(+)의 간극수압이 발생하므로 유효응력 Mohr원이 과잉간 극수압의 크기(Δu)만큼 전응력 Mohr원의 왼쪽에 그려진다.

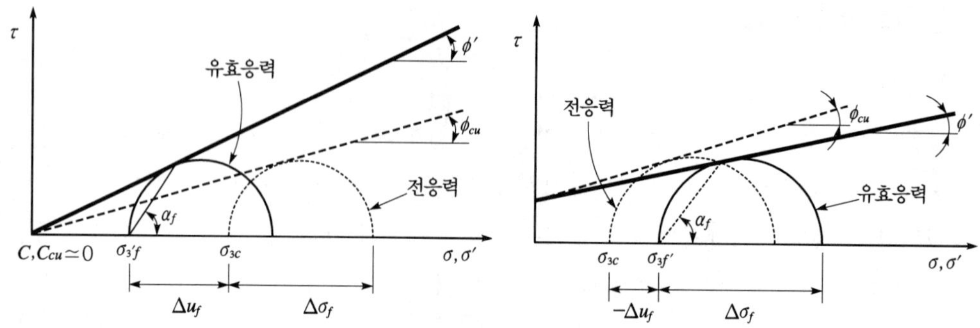

그림 6.64 CU시험의 비배수강도

2) 과압밀점토(흡수팽창구간)

① 과압밀점토는 포락선이 세로축과 교차하므로 점착력과 전단저항각이 모두 얻어진다.

② 전단될 때 부(−)의 간극수압이 나타나므로 유효응력의 Mohr원이 전응력으로 표시한 Mohr원의 오른쪽에 그려진다.

(3) CD시험 : 배수강도(장기 안정성)

1) 정규압밀점토

처녀압축곡선의 A점에 있는 흙시료를 전단시켰다면 그 흙의 전단강도는 A′ 점이 된다. 처녀압축곡선 상의 다른 점 즉 B, C, F점에 대응하는 Mohr 포락선 상의 점들은 B′, C′, F′ 이 되고 이 선의 연장선은 원점을 통과한다.

2) 과압밀점토

만일 압밀곡선 상의 C점에서 하중을 제거하였다가 재압축시켜 D와 E 시료를 전단시켰

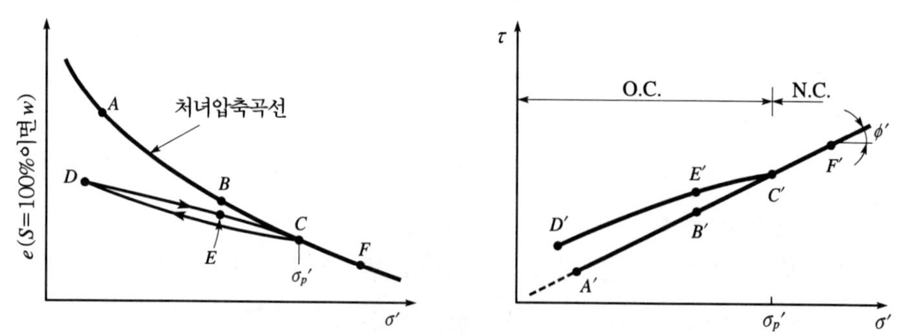

그림 6.65 CD시험

다면 이에 대응하는 전단강도는 D′와 E′가 되고 이들을 연결하면 이 선이 과압밀점토에 대한 Mohr 포락선이 된다. 선행압밀하중 이상에서는 정규압밀점토와 같아진다.

3.3.3 축차응력($\Delta\sigma_d$)–수직변형률(ε_v) 관계(UU, CU, CD시험 유사)

1) 정규압밀점토는 변형률이 증가함에 따라 강도가 서서히 증가하며 첨두강도는 나타나지 않는다. 보통 ε_a =15%일 때를 파괴상태로 보며 이때의 강도를 극한강도라 한다.
2) 과압밀점토는 작은 변형률에서 첨두강도가 나타난 후 변형률 증가와 함께 응력은 오히려 감소하여 전단이 충분히 진행되면 잔류강도가 일정한 값이 된다.

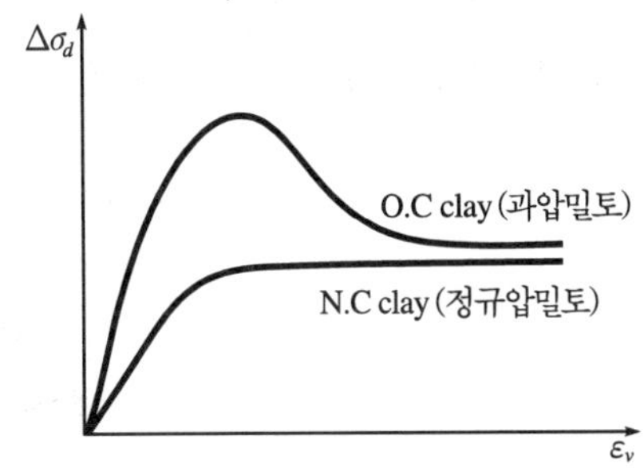

그림 6.66 축차응력($\Delta\sigma_d$)–수직변형률(ε_v) 관계

※ 촘촘한 모래는 엇물림의 영향 때문에 초기에 더 큰 전단응력을 보인다.

3.3.4 체적변화–변형률 관계(CD시험)

UU시험과 CU시험은 전단 시 비배수상태이므로 체적변화는 없고, CD시험에서만 체적변화가 발생한다.

1) 정규압밀점토는 전단이 진행되면서 체적이 감소한다
2) 과압밀점토는 전단이 진행되면서 체적이 증가한다.

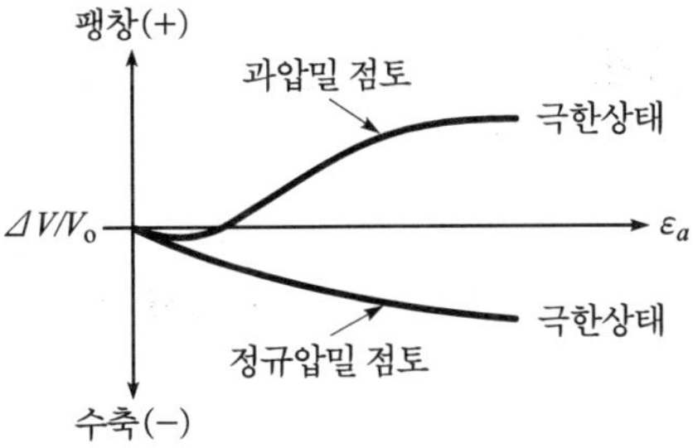

그림 6.67 체적변화–변형률 관계(CD시험)

3.3.5 간극수압-변형률 관계(CU시험)

UU시험은 전단 시 과잉간극수압은 발생하지만 실용성이 없어 보통 측정하지 않고, CD시험은 배수상태이므로 과잉간극수압이 발생하지 않는다. CU시험은 전단 시 비배수상태이므로 공시체의 체적변화 대신 과잉간극수압이 발생한다.

1) 정규압밀점토의 경우 전단중에 공시체가 수축(압밀)되려는 성향 때문에 (+)Δu가 발생한다.

2) 과압밀점토의 경우 전단중에 공시체가 팽창되려는 성향 때문에 (−)Δu가 발생한다.

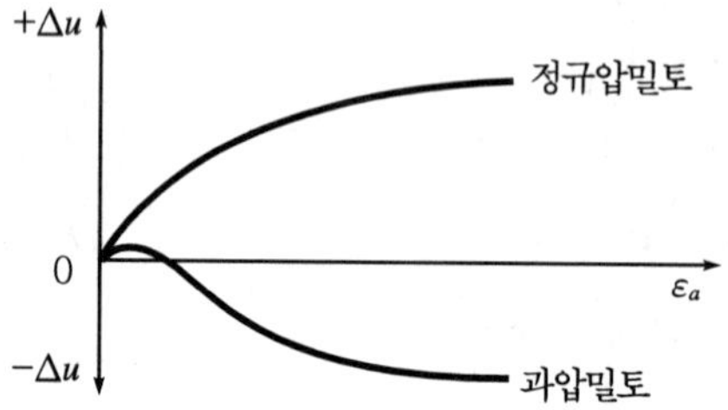

그림 6.68 간극수압-변형률 관계(CU시험)

3.3.6 간극수압계수-변형률 관계

1) CU시험에서의 간극수압계수 $A=\dfrac{\Delta u}{\Delta \sigma_1}$가 된다.

특히, 파괴상태에서의 A값(즉, A_f값)은

$$A_f=\frac{\Delta u_f}{\Delta \sigma_{df}}$$

여기서, $\Delta \sigma_{df}$: 파괴시의 축차응력, Δu_f : 파괴시의 간극수압

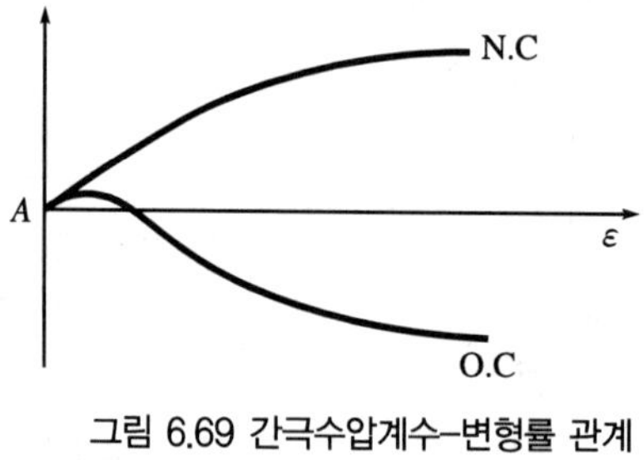

그림 6.69 간극수압계수-변형률 관계

2) 전단과정에서 간극수압계수 A의 크기는 항상 일정한 값이 아니라 변형률의 크기에 따라 달라진다. 즉, 정규압밀점토는 변형률이 증가하면 A도 증가하지만 과압밀점토는 변형률이 증가하면 오히려 A가 감소하게 된다.

표 6.13 사질토와 점성토의 전단특성 비교

	사질토	점성토	비고
응력-변형률	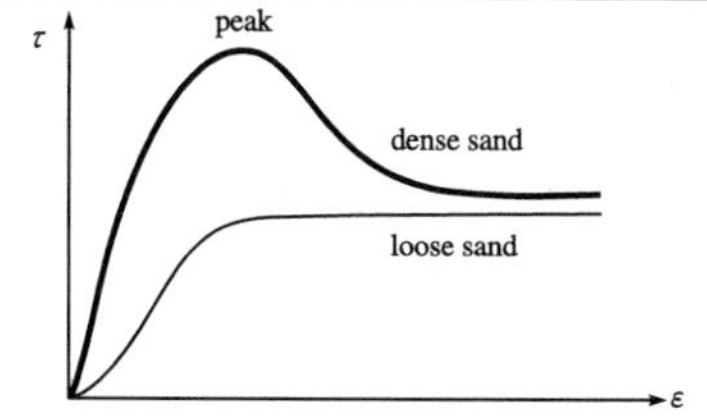	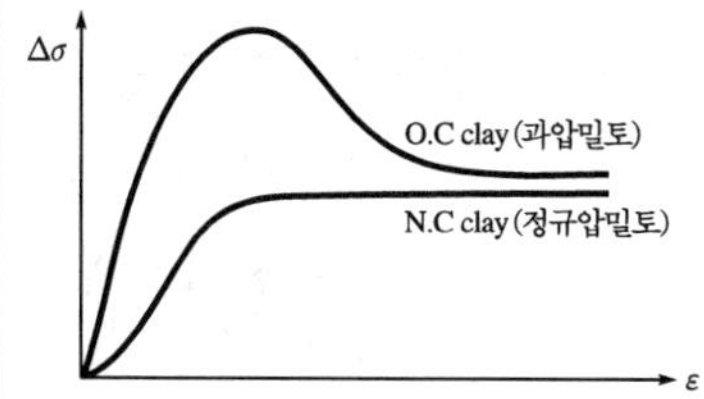	유사
전단응력-수직응력	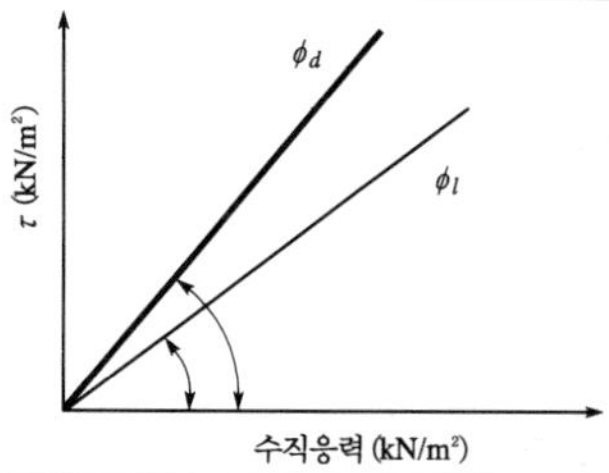	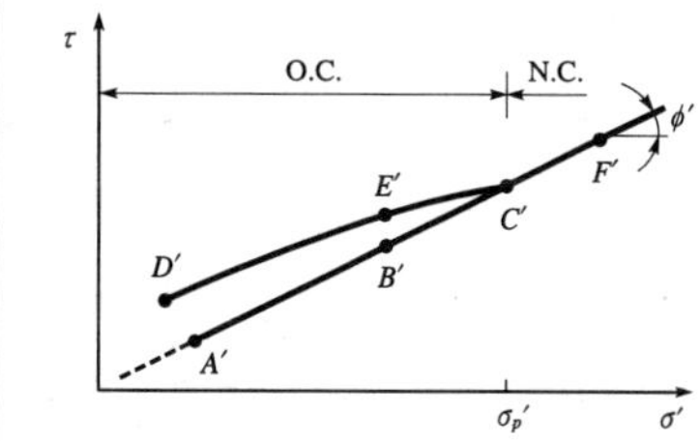	유사
간극비-변형률	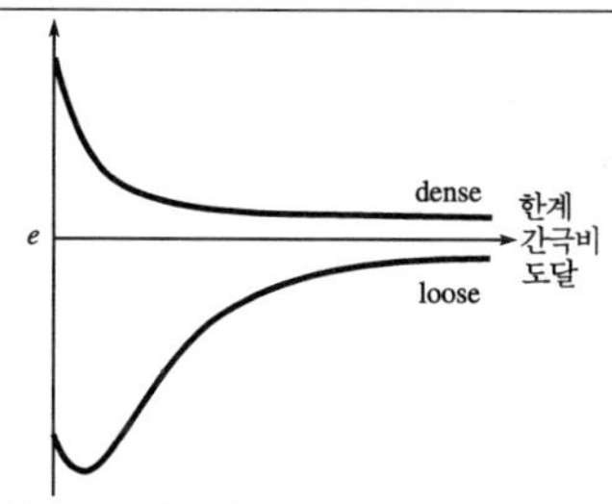	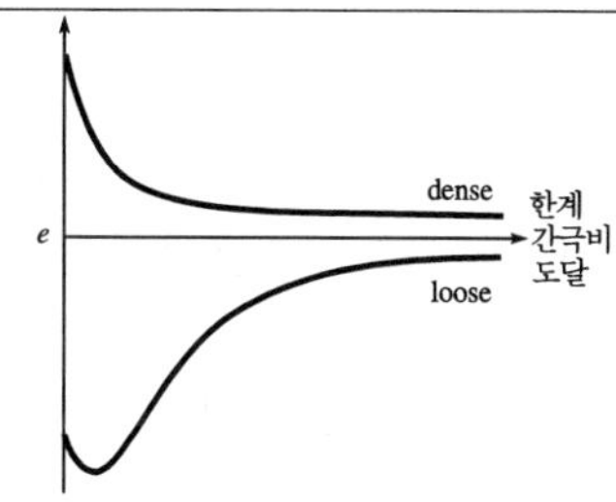	유사
체적-변형률	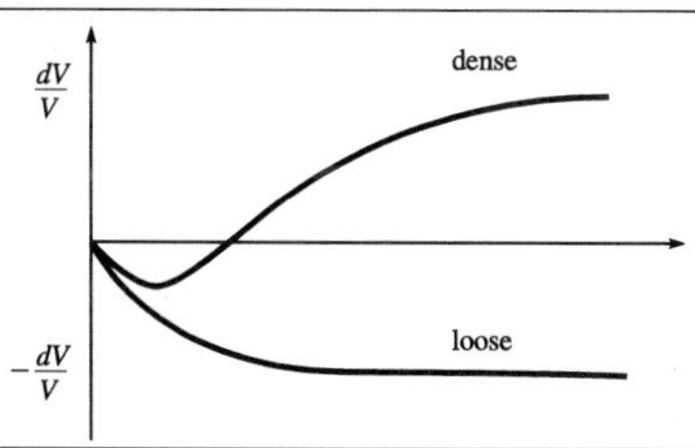	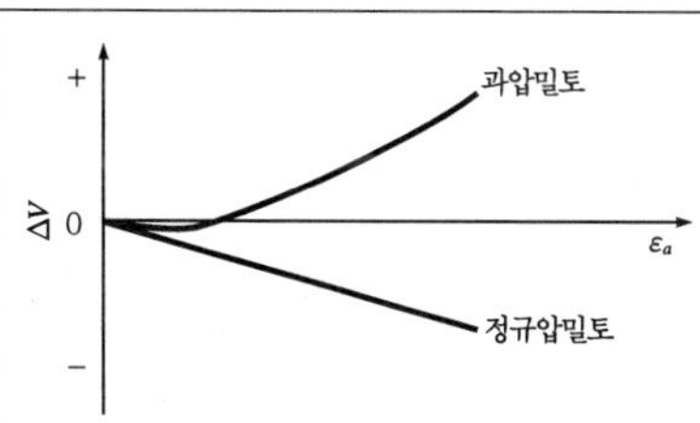	유사
간극수압-변형	$\Delta u = 0$	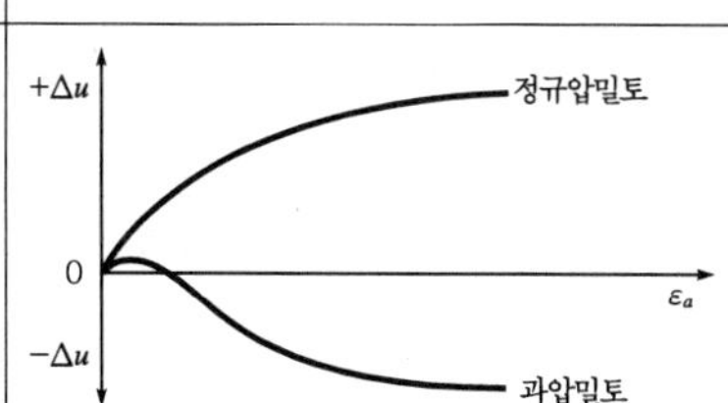	상이 (CU 시험)
간극수압계수-유효응력	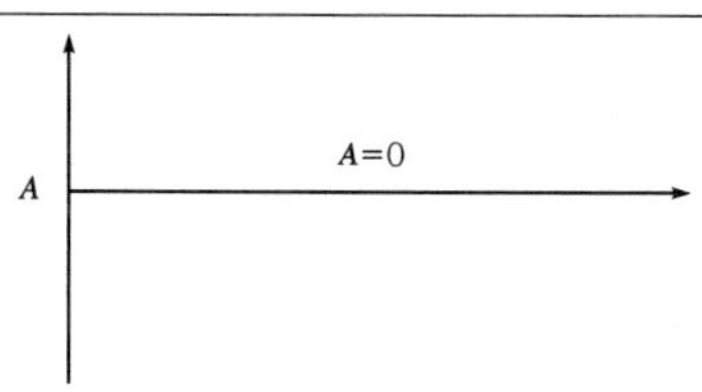	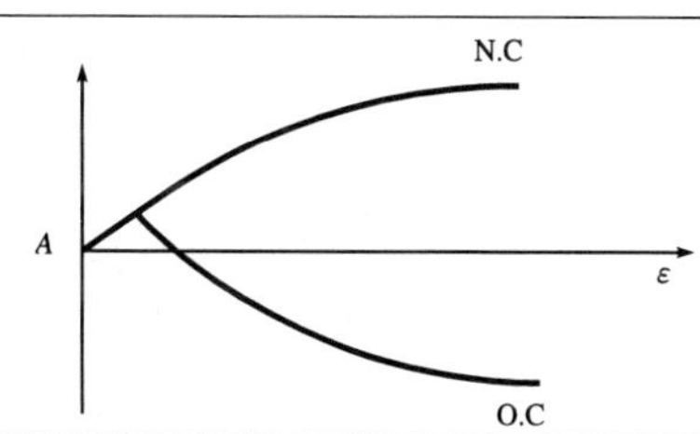	상이

3.4 현장조건에 따른 강도정수 사용

3.4.1 개요

1) 사질토는 투수계수가 크므로 하중이 작용하면 쉽게 배수된다. 따라서, 사질지반의 안정계산은 배수조건에서 얻은 강도정수를 적용하는 것이 실제와 부합한다.
2) 그러나, 점성토 지반은 하중이 작용하면 배수가 잘 안되면서 과잉간극수압이 유발되고 시간이 지남에 따라 유발된 과잉간극수압은 소산되어 간다.
3) 이 과정은 오랫동안 지속되면서 지반의 변형을 가져오게 되므로 지반의 강도특성도 많이 달라지게 된다. 따라서, 이에 안정계산을 할 때에는 압밀과 전단시의 배수조건에 부합되는 시험으로부터 얻은 강도정수를 적용해야 한다.

3.4.2 비압밀 비배수조건(UU시험) : ø=0해석(전응력해석)

재하속도가 과잉간극수압 소산속도보다 빠를 때, 즉 시공속도가 압밀의 진행속도보다 대단히 빨라서 과잉간극수압의 소산이 거의 없다고 볼 수 있는 경우는 UU시험에서 구한 강도정수(C_u)를 사용한다. 즉, 시공중 압밀이나 과잉간극수압 소산이 전혀 없다고 예상될 때 적용한다.

1) 연약지반(정규압밀점토) 위에 급속하게 축조된 제방

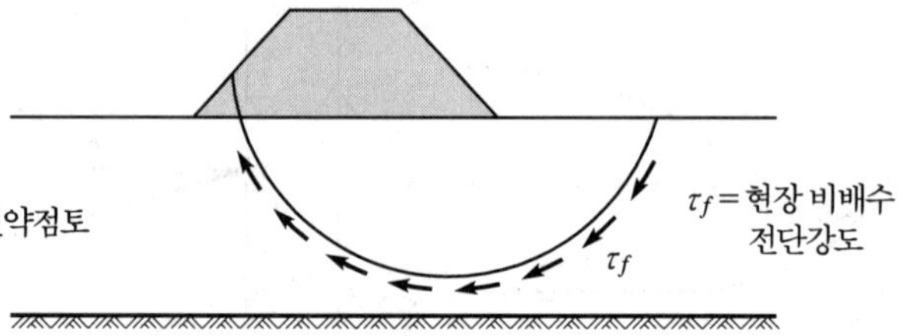

그림 6.70 연약지반(정규압밀점토) 위에 급속하게 축조된 제방

2) 점토코아의 함수비의 변화없이 급속하게 축조된 큰 흙댐

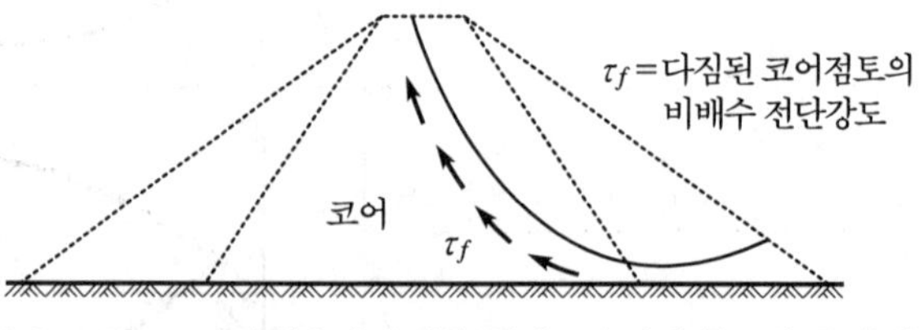

그림 6.71 점토코어의 함수비의 변화 없이 급속하게 축조된 큰 흙댐

3) 점토지반 위에 급속하게 놓인 기초의 지지력 산정시

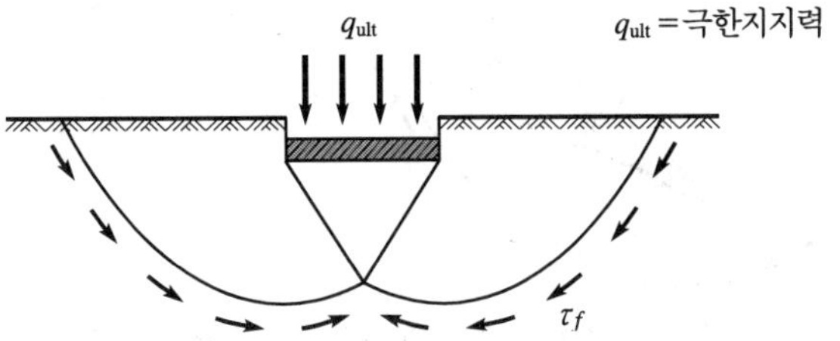

그림 6.72 점토지반 위에 급속하게 놓인 푸팅

3.4.3 압밀 비배수조건(CU시험)

지반이 외력의 작용으로 완전히 압밀되어 평형을 유지하고 있다가 외력이 추가로 작용할 때의 안정계산에 사용한다(지반정수 : C_{cu}, ϕ_{cu}). 강도정수가 아니므로 안정해석에 이용되지 않으며 압밀 완료시 증가된 전단강도의 추정에 참고자료로 활용되고 있다.

1) 연약지반 위에 놓였던 안정된 제방위에 추가 성토 시

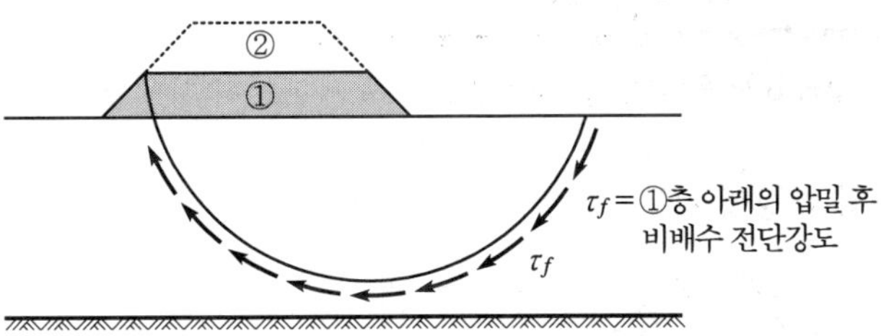

그림 6.73 압밀후 성토

2) 연약지반 위에 오랫동안 놓였던 제방이 수위급강하로 인하여 추가로 하중이 작용되는 경우
→ 이때 흙댐이나 제방 제외지의 수위가 급강하 해도 심벽이나 제방내에는 정상침투가 발생하므로 수위가 서서히 떨어진다.

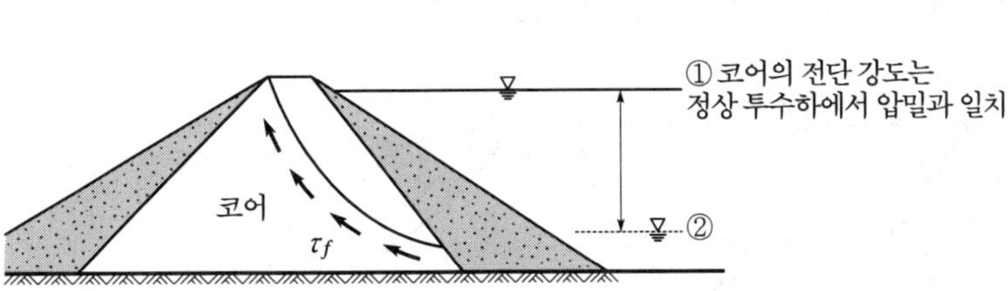

그림 6.74 흙댐 배면의 수위급강하

3) 자연비탈면 위에 추가 성토시

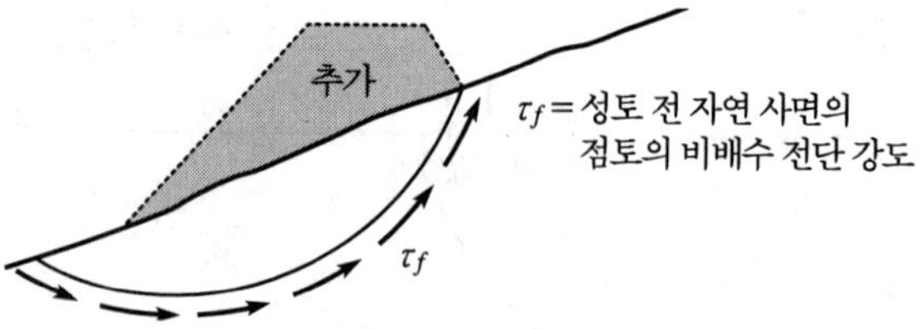

그림 6.75 점토에 대한 CU해석의 예(Ladd, 1971)

3.4.4 압밀배수조건(CD시험)

1) 연약점토층 위에 단계성토로 제방을 축조하는 경우

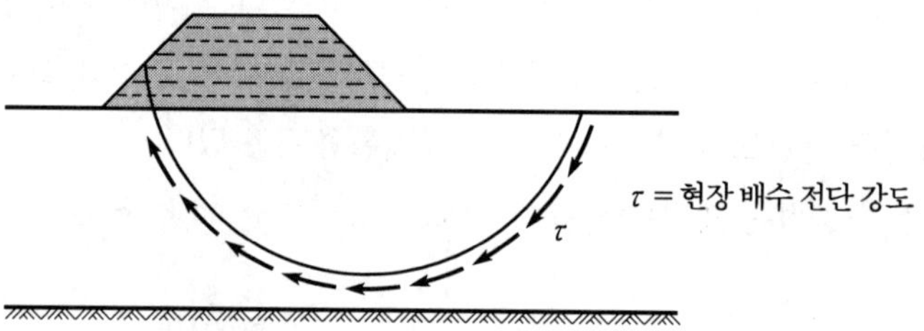

그림 6.76 연약점토층 위에 단계성토로 제방을 축조하는 경우

2) 흙댐의 정상침투시 안정성 검토

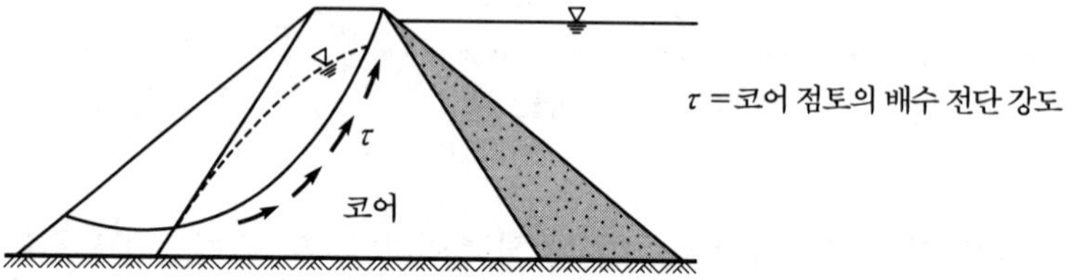

그림 6.77 흙댐의 정상침투시 안정성 검토

3) 점토지반의 굴착이나 자연비탈면의 장기안정해석시

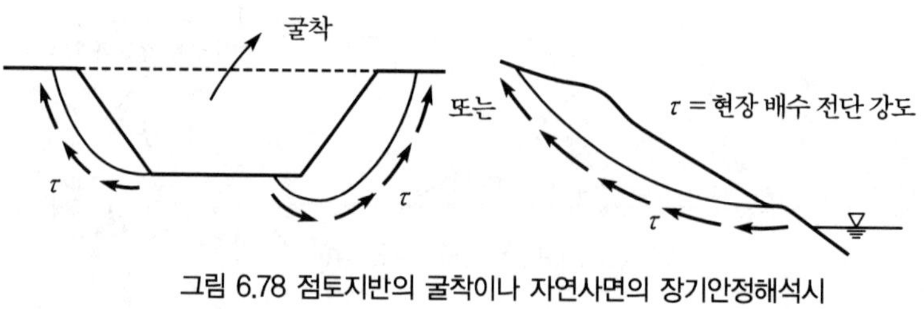

그림 6.78 점토지반의 굴착이나 자연사면의 장기안정해석시

4) 투수계수가 큰 사질토지반의 안정해석시
5) 균열이 있는 고결한 점토(stiff fissured clay)의 비탈면안정 해석시

3.4.5 결론

CD시험은 일종의 진행성파괴라고 보기 때문에 c_d, $ø_d$를 이용하는 경우 응력-변형곡선에서 Peak값을 사용하지 말고 잔류전단강도를 이용하며 $c_d = c_r = 0$, $ø_d = ø_r$를 이용하도록 Skempton은 권장하고 있다.

3.5 간극수압계수(Pore Pressure Parameter)

3.5.1 개요

1) 하중의 증가량, 즉 전응력의 변화량에 대한 과잉간극수압의 변화량의 비를 간극수압계수라 한다.

$$간극수압계수 = \frac{과잉간극수압의\ 증가량}{전응력의\ 증가량} = \frac{\Delta u}{\Delta \sigma} \tag{6.27}$$

2) 간극수압계수는 전응력의 증가량 형태에 따라 A계수, B계수, C계수, D계수로 구분하며, 이는 실내시험으로 구한다.
3) 흙은 탄성체가 아니므로 간극수압계수는 일정치 않고, 응력범위에 따라 달라진다.

3.5.2 작용하중 형태에 따른 간극수압계수의 종류

(1) B계수(등방압밀하중 작용시)

1) 등방압밀하중이 작용하면 모든 방향에서 동일한 응력이 증가하기 때문에 지중의 흙입자는 체적이 수축하려고 할 것이다. 그러나, 비배수상태에서는 물이 빠져나가지 못하므로 체적수축 대신 과잉간극수압이 발생한다.
   → 만약, 체적이 팽창하려고 하면 부(-)의 과잉간극수압이 발생
2) 이때, 발생한 과잉간극수압의 크기는 다음과 같다.

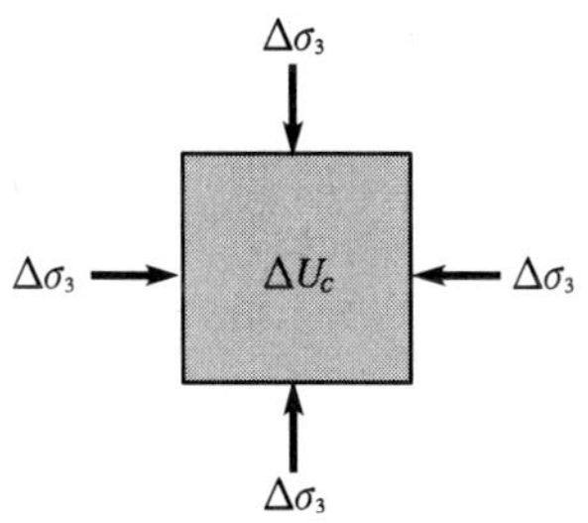

• $\Delta u_c = B \Delta \sigma_3$

$$\therefore B = \frac{\Delta u_c}{\Delta \sigma_3} \tag{6.28}$$

여기서, B : 포화도에 따른 간극수압계수

- 완전포화토인 경우 증가된 외력이 전부 간극수압으로 변함
  즉, $\Delta u = \Delta \sigma_3$
- 간극수압계수 B는 포화도에 따라 0~1사이의 값을 가진다.
  S = 0%이면, B = 0, S = 100%이면, B = 1

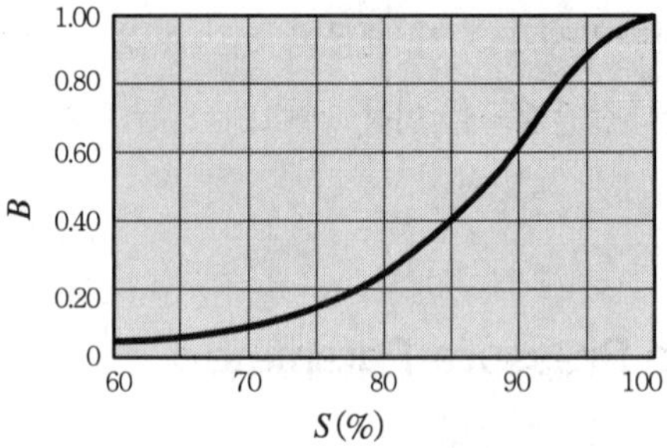

그림 6.79 B와 포화도의 일반적 관계

3) B계수를 구하는 방법

- 먼저 임의의 구속하중 하에서의 간극수압 u_1을 측정한다(가능하면 압밀이 끝난 후).

> ※ 압밀이 끝난 후에는 초기 간극수압(u_1)이 0이 되므로 계산이 편리

- 다음 비배수 조건하에서 구속하중 $\Delta\sigma_3$을 증가시킨 후 간극수압 u_2를 측정한다.
- B계수 계산
  간극수압의 변화량($\Delta u = u_2 - u_1$)을 계산한 다음 아래의 식으로 B계수를 구한다.

$$B = \frac{\Delta u}{\Delta \sigma_3} \tag{6.29}$$

(2) D계수(일축압축하중 작용 시)

1) 일축압축하중 작용 시는 등방압밀하중과 달리 흙을 구속시킨 상태가 아니므로 아무리 물이 빠져나가지 않는다 하더라도 가해준 응력의 증가량이 모두 수압으로 받게 되지는 않는다.

2) 과잉간극수압의 크기는 다음과 같다.

$$\Delta u_d = D\Delta\sigma_d = AB(\Delta\sigma_1 - \Delta\sigma_3) \tag{6.30}$$

여기서, D : 포화도에 따른 간극수압계수

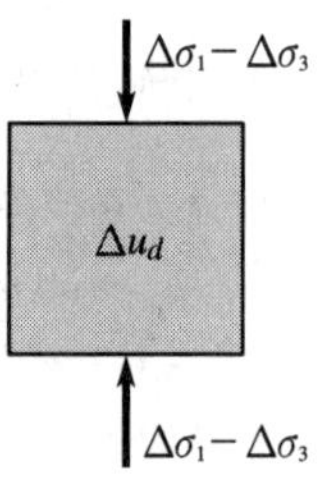

그림 6.80 D계수

(3) A계수(삼축압축하중 작용시)

1) 삼축압축하중은 등방압밀하중과 일축압축하중의 조합으로 생각할 수 있다.

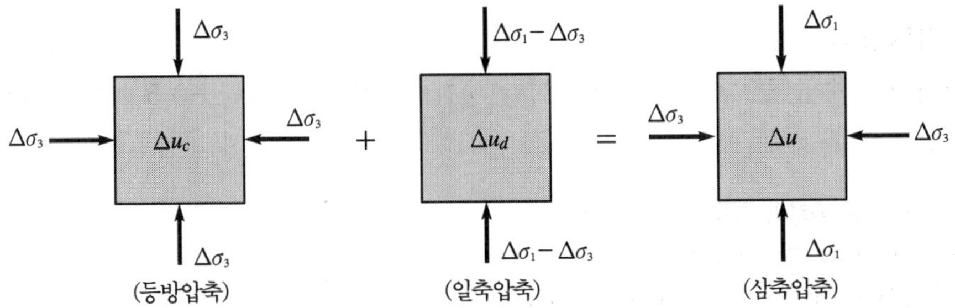

그림 6.81 A계수

2) 최대주응력 $\Delta\sigma_1$, 최소주응력 $\Delta\sigma_3$으로 삼축압축시킬 때 생성되는 과잉간극수압 Δu는 $\Delta\sigma_3$으로 등방압축했을 때의 Δu_c와 $\Delta\sigma_d=\Delta\sigma_1-\Delta\sigma_3$로 일축압축했을 때의 Δu_d의 합으로 볼 수 있다.

즉, $\Delta u = B\Delta\sigma_3 + D\Delta\sigma_d = B\Delta\sigma_3 + AB(\Delta\sigma_1-\Delta\sigma_3)$

$= B[\Delta\sigma_3 + A(\Delta\sigma_1-\Delta\sigma_3)]$ ← Skempton의 간극수압 방정식 (6.31)

여기서, A : Skempton의 계수($D=AB$)라고 한다.

만약, 포화상태이면 $B=1$이므로 $\Delta u = \Delta\sigma_3 + A(\Delta\sigma_1-\Delta\sigma_3)$이다.

따라서 간극수압계수 A는

$$\therefore A=\frac{\Delta u-\Delta\sigma_3}{\Delta\sigma_1-\Delta\sigma_3} \qquad (6.32)$$

3) 간극수압계수 A의 측정방법

- 표준삼축압축시험 중에서 압밀비배수시험($\overline{CU}$시험)에 의해서 간극수압계수 A를 구할 수 있다.
- 구속압력을 가해 압밀을 완료한 상태에서 축차응력을 증가시켜 가면서 과잉간극수압 Δu를 측정한다. 이 과정에서 구속응력의 변화는 없으므로 $\Delta\sigma_3=0$이다.

따라서, 간극수압 A는

$A=\dfrac{\Delta u}{\Delta\sigma_1}$에 의해서 구한다.

4) 파괴상태에서의 A값(즉, A_f값)은

$$A_f=\frac{\Delta u_f}{\Delta\sigma_{df}} \qquad (6.33)$$

여기서, $\Delta\sigma_{df}$: 파괴시의 축차응력

Δu_f : 파괴시의 간극수압

- 점토의 경우 A_f값은 응력이력에 따라 그 값이 다르다. A_f값은 예민한 점토에서 가장 크고, 정규압밀점토는 과압밀점토보다 큰 값을 나타낸다.
- 파괴시 간극수압계수 A_f는 응력이력이나 체적변화에 따라 대략 −0.5 ~3.0 범위의 값을 가진다

표 6.14 흙의 종류에 따른 A_f의 대표치

흙의 종류(S=100%)	A_f의 대표치(파괴시)
예민한 점토	1.5~2.5
정규압밀점토	0.7~1.3
약간 과압밀된 점토	0.3~0.7
심히 과압밀된 점토	−0.5~0

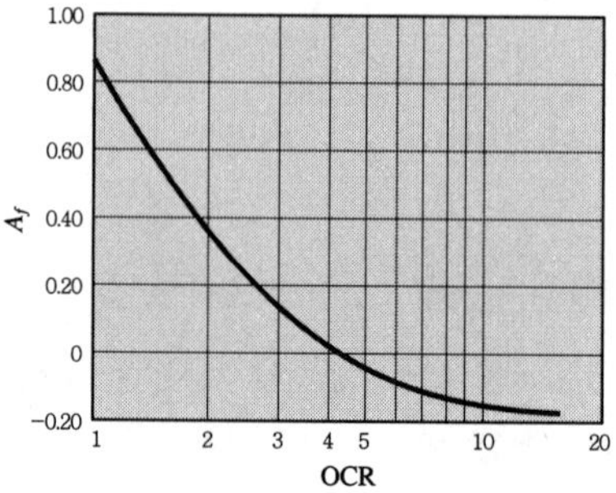

그림 6.82 OCR에 따른 파괴상태에서의 A값

4) 결론

- 비압밀비배수시험에서는 간극수압을 측정하지 않으므로 A값을 구할 수 없다(실용성은 없지만 간극수압을 측정하면 구할 수도 있음)
- 압밀배수시험에서는 전단과정이 배수상태이므로 과잉간극수압의 발생이 없어(Δu=0) A=0인 셈이다.

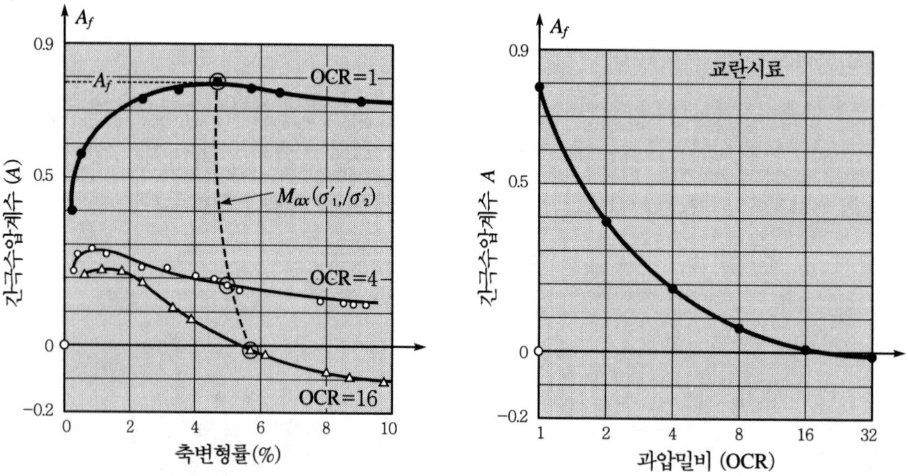

(a) 축변형률에 따른 간극수압계수 A　　(b) 과압밀비에 따른 파괴시 간극수압계수 A_f

그림 6.83 과압밀흙의 간극수압계수(Blight, 1965)

3.5.3 간극수압계수 공학적 의미

(1) 변형률에 따른 A의 변화

간극수압계수 A는 전단과정에서 일정한 값을 가지는 것이 아니고 축차응력의 크기에 따라 달라지며, 파괴시의 A값을 A_f라 한다.

1) 정규압밀점토 : 전단시 A가 증가
2) 과압밀점토 : 전단시 A는 초기에 약간 증가했다가 감소

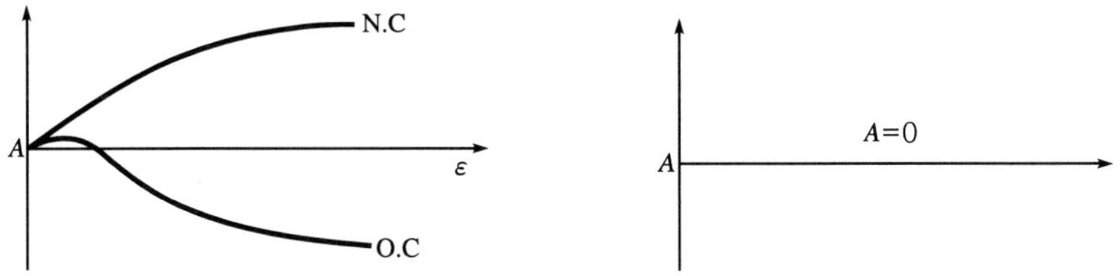

그림 6.84 변형률에 따른 A의 변화

(2) 유효응력에 따른 파괴시 A_f의 변화

1) 선행압밀하중 이하 : −0.5~1
2) 선행압밀하중 이상 : 1이상

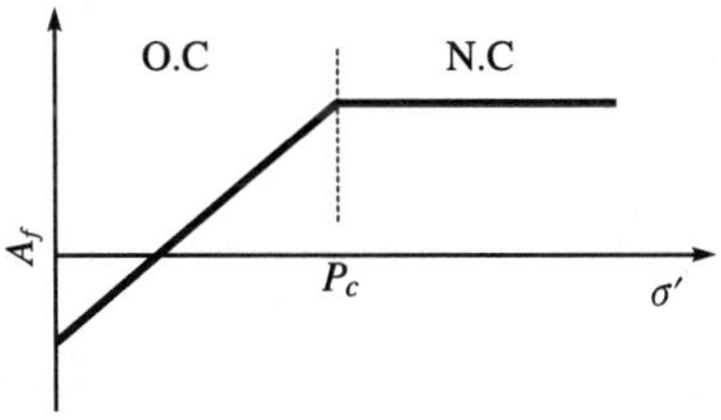

그림 6.85 유효응력에 따른 파괴시 A_f의 변화

3.5.4 결과 이용

1) 포화도 판단 : B계수
2) 압밀상태 판단 : A계수
3) 전단강도 증가율 추정 : CU시험에 의해서, A계수
4) 3차원 압밀침하량 계산에 사용되는 침하비(K) 추정 : 도표에서 구함, A계수
5) 과잉간극수압 산정 : $\Delta u = B[\Delta\sigma_3 + A(\Delta\sigma_1 - \Delta\sigma_3)]$

3.6 응력경로(Stress Path)

3.6.1 개요

1) 외부하중으로 인하여 흙 입자의 응력이 변해가는 과정을 직선 혹은 곡선으로 연결하여 그려진 선을 응력경로라 하며, 통상 Mohr원의 정점을 연결한 선을 말한다.
2) 응력경로를 나타내는 방법에는 Mohr원에 의한 방법과 p-q 다이아그램에 의한 방법이 있는데, Mohr원을 그려 응력경로를 나타내면 복잡해지고 혼돈될 우려가 있어 주로 p-q 다이아그램을 그려 나타낸다.

3.6.2 응력경로 표시방법

(1) Mohr원에 의한 방법

삼축압축시험에서 구속압력 σ_3를 일정하게 유지한 상태에서 축차응력($\sigma_1 - \sigma_3$)을 증가시켜 시료를 전단시키는 과정을 응력경로로 나타내면 아래의 그림과 같으며, Mohr원의 정점을 연결한 선이 응력경로이다.

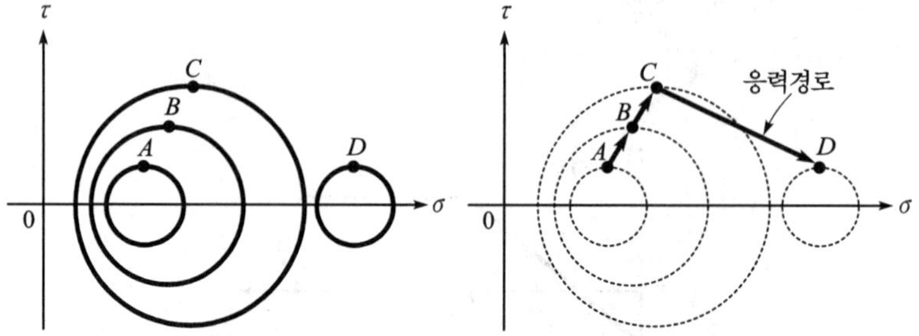

(a) Mohr 응력원 (b) 응력경로

그림 6.86 Mohr원에 의한 방법

(2) p－q 다이아그램에 의한 방법

1) 응력경로를 Mohr원으로 표시하면 응력이 바뀔 때마다 계속하여 그려야 하므로 복잡하고 번거롭다. 그래서, Mohr원의 정점을 취하여 응력의 경로를 표시하는 p-q 다이아그램에 의한 방법을 주로 사용한다.
2) Mohr원의 횡좌표 및 종좌표를 각각 p와 q로 정의한다.

① 전응력 경로(TSP)

$$p=\frac{\sigma_1+\sigma_3}{2},\ q=\pm\frac{\sigma_1-\sigma_3}{2} \tag{6.34}$$

② 유효응력 경로(ESP)

$$p'=p-u,\ q'=q \tag{6.35}$$

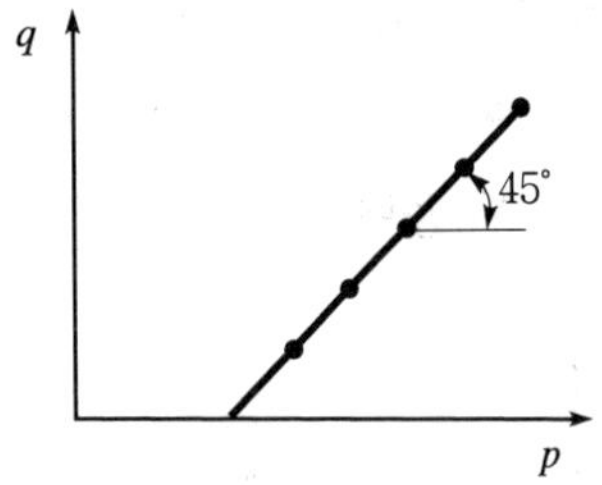

그림 6.87 p-q 다이아그램에 의한 방법

3.6.3 응력경로 특징

1) 연직응력 및 수평응력의 크기에 따른 q값의 변화

p는 항상 양(+)의 값이지만, q는 σ_v와 σ_h의 대소에 따라 양(+) 또는 음(−)의 값을 가진다.

즉, $\sigma_v>\sigma_h$ 이면, $q>0$ 이고,

$\sigma_v<\sigma_h$ 이면, $q<0$ 이고,

$\sigma_v=\sigma_h$ 이면, q는 횡축(p축)에 놓임

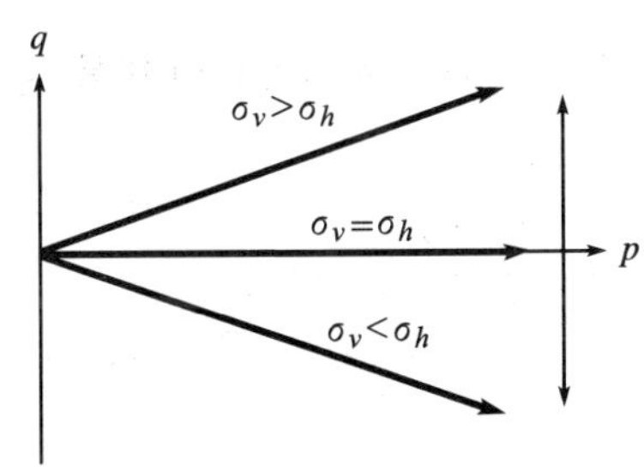

그림 6.88 연직, 수평응력의 크기에 따른 q값의 변화

2) $p-q$ 평면상의 한 점 M(p, q)을 알면 최대주응력(σ_1)과 최소주응력(σ_3)을 구할 수 있다. M에서 그린 연직선 기준 좌우로 각각 45°(1:1경사) 되는 직선을 그려 p축과의 교점을 구하면 이 교점들이 각각 σ_1과 σ_3이다.

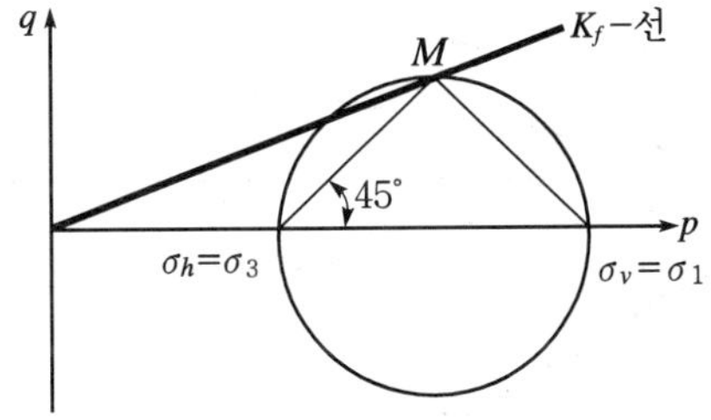

그림 6.89 응력경로상 σ_1, σ_3

3) 만약 유효응력경로(ESP)가 전응력경로(TSP)보다 왼쪽에 있으면 ($P > P'$) 양(+)의 간극수압이 작용하고, 오른쪽에 있으면 ($P < P'$) 음(-)의 간극수압이 작용한다.

- 두 응력경로의 간격은 과잉간극수압의 크기를 나타낸다.

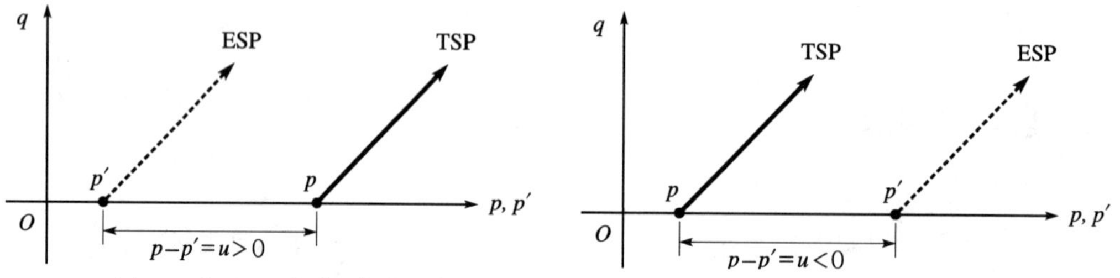

(a) ESP가 TSP보다 왼쪽에 있는 경우　　(b) ESP가 TSP보다 오른쪽에 있는 경우

그림 6.90 TSP와 ESP의 위치에 따른 p, q의 대소 및 간극수압

3.6.4 응력비

응력비(Stress ratio)란 연직응력에 대한 수평응력의 비를 말하며 K로 나타낸다. 즉,

$$K = \frac{\sigma_h}{\sigma_v}\ (\text{전응력}),\quad K = \frac{\sigma_h'}{\sigma_v'}\ (\text{유효응력}) \tag{6.36}$$

여기서, σ_v와 σ_h는 연직방향 및 수평방향의 전응력

이것은 토압계수와 유사한 개념으로서 파괴상태에서는 다음과 같이 정의한다.

$$K_f = \frac{\sigma_{hf}}{\sigma_{vf}} \tag{6.37}$$

응력비가 일정하면 응력경로가 직선이 됨을 쉽게 알 수 있다. 초기의 응력상태가 $\sigma_{vi} = \sigma_{hi} = 0$ 일때 응력비 $K = \frac{\sigma_h}{\sigma_v}$를 각각 일정하게 작용시킨 응력경로를 나타내면 다음과 같다.

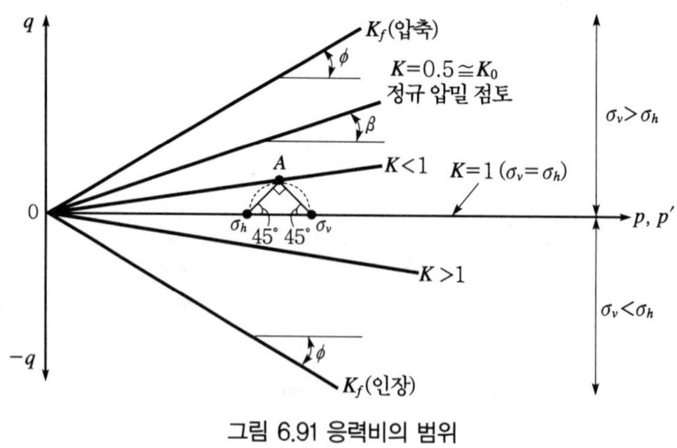

그림 6.91 응력비의 범위

여기서 응력경로의 기울기는 일반적으로 β을 쓰며 특히 파괴상태에서는 K_f선 및 ø로 표기하는데 이들 사이의 관계식은 다음과 같다.

$$\frac{q}{p} = \tan\beta = \frac{1-K}{1+K}$$

$$K = \frac{1-\tan\beta}{1+\tan\beta} \tag{6.38}$$

- 파괴상태는

$$\frac{q_f}{p_f} = \tan ø = \frac{1-K_f}{1+K_f}$$

$$K_f = \frac{1-\tan ø}{1+\tan ø} \tag{6.39}$$

■ 여러 가지 경우의 응력비

- K_f : 파괴시의 응력비로써 파괴상태 Mohr원의 정점을 연결한 선의 기울기
- K_o : 정지상태의 응력비로써 정지상태 Mohr원의 정점을 연결한 선의 기울기
- K_A : 주동파괴상태 Mohr원의 정점을 연결한 선의 기울기(주동토압계수)
- K_P : 수동파괴상태 Mohr원의 정점을 연결한 선의 기울기(수동토압계수)

3.6.5 응력경로에 따른 연직응력과 수평응력의 변화

1) A → I : $\Delta\sigma_v = \Delta\sigma_h > 0$(등방압축과정)
2) A → B : $\Delta\sigma_v > 0$, $\Delta\sigma_h = 0$(일축압축과정)
3) A → C : $\Delta\sigma_v > 0$, $\Delta\sigma_h < 0$
4) A → D : $\Delta\sigma_v = 0$, $\Delta\sigma_h < 0$(주동과정)
5) A → E : $\Delta\sigma_v = \Delta\sigma_h < 0$ (등방인장과정)
6) A → F : $\Delta\sigma_v < 0$, $\Delta\sigma_h = 0$ (일축인장과정)
7) A → G : $\Delta\sigma_v < 0$, $\Delta\sigma_h > 0$
8) A → H : $\Delta\sigma_v = 0$, $\Delta\sigma_h > 0$(수동과정)

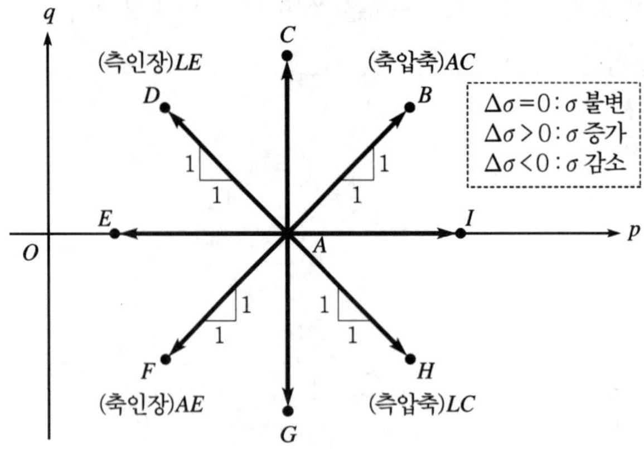

그림 6.92 초기 등방응력 상태의 응력경로

3.6.6 실내시험과정의 응력경로

(1) 압밀시험과정의 응력경로

1) 유효응력경로

압밀링 안에 있는 시료는 가로방향 변위가 일어날 수 없어 K_0– 압밀 상태이다.

따라서, $\sigma'_h = K_0\sigma'_v$이므로

$$p' = \frac{\sigma'_v+\sigma'_h}{2} = \frac{\sigma'_v+K_0\sigma'_v}{2} = \frac{\sigma'_v}{2}(1+K_0) \tag{6.40}$$

$$q' = \frac{\sigma'_v-\sigma'_h}{2} = \frac{\sigma'_v-K_0\sigma'_v}{2} = \frac{\sigma'_v}{2}(1-K_0) \tag{6.41}$$

여기서, 유효응력경로의 기울기 (즉, K_0선의 기울기)는 $\tan\beta = \dfrac{1-K_0}{1+K_0}$이다.

2) 전응력경로

압밀완료 시에는 u=0(정수압 무시) 이므로 $p' = p$이므로 TSP=ESP 모두 K_0선상에 있다.

그러나 압밀진행 중에는 $p' = p - u$이므로 TSP가 K_0선상에 있지 않다.

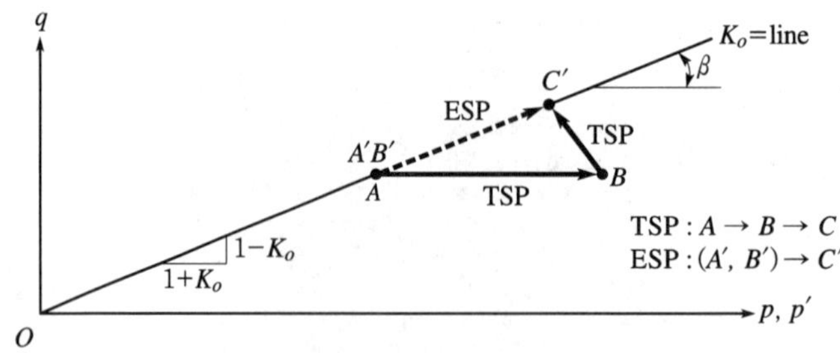

그림 6.93 압밀시험과정의 응력경로

3) 압밀시험 단계별 응력분포와 응력경로

① 전단계 하중(σ_{vo})으로 압밀이 완료된 상태

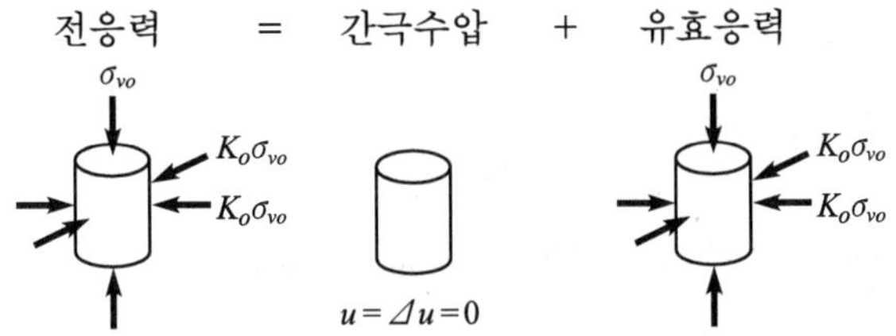

그림 6.94 전단계 하중(σ_{vo})으로 압밀이 완료된 상태

$\sigma_v = \sigma_{vo}$

u =0(압밀완료 상태이므로 u_e=0, 정수압 $u_{ss} \approx 0$으로 가정)

$\sigma'_v = \sigma_v - u = \sigma_{vo} - 0 = \sigma_{vo}$

$\sigma_h' = K_0 \times \sigma'_{vo} = K_0\sigma_{vo}$

$\sigma_h = \sigma_h' + u = K_0 \times \sigma_{vo} + 0 = K_0\sigma_{vo}$

$$p = \frac{\sigma_v + \sigma_h}{2} = \frac{\sigma_{vo} + K_0\sigma_{vo}}{2} = \frac{\sigma_{vo}}{2}(1 + K_0)$$

$$q = \frac{\sigma_v - \sigma_h}{2} = \frac{\sigma_{vo} - K_0\sigma_{vo}}{2} = \frac{\sigma_{vo}}{2}(1 - K_0)$$

$$p' = p - u = \frac{\sigma_{vo}}{2}(1 + K_0) - o = \frac{\sigma_{vo}}{2}(1 + K_0)$$

※ TSP = ESP 로 A점임

② 하중을 $\Delta\sigma$만큼 증가시킨 직후

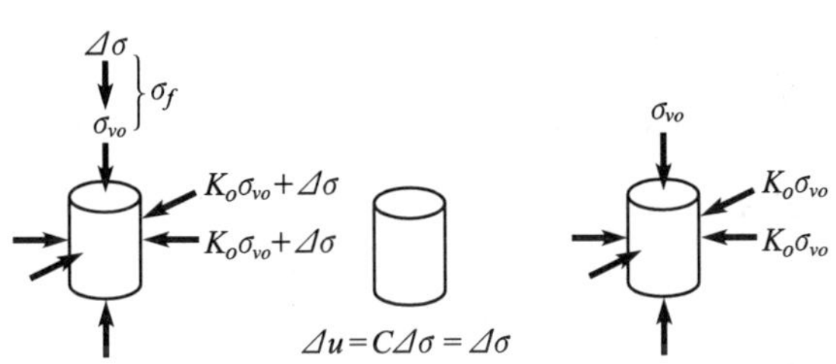

그림 6.95 하중을 $\Delta\sigma$ 만큼 증가시킨 직후

$\sigma_v = \sigma_{vo} + \Delta\sigma$

$u = \Delta\sigma$(압밀이 전혀 발생하지 않은 상태)

$\sigma_v' = \sigma_v - u = \sigma_{vo} + \Delta\sigma - \Delta\sigma = \sigma_{vo}$

$\sigma_h' = K_o \times \sigma_v' = K_o \cdot \sigma_{vo}$

$\sigma_h = \sigma_h' + u = K_o \times \sigma_{vo} + \Delta\sigma$

$$p = \frac{\sigma_v + \sigma_h}{2} = \frac{(\sigma_{vo} + \Delta\sigma) + (K_o\sigma_{vo} + \Delta\sigma)}{2} = \frac{\sigma_{vo}}{2}(1 + K_o) + \Delta\sigma$$

$$q = \frac{\sigma_v - \sigma_h}{2} = \frac{(\sigma_{vo} + \Delta\sigma) - (K_o\sigma_{vo} + \Delta\sigma)}{2} = \frac{\sigma_{vo}}{2}(1 - K_o)$$

$$p \quad = p - u = \frac{\sigma_{vo}}{2}(1 + K_o)$$

※ TSP는 A → B가 되고, ESP는 B점 그대로 임

③ $\Delta\sigma$하중 작용후 압밀이 완료된 상태

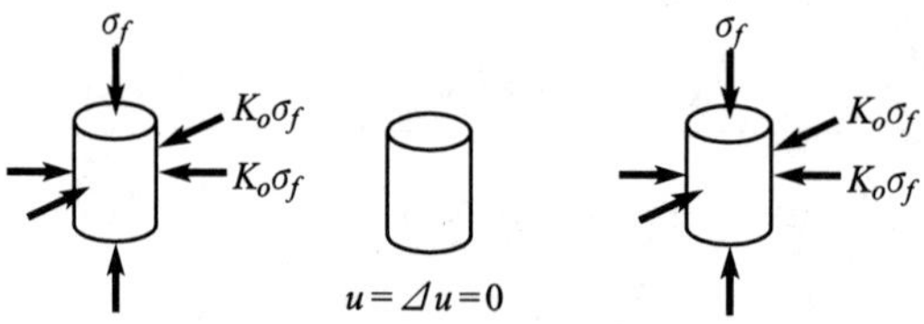

그림 6.96 $\Delta\sigma$ 하중 작용후 압밀이 완료된

$\sigma_v = \sigma_{vo} + \Delta\sigma = \sigma_f$

$u = 0$(압밀완료 상태)

$\sigma_v' = \sigma_v - u = \sigma_f - 0 = \sigma_f$

$\sigma_h' = K_o\sigma_v' = K_o\sigma_f$

$\sigma_h = \sigma_h' + u = K_o\sigma_f + 0 = K_o\sigma_f$

$$p = \frac{\sigma_v + \sigma_h}{2} = \frac{\sigma_f + K_o\sigma_f}{2} = \frac{\sigma_f}{2}(1 + K_o)$$

$$q = \frac{\sigma_v - \sigma_h}{2} = \frac{\sigma_f - K_o\sigma_f}{2} = \frac{\sigma_f}{2}(1 - K_o)$$

$$p' = p - u = \frac{\sigma_f}{2}(1 + K_o)$$

※ 압밀이 완료된 상태이므로 TSP = ESP는 C점으로 K_o선상에 놓이게 된다.

(2) 삼축압축시험의 응력경로

표준삼축압축시험에 대한 응력경로는 등방압축에 대한 응력경로와 일축압축에 대한 응력경로를 순차적으로 그려 얻을 수 있다.

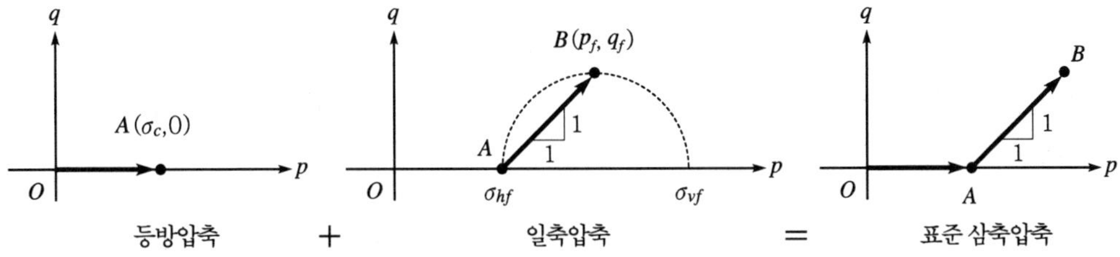

그림 6.97 표준삼축압축시험의 응력경로 과정

1) UU시험의 응력경로

① UU시험의 응력경로는 공학적으로 별 의미가 없으므로 실무에서 거의 사용하지 않는다.

② 유효응력경로는 모든 시험에서 오로지 하나만 그려진다.

표 6.15 삼축압축시험(UU)의 응력경로

구 분	등방압축과정	전단과정	결합(파괴상태)
전응력경로	$p_o=\sigma_c,\ q_o=0$	$\Delta p=\frac{\Delta\sigma_d}{2},\ \Delta q=\frac{\Delta\sigma_d}{2}$	$p_f=\sigma_c+\frac{\Delta\sigma_{df}}{2},\ q_f=\frac{\Delta\sigma_{df}}{2}$
유효응력경로	$p_o'=u_r,\ q_o'=0$	$\Delta p'=\frac{\Delta\sigma_d}{2}-\Delta u,\ \Delta q=\frac{\Delta\sigma_d}{2}$	$p_f'=u_r+\frac{\Delta\sigma_{df}}{2}-\Delta u_f,\ q_f=\frac{\Delta\sigma_{df}}{2}$

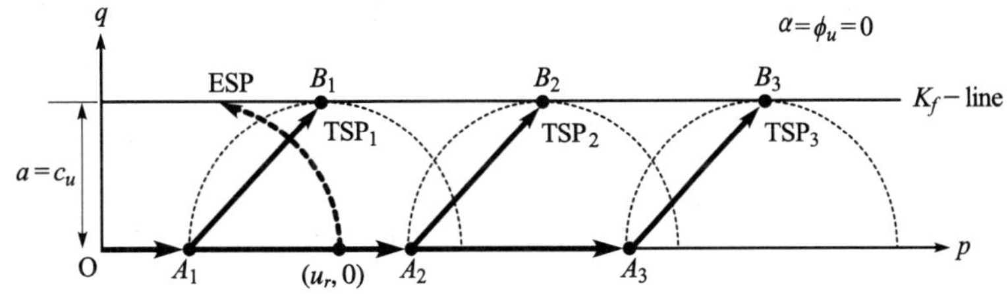

그림 6.98 UU −Test에 의한 TSP와 K_f −line

2) CD시험의 응력경로

CD시험은 전과정에서 배수상태로 시험을 하므로 과잉간극수압이 발생하지 않는다. 따라서 TSP=ESP이다.

표 6.16 삼축압축시험(CD)의 응력경로

구 분	등방압축과정	전단과정	결합(파괴상태)
전응력경로 = 유효응력경로	$p_o = \sigma_c$ $q_o = 0$	$\Delta p = \dfrac{\Delta\sigma_d}{2}$ $\Delta q = \dfrac{\Delta\sigma_d}{2}$	$p_f = \sigma_c + \dfrac{\Delta\sigma_{df}}{2}$ $q_f = \dfrac{\Delta\sigma_{df}}{2}$

K_f선은 파괴포락선과 마찬가지로 정규압밀점토인지 과압밀점토인지에 따라 원점 통과 여부가 결정된다.

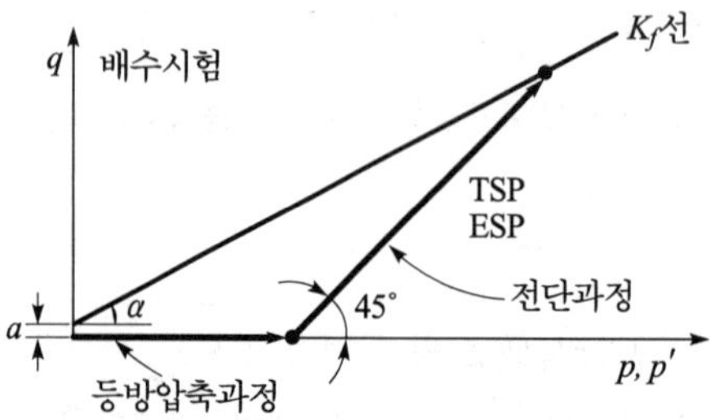

그림 6.99 CD시험의 응력경로

3) CU시험의 응력경로

① 전응력경로와 유효응력경로가 동시에 그려지므로 전단 시 흙의 거동을 이해하는데 아주 유효하다.

표 6.17 삼축압축시험(CU)의 응력경로

구 분	등방압축과정	전단과정	결합(파괴상태)
전응력경로 (TSP)	$p_o = \sigma_c$ $q_o = 0$	$\Delta p = \dfrac{\Delta\sigma_d}{2},\ \Delta q = \dfrac{\Delta\sigma_d}{2}$ 기울기 : $\dfrac{\Delta q}{\Delta p}$ =1(45° 직선)	$p_f = \sigma_c + \dfrac{\Delta\sigma_{df}}{2}$ $q_f = \dfrac{\Delta\sigma_{df}}{2}$
유효응력경로 (ESP)	$p_o' = u_r$ $q_o' = 0$	$\Delta p = \dfrac{\Delta\sigma_d}{2}(1-2A),\ \Delta q = \dfrac{\Delta\sigma_d}{2}$ 기울기 : $\dfrac{\Delta q'}{\Delta p'} = \dfrac{1}{1-2A}$	$p_f = \sigma_c + \dfrac{\Delta\sigma_{df}}{2}(1-2A_f)$ $q_f = \dfrac{\Delta\sigma_{df}}{2}$

② 전응력경로(TSP)는 UU, CD시험의 응력경로와 본질적으로 동일하다. 그러나 유효응력경로의 경우 등방압축과정은 압밀배수(CD)시험의 응력경로와 같으나 일축압축(전단)과정은 축차응력($\Delta\sigma_d$)에 의해서 변화는 과잉간극수압의 크기에 따라 왼쪽 또는 오른쪽으로 휘게 된다.

③ 유효응력경로의 경우 정규압밀점토는 정(+)의 과잉간극수압이 발생하므로 왼쪽으로 휘고, 과압밀점토는 부(−)의 과잉간극수압이 발생하므로 오른쪽으로 휘게 된다.

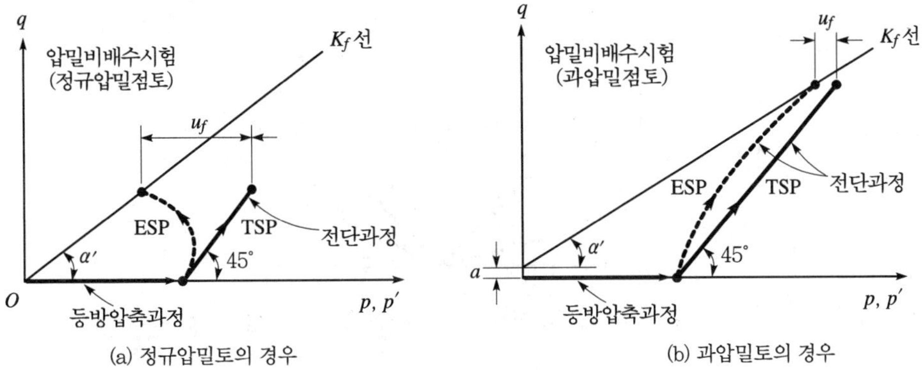

그림 6.100 CU시험의 응력경로

④ 유효응력경로의 기울기 $\frac{\Delta q'}{\Delta p'}$는 일정한 값이 아니고 간극수압계수 A의 크기에 따라 계속해서 변하는 값이다.

$$\frac{\Delta q'}{\Delta p'} = \frac{1}{1-2A}$$

여기서, A는 일정한 값이 아니고 한 개의 공시체에서도 일축압축수준, 즉 축방향변형률 (ε_a)에 따라 그 값이 다르므로 $\frac{\Delta q'}{\Delta p'}$는 상수가 아니고 A값에 따라 수시로 변하는 값이다.

즉, $A < 0.5$이면 $\frac{\Delta q'}{\Delta p'} > 0$이 되어 ESP는 오른쪽으로 휨

$A > 0.5$ 이면 $\frac{\Delta q'}{\Delta p'} < 0$이 되어 ESP는 왼쪽으로 휨

$A = 0.5$이면 $\frac{\Delta q'}{\Delta p'} = \infty$이면 연직방향 임

※ 그림 6.101은 유효응력경로를 나타낸 것인데, 실제의 유효응력경로는 곡선을 나타내지만 이해를 돕기 위하여 직선으로 가정하였다.

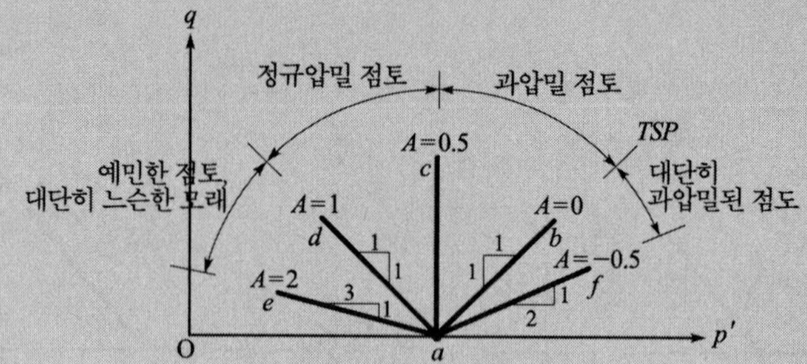

그림 6.101 가상적 직선 ESP에 따른 A값과 흙의 상태

3.6.7 현장상태에 따른 응력경로

(1) 자연퇴적 및 침식과정에서부터 시료채취과정까지의 응력경로

1) 퇴적과정의 응력경로

흙이 호수나 바다에 침전 및 퇴적되면서 그 상부는 계속적으로 쌓이는 물질에 의해서 응력을 받게 된다. 퇴적층이 두께에 비해서 그 면적이 더 크면 1차원 압밀로 볼 수 있다.

이러한 상태에서는 응력비가 일정해서 그림 6.102에서 응력경로 OA를 따를 것이며, 이때의 응력비를 K_o라 한다.

(조립토 : K_o= 0.4~0.6, 정규압밀점토 K_o=0.5)

$\sigma'_h = K_0 \sigma'_v$이므로

$$p' = \frac{\sigma'_v + \sigma'_h}{2} = \frac{\sigma'_v + K_0 \sigma'_v}{2} = \frac{\sigma'_v}{2}(1+K_0)$$

$$q' = \frac{\sigma'_v - \sigma'_h}{2} = \frac{\sigma'_v - K_0 \sigma'_v}{2} = \frac{\sigma'_v}{2}(1-K_0)$$

2) 시료채취과정에서부터 트리밍까지의 응력경로

① 흙이 시료로 채취되면 그 동안 상재해 있던 응력이 제거됨으로써 그 응력경로는 AB와 같게 될 것이고,

② 공시체로 제작된 상태에서는 K=1($\sigma'_v = \sigma'_h$)인 p'축상에 정점이 있게 된다

3) 침식과정과 같은 지질현상으로 인하여 상재응력이 제거될 경우에도 그 응력과정은 AB일

것이고 계속해서 상재응력이 제거되면 정점이 p'축 아래에 있게 되며, 과압밀점토이면 K_o 값이 1보다 더 클 것이다.

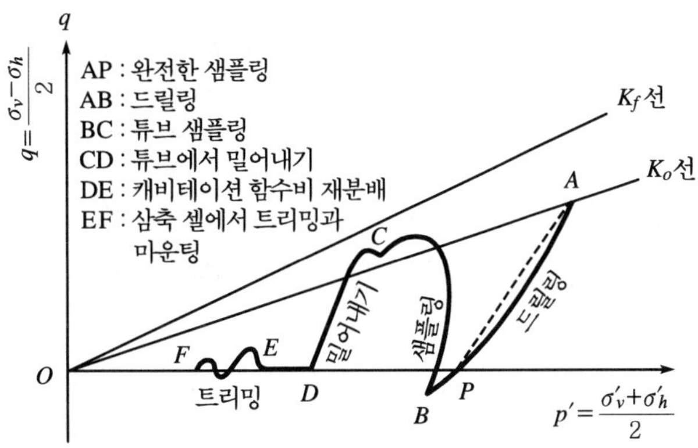

그림 6.102 정규 압밀 점토의 시료 채취시 응력 경로

(2) 점토지반의 성토 과정에 대한 응력경로

정규압밀점토 위에 제방 등의 구조물을 축조하는 경우 지중의 한 요소에 대한 응력경로를 살펴보면 다음과 같다. 성토를 하게 되면 지중의 A요소에는 연직 및 수평응력이 동시에 증가한다. 이때 연직응력 증가량 $\Delta\sigma_v$이 수평응력 증가량 $\Delta\sigma_h$ 보다 크므로 비등방 삼축응력상태가 된다.

따라서, 성토로 인해 발생하는 과잉간극수압은 다음의 식에 의해서 구할 수 있다.

$$\Delta u = B[\Delta\sigma_3 + \mathrm{A}(\Delta\sigma_1 - \Delta\sigma_3)]$$

전응력경로(TSP)는 $\Delta\sigma_v$와 $\Delta\sigma_h$가 동시에 증가하므로 우상향으로 직선 거동을 한다.(TSP: A→ C)

그러나, 유효응력경로(ESP)는 성토가 진행중인 과정에서는 정의 과잉간극수압이 발생하므로 좌상향으로 곡선 거동을 하게 된다(ESP : A → B). 이때 성토를 계속해서 유효응력경로가 K_f선과 만나게 되면 파괴가 발생한다. 성토완료 후(B점) 방치하게 되면 과잉간극수압이 소산되면서 B → C로 응력경로가 거동한다.

※ A → B → C로 거동되는 동안에 점 B가 파괴선에 가장 가깝기 때문에 구조물 준공 직후의 응력상태 B에서 가장 위험하다.

(3) 점토지반의 굴착과정에 대한 응력경로

굴착시 수평응력은 약간 감소하지만 일정한 것으로 가정한다. 전응력경로는 A → C로 움직이게 된다. 굴착을 하는 경우 부(–)의 간극수압이 발생하므로 유효응력경로는 전응력경로의 오른쪽에 놓이게 된다. 부(–)의 간극수압이 발생으로 인해 유효응력경로는 곡선 AB의 경로를 따르게 된다. 점 B는 시공직후의 상태를 나타내게 되며 파괴는 발생하지 않고, 시공직후에 안정하게 된다.

(–)과잉간극수압이므로 시간이 지남에 따라 (+)간극수압을 갖게 되고, BDC의 경로를 따르게 된다. 물론 점 C에서는 모든 (–)과잉간극수압은 소산되고, 전응력과 유효응력은 같게 된다. 그러나 이와 같은 상황은 발생하지 않는데, 그러한 이유는 유효응력경로가 점 D에 도달할 때 인장측의 K_f선과 만나게 되어 파괴가 발생하기 때문이다. 그러므로 정규 압밀점토에서는 굴착이 이루어진 후에 장기적인 관점에서 볼 때 위험하게 된다.

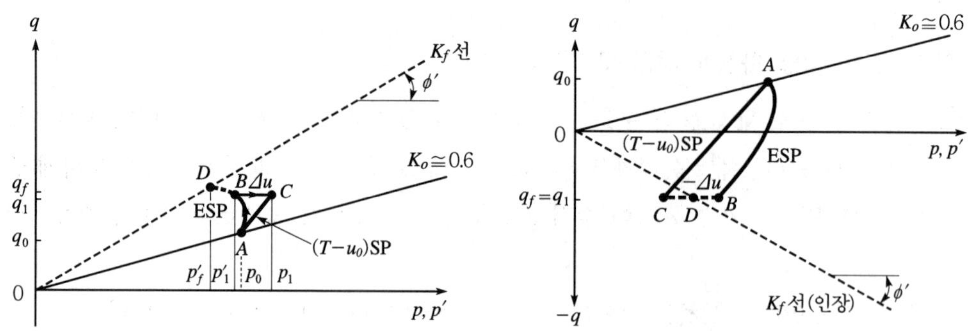

(a) 성토과정 (b) 굴착과정

그림 6.103 점토지반의 성토 및 굴착과정의 응력경로

(4) 정규압밀점토와 모래에 대한 배수상태에서의 응력경로

- Q현장상태에 따른 응력경로 임
- 배수상태의 응력경로, 즉 TSP= ESP 임
- A점은 현장의 응력상태를 나타내는 Mohr원의 정점
  - 축압축(기초하중) : AC
  - 축인장(굴착, 제하) : AE
  - 측인장(주동토압) : LE
  - 측압축(수동토압) : LC

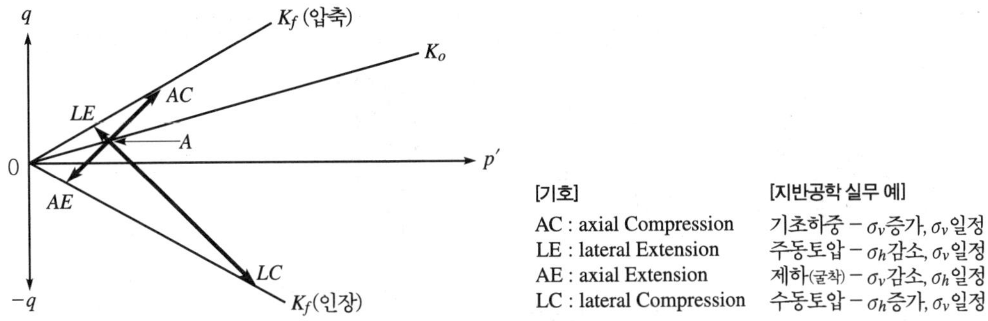

그림 6.104 정규압밀점토와 모래에 대한 배수상태에서의 응력경로

(5) 퇴적토와 풍화잔적토의 유효응력경로 비교

퇴적토와 풍화잔적토는 생성조건이 다르기 때문에 흙이 경험하는 응력이력과 응력조건도 크게 다르다.

1) 퇴적토는 흙이 퇴적되어 쌓이면서 형성되기 때문에 횡방향 변위가 구속된 1차원압밀조건에서 퇴적과 함께 연직응력(σ_v')이 계속 증가하고, 이에 따라 횡방향응력(σ_h')은 K_o상태에서 증가하게 되며, 침식 또는 지반굴착 등의 연직하중의 감소로 과압밀될 경우에는 연직응력보다 횡방향의 감소율이 작게 되어 K_o가 증가하면서 그림 6.105에서 $OA'C$의 응력경로를 따르게 된다.
2) 그러나, 풍화토의 경우에는 일반적으로 암반의 응력상태가 풍화가 발생하는 지표면 근처에서는 횡방향응력이 연직응력보다 크다는 점을 감안할 때 풍화초기에는 연직응력이 횡방향응력보다 큰 상태($K_o>1$)로 존재하다가 풍화가 심화되면서 연직응력 보다는 횡방향응력이 크게 감소하여 K_o값이 감소하게 되며, 그림 6.105에서 ABC의 응력경로를 따르게 된다.

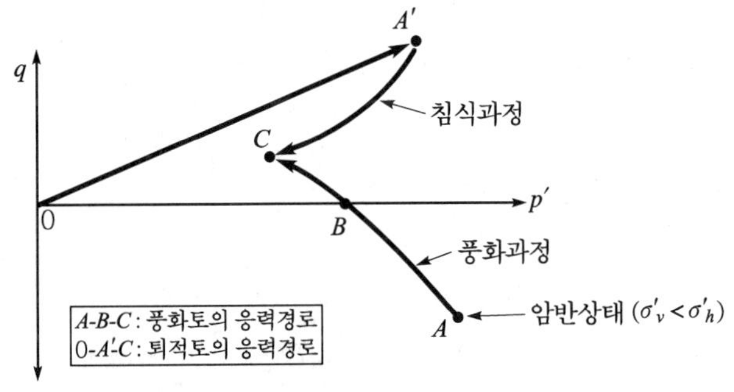

그림 6.105 퇴적토 및 풍화잔적토의 유효응력 경로

표 6.18 지반분야의 압축시험 비교분석

	동방압축	구속압축(Oedometer)	삼축압축	직접전단
기본 조건	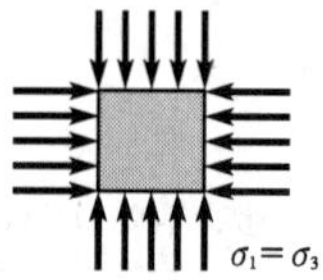	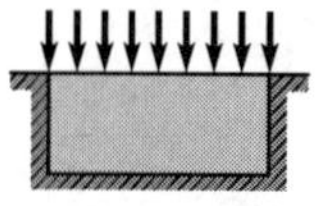	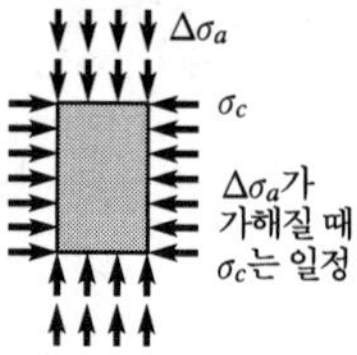	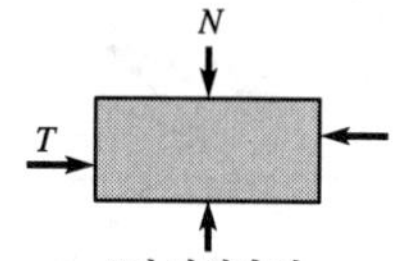
변형 형태	체적변형 	주로 체적변형이며 약간의 전단변형 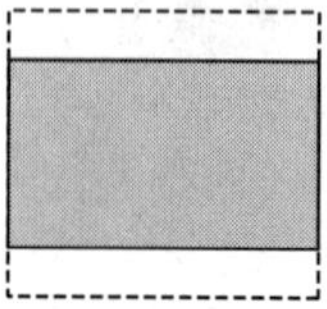	전단변형과 체적변형 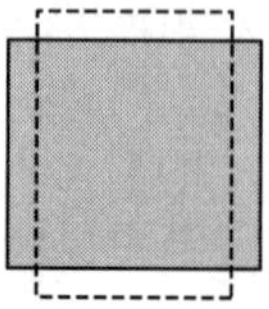	주로 전단변형이며 약간의 체적변형 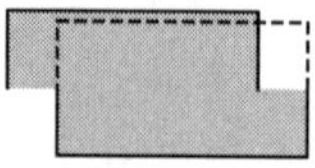
응력 경로	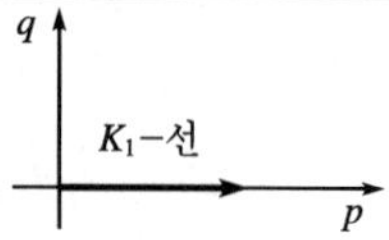	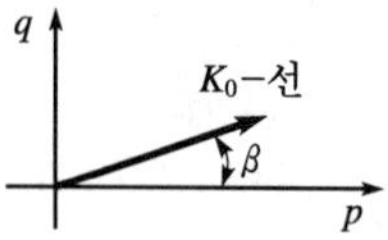	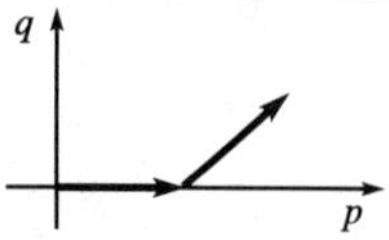	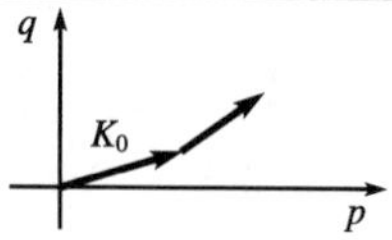
응력 경로	순수체적변형의 연구	매우 단순한 시험이며 현장조건을 1차원으로 근사화시킴	응력 · 변형률과 강도를 연구하는데 사용하는 매우 일반화된 시험	강도를 측정하는 단순시험

응력경로를 이용한 A계수 결정방법

1. 이론식에 의한 방법

유효응력경로의 기울기 $\dfrac{\Delta q'}{\Delta p'}$는

$\dfrac{\Delta q'}{\Delta p'}=\dfrac{1}{1-2A}$이다.

위 식을 A에 대해서 풀어쓰면

$$A=\frac{\dfrac{\Delta q}{\Delta p'}-1}{2\left(\dfrac{\Delta q}{\Delta p'}\right)}$$

실제로는 ESP는 곡선이므로 기울기 $\Delta q'/\Delta p'$는 일정하지 않아 식에서 A를 결정하는 것이 비실용적이다. 그러나 ESP의 기울기 $\Delta q'/\Delta p'=1$이면 A=0, $\Delta q/\Delta p'=-1$이면 A=1, $\Delta q'/\Delta p'=\infty$이면 A=5, $\Delta q'/\Delta p'=0.5$이면 A= −0.5가 됨을 기억하면 ESP의 형상을 보고 A값을 개략적으로 추정할 수 있다.

2. 도해법

전응력경로와 유효응력경로가 함께 주어지면 도해법에 의해서 간극수압계수 A를 구할 수 있다.

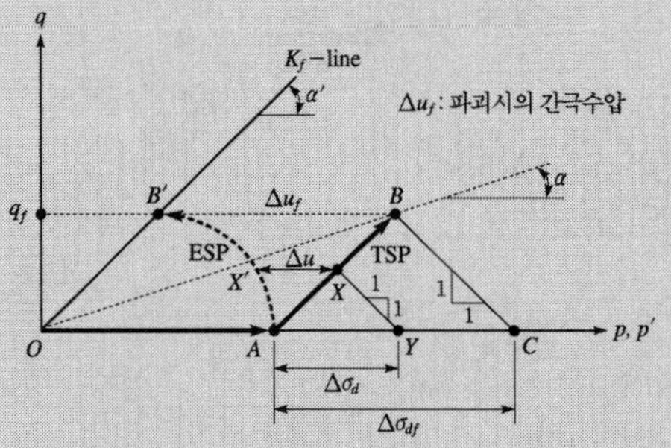

(a) 정규압밀점토

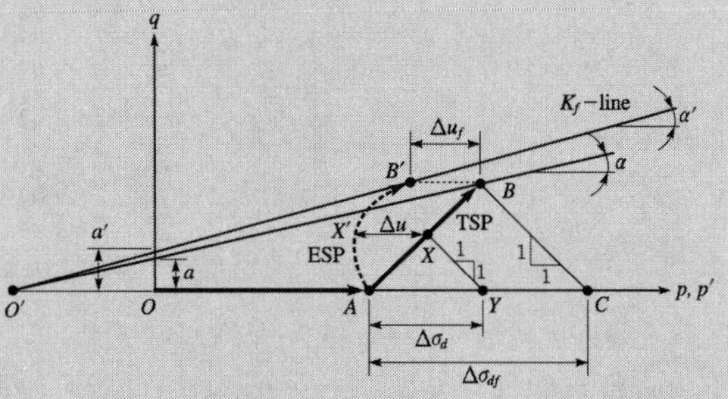

(b) 과압밀점토

그림 6.106 응력경로판별 도해법

일축압축(전단)과정에 대한 TSP와 ESP에서 간극수압계수 A를 구할 수 있다. 간극수압계수는 과잉간극수압의 증가량에 대한 전응력 증가량의 비이다. 그림 6.106에서 과잉간극수압은 유효응력경로와 전응력경로의 수평방향의 간격이고, 전응력의 증가량은 전응력경로의 임의의 지점에서 좌우로 1:1 경사(45° 방향)의 선을 그었을 때 p축과 만나는 두 점의 수평간격이 된다. 파괴시를 예를 들면 Δu_f는 $\overline{B'B}$이고, $\Delta\sigma_{df}$는 $\overline{AC}$가 된다. 즉,

$$A_f = \frac{\Delta u_f}{\Delta\sigma_{df}} = \frac{\overline{BB'}}{\overline{AC}} = \frac{\overline{BB'}}{2q_f}$$

마찬가지로 파괴 전 상태인 X에서의 간극수압계수(A)는

$$A = \frac{\Delta u}{\Delta\sigma_d} = \frac{\overline{XX'}}{\overline{AY}} = \frac{\overline{XX'}}{2q}$$

■참고사항

가상적 직선 유효응력경로의 방향에 따른 A계수의 변화

압밀비배수 삼축압축시험(CU시험)의 일축압축과정(전단과정)에 대한 유효응력경로(ESP)를 그려보면 유효연직응력과 유효수평응력의 크기에 따라 다양한 방향으로 곡선이 그려진다. 하지만 여기서는 간극수압계수 A의 변화를 쉽게 이해하기 위하여 곡선의 유효응력경로를 그림 6.107과 같이 직선으로 가정해서 유효응력경로의 방향에 따른 A계수의 변화를 알아보고자 한다.

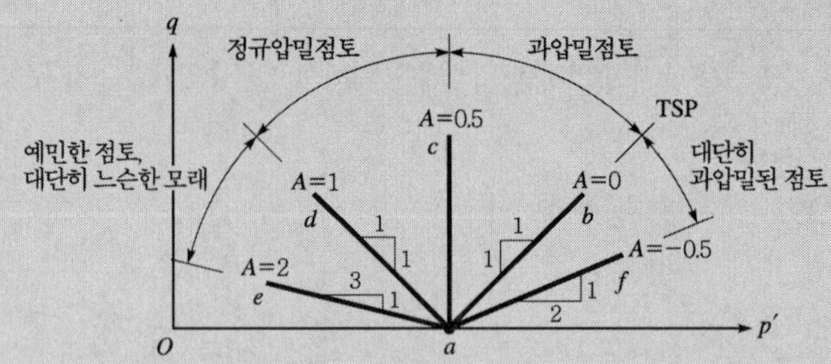

그림 107 가상적 직선 ESP에 따른 A값과 흙의 상태

다음은 ESP의 기울기에 따른 A값을 구하는 몇개의 예를 보인 것이다.

(1) 응력경로 a → d의 A 값

① 이론식

$\dfrac{\Delta q}{\Delta p'}$= 1이므로 식 6.65에 의하여

$$A=\frac{\dfrac{\Delta q}{\Delta p'}-1}{2\left(\dfrac{\Delta q}{\Delta p'}\right)}=\frac{(-1)-1}{2(-1)}=1$$

② 도해법

응력경로에서의 반도해법을 적용하여 다음과 같이 A를 구할 수 있다.

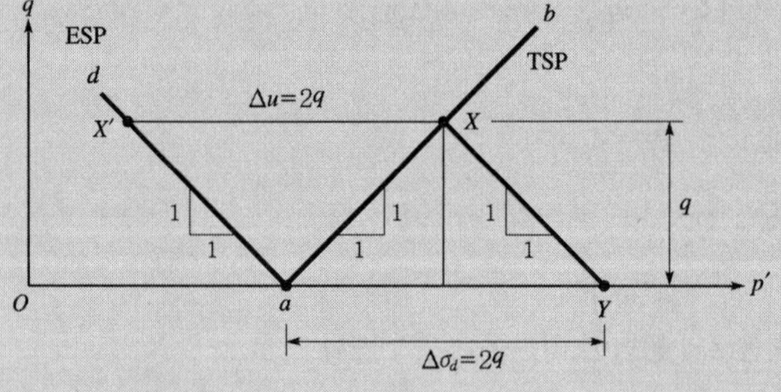

$$A=\frac{\Delta u}{\Delta\sigma_d}=\frac{\overline{X'X}}{\overline{aY}}=\frac{2q}{2q}=1$$

(2) 응력경로 a → f의 A 값

① 이론식

$\frac{\Delta q}{\Delta p'} = \frac{1}{2}$이므로 식 6.65에 의하여 $A = \frac{\frac{\Delta q}{\Delta p'} - 1}{2\left(\frac{\Delta q}{\Delta p'}\right)} = \frac{(\frac{1}{2}) - 1}{2(\frac{1}{2})} = -0.5$

② 도해법

응력경로에서의 반도해법을 적용하여 A를 구할 수 있다.

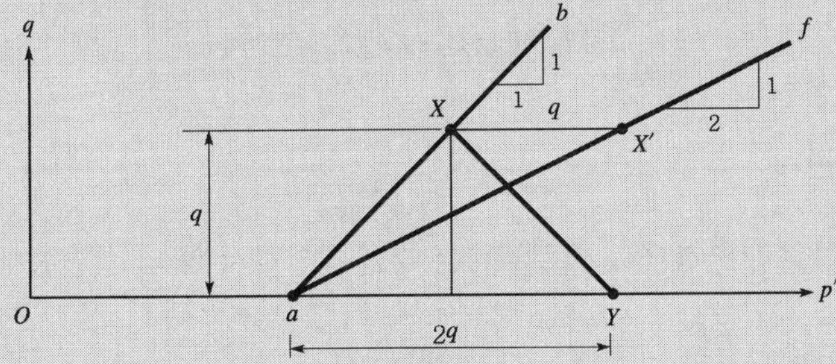

$A = \frac{\Delta u}{\Delta \sigma_d} = \frac{\overline{X'X}}{\overline{aY}} = \frac{-q}{2q}$ = −0.5(ESP가 TSP보다 오른쪽에 있으므로 $\Delta u < 0$)

3.7 Mohr – Coulomb 파괴포락선과 수정파괴포락선(K_f선)의 상관관계

3.7.1 개요

Mohr – Coulomb 파괴포락선(ø 선)은 $\tau-\sigma$그래프에서 파괴상태의 모아원의 접점을 연결한 선이고, 수정파괴포락선(K_f)은 $p-q$그래프에서 파괴상태 모아원의 정점을 연결한 선이다.

3.7.2 ø선과 K_f선의 상관관계

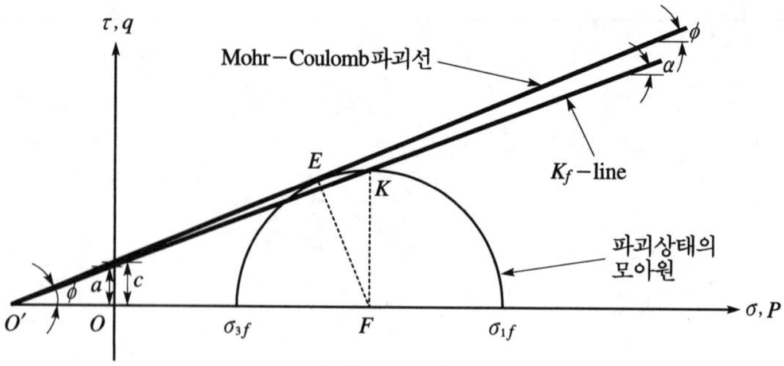

그림 6.108 ø선과 K_f선의 상관관계

(1) ø와 α의 상관관계

$\overline{FE}$와 $\overline{KF}$는 모아원의 반경으로 서로 같다는 것을 착안해서 와 의 상관관계를 알 수 있다.

$\Delta O'FE$에서, $\sin ø = \dfrac{\overline{FE}}{\overline{O'F}}$

$\Delta O'FK$에서, $\tan\alpha = \dfrac{\overline{FK}}{\overline{O'F}}$

$\tan\alpha = \sin ø$

$\therefore\ ø = \sin^{-1}(\tan\alpha)$

(2) c와 a의 상관관계

$c \cdot \cot ø = a \cdot \cot\alpha$

$c \times \dfrac{1}{\tan ø} = a \times \dfrac{1}{\tan\alpha}$

위에서 $\sin ø = \tan\alpha$ 이므로

$c \times \dfrac{\cos ø}{\sin ø} = a \times \dfrac{1}{\sin ø}$

$c = a \cdot \dfrac{1}{\sin ø} \times \dfrac{\sin ø}{\cos ø}$

$\therefore\ c = \dfrac{a}{\cos ø}$

3.7.3 활용

$p-q$다이어그램에서의 K_f선의 절편(a)와 기울기(α)로부터 강도정수 c, ϕ를 쉽게 구할 수 있다.

3.8 잔류강도(Residual Strength)

3.8.1 개요

1) 조밀한 모래나 과압밀점토와 같이 변형연화 거동을 보이는 흙을 전단시험 하면 처음에는 변형증가와 함께 전단응력이 급속히 증가하다가 최대전단강도를 보인 후 오히려 감소하게 되는데, 변형이 어느 수준에 도달하면 전단응력이 더 이상 감소하지 않고 일정한 값을 가지게 된다. 이때의 전단응력을 잔류강도라 한다.
2) 과압밀점토의 최대강도는 작은 전단변형(2~3%)에서 발생하고, 잔류강도는 큰 전단변형(약 15%)에서 발생한다.

3.8.2 최대강도와 잔류강도의 파괴포락선 비교

1) 과압밀점토(또는 조밀한 모래)의 경우 파괴가 발생하고 나면 점착력이 거의 0이 되고 잔류마찰저항만 남는다.
2) 과압밀점토의 경우 최대강도는 작은 전단변형(2~3%)에서 발생하고, 잔류강도는 큰 전단변형(약 15%)에서 발생한다. 일단 파괴가 발생하고 나면 점착력은 거의 0이 되고 잔류마찰저항만 남게 된다.
3) 최대강도와 잔류강도에 대한 파괴포락선 비교

첨두강도 : $\tau_f = c'_p + \sigma'_f \tan\phi'_p$ (6.42)

잔류강도 : $\tau_f = c'_r + \sigma'_f \tan\phi'_r \doteqdot \sigma'_f \tan\phi'_r$ (6.43)

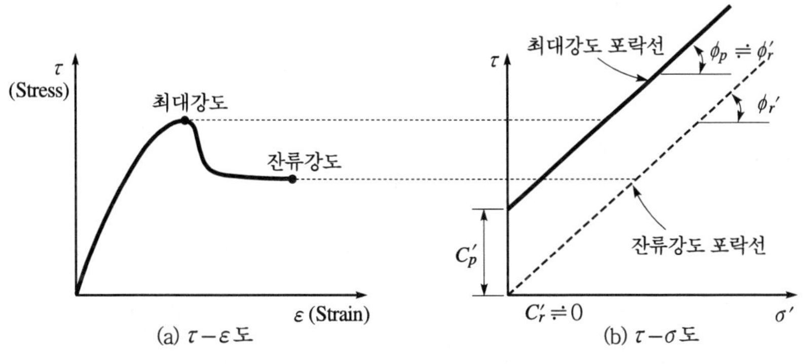

그림 6.109 최대강도와 잔류강도의 파괴포락선 비교

3.8.3 측정방법

1) 링전단시험(원칙) : 전단시 전단면적(A) 산정이 어려워 연구목적 이외에는 잘 사용하지 않는다.

① 중공시료를 Disk형으로 준비 ← 전단에 따른 응력분포가 일정

② 수직력을 가해 시료를 압밀시킴

③ 전단력을 가해 전단응력이 일정할 때까지 전단시킴

④ 수직력을 바꿔서 3~4회 반복

⑤ $\tau-\sigma$그래프를 그려 ϕ_r를 결정

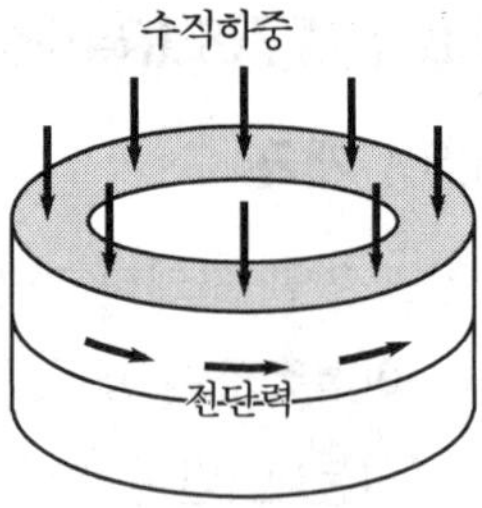

그림 6.110 링 전단시험

2) 직접전단시험(반복전단시험)

일반적인 직접전단시험기의 경우 최대변위가 6~10mm에 지나지 않아 잔류강도 측정이 곤란하므로 다음과 같이 반복전단하여 잔류강도를 구한다.

① 일반적인 전단시험과 마찬가지로 시료를 전단시킨다.

② 전단강도가 최대치를 나타낸 후 감소하기 시작하면 바로 수직하중을 일부 제거하고 역으로 변위시켜 원상태로 회복시킨다.

③ 다시 먼저 전단한 변위까지 급속히 전단한 다음 최소 전단강도가 얻어질 때까지 여러번 반복해서 전단시험을 한다.

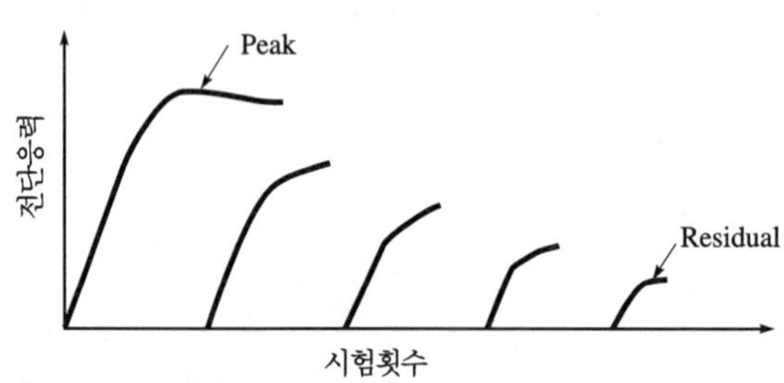

그림 6.111 잔류전단강도 시험방법

암반의 경우

1. 기본마찰각

(1) 불연속면의 기본마찰각은 완전히 편평한 암석에 대하여 틸트시험을 하여 구한 내부마찰각 중에서 가장 작은 값을 말한다.

(2) 기본마찰각은 불연속면의 거칠기 효과는 완전히 배제되며, 단지 암석의 종류에 따라서

만 달라질 수 있는 값이다(대략 ϕ_b=30°).

2. 잔류마찰각(ϕ_r)

암반의 잔류마찰각은 다음과 같은 경험식에 의해 추정한다.

$$\phi_r = (\phi_b - 20) + \frac{r_1}{r_2} \times 20$$

여기서 r_1 : 풍화된 절리면의 슈미트해머 수치

r_2 : 신선한 절리면의 슈미트해머 수치, ϕ_b : 기본마찰각

3.8.4 적용

1) 붕괴후 복구된 비탈면 안정성 검토(활동경력으로 교란된 지역)

2) 진행성파괴 발생 지반

① 인장균열 발생이 심한 과압밀점토 비탈면 안정성 검토

② 균열 발생한 사력댐 비탈면 안정성 검토

3) 국부전단파괴 발생 지반

① 연약지반 상부 흙쌓기 비탈면 안정성 검토

② 연약지반 극한지지력 산정

4) 이질층 비탈면 안정성 검토

※ 일반적으로 점토성분이 많을수록 ϕ_r은 감소하며, 최대전단강도와 잔류강도의 상대적인 값은 취성지수(I_B)로 나타낼 수 있다.

$I_B = \dfrac{\tau_p - \tau_r}{\tau_p}$(취성지수가 클수록 진행성파괴 확률 높음)

잔류계수(R) $= \dfrac{S_p - S}{S_p - S_r}$(1에 가까울수록 진행성파괴 발생가능성 큼)

3.8.5 결론

진행성파괴 가능성이 있는 비탈면을 한계평형해석법으로 안정성을 검토할 경우 잔류강도정수를 사용하기도 하는데 이러한 경우 과다설계가 될 소지가 있다.

즉, 과소평가하여 안정성을 높이기 위해 보강을 많이 한다는 뜻이다.

3.9 강도증가율

3.9.1 압밀에 의한 강도증가

1) 전단강도를 유효응력에 의한 강도로 표시하면 $\tau = c' + \sigma' \tan \phi'$ 이다. 여기서, 유효연직응력(σ'_v)이 증가하면 전단강도도 증가하게 된다.
2) 연약 점토지반에 하중을 재하하면 과잉간극수압이 발생하게 되는데 이 과잉간극수압은 시간이 지남에 따라 점차 소산되면서 유효연직응력 및 전단강도가 증가하게 된다.
3) 이와 같이 증가되는 전단강도의 추정에는 실내시험(일축압축시험, UU삼축압축시험) 및 현장시험(Vane 시험)으로 구한 비배수전단강도(S_u)와 압밀에 의해 증가된 유효연직응력(σ'_v)와의 비의 값을 이용하여 계산한다.
4) 강도증가율은 연약지반 개량공사나 단계별 성토시공 등의 설계나 시공관리에 중요한 요소이다.
5) 일반적으로 Vertical Drain공법이나 Preloading공법으로 지반을 개량하는 경우 정규압밀점토의 강도증가율은 보통 0.25~0.35 정도이며, 흙의 예민비가 클수록 강도증가율은 감소하는 경향이 있다.

3.9.2 강도증가율 추정방법

(1) 비배수전단강도에 의한 추정

1) 점성토의 비배수전단강도가 깊이에 따라 직선적으로 증가하는 경향을 이용하여 추정하는 방법

$$S_u = c_u = S_{uo} + Kz \qquad (6.44)$$

여기서, S_{uo} : 지표면에서의 S_u값
K : 깊이에 대한 S_u의 증가율
z : 지표면으로부터 깊이

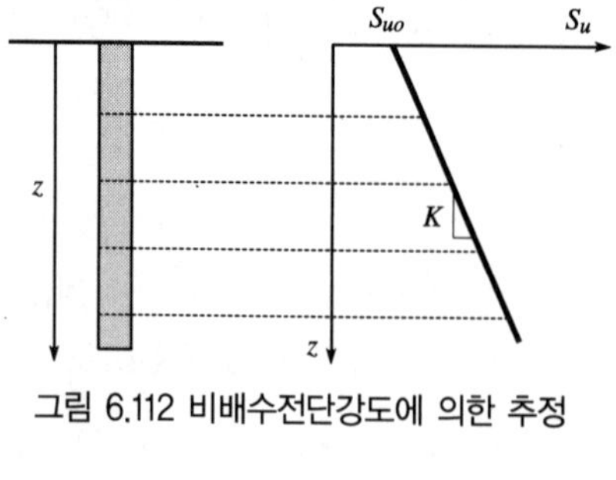

그림 6.112 비배수전단강도에 의한 추정

2) 추정 순서

① 일축압축시험 등을 실시하여 깊이별 비배수전단강도 추정

- 현장 : 베인시험
- 실내 : 일축압축강도시험, UU삼축압축시험

② 심도(z)-비배수강도(S_u) 곡선 작도하여 K를 구함

③ 강도증가율 계산

$$S_u = Kz,\ \sigma_v' = \gamma' \cdot z \tag{6.45}$$

$$\alpha = \frac{c_u}{\sigma_v'} = \frac{Kz}{\gamma' z} = \frac{K}{\gamma'} \tag{6.46}$$

여기서, K : 깊이 방향에 대한 점착력의 기울기

γ' : 수중단위중량

(2) 삼축압축시험에 의한 방법

1) CU시험에 의한 경우

① 압축과정 중에 있어서의 평균주응력(σ_m)$\dfrac{\sigma_1+2\sigma_3}{3}$이 될 때의 전단응력이 압밀완료시의 비배수 전단강도와 같다고 가정하여 구하는 방법이다.

② σ_m에 해당하는 전단응력과 σ_3에서 올린 수직선의 교점을 연결한 선의 기울기가 강도증가율이다. 즉,

$$\alpha = \frac{c_u}{\sigma_v'} = \tan\theta \tag{6.47}$$

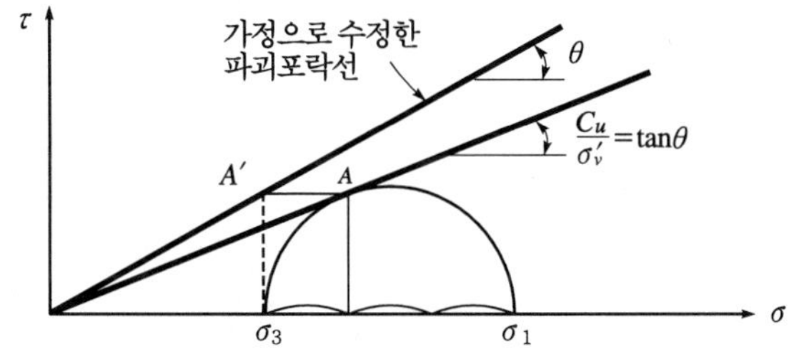

그림 6.113 삼축압축시험에 의한 강도증가율 추정방법

2) $\overline{\text{CU}}$ 시험에 의한 경우

전응력과 유효응력으로 그린 Mohr원의 기하학적 조건으로부터 강도증가율을 구한다.

(3) 소성지수로부터 추정하는 방법

Skempton은 정규압밀점토에서 소성지수(PI)와 강도증가율과의 관계를 다음과 같다고 제안하였다.

$$\alpha = \frac{c_u}{\sigma_v'} = 0.11 + 0.0037\ PI(단,\ PI > 10) \qquad (6.48)$$

(4) 액성한계에 의한 방법

Hansbo는 액성한계와 강도증가율과의 관계는 다음과 같다고 제안하였다.

$$\alpha = \frac{c_u}{\sigma_v'} = 0.45\, LL \qquad (6.49)$$

(5) SHANSEP에 의한 방법 : 가장 정확함

3.9.3 실무적용 시 유의사항

1) 일축압축시험에 의한 경우에는 q_u로부터 얻은 c_u는 Sampling, Triming 등에 따른 교란의 영향으로 인하여 강도가 실제보다 작게 평가되므로 이 값을 사용하면 안전측이 된다.
2) 삼축압축시험에 의한 경우에는 삼축실에서 압밀하기 때문에 시료의 교란으로 인한 영향이 거의 소멸되고 실제 지반은 이방압밀이나 실험실에서는 등방압밀을 시키므로 원위치시험의 결과보다 강도증가율이 과대하게 나타나 이 값을 사용하면 위험측이 된다.
3) 소성지수에 의한 경험식으로 추정하는 경우 일반적으로 원위치시험의 값과 근사적으로 일치한다.
   시험의 값과 Skempton의 실험식과는 근사적으로 일치한다.
4) 따라서, 삼축압축시험에 의한 방법이 일축압축시험 또는 소성지수에 의한 경험식보다 더 큰 값이 얻어지므로 일축압축시험 또는 소성지수에 의한 방법 보다는 삼축압축시험방법을 사용하는 것이 경제적으로 유리하나 불안전측 설계가 될 소지가 있으므로, 실무에서는 안전측 설계를 위하여 일축압축시험방법을 주로 사용하고 있는 실정이다.
5) 과압밀점토에서는 유효상재하중 σ_v' 값이 정규압밀점토에 비하여 크기 때문에 강도증가율 $c_u/\sigma_v' = 0$으로 하는 경우도 있다.
   따라서, 과압밀점토에서는 강도증가율이 작기 때문에 c_u/σ_v' 값을 적용할 수 없다
6) 중요 구조물 등에는 보다 정확한 SHANSEP 방법으로 강도증가율을 추정하여 적용하는 것이 바람직하다.

※ 요약

1. 일축압축시험 : 시료 교란으로 실제보다 과소평가 되므로 안전측 임
2. 삼축압축시험 : 등방압밀로 실제보다 과대평가 되므로 불안전측 임(적용 : 85~90%)
3. 소성지수에 의한 경험식 : 실제와 근사적으로 일치
4. 현재 실무에서는 주로 안전측을 고려하여 일축압축시험방법을 주로 사용하고 있는 실정임
5. 합리적 시험방향
 - 현장응력조건 고려한 비등방압밀 삼축압축시험을 실시하거나
 - 또는, 교란영향 및 현장응력 조건을 고려한 SHANSEP 방법을 이용함이 바람직함

[핵심문제 6.3] **다음 그림과 같이 점 A의 수평면과 45°를 이루는 경사면에 작용하는 유효수직응력과 전단응력을 계산하시오. 지하수위 아래는 정수압이 작용한다. 또한 유효수직응력에 대한 유효수평응력의 비는 1.5이다.**

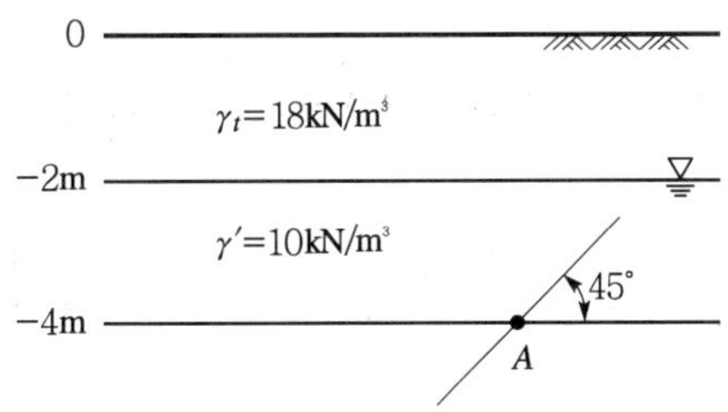

[풀이]

1. 개요

(1) 지표면이 수평면이고 흙이 균질하다면 지반내의 한 점을 통하는 수평면은 주응력면이고, 모든 연직면도 주응력면이다. 주응력면에 작용하는 최대 및 최소주응력의 크기를 알면 최대주응력면과 임의의 각도(θ)로 기울어진 평면에 작용하는 수직응력과 전단응력의 크기를 해석적 방법 또는 Mohr원을 이용해서 구할 수가 있다.

(2) 이 문제에서는 지표면이 수평이고 흙이 균질하다는 가정은 없지만 계산의 편리를 위해서 수평면과 연직면을 주응력면으로 보고 계산하고자 한다.

2. 주응력의 크기 결정

문제에서 유효수직응력에 대한 유효수평응력의 비(σ'_h/σ'_v)가 1.5로 주어졌으므로 과압밀점토 임을 알 수 있다. 따라서, 옆의 그림과 같이 수평면에 작용하는 응력이 최소주응력이 되고 연직면에 작용하는 응력이 최대주응력이 된다.

(1) 최소주응력(σ_3) : $\sigma_v' = \sigma_3' = 2\times18 + 2\times10 = 56\text{kN/m}^2$

(2) 최대주응력(σ_1) : $\sigma_h' = \sigma_1' = 1.5\times\sigma_v' = 1.5\times56 = 84\text{kN/m}^2$

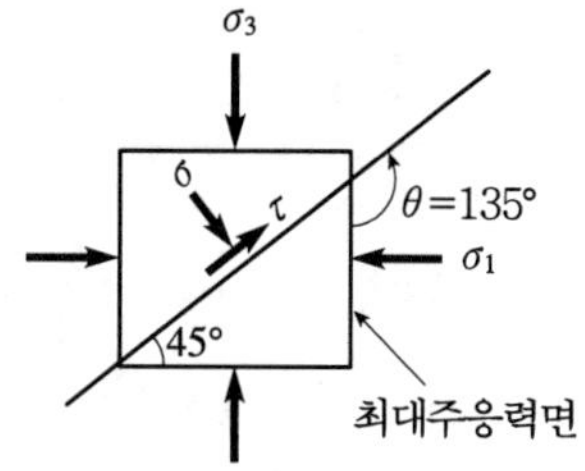

3. 경사면에 작용하는 유효수직응력과 전단응력의 계산

(1) 해석적 방법

① 유효수직응력

$$\sigma' = \frac{\sigma_1+\sigma_3}{2} + \frac{\sigma_1-\sigma_3}{2}\cos 2\theta$$

$$= \frac{84+56}{2} + \frac{84-56}{2}\cdot\cos(2\times135) = 70\text{kN/m}^2$$

※ 여기서, θ는 최대주응력면에서 반시계방향으로 회전시켰을 때 임의면과 이루는 각도임

② 전단응력

$$\tau = \frac{\sigma_1-\sigma_3}{2}\sin 2\theta$$

$$= \frac{84-56}{2}\sin(2\times135) = -14\text{kN/m}^2$$

(2) Mohr원을 이용하는 방법

① 모눈종이에 $(\sigma_1 - \sigma_3)/2$를 반지름으로 하는 Mohr원을 그림

② O_p 결정

③ O_p점에서 임의의 경사면(수평면과 45° 인 면)과 나란한 평행선 작도

④ ③의 평행선과 Mohr원이 만나는 점의 좌표값이 구하는 면의 수직응력 및 전단응력임

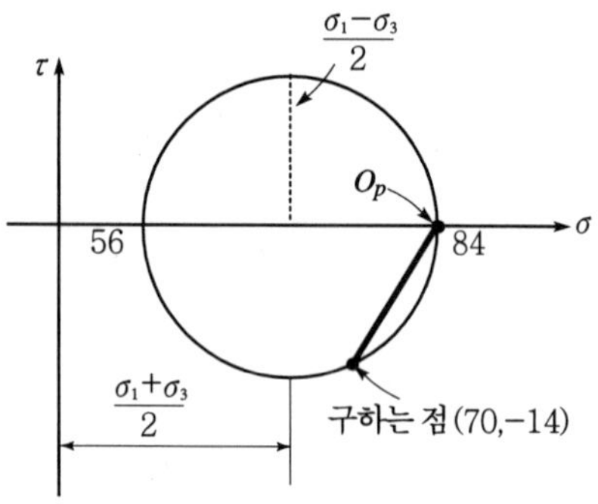

[핵심문제 6.4] 1. 직접전단시험과 삼축압축시험에서 모아응력원과 주응력방향이 어떻게 변화하는지 설명하시오.

2. K_0=0.5인 모래질 실트에 대해 수직응력 650kN/m²를 가하여 직접전단시험을 행하였다. 흙이 전단파괴될 때의 전단응력은 410kN/m²였다.

1) 시험을 시작하기 이전과 파괴시의 응력상태를 표시하는 Mohr원을 그려라(C=0으로 가정)

2) 파괴시 최대 및 최소주응력의 크기와 작용면의 방향을 결정하여라

3) 최대전단응력의 크기와 작용면의 방향을 결정하여라

[풀이]

1. Mohr원 작도

(1) 시험을 시작하기 전의 Mohr원

시험을 시작하기 전에는 최대주응력 σ_{1i} = 650kN/m², 최소주응력 σ_{3i} = 0.5×650kN/m² = 320kN/m² 이므로 Mohr원은 그림에서 원 A와 같이 그려진다.

(2) 파괴시의 Mohr원

① 파괴시에는 $\sigma_{1f} = \sigma_{ff}$ = 650kN/m², τ_{ff} = 410kN/m²이므로 F점을 찍을 수 있다. F점과 원점을 지나는 선을 그으면 이것이 Mohr-Coulomb 포락선이 되므로 이 경사각을 재어 내부마찰각 ø=32.2°를 얻는다.

② F점에서 90°의 각도로 선을 내려 가로축과 만나는 O점을 찍고 OF를 반경으로 하는 원을 그리면 이것이 파괴시의 Mohr 원이 된다.

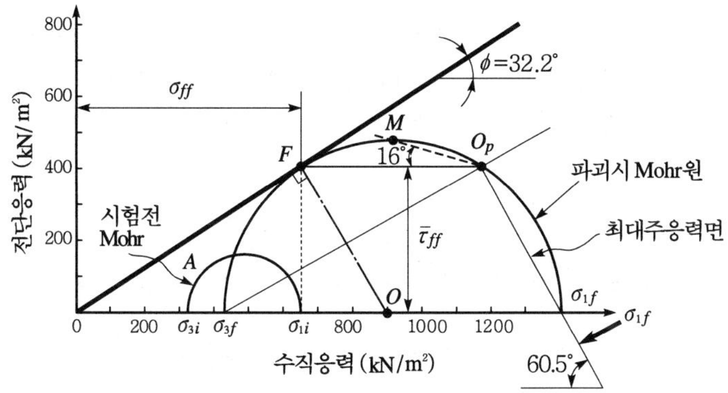

2. 파괴시 최대 및 최소주응력의 크기와 작용면의 방향 결정

(1) 파괴시 Mohr원으로부터 최대주응력 및 최소주응력을 구할 수 있다.

σ_{1f} = 1,393kN/m², σ_{3f} = 425kN/m²

(2) 이미 알고 있는 F점에서 파괴면과 나란한 선(수평선)을 그어 Mohr원과 만나는 점이 O_p점이다. 이 점에서 σ_{1f}와 직선으로 연결하면 이 선의 방향이 최대주응력면의 방향이 된다.

3. 최대전단응력의 크기와 작용면의 방향 결정

최대전단응력의 값은 $\tau_m = 1/2(\sigma_{1f} - \sigma_{3f}) = (\frac{1}{2})(1,393-425) = 484$kN/m²이 되고, O_p점에서 M점과 연결하면 이 선의 방향이 최대전단응력이 작용하는 면의 방향이 된다.

[핵심문제 6.5] 다음 요구사항에 대하여 답하시오.

1) 다음 그림과 같이 사질토 지반에 강말뚝 벽체를 삽입하고, 오른쪽으로 밀어 주었을 때, A, B점 각각에서의 응력경로를 그리시오. 단, 지반은 사질토이고, 벽체는 아주 얇고 벽체에는 마찰력이 없다고 가정한다(정지토압계수 K_o=1.0로 가정하라).

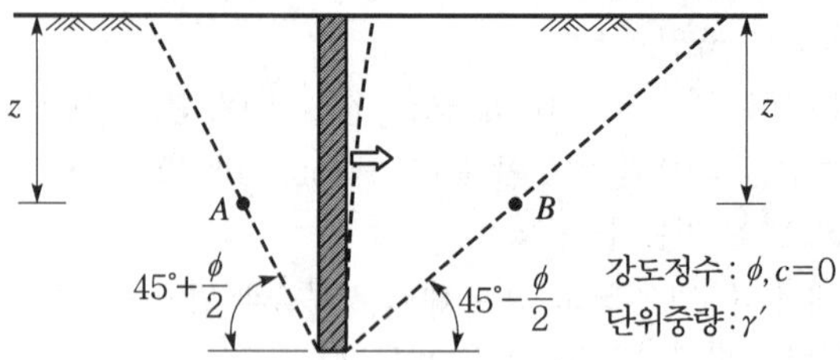

2) 지반조건은 위와 동일하다. 사질토 지반위에 줄기초를 설치하고 연직하중을 증가시켜 극한 지지력 파괴가 일어났으며 파괴 유형은 아래와 같다. A, B점에서의 응력경로를 구하시오.

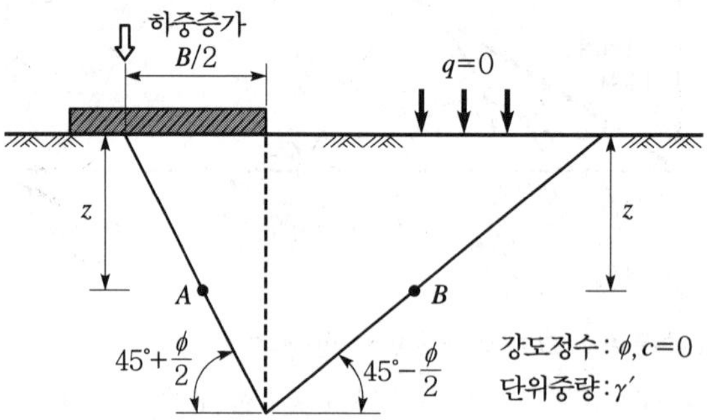

[풀이]

1. Rankine의 주동상태 및 수동상태에 대한 응력경로

(1) 수직응력을 일정하게 유지한 상태에서 벽체를 오른쪽으로 이동시키면 A점은 주동파괴가 일어나고, B점은 수동파괴가 일어난다.

(2) 주동파괴는 측방향 인장상태에서 일어나고, 수동파괴는 측방향 압축상태에서 일어난다.

즉, 측인장(LE) : 주동토압, σ_h 감소, σ_v 일정

측압축(LC) : 수동토압, σ_h 증가, σ_v 일정

(3) 응력경로

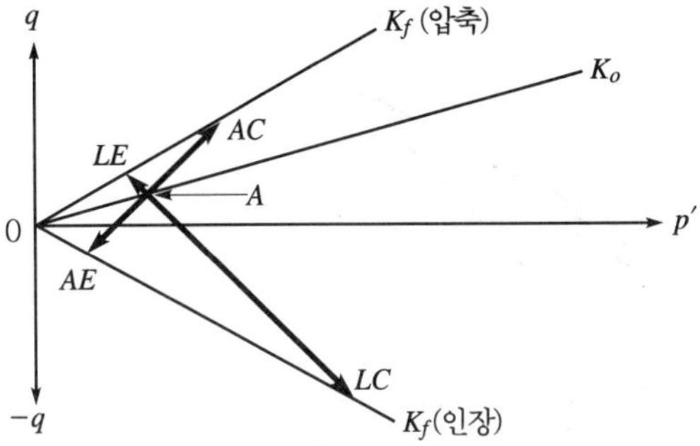

[기호]	[지반공학 실무 예]
AC : axial Compression	기초하중 − σ_v증가, σ_v일정
LE : lateral Extension	주동토압 − σ_h감소, σ_v일정
AE : axial Extension	제하(굴착) − σ_v감소, σ_h일정
LC : lateral Compression	수동토압 − σ_h증가, σ_v일정

2. 기초아래 지반의 응력경로

(1) 느슨한 모래

① 재하초기단계에서 흙은 다소 탄성적이며, 점 A에서 σ_h의 변화는 거의 없다. 이 초기단계에서 점 R에 대한 응력경로는 표준삼축시험과 마찬가지로 반드시 증가하며, 점 B의 응력은 변하지 않고 일정하게 유지된다.

이 상황은 점 R의 응력경로가 국부전단파괴가 일어나 파괴선과 만날 때까지 계속된다.

② 하중을 계속 증가시키면 σ_h는 점 S 및 점 R에서 다 같이 증가한다. 점 S의 응력경로는 $\overline{ON}$이다. 재하하여 응력경로가 파괴선 N과 만나면 극한지지력에 도달하게 된다.

반면에 점 R의 응력경로는 파괴선 L부터 M까지 따라 올라간다.

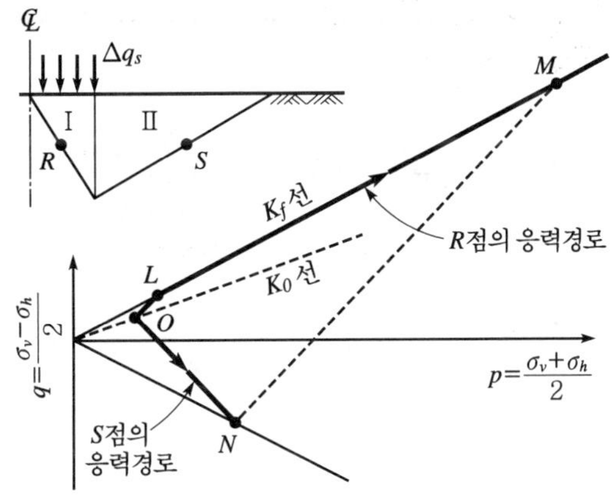

(2) 조밀한 모래

① 국부전단파괴가 일어날 때까지 R점의 수평응력이 일정하게 유지된다고 가정하여 조밀한 모래에 대한 응력경로를 도시한 것이다.

② 조밀한 모래는 영역 Ⅰ의 모래는 국부전단파괴가 일어나기 전에 팽창하기 시작할 것이다. 이로부터 초래되는 수평변형률은 영역 Ⅱ를 밖으로 밀게 된다.

조밀한 모래이므로 약간만 밀어도 영역 Ⅱ 에 현저한 전단저항을 발현시킨다.

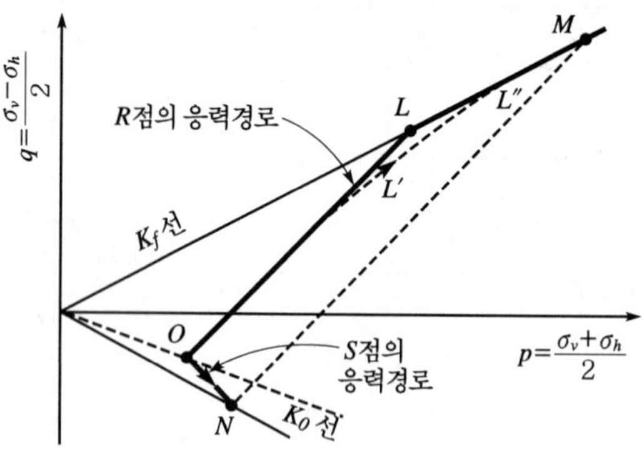

[핵심문제 6.6] **다음 그림과 같이 점성토지반에 제방을 축조하려고 한다. 제방중심선 지표하 5m에 위치한 A점에 대하여 제방 축조 전과 축조 후, 파괴 전과 파괴시의 전응력, 유효응력, 간극수압을 구하고 p-q 응력평면상에 전응력경로(TSP), 유효응력경로(ESP)를 표시하시오(단, A점의 지중응력계수는 I_v =0.8, I_h =0.3, 정지토압계수 K_o =0.5, 간극수압계수 A =0.3, 파괴시 간극수압계수 A_f =0.5, p =(σ_1+σ_3)/2, q =(σ_1−σ_3)/2로 가정하시오).**

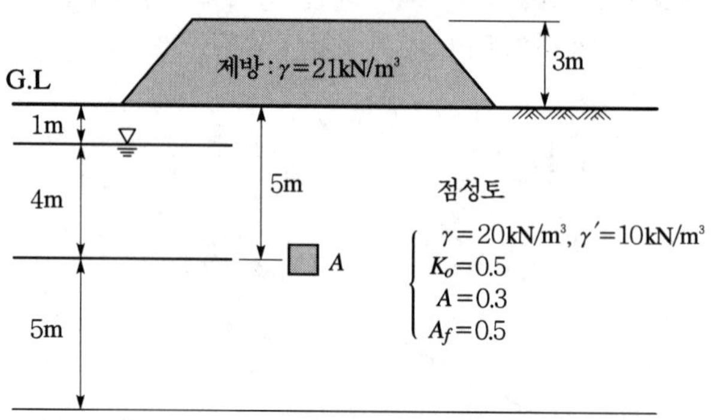

[풀이]

1. 제방 축조 전
   (1) 연직전응력(σ_{vo}) : σ_{vo}= 1×20 + 4×20 = 100kN/m²
   (2) 간극수압(U) : U = 4×10 = 40kN/m²
   (3) 연직유효응력(σ_v') : $\sigma_v' = \sigma_v - u$ = 100−40=60kN/m²
   (4) 수평유효응력(σ_h') : $\sigma_v' \times K_o$ = 60×0.5 =30kN/m²
   (5) 전수평응력(σ_h) : $\sigma_h' + u$ = 30+40 =70kN/m²

(6) $p = \dfrac{\sigma_1+\sigma_3}{2} = \dfrac{100+70}{2} = 85\text{kN/m}^2$

(7) $p' = \dfrac{\sigma_1'+\sigma_3'}{2} = \dfrac{60+30}{2} = 45\text{kN/m}^2$

(8) $q = \dfrac{\sigma_1-\sigma_3}{2} = \dfrac{100-70}{2} = 15\text{kN/m}^2$

2. 제방축조후 파괴전

(1) 증가 연직응력 $\Delta\sigma_v = 3\times21\times0.8 = 50.4\text{kN/m}^2$

(2) 증가 수평응력 $\Delta\sigma_h = 3\times21\times0.3 = 18.9\text{kN/m}^2$

(3) 과잉간극수압(포화로 B=1가정)

$\Delta U = B[\Delta\sigma_3 + A(\Delta\sigma_1-\Delta\sigma_3)] = 18.9+0.3(50.4-18.9) = 28.4\text{kN/m}^2$

(4) 간극수압(정수압+과잉간극수압) = $4\times10+28.4 = 68.4\text{kN/m}^2$

(5) 전연직응력 $\sigma_v = 100+50.4 = 150.4\text{kN/m}^2$

(6) 전수평응력 $\sigma_h = 70+18.9 = 88.9\text{kN/m}^2$

(7) 유효연직응력 $\sigma_v' = \sigma_v + \Delta\sigma_v - u = 100+50.4-68.4 = 82\text{kN/m}^2$

(8) 유효수평응력 $\sigma_h' = \sigma_h + \Delta\sigma_h - u = 70+18.9-68.4 = 20.5\text{kN/m}^2$

(9) $p = \dfrac{150.4+88.9}{2} = 119.7\text{kN/m}^2$

(10) $p' = \dfrac{82+20.5}{2} = 51.3\text{kN/m}^2$

(11) $q = \dfrac{150.4-88.9}{2} = 30.8\text{kN/m}^2$

3. 제방축조 후 파괴시

(1) 증가 연직응력(파괴전과 같음) : 50.4kN/m^2

(2) 증가 수평응력(파괴전과 같음) : 18.9kN/m^2

(3) 과잉간극수압(포화로 B=1가정)

$\Delta U = B[\Delta\sigma_3 + A(\Delta\sigma_1-\Delta\sigma_3)] = 18.9+0.5(50.4-18.9) = 34.7\text{kN/m}^2$

(4) 간극수압 = $4\times10+34.7 = 74.7\text{kN/m}^2$

(5) 전연직응력(파괴전과 같음) : 150.4kN/m^2

(6) 전수평응력(파괴전과 같음) : 88.9kN/m^2

(7) 유효연직응력 $\sigma_v' = 150.4-74.7 = 75.7\text{kN/m}^2$

(8) 유효수평응력 $\sigma_h' = 88.9- 74.7 = 14.2\text{kN/m}^2$

(9) $p = \dfrac{\sigma_1+\sigma_3}{2} = \dfrac{150.4+88.9}{2} = 119.7\text{kN/m}^2$

(10) $p' = \dfrac{\sigma_1'+\sigma_3'}{2} = \dfrac{75.7+14.2}{2} = 45\text{kN/m}^2$

(11) $q = \dfrac{150.4-88.9}{2} = 30.8\text{kN/m}^2$

4. 응력경로

(1) 간극수압

① 제방축조전 : $P-P' = 85-45 = 40\text{kN/m}^2$

② 파괴전 : $P-P' = 119.7-51.3 = 68.4\text{kN/m}^2$

③ 파괴후 : $P-P' = 119.7-45 = 74.7\text{kN/m}^2$

(2) 파괴이유 : 과잉간극수압 상승에 따른 유효응력 감소로 파괴된다.

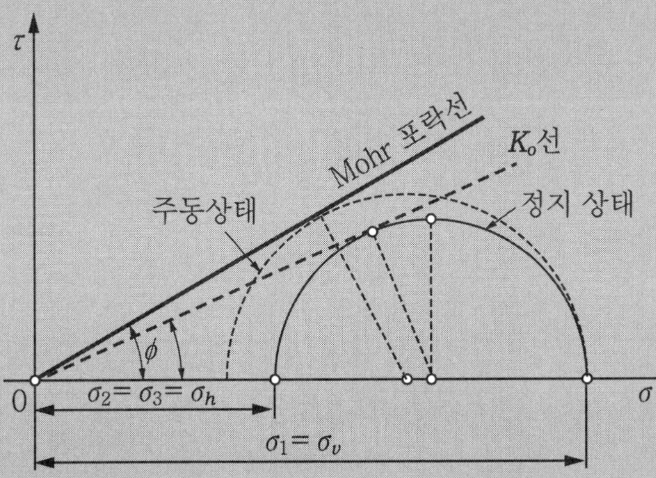
τ
Mohr 포락선
K_o선
주동상태
정지 상태
ϕ
0
σ
$\sigma_2 = \sigma_3 = \sigma_h$
$\sigma_1 = \sigma_v$

제 7장 토압

chapter 07

제 7장 토 압

1. 토압 일반

1.1 개요

1) 자연상태의 지형을 연직으로 깍아 도로와 철도 부설을 위한 공간을 확보하거나 또는 건물의 지하실을 설치하기 위해서는 횡방향에서 오는 흙의 압력에 저항할 수 있는 구조물을 설치해야 한다. 이 구조물은 옹벽, 지하연속벽, 가설 흙막이벽, 널말뚝 등 여러 가지가 있으며, 이를 통틀어 흙막이 구조물이라고 한다.
2) 흙막이 구조물을 설계할 때에는 구조물에 작용하는 힘을 알아야 한다. 이 힘은 흙에 의해 횡방향으로 작용되며 일반적으로 이것을 토압이라고 한다. 만약 흙막이 구조물 배면에 지하수면이 형성되어 있으면 수압도 고려해주어야 한다. 그리고 연직방향의 지반응력도 토압이므로 구별할 필요가 있을 때에는 흙막이 구조물에 작용하는 토압은 횡방향 토압이라고 하는 것이 좋을 것이다.

1.1.1 토압의 종류

토압은 벽체의 변위에 깊은 관계가 있으며, 변위상태에 따라 정지토압, 주동토압, 수동토압으로 구분한다.

(1) 정지토압 (lateral earth pressure at rest : P_o)

그림 7.1(a)와 같이 벽체의 변위가 전혀 없어서 뒤채움 흙이 정지되어 있을 때의 이 요소에 수평방향으로 작용하는 토압을 정지토압이라 한다.

(2) 주동토압 (Active earth pressure : P_A)

그림 7.1(b)와 같이 벽체가 횡방향의 압력으로 말미암아 반시계 방향으로 회전을 하거나 왼쪽으로 약간 움직인다면 뒤채움 흙은 팽창을 하게 된다. 이 팽창이 점점 커지게 되면 결국에는 파괴가 일어나는데 이 때의 토압을 주동토압이라 한다.

(3) 수동토압 (Passive earth pressure : P_P)

그림 7.1(c)와 같이 벽체가 어떤 외력에 의해 뒤채움 쪽으로 변위를 일으킨다면, 뒤채움 흙은 압축을 받을 것이다. 이 압축이 커져서 흙이 파괴 될 때의 압력을 수동토압이라 한다.

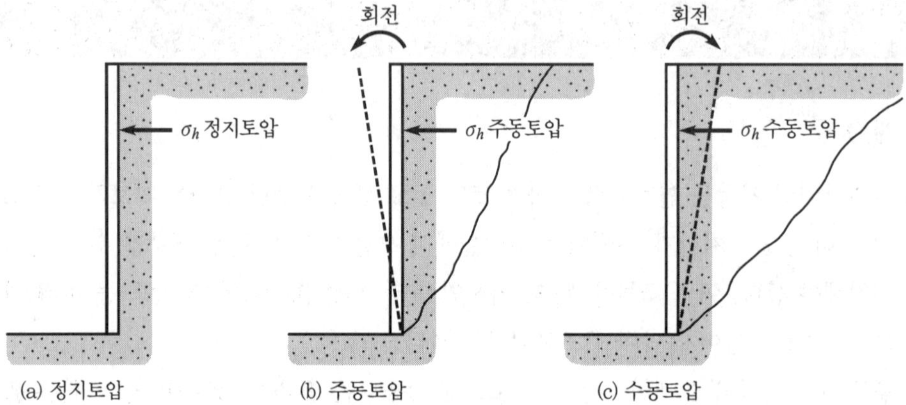

그림 7.1 토압의 종류

1.1.2 구조물에 작용하는 토압 분포

토압의 분포는 흙막이 구조물과 흙의 상대적인 변위에 따라 달라진다.

(1) 옹벽

옹벽은 앞부리를 중심으로 회전할 수 있으므로 흙은 연직 및 수평방향으로 변위될 수 있다. 이때의 토압분포는 삼각형 형태이다.

(2) 버팀대 흙막이 구조물

버팀대로 받친 벽체는 수평방향으로 변위를 일으키며 토압분포는 포물선 형태이다.

(3) 교대

교대는 상단을 중심으로 회전하므로 상단이 변위가 가장 크며, 토압분포는 포물선 형태이다.

(4) 앵커달린 널말뚝

앵커달린 널말뚝의 변위 및 토압분포는 더욱 복잡하다. 굴착저면을 기준으로 상부는 주동토압이, 하부는 수동토압이 작용한다.

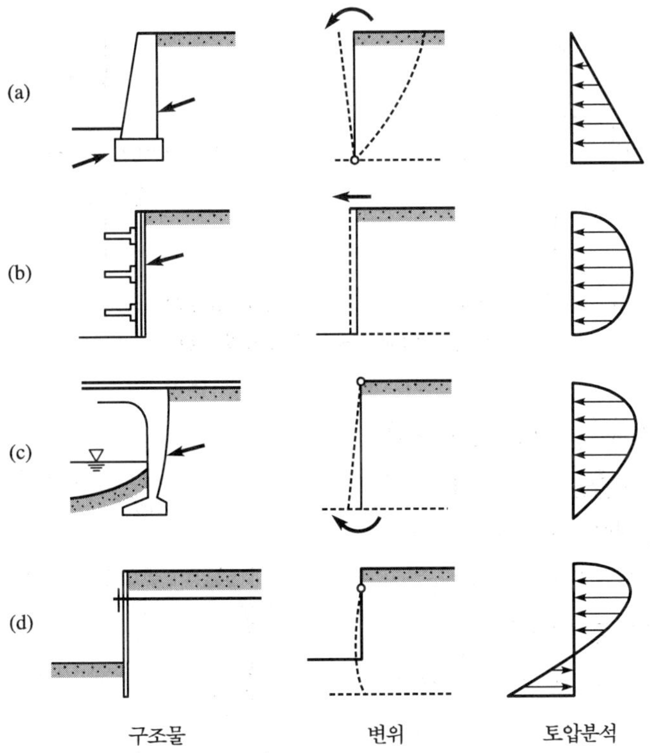

그림 7.2 여러 가지 흙막이 구조물의 변위에 따른 토압분포

1.2 벽체변위에 따른 토압의 변화

1.2.1 벽체변위 진행에 따른 수평응력 변화

1) 벽체의 변위가 전혀 없어서 흙이 정지되어 있을 때의 최초의 응력상태를 정지상태(at rest condition)라고 부르며, "탄성평형상태"(elastic state of equilibrium)에 있다고 한다. 이 때 흙은 피괴되지 않은 상태이고, 이 상태의 토압을 정지토압(σ_{ho})이라 한다.

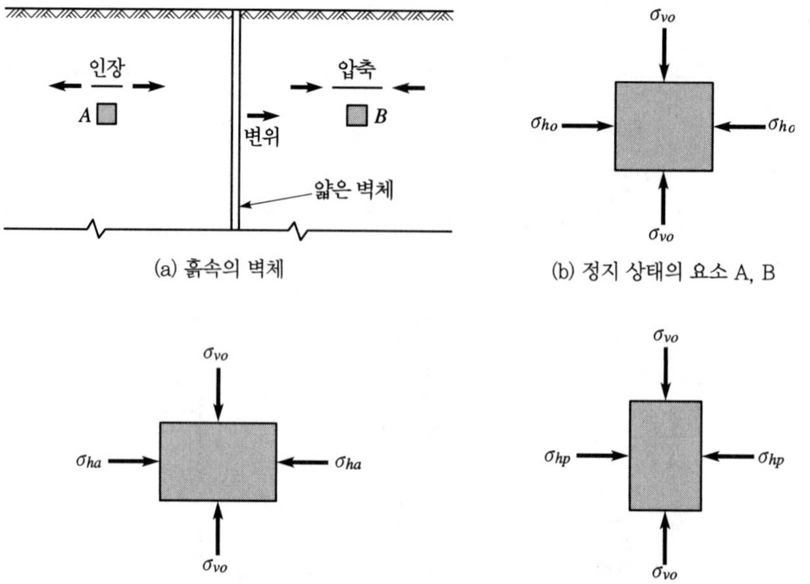

(a) 흙속의 벽체 (b) 정지 상태의 요소 A, B

(c) 요소 A의 주동 파괴 상태($\sigma_{ha} < \sigma_{vo}$) (d) 요소 B의 수동 파괴 상태($\sigma_{hp} > \sigma_{vo}$)

그림 7.3 벽체 변위에 따른 토압의 변화

2) 벽체가 오른쪽으로 약간 변위를 일으키면 벽체의 오른쪽 흙은 압축이 되고, 왼쪽 흙은 팽창이 된다. 변위가 점점 증가하면 요소 A는 수평응력이 ① → ②′→ ③′→ ④′와 같이 감소하고, 요소 B는 수평응력이 ① → ② → ③ → ④와 같이 증가하게 된다. 이와 같이 진행되는 동안에 연직응력은 변화가 없고, 수평응력이 증가하거나 감소하여 전단저항이 발생하게 된다.

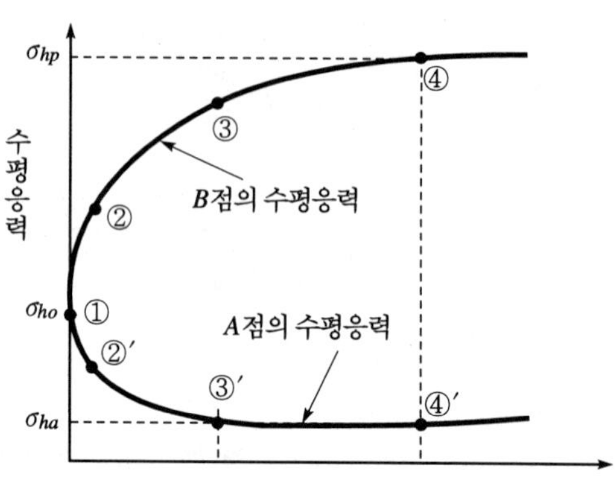

그림 7.4 벽체의 변위 진행에 따른 수평응력 변화

3) 요소 A, B가 전단저항이 더 이상 일어날 수 없는 ③′점과 ④점에 이르면 응력이 일정하게 유지되며 흙은 파괴된다. 이 때 파괴를 일으키는 가장 큰 수평응력을 수동토압이라 하고, 가장 작은 수평응력을 주동토압이라 한다.

1.2.2 정지, 주동, 수동상태의 Mohr원

벽체의 변위에 따라 흙이 파괴되는 과정을 Mohr원으로 표시하면 그림 7.5와 같다.

(1) 정지상태

정지상태의 Mohr원은 변위가 발생하기 전의 연직응력(σ_{vo})을 σ_1, 수평응력(σ_{ho})을 σ_3로 하여 Mohr원을 그리면 ①과 같으며, 아직 파괴포락선에 접하지 않아 안전한 상태이다.

(2) 주동상태

주동상태의 Mohr원은 정지상태의 Mohr원으로부터 연직응력은 변함이 없고, 수평응력이 점점 감소하여 Mohr원이 왼쪽으로 점점 커져서 파괴포락선에 접하게 될 때의 Mohr원이다.

(3) 수동상태

수동상태의 Mohr원은 정지상태의 Mohr원으로부터 연직응력은 변함이 없고, 수평응력이 점점 증가하여 Mohr원이 작아져서 점으로 되었다가, 수평응력이 연직응력을 초과하게 되면 다시 Mohr원이 커져서 파괴포락선에 접하게 되는데 이 때의 Mohr원을 말한다.

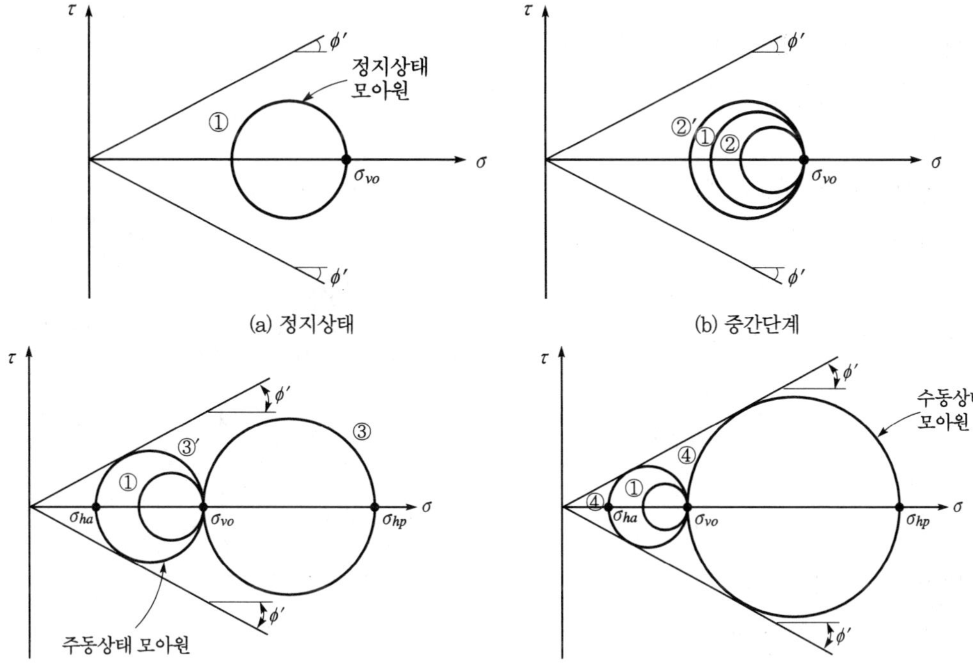

(a) 정지상태
(b) 중간단계
(c) 주동이 완전히 진행된 상태
(d) 수동이 완전히 진행된 상태

그림 7.5 흙이 파괴되는 과정의 Mohr원의 변화

1.2.3 주동토압상태와 수동토압상태의 변위 크기

1) 정지토압상태에 있던 벽체가 오른쪽으로 움직여 주동토압상태 또는 수평토압상태에 이르기 위해서는 벽체의 수평변위가 어느 크기 이상으로 발생하여야 한다.
2) 그림 7.6은 벽체의 변위와 수평토압의 관계를 나타낸 것이다. 그림 7.3에서 벽체가 오른쪽으로 이동하여 요소A가 주동토압상태에 이르렀을 때, 요소B는 아직 수동토압이 발휘될 만큼의 변위가 일어나지 않은 상태이며, 이때 요소B의 수평토압은 수동토압의 1/2에 그치고 있음을 알 수 있다.

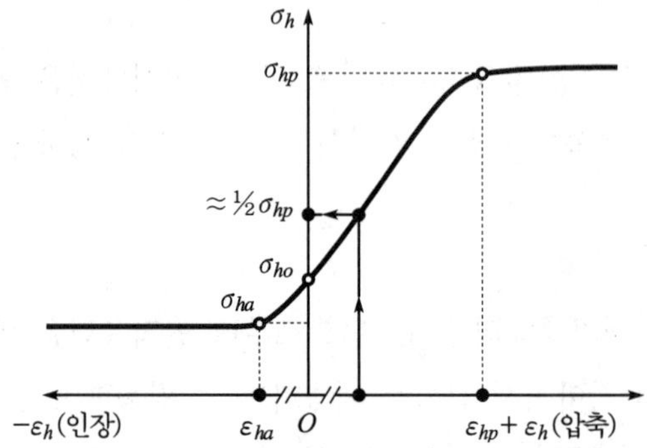

그림 7.6 수평변위에 따른 토압의 변화 (c=0, K_0 < 1인 경우)

3) 따라서, 옹벽의 활동 등을 검토할 때는 저감률 2를 사용하여 수동토압은 $\frac{1}{2}$~$\frac{1}{3}$만 적용한다. 만약 저감률 2를 고려하지 않을 경우 수동토압을 과대평가하여 옹벽의 안정성에 문제가 따를 수 있다.
4) 주동상태에 도달하기 위해서는 조밀한 모래는 적은 변위(회전각)로 충분한데 비해, 느슨한 모래는 상대적으로 대단히 큰 변위가 필요하다. 일반적으로 모래는 점토보다 더 적은 수평변위에서도 주동상태가 된다. 과압밀점토는 정규압밀점토보다 주동상태에 이르는데 소요되는 변위가 상대적으로 더 작다.

※ 파괴상태가 되었을 때의 벽체의 회전변위

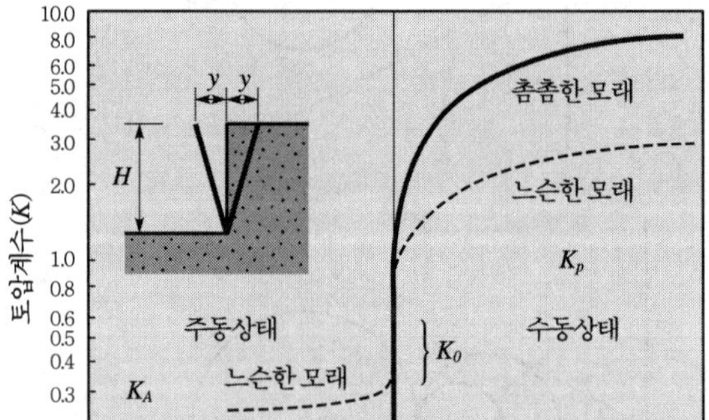

그림 7.7 벽체의 변위와 토압계수의 관계

표 7.1 흙의 종류에 따른 회전변위 크기

흙의 종류	회전변위(y/H)		비 고
	주동	수동	
조밀한 모래	0.001	0.02	20배
느슨한 모래	0.004	0.06	15배
굳 은 모 래	0.01	0.02	2배
연 한 모 래	0.02	0.04	2배

- 사질토의 경우 : 수동상태 변위 = 주동상태 변위의 15~20배 정도
- 점성토의 경우 : 수동상태 변위 = 주동상태 변위의 2배 정도

1.3 정지, 주동, 수동상태의 응력경로

1.3.1 정지상태의 응력경로 : K_o선상의 하나의 점으로 나타난다.

$$\sigma_{vo} = const,\ \sigma_{ho} = K_o \cdot \sigma_{vo}$$

$$p'_o = \frac{\sigma_{vo}+\sigma_{ho}}{2} = \frac{\sigma_{vo}}{2}(1+K_o)$$

$$q_o = \frac{\sigma_{vo}-\sigma_{ho}}{2} = \frac{\sigma_{vo}}{2}(1-K_o)$$

정지토압상태를 $p'-q$평면에 나타내면 원점을 지나는 K_o – Line에 위치한다.

이때 K_o– Line의 기울기는

$$\frac{q_o}{p'} = \tan\beta = \frac{1-K_o}{1+K_o} \tag{7.1}$$

1.3.2 주동상태의 응력경로

1) 정지상태에서 주동상태로 변해가는 과정의 응력경로 : 측인장(LE)으로 AB선이 된다.

$$\sigma_v = const,\ \sigma_h < 0,\ (즉\ \Delta\sigma_v = 0,\ \Delta\sigma_h < 0)$$

$$\Delta p' = \frac{\Delta\sigma_v + \Delta\sigma_h}{2} = \frac{0+(-\Delta\sigma_h)}{2} = -\frac{\Delta\sigma_h}{2}$$

$$\Delta q = \frac{\Delta\sigma_v - \Delta\sigma_h}{2} = \frac{0-(-\Delta\sigma_h)}{2} = +\frac{\Delta\sigma_h}{2}$$

∴ 응력경로의 기울기는

$$\frac{\Delta q}{\Delta p} = \frac{\Delta\sigma_h/2}{-\Delta\sigma_h/2} = -1 \tag{7.2}$$

2) 응력경로의 중점 $B(p_f, q_f)$: 주동파괴상태

$\sigma_v = \sigma_{1f} = const$, $\sigma_h = \sigma_{3f} = K_A \cdot \sigma_v$

$$p_f = \frac{\sigma_v + K_A\sigma_v}{2} = \frac{\sigma_v}{2}(1+K_A)$$

$$q_f = \frac{\sigma_v - K_A\sigma_v}{2} = \frac{\sigma_v - \sigma_h}{2} = \frac{\sigma_v}{2}(1-K_A)$$

$$\frac{q_f}{p_f} = \tan\alpha = \frac{1-K_A}{1+K_A} \tag{7.3}$$

즉, $B(p_f, q_f)$는 K_f – Line 상에 있다.

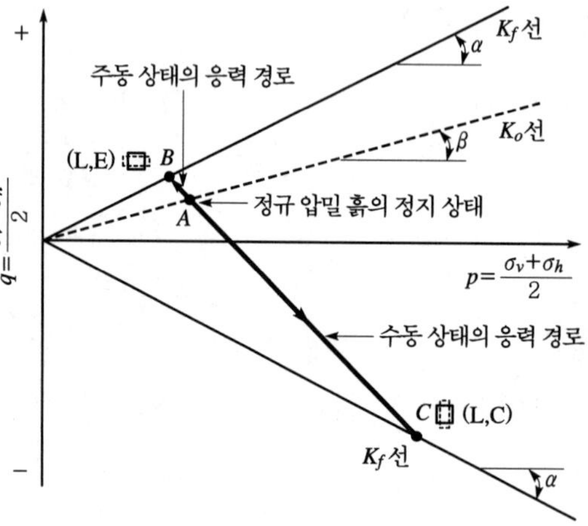

그림 7.8 정지, 주춤, 수동 상태의 응력 검토

1.3.3 수동상태의 응력경로

1) 정지상태에서 수동상태로 변해가는 과정의 응력경로 : 측압축(LC)으로 AC선이 된다

$\sigma_v = const$, σ_h는 증가 (즉 $\Delta\sigma_v=0, \Delta\sigma_h > 0$)

$$\Delta p' = \frac{\Delta\sigma_v + \Delta\sigma_h}{2} = \frac{0+\Delta\sigma_h}{2} = \frac{\Delta\sigma_h}{2}$$

$$\Delta q = \frac{\Delta\sigma_v - \Delta\sigma_h}{2} = \frac{0-\Delta\sigma_h}{2} = -\frac{\Delta\sigma_h}{2}$$

∴ 응력경로의 기울기는

$$\frac{\Delta q}{\Delta p'} = \frac{-\Delta\sigma_h/2}{\Delta\sigma_h/2} = -1 \tag{7.4}$$

2) 응력경로의 중점 $C(p_f,\ q_f)$: 수동파괴상태

$\sigma_v = \sigma_{3f} = const,\ \sigma_h = \sigma_{1f} = K_P \cdot \sigma_v$

$$p_f = \frac{\sigma_v + \sigma_h}{2} = \frac{\sigma_v}{2}(1+K_P)$$

$$q_f = \frac{\sigma_v - \sigma_h}{2} = \frac{\sigma_v}{2}(1-K_P)$$

$$\frac{q_f}{p_f} = \tan\alpha = \frac{1-K_P}{1+K_P} \qquad (7.5)$$

즉, $C(p_f,\ q_f)$는 K_f – Line 상에 있다.

1.4 정지토압(Lateral earth pressure at rest)

1.4.1 개요

1) 지표면이 수평이고 흙이 균질한 자연상태에 있는 지반내의 한 요소에 작용하는 응력은 수평면과 연직면에 작용하므로 모두 주응력이다.
2) 이 요소에서 수평방향으로 전혀 변위가 없을 때의 횡방향 토압을 정지토압이라 한다. 또한 이 때의 유효연직응력에 대한 유효수평응력의 비를 정지토압계수라 하며 다음과 같이 표시한다.

$$K_o = \frac{\sigma'_h}{\sigma'_v} \qquad (7.6)$$

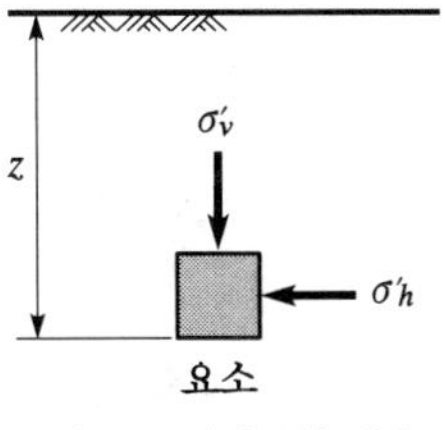

그림 7.9 정지토압 계수

표 7.2 흙의 정지토압계수 개략치(Hunt, 1986)

흙의 종류		K_o
점토	정규압밀점토	1–sinø(0.4~0.5)
	수동으로 다져진 점토	1.0~2.0
	기계로 다져진 점토	2.0~6.0
	과압밀 점토	1.0~4.0
모래	느슨한 모래	0.5
	조밀한 모래	0.6
	다져진 모래	1.0~1.5

1.4.2 정지토압계수 산정방법

(1) 탄성 이론식에 의한 방법

$\sigma'_v = \gamma z, \quad \sigma'_h = K_o \sigma'_v = K_o \gamma z$

$\therefore K_o = \dfrac{\sigma_h'}{\sigma_v'} = \dfrac{\mu}{1-\mu}$

여기서, μ : 프와송의 비

(2) 경험식에 의한 방법

1) Jackey 공식

- 모래 및 정규압밀점토

$K_o = 1 - \sin\phi'$ ← 일반적으로 가장 많이 사용 (7.7)

여기서, ϕ': 유효응력으로 표시된 전단저항각

- 과압밀 점토

$K_{0(과압밀)} \fallingdotseq K_{0(정규압밀)}\sqrt{OCR}$ (7.8)

2) Brooker and Ireland

정규압밀점토에 대해 Jackey 식을 수정하여 다음과 같이 제안했다.

$K_o = 0.95 - \sin\phi$ (7.9)

※ 소성지수와 OCR에 따른 K_0의 변화

과압밀비가 클수록 K_0값이 커짐을 알 수 있고, 약 3에 가까운 값도 존재한다.

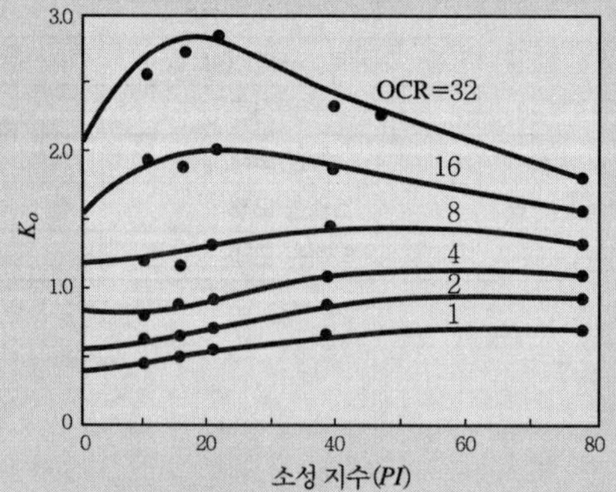

그림 7.10 정지토압계수 산정방법(Brooker and Ireland)

(3) 삼축압축시험

삼축압축시험에서 축응력 σ_v를 가한 다음 공시체에 수평변형이 발생하지 않도록 수평응력 σ_h를 조절하면서 압밀을 진행시킨다. 이 때 σ_v와 σ_h의 관계로부터 정지토압계수를 구한다.

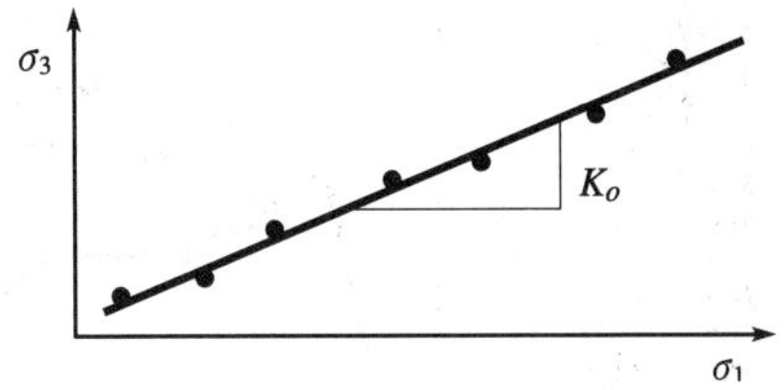

그림 7.11 정지토압계수 산정방법(삼축압축시험)

$$K_0 = \frac{\sigma_h}{\sigma_v} = \frac{\sigma_3}{\sigma_1} \tag{7.10}$$

(4) 압밀시험

수평응력을 측정할 수 있는 특별한 형태의 압밀 시험으로 변형률게이지에 링의 수평 변위가 감지되면 수평응력을 가해 수평 변위가 "0"이 되도록 하여 구하며 보통 압밀시험으로부터 K_0를 구한다.

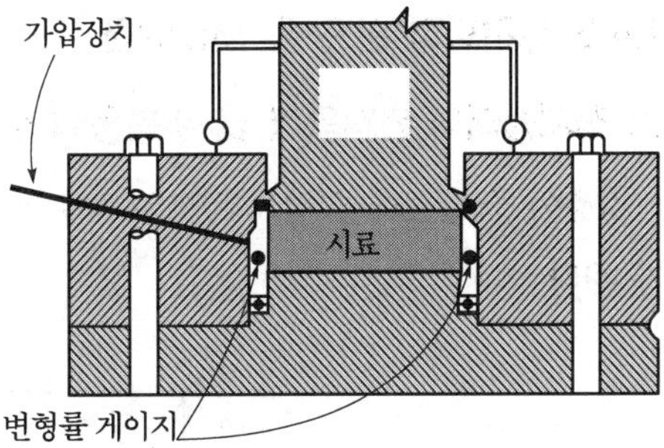

그림 7.12 정지토압계수 산정방법(압밀시험)

(5) 프레셔미터시험(Borehole pressuremeter test)에 의한 방법

$$K_o = \frac{\sigma_o}{\sigma_o'} \tag{7.11}$$

여기서, σ_o : 하중강도가 작은 단계에서 1차 변곡점의 하중강도 (수평정지 토압)

σ_o' : 유효 수직 응력

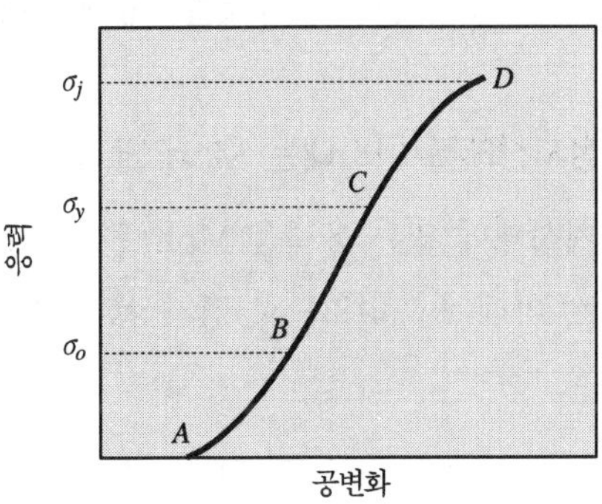

그림 7.13 정지토압계수 산정방법 (프레셔미터시험에 의한 방법)

(6) 수압파쇄시험(Hydraulic Fracture Test)

이 방법은 암반과 점토질 흙에 사용되며 투수성이 큰 모래에서는 사용할 수 없다.

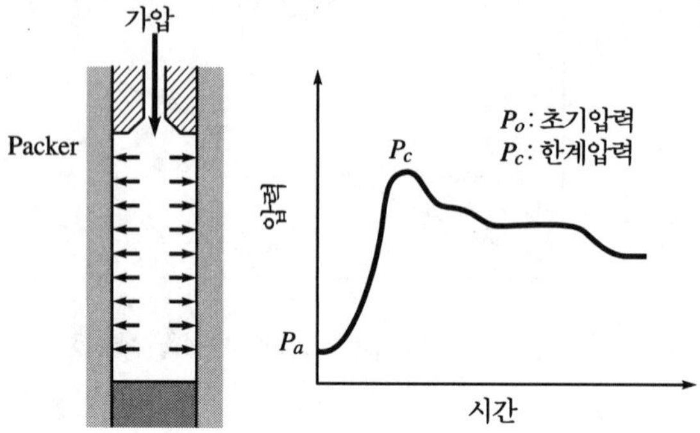

그림 7.14 정지토압계수 산정방법(수압파쇄시험)

1.4.3 정지토압 분포 및 Mohr원

(1) 정지상태의 연직응력 및 수평응력의 분포

지층이 균질하다면 정지토압은 지층의 깊이에 따라 직선적으로 증가하며 삼각형 분포를 하게 된다.

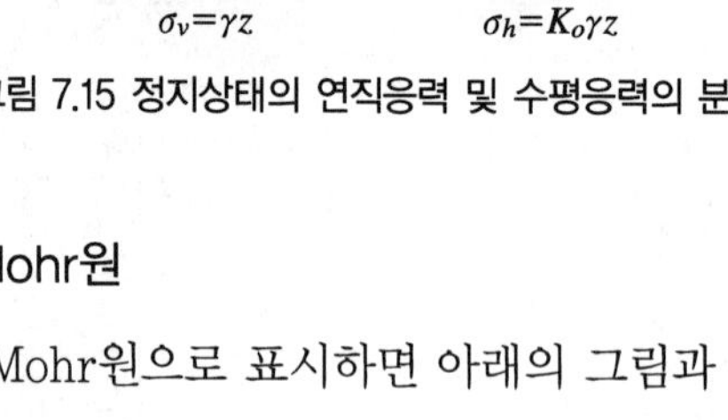

그림 7.15 정지상태의 연직응력 및 수평응력의 분포

(2) 정지상태를 나타내는 Mohr원

정지상태에 있는 응력을 Mohr원으로 표시하면 아래의 그림과 같다. 이 원은 Mohr의 파괴포락선 아래에 그려지므로 정지상태에서는 안정하다는 것을 알 수 있다.

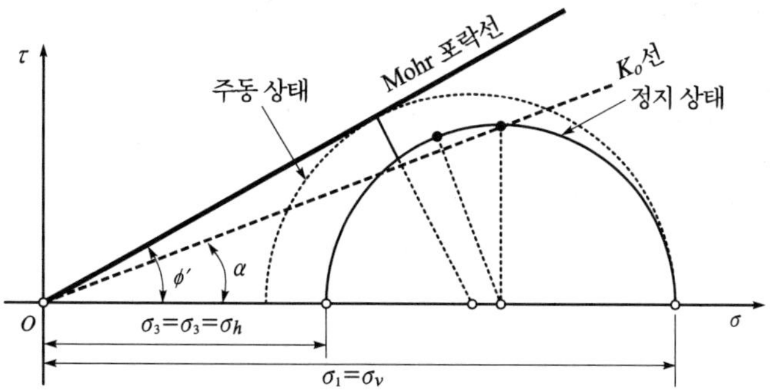

그림 7.16 정지상태를 나타내는 Mohr원

※ 정지상태를 표시하는 Mohr원의 최대 전단응력점을 연결한 선을 K_0선이라 한다.

(3) 압밀상태에 따른 정지토압의 범위

1) 정규압밀 상태

- 퇴적토란 침강입자가 축적되어 형성된 지반이다. 이 경우 상재하중이 지속적으로 증가함에 따라 수직응력이 증가하며 흙의 수직압축이 발생한다.
- 퇴적은 보통 상당히 넓은 면적에 걸쳐 일어나므로 퇴적과정 중에 수평방향의 압축은 거의 일어나지 않을 것이다(K_0압밀조건).
- 따라서, 퇴적토의 경우 전 수평응력은 수직응력보다 작다.
- 퇴적으로 형성된 모래지반의 경우 보통 K_0=0.4~0.5의 값을 갖는다.

2) 과압밀 상태

- 지층이 과거에 심한 선행하중을 받은 경우 수평응력이 수직응력을 초과할 수도 있다. 왜냐하면 굴착이나 침식 등으로 상재하중의 일부가 제거되더라도 수평방향으로 구속되어 있어 수평응력은 감소하지 않기 때문이다.
- 이 경우에 K_0는 3까지도 값을 가진다.

3) 지표면이 수평인 경우 정지응력의 범위

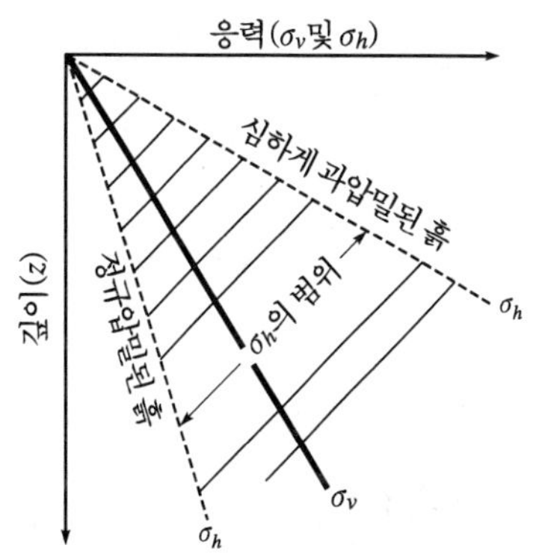

그림 7.17 지표면이 수평인 경우 정지응력의 범위

1.4.4 정지토압계수 적용 : 변위가 억제된 또는 없는 경우에 적용한다.

1) 지하실의 벽체
2) 지하배수구(암거)
3) 도로 및 제방 아래를 통과하는 박스 컬버트
4) 암반상의 옹벽
5) 변위 억제되는 교대
6) 지하연속벽
7) 버팀대에 선행재하된 경우

1.4.5 결론

1) 정지토압계수는 흙의 종류와 응력이력 및 지반의 형성과정에 따라 달라지지만 균질한 지반에서는 깊이에 무관하게 동일한 값을 가진다.
2) 횡방향 변위가 구속된 상태에서 흙을 다지면 이른바 다짐 유발응력에 의하여 정지토압계수는 대단히 커질 수 있다.

2. Rankine 토압이론

2.1 Rankine 토압이론의 기본개념

2.1.1 개요

1) 1856년 Rankine은 흙을 중력만이 작용하는 균질하고 등방인 반무한체로 가정하여 지반이 소성평형상태에 있을 때 지반내에 응력을 구하였다.
2) 소성평형상태는 지반이 파괴되기 직전의 상태로서 지반내의 응력을 나타내는 Mohr원이 파괴포락선에 접하는 상태이며, 이 때의 응력상태를 이용하여 옹벽에 작용하는 토압을 구한다(단, 옹벽은 마찰이 없는 것으로 가정).

2.1.2 기본가정

1) 벽면마찰은 무시한다.
2) 파괴면의 형상은 직선이다.

3) 토압의 작용방향은 지표면과 평행하게 작용한다.
4) 선하중, 집중하중의 상재하중이 작용할 경우 계산이 어렵다
5) 주동토압은 실제보다 크게, 수동토압은 실제보다 작게 산출되므로 다소 안전측이다.
6) 주동상태의 파괴면의 경사는 최대주응력면과 $45° + \frac{Ø}{2}$의 각도를 가진다.

2.1.3 적용성

1) 일반적으로 지표면이 수평이고 벽면이 연직인 경우, 벽체의 재질이 매끈한 경우 등에 적용한다.
2) 적용 가능한 경우
   - 뒤채움이 수평이거나 경사진 경우
   - 등분포의 상재하중이 작용하는 경우
   - 뒤채움이 이층이거나 지하수위가 있는 경우
   - 뒤채움이 점성토인 경우
3) 적용이 곤란한 경우
   - 선하중, 집중하중이 작용하는 경우(계산 복잡)
   - 높이가 높거나 주요 구조물의 경우
   - 지형이 복잡한 경우

2.1.4 Rankine 토압이론 적용 시 유의사항

1) Rakine토압은 벽마찰을 무시하므로 토압의 방향은 지표면의 경사와 일치하는 것으로 가정한다.
→ 그러나, 실제의 옹벽은 벽체와 배면 흙사이에 마찰이 발생하므로 엄밀하게는 실제와 맞지 않음
2) 주동토압은 실제보다 크게 산출되는 반면, 수동토압은 더 작게 산출되므로 안전측이다.
3) 계산방법이 간편하여 널리 사용되고 있으나, 옹벽의 구조해석은 일반적으로 벽마찰 등을 고려하는 Coulomb의 방법으로 계산하는 것이 무난하다.

2.2 지표면이 수평이고 상재하중이 없는 경우(사질토)

2.2.1 주동토압

지표면이 수평면이고 흙의 점착력이 0인 경우, 흙이 팽창할 때에는 수평면 위에 있는 흙의 무게는 동일하므로 연직응력은 일정하지만 수평응력은 감소한다. 흙이 팽창하여 파괴에 이르렀을 때의 응력상태를 Rankine의 주동상태라 한다.

(1) Mohr원으로부터 주동토압계수(K_A) 유도

정지상태로부터 주동상태로의 응력변화를 Mohr원으로 나타내면 다음과 같다.

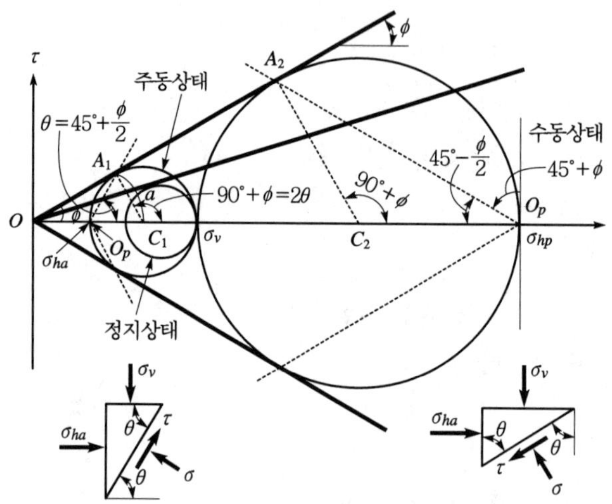

그림 7.18 지표면이 수평이고 상재하중이 없는 경우 토압

- 이 상태에서 다음과 같은 관계가 성립한다.

$$K_A = \frac{\sigma_{ha}}{\sigma_v} = \frac{\overline{OC_1} - \overline{A_1C_1}}{\overline{OC_1} + \overline{A_1C_1}}$$

여기서, $\overline{A_1C_1} = \overline{OC_1}\sin\phi$ 이므로

$$K_A = \frac{\overline{OC_1} - \overline{OC_1}\sin\phi}{\overline{OC_1} + \overline{OC_1}\sin\phi}$$

$$K_A = \frac{1-\sin\phi}{1+\sin\phi} = \tan^2(45° - \frac{\phi}{2}) \quad (7.12)$$

여기서, K_A : 주동토압계수 (Coefficient of active earth pressure)

(2) 주동토압의 크기

1) 옹벽의 이동이 충분히 커서 뒤채움이 소성평형상태가 되었다면 이때의 수평응력이 주동토압이다.
2) 이 때의 주동토압 분포는 흙이 균질하다면 σ_{ha}는 깊이 z에 비례하므로 삼각형 분포가 되며, 주동토압은 다음과 같다.

$$\sigma_{ha} = \sigma_v K_A = \gamma z K_A = \gamma z \tan^2(45° - \frac{\varnothing}{2}) \quad (7.13)$$

(3) 주동토압의 합력

$$P_A = \int_0^H \sigma_{ha} dz = \int_0^H \gamma z K_A dz$$

$$P_A = \frac{1}{2}\gamma H^2 K_A \quad (7.14)$$

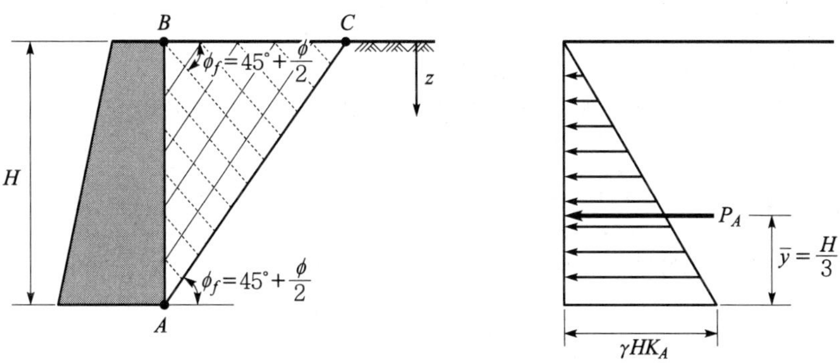

그림 7.19 옹벽에 작용하는 주동토압과 파괴면(c = 0인 경우)

(4) 작용점 및 방향

1) 합력의 작용점 : $\frac{1}{3}H$ (저면으로부터)
2) 작용방향 : 지표면과 평행

(5) 파괴면의 경사각

주동상태의 Mohr원을 그리면 그림 7.25와 같다.

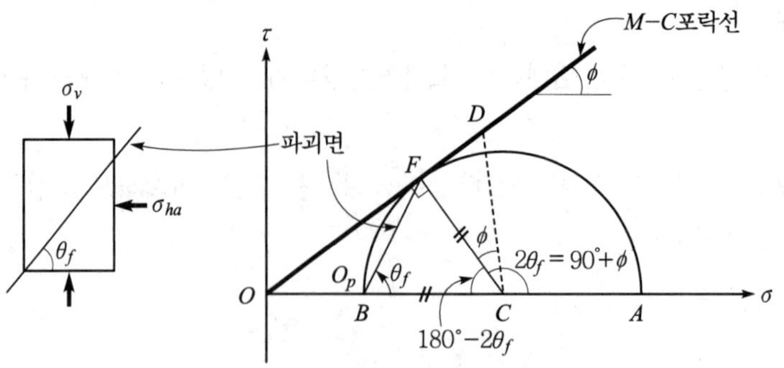

그림 7.20 주동상태 파괴각 결정방법

1) 주동상태의 파괴각

① O_P점 결정

최소주응력 작용점(σ_{ha}, 0)에서 최소주응력이 작용하는 면(연직면)과 평행한 선을 그어 Mohr원과 만나는 점(σ_{ha}, 0)이 O_P점이다.

② 파괴면의 결정

Mohr원이 파괴포락선에 접하는 F점과 O_P점을 연결한 선이 주동상태 파괴면의 방향을 나타낸다.

③ 파괴각 결정

최대주응력면에서 반시계방향으로 회전시켰을 때 파괴면과 이루는 각이 파괴각이다.

△BCF는 이등변삼각형이며, ∠BFC = θ_f이고, ∠BCF = 180°−2θ_f가 된다.

따라서, ∠ACF = 2θ_f이므로

$$2\theta_f = 90° + \varnothing$$

$$\therefore \theta_f = 45° + \frac{\varnothing}{2} \tag{7.15}$$

수동상태 파괴각 결정방법

(1) O_P점 결정

최소주응력 작용점(σ_v, 0)에서 최소주응력이 작용하는 면(수평면)과 평행한 선을 그어 Mohr원과 만나는 점(σ_{hp}, 0)이 O_P점이다.

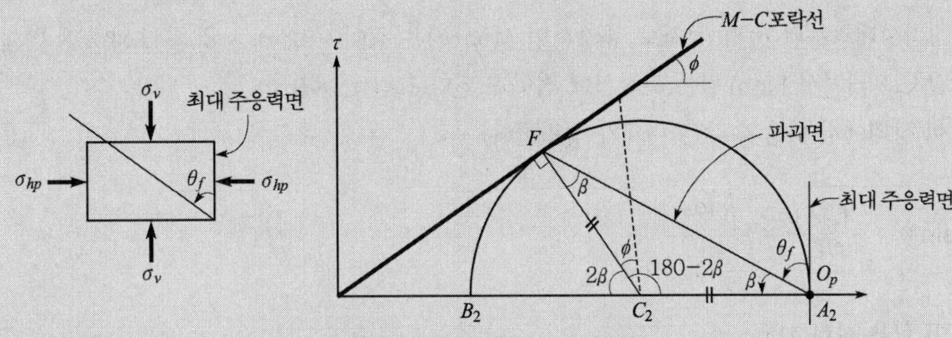

그림 7.21 수동상태 파괴각 결정방법

(2) 파괴면의 결정

Mohr원이 파괴포락선에 접하는 *A*점과 O_P점을 연결한 선이 수동상태 파괴면의 방향을 나타낸다.

(3) 파괴각 결정

최대주응력면에서 반시계방향으로 회전시켰을 때 파괴면과 이루는 각이 파괴각이다.

$2\beta = 90 - Ø°$

$\beta = 45° - \frac{Ø}{2}$

$\therefore \theta_f = 45° + \frac{Ø}{2}$

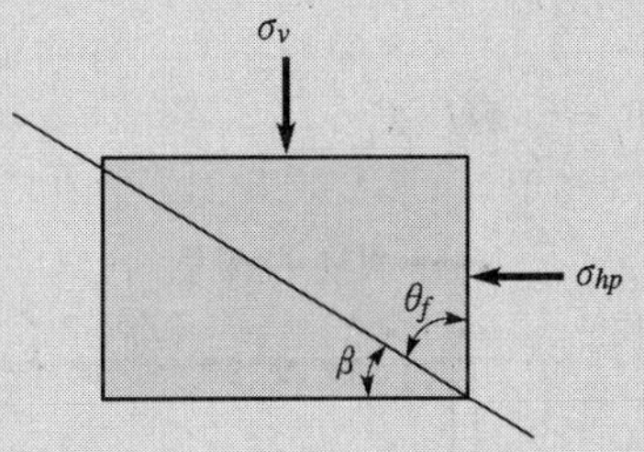

$\theta_f = 90 - \beta$이므로

$\theta_f = 90 - (45 - \frac{Ø}{2})$

$\therefore \theta_f = 45° + \frac{Ø}{2}$

※ 여기서 주의할 점은 주동상태는 수평면이 최대주응력면이 되고 수동상태는 연직면이 최대주응력면이 됨을 기억할 것

2.2.2 수동토압

- 흙을 수평방향으로 균등하게 압축시킨다면 수평응력은 증가될 것이다.
- 정지상태의 흙이 σ_h가 점차로 증가하여 $\sigma_h = \sigma_v$가 되었다가 더욱 증가하여 파괴에 이르렀을 때의 응력 상태를 Rankine의 수동상태라 한다.

(1) Mohr원으로부터 수동토압계수 K_P 유도

1) 정지상태로부터 σ_h가 점차로 증가하면 Mohr원은 작아지며, $\sigma_h = \sigma_v$를 초과하면 반대로 점차로 커져서 Mohr원은 포락선에 접하게 된다(그림 7.18참조).

2) 이 상태에서 다음과 같은 관계가 성립한다.

$$\sin \phi = \frac{C_2A_2}{OC_2} = \frac{\frac{1}{2}(\sigma_{hp} - \sigma_v)}{\frac{1}{2}(\sigma_{hp} + \sigma_v)}$$

3) 이 식을 정리하면

$$\frac{\sigma_{hp}}{\sigma_v} = \frac{1+\sin\phi}{1-\sin\phi} = \tan^2(45° + \frac{\phi}{2}) = K_p = \frac{1}{K_A} \quad (7.16)$$

여기서, K_P : 수동토압계수(Coefficient of passive earth pressure)

(2) 수동토압의 크기

$$P_P = \int_0^H \sigma_{hp} dz = \int_0^H \gamma z K_p dz$$

$$P_p = \frac{1}{2}\gamma H^2 K_p \quad (7.17)$$

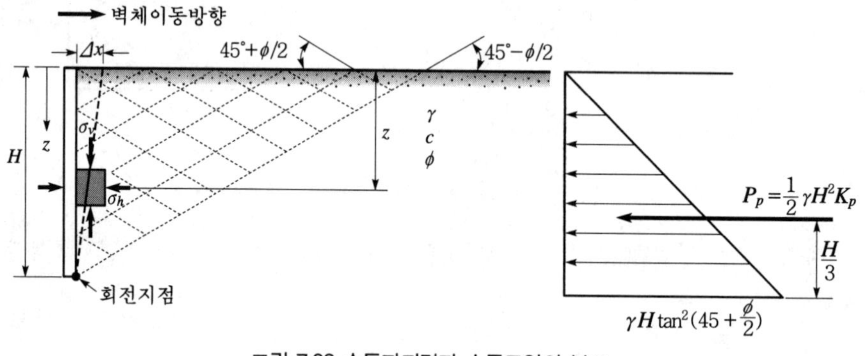

그림 7.22 수동파괴면과 수동토압의 분포

(3) 작용점

이 합력의 작용점은 옹벽하단에서 $\frac{1}{3}H$ 되는 점에 있다.

2.3 상재하중이 있거나 이질층인 경우의 Rankine 토압

2.3.1 상재하중이 있는 경우

1) 옹벽 뒤의 지표면에 등분포하중 q가 작용할 때, 임의의 깊이 z에서의 수평응력은 흙만에 의한 수평응력($\gamma z K_A$)과 등분포하중에 의한 수평하중(qK_A)의 합이다.

즉, $\sigma_v = \gamma z + q, \quad \sigma_h = (\gamma z + q) K_A$

2) 따라서, 높이 H인 옹벽에 작용하는 전주동토압과 전수동토압은 다음과 같다.

$$P_A = \int_0^H \sigma_{ha} dz = \left(\frac{\gamma H^2}{2} + qH\right) K_A = \frac{1}{2}\gamma H^2 K_A + qHK_A \tag{7.18}$$

$$P_P = \int_0^H \sigma_{hp} dz = \left(\frac{\gamma H^2}{2} + qH\right) K_P = \frac{1}{2}\gamma H^2 K_p + qHK_P \tag{7.19}$$

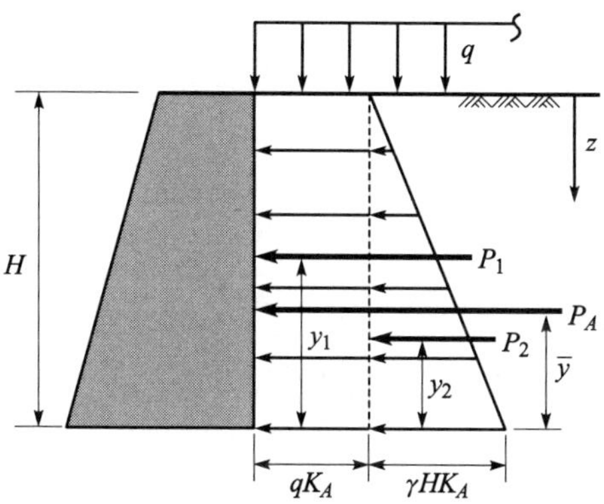

그림 7.23 상재하중이 있는 경우의 주동토압 분포

3) 합력의 작용점

$$y = \frac{P_1 y_1 + P_2 y_2}{P_A} \tag{7.20}$$

2.3.2 배면토가 이질층인 사질토지반의 경우

뒤채움 흙의 단위중량이나 전단저항각이 서로 다른 여러 지층으로 형성되어 있을 경우 수평토압을 산정하는 방법에는 이론적인 방법과 경험식에 의한 방법이 있다.

(1) 이론적인 방법에 의한 토압산정

1) 가장 위의 층은 일반적인 방법에 의해 토압을 구하고, 두 번째 층부터는 위층의 흙의 무게

를 상재하중으로 간주하여 토압을 구한 후 합성한다.

2) 위층의 토압계수가 아래층의 토압계수보다 크면 톱니모양, 작으면 계단모양이 된다.

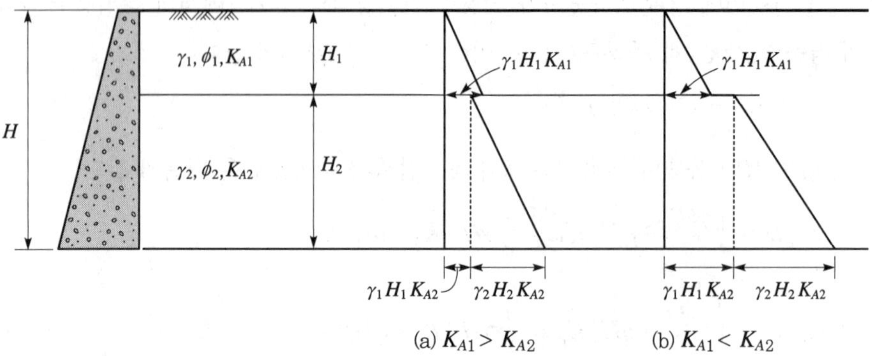

그림 7.24 뒤채움이 여러 층으로 이루어진 경우의 주동토압 분포

(2) 경험적인 방법에 의한 토압산정

1) 각 토층별 토압계수 및 단위중량 사용

$$P_{A(i)} = a[K_{a(i)} \times \gamma_{t(i)} \times h_{(i)}] \tag{7.21}$$

여기서, a : 토질 및 상태에 의존하는 계수

2) 토압계수 및 단위중량을 토압작용 깊이까지의 평균값을 사용하는 방법

2.3.3 지하수위가 있는 경우

1) 뒷채움을 균질한 모래로 가정한 옹벽의 경우, 물에 잠겨도 모래의 전단저항각은 거의 차이가 없으므로 토압계수는 지하수위에 관계없이 동일하게 생각한다.

2) 옹벽 저면에서의 유효수직응력 및 유효수평응력은

$$\sigma_v' = \gamma_t H_1 + \gamma_{sub} H_2$$

$$\sigma_h' = (\gamma_t H_1 + \gamma_{sub} H_2) K_A$$

3) 옹벽 저면에서의 간극수압은

$$u = \gamma_w H_2 \text{ 임} \tag{7.22}$$

4) 따라서, 이 옹벽에 작용하는 전주동토압은 토압과 수압을 합한 값이다.

$$P_A = \frac{1}{2}\gamma_t H_1^2 K_A + \gamma_t H_1 H_2 K_A + \frac{1}{2}\gamma_{sub} H_2^2 K_A + \frac{1}{2}\gamma_w H_2^2 \tag{7.23}$$

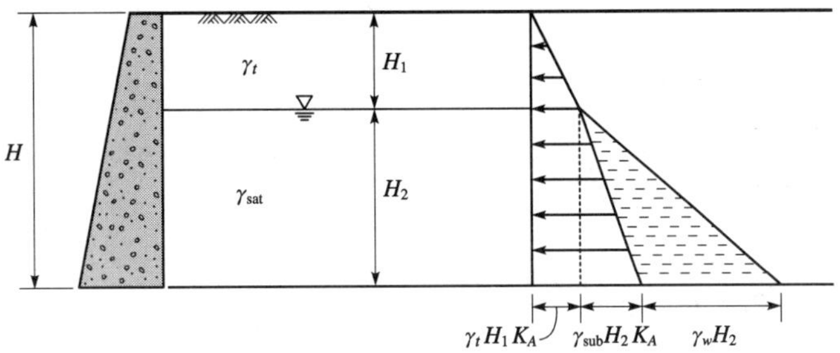

그림 7.25 뒤채움에 지하수면이 있을 때의 주동토압 분포

2.4 뒤채움이 점성토인 경우의 Rankine 토압

2.4.1 주동토압

(1) 주통토압의 분포

주동파괴상태에서는 최대주응력은 연직응력이고 최소주응력은 주동토압이 된다.

즉, $\sigma_1 = \sigma_v$, $\sigma_3 = \sigma_{ha}$

주동파괴상태에 대한 Mohr원을 그리면 그림 7.26과 같다. 점성이 있는 흙의 경우 점착력 때문에 포괴포락선이 원점을 통과하지 않고 절편을 가진다.

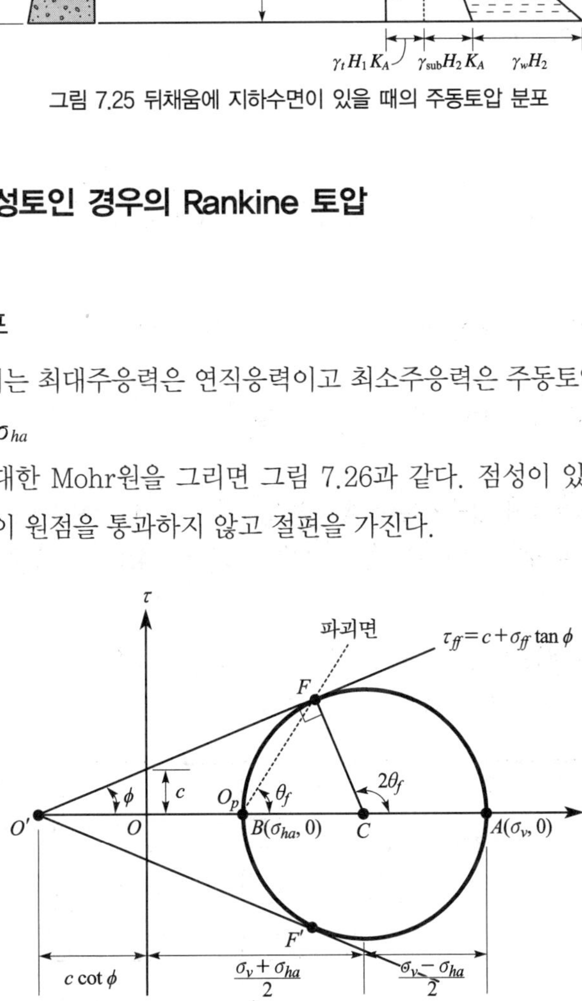

그림 7.26 주동상태의 Mohr 응력원과 파괴포락선(점착력이 있는 경우)

그림 7.26에서 FO′C로부터

$$\sin\phi = \frac{\overline{FC}}{\overline{O'C}} = \frac{\dfrac{\sigma_v - \sigma_{ha}}{2}}{c\cot\phi + \dfrac{\sigma_v + \sigma_{ha}}{2}}$$

$$\sin\phi\left[c\cot\phi + \frac{1}{2}(\sigma_v + \sigma_{ha})\right] = \frac{1}{2}(\sigma_v - \sigma_{ha})$$

이 식을 정리하면

$$\sigma_{ha} = \left(\frac{1-\sin\phi}{1+\sin\phi}\right)\sigma_v - 2c\frac{\cos\phi}{1+\sin\phi} = \frac{1-\sin\phi}{1+\sin\phi}\gamma z - 2c\sqrt{\frac{1-\sin\phi}{1+\sin\phi}}$$

$$\sigma_{ha} = \gamma z K_A - 2c\sqrt{K_A} \qquad (7.24)$$

위 식의 우변 첫째항은 흙자중, 둘째항은 점착력에 의한 주동토압이다.

여기서, $K_A = \dfrac{1-\sin\phi}{1+\sin\phi} = \tan^2\left(45 - \dfrac{\phi}{2}\right) = \dfrac{1}{K_P}$

※ 이때, K_A는 사질토의 경우에는 주동토압계수가 되지만 점착력의 경우에는 주동토압 계수가 아님에 유의해야 함 (즉, $K_A = \dfrac{\sigma_{ha}}{\sigma_v}$의 관계가 성립하지 않는다.)

점착력이 있는 흙에서는 주동토압은 깊이에 관계없이 $2C\sqrt{K_A}$만큼 일정하게 감소한다. 이 때의 토압분포도를 그리면 다음과 같다.

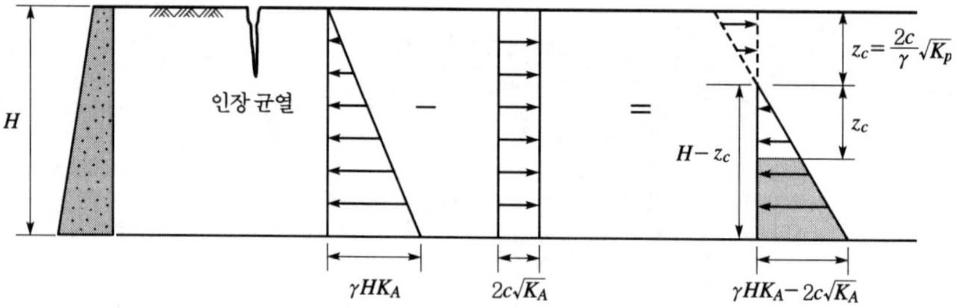

그림 7.27 주동토압의 분포도

(2) 주동토압의 합력

주동토압의 합력을 결정하는 방법은 인장균열의 고려여부에 따라 Fellenius방법과 Cain의 방법이 있다.

1) Fellenius 방법(이론적인 방법)

이 방법은 인장균열을 고려하지 않는 이론적인 방법이다. 옹벽배면 전 구간에 점착력이 저항력으로 작용한다고 보기 때문에 주동토압의 크기가 실제보다 상당히 작게 구해진다. 따라서 과소설계가 되어 위험을 초래할 수가 있으므로 실무에서는 이 방법을 잘 사용하지 않는다.

주동토압의 합력은 그림 7.27에서 음영처리된 부분의 면적이다. 즉,

$$P_A = \int_0^H \sigma_{ha}\, dz = \frac{1}{2} K_A \gamma H^2 - 2CH\sqrt{K_A} \tag{7.25}$$

2) Cain의 방법(실제적인 방법)

뒤채움의 지표면에 인장균열이 생겼다면 실제에 있어서 그 깊이까지는 인장력이 작용하지 않으므로 이것이 벽체에 주는 압력을 감소시키는 역할을 하지 못한다.

인장균열의 깊이까지의 음의 토압은 무시하고, 그 아래의 압축력만 고려하면 된다. 즉, 아래 그림의 삼각형 부분의 면적이 주동토압의 합력이다.

$$P_A = \frac{1}{2}(\gamma H K_A - 2c\sqrt{K_A})(H - z_c) \tag{7.26}$$

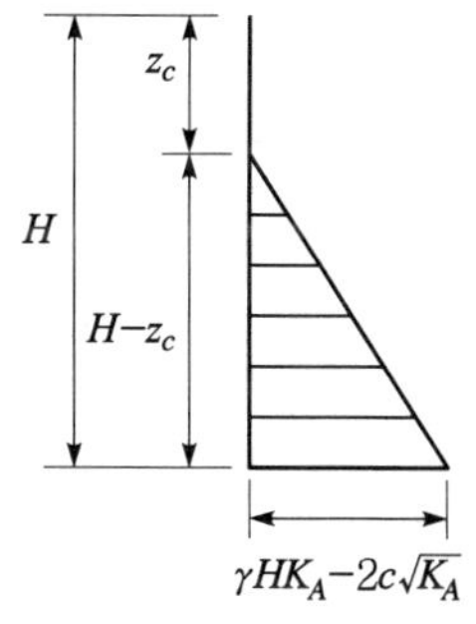

인장균열 깊이는 $z_c = \frac{2c}{\gamma}\frac{\sqrt{K_A}}{K_A} = \frac{2c}{\gamma}\frac{1}{\sqrt{K_A}} = \frac{2c}{\gamma}\sqrt{K_P}$이므로,

z_c를 식(7.25)에 대입하여 정리하면

$$P_A = \frac{1}{2}\gamma H^2 K_A - 2cH\sqrt{K_A} + \frac{2c^2}{r} \tag{7.27}$$

즉, Cain의 방법에 의한 실제토압은 Fellenius의 이론적인 방법보다 $\frac{2c^2}{r}$만큼 더 크게 구해진다.

3) 인장균열 깊이까지의 토층의 무게를 상재하중으로 간주하여 구하는 방법

이 방법은 인장균열 깊이까지의 토층의 무게를 상재하중으로 처리하므로 주동토압이 상당히 크게 구해진다. 따라서 과다설계가 되어 안정적인 측면은 있지만 공사비가 많이 들어가는 단점이 있다.

$$P_A = \gamma z_c K_A (H-Z_c) + \frac{1}{2} K_A \gamma (H-z_c)^2 \tag{7.28}$$

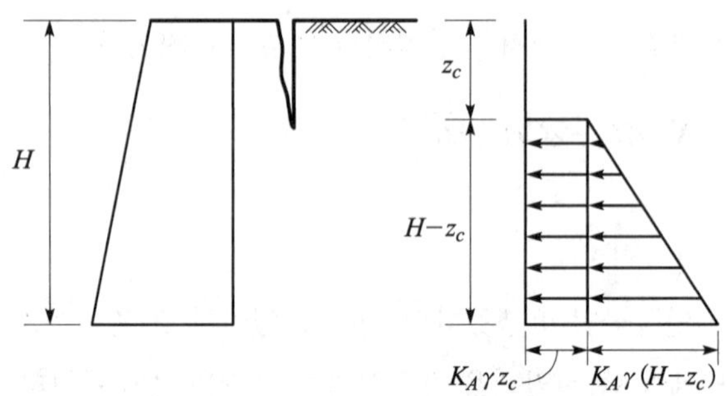

그림 7.28 인장균열 깊이까지의 토층의 무게를 상재하중으로 간주하여 구하는 방법

(3) 인장균열 깊이(점착고)

지표면으로부터 음(−)의 토압과 양(+)의 토압의 경계까지의 깊이를 인장균열 깊이(z_c)라 함

$$\sigma_{ha} = 0 = K_A \gamma z_c - 2c\sqrt{K_A}$$

$$\therefore z_c = \frac{2c}{\gamma}\frac{\sqrt{K_A}}{K_A} = \frac{2c}{\gamma}\frac{1}{\sqrt{K_A}} = \frac{2c}{\gamma}\sqrt{K_P} \tag{7.29}$$

(4) 한계깊이(H_c)

1) 토압은 삼각형으로 분포하므로 $2z_c$ 깊이까지는 음의 토압과 양의 토압의 합계가 같아져서 전토압의 합계는 0(Zero)이다. 따라서, 이론상으로는 이보다 작은 깊이까지는 연직으로 굴토해도 굴착면은 아무런 지지없이 안정을 유지할 수 있다. 이 때의 깊이를 한계깊이라 한다.

2) 한계깊이는 주동토압의 전토압을 0(Zero)으로 놓고 계산한다.

$$P_A = 0 = \frac{1}{2} K_A \gamma H^2 - 2cH\sqrt{K_A}$$

$$\therefore H_C = \frac{4c}{\gamma}\frac{1}{\sqrt{K_A}} = \frac{4c}{\gamma}\sqrt{K_P} = 2z_c \tag{7.30}$$

※ Terzaghi는 윗 식을 경험에 의해 다음과 같이 수정하였다.

$$H_C = \frac{2.67c}{\gamma}\tan\left(45^\circ + \frac{\varnothing}{2}\right) = 1.335 z_c \quad (7.31)$$

2.4.2 수동토압

1) 주동토압과 같은 방법으로 구하면

$$\sigma_{hp} = \gamma z \tan^2\left(45^\circ + \frac{\varnothing}{2}\right) + 2c\tan\left(45^\circ + \frac{\varnothing}{2}\right) = \gamma z K_P + 2c\sqrt{K_P} \quad (7.32)$$

2) 이 때의 전 토압은

$$P_P = \int_0^H \sigma_{hp} dz = \frac{1}{2}K_P\gamma H^2 + 2cH\sqrt{K_P} \quad (7.33)$$

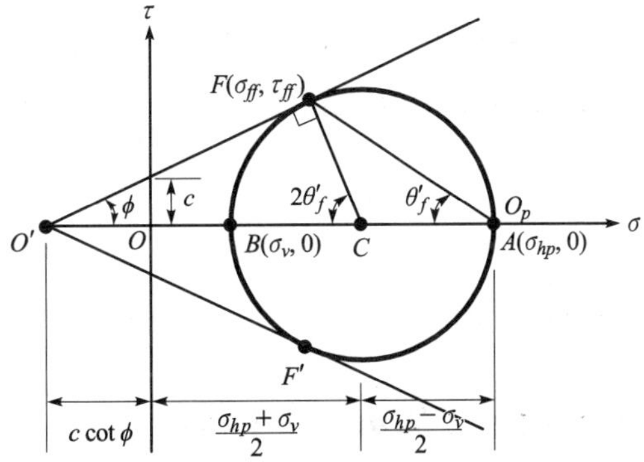

그림 7.29 수동상태에 대한 Mohr 응력원과 파괴포락선(점착력이 있는 경우)

3) 수동토압이 작용할 때 수평응력은 항상 압축이므로 인장균열이 생기지 않는다.

■ 참고자료

Ⅰ. 인장균열에 물이 가득 채워졌을 때

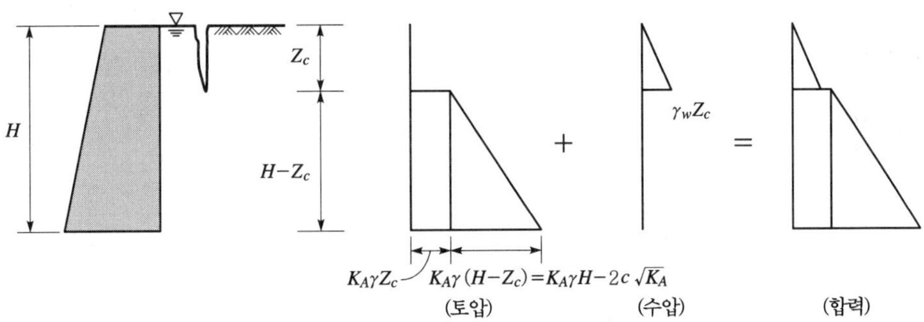

그림 7.30 인장균열에 물이 가득 채워졌을 때의 토압 및 수압

1) 인장균열 속에 물이 채워지면 그 깊이까지 수압이 작용하므로 옹벽에 전도와 활동을 일으키는 추가적인 요인이 된다.

2) 토압과 수압의 합력

① 토압(P_a) $= \gamma Z_c K_A (H-Z_c) + \frac{1}{2} K_A \gamma (H-Z_c)^2$ (7.34)

② 수압(U) $= \frac{1}{2} \gamma_w z_c^2$ (7.35)

II. 수직깍기비탈면의 안정해석

1. 개요

Terzaghi and Peak는 지하수면 위에 위치한 수직깍기비탈면에 대하여 Rankine의 주동토압 상태를 이용하여 안정해석을 하였다.

2. 주동토압

$$\sigma_{ha} = \gamma Z K_A - 2c\sqrt{K_A} \quad (7.36)$$

전토압 : $P_A = \int_0^H \sigma_{ha} dz = \frac{1}{2} K_A \gamma H^2 - 2cH\sqrt{K_A}$ (7.37)

3. 인장균열깊이 및 한계깊이

1) 인장균열깊이 : $Z_c = \frac{2c}{\gamma} \frac{\sqrt{K_A}}{K_A} = \frac{2c}{\gamma} \frac{1}{\sqrt{K_A}} = \frac{2c}{\gamma}\sqrt{K_P}$ (7.38)

2) 한계깊이 : $H_C = \frac{4c}{\gamma} \frac{1}{\sqrt{K_A}} = \frac{4c}{\gamma}\sqrt{K_P} = 2Z_c$ (7.39)

4. 안전율

$$F_s = \frac{H_C}{H} \quad (7.40)$$

3. Coulomb 토압

3.1 Coulomb 토압이론의 기본개념

3.1.1 개요

1) 앞에서 기술한 Rankine의 토압이론은 옹벽배면과 흙 사이의 마찰(즉, 벽면마찰)을 무시하고 토압을 산정하였다. 그런데 실제는 옹벽배면과 흙사이에 마찰이 존재한다. 벽면마찰을 고려하면 토압의 크기와 작용방향이 달라짐은 물론 활동면의 형상도 변화게 된다.
2) Coulomb은 벽면마찰을 고려한 토압이론을 제안하였는데, 이는 흙의 극한 평형상태를 고려하여 지반 내에 흙쐐기 파괴면을 여러 개 가정하고, 흙쐐기에 작용하는 힘들의 평형으로부터 토압을 결정하는 토압이론이다. 이를 일명 흙쐐기 이론이라고도 한다.
3) Coulomb의 이론으로 토압을 구하는 방법에는 ① 해석적 방법 ② 도해법 ③ 도표(또는 표)에 의한 방법 등이 있다.

도해법

지표면의 형상과 재하중이 불규칙한 경우에 쿨롱토압을 구하는 것은 도해법이 유리하다. 도해법에는 Culmann의 방법, Poncelet의 방법, 시행쐐기법 등이 있다.

도표에 의한 방법

Coulomb의 토압이론식은 계산이 번잡하여 계산기가 발달하지 않았던 옛날에는 토압계수 산정에 너무 많은 시간과 노력이 필요로 했다. 따라서 이러한 번거러움을 없애기 위하여 Lambe & Whitman(1969) 등의 여러 학자들이 도표를 제안하였다.

3.1.2 기본가정

1) 벽마찰력이 존재한다.
2) 파괴면은 평면(직선)이다.
3) 흙은 등방체이고 균질하며, 내부마찰력과 점착력을 모두 가지고 있다.
4) 흙쐐기는 강체이다.
5) 마찰력은 파괴면을 따라 균등하게 작용한다.
6) 파괴는 평면변형률 문제이다.

3.1.3 주동토압 결정

Coulomb의 주동토압은 흙쐐기 ABC가 평면활동에 의해 미끄러져 내려와 파괴될 때의 벽면 AB에 작용하는 토압이다. 이때 AB면과 AC면은 전단파괴가 일어나므로 이 두면은 파괴면이라 할 수 있다. AB면은 옹벽배면이므로 이미 결정되어 있으나 활동면 AC면은 가정에 따라 수많은 활동면이 존재하므로 토압이 최대가 되는 임계활동면을 찾는 절차가 필요하다.

(1) 임계파괴면의 결정

흙이 옹벽을 밀어 옹벽을 활동 또는 전도시키려면 먼저 뒤채움에 그림과 같은 흙쐐기 ABC(하나의 강체)가 형성되고, 이 쐐기가 좌하향으로 미끄러져 내려오면서 옹벽에 토압을 작용시키게 된다. 이때 AB면과 AC면은 파괴면이 되고 AB면은 옹벽배면으로 이미 결정되어 있는 셈이지만 AC면은 옹벽에 작용하는 토압이 최대가 되는 임계파괴면으로 아직 결정되어 있지 않다. 토압 P가 최대가 되는 평면 즉 임계파괴면은 $\dfrac{dP}{d\theta}$=0조건에서 결정할 수 있다.

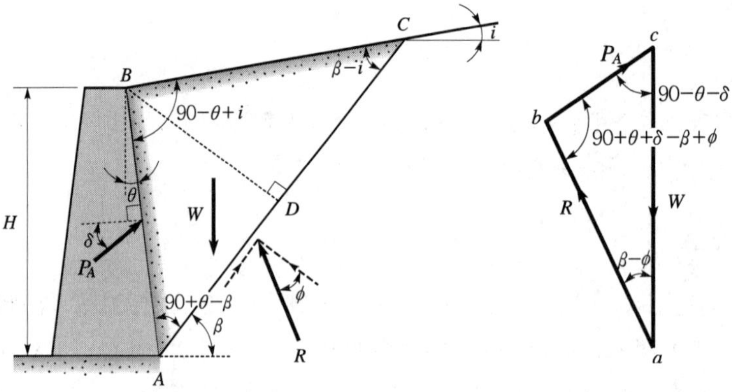

(a) 가상 파괴 흙쐐기 (b) 힘 삼각형

그림 7.31 Coulomb의 토압이론

(2) 흙 쐐기에 작용하는 힘

표 7.3 흙 쐐기에 작용하는 힘

구분	작용방향	크기	비고
흙쐐기 무게(W)	알수 있음	알수 있음	상재하중 작용시 포함
주동토압(P_a)	알수 있음	모름	벽면AB의 법선에서 반시계방향으로 δ만큼 기울어져 작용
활동면의 반력(R)	알수 있음	모름	활동면의 법선에서 시계방향으로 ϕ만큼 기울어져 작용

(3) 주동토압의 결정

1) 흙쐐기 W, P_A 및 R과의 힘의 삼각형을 그리면 P_A값을 결정할 수 있고, 파괴면을 여러 개로 가정하여 구한 P_A값들 중 최대값이 주동토압이 된다.

※ 주동토압은 안전측 설계를 위해 계산된 값중 가장 큰 값을 적용한다.

2) 힘의 삼각형 abc에 sin정리를 적용해서 정리하면

$$\frac{P_A}{\sin(\beta-\phi)}=\frac{W}{\sin(90+\theta+\delta-\beta+\phi)}$$

$$P_A=W\cdot\frac{\sin(\beta-\phi)}{\sin(90+\theta+\delta-\beta+\phi)} \tag{7.41}$$

식 (7.41)를 풀어서 정리하면 다음과 같은 주동토압식이 얻어진다(유도과정 생략).

$$P_A=\frac{\gamma H^2}{2}\;\frac{\cos^2(\phi-\theta)}{\cos^2\theta\cdot\cos(\delta+\theta)\left[1+\sqrt{\dfrac{\sin(\delta+\phi)\sin(\phi-i)}{\cos(\delta+\theta)\cos(\theta-i)}}\right]^2}$$

$$=\frac{1}{2}\gamma H^2K_A \tag{7.42}$$

여기서, K_A는 Coulomb의 주동토압계수이다. 만약 $\theta=0$(연직옹벽), $i=0$(지표면수평)인 경우에 대한 주동토압계수의 예가 표 7.4에 표시되어 있다. 표에서 보면 알 수 있듯이 벽면마찰각이 커질수록 주동토압계수는 작아지지만 Rankine 토압계수에 비하여 감소율이 그렇게 크지 않다.

※ 내부마찰각이 뒤채움 경사각보다 클 때만 적용 가능함

표 7.4 Coulomb의 주동토압계수(θ = 0°, i = 0°인 경우)

ø°	δ°					
	0	5	10	15	20	25
28	0.3610	0.3448	0.3330	0.3251	0.3203	0.3186
30	0.3333	0.3189	0.3085	0.3014	0.2973	0.2956
32	0.3073	0.2945	0.2853	0.2791	0.2755	0.2745
34	0.2827	0.2714	0.2633	0.2579	0.2549	0.2542
36	0.2596	0.2497	0.2426	0.2379	0.2354	0.2350
38	0.2379	0.2292	0.2230	0.2190	0.2169	0.2167
40	0.2174	0.2089	0.2045	0.2011	0.1994	0.1995
42	0.1982	0.1916	0.1870	0.1841	0.1828	0.1831

→ *Rankine의 주동토압계수와 동일*

3.1.4 수동토압 결정

1) 수동토압인 경우 주동토압과 반대로 옹벽이 배면쪽으로 압축됨에 따라 흙쐐기(ABC)가 위쪽으로 활동하려고 한다. 이때 벽면 AB에 작용하는 힘 P_p는 AB면의 법선에서 δ만큼, 힘 R는 AC면의 법선에서 ø만큼 상향으로 기울어져 작용한다.
2) W, P_p, R 세 힘의 다각형으로부터 P_p를 구한다.
여러 파괴면을 가정하여 구한 P_p값들 중에서 최소값을 수동토압으로 한다.

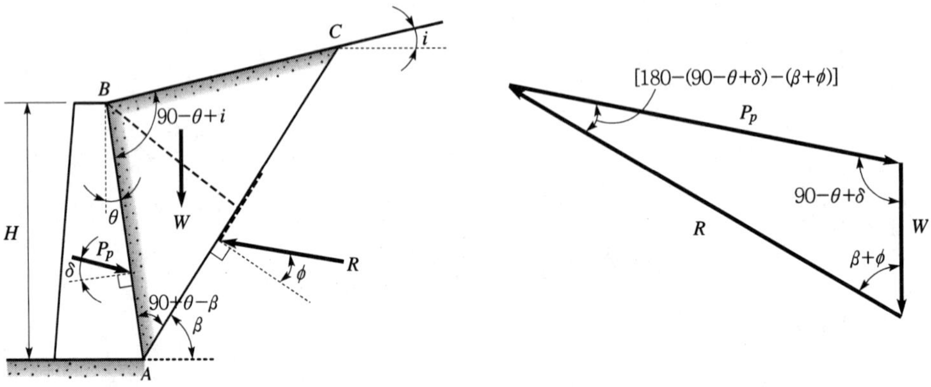

그림 7.32 Coulomb의 수동토압

3.1.5 결론

1) Coulomb 토압이론으로 구한 토압도 Rankine의 토압과 마찬가지로 삼각형 분포이다.
2) 만약, $i > ø$ 이면 토압공식 우변의 sin (ø − i) < 0이 되어 주동토압 산정이 불가능해진다. 이는 공학적으로는 $i > ø$ 인 사면은 존재할 수 없다는 의미로 해석된다.
3) β =90°, i = 0, δ = 0 이면 Rankine 토압공식으로 구한 값과 일치한다.
4) Coulomb 토압이론에서는 점착력은 고려할 수 없다. 다만 점성토 뒤채움의 경우에는 Coulomb 토압의 원리를 이용한 도해법으로 토압결정이 가능하다.
5) Coulomb의 토압계수는 그림 또는 표를 이용해서도 구할 수 있다.

3.2 Rankine 토압론과 Coulomb 토압론의 비교

표 7.5 Rankine 토압론과 Coulomb토압론의 비교

구 분	Rankine 토압	Coulomb 토압
1. 기본가정	흙을 중력만이 작용하는 균질하고, 등방인 반무한체로 가정하여 지반이 소성평형상태에 있을 때 지반내의 응력을 구함.	흙의 극한 평형상태를 고려하여, 지반내에 흙쐐기 파괴면을 여러개를 가정하고, 흙쐐기에 작용하는 힘들의 평형으로부터 토압을 결정.
2. 벽면마찰	무시	고려(조밀 : $\delta \fallingdotseq (\frac{1}{2} \sim \frac{2}{3})\phi$, 느슨: $\delta \fallingdotseq \phi$)
3. 파괴면의 형상 및 방향	• 파괴면의 형상은 벽마찰을 무시하므로 직선이 된다. • 파괴면의 방향은 최대주응력면과 $45 \pm \frac{\phi}{2}$의 각도를 가진다.	• 파괴면의 형상은 벽마찰의 영향으로 곡선부분이 생긴다. • 그러나, Coulomb은 파괴면을 직선으로 가정하여 간단하게 분석하였다.
3. 파괴면의 형상 및 방향	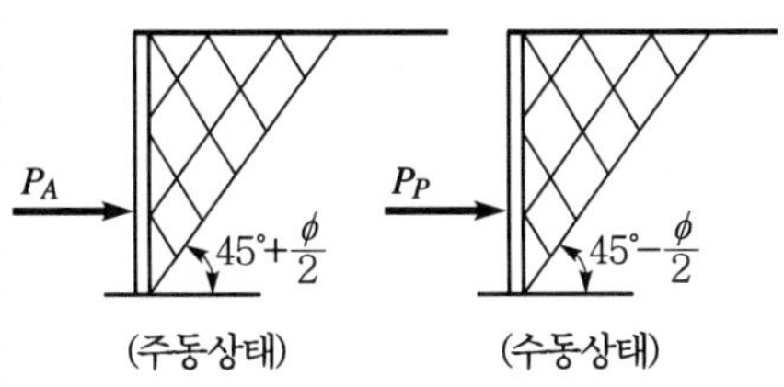 	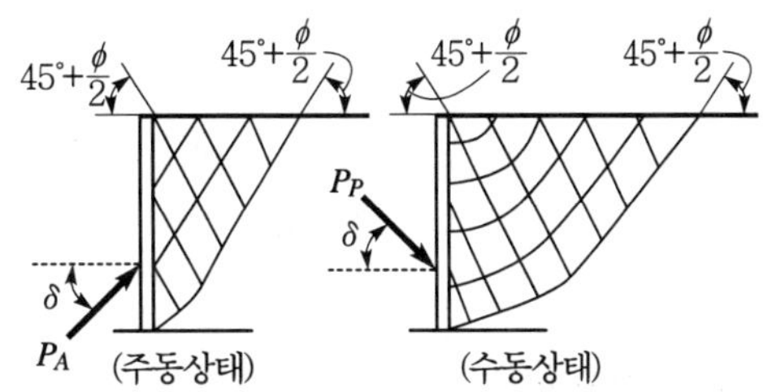
4. 토압의 작용 방향 및 작용점	• 벽마찰을 무시하므로 지표면과 평행하게 작용하나, 벽면이 경사진 경우는 기울어져 작용한다. • 상재하중이 없을 경우 삼각형 분포이므로 벽체 저면에서 1/3H 되는 점에 토압이 작용한다.	• 벽면의 법선에서 벽마찰각 δ만큼 경사져서 작용한다. • Rankine 토압과 동일
5. 상재하중의 영향	• 등분포 하중 : 계산 가능 • 선하중, 집중하중 : 계산이 어렵다.	• 등분포하중 • 선하중, 집중하중 흙쐐기 무게에 포함시켜 계산 가능
6. 계산 결과	• 주동토압 : 과대평가 • 수동토압 : 과소평가 − 벽마찰을 무시하므로 토압이 안전측으로 계산되며, 이론이 간단하므로 실제에 많이 사용된다. − 단, 주요 구조물의 경우 Coulomb 토압으로 검토해 볼 필요가 있다.	• 주동토압 : 비교적 실제와 잘 맞음 • 수동토압 : 곡면파괴로 구한값 보다 크게 평가되는데 벽 마찰각이 클수록 그 차이가 크다. − 수동토압이 크게 평가되면 불안전측이 되므로, δ가 ø/3 보다 클 경우는 곡면파괴를 고려한 토압이론으로 수동토압을 구하는 것이 좋다.
7. 문제점 및 적용성	• 벽면마찰을 무시하고 있으나 실제로는 벽마찰이 발생한다. • 계산이 간단하여 많이 사용되나 높이가 높거나, 주요 구조물에 대해서는 다른 방법으로 검토한다. • 일반적으로 지표면이 수평이고, 벽면이 연직인 경우, 벽체의 재질이 매끈한 경우 등에 사용된다.	• 벽면마찰로 인해 파괴면에 곡선부분이 형성. • 주동의 경우 곡선부분이 적기때문에 직선으로 가정할 수 있으나(주동토압은 δ의 크기에 큰 영향을 받지 않는다.) 수동의 경우 δ>ø/3이면 곡선부분의 영향을 고려해야 한다. • 옹벽배면 성토의 형상이 복잡한 경우에는 적용이 힘들다. • 주로 점성이 없는 사질토지반에 많이 사용됨

3.3 벽마찰각(δ)이 토압에 미치는 영향

3.3.1 개요

1) 콘크리트벽과 흙처럼 이질재료가 만나면 벽면에 마찰저항력이 생긴다.
2) 이 때 발생하는 벽마찰각(Angle of Wall Friction)은 흙의 성질 및 벽체의 거칠기에 따라 다르며, 벽면이 매끈할수록 입경이 작을수록 작아진다.
3) 벽마찰각의 크기는 흙의 극한파괴상태를 취했을 때의 ϕ_r의 값과 대략 동일하다.
   ① 느슨한 모래의 경우 : $\delta \doteqdot \phi_r$이고,
   ② 촘촘한 모래의 경우 : δ = (1/2~2/3) ϕ_r정도이다.

3.3.2 벽마찰각 방향

(1) 주동상태

옹벽이 바깥쪽으로 이동함에 따라 흙은 벽체에 대해 상대적으로 하향거동을 하게 되므로 벽마찰력은 상향으로 작용한다.

(2) 수동상태

옹벽이 안쪽으로 이동함에 따라 흙은 벽체에 대해 상대적으로 상향거동을 하게 되므로 벽마찰력은 하향으로 작용한다.

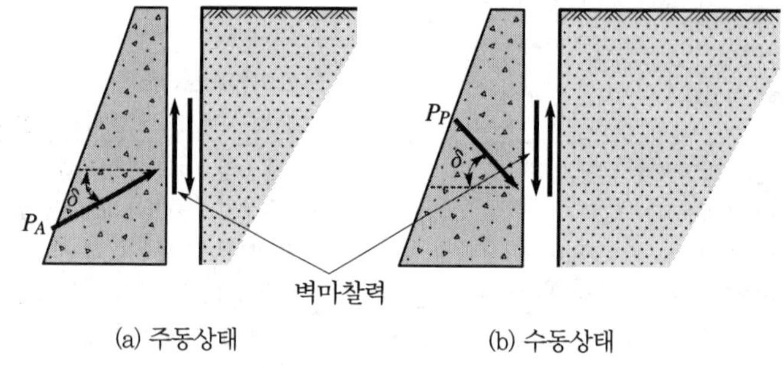

그림 7.33 벽마찰각의 작용방향

3.3.3 벽마찰각 고려시 활동면의 형상

1) Rankine은 벽체와 흙 사이에 마찰이 전혀 없다고 보고 활동면을 직선으로 가정하여 토압공식을 유도하였으나, 실제에 있어서는 마찰이 존재하므로 활동면은 곡선의 형상을 이룬다.

2) Coulomb은 벽마찰은 고려하였으나, 역시 계산의 편리를 위하여 활동면을 직선으로 가정하였으므로 실제와 상이하다.

3.3.4 벽마찰각이 토압에 미치는 영향

1) 주동토압은 벽면마찰각의 크기에 영향을 크게 받지 않으나 수동토압은 매우 차이가 심하다.

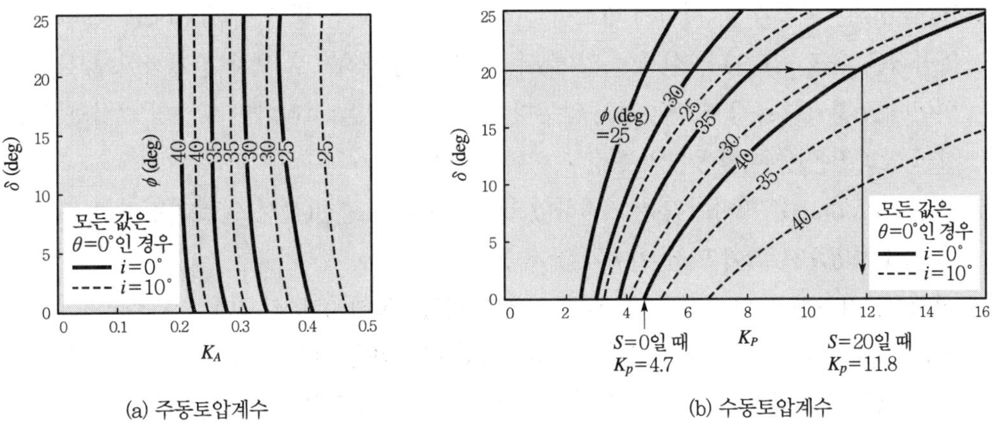

그림 7.34 ø와 δ에 따른 주동토압계수 K_A(a)와 수동토압계수 K_A(b)의 변화

2) 벽마찰각이 작을수록 주동토압계수는 커지고 수동토압계수는 작아진다. 따라서, 벽마찰을 고려하지 않은 Rankine 토압의 경우 주동토압은 크게 수동토압은 작게 산출되므로 안전측이다. ← 과다설계(옹벽의 안정과 연관하면 쉽게 이해됨)

3) Coulomb 토압의 경우 벽마찰을 고려하였으나 활동면을 직선으로 가정하였으므로 주동토압은 비교적 실제와 잘 일치하나, 수동토압은 벽마찰각이 1/3ø 보다 크게 되면 실제토압과는 상당한 차이를 보이며 직선으로 가정하면 지나치게 큰 값으로 계산되므로 불안측이 된다.

따라서, $\delta > \frac{1}{3}ø$ 이면 곡면파괴를 고려한 토압이론을 적용시켜 수동토압을 구해야만 한다.

3.3.5 설계 적용

1) 중력식 옹벽의 경우

– 안정검토와 벽체단면 계산시 모두 벽마찰각을 고려한 Coulomb토압으로 적용함.

2) 캔틸레버형 옹벽

- 벽체 계산시 : 벽마찰 고려한 Coulomb토압을 적용하고
- 안정 계산시 : 벽마찰이 생기지 않으므로 벽마찰각을 무시한 Rankine토압을 적용함.

3.4 활동면이 곡면일 때의 토압이론

3.4.1 개요

1) Rankine은 벽체와 흙 사이에 마찰이 전혀 없고 파괴면은 평면(직선)이라고 가정하여 토압공식을 유도하였으나, 실제에 있어서는 마찰이 존재하므로 벽체면 가까이에서는 연직면이나 수평면이 주응력면이 되지 않는다. 이 마찰성분을 고려하면 토압의 크기와 작용방향이 달라짐은 물론 활동면의 형상도 변화하게 된다.
2) 한편 Coulomb은 벽마찰각은 고려하였으나 활동면을 평면(직선)으로 가정하여 토압공식을 유도하였으므로 이 또한 실제와 맞지 않는다.
3) 따라서, 정확한 토압산정을 위해서는 벽면마찰을 고려하고 실제에 부합하는 활동면(곡면)을 고려하여 계산하여야 한다. 그러나 곡선 활동면을 결정하는 것이 그렇게 쉽지 않으므로 보통 대수나선 또는 원호를 사용하고 있지만 토압결정을 위해서는 반복계산이 필요하여 Rankine 또는 Coulomb 토압이론에 비해 상당히 번거롭다는 단점이 있다.

3.4.2 실제 활동면의 형상

(1) 벽체가 전면쪽으로 회전하는 경우(주동상태)

1) 벽체가 전면으로 회전하여 파괴에 이르렀다면 활동면은 직선부분과 곡선부분으로 이루어진다.
2) 즉, 지표면 부근에서는 연직면과 수평면에 전단력이 없기 때문에 활동면이 최대주응력면과 $45° + \frac{\phi}{2}$의 각도를 이루나, 벽체부근에서는 전단력이 존재하며 이것은 벽체배면으로부터의 위치에 따라 달라지기 때문에 곡선이 된다.
3) 벽체가 전면으로 회전할 때 흙쐐기 ΔABC는 하향으로 움직이므로, AB면과 AC면에 상향의 마찰이 생긴다. 따라서 AB면에 작용하는 반력 P_A(주동토압)는 AB면의 법선과 δ의 각도 만큼 상방향으로 기울어 작용한다[그림 7.35(a) 참조].

(2) 벽체가 배면쪽으로 회전하는 경우(수동상태)

1) 수동상태가 되어 파괴될 때의 활동면은 (b)와 같이 직선부와 곡선부로 이루어진다.

2) 수동토압을 받을 때 흙덩이 ΔABC는 상향으로 이동하므로 P_P(수동토압)는 AB면의 법선과 δ의 각도만큼 하향으로 기울어져 작용한다[그림 7.35(b) 참조].

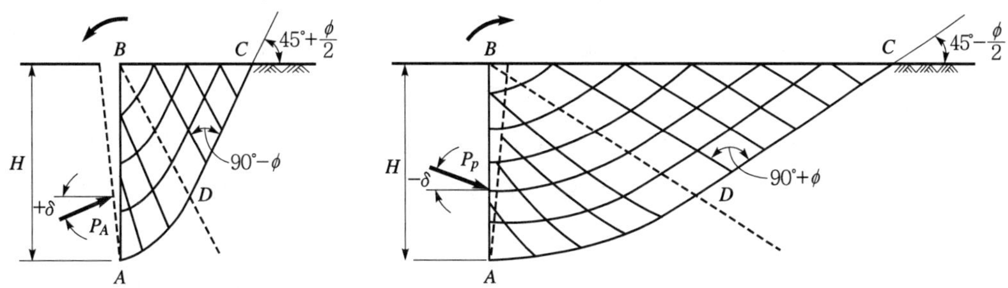

(a) 전면으로 회전하는 경우 (b) 배면쪽으로 회전하는 경우

그림 7.35 벽체가 전면 또는 배면쪽으로 회전하는 경우

(3) 벽체가 침하하며 전면쪽으로 회전하는 경우

벽체의 침하에 따라 하향의 전단력이 작용하므로 P_A는 AB면의 법선과 δ의 각도로 상향으로 기울어져 작용하며, 활동선은 위로 약간 불룩한 모양이 된다[그림 7.36(a) 참조].

(4) 벽체가 침하하며 배면쪽으로 회전하는 경우

벽체의 침하 및 회전에 따른 흙의 상대적인 변위를 생각하면, 토압의 방향과 활동면의 모양은 그림 7.36(b)와 같다.

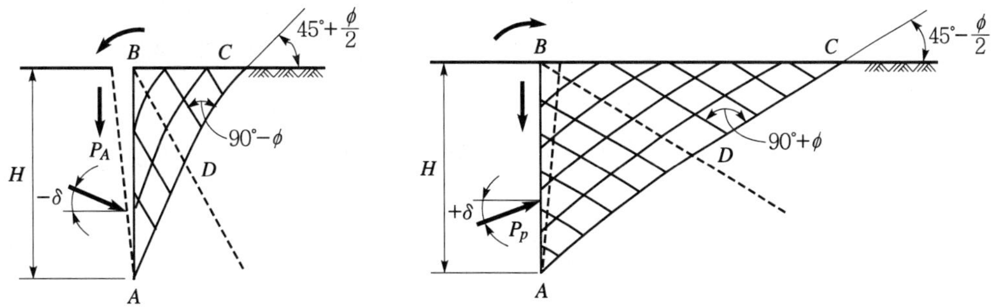

(a) 전면으로 회전하는 경우 (b) 배면쪽으로 회전하는 경우

그림 7.36 벽체가 침하하며, 전면 또는 배면쪽으로 회전하는 경우

3.4.3 실제 파괴면과 평면(직선)으로 가정한 파괴면과의 비교

1) 모형시험 결과나 Sokolovsky(1965) 등의 연구에 의하면 실제파괴면은 지표면 근처에서는 평면(직선)이나 벽체 근처에서는 전단력이 존재하여 곡면이 되는 복합파괴면이 된다. 이는 벽면마찰각 δ가 클수록 곡면의 영향이 더 큰 것으로 밝혀져 있다.
2) 주동토압의 경우에는 실제의 파괴면과 평면으로 가정한 파괴면이 큰 차이를 보이지 않으므로 벽면마찰각만 적절히 선택하면 평면파괴면에서 얻은 주동토압을 사용하여도 큰 무리는 없다.
3) 그러나, 수동토압의 경우에는 실제파괴면과 평면파괴면 사이에는 현저한 차이가 있다. 연구결과에 의하면 δ의 값이 $\frac{\phi}{3}$보다 크다면 실제 토압과는 현저한 차이를 보이며, 활동면을 직선으로 가정한 Coulomb의 토압이론을 적용할 경우 지나치게 큰 값이 구해져 불안측 설계가 된다고 한다.

따라서 수동토압은 실제 파괴면에 가까운 복합파괴면에 대한 토압산정이 필요하다.

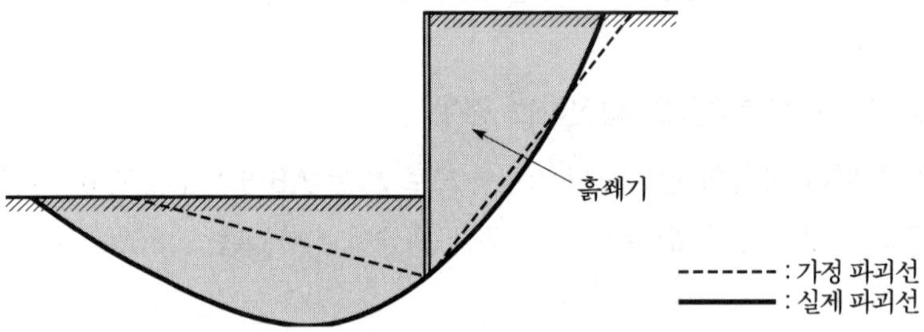

그림 7.37 실제 파괴면과 평면 파괴면과의 비교

3.4.4 곡면을 고려한 수동토압 산정방법(적정수동토압 산정방법)

Coulomb의 토압이론에서 가정한 수동파괴면은 벽면마찰각 δ가 증가함에 따라 실제파괴 면과 현저한 차이를 보인다. 따라서 $\delta > \frac{\phi}{3}$가 되면 벽면마찰의 영향을 고려한 복합파괴면으로 하여 수동토압을 산정하여야 한다. 그런데 실제 복합파괴면을 정확히 결정하는 것은 쉬운 일이 아니다. 따라서 일반적으로 직선+원호 또는 직선+대수나선으로 가정하여 수동토압을 산정한다.

(1) 원호+직선인 복합활동면에 대한 수동토압

1) 기본가정

① 그림에서 $\overline{BC}$는 중심 O, 반경 r인 원호이고, $\overline{CE}$는 수평면과 $45° - \frac{\phi}{2}$를 이루는 직선이다.

② 이등변 삼각형 ACE는 Rankine의 수동상태에 있으므로 연직면 $\overline{CD}$에는 전단력이 작

용하지 않고 이 연직면에는 Rankine의 수동토압 Q가 수평으로 작용한다.

③ 삼각형 CDE를 제거하는 대신 Q의 반력을 $\overline{CD}$면에 작용시키고 자유물체도 ABCD의 평형조건에서 수동토압 P_p를 결정할 수 있다.

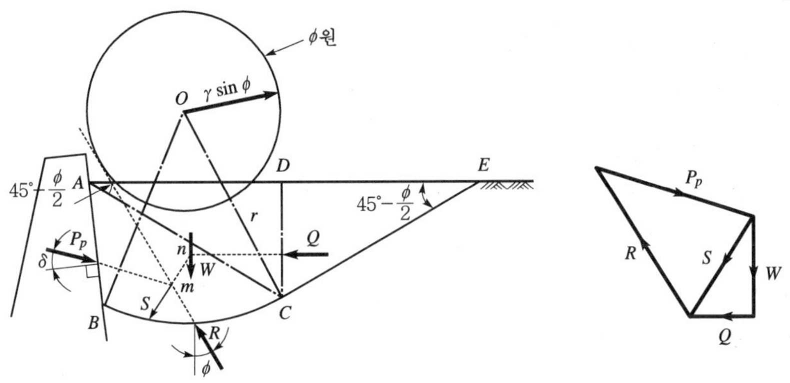

그림 7.38 곡면을 고려한 수동토압 산정방법

2) 자유물체도 ABCD에 작용하는 힘

표 7.6 자유물체도 ABCD에 작용하는 힘들

구분	작용방향	크기	비고
자 중(W)	알 수 있음	알 수 있음	흙쐐기 ABCD의 무게
수 평 력(Q)	알 수 있음	알 수 있음	CD면에 작용하는 수동토압 $Q=\frac{1}{2}\gamma(\overline{DC})^2\tan^2(45°+\frac{\phi}{2})$
벽체반력(P_P)	알 수 있음	모름	벽면법선에서 δ만큼 상향으로 기울어짐
지반반력(R)	알 수 있음	모름	파괴면법선에서 ϕ만큼 상향 마찰원 $\gamma\sin\phi$와 접합

3) 힘의 다각형에 의한 수동토압의 결정

자유물체도 ABCD에 작용하는 힘들에 대한 힘의 다각형을 그려서 P_P를 결정할 수 있으며, 가상파괴면을 여러 가지로 다르게 하여 구한 P_P값 중 최소값이 구하고자 하는 수동토압이다.

(2) 대수나선+직선이 결합된 복합활동면에 대한 수동토압

① 원호+직선에서 의한 방법에서 곡선부분 BC구간을 대수나선으로 보고 수동토압을 계산하는 방법으로 대수나선의 중심 O에 대한 모멘트 평형조건으로부터 P_P를 결정한다.

② 이 방법은 원호+직선에 의한 방법보다 더 정확한 수동토압은 얻을 수 있으나 계산이 복잡하고 번거롭다.

3.4.5 결론

1) Rankine의 토압이론은 벽면마찰각을 고려하지 않고, 활동면을 직선으로 가정하여 토압을 산정하므로 주동토압은 실제보다 크게, 수동토압은 실제보다 작게 구해져 안전측으로 설계되지만 비경제적일 수 있고
2) Coulomb의 토압이론은 벽면마찰각은 고려하나 활동면을 직선으로 가정하므로 수동토압이 실제보다 지나치게 크게 구해져 불안측 설계가 된다.
3) 따라서, $\delta > \frac{1}{3}\phi$ 이면 반드시 활동면을 원호+직선, 대수나선+직선으로 가정하여 수동토압을 산정해야만 한다.

3.5 Culmann 도해법

3.5.1 개요

1) 옹벽 뒷채움의 지표면이 불규칙한 경우나 임의의 재하중이 있는 경우 또는 지표면의 경사각과 전단저항각이 같은 경우에는 Rankine 및 Coulomb의 토압이론으로는 해석이 곤란하다. 이런 경우에는 도해법에 의해 토압을 구하는 것이 편리하다.
2) Culmann의 도해법은 활동면을 여러 개로 가정하여 힘의 3각형을 그렸을 때 최대값(수동의 경우는 최소값)에 해당하는 토압을 주동토압으로 한다.
3) Culmann의 토압이론을 바탕으로 한 도해법에는 시행쐐기법, Culmann 방법, Poncelet 방법 등이 있다.

3.5.2 적용성

1) Poncelet의 도해법에서의 ϕ 선이 지표면과 만나지 않는 경우
2) 배면의 흙의 지표면이 불규칙한 형상일 때
3) 지표면에 임의의 재하중이 있을 때
4) 지표면 경사각이 내부마찰각과 같을 때($i=\phi$)

3.5.3 주동토압 산정방법

1) 옹벽저면 A점에서 수평선과 ø 각도를 이루는 선(ø −line)을 그린다.
2) ø 선으로부터 $\psi=90-\theta-\delta$각도로 준선(ψ−line)을 그린다.
3) 임의의 파괴면 AC_1을 잡는다.
4) 흙쐐기 ΔAC_1B의 자중 W_1을 구한다. 이 때 지표면에 재하중이 있는 경우에는 이를 고려하여 계산한다.
5) 계산된 W_1을 적당한 축척으로 ø −line상에 AD_1로 잡는다.
6) D_1점에서 준선(ψ−line)과의 평행선을 그어 AC_1선과의 교점 e_1을 구한다.
7) 위의 3)~6) 작업을 여러번 시행하여 e_1 ,e_2 ,…e_n을 연결하는 선을 그린다.
(이 선을 Culmann의 토압선이라 한다.)
8) 준선과 평행하고 Culmann의 토압선과 만나는 최대점 e_{max}점을 구할 수 있고, e_{max}점에서 준선에 평행하게 선을 그어 ø 선과의 교점 D를 잡으면 주동토압 P_A는 선분 De_{max}의 길이에 축척을 곱한 값이다.

※ ΔADe_{max}가 파괴시의 힘의 3각형과 동일하며, AC면이 파괴면이 된다.

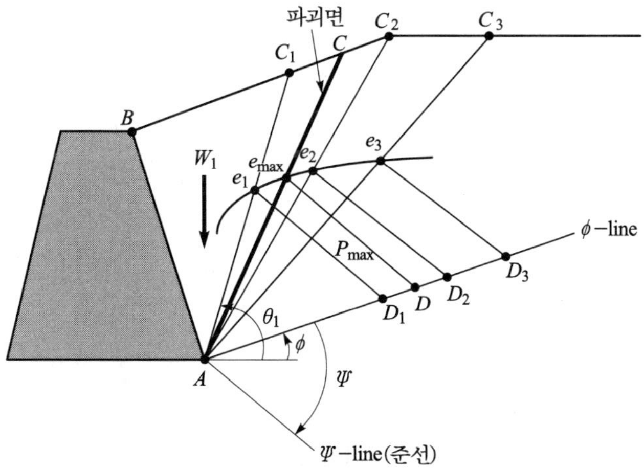

그림 7.39 Culmann의 주동토압

3.5.4 결론

1) Culmann의 도해법으로 구한 주동토압의 값은 벽마찰이 없다고 가정한 Rankine의 토압보다 훨씬 작다.

2) 이 방법도 Rankine의 토압이론과 마찬가지로 파괴면을 평면(직선)으로 가정하였므로 실제와 차이가 날 수 있음에 유의하여야 한다.
3) 흙쐐기에 작용하는 힘의 평형조건에서 토압을 구하는 방법 중 Culmann의 방법이 가장 잘 조직화된 것이기는 하지만, 이 방법은 지하수면, 점착력, 부착력, 인장균열 등의 영향 등을 고려할 수 없는 단점이 있다.

3.6 시행쐐기법

3.6.1 개요

1) 시행쐐기법은 Culmann 방법의 단점인 지하수면, 점착력, 부착력, 인장균열 등을 모두 고려할 수 있다.
2) 이 방법도 Culmann의 방법과 마찬가지로 Coulomb의 토압이론을 바탕으로 한 도해법이며, 흙쐐기에 작용하는 힘의 평형조건으로부터 토압을 구한다.
3) Rankine이론 이나 Coulomb이론의 해석적인 방법으로는 토압산정이 곤란한 경우 이 방법을 적용하면 편리하다.

3.6.2 적용성

1) 지형이 복잡하거나 지층이 불규칙한 경우
2) 인장균열이 있는 경우
3) 뒤채움 경사각이 내부마찰각보다 큰 경우 등

3.6.3 주동토압 결정방법

(1) 사질토 지반

1) 임의의 활동면에 대한 점 C_1, C_2, $C_3 \cdots C_n$을 잡는다.
2) 주동토압 P_A는 옹벽배면의 법선으로부터 δ만큼 하향의 각도로 작용한다.
3) 반력 R은 활동면의 법선으로부터 ϕ만큼 하향의 각도로 작용한다.
4) 지하수위가 있다면 옹벽배면과 활동면에 작용하는 수압 u_1과 u_2를 고려하며, 이들 힘의 크기와 방향은 그림으로부터 쉽게 결정된다.
5) 각각의 가상활동면에 대한 흙쐐기 W의 무게와 작용하는 힘들에 대한 힘의 다각형을 그

려서 주동토압 P_A를 구할수 있다.

6) 위와 같이 활동면의 경사각 β를 여러 가지로 가정해서 토압을 구하고 그 중에 제일 큰 값을 주동토압 P_A로 한다.

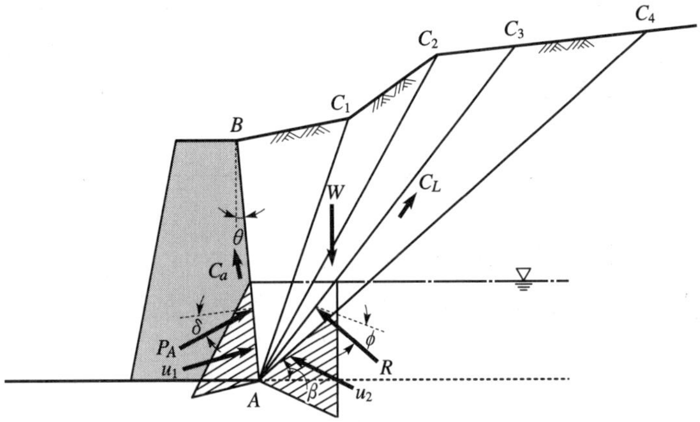

그림 7.40 시행쐐기법에 의한 주동토압 결정방법

(2) 점성토 지반의 주동토압의 결정방법(인장균열이 있는 경우)

뒤채움이 점성토인 경우 지표면으로부터 z_c 깊이까지 인장균열이 발생한다. 이 z_c 깊이까지는 전단강도를 가지지 못하므로 아래 그림의 흙쐐기 ABCD의 평형을 고려한다.

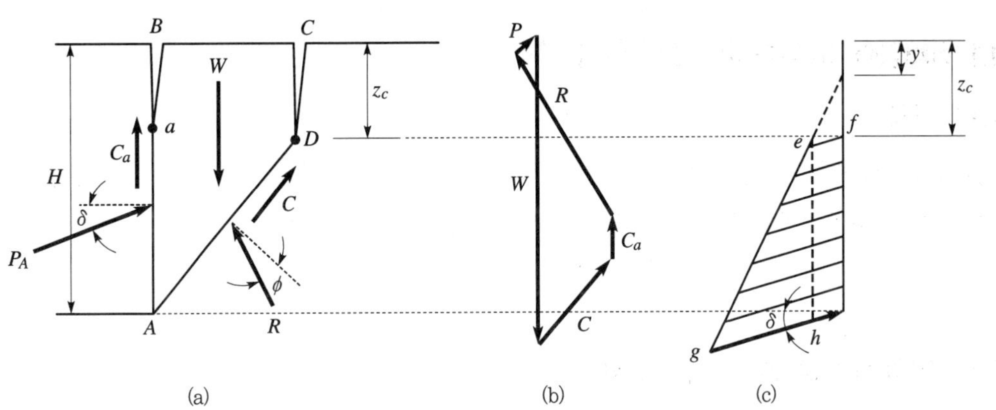

그림 7.41 점성이 있는 경우의 주동토압 계산방법

1) 흙쐐기 ABCD에 작용하는 힘

표 7.7 흙쐐기에 작용하는 힘

구분	작용방향	크기	비고
흙쐐기 무게(W)	알수있음	알수있음	상재하중 작용시 포함(흙쐐기 ABcd의 무게)
주동토압(P_A)	알수있음	모름	벽면 AB의 법선에서 δ 만큼 하향으로 기울어져 작용
활동면의 반력(R)	알수있음	모름	활동면의 법선에서 ϕ 만큼 하향으로 기울어져 작용
벽면의 부착력(C_a)	알수있음	알수있음	
파괴면의 점착력(CL)	알수있음	알수있음	

2) 위의 5가지 힘에 대한 다각형을 그려 P_A를 구함

3) 여러 개의 활동면을 가정하여 구한 P_A값중 최대값을 주동토압으로 함

(3) 토압분포도

1) z_c까지는 0이고 그 아래에서는 직선적으로 증가한다[그림 7.41(c)].

2) 인장균열깊이 위에 있는 흙은 ac면 위에 있는 상재하중이라 생각할 수 있으므로 이로 인한 토압의 증가량은 ef와 같아져서 토압은 그림과 같이 사다리꼴 분포를 한다.

4. 여러 경우의 토압

4.1 뒤채움에 배수설비를 설치했을 경우

4.1.1 개요

1) 옹벽의 배면에 지하수면이 형성되면 수압의 증가로 인하여 주동토압이 크게 증가하게 된다.

2) 따라서 지하수면 형성을 방지하여 수압의 증가, 즉 주동토압의 증가를 막을 수 있도록 경사배수설비 또는 연직배수설비를 설치하는 것이 바람직하다.

4.1.2 연직 배수설비를 설치한 경우

옹벽배면에 연직배수설비를 설치한 경우 강우가 지속되면 뒤채움은 포화상태가 되고, 빗물은 배수설비로 흘러 들어가면서 정상침투상태가 된다. 이때 옹벽에 작용하는 주동(또는 수동)토압은 시행흙쐐기방법에 의하여 구할 수 있다.

(1) 유선망의 작도

1) 배수설비의 투수성은 뒤채움에 비해 상당히 크므로 물이 유입되는 즉시 빠져버리므로 간극수압이 발생하지 않는다. 즉 배수설비의 간극수압은 0(zero)이다.
2) 배수설비의 간극수압이 0(zero)이므로 전수두는 위치수두와 같다.
3) 유선망을 그릴 때 인접한 등수두선 사이의 수두손실은 같아야 하므로 연직배수설비에서 시작되는 등수두선은 등간격이어야 한다.
4) 위와 같은 원리를 이용하여 유선망을 그리면 다음과 같다.

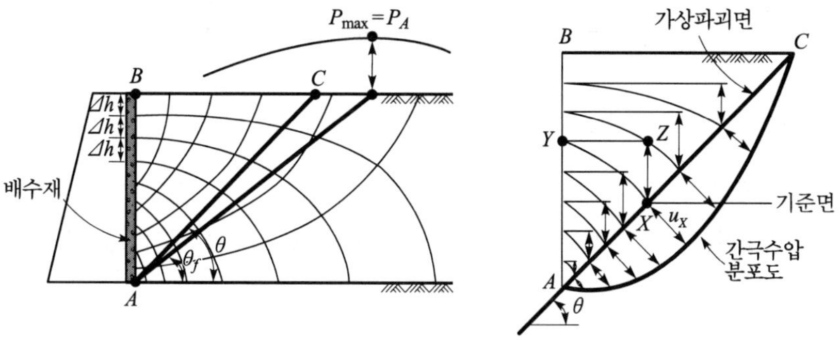

(a) 유선망 (b) 가상파괴면에 작용하는 간극수압의 결정

그림 7.42 연직배수설비를 설치한 옹벽

(2) $\overline{AC}$면에 작용하는 간극수압 분포도의 결정

1) X와 Y점은 동일한 등수두선상에 있으므로 전수두는 서로 같다.

$h_X = h_Y,\ \ h_{ex}+h_{px}= h_{ey}+h_{py}$

여기서, X점을 지나는 수평선을 기준면으로 잡으면 $h_{ex}=0$, $h_{py}= 0$이므로

$0+h_{px}= h_{ey}+0$

$\therefore\ h_{px}= h_{ey}= \overline{XZ}$

따라서, X점의 간극수압 u_X는

$$u_X = \gamma_w h_{ey} = \gamma_w \overline{XZ} \tag{7.43}$$

2) 가상파괴면 $\overline{AC}$상의 여러 점에 대하여 상기와 같은 방법으로 간극수압을 구하면 그림 7.43(a)와 같은 간극수압 분포도를 얻을 수 있다.

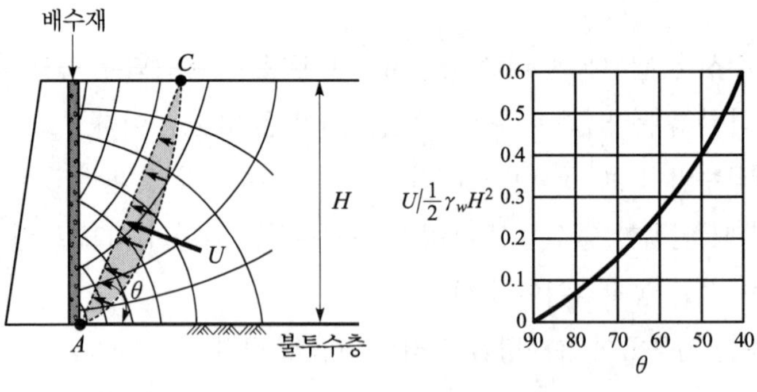

(a) 간극수압 분포도 (b) 간극수압

그림 7.43 연직배수설비가 설치되어 있을 때 간극수압 결정도표(NAVFAC, DM-7)

(3) 주동토압 결정

1) 흙쐐기 ΔABC에 작용하는 힘의 평형

옹벽의 뒷굽 A를 지나 수평면과 θ를 이루는 가상파괴면 $\overline{AC}$를 가정했을 때 흙쐐기 ΔABC에 작용하는 힘들은 다음과 같다.

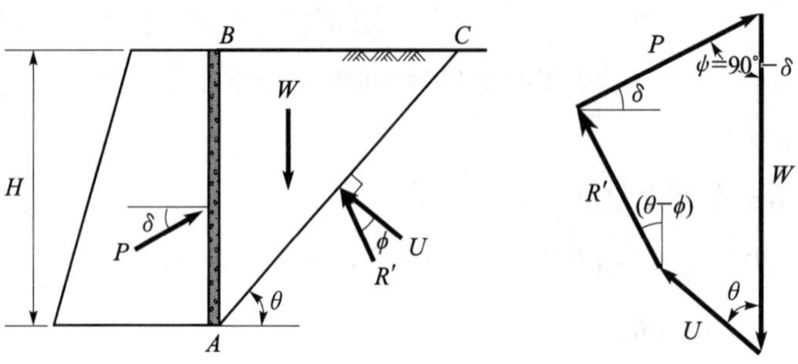

(a) 작용력 (b) 힘 다각형

그림 7.44 흙쐐기에 작용하는 힘의 평형

2) 주동토압의 결정

힘의 다각형을 그려 주동토압 P_A를 구한다. 주동토압을 구하기 위해서는 여러 개의 파괴면을 가정하여 최대값을 찾아야 할 것이다.

4.1.3 경사 배수설비를 설치한 경우

경사배수설비를 설치한 옹벽 뒤채움에 강우강도(시간당 최대강우량)가 대단히 큰 폭우가 장

시간 지속되면 뒤채움은 완전히 포화되고 빗물은 배수설비를 향하여 연직 하향의 침투수류가 발생한다. 이때 옹벽에 작용하는 주동토압은 유선망을 그려 쉽게 설명할 수 있다.

(1) 유선망 작도

뒤채움의 유선망은 연직방향의 유선과 이와 직교하는 등수두선으로 이루어지며, 각 망은 크기가 같은 정사각형이다.

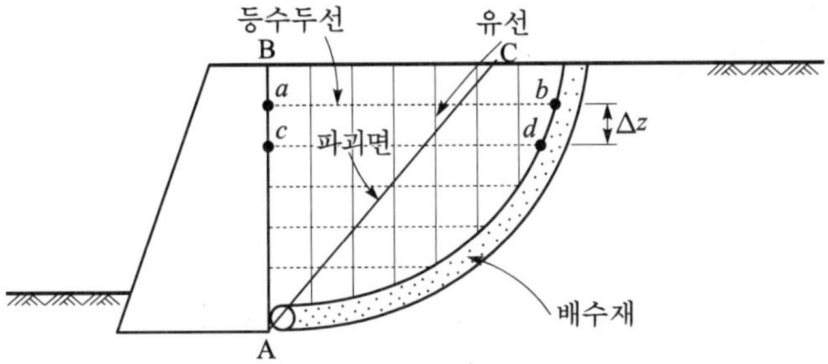

그림 7.45 뒤채움에 경사 배수설비가 설치되어 있을 때의 유선망

(2) 파괴면의 간극수압 결정

1) 배수설비의 투수성은 뒤채움에 비해 상당히 크기 때문에 물이 유입되자마자 바로 배수가 일어나므로 배수설비에서는 간극수압이 항상 0(zero)이다.
2) 그림 7.45 유선망에서 $\overline{ab}$는 등수두선이므로 $\overline{ab}$상의 모든 점에서 전수두는 같아야 한다. 즉, $h_a = h_b$이어야 하므로

$$z_a + \frac{u_a}{r_w} = z_b + \frac{u_b}{r_w}$$

그런데 $z_a = z_b$, $u_b = 0$이므로 u_a도 0가 된다.

같은 방법으로 파괴면 A-C선상의 모든 점에서의 간극수압을 구하면 0(zero)임을 알수 있다. 즉, 경사배수재를 설치한 경우 뒤채움은 포화상태에서 있지만 간극수압은 작용하지 않는다는 의미이다.

(3) 주동토압의 결정

뒤채움 내에서는 u=0이므로 전응력과 유효응력은 같다. 따라서 지표면 아래 깊이 z되는 곳의 σ_v와 σ_v'는

$\sigma_v = \sigma_v' = \gamma_{sat} z$

따라서, 주동토압 σ_{ha}는

$\sigma_{ha} = \sigma_{ha}' + u = \sigma_{ha}' = \sigma_v' K_A = \gamma_{sat} z K_A$

주동토압의 합력 P_A는

$$P_A = \frac{1}{2}\gamma_{sat} H^2 K_A \tag{7.44}$$

> ※ 결국 경사배수설비를 설치한 경우의 주동토압은 흙의 단위중량을 포화단위중량(γ_{sat})으로 간주하여 토압을 산정하면 된다.

4.1.4 결론

1) 배수로를 설치하지 않는 경우가 토압이 가장 크게 작용하고, 배수로를 경사방향으로 설치하는 것이 간극수압의 발생이 없어 토압측면에서 가장 유리함을 알 수 있다.
2) 옹벽배면 뒤채움재가 사질토라 하더라도 강우 등으로 일시적인 수압상승이 발생할 경우가 있으므로 배수시설을 철저히 해야 한다.
3) 강우시 빗물이 배면쪽으로 스며들지 못하도록 배면지표면에 트렌치 및 집수정을 설치하여 유도배수를 한다.

4.2 뒤채움 공간이 제한되어 있는 경우의 토압

4.2.1 개요

1) 뒤채움 공간이 충분히 넓은 경우의 토압은 Rankine이나 Coulomb의 토압을 적용할 수 있으나, 뒤채움 공간이 좁은 경우, 즉 자연지반 절취, 암반근처에 설치되는 옹벽, 건물지하벽체의 되메움 등에는 Rankine이나 Coulomb의 토압을 적용할 수 없다.
2) 안정된 암반으로 부터 가까운 거리에 강성옹벽이 설치될 때 옹벽 뒷면에 작용하는 토압은 옹벽과 암표면의 마찰로 인하여 다소 감소한다.

4.2.2 뒤채움 공간이 넓은 경우의 토압

뒤채움 공간이 충분히 넓어서 파괴면이 자유롭게 형성되는 경우의 토압은 Rankine이나 Coulomb의 토압을 적용한다.

1) Rankine의 토압

Rankine의 토압은 흙이 균질하고 등방인 반무한체로 가정하여 지반이 소성평형상태에 도달했을 때 응력상태를 고려하여 토압을 산정한다.

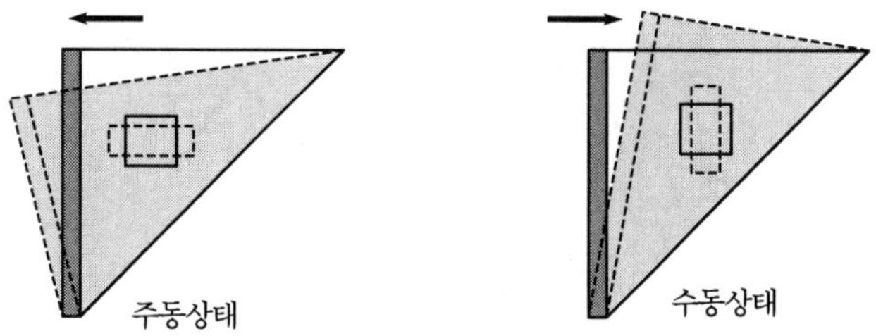

그림 7.46 Rankine토압

2) Coulomb의 토압

Coulomb의 토압은 지지벽체와 가상파괴면 사이의 흙쐐기가 한계 평형상태에 있을 때 힘의 평형을 고려하여 토압을 산정한다.

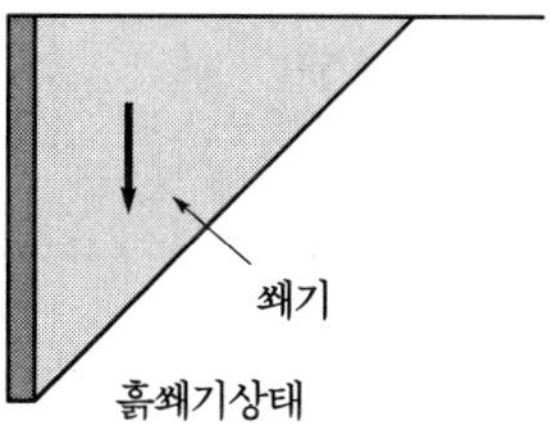

그림 7.47 Coulomb토압

3) 위의 Rankine토압과 Coulomb토압은 지표면이 무한히 넓게 분포하여 파괴면이 자유롭게 형성된다는 조건의 토압이다.

4.2.3 뒤채움 공간이 좁은 경우의 토압

뒤채움 공간이 좁은 경우의 토압은 일반 옹벽의 횡토압(Rankine이나 Coulomb토압)보다 작은 것이 보통이나, 때론 크게 되는 경우도 있음에 유의해야 한다.

(1) 자연지반 또는 기성토 절취

1) 원지반경사(i) > 파괴 각(ø)인 경우

최대토압은 도해법에 의해 흙쐐기 abc에 작용하는 힘의 균형으로부터 구한다.

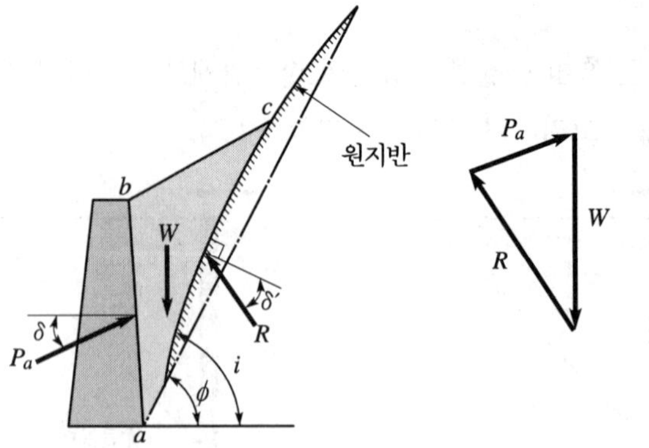

그림 7.48 자연지반 또는 기존 성토 절취 경우 토압

2) 45°<원지반경사(*i*)<파괴 각(ø)인 경우

흙쐐기 abc에서 구한 토압과 흙쐐기 abd에서 구한 토압 중에서 큰 값을 적용한다.

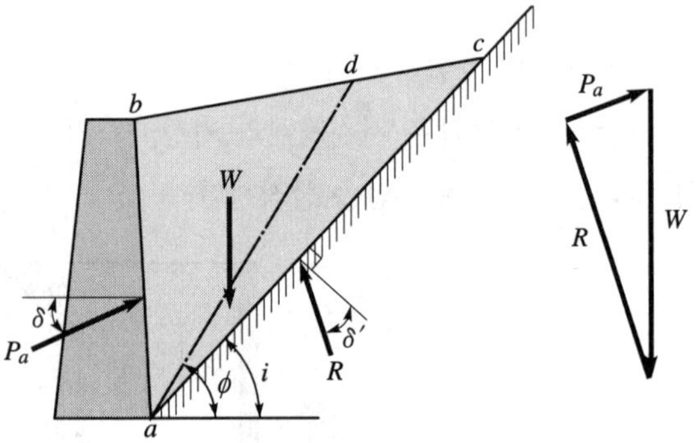

그림 7.49 45°<원지반 경사 < 파괴각인 경우 토압

3) 단일경사가 아닌 경우

흙쐐기를 3각형, 4각형으로 분할하고 파괴면을 여러 개 가정해서 구한 값중 큰 값을 적용한다.

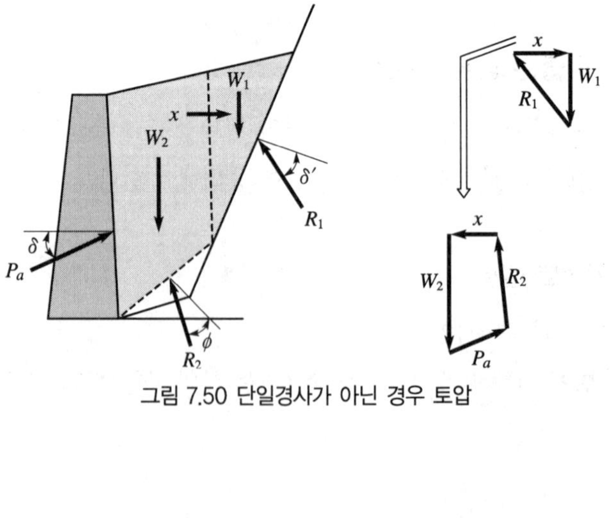

그림 7.50 단일경사가 아닌 경우 토압

(2) 암반 근처의 옹벽

옹벽 뒷면으로부터 가까운 곳에 안정된 암표면이 존재할 때 옹벽이 바깥으로 움직임에 따라 아래쪽으로 미끄러지는 뒤채움은 옹벽의 마찰뿐아니라 암반과의 마찰로 Rankine이나 Coulomb토압보다 작은 토압이 옹벽에 작용하게 되며, 폭B가 증가하면 토압도 증가하며 B가 커져 어떤 폭 이상이 되면 일반 옹벽과 같이 될 것이다.

1) 암표면마찰각을 고려하는 방법

$$\sigma_h = \sigma_z \cdot K \qquad (7.45)$$

여기서, σ_h = 수평토압

σ_z = 연직토압 $(\gamma \cdot z)$

K = 내부마찰각과 벽마찰각이 고려된 토압계수

$$K = \frac{1-(\sin\phi \cdot \cos(\Delta-\delta))}{1+(\sin\phi \cdot \cos(\Delta-\delta))}$$

$$\Delta = \sin^{-1}\left(\frac{\sin\delta}{\sin\phi}\right)$$

ϕ : 뒷채움 내부마찰각

δ : 암표면마찰각

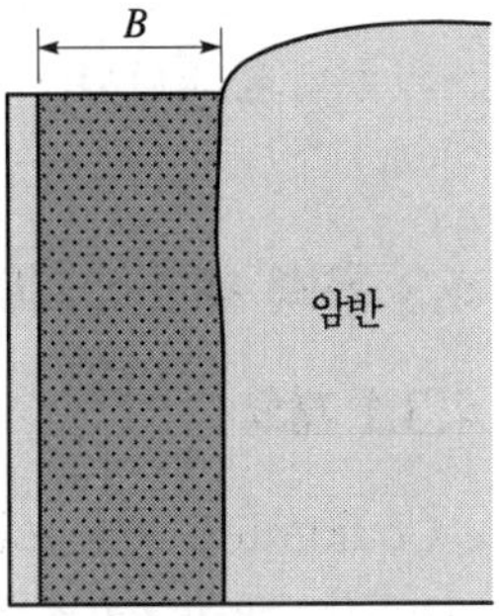

그림 7.51 암반 근처의 옹벽 (암표면마찰각 고려)

2) 암표면마찰각을 무시하는 방법 : 파괴면 가정해서 시산함

$$P_A = P_{A1} - P_{A2} \qquad (7.46)$$

$$P_{A1} = \frac{1}{2}\gamma H^2 K_A$$

$$P_{A2} = \frac{1}{2}\gamma H_1^2 K_A$$

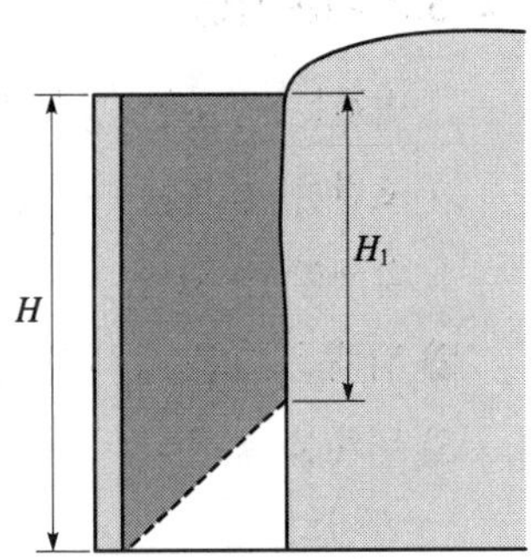

그림 7.52 암반 근처의 옹벽 (암표면마찰각 무시)

(3) 건물 지하벽체 사이 토압

1) 암반근처의 토압중 암표면마찰각 무시하는 방법 적용 가능

2) 사일로내 토압적용

$$\sigma_h = \frac{\gamma B}{2\mu}\left[1-\exp\left(-2K_w\mu\frac{h}{B}\right)\right] \qquad (7.47)$$

$\mu = \tan\delta$ (δ : 벽마찰각)

$K_w = 1.06(\cos^2\theta + K_A\sin^2\theta)$

$K_A = \tan^2\left(45-\frac{\phi}{2}\right)$

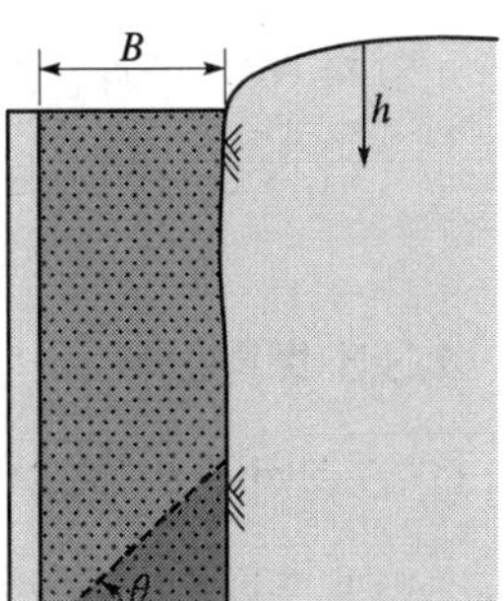

그림 7.53 건물 지하벽체 사이 토압

4.2.4 결론

1) 뒤채움 공간이 좁은 경우의 토압크기 및 방향은 벽마찰각, 다짐상태, 암반상태, 지반이 단조롭지 않고 다층으로 이루어지는 문제 등 많은 불확실 요소가 있다. 따라서, 현재로선 불리한 토압을 적용함이 바람직하다.
2) 계속 연구가 진행중인 과제로 향후 이론적 접근, 모형시험, 현장조건에 맞는 실험을 바탕으로 하는 수치해석 및 정성된 현장 측정 자료를 토대로 체계화가 필요한 지반 분야중의 하나로 판단된다.

4.3 옹벽 내진설계(Mononobe-Okabe 이론)

4.3.1 개요

Coulomb의 주동토압이론에 근거를 두고 지진에 의한 수평 및 수직가속도 성분을 고려한 흙쐐기의 평형조건으로 지진시 주동토압을 산정한다.

4.3.2 기본가정

1) 벽체는 충분한 강성을 가지며, 주동토압 조건을 형성할 수 있도록 충분한 변위가 발생할 수 있다.
2) 뒤채움 흙은 강체와 같이 거동한다.
3) 뒤채움 흙은 점성이 없고, 내부마찰각만 가진다.
4) 뒤채움 흙의 액상화 문제는 야기되지 않는다.
5) 파괴시 파괴면을 따라 지반의 전단강도가 충분히 발휘된다.

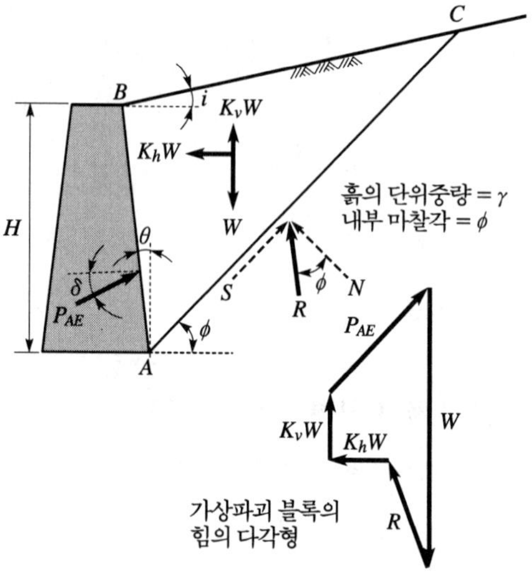

그림 7.54 옹벽의 도해법(흙쐐기법)

4.3.3 토압산정

(1) 도해법(흙쐐기법)

파괴 흙쐐기에 작용하는 힘(W, R, P_{AE}, k_hW, k_vW)의 균형으로부터 토압을 산정한다.

(2) 해석적 방법

$$P_{AE} = \frac{1}{2} \gamma H^2 K_{AE}(1 - K_v) \tag{7.48}$$

여기서, $K_h = \dfrac{\text{지진가속도의 수평성분}}{\text{중력가속도, g}}$

$K_v = \dfrac{\text{지진가속도의 수직성분}}{\text{중력가속도, g}}$

4.3.4 결론

Mononobe-Okabe 이론에 의한 토압의 크기는 많은 학자들이 모형실험을 통하여 그 타당성을 인정하였으나, 지진시 토압의 작용위치는 옹벽의 저면에서 $\frac{H}{3}$되는 곳보다 높은 것으로 생각하고 있다.

4.4 근접구조물이 있는 경우의 굴착과 다짐시의 수평토압

4.4.1 개요

1) 도심지 공사에서 신설구조물 인접한 위치에 기존 구조물이 있을 경우를 근접시공이라 한다.
2) 근접시공은 기존 구조물과 신설구조물의 상호작용 문제이며, 특히 기존 구조물에 대한 영향여부를 신중히 검토하여야 한다.
3) 근접시공 시 다짐에 의한 발생 수평토압은 뒷채움재의 종류, 벽체의 변형과 강성, 다짐조건 등에 의해 영향을 받는다.

4.4.2 굴착공사 시

1) 굴착공사 시에 지중응력은 정지토압상태에서 측방으로의 응력해방, 측방 및 수직응력 감소, 프리스트레스 도입에 의한 영향과 경시변화 등으로 측방토압은 시공단계적으로 변화한다.
2) 굴착면 가까이에 구조물이 있는 경우의 수평토압은 구조물이 없는 경우에 비해 상당히 작아진다. 그러나 통상 수평토압의 감소를 무시하고 일반적인 경우와 동일한 것으로 보고 설계를 한다. 그림 7.55(b)는 주동활동면 내에 건물이 있는 경우의 주동토압계수를 Coulomb 토압식에 의해 구한 예로, 건물이 굴착면에 가까이 있을수록 토압계수가 작아짐을 알 수 있다.

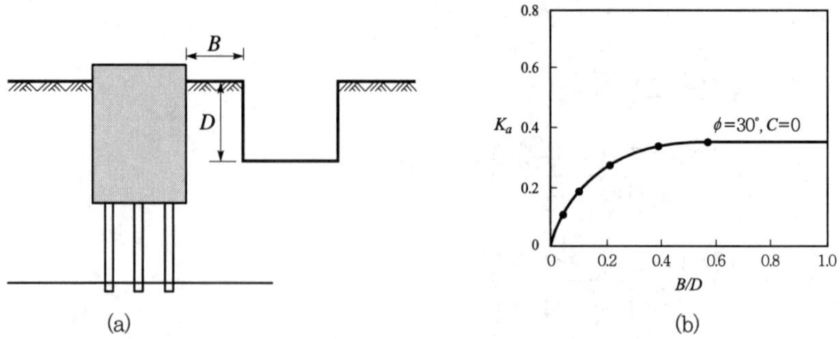

그림 7.55 근접구조물이 있는 경우의 측압계수 변화

3) 여기서, 근접시공시 구조물의 기초가 말뚝기초인 경우에는 구조물 자중을 무시할 수 있으나, 직접기초인 경우에는 구조물 자중을 고려해야 한다(즉, 측압증가).

4) 이와 같이 구조물이 배면측에 있는 경우는 통상 지반에 비하여 측압이 작게 되나, 근접시공에서의 검토시는 측압을 감소시키는 예가 적은데 그 이유는 다음과 같다.

① 감소한 토압을 설정하기 어렵다.

② 근접시공에서는 차수벽을 사용하는 경우가 많은데. 차수벽 설치시 수압작용으로 토압 감소가 적다.

③ 지중구조물의 경우 통상 측압이 감소되나, 안전측 설계를 위해서 감소 적용하지 않는다.

4.4.3 다짐후 지중응력

1) 지반의 표면에서 롤러 등을 이용하여 지반을 다질 때에 지중에 발생되는 응력의 상태는 다짐과정에 따라 그림 7.56(a)와 같이 간략화 할 수 있다.
지반을 다지면 연직응력이 $\Delta\sigma_v$ 만큼 증가하고 수평응력도 $K_o\Delta\sigma_v$만큼 증가하며(A → B), 이때 다짐장비의 영향깊이에 비하여 z는 작다고 가정한다.

2) 장비가 이동하면 가해졌던 연직응력은 제거되지만 수평응력은 잔류하게 된다(B → C). 즉, 최대 주응력만 감소하고 이로 인하여 탄성변위만 일어나며, 상재하중에 의한 재하압력이 응력이완에 저항할 수 있을 만큼 크지 않으므로 시간이 지나면서 지반이 이완되고 (C → D) 연직응력이 다지기 전의 연직응력 σ_v가 된다(D점). 이때에 수평토압계수는 K_0로 수평변위가 일어나지 않은 정지토압상태와 유사하다.

3) 따라서, 다지기 전(A점)과 다진 후(D점)의 지반의 연직응력은 같으나 수평응력은 다짐 후가 커지게 된다. 다시 재다짐하면 D → E → B → C → D의 과정을 반복하게 된다.

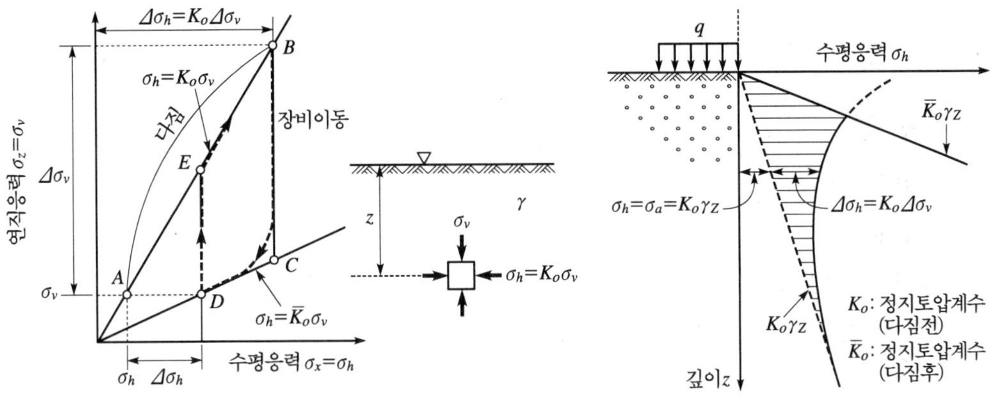

(a) 다짐에 의한 지중응력　　　　　(b) 수평응력의 증가

그림 7.56 다짐에 의한 지중응력과 수평응력의 증가

4.4.4 층별 다짐에 의한 수평응력(토압)의 증가

1) 실제의 다짐장비의 영향깊이는 제한되어 있으며, 지반을 층별 다짐하여 성토하면 벽체의 변위가 일어나지 않는 경우에는 다짐에너지에 의한 수평응력은 그림 7.57과 같이 계속 잔류하게 된다.
2) 암반 위에 축조된 중력식 옹벽이나 라이닝이 두꺼운 터널 등의 강성벽체를 층상 뒷채움 할 때에 그림과 같이 단순화시킬 수 있다.

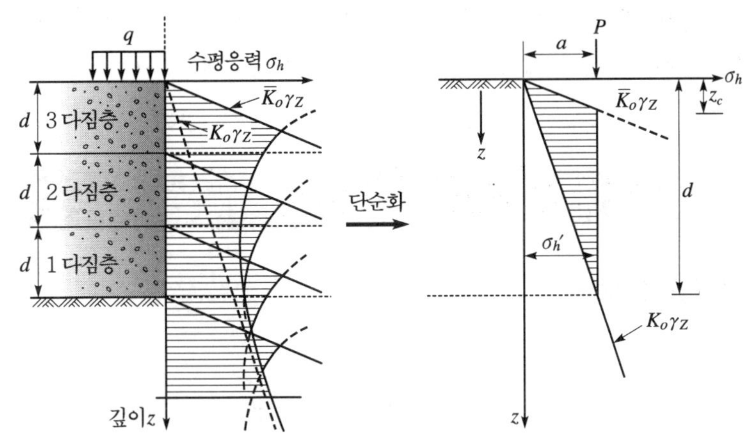

(a) 다짐에 의한 수평응력 분포　　　　　(b) 단순화시킨 수평응력 분포

그림 7.57 층별 다짐에 의한 지중응력의 증가

3) 토압의 크기

① $z_c \leq z \leq d$인 경우

$$\sigma'_h = \sqrt{\frac{2pr}{\pi}} \cdot \frac{L}{a+L} \tag{7.49}$$

② $z > d$인 경우

$$\sigma'_h = \gamma z K_A \tag{7.50}$$

여기서, P : 다짐장비하중 a : 벽체로부터 다짐장비까지의 거리

L : 다짐장비길이 K_A : 주동토압계수

4.4.5 실무적용 시 유의사항

1) 수평변위가 고정된 벽체를 뒤채움할 때에는 다짐압력이 매우 커지며, 벽체의 변위를 어느 정도 허용해 주면 다짐토압을 줄일 수 있다. 실무적으로 벽체 배면을 뒤채움 할 때에는 벽체로부터 약 1m 거리는 대형장비로 다지지 않는 것이 일반적이다.
2) 그러나, 구조물과 토공과의 부등침하를 경감시키고자 기존의 시공방법을 변경하여 근접시공에 의한 다짐방법을 변경할 경우는 발생토압이 다르게 되므로 이에 대한 검토가 필요하다.
3) 현재 한국도로공사 품질관리지침에서는 구조물 손상방지를 위한 충격완화재의 설치를 규정하고 있다.
4) 이와 같이 측압의 평가는 중요하며, 시공단계별로 고려하면 아직 어려운 문제가 남아 있으므로 기존의 연구성과에 대한 파악과 계측관리에 의한 추가적인 연구가 요구된다.

5. 토압 응용

5.1 옹벽의 안정성 검토

5.1.1 개요

1) 모든 옹벽은 작용하는 토압에 대해 구조적으로 안전하도록 설계되어야 할 뿐만 아니라 기본적으로 옹벽의 활동, 전도, 지지력에 대해 안전하여야 한다.
2) 또한, 연약지반이나 경사지를 땅깍기하고 옹벽을 축조하는 경우에는 옹벽과 기초하부 및 벽체배면 지반을 포함한 비탈면안정성도 검토해야 한다.

5.1.2 계산순서

1) 토압을 계산한다. 이 때 캔틸레버식 옹벽의 경우는 뒷굽의 연직선에 작용하는 토압을 구한다(가상벽면에 작용하는 Rankine토압이 실제와 더 부합된다).
2) 토압의 합력을 연직 및 수평성분으로 나눈다.
3) 옹벽의 자중, 흙의 중량, 상재하중 등의 수직력을 구한다.
4) 옹벽 앞굽에 대한 모멘트 팔 길이를 계산한다.
5) 각각의 힘에 대한 모멘트를 계산 한다.

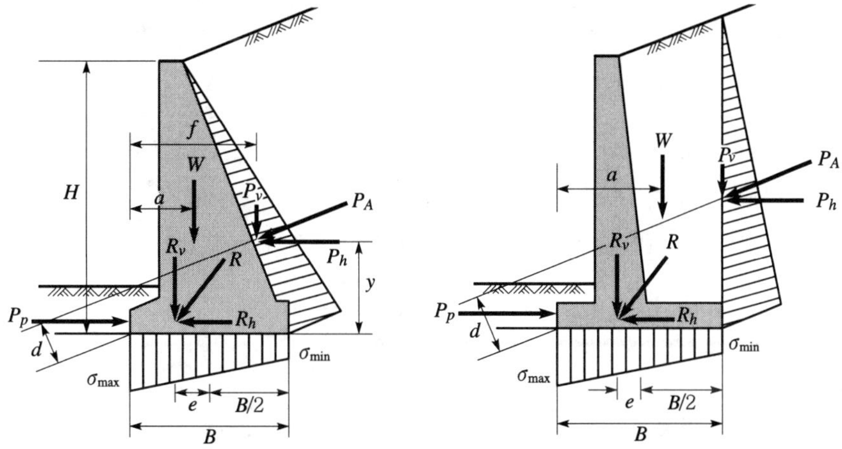

(a) 중력식 옹벽　　(b) 캔틸레버식 옹벽

그림 7.58 옹벽에 작용하는 힘

5.1.3 안정성 검토

(1) 활동에 대한 안정

옹벽에 작용하는 토압의 수평성분에 의해서 옹벽은 수평방향으로 활동하려는 특성을 지닌다. 이 경우 옹벽 바닥면에서의 저항력이 충분하지 못하면 옹벽이 활동하여 파괴에 이를 수 있다. 따라서 옹벽은 활동에 대해 안전해야 한다.

$$F_s = \frac{C_a B + R_v \tan\delta}{R_h} \geq 1.5 \qquad (7.51)$$

여기서, R_v : 옹벽의 자중, 토압의 연직성분 등 모든 연직력의 합($W+P_v$)

R_h : 토압의 수평성분 등 모든 수평력의 합, δ : 옹벽의 저판과 흙과의 마찰각

C_a : 옹벽의 저판과 지지지반 사이의 부착력, B : 옹벽 저판의 폭

(2) 전도에 대한 안정

$$F_s = \frac{M_r}{M_o} \geq 2.0 \tag{7.52}$$

여기서, M_r : 저항모멘트의 합, M_o : 전도모멘트의 합

1) 이때, 토압의 연직성분은 다음과 같이 분모에 포함하여 계산하는 것이 안전측이 된다.

$$F_s = \frac{W \cdot a}{P_h y - P_v f} \geq 2.0 \tag{7.53}$$

여기서, W : 옹벽의 자중 등 전도에 대한 연직 저항력, a : 앞굽에서 W까지의 거리
P_h : 토압의 수평분력, P_v : 토압의 연직분력, y : 앞굽에서 P_h까지의 거리
f : 앞굽에서 P_v까지의 거리

2) 옹벽의 자중과 토압의 합력(R)이 저판 길이의 중앙 1/3이내에 있으면(편심거리 e가 B/6 이내에 있다면) 전도에 대한 안정검토는 생략해도 좋다.

3) 만일 기초지반이 암반(연암이상)인 경우 그 합력이 중앙 1/2이내에 있어도 된다.

활동에 대한 안정성 검토시 수동토압을 고려하는 방법

(1) 수동토압 미고려

활동에 대한 안정성 검토 시 다음과 같은 이유 때문에 수동토압을 고려하지 않는 경우가 많다. 이 경우 안전측 설계가 된다.

① 수동토압이 발생하기 위해서는 상당한 옹벽의 변위가 필요하다.
토압은 벽체의 변위상태에 따라 정지토압, 주동토압, 수동토압으로 구분하는데 주동토압은 작은 변위에서도 발생하나, 수동토압은 상당히 큰 변위에서 발생한다. 따라서, 옹벽이 전면으로 회전 또는 이동하여 배면의 흙이 주동상태에 이르렀을 때 옹벽 전면의 흙은 충분한 변위가 일어나지 않아 수동상태에 이르지 못하기 때문이다.

② 우수나 유수에 의해 옹벽앞굽 주변의 흙이 세굴될 수 있다.

③ 옹벽앞굽 주변은 되메움한 흙으로서 초기에는 충분한 강도를 기대하기 곤란하다.

(2) 수동토압을 고려하는 경우

옹벽앞굽 앞에 있는 저판 바닥 위의 토피가 두꺼워 활동에 대한 저항이 기대되는 경우에는 수동토압을 고려할 수 있다. 이때 수동토압의 $\frac{1}{2} \sim \frac{1}{3}$만 적용한다.

$$F_s = \frac{C_a B + R_v \tan\delta + 0.5 P_p}{R_h} > 1.5$$

(3) 지지력에 대한 안정

1) 기초지반에 작용하는 최대접지압(σ_{max})이 기초지반의 허용지지력(σ_a)을 초과해서는 안 된다. $\sigma_{max} < \sigma_a$이면 O.K

2) 옹벽 저판에 작용하는 최대접지압은 다음 식에 의해 구한다

$$\sigma_{max} = \frac{R_v}{B}\left(\frac{1+6e}{B}\right)$$

3) 만약 합력 R의 작용점이 저판 중앙 1/3 외측에 있다면 다음 식으로 계산한다.

$$\sigma_{max} = \frac{4}{3}\frac{R_v}{(B-2e)}$$

5.1.4 옹벽종류별 적용하는 토압

(1) 캔틸레버식 옹벽

안정검토 시 Rankine의 토압이론을 적용하는 경우에는 그림 7.59(a)와 같이 뒷굽판 점 A를 지나는 연직선 AB를 그리고 Rankine의 주동토압 P_A와 뒷굽판 위에 있는 흙의 무게 W_s 및 옹벽콘크리트의 자중 W_c에 대하여 안정검토 한다.

(2) 중력식 옹벽

그림 7.59(b)와 같이 Rankine이나 Coulomb 토압을 적용하여 안정을 검토할 수 있다. Coulomb 토압을 적용하는 경우 흙의 무게를 무시하고 주동토압 P_A와 옹벽의 자중 W_c만을 고려할 수 있다.

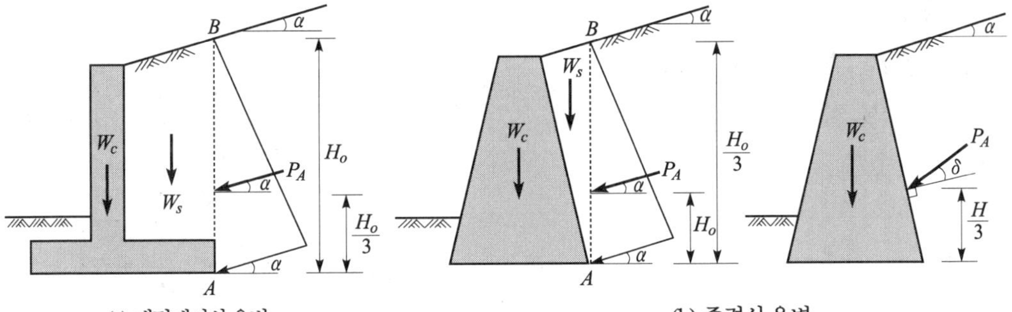

(a) 캔틸레버식 옹벽 (b) 중력식 옹벽

그림 7.59 캔틸레버식 옹벽의 Rankine 토압과 중력식 옹벽

5.2 옹벽의 활동방지벽

5.2.1 개요

1) 만약 저판과 흙 사이의 마찰력이나 부착력에 의한 저항만으로 활동에 대한 안정이 제대로 얻어지지 못할 경우에는 저판 바닥면에 돌출부를 설치하거나 말뚝을 박아 활동에 대한 저항력을 증대시킨다.
2) 돌출부는 일반적으로 저판 중앙부에 설치하는 경우가 많지만 뒷굽에 설치하면 활동저항에 더욱 효과적이다.
3) 돌출부는 단단한 지반이나 암반에다가 지반을 흐트러뜨리지 않고 주변지반과 밀착될 수 있도록 시공해야만 그 효과를 기대할 수 있다.

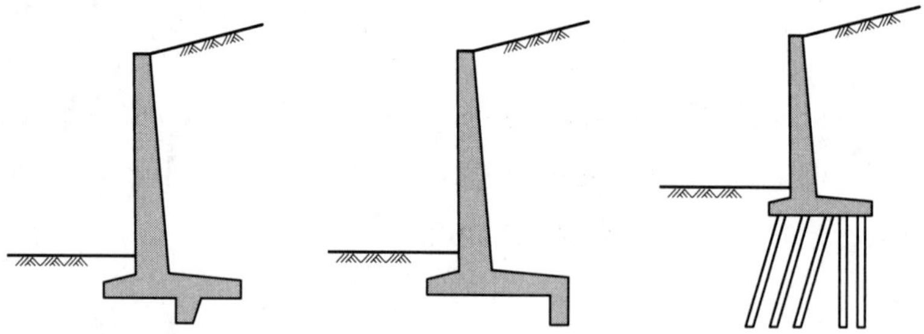

그림 7.60 옹벽의 활동방지를 위한 방법

5.2.2 활동방지벽 설치시 안전율 계산

활동방지벽 설치시 안전율 계산은 다음과 같다.

$$F_s = \frac{F}{P_H} \tag{7.54}$$

여기서, F : 활동방지벽의 저항력

P_H : 수평주동토압

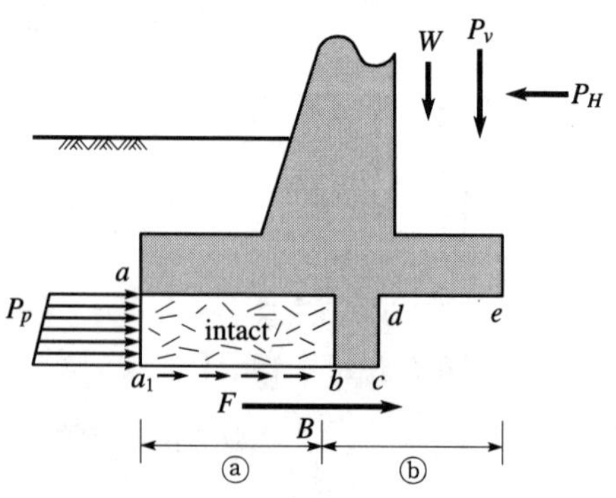

그림 7.61 옹벽이 활동방지를 위한 돌출부

5.2.3 활동방지벽의 저항력(F) 산정방법

활동방지벽의 저항력을 산정하는 방법에는 마찰저항만 고려하는 방법과 수동토압과 마찰저항을 모두 고려하는 방법이 있다.

1) ⓐ구간은 흙과 흙의 마찰저항으로 강도정수는 점착력과 내부마찰각을 사용
2) ⓑ구간은 흙과 콘크리트의 마찰저항으로 강도정수는 부착력과 벽마찰각을 사용
3) 저항력 산정(수동토압 고려시)
   ① 점성토 : $F = (W+P_v)\tan\delta + C_a \times ⓐ + C \times ⓑ + \frac{1}{2}P_p$ (7.55)
   ② 사질토 : $F = (W+P_v)\tan\delta + P_p$ (7.56)

   여기서, C_a : 기초지반의 점착력
   C : 콘크리트와 기초지반과의 부착력
   P_p : 수동토압
   δ : 기초지반과 콘크리트의 마찰각

5.2.4 최적위치 결정

1) 부착력과 벽마찰각은 이질재료간에 발생하는 마찰저항으로 점착력과 내부마찰각보다 작다.
   ① 부착력 : 부실한 밀착상태와 지하수 영향으로 보통 무시함
   ② 벽마찰각 : 느슨한 사질토 $\delta \fallingdotseq \phi$, 조밀한 모래 $\delta \fallingdotseq (\frac{1}{2} \sim \frac{2}{3})\phi$
   따라서, 점착력이 작용하는 ⓐ구간이 길수록 저항력이 크므로 활동방지벽을 뒷굽쪽으로 설치하는 것이 유리하다.
2) 활동키를 뒷굽 끝에 설치하면 활동저항력은 커지는 반면 옹벽안정 검토시 높이가 커지게 되고 토압은 H^2에 관계되므로 수평토압이 커지게 된다.
3) 따라서, 파괴면을 고려하여 뒷굽쪽에 최적위치를 선정해야 한다.

5.2.5 결론

1) 활동방지벽은 단단한 지반이나 암반에 지반을 흐트러뜨리지 않고 주변지반과 밀착될 수 있도록 시공해야만 그 효과를 기대할 수 있다.
2) 활동방지벽을 뒷굽 쪽으로 설치하는 것이 활동면에서는 유리하나 옹벽배면의 비탈면 파괴를 고려하여 위치를 결정해야 한다.
3) 수동토압 고려시 안전율을 상향조정하여 안정한 구조물이 되도록 해야 한다.

4) 마찰각은 중요한 계수로 보통 $\delta \fallingdotseq (\frac{1}{2} \sim \frac{2}{3})\phi$를 적용하나 가급적 직접전단시험에 의해 구한 값을 적용함이 타당하다.

5.3 지하수위가 옹벽의 안정에 미치는 영향

5.3.1 개요

1) 옹벽이 붕괴되는 원인의 대부분은 옹벽 배면에 있는 뒤채움 내의 물의 영향 때문이다.
2) 지하수위를 무시하고 안정을 검토하였거나, 강우 등으로 인해 갑자기 수위가 상승하였을 때 옹벽은 불안정상태가 될 수 있다.

5.3.2 뒤채움 내에 지하수위가 있을 때 수압 분포

1) 옹벽 배면에 존재하는 물을 전혀 배수하지 않으면 수압의 분포는 그림 7.62와 같이 삼각형 분포를 보이며, 이 수압은 옹벽의 활동과 전도를 일으키는 힘으로 작용한다.
2) 또한 저판바닥에도 수압이 작용하는데 크기는 뒤꿈치에서 앞부리 쪽으로 직선적으로 감소한다고 가정한다. 앞부리 부근에서는 옹벽 전면의 지반으로 쉽게 배수될 수 있기 때문에 저판 선단에서의 수압은 0이며, 이 저판 바닥의 수압도 전도를 일으키는 힘으로 작용한다.

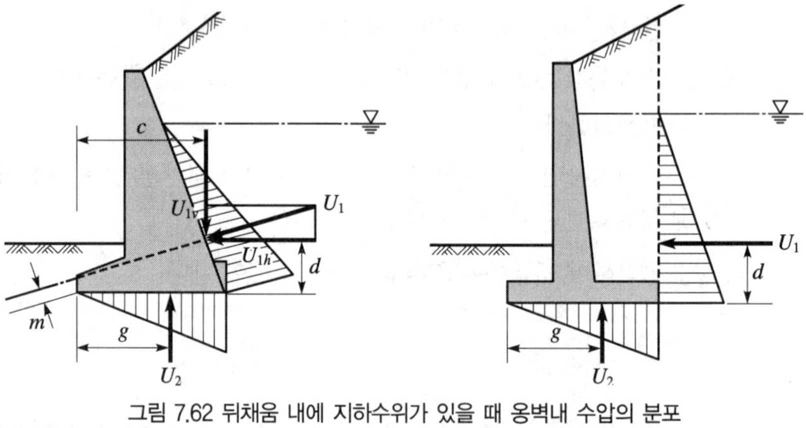

그림 7.62 뒤채움 내에 지하수위가 있을 때 옹벽내 수압의 분포

5.3.3 안정성 검토

(1) 활동에 대한 안정

$$F_s = \frac{R_v \tan\delta + \frac{1}{2} P_p}{R_h + U_{1h}} > 1.5 \tag{7.57}$$

단, 수동토압은 1/2만 고려한다.

(2) 전도에 대한 안정

$$F_s = \frac{W \cdot a}{(P_h y - P_v f) + (U_{1h} d - U_{1v} c) + U_2 g} > 1.5 \sim 2.0 \tag{7.58}$$

5.3.4 결론

1) 옹벽배면에 지하수위가 존재하고 배수가 되지 못하면 수압이 발생하여 옹벽의 전도와 활동에 영향을 미친다.
2) 배면수압은 전도와 활동에, 저면수압은 전도에 영향을 미친다.
3) 옹벽 붕괴에서 수압의 영향이 매우 크며, 붕괴사례의 많은 경우가 이에 해당되므로 뒤채움은 반드시 배수가 용이한 사질토로 해야 하며, 배수공은 시방규정에 맞게 설치하여야 한다.

5.4 옹벽 배수문제

5.4.1 개요

1) 옹벽의 뒤채움재는 사질토가 가장 이상적이다.
2) 옹벽배면에 배수가 잘되는 사질토라 하더라도 집중호우 등으로 일시적인 지하수위 상승이 발생할 가능성이 있으므로 배수시설을 철저히 해야 한다.
3) 빗물이 옹벽의 흙 속으로 직접 침투하는 경우나 근처의 빗물 또는 지하수가 옹벽으로 흘러 들어오게 되면 뒤채움 흙의 함수비가 증가하거나 침수상태가 되어 아래와 같은 문제점이 발생할 수 있다.

5.4.2 옹벽배면의 지하수위 상승시 문제점

1) 흙의 단위중량이 증가함으로써 토압이 증가한다.

$$P_A = \frac{1}{2}\gamma H^2 K_a \ (\gamma_d < \gamma_t < \gamma_{sat}) \tag{7.59}$$

2) 세립분을 함유한 흙은 함수비 증가에 의해 전단강도가 저하된다.
   사질토는 영향 작으나, 점성토는 함수비가 증가하면 모관작용에 의한 유효응력이 감소함에 따라 전단강도도 감소하게 된다.

3) 포화 시 수압에 의한 하중이 발생한다.

4) 옹벽 저면 및 활동면에 양압력 발생한다.

5) 수동저항이 감소한다(저항력 감소).

5.4.3 뒤채움 재료의 종류에 따른 배수대책

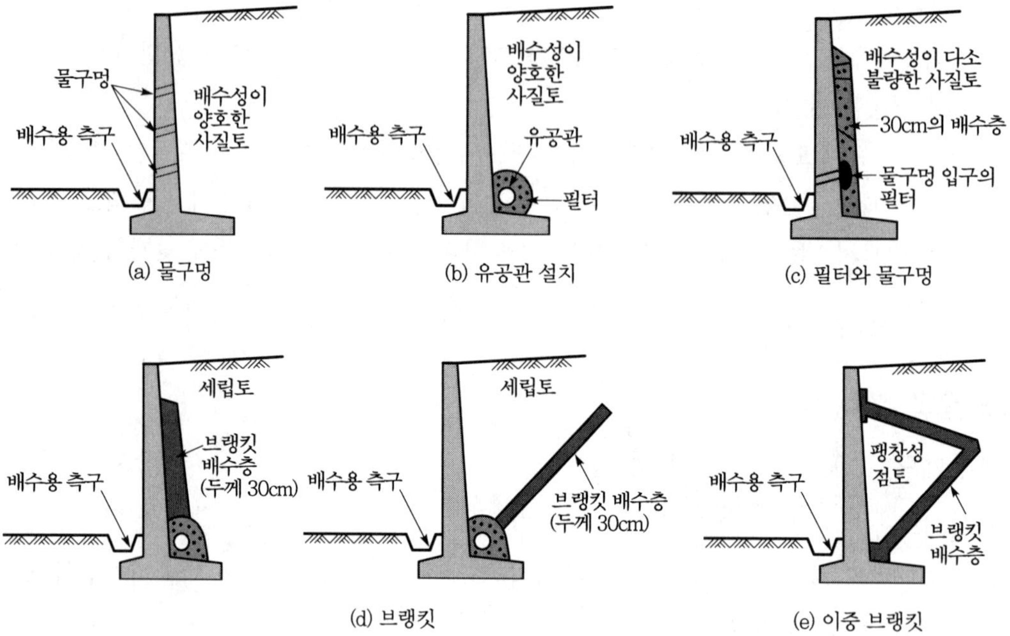

(a) 물구멍 (b) 유공관 설치 (c) 필터와 물구멍

(d) 브랭킷 (e) 이중 브랭킷

그림 7.63 옹벽의 배수대책

(1) 조립토인 경우 : 물구멍 또는 유공관 설치

1) 물구멍 설치 : 직경 6~10cm, 배수공의 면적을 합하여 2~4m²에 한 개씩 설치
   물구멍주변 반드시 필터 설치

2) 옹벽의 길이방향으로 유공관 설치 : 유도배수

(2) 세립토를 함유한 조립토의 경우

물구멍(또는 유공관)+연직한 방향의 필터재 설치(30cm²정도), 필터위치 : 물구멍 사이

(3) 세립토의 경우

1) 연직브랭킷 배수층 설치 : 옹벽 뒤의 전면을 따라 두께 30cm의 배수층 설치
2) 경사진 브랭킷 배수층 설치 : 두께 30cm

(4) 팽창성 점토인 경우

이중 브랭킷 배수층 설치

5.4.4. 결론

1) 옹벽배면 뒤채움재가 사질토라 하더라도 강우 등으로 일시적인 수압상승이 발생할 경우가 있으므로 배수시설을 철저히 해야 한다.
2) 강우시 빗물이 배면쪽으로 스며들지 못하도록 배면지표면에 트렌치 및 집수정을 설치하여 유도배수를 한다.

5.5 옹벽이 설치된 굴착면 전체의 안정성 검토

5.5.1 개요

1) 전체 안정성이란 옹벽구조물 뿐만 아니라 옹벽기초 아래 및 옹벽 벽체 뒤의 지반이 포함된 전체의 안정성을 의미한다.
2) 특히 연약지반상에 구조물이 축조되는 경우 전체 안정성이 문제 될 수 있으며 이에 대한 평가를 위해서는 현장에 대한 지질학적 탐사, 토질역학적 조사 및 시험과 이를 바탕으로 한 안정성 해석이 필요하다.
3) 전체 안정성의 해석에는 수정 Bishop법, Janbu의 간편법, Spencer방법 등이 사용될 수 있다.

5.5.2 연약지반 시공시 문제점

1) 교대나 옹벽 구조물의 하중으로 인한 압밀침하
2) 장기간의 경과에 따른 크리프 침하
3) 지반의 측방유동으로 인한 구조물의 수평이동

5.5.3 굴착면 파괴형태

1) 그림 7.64(a),(b)는 기초지반과 배면흙(뒤채움 흙이 아니고 자연상태의 흙)이 균질하고 지표면에서 깊어짐에 따라 점차로 전단강도를 증대하는 경우에 일어날 것으로 예상되는 활동이다.
→ 옹벽 뒤쪽 하단이나 기초슬래브 하단에 돌출부를 설치하였을 경우에는 그 하단을 통과하여 전단 활동면이 형성된다.
2) 그림 7.64(c)는 전단강도가 강한 층이 기초 저면보다 깊은 위치에 존재하는 경우로 활동권이 깊어진다.
3) 그림 7.64(d)는 연약층이 얇게 깔려 있는 경우에 일어나는 활동형상이다.

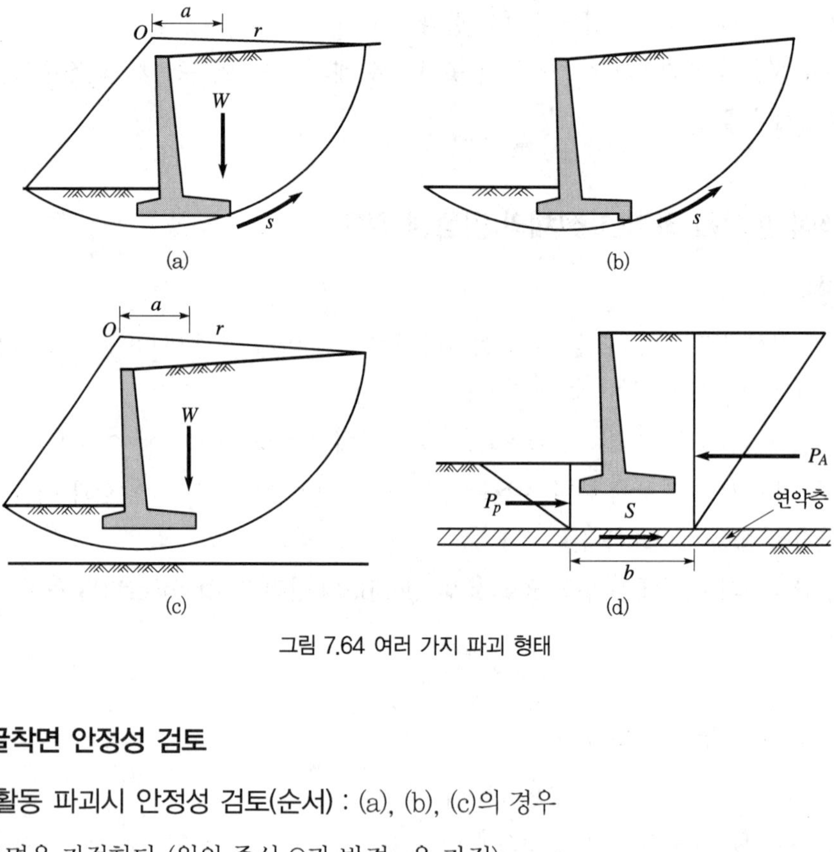

그림 7.64 여러 가지 파괴 형태

5.5.4 굴착면 안정성 검토

(1) 원호활동 파괴시 안정성 검토(순서) : (a), (b), (c)의 경우

1) 활동면을 가정한다.(원의 중심 O과 반경 r을 가정)
2) 옹벽 중량과 활동면 안에 있는 흙의 중량을 계산하고, 이 중량들의 원중심 O에 대한 활동 모멘트 M_d를 구한다.

3) 가상활동면상의 흙이 갖는 전단저항력과 반경 r를 사용하여 저항모멘트 M_r을 구한다.

4) 굴착면 전체의 활동에 대한 안전율을 다음 식으로 구한다.

$$F_s = \frac{M_r}{M_d} \tag{7.60}$$

5) 활동원의 중심 및 반경을 바꾸어 활동면을 다시 가정하여 위의 순서를 되풀이 한다.
이와 같은 반복을 통해 얻어진 안전율 중 최소치를 원호활동에 대한 굴착면 전체의 안전율로 정하며 그 값은 최소 1.5이상이 되어야 한다.

파괴 활동면이 얕은 경우 활동원의 중심위치 결정

(1) 재하중이 없고, 점착력(c)=0인 경우(사질토)
옹벽의 상단에서 그은 수평선과 기초 슬래브 앞굽에서 그은 연직선과의 교점을 활동원의 중심으로 잡음

(2) 재하중이 없고, 내부마찰각(ø)=0인 경우(점성토)
옹벽의 전면 벽 상단 위에 중심을 잡는다

※ 기초 및 뒷면 흙에 대하여 내부마찰각과 점착력을 모두 고려하여야 할 때에는 위의 두가지 경우의 중간점을 중심점으로 잡는다.

(3) 만일 등분포하중 가 있는 경우 활동원의 중심을 등가높이만큼 위로 올려야 한다.

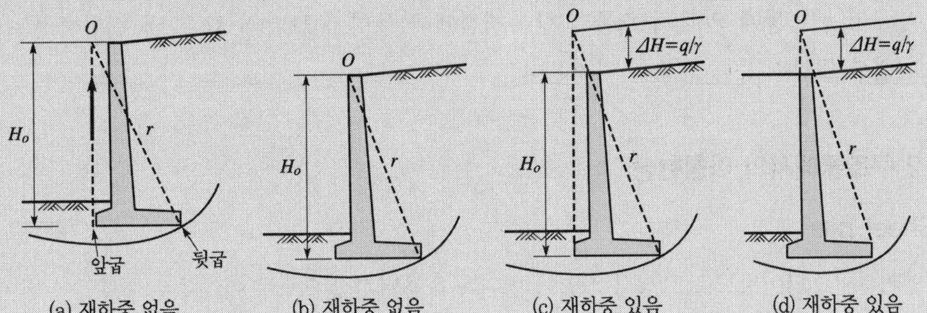

그림 7.65 얕은 전단활동 파괴의 계산을 위한 파괴 활동원의 중심위치

(2) 지지 지반에 연약층이 존재하는 경우의 안정성 검토 --(d)의 경우

1) 전단저항이 약한 층의 폭 b의 위치와 크기를 가정한다.

2) 폭 b의 전후단에서 연직면을 고려하고 이 면에 대한 주동토압(뒷면)과 수동토압을 구한다.
3) 폭 b부분의 전단저항을 S, 전면수동토압을 P_p, 뒷면 주동토압을 P_A라 하면 안전율은 다음 식으로 구한다.

$$F_s = \frac{P_p + S}{P_A} \tag{7.61}$$

5.5.5 활동 대책

1) 기초슬래브 밑으로 돌출부의 깊이를 증가시킨다.
2) 기초슬래브 밑면을 더 내린다.
3) 말뚝기초로 한다.

5.6 Arching 현상

5.6.1 개요

1) 토류벽과 같이 변형이 발생하는 구조물에 있어서 변형이 큰 부분의 응력이 변형이 작은 부분으로 일부 이동하는 현상을 Arching현상이라 한다.
2) Arching 현상에 의한 토압의 변화는 지반의 E값에 비례하여 증가하므로 토압의 변화는 느슨한 모래지반보다 조밀한 모래지반에서 더 크다.
3) Arching 현상에 의해 구조물의 항복지점에 작용하는 토압의 감소 및 변형하려는 지반 인접부 토압의 증대 효과를 가져온다.

5.6.2 구조물에서의 아칭현상

(1) Sheet pile

1) 앵커부근 : 타이로드로 고정되어 있어 변위가 허용되지 않으므로 아래부분의 토압이 전이되어 정지토압에 가깝다.
2) 정착점과 저면사이 : 변위허용으로 주동토압보다 작게 된다.
3) 하단부근 : Rankine의 주동토압에 가깝다.
4) 수동토압의 경우 : 굴착면 바로 아래에서는 Rankine의 수동토압보다 증가한다.

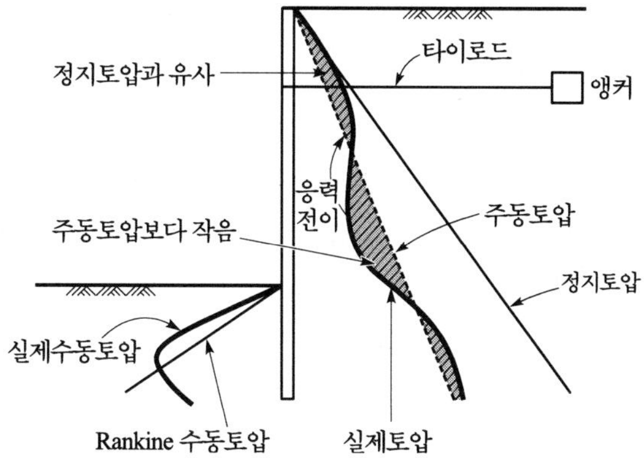

그림 7.66 Sheet pile의 아칭현상

(2) 지하매설(Box culvert)

1) 지반을 굴착해서 Box Culvert를 매설하게 되면 굴착구간 중앙지점이 양측면보다 더 큰 침하가 발생하는데 이는 아칭현상에 의한 굴착구간의 응력이 인접 지반으로 전이하기 때문이다.
2) 암거에 작용하는 연직토압은 되메운 흙의 중량보다 작아진다(암거에 작용하는 연직토압 $<\gamma z$).

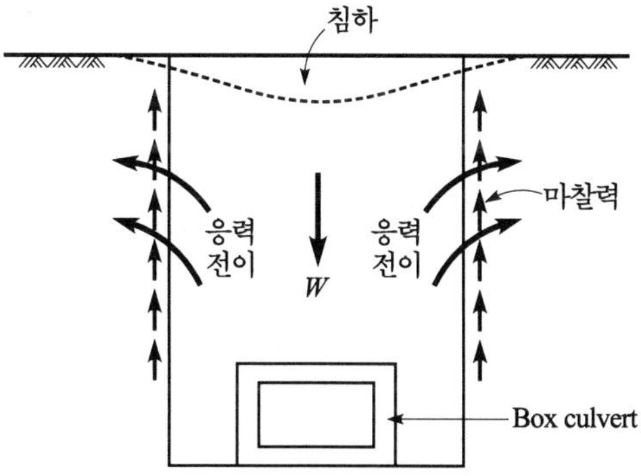

그림 7.67 지하매설(Box culvert)아칭현상

(3) 사력댐(Earth-rock fill dam)의 심벽(Core zone)

1) 사력댐의 Core zone과 Shell zone간에는 재료의 강성차이 때문에 부등침하가 발생하고 이로 인해 Arching현상이 발생한다.
2) 일반적으로 Core zone의 강성이 Shell zone보다 작으므로, Core zone의 침하량이

Shell zone보다 크다. 따라서 경계면에서 상향의 Arching력이 발생하므로 Core zone의 응력이 Shell zone으로 전달되어, Core zone에서는 토괴중량으로 환산한 상재하중 ($\gamma_t H$)보다 작은 토압이 측정된다.

3) 댐 내의 과대한 Arching 현상이 발생하는 경우에는 Core층이 Shell층에 hanging되어 Core층의 하중이 하부로 전달되지 못하게 됨으로써, 국부적인 취약층(localized weak zone)이 형성될 수 있다. 즉, Core층 응력은 상당히 감소한다.

① 담수시의 수위가 상승하면 수압이 증가하고 이 값이 심벽의 토압보다 크게 되면 균열이 발생한다.(hydraulic fracturing)

② 수압이 더 이상 증가하면 균열은 확대된다.

③ 수위가 하강하면 균열은 막혀버리고 Core zone 내에 'wet-seam'을 형성한다.

– 이와 같이 Arching 현상에 의한 심벽의 응력감소는 수압할렬(hydraulic fracturing) 현상을 초래한다.

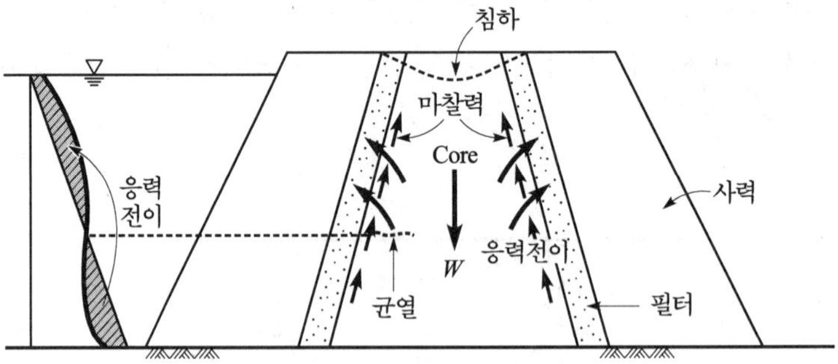

그림 7.68 사력댐의 심벽 아칭현상

(4) 옹벽

1) 옹벽의 강성은 뒷채움 흙의 강성보다 커서 흙이 침하할 때 옹벽과 뒷채움 흙 사이에 상향이 마찰이 발생하여 토압을 감소시킨다. 즉, 이는 흙토괴의 무게의 일부가 옹벽으로 옮겨지기 때문이다.

① 뒷채움 흙이 다 채워지기 전에는 일부분에서만 아칭효과가 발생한다.

② 아칭효과는 실트나 점토질보다 모래에서 크며, 느슨한 모래보다 조밀한 모래에서 더욱 크다.

③ Arching 현상에 의한 주동토압 작용점은 0.42H로서 1/3H 보다 높게 작용한다.

2) 지반의 벽면마찰각에 따른 Arching 효과

① 미끄러운 벽이나 느슨한 지반(δ =0)

Arching 현상의 영향이 크게 미치지 않는다.

② 토류벽 변형을 허용치 않고 벽면 마찰력이 있는 경우($\delta \neq 0$)

벽면마찰력이 클수록 토압계수 및 전도모멘트는 증가한다. 따라서 토류벽 변형이 없는 경우에는 벽면 마찰계수를 감소하는 것이 토압을 적게 받는 경제적인 설계가 된다.

③ 토류벽 변형을 허용할 때

이때는 고전이론 값보다 훨씬 작은 토압계수를 갖게 된다(토압감소 효과).

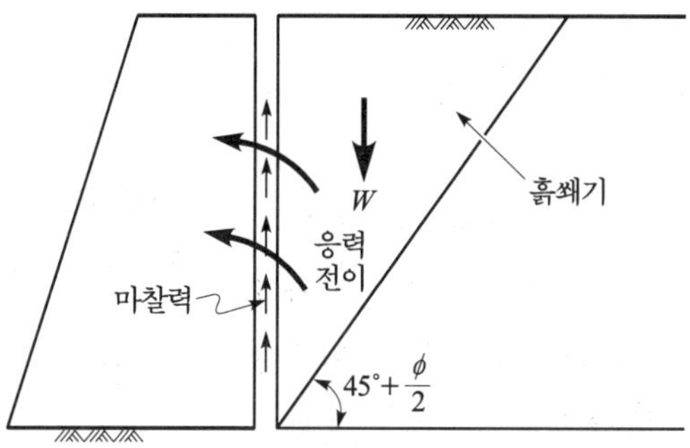

그림 7.69 옹벽의 아칭현상

(5) Ditch Type(고랑형식)으로 관을 매설하는 경우(지중매설관)

1) 고랑을 파고 Flexible Pipe를 묻었다면 고랑안의 흙이 침하할 때 고랑벽체에 상향의 마찰력이 생겨 관에는 흙무게보다 훨씬 작은 압력이 작용한다.

2) 이것은 강성이 고랑벽체에서는 크고 매립흙에서는 작아서 매립흙은 양측의 고랑벽체에 지지되기 때문이다.

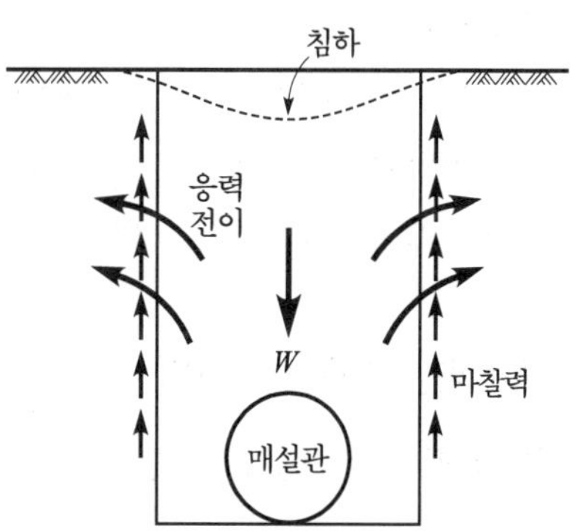

그림 7.70 지중매설관의 아칭현상

5.6.3 결론

1) 아칭효과는 지반의 E값에 비례한다. 즉, 실트나 점토질보다 모래에서 더 크며, 느슨한 모래보다 조밀한 모래에서 더 크게 발생한다.
2) 아칭효과에 의해 토압이 재분재 되더라도 전체토압의 합은 일정하다.
3) 아칭효과에 의해 지중매설관 상부의 하중과 침하가 감소하는 순기능도 있지만, 필댐의 심벽과 같은 경우 아칭효과로 수압파쇄가 발생하여 누수의 원인이 되기도 하므로 유의해야 한다.

5.7 측방유동(Lateral Flow)

5.7.1 개요

1) 연약지반상의 성토 등의 하중이 지반의 극한지지력에 접근하였을 때 지반이 소성변형을 일으켜 측방으로 크게 변형하는 현상을 측방유동이라 한다.
2) 국내에서 지반의 측방유동으로 인한 피해가 가장 빈번하고 극명하게 나타나는 사례는 연약지반에 교대 및 교각을 시공하고 배면에 성토를 진행하는 경우이다.

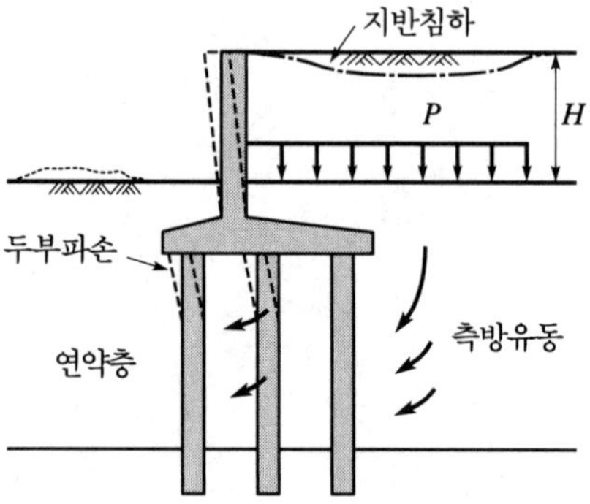

그림 7.71 기초의 측방유동

5.7.2 교량교대에 측방유동 발생 시 문제점

1) 교좌 및 신축이음 장치가 파손된다.
2) 노면 단차 및 파손이 발생한다.
3) 말뚝기초에 휨모멘트 발생하여 두부가 파손된다.
4) 교대의 수평이동과 경사가 발생한다.

5.7.3 측방유동 판정방법

(1) 배면 성토하중(P)과 점성토의 비배수전단강도(c_u)에 의한 방법

1) Tschebotarioff 방법(안정계수법)

배면 성토하중이 지반의 비배수 전단강도의 3배가 되면 전단변형이 발생하기 시작하며, 5.14~7.95배가 되면 전단파괴가 발생된다고 본다.

$N_b = \frac{\gamma H}{c_u} > 3$: 전단변형시작 (7.62)

• $\sigma = \gamma H$: 배면 성토하중

→ 이 방법은 연약층 두께를 반영할 수 없는 단점이 있다.

2) FHWA(미연방도로국)기준

• 배면성토하중(σ) = $\gamma \cdot H$

• $\sigma > 3c_u$: 측방유동 발생 가능 (7.63)

→ 이 방법은 연약층 두께를 반영할 수 없는 단점이 있다.

3) 측방유동지수(F)에 의한 방법(일본도로공단)

• $F = \frac{c_u}{\gamma HD} < 0.04$: 측방유동발생가능 (7.64)

여기서, D : 연약층의 두께, γ : 성토층의 단위중량

H : 성토층의 높이

→ 연약층 두께를 반영할 수 있으며, 대체로 정밀도가 높다.

4) 측방유동판정수(I)에 의한 방법(일본 건설성 토목연구소)

• $I = \mu_1 \mu_2 \mu_3 = \frac{\gamma H}{c_u} \geq 1.2$: 측방유동 발생가능 (7.65)

여기서, μ_1 : 점성토층 두께에 대한 보정계수

μ_2 : 말뚝자체 저항폭에 관한 보정계수

μ_3 : 교대길이에 대한 보정계수

→ 점성토층의 두께와 교대말뚝기초의 제원을 고려하였다.

5) 수정 측방유동판정수(MI)에 의한 방법(한국도로공사)

1995년 한국도로공사에서 국내 140여 개의 교대자료를 수집, 분석하여 제안한 방법이다.

• $MI = \alpha \frac{\gamma H}{c_u} \leq 1.2$: 측방유동에 대하여 안전함 (7.66)

(2) 원호활동에 대한 안전율(Fs)을 이용하는 방법(한국도로공사)

1) 이 방법은 비탈면의 원호활동에 대한 안전율을 구하여 판정하는 방법으로 이때 교대 및 말뚝기초를 무시하여야 하며 허용안전율은 중요구조물임을 감안하여 1.5이상으로 설정하여야 한다.

2) 비탈면안전율(Fs)<1.5 : 측방유동 발생 가능 (7.67)

(3) 교대구조물의 이동량이나 지표침하량에 의한 방법

1) FHWA 기준

• 교대구조물의 측방이동량(mm) = 0.25 × 배면성토 지반의 침하량(mm)

2) 교대의 수직 및 수평변위를 이용하는 방법(캐나다 시방서)

• S_v>100mm 이고 S_H>50mm : 유지관리상 문제가 있음

• 50mm≤ S_v ≤100mm 이고 25mm≤ S_v ≤50mm : 상당한 변형이 있음

• S_v<50mm 이고 S_H <25mm : 유지관리상 문제가 없음

3) 원호활동에 대한 안전율(*Fs*)과 압밀침하량(*Sc*)에 의한 방법

• *Fs*>1.6 이고 *Sc*<10cm : 측방유동 가능성 없음

• *Fs*<1.2 이고 *Sc*>50cm : 측방유동 가능성 있음

5.7.4 대책공법

표 7.8 위치별 측방유동 세부 대책 공법

대상부분	개량원리	대책 공법
뒷채움성토	편재하중의 경감	• 연속 culvert box 공법 • 파이프 매설공법 • EPS 성토공법 • 슬래그 성토 공법
	배면토압의 경감	• 소형교대 • Approach cusion공법 • 압성토 공법
연약지반	압밀촉진에 의한 지반강도의 증대	프리로딩공법, 연직배수공법, 지하수위 저하공법, 진공압밀공법 등
	화학반응에 대한 지반강도의 증대	생석회 말뚝 주입공법
	치환에 의한 지반개량	치환공법
교대 구조물	교대형식	• 벽식교대 지양 • 소형교대 공법 • Approach cusion공법
	교대치수	교축방향길이 증대
기초체	기초형식	케이슨 기초 지양
	기초의 강성 증대	• 성토지지 말뚝공법 • 버팀슬래브 공법 • 말뚝본수의 증가

항목		S.C.P+압성토	Pile Slab(U-Type)	EPS
개요도		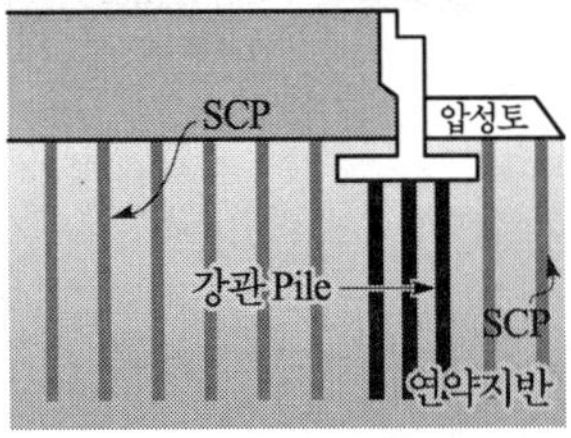	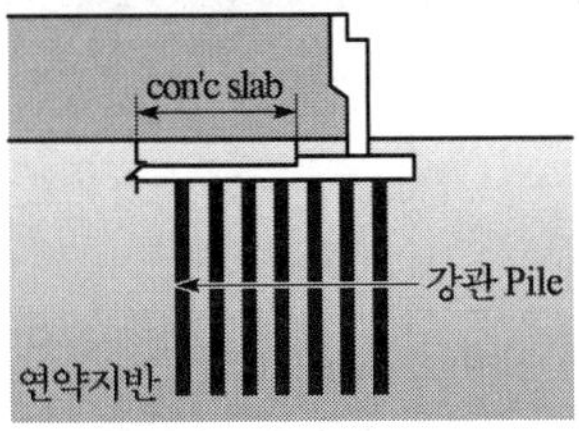	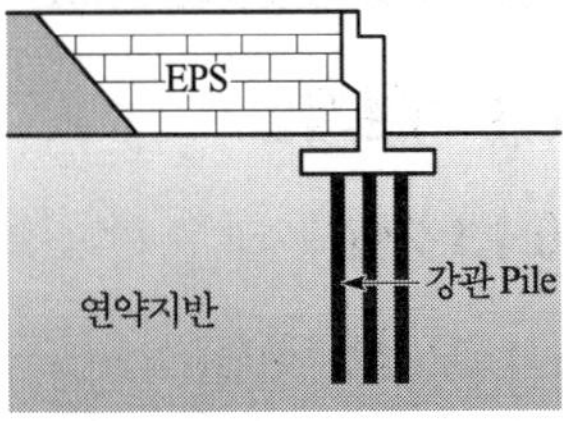
특징		• S.C.P에 의한 전단저항 증가 • 압성토에 의한 저항모멘트 증가 • 시공이 간편 • 공사비 보통	• 성토하중을 PILE이 지지함 • 시공이 간편 • 공사비 저렴	• EPS에 의해 성토하중을 경감하여 활동방지 • 시공이 복잡 • 공사비 고가
시공성	속도	다소빠름	빠름	빠름
	품질관리	용이	용이	복잡
	진동소음	다소큼	거의 없음	거의 없음
	지반조건	실트 · 점성토층에 주로 사용	모든 지층 시공가능	모든 지층 시공가능

5.7.5 결론

1) 측방유동에 대한 연구는 1973년 Tschebotarioff가 제안한 이래, 주로 일본을 중심으로 측방유동의 판정 및 설계법이 활발히 진행되어 왔으며, 국내의 경우 서해안과 남해안에 건설되는 국도 및 고속도로 건설 교대의 측방변형에 의한 피해사례가 종종 발생되고 있다.
2) 교대의 측방이동에 영향을 미치는 요소는 여러 가지가 있으나 이를 복합적으로 가장 잘 표현할 수 있는 인자는 비탈면안전율이다.
3) 비탈면 안전율과 안정수(Ns)의 관계에서는 안정수가 3.0 이상이면 측방이동 우려가 있는 것으로 조사되었다.
4) 교대의 측방이동 방지대책공법 중 EPS공법은 토압경감 효과, 하중분산 효과 등이 있으나 토사로 일부 성토후 EPS 시공할 경우 토사성토를 충분히 프리로딩시켜 잔류 침하량이 없도록 해야 한다.
5) 측방유동이 발생하여 교대변위가 과다해지는 경우의 하자규모는 매우 크므로 교대 시공전에 측방이동 가능성을 충분히 검토하고 대책공법을 선정하여야 한다.

6. 보강토 옹벽

6.1 기본개념

6.1.1 개요

1) 보강토 공법(Reinforced Earth Method)은 인장강도가 우수하고 흙과의 결속력이 큰 보강재(Reinforcements)를 삽입하여 흙입자의 횡방향 변위를 억제함으로써 흙의 전단강도를 개선하여 안정된 토체(Soil Mass)를 구성하는 공법이다.
2) 보강토(결속력이 개선된 흙) = 흙(결속력이 약한 재료) + 보강재(흙과의 마찰력이 탁월하며 강성이 큰 수평연속요소)
3) 보강토공법은 1963년 프랑스의 기술자 앙리 비달(Henri Vidal)에 의해 개발되어 현재 미국의 총 옹벽수요의 50% 이상을 점유하고 있고, 우리나라도 매년 사용이 증가하고 있다.

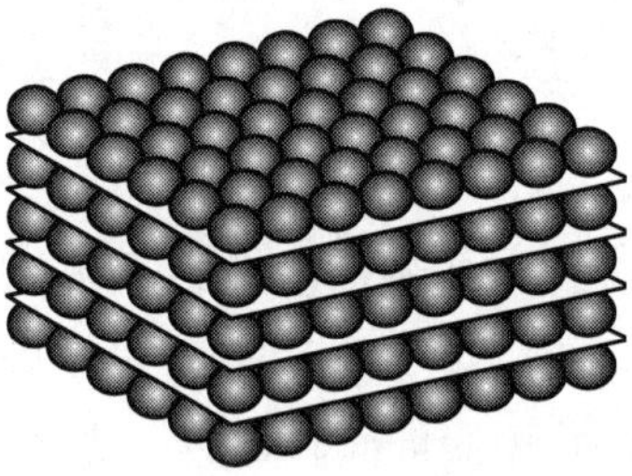

(a) 보강 (Reinforced) 상태

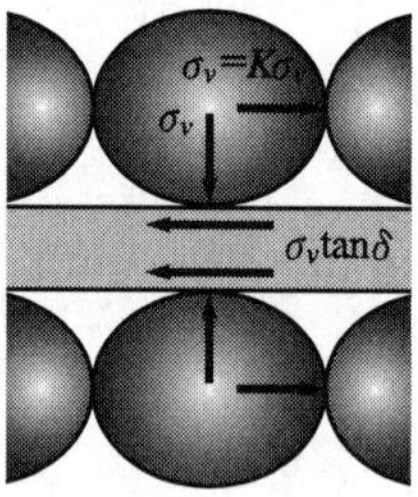

(b) 흙입자와 보강재의 상호작용

그림 7.72 보강토 옹벽의 보강개념

6.1.2 공법 이론

(1) 토질공학적 이론

보강재 삽입시 흙의 전단강도가 어떻게 개선되는 지를 고전적인 토질공학이론으로 이해하려한 결과, 보강재가 삽입된 흙 입자의 횡방향 이동의 억제는 흙 자체 마찰계수의 증가 또는 점착성분의 증가로 인한 수평응력의 감소효과로 해석하였다.

실험결과 마찰계수의 증가는 낮은 응력상태에서 뚜렷하고 점착력의 증가는 높은 응력상태에서 나타난다는 사실이 입증되었으며 최근에는 대부분의 연구자에 의하여 점착력의 증가이론이 더욱 설득력을 얻었다. 다만 이때 증가되는 점착력성분은 보강재가 제거되면 바로 소멸되는 겉보기 점착력이다.

1) 내부마찰각 증가이론 : 낮은 응력상태

이 이론은 보강토체 내의 수평응력 감소효과를 내부마찰각의 증가($\phi \rightarrow \phi_r$)로 보는 이론이다. 즉 보강재가 마찰에 의하여 흡수한 수평력 σ_h의 크기만큼 수평력이 감소하여 새로운 응력상태로 된다는 이론이다.

$$\sigma_r = f \cdot \sigma_v \tag{7.68}$$

여기서, σ_r : 보강재에 의하여 감소된 수평응력

f : 흙-보강재의 마찰계수

2) 겉보기점착력 유발이론 : 높은 응력상태

이 이론은 보강토체의 수평응력 감소효과를 새로운 점착력의 발생으로 해석하는 이론이다. 즉, 보강토체 내의 수평응력이 감소한 새로운 응력상태를 그림과 같이 추가로 유발된 겉보기 점착력 c_r의 발생에 기인한 것으로 간주한다.

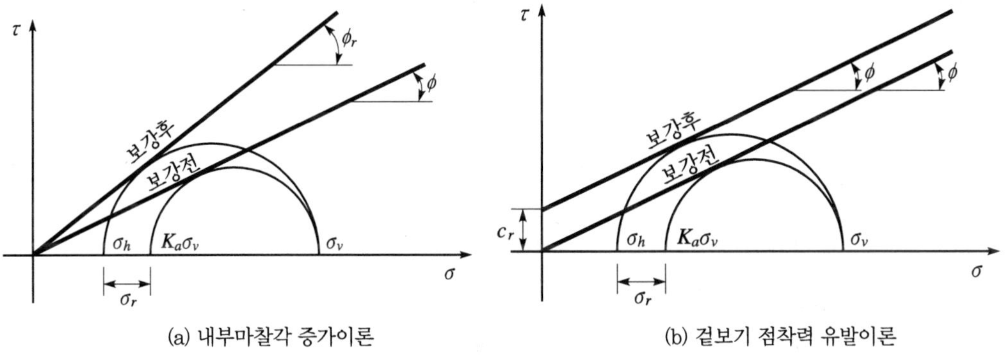

(a) 내부마찰각 증가이론 (b) 겉보기 점착력 유발이론

그림 7.73 보강토 옹벽의 보강개념

$$c_r = \frac{\sigma_r \sqrt{K_p}}{2}, \qquad P_A = 2cH\sqrt{ka} + \frac{2c^2}{\gamma} \tag{7.69}$$

3) 구속응력 증대이론

일반적으로 다져진 시료에 수직응력을 작용시키면 횡방향으로 팽창된다. 그러나 보강재를 삽입한 시료는 수직응력에 의하여 발생한 보강재와 흙과의 마찰력 때문에 횡방향 팽창이 억제된다. 만약 횡방향 팽창이 발생하지 않는다면 보강토 내부의 흙 입자가 보강재와의 마

찰력에 의하여 완전 구속되었다고 가정할 수 있다. 그러면, 억제된 수평응력은 $\sigma_h = K_o \cdot \sigma_v$가 된다. 여기서 K_o는 정지토압계수이다.

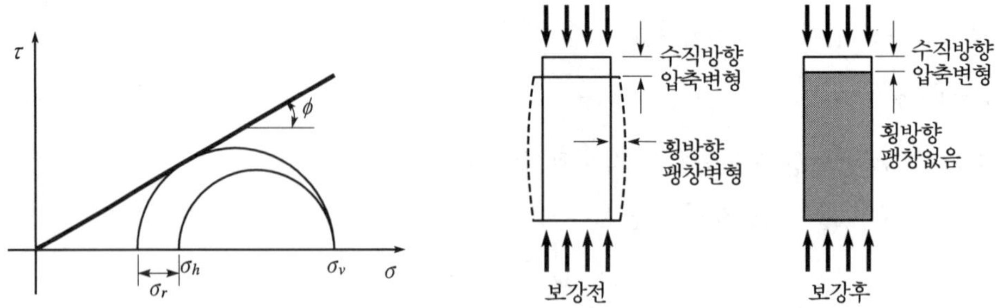

그림 7.74 보강재에 의한 보강토체의 횡방향 변위 구속(Swiger, 1978)

(2) 실용이론

1) 보강재와 토립자 사이의 마찰력

전술한 고전적 이론은 판형 또는 Grid형태의 현대적 보강재가 삽입된 보강토체를 해석하기에는 충분치 않다. 따라서 흙과 보강재의 상호작용으로부터 나타나는 흙입자의 횡방향 구속현상을 그림 7.75와 같이 설명할 수 있다.

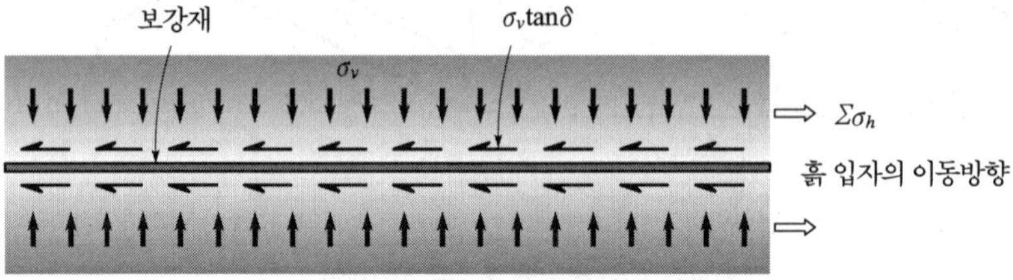

그림 7.75 보강토체의 흙의 횡방향이동 저항

① 수평응력(σ_h)

- 보강재가 설치된 토체에는 흙의 자중에 의하여 수직응력(σ_v)이 작용하며, 이 수직응력에 의해 발생하는 수평응력은 흙의 토질정수 ø와 c의 함수인 소위 토압계수(K)에 의하여 결정되며 흙입자를 횡방향으로 이동시키려는 능동적인 힘이다.

$K = f(ø, c)$

$$\sigma_h = K \cdot \sigma_r \tag{7.70}$$

② 마찰력(σ_r)

- 흙 속에 삽입된 판형 보강재의 상하에는 동일한 크기의 수직응력이 작용하며, 보강재의 접촉면에서 마찰력이 발생하게 된다.

$$\sigma_r = \sigma_v \cdot \tan\delta \fallingdotseq f^* \cdot \sigma_v \quad (7.71)$$

$$\delta = f(\varnothing, c, \varepsilon)$$

$$\delta = \frac{1}{3} \sim \frac{2}{3}\varnothing(\text{조밀한 모래}),\ \delta = \varnothing(\text{느슨한 모래})$$

여기서, $\tan\delta$: 흙과 보강재의 마찰계수
f^* : 흙과 보강재의 결속 저항계수
ε : 보강재의 형상계수

- 이러한 마찰력은 변위를 일으키려는 응력이 발생하여야 나타는 수동적인 힘이다.
  또한 흙과 보강재의 접촉면에서 발휘할 수 있는 최대의 마찰력은 횡방향 이동이 발생하기 직전에 최대로 나타나며, 이동이 시작되면 감소하는 특징을 갖는다.

③ 안정성 판단

만약, 수동으로 나타나는 수평저항력(마찰력)이 흙의 수평응력보다 크거나 같다면 안정한 상태이고 반대로 수평저항력이 흙의 수평응력보다 작으면 불안정한 상태가 된다.

즉, 안정적인 토체 : $\sum\sigma_r \geq \sum\sigma_h$
불안정적인 토체 : $\sum\sigma_r < \sum\sigma_h$

2) Arching 현상(마찰력 전달 효과)

- 보강재로 보강한 토체는 여러 층의 보강재로 구성된다.

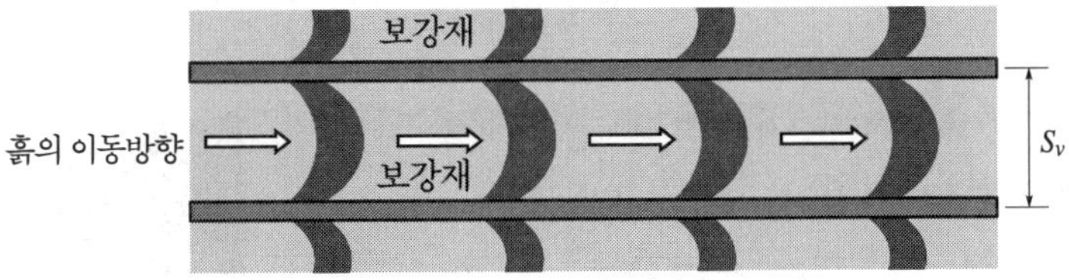

그림 7.76 보강재의 Arching 현상(마찰력 전달 효과)

- 보강재 사이의 흙 입자는 아칭현상에 의하여 중앙부분의 수평응력이 보강재쪽으로 전이하여 수평변위가 감소하게 되는데 보강재의 간격이 어느 한계를 벗어나면 아칭현상을 상실하게 된다.

• 따라서 보강재의 수직간격을 어느 정도로 설계하느냐가 중요한 관건인데 아직 이론적으로 규정된 것은 없다. 다만 경험적으로 뒤채움재료가 양질의 토사인 경우 1.0m 까지 가능하다는 것이 정설이다.

6.1.3 공법 적용성

– 시공이 난이한 높은 옹벽에 많이 사용되며, 교대 및 각종 토류구조물에 사용된다.

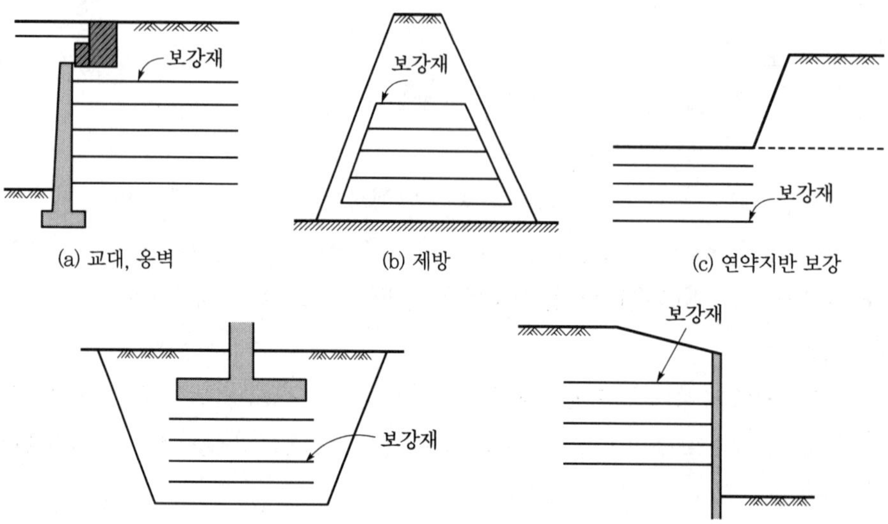

그림 7.77 보강토 옹벽의 적용범위

6.2 보강토 옹벽

6.2.1 정의

보강토 옹벽은 성토재에 지오그리드(Geogrid)나 지오텍스타일(Geotextile) 및 띠형(Strip) 또는 망(Mesh)으로 된 보강재를 넣어서 성토체의 안정성을 증가시킴으로서 콘크리트 옹벽과 같은 기능을 하는 수직벽체를 형성시켜, 구조체 배면의 토압을 지탱시켜주며 가능한 부지 면적을 넓힐 수 있는 구조물이다.

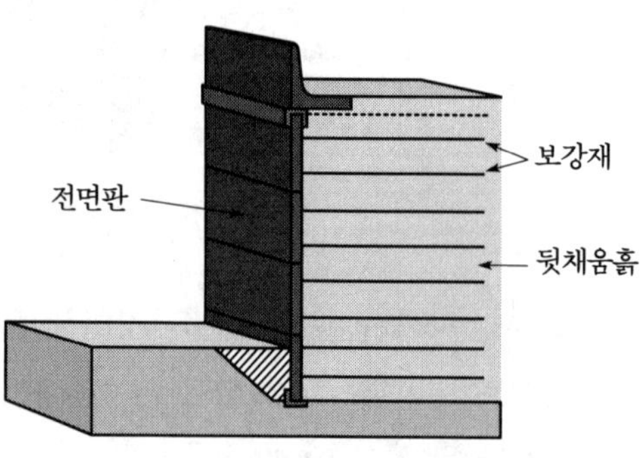

그림 7.78 보강토 옹벽의 표준 단면도

6.2.2 보강토 옹벽의 종류

1) Websol system : 패널식 콘크리트 전면판과 띠형 보강재를 이용
2) 블록식 보강토옹벽 : 몰탈블록 전면판과 지오그리드를 이용
3) 분리형 보강토옹벽 : 콘크리트 블록 전면판과 토목섬유 보강재를 이용

(a) 패널식 보강토 옹벽

(b) 블록식 보강토 옹벽

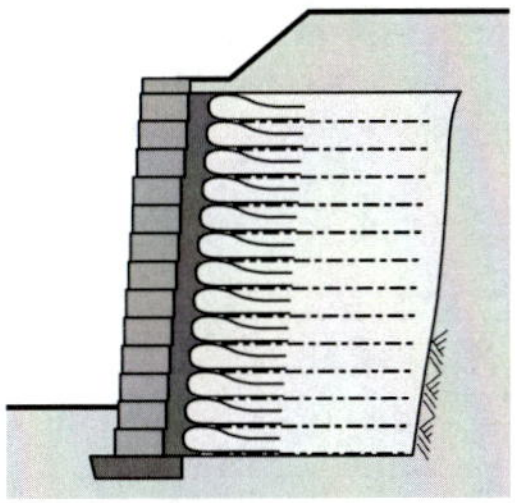
(c) 분리형 보강토 옹벽

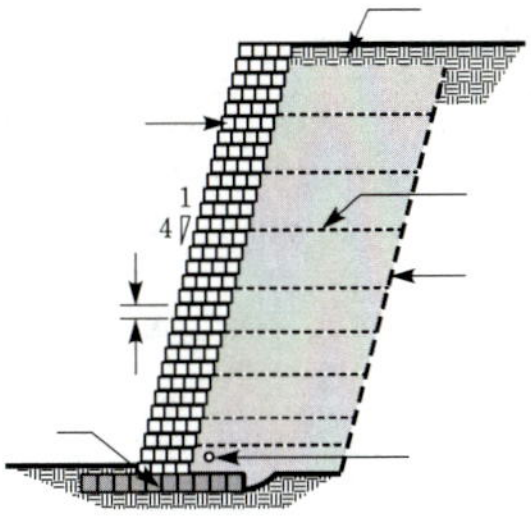
(d) Geo-cell 보강토 옹벽

그림 7.79 보강토 옹벽의 종류

6.2.3 보강토 옹벽 특징(재래식 옹벽과의 비교)

표 7.9 보강토 옹벽의 장단점

장 점	단 점
• 경제성이 뛰어남(콘크리트 옹벽의 15~40%)	• 양질의 뒷채움재 공급 곤란
• 시공이 간편하고 단순함	• 보강재 부식의 위험성 있음(내구성 불확실성)
• 공기가 짧음(약 40~60% 단축 가능)	• 산악지와 같은 급경사 지역에서는 많은 양의 절토가 요구됨
• 부등침하 저항성이 우수(기초처리 불필요)	• 전면판 수평변위 발생가능
• 내진성능이 우수	• 보수보강이 어려움
• 미관이 뛰어남	

6.2.4 보강토 옹벽 구성요소

(1) 전면판(또는 전면보호재)

전면판은 보강재의 고정, 국부적인 토체의 이완 방지, 뒤채움 흘러내림 방지, 미관유지 등의 기능을 하지만 근본적으로 보강토 옹벽의 구조적 기능은 발휘하지 못한다.

전면판의 종류에는 패널식과 블록식이 있다.

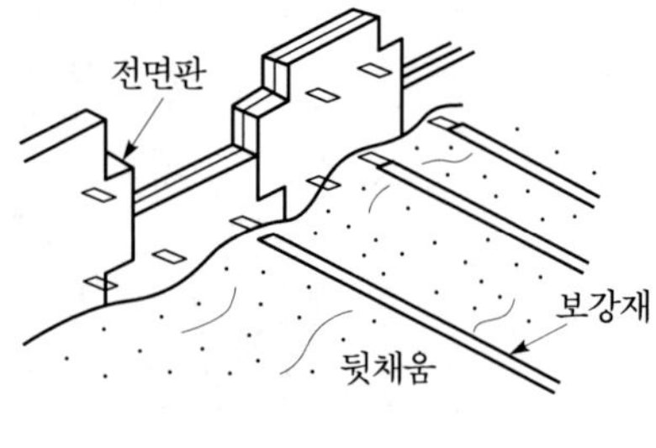

그림 7.80 보강토 옹벽의 구성요소

(2) 보강재

보강재와 흙과의 상대적인 강성에 따라 비신장형 보강재와 신장형 보강재로 구분된다.

표 7.10 보강재의 구분

구 분	비신장형 보강재	신장형 보강재
강성 구분	보강재의 극한 인장강도에서의 변형률이 흙의 변형률보다 작은 경우를 비신장형 보강재라하고 이보다 더 큰 경우를 신장형 보강재라 함	
종 류	• 철제 띠형보강재 (아연도강판, 알루미늄합금 스테인레스강)	• 섬유 띠형보강재 • 일체형 지오그리드 • 직조형 지오그리드
특 징	• 옹벽 높이 30m이내 • 전면판과 보강재를 볼트와 너트로 고정 • creep 발생하지 않음 • 인장강도 유리 • 내구성 떨어짐(부식) • 신장률 적음	• 옹벽 높이 15m이내 • 보강재를 전면판 위에 올려놓음 • creep 발생 • 인장강도 불리 • 내구성 우수 • 신장률 큼 • 자외선에 약함
장기 설계 허용 강도	$T_d=(0.48\sim0.55)f_y \cdot A_c$ 여기서, f_y : 보강재의 항복응력 A_c : 보강재의 유효단면적 $(A_c = b \cdot t)$	$T_d = \dfrac{T_a}{F_{s(uc)}}$ $T_a = \dfrac{T_{ult}}{RF_D \cdot RF_{ID} \cdot RF_{CR}}$ 여기서, T_{ult} : 보강재의 극한강도, RF_D : 내구성 감소계수 RF_{ID} : 시공성 감소계수, RF_{CR} : 크리프 감소계수

(3) 뒤채움 흙

보강토체의 뒤채움재로는 일반적으로 배수성이 좋은 입상재료가 이용되어 왔으나 최근 들어 경제성과 현장여건 등의 문제점으로 인하여 세립토 성분이 포함된 흙이 뒤채움재로 사용되기도 한다.

뒤채움 재료의 구비조건

1) 투수성이 양호한 사질토
2) 세립분 함량(75㎛통과량)이 15% 이내
3) 소성지수(PI) 6이하
4) 최대입경은 19mm이하로 제한 : 지오그리드형 보강재의 경우 입경이 클수록 보강재 손상이 커짐
5) 흙과 보강재 사이의 마찰효과가 큰 흙(ø >25°)
6) 함수비 변화에 따른 강도의 변화가 적은 흙

※ 세립분 함유량이 15% 이상인 경우에 대한 예외규정 [구조물기초 설계기준]
세립분의 함유량이 15% 이상이더라도 0.015mm 통과율이 10~20%이고 내부마찰각이 25° 이상이면 뒤채움재로 사용할 수 있도록 규정하고 있음

6.2.5 시공순서

1) 기초지반을 설치한다.
2) 전면판을 설치한다.
3) 흙 쌓기 및 보강재를 설치한다.
4) 다짐을 실시한다.
5) 상기 2)~4)작업을 반복한다.

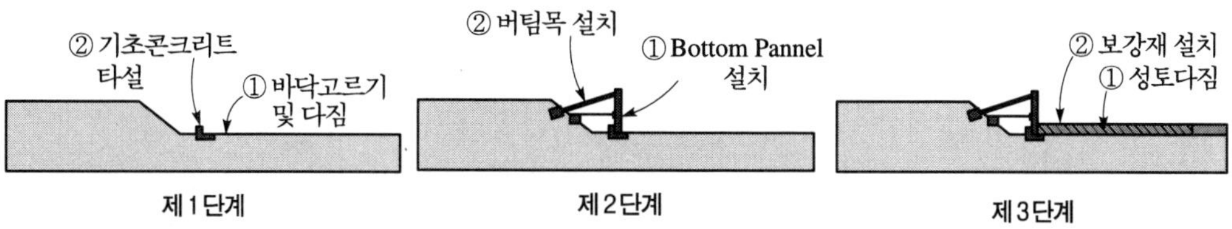

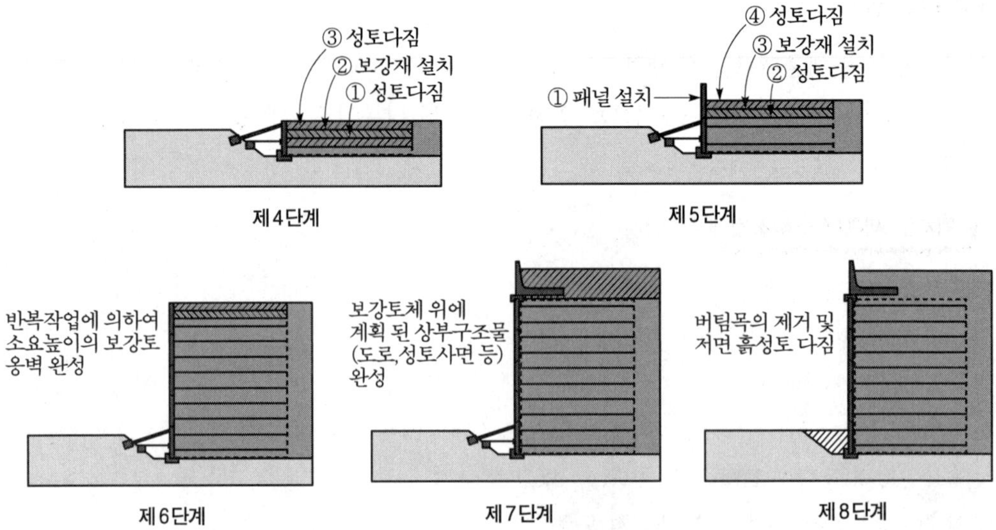

그림 7.81 보강토 옹벽의 시공 순서도

6.2.6 안정성 검토

(1) 파괴형태

보강토체 형성시의 주요 파괴형태는 그림 7.82와 같으며, 여기서 (a), (b), (c)는 외적 파괴형태, (d), (e), (f)는 내적 파괴형태이다.

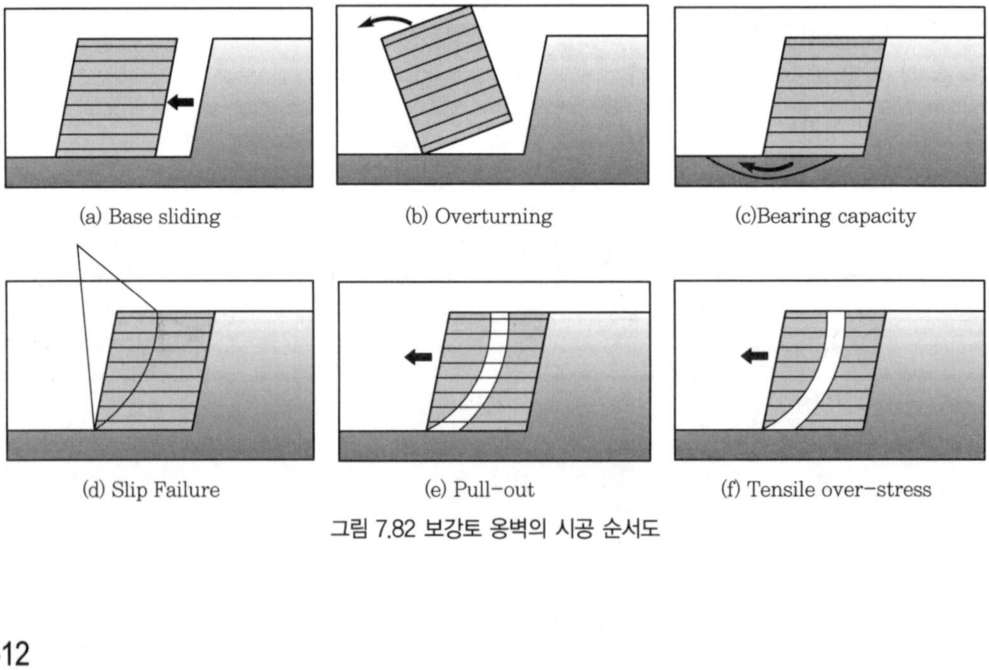

그림 7.82 보강토 옹벽의 시공 순서도

(2) 내적 안정검토 방법

내적 안정검토 방법에는 실용설계법과 선단활동파괴에 대한 안정 검토방법이 있다.

1) 실용설계법

- 내적안정성을 검토하려면 먼저 토체의 가상파괴면과 보강재에 작용하는 수평응력(인장력)을 얻기 위한 토압계수를 가정하여야 한다. 현재 실용화되어 사용되고 있는 보강토 옹벽의 설계법은 복합중력식법(Coherent Gravity Method)과 마찰쐐기법(Tie-Back Wedge Method)으로 구분할 수 있으며 이러한 구분은 보강재와 흙과의 상대적인 강성에 따른다.
- 보강토체 내부의 파괴면은 토체로부터 분리되어 나가려는 주동영역과 그 힘에 저항하려는 수동영역으로 나누며 그 경계면은 대수나선형태를 보인다. 그러나 실용설계법에서는 계산의 편리를 위해 가상파괴면을 한 개 또는 두 개의 직선으로 가정하여 내적안정성을 검토한다.

① 마찰쐐기법(Tie-Back Wedge Method)

마찰쐐기법은 예상파괴면을 그림 7.83과 같이 벽체와 함께 삼각형을 이루는 하나의 직선형태로 가정하며, 토압계수는 옹벽 전체 높이에 걸쳐서 주동토압계수 K_A를 일정하게 적용한다.

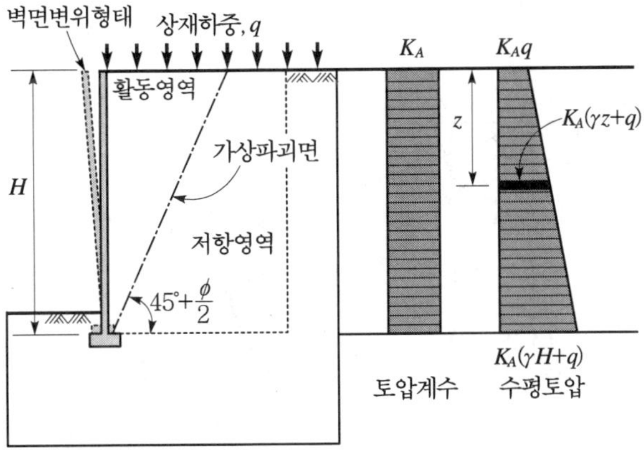

그림 7.83 마찰쐐기법

② 복합중력식법(Coherent Gravity Method)

비신장성인 보강재를 적용한 보강토 옹벽 설계에는 복합중력식법을 적용한다. 복합중력식법에서는 예상파괴면을 그림 7.84와 같이 2개의 직선으로 가정하며 토압계수를 옹벽 상부에서 6m까지는 정지토압계수에서 주동토압계수까지 직선 비례적으로 감소시키며 6m 이하의 부분에서는 주동토압계수를 일정하게 적용한다.

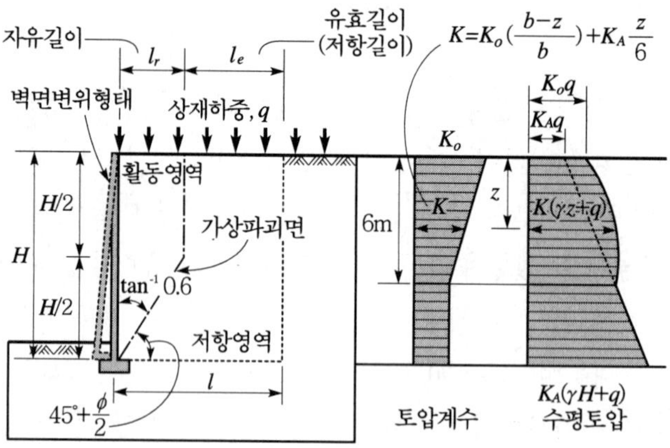

그림 7.84 복합중력식법

(3) 선단활동파괴에 대한 안정 검토방법

과거에는 계산의 단순화를 위하여 가상파괴면을 직선으로 가정하고 한계평형해석에 근거하여 보강토체의 내적안정성을 검토하였으나, 최근에는 가상파괴면을 대수나선 형태의 연속함수로 가정하여 모멘트 평형조건을 토대로 한 토목섬유 보강토 벽체의 선단파괴면에 대한 안정해석법이 제시되었다.

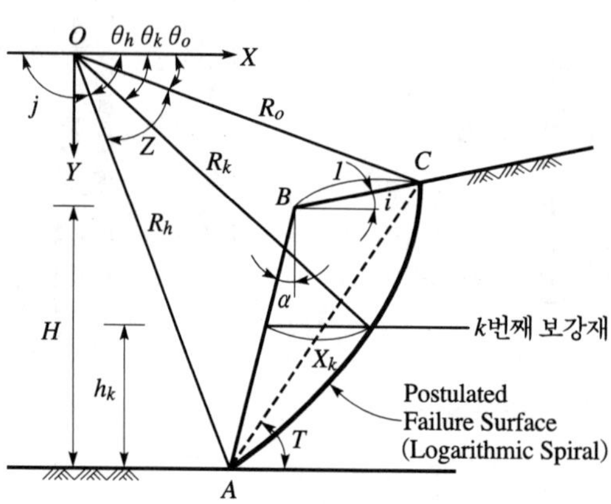

그림 7.85 나선활동파괴에 대한 내적안정조건

그림에서, 모멘트 평형조건을 토대로 한 선단파괴에 대한 안전율(FS_m)은 활동모멘트(M_{TD})에 대한 저항모멘트(M_{TR})의 비로 정의된다.

$$FS_m = \frac{T_{TR}}{T_{TD}} \tag{7.72}$$

$$M_{TD} = M_{dw} + M_{dq} + M_{du}$$

$$M_{TR} = M_{rc} + M_{rt}$$

여기서, M_{dw} : 파괴흙쐐기 자중에 의한 활동모멘트

M_{dq} : 상재하중(q)에 의한 활동모멘트

M_{du} : 파괴면에 작용하는 침투수압에 의한 활동모멘트

M_{rc} : 점착력에 의한 저항모멘트

M_{rt} : 보강재에 유발되는 최대인장력(T_{max})에 의한 저항모멘트

(4) 보강재의 설계(마찰쐐기법)

1) 보강재가 받는 힘

옹벽 높이 $H = nS_v$에 보강재를 설치한 옹벽으로서 이 옹벽의 임의의 깊이 z에서의 Rankine의 주동토압은 다음과 같다.

$$\sigma_a = \sigma_v K_A - 2c\sqrt{K_A} \tag{7.73}$$

사질토의 경우 $c = 0$, $\sigma_c = \gamma z$이므로 주동토압은 다음과 같다.

$$\sigma_a = \gamma z K_A \tag{7.74}$$

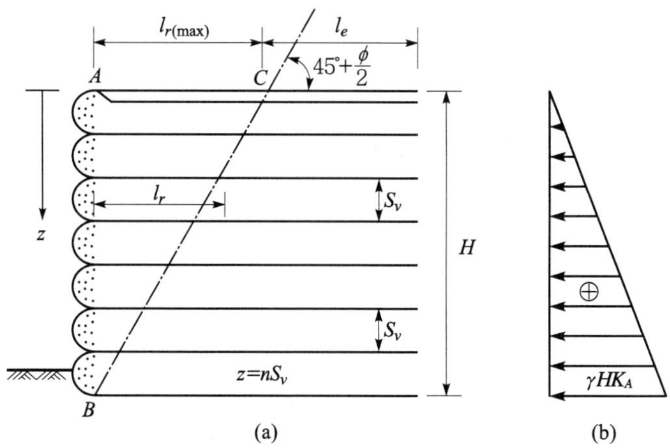

그림 7.86 보강재의 설계(마찰쐐기법)

위의 그림에서 z깊이의 보강재가 받는 힘 T는 다음과 같다.

$$T_i = \sigma_h S_v S_h = (\gamma z K_A) \cdot (S_v S_H) \tag{7.75}$$

보강재가 받는 최대 힘은 다음과 같다.

$$T_{max} = (\gamma H K_A) \cdot (S_v S_H) \tag{7.76}$$

2) 파단에 대한 검토

보강재가 받는 최대수평인장력(T_{max})은 보강재의 설계강도(T_d)보다는 작아야 한다.

$$F_s = \frac{T_d}{T_{max}} = \frac{btf_y}{\gamma H K_A S_v S_H} \tag{7.77}$$

여기서, F_s : 안전율(보통 1.5, 철재보강재의 경우에는 1.0)

T_d : 보강재의 설계강도

T_{max} : 보강재가 받는 최대 수평인장력

보강재의 두께 산출

보강재에 작용하는 최대수평토압(T_{max})은 토류벽 최하단에 작용하므로

$T_{max} = \gamma H K_A S_v S_H$이다.

$F_s = \dfrac{btf_y}{\gamma H K_A S_v S_H}$에서

$$\therefore t = \frac{\gamma H K_A S_v F_s}{bf_y}$$

3) 인발파괴에 대한 안정검토

– 보강재가 받는 최대수평인장력(T_{max})은 보강재의 유효길이에 작용하는 인발 저항력(F_R)보다 작아야 한다.

$$F_{s(p)} = \frac{F_R}{T_{max}} > 1.5 \tag{7.78}$$

– 깊이 z에서 보강재 양면에 작용하는 최대마찰력(F_R)은 다음과 같다.

$$F_R = 2 l_e b \gamma z \tan\delta \tag{7.79}$$

여기서, b : 보강재의 폭(평면보강재 1.0)

l_e : 보강재 유효길이

δ : 흙과 보강재 사이의 마찰력

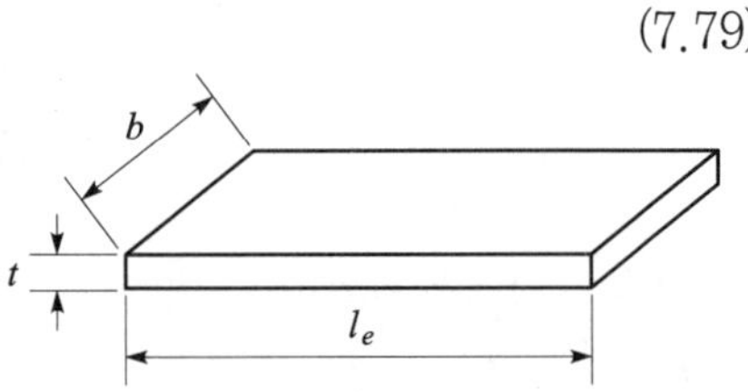

– 인발에 대한 안전율은 다음과 같다.

$$F_{s(p)} = \frac{2l_e b\gamma z \tan\delta}{\gamma z K_A S_V S_H} = \frac{2l_e b \tan\delta}{K_A S_V S_H} \tag{7.80}$$

보강재 길이 결정

1) 보강재의 전체 길이는 활동영역의 길이와 저항영역의 길이(유효길이)의 합이다.

$l = l_r + l_e$

2) 유효길이는 인발에 대한 안전율 식으로부터 구할 수 있다.

$F_{s(p)} = \dfrac{2l_e b\tan\delta}{K_A S_V S_H}$에서

$l_e = \dfrac{K_A S_v S_H F_s}{2b\tan\delta}$

3) l_r의 최대치는 옹벽 상단에서 AC가 된다.

$l_r\max = H\tan(45° - \dfrac{\varnothing}{2})$

4) 따라서, 보강재의 총길이는 다음과 같이 정리된다.

$l = H\tan(45° - \dfrac{\varnothing}{2}) + \dfrac{K_A S_v S_H F_s}{2b\tan\delta}$

(5) 외적 안정검토

보강토체를 일반 옹벽의 콘크리트 구체로 간주하고 일반 옹벽과 동일한 방법으로 전도, 활동, 지지력에 대한 안정검토를 하여야 하지만, 보강토 옹벽의 경우 뒤채움 흙이 보강된 것이기 때문에 일반적으로 외적 안정성은 보강토 옹벽의 침하문제를 포함한 지지력과 사면활동에 대한 전체 안정성에 대해서만 주로 검토한다. 그러나 보강토체와 주변 지반 사이의 강성차이가 현격할 경우에는 활동과 전도에 대해서도 검토할 필요가 있다.

① 기초지반 침하에 대한 안정 검토

– 보강토 옹벽은 일반 옹벽에 비하여 상대적으로 큰 침하에도 안정성을 유지할 수 있다. 그러나 침하의 가능성이 큰 지반일 경우는 이에 대한 영향을 검토하여야 한다. 잔류침하

량이 허용침하량 이상일 때는 사용목적 및 설치 지반에 적합한 대책공법을 병용해야 한다(전체 침하를 10~20cm 이하가 되도록 해야 함).

- 기초지반의 부등침하가 예상되는 장소에서는 이 부등침하량이 전면벽체의 안정에 영향을 끼는가에 대해서 검토해야 한다(부등침하에 의한 연직면의 기울기는 1/100 이하로 함, 블럭식의 경우 1/200).

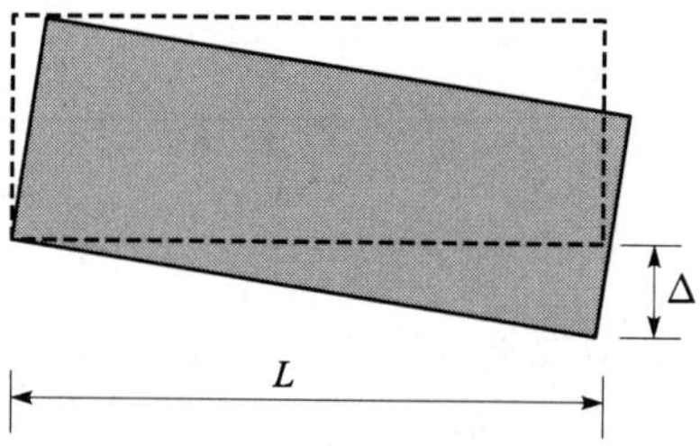

그림 7.87 기초지반의 부등침하

② 지지력에 대한 안정검토

보강재 저면의 지반에 작용하는 최대 접지압 σ_{max}가 이 지반의 허용지지력보다 작아야 한다(즉, $\sigma_{max} < \sigma_a$).

③ 활동에 대한 안정검토

보강토체 저면에서의 마찰저항력과 저면에 작용하는 수평분력을 비교하여 안전율 1.5 이상을 확보하여야 한다.

$$F_s = \frac{\text{보강토체의 마찰저항력}}{\text{보강토체저면에 작용하는 수평분력}} \geq 1.5$$

④ 전도에 대한 안정검토

일반 옹벽의 전도안정 검토방법을 따르며 안전율 1.5 이상을 확보하여야 한다. 보강토 옹벽은 저항모멘트에 기여하는 토체의 자중이 매우 크므로 전도에 대한 안정검토는 토체 높이가 높지 않는 한 생략할 수도 있다.

$$F_S = \frac{M_r}{M_o} \geq 1.5$$

(6) 전체 사면활동에 대한 안정 검토

① 풍화도가 깊은 경사면에 보강토 토류벽을 설치하면 사면의 예상파괴면이 보강토체 밖에서 나타날 수 있으므로 보강토체를 포함한 전체 성토사면에 대한 안정성 검토해야 한다.

② 보강토체를 포함한 성토 전체의 사면활동 파괴에 대한 검토는 원호활동법으로 해석된다. 이 경우 보강재가 배치되는 범위는 보강재에 의하여 보강효과가 기대될 수 있기 때문에 가상활동면은 보강범위를 벗어나는 것으로 간주한다.

③ 일반적으로 사면 안정해석 프로그램과 연계하여 최종적으로 안정성을 검토한다면 쉽게

해결할 수 있다(수정 Bishop법, Janbu의 간편법, Spencer법 등).

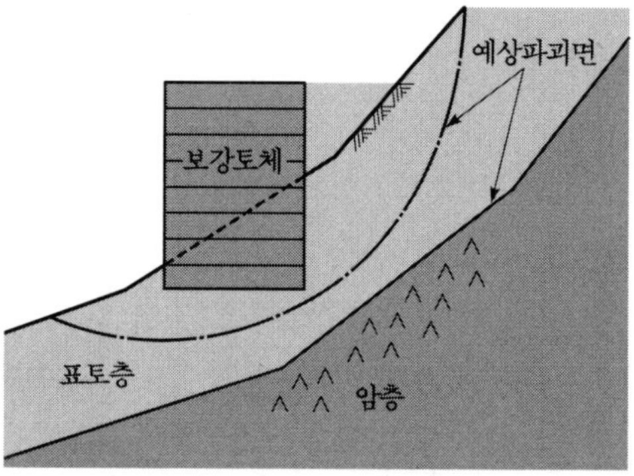

그림 7.88 전체 비탈면활동에 대한 안정 검토

6.2.7 설계 및 시공시 유의사항

(1) 뒤채움 재료 확보 여부

보강토 공법을 성공적으로 수행하기 위해서는 양질의 뒤채움 흙의 확보가 필수적이다. 만약 가까운 거리에서 보강토 공법에 필요한 뒤채움 재료를 충분히 확보하지 못한다면 경제적인 보강토 공법의 계획이 불가능하다.

우리나라는 성토재로서 많이 이용되는 화강암 풍화토가 표면적의 65%를 차지할 만큼 풍부하지만 앞에서 언급한 바와 같이 일반 기준에서 요구하는 75㎛체 통과량 15% 미만인 화강토는 불과 15%에도 미치지 못함으로 현장유용토의 적용이 쉽지 않다. 다행히 최소기준이 되는 15㎛ 통과량이 10% 미만인 화강토는 전체의 55% 정도이며 대부분 내부마찰각 ø값이 25° 이상이므로 사용이 가능하다.

다만 현장에서 15㎛의 입도시험이 간단치 않다. 그러나 75㎛체 통과량이 35% 미만인 경우라면 대부분 이 조건을 만족한다고 알려져 있으므로 기술자의 적절한 판단에 따라 적용여부를 결정하여야 할 것이다.

(2) 배수문제

1) 일반배수(평상시)

보강토체에 이용되는 뒤채움 재료는 비교적 배수성이 양호하고 전면 배수공이 충분한 양질의 토사이나, 다량의 배면 유입수로 뒤채움 흙이 포화되면 흙의 전단강도가 급격히 저하하여 불안한 상태가 될 수 있으므로 배면 용출수의 유무, 수량의 과다에 따라 그림 7.89와 같은 배수시설을 하여야 한다. 보강토체의 저면 이외에는 지오텍스타일, 지오멤브레인 형의 배수재를 대체하여 시공할 수 있다. 특히 계곡부에 설치되는 보강토 토류벽은 반드시 일반 성토시와 동일하게 적정한 크기의 배수구를 설치하여야 한다.

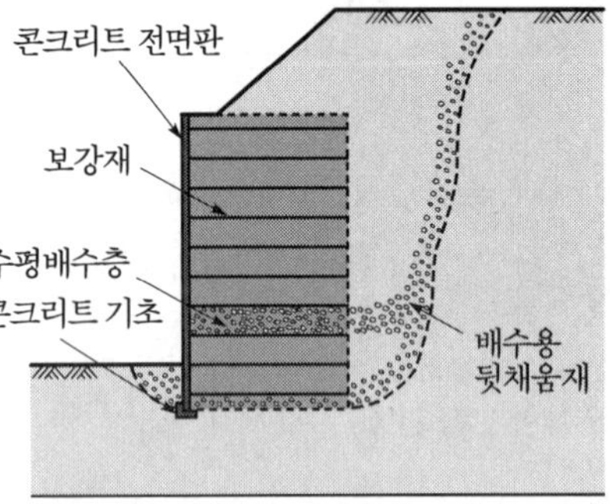

그림 7.89 보강토 옹벽의 배수시설

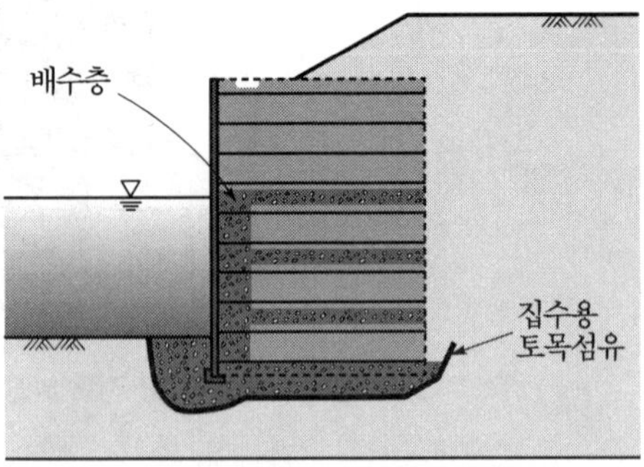

그림 7.90 침수지역 보강토 옹벽의 배수대책

2) 침수대책

보강토체가 수중에 잠기는 경우 그림 7.90과 같이 수위의 급격한 변동에도 보강토 옹벽 내외 수면이 같아지도록 투수성이 양호한 뒤채움재를 이용하여야 하며, 보강토체 전면판의 이음부에는 투수성이 좋은 필터재를 설치하여 배수를 원활히 하는 반면 토립자가 유실되지 않도록 하여야 한다.

(3) 곡선부 및 코너부의 문제

국내 블록식 보강토 옹벽의 시공 후 발생된 균열 및 부분파괴 중 상당수가 코너부에서 발생되었다. 코너부는 토압의 작용방향이 엇갈리게 되며, 토압의 중첩이 이루어지는 등 구조물 거동이 복잡하게 되는 위치이며 곡선으로 처리된 구간에서는 옹벽을 따라 축압축 또는 축인장이 발생하게 된다. 따라서 이 부분에서 보강재를 추가로 설치하되 보강재가 겹치는 부분이 직접 닿지 않고 흙의 결속력을 통해 응력이 분산되도록 하는 관리가 필요하다.

1) 곡선부에서의 보강재 포설

오목한 곡선부 : 보강재 포설시 "▽"형 비보강 부분은 다음 층 포설시 메꾸어 주며, 볼록한 곡선부 포설시 전체적으로 겹치는 부분은 마찰력 저하를 고려해 겹치는 부분을 최소 7.5cm 이상의 뒤채움 흙을 포설하여 보강재의 마찰력이 발현될 수 있도록 한다.

2) 코너 부분에서의 보강재 포설

다음 그림과 같이 90° 각진 코너부분은 짝수층 및 홀수층의 주보강 방향을 교대로 포설한다.

그림 7.91 Inside Curved Corner에서 발생된 배부름 및 균열 현상

그림 7.92 코너부가 작은원형(rounding)처리된 곳에서 보강재의 배치사례

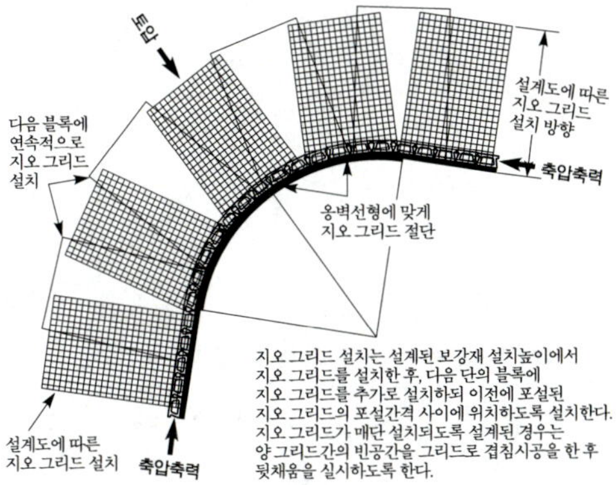

그림 7.93 Inside Curved Corner 부분에서의 지오그리드 설치

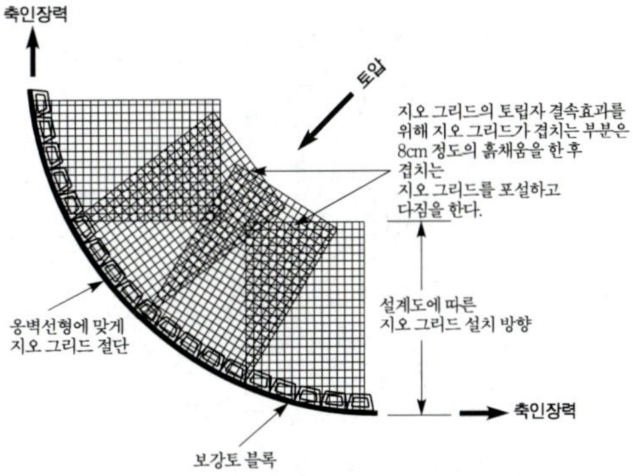

그림 7.94 Outside Curved Corner 부분에서의 지오그리드 설치

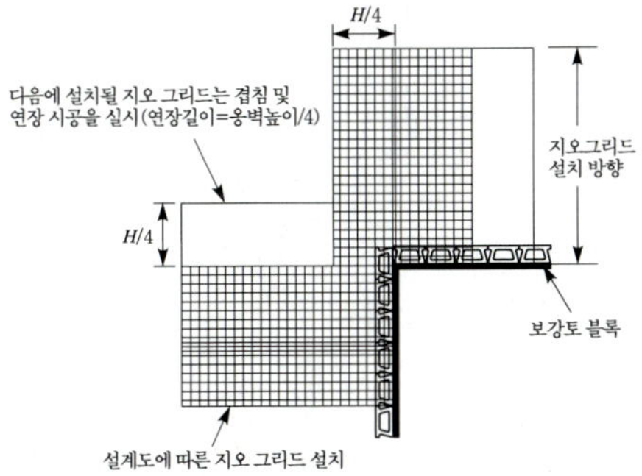

그림 7.95 Inside Corners 부분에서의 지오그리드 설치

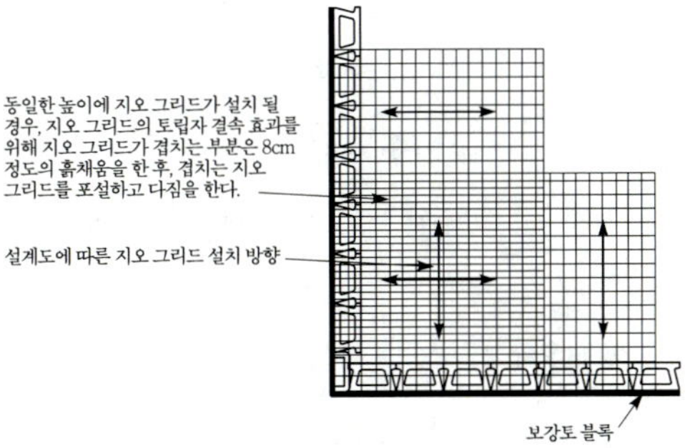

그림 7.96 Outside Corners 부분에서의 지오그리드 설치

(4) 뒤채움재의 포설 및 다짐

뒤채움재의 포설 및 다짐 시 전면판의 변위에 주의해야 한다.

다짐작업 및 토공기계를 사용할 때 유의할 사항

① 하단 전면판의 앞쪽은 될 수 있는 한 빨리 매립하고 다짐을 하여 우수 등으로 세굴되지 않도록 처리한다.
② 연결볼트의 하부나 금속스킨의 상부는 포설이 불충분하기가 쉬우므로 필히 확인한다.
③ 다짐기계는 11톤급 이하의 그다지 무겁지 않는 것으로 선정하며 소정의 다짐도를 얻기 위한 작업기준은 사전에 시험성토를 실시하여야 한다.
④ 토공기계 5원칙(다짐 작업시)
- 벽면에서 1.5m이상 떨어져 주행할 것
- 다짐작업은 전면판쪽부터 보강토체 방향으로 실시할 것
- 벽면에 평행하게 주행할 것
- 뒤채움재의 포설은 벽면측에서부터 순차적으로 할 것
- 현장내에서 급정지, 급선회를 피할 것
- 뒤채움 재료가 포설되어 있지않은 보강재 위를 직접 주행하지 말 것

⑤ 벽면에서 1.5m 이내의 포설은 인력으로 하고 소형 진동롤러나 진동다짐으로 신중하게 다진다.
⑥ 하루의 작업을 마무리 지을 때는 필히 다짐작업을 완료하며, 강우가 예상될 경우 임시배수로를 설치함과 동시에 성토 다짐면에 방수막을 깔아서 뒤채움 흙으로 유수가 침투하는 것을 방지한다.
⑦ 뒤채움재료가 동해로 인한 피해를 받을 우려가 있는 지역에서는 전면판 배면에 동결의 영향을 고려하여 배수(예 : 잡석)층을 설치하여야 한다.

6.3 보강토 뒤채움재로 세립토 사용시 문제점과 대책

6.3.1 세립토를 뒤채움재로 사용시 문제점

1) 마찰강도가 비점성토에 비하여 본질적으로 작다.
2) 배수가 불량하여 함수비 변화에 따른 전단강도가 불안정하다.(과잉간극수압 발생 → 유효응력 감소 → 전단강도 저하)
3) 철재보강띠 부식 : 토목섬유(지오텍스타일, 지오그리드) 사용으로 해결
4) Creep의 가능성이 커서 수평변위가 발생할 수 있다.
5) 동해(동결, 융해로 인한 피해)를 입기 쉽다.
6) 시공시 다짐이 어렵다.

6.3.2 투수계수가 낮은 흙을 뒤채움재로 설계시 고려해야할 사항(대책)

뒤채움재 조건을 만족하지 않는 흙을 뒤채움재로 활용할 경우에는

① 다짐성

② 투수성

③ 보강재의 손상정도 등에 대한 충분한 검토와 대책이 필요하다.

그림 7.97 블록식 보강토 옹벽 전면에 설치되는 배수용 쇄석

1) 보강재 간격을 줄여준다.

설치간격이 좁을수록 과잉간극수압 소산속도가 빨라 비배수강도의 저하를 막아준다.

2) 철재 보강띠 사용시 부식 등을 고려해 안전율 높여 준다.

3) 투수성 토목섬유(Geosynthetic) 보강재를 사용한다.

4) 급속시공의 경우 비배수 조건이 예상되는 배수불량 뒤채움재의 경우에는 작업속도를 설계에 고려해야 된다.

6.3.3 결론

1) 배수불량 뒤채움재를 사용한 보강토체의 파괴는 주로 간극수압의 영향에 의해 발생한다. 따라서, 보강토체 내에서의 간극수압 발생을 얼마나 효과적으로 억제할 수 있느냐 하는 점이 구조물의 안정성에 가장 큰 과제이다.

2) 아직, 배수가 불량한 흙을 보강토 뒤채움재로 적용하는 설계기준이 명확하게 수립되지 않은 실정이다.

3) 적절한 설계기준 마련시 공업용 쓰레기 및 광산폐기물 등과 같은 배수불량 재료를 뒤채움재로 활용함으로써 경제적으로나 환경적인 측면에서 상당한 이익을 창출할 수 있을 것으로 판단된다.

6.4 분리형 보강토 옹벽

분리형 보강토 옹벽 공법은 콘크리트 블록과 토목섬유(geosynthetics) 보강재를 이용하고 있으며, 보강재와 전면 부직포를 사용한 보강토 옹벽을 먼저 축조하여 시공시 발생하는 초기변형을 허용한 후에 전면블록을 설치함으로서 기존 보강토 옹벽에서 발생하는 과다한 변형의 문제를 해결하기 위한 개념의 보강토 옹벽이다.

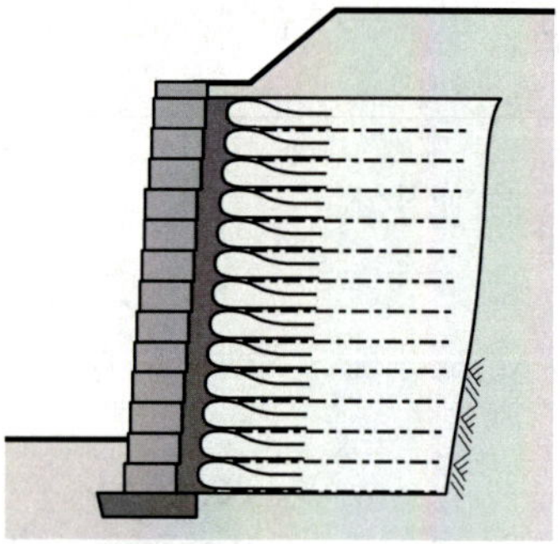

그림 7.98 분리형 보강토 옹벽

Geocell 보강토 옹벽

Geocell을 이용한 보강토 옹벽이 도입, 보급되고 있는데 지오셀 보강토 옹벽은 지오셀을 facing으로 사용하고 geosynthetics을 보강재로 사용한 보강토 옹벽이며, 이는 표면에 식생이 가능하여 Greenwall을 형성할 수 있는 장점이 있다.

6.5 보강비탈면 공법(RSS ; Reinforced Soil Slopes)

6.5.1 개요

최근 들어 대두되는 환경보존 또는 공사비 절감차원에서 자연 혹은 인공비탈면의 경사를 급하게 시공하여야 할 경우가 있다. 이러한 경우 비탈면의 역학적 안정성이 문제시되므로 비탈면의 활동파괴를 방지하기 위한 적절한 조치가 필요하게 된다. 그림 7.99와 같이 비탈면 내에 여러 층의 보강재(보강토 옹벽에 사용되는 것과 동일한 재료임)를 설치하여 안정성을 확보하는 공법이 보강비탈면 공법이다.

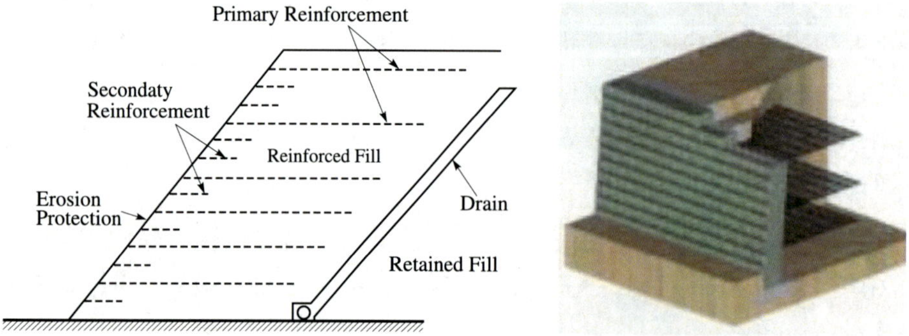

그림 7.99 보강비탈면 공법(RSS ; Reinforced Soil Slopes)

6.5.2 보강비탈면 역할

1) 비탈면의 정상 혹은 선단에서 사용 가능한 공간을 제공함(부지활용 극대화)
2) 성토량을 줄일 수 있음
3) 역학적으로 다소 미흡한 성토재를 사용할 수 있음
4) 보강토 옹벽에서 필요한 전면판의 사용이 필요하지 않음

6.5.3 보강비탈면 적용분야

1) 새로운 도로 제방 건설 시
2) 옹벽의 대안으로 적용 시
3) 기존의 도로 제방 확장 시
4) 붕괴된 비탈면의 보수 시
5) 댐의 상 하류 전면 보강 및 댐의 높이를 증가시킬 경우
6) 임시 홍수 조절 구조물 건설 시
7) 교량의 교대 보강을 보강할 경우
8) 임시 우회 도로 건설 시
9) 수분을 포함한 세립분으로 제방 건설 시

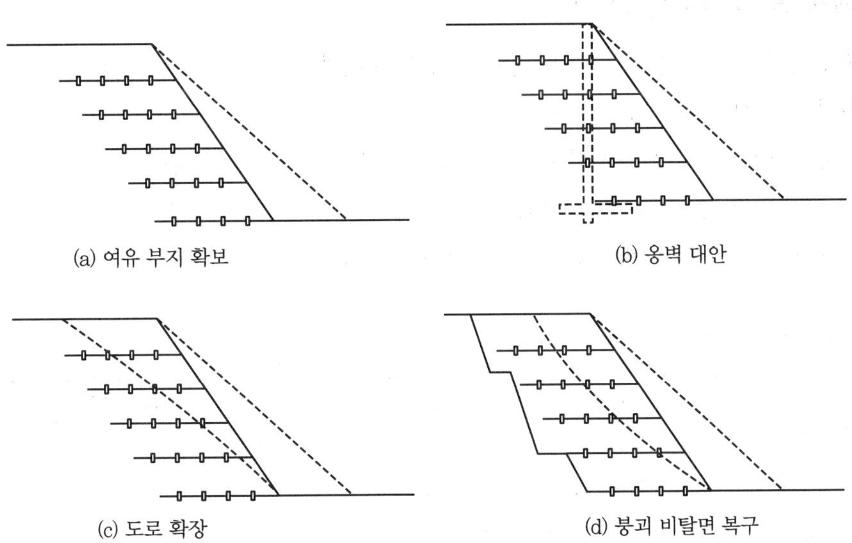

(a) 여유 부지 확보

(b) 옹벽 대안

(c) 도로 확장

(d) 붕괴 비탈면 복구

그림 7.100 보강비탈면 공법시 적용분야

6.5.4 공법 특징

1) 보강비탈면(RSS)은 보강토 옹벽(MSEW)과는 달리 수직으로 시공을 할 수 없으며, 70° 이하의 경사를 갖는 경사 구조물로 시공된다.
2) 보강비탈면은 경비탈면을 녹화하여 친환경적인 구조물을 축조할 수 있다.
3) 보강토 옹벽(MSEW)과는 달리 보강비탈면(RSS)은 원지반을 굴착함으로서 발생되는 현장 잉여토를 활용할 수 있다.
4) 보강토 공법과는 달리 축조높이의 제한 사항이 없다.
5) 콘크리트 블록 등을 사용하지 않고 보강재와 흙만을 사용하여 부등침하에 대한 유연성이 아주 좋으며 경제적이다.
6) 급경사로 시공을 하여 성토재가 작게 소요되며 이에 따라 토취장 개발이 작거나 성토를 위한 절토량을 최소화시킬 수 있다.
7) 계곡부와 편절 편성구간에서 발생되는 장대 성토비탈면을 방지하여 유지관리비가 작게 든다.
8) 절토면과 Rock Bolt 또는 Soil Nailing 등으로 직접 연결시켜서 성토체를 시공하여 자연훼손을 최소화 할 수 있다.

6.5.5 설계 및 시공시 유의사항

1) 전면부의 처리 : 전면부를 여러 가지 형태의 피복재를 이용하여 처리할 수 있다. 그러나 경사가 50° 보다 급할 경우 반드시 보강재로 감싸야 한다.
2) 하단부에 대한 고려 : 전체적으로 구조물의 안정성을 위하여 하단부의 보강재를 길게 설치하는 것이 바람직하다.(즉, 전체활동에 대한 안전성을 반드시 확인하여야 된다.)
3) 국내에서는 주로 부지의 효율성을 제고시키고 미관을 중요시 하는 공사에 적용

표 7.11 보강비탈면(RSS)과 보강토옹벽(MSEW)의 비교

보강비탈면	보강토 옹벽
수직시공 불가(최대 70° 이하)	수직시공이 가능
비탈면녹화 가능(친환경적인 구조물)	녹화 불가능
발생토 사용이 가능	양질의 토사
축조 높이에 제한 없음	제한적임
전면판을 사용하지 않으며 부등침하에 대한 유연성이 아주 좋음	전면판이 필요하며 부등침하에 불리

6.6 Soil Nailing

6.6.1 개요

1) Soil Nailing공법은 NATM과 유사한 지반보강공법으로 Nail을 Prestressing 없이 비교적 촘촘한 간격으로 원지반에 삽입하여 지반 자체의 전체적인 전단강도를 증대시키고 지반의 변형을 최대한 억제하는 공법이다.
2) Nail로 보강된 보강비탈면의 거동은 중력식 벽체의 거동과 유사하다.

6.6.2 기본원리

Soil Nailing 공법의 기본원리는 보강토 옹벽과 같으나 다만 보강토옹벽은 성토체에 적용하는 반면 Soil Nailing은 절토지반에 적용한다는 점이 일반 보강토 옹벽과 다르다.

(1) 내부마찰각 증대

보강재의 마찰에 의하여 흡수된 σ_h(수평력)의 크기만큼 σ_3가 감소하여 Mohr원에서와 같이 내부 마찰각이 증가하는 이론이다.

(2) 겉보기 점착력 증대 이론

보강재의 삽입으로 인해 감소된 수평력이 겉보기 점착력(c_r)로 거동한다는 개념으로 그 크기는 $c_r = \dfrac{\sigma_r \sqrt{K_P}}{2}$이다.

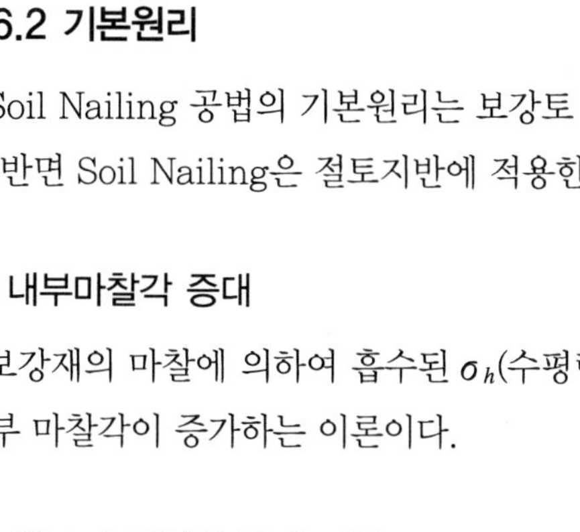

그림 7.101 내부마찰각 증대

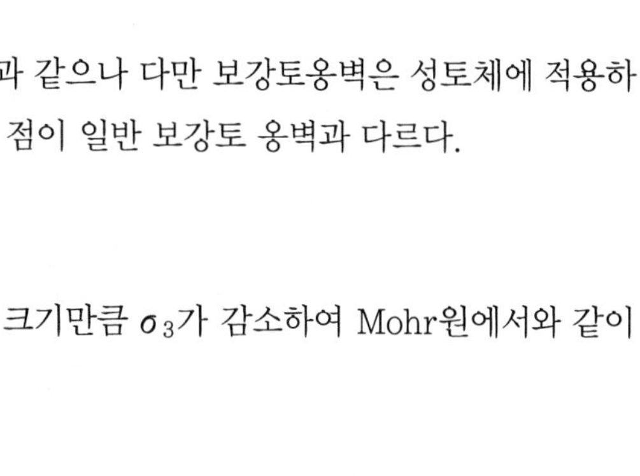

그림 7.102 수평응력 감소이론

(3) 구속응력 증가 이론 : K_0압력으로 거동

보강재를 삽입한 시료는 수직응력에 의하여 발생한 흙과의 마찰력이 횡방향 팽창을 억제한다. 즉, 횡방향 팽창이 없다면 정지토압상태(K_0)와 같이 보강토내의 토립자가 보강재와 마찰력에 의하여 완전히 구속한 것처럼 거동한다. 따라서 수직응력이 증가하는 경우에도 토체는 파괴포락선에 접하지 않고 안전한 상태이다.

6.6.3 시공순서

1) 지반굴착 : 단계별 굴착깊이는 2m이하로 함
2) 천공 및 네일삽입 : 진동해머로 압입하는 경우도 있음
3) 그라우팅 실시 : 무압으로 주입하고, 그라우팅재는 주로 시멘트를 사용
4) 배수시설 설치 : 지하수가 많을 것으로 예상되는 경우
 ① 벽면배수시설 : 굴착면과 숏크리트면 사이에 배수재(Geotextile 등)
 ② 표면배수시설 : 강우시 빗물이 굴착면으로 유입되지 않도록 트렌치 설치

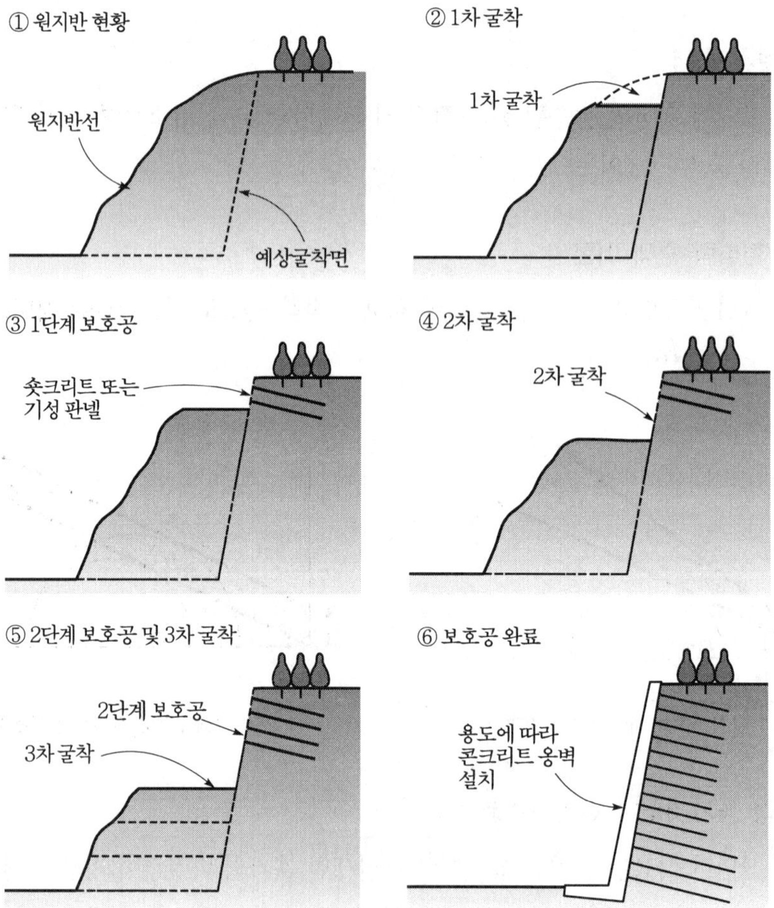

그림 7.103 Soil Nailing 공법의 시공순서

5) 숏크리트 타설 : 굴착면 보호를 위해 타설

6) 소요 깊이까지 위의 과정을 반복

6.6.4 장 · 단점

표 7.12 Soil Nailing의 장 · 단점

장 점	단 점
① 소형기계로도 시공이 가능하고, 공기짧음	① 벽체변위 과다
② 현장여건 적응성이 좋음	② 지하수가 높은 곳은 시공이 어려움
③ 도심지 등의 좁은 장소에서도 시공이 가능	③ 네일 부식의 우려가 있음
④ 공사비가 싸다	④ 점토지반에 사용시 크리프영향 검토 필요
⑤ 원지반 자체를 벽체로 이용하므로 안정성이 높음	⑤ 각 단의 시공시 일시적인 지반의 자립이 필요
⑥ 소음, 진동이 적음	

6.6.5 설계 검토 사항

(1) 내적안정 검토

1) 보강 구조체의 붕괴면을 가정하고 힘의 균형(다각형법)으로 안정을 검토

2) Nail 해석 프로그램을 이용하여 Nail 설치간격, 길이, 각도를 변화시켜 안정성 검토

(2) 외적안정 검토

중력식 옹벽과 같이 검토(전도, 활동, 침하에 대해 안정)

(3) 변위 검토

Soil nailing은 Ground Anchor와는 달리 Prestressing을 주지 않기 때문에 어느 정도의 변위가 발생하여 인장력이 생기므로 반드시 검토해야 하며 기준은$(\frac{1}{250} \sim \frac{1}{300})\boldsymbol{H}$이다.

6.6.6 적용 대상 지반

Soil Nailing이 가장 효과적으로 적용되는 지반조건은 연직이나 가파르게 지반을 약 1~2m정도의 깊이로 굴착한 상태에서 최소한 1~2일간은 자립성을 유지할 수 있는 지반으로 자연상태의 크리프 변형의 발생가능성이 낮은 실트질이나 소성점토 약간의 실제 점착력이나 자연함수비에 의한 겉보기 점착력이 있는 자연상태에서 굳어지거나 다져진 모래와 자갈질 지반, 풍화암 등의 지반에 적합하다.

(1) 인접 지반에 중요시설물이 있는 경우

본 공법은 유연성 벽체로 변위가 다소 과다하게 발생하므로 복잡한 도심지 등의 인접지반에 중요시설물이 있는 경우에는 적용이 곤란하다.

(2) 지하수위가 높은 지반

1) 지하수위가 높은 지반의 경우 포화도의 증가로 전단강도가 감소할 우려가 있고, 굴착면에 지하수 유출과다로 숏크리트 타설이 곤란하므로 유의해야 한다.
2) 전면판을 통한 물의 유출, 시공의 어려움, 구조물의 안정성에 문제가 발생된다.

(3) 특수조건 지반은 적용 곤란

1) 겉보기 점착력이 거의 없는 비점성 모래지반
2) 함몰성 모래지반
3) 함수비 증가가 큰 점성토 및 예민한 점토 : 흙과 네일의 주면마찰력이 작음
4) 평창성 지반, 동결지반 → 네일과 전면판에 상당한 압력 유발
5) 부식성 토양 시공곤란
6) 산악지역은 Soil nail 벽체의 동해의 우려가 있음

6.6.7 설계 및 시공시 유의사항

(1) 설계시 유의사항

1) Nail의 천공직경 : 100~300mm 이상일 것
2) 배수시설 설치 : 지하수가 많을 것으로 예상되는 경우
   ① 벽면 배수시설 : 굴착면과 숏크리트면 사이에 배수재(Geotextile 등) 설치
   ② 표면 배수시설 : 강우시 빗물이 굴착면으로 유입되지 않도록 트렌치 설치
3) Nail이 천공구멍의 중앙에 위치하도록 2m내외의 간격으로 간격재를 설치

(2) 시공시 유의사항

1) Nail 주변의 그라우트 두께가 최소 30mm 이상 유지되게 할 것
2) Soil Nail 벽체의 무지보 굴착깊이

   무지보 굴착깊이를 깊게 할 경우 지반이완이 커져서 벽체 전면부의 국부적인 파괴 및 벽체 전체에 대한 활동이 예상되므로 1~2일 정도 자립할 수 있는 깊이로서 1~2m 정도를 굴착한다.

6.6.8 실무적용 시 유의사항

1) Nail의 길이는 구조물 전체 높이의 0.8~1.2배 정도이고 2.5~6.0㎡당 대략 1개의 Nail을 배치한다.
2) 최근 국내에서 절토비탈면 보강시 전면판을 shotcrete로 시공하지 않고 녹생토 등을 시공하는 경우가 있는데 이러한 경우 Nail의 간격을 보다 좁게 시공할 필요가 있으며 Nail 사이의 토사가 부분적으로 얇은 파괴가 발생할 수도 있음에 유의해야 한다.
3) 산악지역에 설치된 Soil Nail 벽체는 동해를 받을 수 있음에 유의해야 한다.
동해를 받을 경우 흙의 부풀어오름(Swelling)에 의해 숏크리트의 탈락, 파손 등의 문제점이 발생하므로 Nail의 수와 단면을 증가시키거나 전면판 부근에 분리장치를 설치하는 등의 조치를 취해야 한다.

6.6.9 Soil Nailing과 보강토 옹벽의 비교

표 7.13 Soil Nailing과 보강토 옹벽의 비교

<table>
<tr><th colspan="2">구 분</th><th>Soil Nailing</th><th>보강토 옹벽</th></tr>
<tr><td colspan="2">유사한 점</td><td colspan="2">• 보강토 공법의 원리를 이용
• 프리스트레싱을 주지 않으므로 지반의 변형을 수반
• 구조체 개념보다는 중력식 구조물로 취급 : 지반보강, 복합지반 개념
• 전면판 : 구조적 안정에 직접 역할이 없으나 전면판 생략시 토사면 자립이 안된다.</td></tr>
<tr><td rowspan="5">차
이
점</td><td>시공순서</td><td>Top-Down 방식</td><td>Bottom-up 방식</td></tr>
<tr><td>변형형태</td><td>지표부에서 변형이 큼
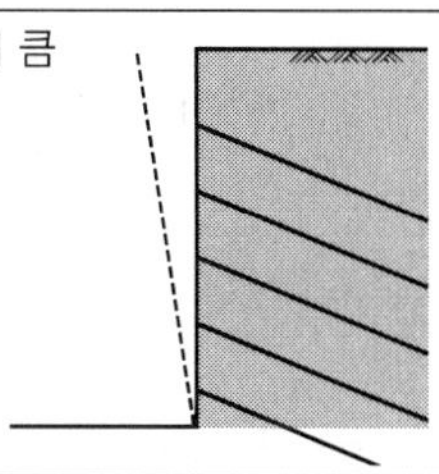</td><td>하부에서 변형이 크며,
최하단 보강재에서
작용하중이 제일 큼
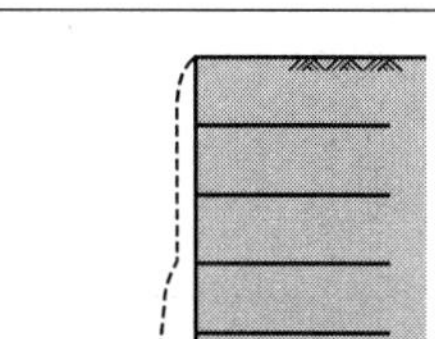</td></tr>
<tr><td>구성요소</td><td>• 뒷채움 필요없음 : 원지반
• 보강재 : 강성이 큰 재료
• 전면판 : 숏크리트</td><td>• 뒷채움 필요 : 200번 체통과량 15% 이하인 재료
• 보강재 : 강성 또는 연성재료
• 전면판(패널식, 블록식)</td></tr>
<tr><td>하중전달</td><td>• 주변지반 보강을 위해 최소 30mm 이상
• 그라우팅이 필요
• 원지반과 Grout재의 마찰</td><td>• 그라우팅이 필요없음
• 보강재와 주변지반과의 마찰력에 의해 저항</td></tr>
<tr><td>적용구간</td><td>절토구간(토사, 풍화암)</td><td>성토구간(토사)</td></tr>
</table>

6.6.10 Soil Nailing, Ground Anchor, Rock Bolt의 비교

표 7.14 Soil Nailing, Ground Anchor, Rock Bolt의 비교

구 분	Soil Nailing	Ground Anchor	Rock Bolt
개 요 도	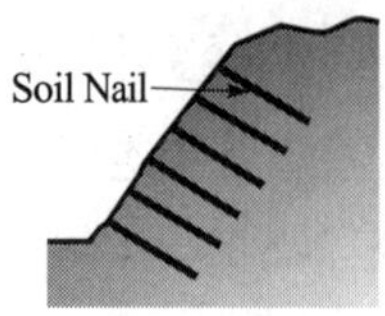	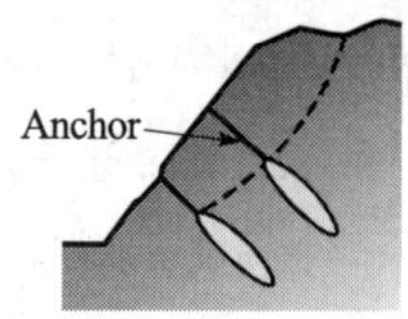	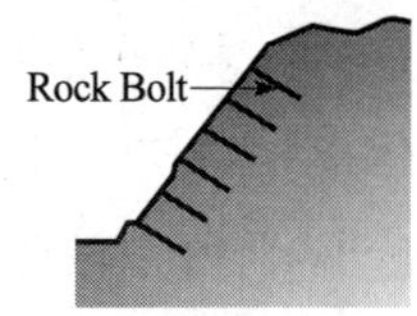
시공순서	• 1단 굴착 • 천공(ø100mm이상) • Nail 삽입 • Grouting(무압) • 숏크리트 타설 • 다음단계 굴착	• 굴착 • 천공(ø100mm이상) • PC강선 삽입 • Grouting(가압) • 긴장	• 천공(ø35~45mm이상) • Grouting(무압) • Rock Bolt 삽입
보강개념	• 그라우팅에 의한 지반보강 • Nail에 의한 지반의 전단저항력 증가	• 그라우팅에 의한 지반보강 • 프리스트레싱에 의한 지반이완 방지	• 절리면을 봉합하여 일체화(구속응력 증대)
저 항 력	• 인장력 • 전단력 • 휨모멘트	• 인장력	• 인장력
대상지반	• 토사, 풍화암	• 풍화암, 연암, 경암	• 연암, 경암
장 점	• 공기단축 • 시공장비 경량화 • 영구구조물로 사용 가능	• 공사비 저렴 • 변위 제어	• 공사비 저렴 • 시공장비 경량화
단 점	• 지하수 이하 시공 곤란 • 변위 제어가 필요한 구조물에 적용제한	• 공기가 김 • Anchor의 삽입길이가 김	• 내구연한이 짧음 • 일시 지보재 • 절리가 발달한 암반에서는 불확실한 공법임

표 7.15 G/A와 Soil nailing의 비교

Ground Anchor	Soil Nailing
옹벽, 토류벽에 설치	Shotcrete 타설
E/A 구조체	Soil nailing 보강재
Prestressing함. 자유장 있음	Prestressing 안함, 인발저항측 있음
수량이 적고 간격이 넓음(2~3m)	수량이 많고 간격이 좁음(1~1.5m)
PC강선	철근
E/A의 인장력에 의한 구조체 개념	S/N에 의한 복합지반 및 중력식 구조체 개념

6.7 그라운드 앵커(Ground Anchor)

6.7.1 개요

1) 앵커 공법은 토목이나 건축의 구조물을 지반에 정착시키기 위하여 고강도의 강재로 연결하고 그 강재에 높은 긴장력을 도입하여 구조물에 횡방향 또는 연직방향의 구속력 또는 선행 하중을 가하기 위한 공법이다.

2) 그라운드 앵커의 용도

① 가설 토류벽의 지보공
② 영구 앵커 토류벽
③ 송전탑 기초
④ 댐의 보강
⑤ 지하구조물의 부력앵커
⑥ 비탈면보강 등

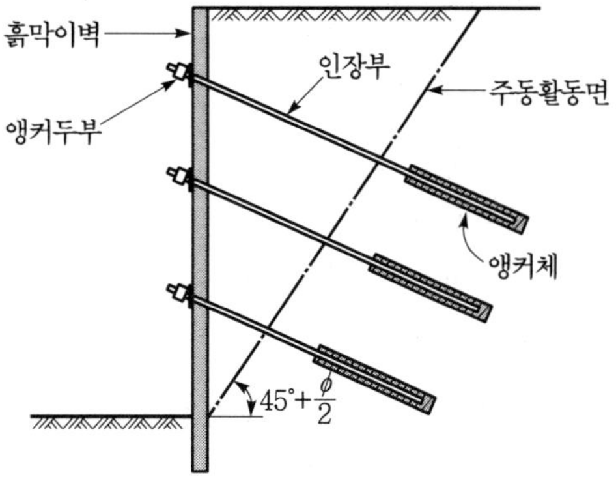

그림 7.104 그라운드 앵커 구조도

6.7.2 그라운드 앵커 분류

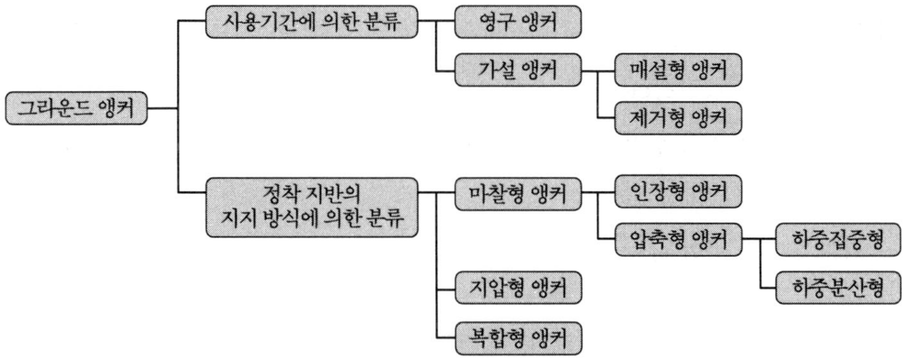

그림 7.105 그라운드 앵커 분류

6.7.3 시공순서

1) 천공 및 케이싱 삽입
2) 인장재 삽입
3) 1차 그라우팅(앵커체 형성)
4) 케이싱 제거

5) 확인시험(그라우팅 양생후)

6) 인장재의 긴장 정착

7) 2차 그라우팅(틈새)

8) 인장재 절단 및 두부보호

6.7.4 앵커 설계

(1) 설계 앵커축력의 검토

1) 기본사항

① 설계정착력(T_d)은 허용정착력(T_a) 이하이어야 한다.

② 허용정착력은 허용인발력(T_{ag})과 허용인장력(T_{as})중 작은 값을 사용한다.

③ 허용인발력은 극한인발력(T_{ug})을 안전율(F_s)로 나눈 값이다.

④ 허용인장력은 인장재의 극한하중 및 인장재의 항복하중에 안전율을 고려한 값 중에서 작은 값으로 한다.

2) 설계앵커력(=정착력)(T_d)

설계정착력은 탄소성해석으로 얻은 결과인 최대지반반력(수평토압)을 이용해서 구한다.

$$\text{설계앵커력}(T_d) = \frac{P \cdot b}{\cos\alpha} \tag{7.81}$$

여기서, P : 단위길이당 반력(수평토압)

b : 앵커의 수평방향 설치간격

α : 앵커타설 경사각

→ 위의 식으로 구한 값이 허용정착력 이하이어야 한다.

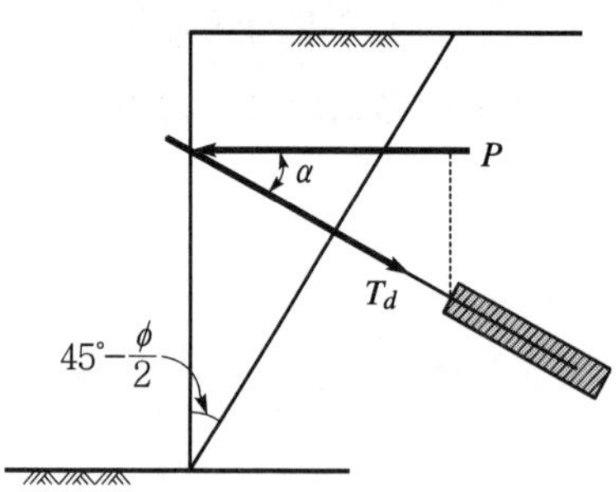

그림 7.106 설계 앵커축력의 검토

3) 허용정착력(T_a)

허용정착력은 허용인발력과 허용인장력 중 작은 값을 사용한다.

① 허용인발력(T_{ag})

$$T_{ag} = \frac{T_{ug}}{F_s} \tag{7.82}$$

여기서, T_{ug} : 극한인발력

F_s : 안전율(가설앵커 1.5, 영구앵커 2.0)

극한인발력은 인발시험을 실시하여 구하거나 일본앵커협회에서 통계적으로 정리하여 제공하는 앵커체의 단위면적당 주면마찰력을 사용하여 구한다.

$$T_{ug} = \pi \cdot D \cdot L_a \cdot f_s \tag{7.83}$$

여기서, D : 앵커체의 직경

L_a : 앵커체 정착장의 길이

f_s : 앵커의 정착장에서 발생하는 주면마찰력

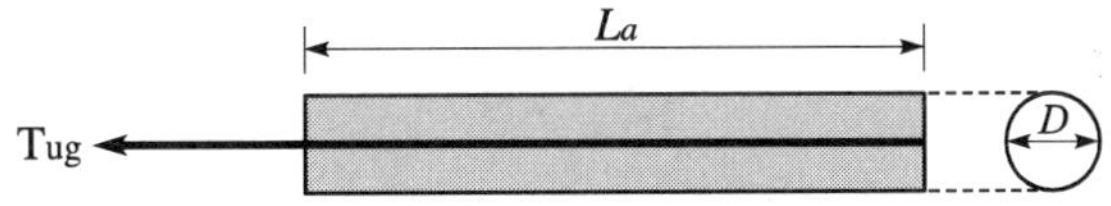

그림 7.107 앵커체 정착 길이산정

② 허용인장력(T_{as})

표 7.16 앵커종류에 따른 인장재 강도설계

앵커의 종류	인장재의 극한하중에 대하여(T_{us})	인장재의 항복하중에 대하여(T_{ys})
가설앵 커	$T_d \leq 0.65\ T_{us}$	$T_d \leq 0.80\ T_{ys}$
영구앵커(평상시)	$T_d \leq 0.60\ T_{us}$	$T_d \leq 0.75\ T_{ys}$

(2) 앵커의 자유장 검토

1) 토층의 파괴면을 그 층의 내부마찰각에 따라 $45° + \frac{ø}{2}$로 가정한 후 앵커의 자유장이 파괴면 밖에 위치하는 가를 검토한다.

2) 파괴면으로부터의 여유장(b)은 0.15H로 하며, 최소 1.5m 이상이어야 한다(H : 굴착깊이).

3) 즉, 설계자유장은 앵커지점에서 파괴면까지의 거리 +0.15H 이상으로 하며, 토사지반에서 최소 3m이상으로 하여야 한다(구조물기초설계기준해설, 한국지반공학회, 2003 참조).

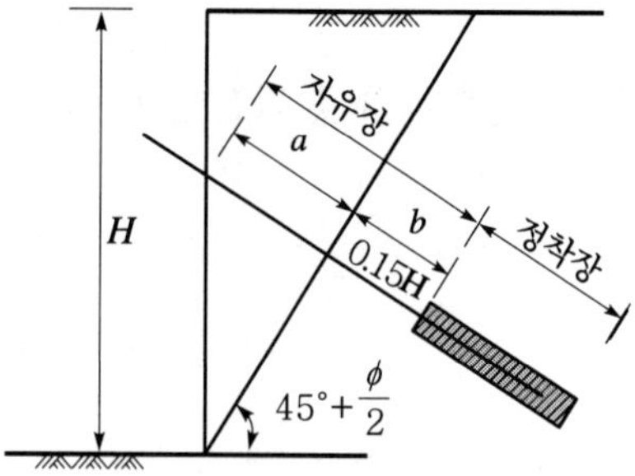

그림 7.108 앵커의 자유장 검토

(3) 지반앵커의 정착장 검토

앵커의 정착장 길이는 허용인발력으로부터 구한 마찰저항장(L_a)과 인장재의 부착저항장(L_b) 중에서 더 큰 값을 적용한다.

- 토사의 경우 앵커의 정착장은 최소 4~5m 이상 이어야 한다.
- 정착장 검토에 있어 진행성파괴에 대한 검토를 생략할 수 있는 경우는 정착장이 10m 이내인 경우로 한다.

1) 마찰저항장(L_a)

설계앵커력(T_d) = 허용인발력(T_{ag})로부터 계산한다.

여기서, $T_{ag}=\dfrac{T_{ug}}{F_s}$이므로

$$T_d = \frac{\pi D L_a f_s}{F_s} \text{로부터 } T_d = T_{ag},\ T_d = \frac{T_{ug}}{F_s} = \frac{\pi D L_a f_s}{F_s}$$

$$\therefore L_a = \frac{T_d \cdot F_s}{\pi \cdot D \cdot f_s} \qquad (7.84)$$

여기서, T_d : 설계 앵커축력　　F_s : 설계안전율(가설 : 2, 영구 : 3)

D : 앵커체 직경　　f_s : 앵커체 주면마찰력

2) 부착저항장(L_b)

설계앵커력(T_d) = 강선과 그라우트의 부착강도로부터 계산한다.

$T_d = n \cdot \pi \cdot D_e \cdot L_b \cdot f_b$로부터

$$\therefore L_b = \frac{T_d}{n \cdot \pi \cdot D_e \cdot f_b} \qquad (7.85)$$

여기서, n : 강선의 개수　　D_e : 강선의 유효직경

f_b : 강선과 그라우트의 부착응력

3) 앵커의 정착장이 너무 길면 진행성 파괴의 문제가 있어 통상 10m 이내로 제한하고 있으며, 정착장이 너무 짧으면 지반의 불균일성 등으로 시공시 마찰저항력이 상실될 우려가 있으므로 최소길이에 관한 규정을 두고 있다(JSF : 3~10m).

※ 정착길이가 10m이상 요구되는 경우 정착길이는 10m로 하고, 10m를 초과하는 정착력에 대해서는 앵커 설치간격 축소, 앵커체 직경확대, 지반보강 등으로 대체한다.

(4) 그라운드 앵커의 최소 설치간격 및 깊이

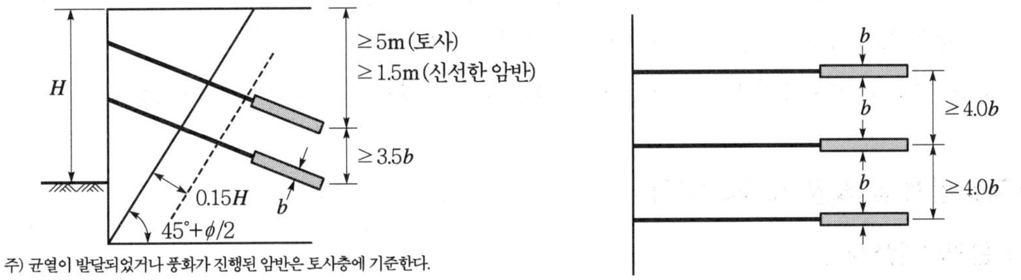

(a) 단면도 (b) 평면도

그림 7.109 그라운드 앵커의 최소간격 및 깊이

(5) 긴장력(Jacking Force)

1) 개요

① 앵커를 긴장할 때 가하는 최대인장력을 초기긴장력이라 하고, 정착 후 인장재에 가해져서 앵커에 지속되는 긴장력을 유효긴장력이라 한다.

② 일반적으로 흙막이공에 앵커를 사용하는 경우는, 굴착시의 지반 변형을 억제하기 위하여 설계앵커력의 50~100%의 초기긴장력을 가하고 있다.

2) 긴장력 산정방법 : 그라운드앵커의 긴장력은 설계앵커력(T_d)과 프리스트레스의 감소량을 고려하여 산정한다.

$$JF = T_d + \delta(P_p) + \delta(P_{pr}) \tag{7.86}$$

여기서, $\delta(P_p)$: 정착장치 감소량, $\delta(P_{pr})$: relaxation 감소량

3) 초기 긴장력 감소 원인

① 지반의 크리이프

② 인장재의 리렉세이션(이완)

(리렉세이션에 의한 감소율 : PC강봉 3, PC강선 및 PC꼰선 5)
③ 쉬스와 강재의 마찰
④ 지반내부 점토층의 압밀
⑤ PC강재의 정착 변위

4) 긴장력 도입시 주의사항
① 긴장력의 감소량이 큰 경우는 허용인장력보다 긴장력이 클 수 있으므로 허용인장력 이내로 긴장하고 시공시 재긴장 해야 한다
② 지반이 연약한 경우는 긴장력이 너무 크면 토류벽 변형과 배면지반 측으로 변위가 발생할수 있으므로 배면지반의 상태를 고려해야 한다.
③ 초기긴장력은 설계앵커력의 50~100%로 하고, 재긴장하는 것이 바람직하다.

6.7.5 설계 및 시공 시 유의사항

(1) 설계시 유의사항

1) 지반의 종류별 주면마찰력의 선정문제
- 일본앵커협회에서 통계적으로 정리한 앵커체의 단위면적당 주면마찰저항은 대부분이 가압형앵커의 인발시험에 의해서 구해진 경험값이므로, 무가압형앵커의 극한인발력을 산정할 경우에 그대로 사용하는 것은 피해야 할 것이다.
- 또한, 가압형 앵커라도 토피가 1.5~5m이내일 경우에는 경험값을 그대로 사용하는 것은 문제가 있다.

2) 진행성파괴에 의한 극한 인발력의 감소 문제 → 대책 : 압축형 앵커
- 지표면에 가까운 쪽의 앵커체에서부터 마찰응력이 지반의 전단강도를 초과해서 지반이 파괴되고,
- 이 현상이 점차로 앵커체의 뒷부분으로 발달해 나가는 진행성 파괴의 형태를 띠게 된다.

3) 정착장 길이 제한 문제 → 대책 : 10m 이상은 간격, 직경, 지반보강 등으로 대체
- 정착길이가 10m이하 일때에는 인발력의 증가가 뚜렷하나, 정착길이가 10m이상이 되면 인발력 증가가 미약하거나 둔감하게 된다.
- 정착장의 길이 : 3~10m가 적당

※ 너무 길면 진행성 파괴, 너무 짧으면 정착력 부족 문제 발생

4) 무리(群)효과에 의한 극한인발력의 저감 문제

5) 근접구조물에 대한 영향

- BS, FIP에서는 앵커와 인접하는 기초, 지하구조물과는, 수평거리로 3.0m 이상으로 하도록 규정하고 있음.

6) 긴장력 감소 문제

7) 앵커 경사각, 앵커 수평각

- 앵커설치각은 20~30°가 일반적임

8) 지반앵커의 최소설치 간격 및 깊이 : 그림 7.109참조

9) 자유장의 길이

- 설계자유장은 앵커지점에서 파괴면까지의 거리+0.15H 이상으로 하며, 토사지반에서 최소 3m 이상으로 하여야 한다.

(2) 시공 시 유의사항

1) 인장재 조립시 정착장부와 자유장부를 분리시키지 않은 경우(팩커 사용)

- 팩커를 설치하는 경우는 반드시 1차 주입후 인장재를 긴장하여 정착해야 한다.
- 그러하지 않고 전체적으로 주입후 긴장을 하게 되면 자유장부에서 인발저항을 하게 되므로 지반변형의 원인이 될 수 있다.

2) 강선이 공의 중앙에 놓이도록 간격재를 사용하여야 한다.

3) 천공시 주상도와 지반상태를 항시 비교하여 지반을 확인하며, 공의 자립이 곤란한 경우 케이싱을 사용하여야 한다.

4) 천공시 벤토나이트를 사용해서는 안된다.

5) 앵커체 건조수축을 대비, 적정량의 팽창제를 사용한다.

6) 자유장부분을 그라우팅하는 경우 반드시 PS강선과 그라우트를 쉬스관 등으로 분리시킨다.

7) 긴장은 확인시험으로 긴장력을 파악후 한다.

- 보통시멘트는 주입후 7일, 조강시멘트는 주입후 3일 경과시에 실시하여야 한다.

6.7.6 앵커 시험의 종류 및 목적

표 7.17 앵커 시험의 종류 및 목적

시험종류	시험목적	시험방법
① 인발시험(시험시공 앵커에 대해 1~2개 시험) (설계확인)	• 실제의 앵커시공에 앞서 시험시공된 앵커의 극한인발력을 구해 설계시 가정한 토질정수의 타당성을 판정하여 시공에 반영하고자 실시	• 미리 계산된 극한앵커력의 0.2배 간격으로 5단계로 나누어 재하-제하를 되풀이 반복 • 재하하중 - 원칙 : 극한인발력까지 재하 - 안정상 : 항복강도의 90% 또는 극한강도의 80% 중 작은 값까지 시험
② 인장시험(1-2% 선정 시험) (시공상태 확인)	• 앵커의 변위, 반력장치의 변위 및 긴장력을 알고자할 때 • 확인시험시의 판정기준으로 사용	• 설계앵커력의 1.2-1.3배의 하중을 계획최대하중으로 하여 그 힘의 0.2배 간격으로 5단계로 나누어 재하-제하를 반복 • 재하-제하시 하중속도는 가능한 일정하게 유지
③ 확인시험(전체에 대한 관리시험) (설계,시공 최종 확인)	• 설계하중(설계앵커력)에 대한 안정성을 확인하고자 할때	• 설계 앵커력의 1.0-1.2배의 긴장력으로 1회 재하한다. • 최대 재하시에는 충분한시간, 동일하중을 유지한다.

6.7.7 마찰형 앵커의 문제점을 개선한 앵커

(1) 개요

1) 마찰형 앵커는 그라우트에 하중(긴장력)이 가해지는 방식에 따라 ①인장형 앵커와 ②압축형 앵커로 분류한다.

2) 인장형 앵커의 경우 국내 · 외에서 많이 사용하고 있고 연구성과와 시공실적이 풍부하다는 장점은 있으나, 그라우트 내의 인장균열과 하중집중으로 인한 크리프 등으로 진행성 파괴 현상이 발생되어 하중감소가 크다는 단점을 가지고 있다.

3) 따라서, 인장형 앵커의 문제점을 개선하기 위하여 지압형 앵커와 압축형 앵커를 개발하여 사용하고 있다.

(2) 마찰정착형 앵커 문제점

1) 진행성 파괴

① 앵커에 인발력(T)이 작용할 때 앵커체의 표면에 발생하는 마찰(전단)응력분포는 인발력

의 증가에 따라 그림과 같은 양상을 띠게 되는데, 지표면에 가까운 쪽의 앵커체에서부터 마찰응력이 지반의 전단강도를 초과해서 지반이 파괴되고, 이 현상이 점차로 앵커체의 뒷부분으로 발달해 나가는 진행성 파괴의 형태를 띠게 된다.

② 설계시 동시파괴의 개념으로 전체의 앵커 정착길이가 유효한 것으로 고려하나, 실제는 인장력에 따라 진행성 파괴가 발생한다.

③ 인장형 앵커가 압축형 앵커보다 진행성 파괴의 영향이 더 크다,

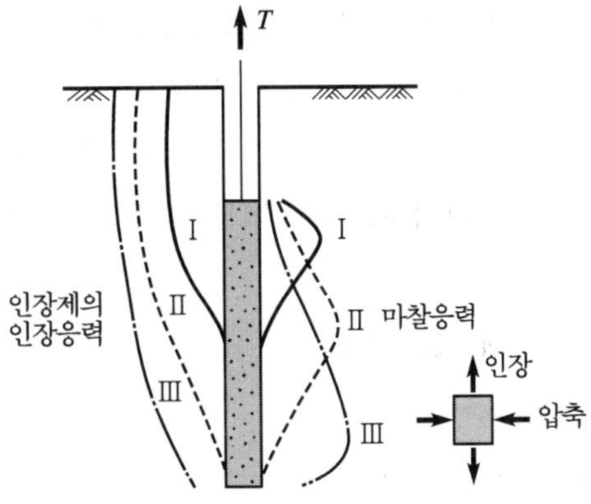

그림 7.110 앵커의 인발(Ⅰ Ⅱ Ⅲ)에 따른 앵커체의 마찰응력 분포 및 인장재의 인장응력 분포(인장형 앵커의 경우)

2) 정착길이의 제한

① 앵커체의 길이 방향으로 주면마찰저항(f_s)이 동일하다고 가정하면 앵커체의 극한인발력은 $T_{ug} = \pi \cdot D \cdot L_a \cdot f_s$의 식에 의해 정착장의 길이에 비례하여 증가하여야 한다.

② 인발시험결과 앵커의 정착길이가 너무 길면 "진행성 파괴"의 문제가 있어 통상 10m 이내로 제한하고 있으며, 정착장이 너무 짧으면 지반의 불균일성 등으로 시공시 마찰저항력이 상실될 우려가 있으므로 최소길이에 관한 규정을 두고 있다(JSF : 3~10m).

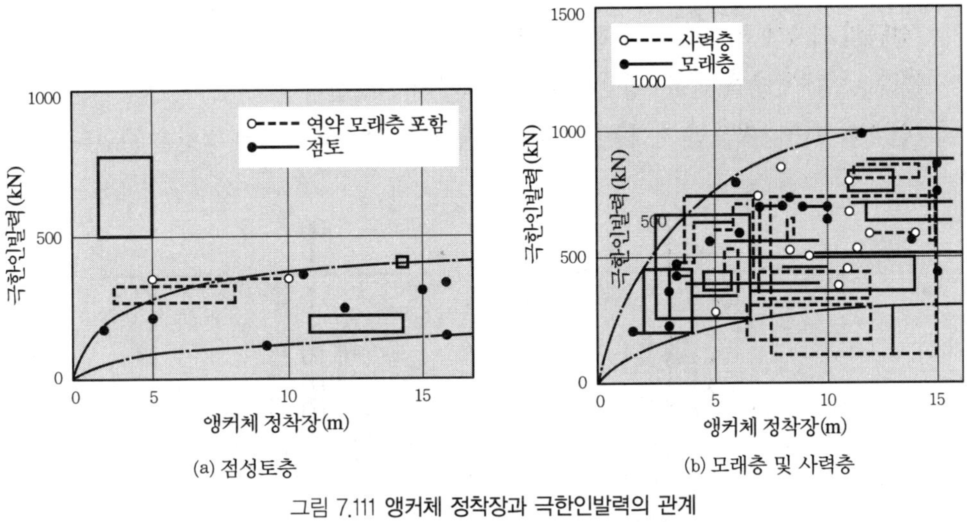

(a) 점성토층

(b) 모래층 및 사력층

그림 7.111 앵커체 정착장과 극한인발력의 관계

3) 앵커체(그라우트)의 인장균열 발생

② 긴장 또는 시간 경과에 따라 그라우트에 인장균열이 생기게 되고, 균열부에 지하수 유입으로 쉬스관 및 PS강선의 부식 가능성 발생

② 그라우트의 균열문제로 내구성이 불안정 할 수 있게 된다.

(3) 개선형 앵커

1) 지압형 앵커

① 지지개념

- 앵커체를 40~50cm 정도로 크게 확대하여 앵커체의 단면에 작용하는 수동토압에 의해서 앵커의 인장력을 지중에 전달
- 구조형식은 가압방식, 쐐기방식, 확공방식이 있다.

② 앵커력(T)

$$T = g \cdot A \tag{7.87}$$

여기서, g : 지압저항, A :(확공부−천공부)면적

2) 압축형 앵커

① 지지개념

- 앵커체에 지압판을 설치해 앵커체에 압축응력이 생기게 하여 정착한다.
  인장형 앵커의 경우에는 인장재와 주입재 사이의 부착에 의해, 압축형 앵커는 인장재 선단의 압축에 의해 하중이 전달된다.
- 그라우트가 압축을 받고, 정착부의 깊은 쪽부터 저항한다.
  인장형 앵커 : 지표면 가까운데서부터 저항하며 진행성 파괴의 경향을 보인다.

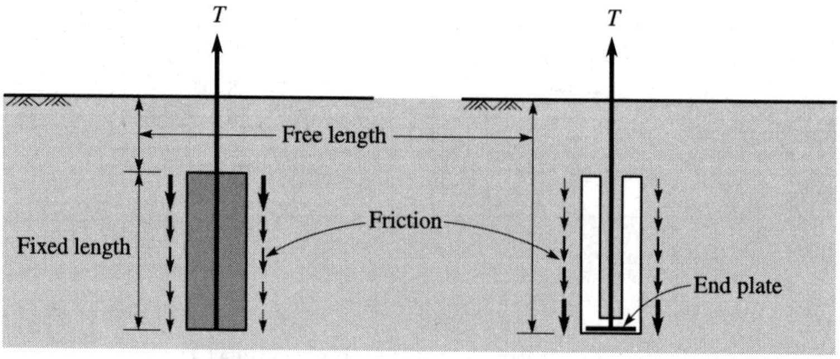

(a) 인장형 (b) 압축형

그림 7.112 인장형 앵커 및 압축형 앵커 모식도

② 압축형 앵커의 설계

- 안정성 검토

　㉠ 인장재의 인장강도, 앵커체와 지반과의 주면저항, 그라우트의 압축강도(추가)에 대한 안정성이 확보되어야 한다.

- 앵커력(T)

　㉠ 앵커체의 그라우트재 압축강도와 긴장시 그라우트의 팽창에 의한 구속압력의 증가로 인한 이중효과로 앵커력 확보가 필요하다.

　㉡ 압축형 앵커의 포아송 효과로 인한 마찰저항 및 강도의 증가

③ 특징

- 그라우트의 인장균열 발생이 적다
- 크리프에 의한 긴장력 감소가 적다
- 진행성파괴가 발생하지 않는다
- 인발시 그라우트의 압축 및 팽창으로 마찰저항력이 증가한다.
- 고강도의 그라우트를 사용해야 한다.
- 연약지반에서는 소정의 앵커력 확보가 곤란하다.

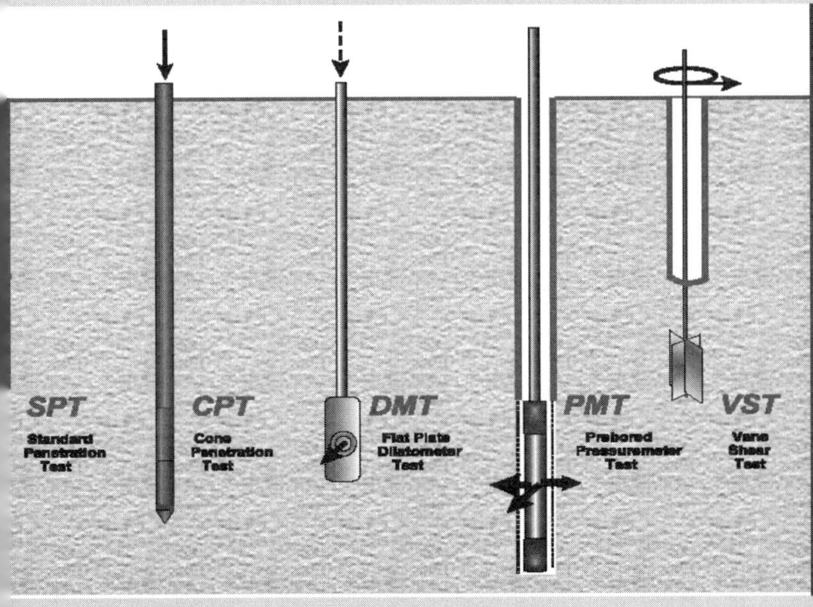

제 8장 지반조사

1. 지반조사 일반
2. 원위치 시험(In Situ Test)
3. 물리탐사
4. 실내시험

chapter 08

제 8장 지반조사

1. 지반조사 일반

1.1 지반조사의 개요

1.1.1 개요

1) 지반조사는 공학적으로 실시되는 지질조사, 토질조사, 원위치시험 등의 총칭이다.
2) 지질조사는 넓은 의미로는 지각내의 지층이나 암체의 공간적 분포를 의미하며, 좁은 의미로는 습곡이나 단층 등의 지층이나 암체의 변위, 변형을 의미한다.
3) 토질조사는 토목공사의 계획 · 설계 · 시공을 위해 필요한 토층구성, 흙의 물리적 성질, 역학적 성질 등의 지반정보를 얻기 위한 조사의 총칭이다.

1.1.2 목적

1) 지반의 성층상태 파악 : 매립층, 퇴적층, 풍화토, 풍화암, 연암, 경암
2) 기반암의 위치 파악
3) 시료채취 : 지반의 설계정수 추정
4) 실내시험 및 원위치시험에 의한 토질의 물리적 · 역학적 특성 평가
5) 지하수위 측정
6) 골재원, 토취장, 사토장 등 재료원의 적정성 및 사용 가능량 파악
7) 주변환경 영향평가(인접구조물, 지반조건 및 환경변화 등)

1.1.3 조사의 구분

표 8.1 조사 단계별 조사내용

조사구분		조사시기	조사내용
예비조사		계획수립 단계	• 문헌, 공사, 재해, 기상기록 등의 자료수집 – 자료수집 : 지형도, 지질도, 항공사진, 위성사진, 토양도, 인근 공사장 설계도서, 과거 안전진단보고서 등 – 현장답사 : 과거 홍수피해 사례, 지하수위 등
본조사	개략조사	기본설계단계	• 정밀조사의 1/2~1/4 수준
본조사	정밀조사	실시설계 단계	• 부지나 노선이 결정된 후 지층의 분포, 지질구조, 원지반의 공학적 특성 등 설계정수를 파악하기 위하여 수행하는 조사 – 지표지질조사 – 시추조사 및 샘플링 – 물리탐사, 현장시험 및 실내시험 등
보완 조사		시 공 중	• 시공 중에 예상치 않았던 지반 변화나, 계측결과가 이상치를 보일 경우 추가로 실시하는 조사 • 본조사 결과를 대상으로 지층 상세조사 • 계측결과를 Feed Back 하여 보강공법 변경 등 설계변경에 활용

표 8.2 본조사 세부조사내용

개략조사	정밀조사의 1/2수준
정밀조사	• 지표지질조사 • 시추조사 및 시료채취 • 물리탐사 : 탄성파탐사, 전기비저항, SASW, 다운홀시험, 크로스홀시험, 토모그래피, 시추공영상처리시스템(BIPS),텔레뷰탐사(BHTV) 등 • 현장조사 : 간극수압 측정, 수압파쇄시험, 시추공내 직접전단시험(BST), 틸트시험(기울기시험, 불연속면 전단강도시험) • 실내시험 : 함수비, 비중, 입도 및 액 · 소성시험, 전단시험(일축압축, 직접전단, 삼축압축), 압밀시험, 암석시험(일축압축, 절리면전단시험)

표 8.3 물리탐사 종류

지표물리탐사	시추공물리탐사
① 반사법 탄성파탐사	① 다운홀 시험
② 굴절법 탄성파탐사	② 크로스홀 시험
③ 전기비저항탐사	③ Suspension PS검층
④ 표면파기법(SASW, MASW)	④ Geotomograpy
⑤ GPR(Ground Penetrating Rader)	⑤ 시추공 영상촬영기법(BIPS)
⑥ TSP(Tunnel Seismic Prediction)	⑥ 보어홀 텔레뷰(BHTV)

1.1.4 국내 지반조사의 문제점

1) 조사수량 부족 및 누락에 따른 분석 미실시
2) 조사방법 문제
3) 과업지시서와 내역서의 불일치
4) 정산문제(지반조사비 : 총공사비의 3% 이하)
5) 토지보상 및 산림훼손 문제
6) 지반설계 검토비 누락
7) 풍화대 지반의 시료채취 문제
8) 지반분류 구분 미비

1.1.5 대상 구조물에 따른 조사항목

표 8.4 대상 구조물에 따른 조사항목

구 분	조사 착안 사항	조사 항목		
		실내시험	현장시험	물리탐사
구조물 기초 (건출물, 교량, 옹벽 등)	지지층판단(지지력, 침하), 지하수위, 공동유무, 지반반력계수, 기초형식, 부주면마찰력(말뚝)	전단시험(일축, 삼축) 압밀시험	보링조사, SPT, CPTu, 공내재하시험 DMT, 평판재하시험	탄성파 토모그래피 GPR탐사 BHTV, BIPS
도로, 철도	성토제의 유용성, 다짐특성, 포장두께 선정(동결심도), 비탈면안정, 용출수, 토량변화율, 절토의 리퍼벌리티	다짐시험, CBR 전단시험(직접, 삼축)	보링조사 지표지질조사, SPT, CPTu, 들밀도시험, 입도시험	
터널	암반분류, 불연속면조사, 암반특성,굴착암 유용성 수치해석 입력자료 초기지중응력	비중시험, 함수량시험 흡수율시험, 강도시험, 경도 및 마모율 탄성파속도	보링조사, SPT 지표지질조사, 현장투수시험 공내재하시험 수압파쇄시험 절리면전단시험, Lugen Test	탄성파탐사 전기비저항탐사 SASW, MASW, TSP, GPR, 다운홀, 크로스홀, 토모그래피 BIPS, BHTV
비탈면	불안정한 지형 지질구조 원지반의 물성 지하수 상황	비중시험, 함수량시험 입도시험, 액소성한계시험 전단시험 압밀시험 암석시험	보링조사 Face Mapping 간극수압측정 수압파쇄시험 시추공내전단시험 틸트시험	탄성파탐사 전기비저항탐사 SASW, MASW TSP, GPR 다운홀, 크로스홀 토모그래피 BIPS, BHTV

표 8.4 대상 구조물에 따른 조사항목(계속)

구 분	조사 착안 사항	조사 항목		
		실내시험	현장시험	물리탐사
Dam 저수지	지지층판단, 기초지반투수성, Grouting 계획 piping검토, 다짐특성 제체침투, 제체비탈면안정	다짐시험, 전단시험, 압밀시험 투수시험	보링조사, SPT 투수시험 수압파쇄시험	탄성파탐사 전기비저항탐사 SASW, MASW 다운홀, 크로스홀 토모그래피 BIPS, BHTV
지하 토류벽	토류벽 형식, 차수계획, 토압계산, piping, heaving	전단시험, 투수시험, 실내암석시험	보링조사, SPT 공내재하시험,	
연약지반	연약층 두께, 범위, 연약정도, 압밀침하, 단계 성토고, 비탈면안정, 장비 진입성, 강도증가율	보링조사, SPT, CPTu, DMT, Vane, 전단시험, 압밀시험	보링조사 SPT, CPTu DMT, 베인 현장투수시험	
내진설계 (액상화 지반)	액상화 가능성, 지하수위, 액상화 안전율, 액상화 대책 동적물성치 추정	입도분석, 상대밀도시험, 공진주 시험, 초음파 펄스시험, 압전식 휨요소 실험 반복삼축압축시험, 반복단순전단시험	보링조사, SPT 현장들밀도시험,	탄성파탐사 전기비저항탐사 SASW, MASW 다운홀, 크로스홀 토모그래피

1.1.6 조사간격 및 깊이

1) 지반조사 간격은 지층상태, 구조물의 규모에 따라 정하고 조사위치는 주변지역의 대표적인 곳을 선정해야 하며, 지반조건 변화에 따라 조사위치 조정이 필요하다.
2) 지층상태가 복잡한 경우에는 기 조사한 간격사이에 보완조사를 실시한다.
3) 조사깊이는 침투문제가 있는 경우에는 불투수층까지, 액상화 문제가 있는 경우에는 모래층 하단에 있는 단단한 지지층까지 조사한다.
4) 절토, 개착, 터널구간은 기반암의 심도 1~2m까지 또는 계획심도 이상 확인하여야 한다.

표 8.5 대상 구조물에 따른 조사항목(지반조사 대상별 조사간격 및 깊이)

조사대상	조 사 간 격(m)	조 사 깊 이
단지조성 매립지 공항 기타 광역부지	1) 깎기구간 : 100~200 2) 쌓기구간 : 200~300 3) 호안, 방파제 : 100 4) 구조물 : 해당 구조물 간격기준에 의함	1) 깎기구간 : 계획고 아래 2m 까지 2) 쌓기구간 : 견고한 지반 3~5m 까지 3) 호안,방파제 : 풍화암 아래 3~5m 까지 4) 구조물 : 해당 구조물의 깊이기준에 따름
지하철	1) 개착구간 : 100 2) 터널구간 : 50~100 3) 고가 및 교량 : 교대 및 교각 위마다 실시	1) 개착구간 : 계획고 아래 2m 까지 2) 터널구간 : 계획고 아래 0.5D~1D 까지(D: 터널의 직경) 3) 고가 및 교량 : 기반암 아래 2m 까지
도 로 고속전철	1) 깎기구간 : 150~200 2) 쌓기구간 : 100~200 3) 교량 : 교대 및 교각 위치마다 실시 4) 산악터널 : 갱구부 2개소씩(30~50 간격) 5) 필요시 중간부분도 실시(100~200 간격)	1) 깎기구간 : 계획고 아래 2까지 2) 쌓기구간 : 연약지반 확인 후 견고한 지반 3~5m 까지 3) 교량 : 기반암 아래 2m 까지 4) 산악터널 : 계획고 아래 0.5~1D까지
건축물, 주차장, 하수처리장	사방 30~50(최소한 2~3개소)	지지층 및 터파기 깊이 아래 2m 까지

1.2 시추조사(Test Boring)

1.2.1 개요

1) 시추조사는 시추기를 사용하여 지반에 일정한 직경의 시험공을 굴착하면서 조사하는 것을 말한다. 시추목적은 지층변화와 구조를 파악하고 교란시료 및 불교란시료를 채취하며, 또한 시추공에서 표준관입시험이나 베인전단시험과 같은 원위치시험을 실시하거나, 지하수위의 관측 및 현장투수시험을 실시하는 것이다.

2) 시추종류는 굴진하는 방법에 따라 변위식, 회전식, 충격식, 수세식, 오거식 등으로 분류한다. 시추장비는 조사대상 지층과 목적에 따라 적절한 장비를 선정하여야 하며 실무에서는 회전식과 수세식을 병행한 회전수세식 시추기를 주로 사용한다.

1.2.2 목적

1) 지반종류 판단
2) 지질구조 파악
3) 원지반의 공학적 성질 파악
4) 불연속면분포 검토
5) 지층의 구성 파악

6) 지하수위 파악
7) 실내시험을 위한 시료채취
8) 현장시험 등을 수행하기 위해 시추조사를 실시함

1.2.3 실무적용 시 유의사항

1) 시추는 원칙적으로 NX규격(코어직경 54mm) 이상의 이중코어바렐을 사용해야 하며, 풍화대나 파쇄대 등에서는 삼중코어배럴 또는 D-3샘플러 등을 사용해야 한다.
2) 시추는 원칙적으로 수직으로 실시하는 것이 원칙이나 단층 · 절리 · 공동 분포상태 확인 등을 위해 경사시추를 실시할 수도 있다.
3) 시추공 간격은 노선방향으로 50~200m로 실시한다.
4) 시추심도는 원칙적으로 터널바닥에서 터널 최대직경의 1/2이상의 깊이까지 실시한다.
5) 시추공 지하수위 측정은 시추직후 및 24시간 경과 후 실시한다.
6) 시추공은 반드시 시멘트풀이나 시멘트 모르타르 등으로 폐공하여야 한다.
7) 시추장비의 성능과 시추자의 숙련도에 따라 결과가 달라지므로 장비선정과 숙련도가 있는 기술자 확보가 되어야 한다.
8) 시추주상도에 표기된 정보의 불확실성으로 인하여 설계시 오판할 수 있으므로 주상도에 상세한 현장정보 언급이 필요하다.
9) 코어상자의 보관 및 관리에 대한 제약성, 취급의 불편성 등이 따르므로 관련내용은 주요 내용 관계자 서명 후 스캐닝하여 보관하여야 한다.

1.2.4 시추주상도

각 시추공에서 얻은 상세한 정보는 시추주상도라는 그림표에 나타내어야 하며 다음과 같은 사항을 기록하여야 한다.

1) 시추 회사명과 주소
2) 시추작업자의 이름
3) 현장작업명과 시추횟수
4) 시추종류와 횟수, 시추위치
5)시추일자
6) 지층구성
7) 지하수위 관측일자, 사용케이싱과 진흙유실 등
8) 토층깊이 및 표준관입치
9) 채취한 시료의 깊이, 번호, 종류
10) 암석시료의 경우 코아배럴의 종류

조사명 PROJECT	서울 OO지역 시설공사 지반조사			시추번호 HOLE NO.	D 60504
위치 LOCATION	15K 070	좌표 COORDINATES	X=449.474 Y=194.155	표고 ELEVATION	EL(+)116.70m
시추각도 ANGLE	수직	시추구경 HOLE DIA.	NX	지하수위 G.W.L	GL(−)3.40m
사용장비 DRILL	YK−75형	시추자 DRILLER	OOO	조사자 INSPECTOR	홍길동

심도	층후	지반명	색조	현장관찰기록 DESCRIOTION OF MATERIAL	코아회수율 (RQD/TCR)	시료형태 및 번호	Cm/sec BLOWS/30Cm
2.00	2.00	ML	담갈색	매립토 *심도 0.00−2.00M 매우느슨, 습윤, 담갈색 소량의 모래섞인 실트층(ML)		1 ⊠	6/30
4.00	2.00	SP	황갈색	잔류토층 *심도 2.00−4.00M 느슨, 습윤, 황갈색 소량의 실트섞인 모래(SP)		2 ⊠	10/30
6.00	2.00	GP	암갈색	*심도 4.00−6.00M 보통조밀, 습윤, 암갈색 실트 및 모래섞인 자갈층(GP)		3 ⊠	15/30
8.00	2.00	RS	황갈색	풍화토 *심도 6.00−8.00M 조밀함, 습윤, 황갈색 모암이 실트질 모래로 분해(RS)		4 ⊠ 5 ⊠	26/30 50/10
10.00	2.00	WR	암갈색	풍화암(WR) *심도 8.00−10.00M 매우조밀, 습윤, 암갈색 모암이 실트질 세립내지 조립모래(RS)		6 ⊠	50/5
12.00	2.00	SR	청회색	연암(SR) *심도 10.00−12.00M 약간강함, 청회색, 균열 및 절리 발달 (화강 편마암)	11/100		
14.00	2.00	MR	회백색	보통암(MR) *심도 12.00−14.00M 강함, 회백색, 균열 및 절리 발달 (화강 편마암)	34/100		
16.00	2.00	HR	암회색	경암(HR) *심도 14.00−16.00M 매우강함, 암회색, 약간풍화 (화강 편마암)	72/100		

범례 LEGEND: ◪ 자연시료 UNDISTURBED SAMPLE · ⊠ 흐트러진 시료 DISTURBED SAMPLE · ● 코아시료 CORE SAMPLE · 관입저항치 N−VALUE · 시료없음 LOST SAMPLE · 투수계수 PERMEABILITY COEFF

그림 8.1 시추주상도

1.3 시료채취(Sampling)

1.3.1 개요

1) 현장조사를 실시할 때 실내시험을 위한 시료를 채취하게 된다. 시료를 채취할 때 교란의 여부에 따라 교란시료와 불교란시료로 구분한다.
2) 교란시료는 주로 입도분석시험, 아터버그한계시험, 비중시험, 밀도시험, 함수비시험 등의 물리적특성을 파악하는데 이용되며, 불교란시료는 압축특성, 강도특성 등 역학적 특성을 파악하는데 이용된다.

1.3.2 시료채취기 종류와 특징

교란시료는 지층변화시 마다 또는 동일 지층이라도 1.0m 간격으로 채취한다.

표 8.6 시료채취기의 종류 및 특징

시료채취기의 종류	규 격	적용토질 및 암층	특 징
스플릿 스푼 샘플러	외경 51mm 내경 35mm	샘플러가 관입될 수 있는 크기 이하의 모든 토층 (단, 자갈층은 곤란)	표준관입시험에 의해 시료가 채취됨
오거보링	직경 5~15cm	지하수위 위에 있는 토층에 적합 공벽붕괴가 없는 지반 점성토나 점착성이 다소 있는 토층	인력으로는 보통 깊이가 5m 이내이나 기계방식은 보다 깊게할 수 있음 자갈 등이 있는 경우는 관입이 곤란함
시굴조사	사방 1~1.5m	지하수위 위에 있는 토층에 적용 가능 자갈 등의 지반에는 노력이 많이 듬	인력으로는 1~1.5m이며 백호우등 중장비의 경우 약 4~5m까지 가능함 블록샘플링에 의해 불교란 시료채취도 가능함
싱글코어 배럴	길이는 보통 1.5~3m	강하고 균질한 암반 파쇄대 및 암강도가 너무 약한 것은 시료채취율이 저조함	시료채취율이 저조하다. 암반조사용으로 부적합함
더블코어 배럴		비균질 암반, 파쇄대 부서지기 쉽거나 강도가 약한 암반	암반조사용으로 적합하며 싱글코어 배럴보다 채취율이 높음
트리플코어 배럴			파쇄 또는 풍화가 심한 암반시료 채취에 적합함

1.3.3 불교란 시료채취

1) 불교란 시료란 채취한 시료로부터 지반의 강도, 압축성, 투수성 등을 결정할 수 있을 정도로 교란이 적게 된 시료를 말한다.
2) 점성토층에서는 매 보링공에서 깊이 5m 정도마다 최소한 1개의 대표성이 있는 불교란시

료를 채취한다.

3) 불교란시료 채취시 만족 기준

① 토층에 뒤틀림과 같은 변형이 발생하여서는 안되며, 시료내에 공간이 있거나 약화되어서는 안 된다.

② 회수율은 95% 이상이어야 한다.

③ 시료채취기의 면적비는 15% 이내이어야 한다.

4) 불교란시료 채취기 종류

① 신월(Thin wall)튜브 샘플러

표 8.7 신월(Thin wall)튜브 샘플러 종류

종류	피스톤의 상태	필요한 공경	적용토질	특징
오픈드라이브 샘플러	없음	표준관입시험의 경우 65mm 이상	샘플링 튜브를 선택하면 모든 흙에 적용	타입 또는 다져넣기에 의해 샘플링함
고정피스톤식 샘플러	고정	75mm 이상	연약한 점성토 N치 0~4	연약한 점성토 시료의 샘플러로서 신뢰도가 높고 일반적으로 많이 사용

② 이중관식 샘플러

표 8.8 이중관식 샘플러 종류

종류	피스톤의 상태	필요한 공경	적용토질	특징
데니슨식 샘플러	없음	115mm 이상	보통 단단한 점성토 N치 4~20	내관은 오픈드라이브 샘플러의 작용을 하며 외관은 회전하여 지반을 굴착함

③ 블록 샘플링

- 블록샘플은 지표, 얕은기초, 횡갱, 시험굴의 바닥 또는 측벽에서 수작업으로 시료채취가 가능하며, 교란영향 거의 없다.
- 자갈을 제외한 모든 토질에 적용 가능하고 블록 샘플도 응력이완을 받지만, 튜브 샘플러에서와 같이 관입시의 전단비틀림은 받지 않는 양호한 불교란 시료이다.

※ Nagaraji 등(1990)은 블록샘플의 경우 교란되지 않은 이상적인 시료의 압밀곡선에 가장 유사하며, 시료의 직경이 작아지면 곡선이 완만해지며 이상적인 압밀곡선에서 멀어지는 경향을 보인다고 제안하였다.

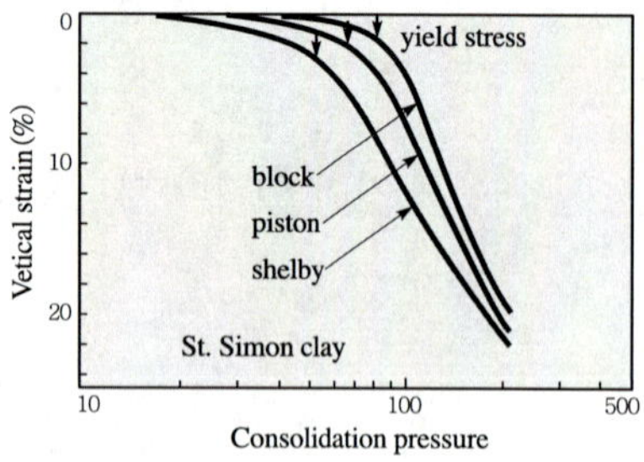

그림 8.2 샘플러 종류에 따른 압밀곡선

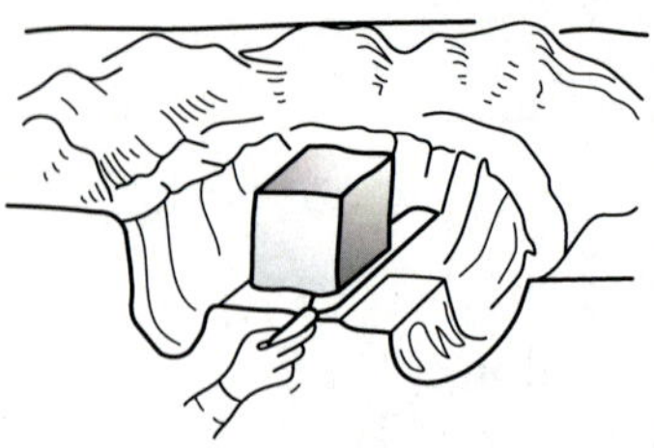
그림 8.3 블록 샘플링

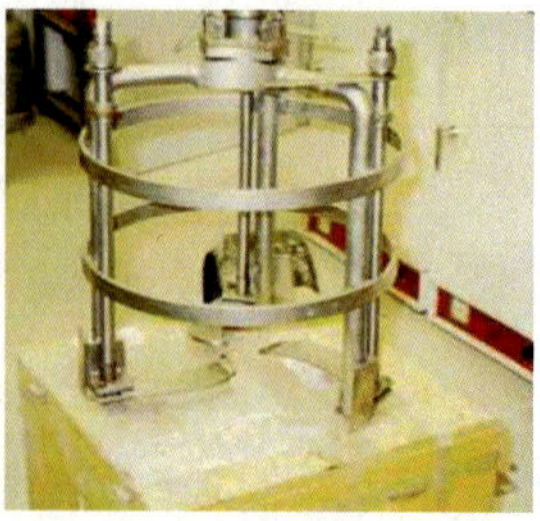
그림 8.4 대구경 시료채취기

④ 대구경 샘플러

표 8.9 대구경 샘플러 종류

종류	특징
쉘부루 샘플러	300mm 구경의 예민점토를 채취하는데 이용 운반 및 취급에 문제가 있어 연구용 또는 특정토질에 이용
라발샘플러	200mm 구경의 채취기 교란의 정도가 심하고 시료의 절단 및 인발에 어려움이 있어 연구목적으로만 사용
NGI 샘플러	직경 200mm 노르웨이 지반연구소에서 개발된 장비로 면적비가 다소 크기 때문에 연구용으로만 사용
국내개발 샘플러	로터리 타입 : 직경 300mm이상, 시추기에 장착 오거타입 : 250mm, 원통형 블록샘플 채취 트리플 코어 배럴의 변형 : 직경 20mm, 점성토 · 사질토 모두 채취가능

1.3.4 불교란시료 채취시 유의사항

1) 고정피스톤식 샘플러로 시료를 채취할 경우 피스톤 롯드 또는 체인고정을 완전하게 하여야 한다.
2) 샘플러의 압입은 적당한 속도를 유지하여야 하며, 채취기 길이보다 약간 적게 압입하여야 한다.
3) 샘플러 압입도중 정지하거나 충격 및 진동을 받으면 안 된다.
4) 신월튜브 샘플러 내에서 채취한 시료는 파라핀 또는 실리콘 파우더, 기타 밀봉재로 봉하고 캡을 씌워 주어야 한다.
5) 튜브에는 현장조사, 시추공번, 시료번호, 관입깊이, 채취된 시료의 깊이 등을 기입한 표를 붙인다.
6) 시료는 파라핀으로 밀봉할 때를 제외하고는 항상 수평을 유지하도록 하며, 충격이나 진동

을 받지 않도록 운반 및 보관에 세심한 주의를 하여야 한다.

7) 시료는 극심한 온도변화를 받지 않도록 보호하여야 한다.

1.3.5 샘플러의 기하형상과 요구조건

(1) 샘플러 면적비와 내부여유비(Sampler의 면적비)

표 8.10 샘플러의 면적비와 내부여유비

		샘플러 규격
① 면적비	면적비 : 10%이하 (불교란시료) Hvorslev(1949)는 시료의 교란에 큰 영향을 미치는 요소로서 면적비를 정의하였다. $A_r = \frac{D_e^2 - D_i^2}{D_e^2} \times 100(\%)$ 여기서, D_e : 샘플러의 외경 , D_i : 샘플러 선단부의 내경	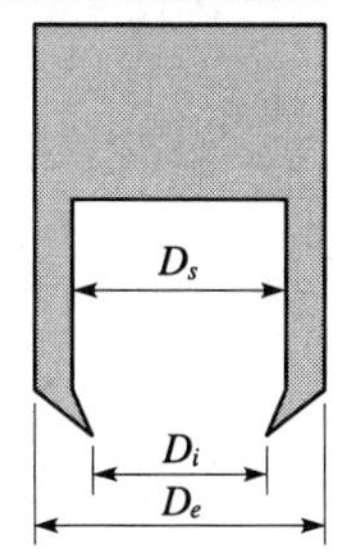
② 내부여유비	내부여유비(ICR) : 0.75%~1.5% (불교란시료) 마찰력을 줄이기 위하여 튜브내부는 매끈하고 깨끗한 상태이어야 하며, 내부직경을 입구보다 약간 넓게 하여 마찰력을 줄일 수 있다. $ICR = \frac{D_s - D_i}{D_i} \times 100(\%)$ 여기서, D_s : 샘플러 튜브의 내부직경	

(2) 선단각도

시료 교란을 줄이기 위하여 면적비를 줄이면 튜브가 너무 얇아져 휨이나 좌굴이 발생할 수 있다. 대신에 슈의 선단에 경사각을 둠으로써 면적비를 줄이는 효과를 얻을 수 있다.

(3) 직경비

1) 샘플러의 길이가 길어지면 시료와 튜브 사이의 마찰력도 커지고, 전체 마찰력이 지반의 극한지지력보다 커지게 되어 심하게 교란된다.

이를 방지하기 위하여 샘플러의 길이와 직경비를 제한하고 있다.

직경비 = $\frac{L}{D}$

여기서, L : 샘플러튜브의 길이, D : 샘플러의 내부 직경

2) 국제지반공학회 시료채취 소위원회에서는 직경비를 토질에 따라 6~20이하로 규정하고 있다.

(4) 샘플러 요구조건(Siddique, 1990)

1) 면적비는 10%가 넘지 않을 것
2) 내부여부비는 0.5%가 넘지 않을 것
3) 내부선단각은 1~1.5% 정도일 것
4) 외부 선단각은 5°를 넘지 않을 것

1.4 시료 교란원인

시료의 교란원인은 크게 응력변화로 인한 교란과 기계적인 교란으로 나눌 수 있다.

1.4.1 응력변화로 인한 교란

(1) 채취전의 교란

시료채취를 위하여 케이싱이나 채취기를 압입할 때 주변지반에는 그림 8.5(a)와 같은 변형과 교란이 발생한다.

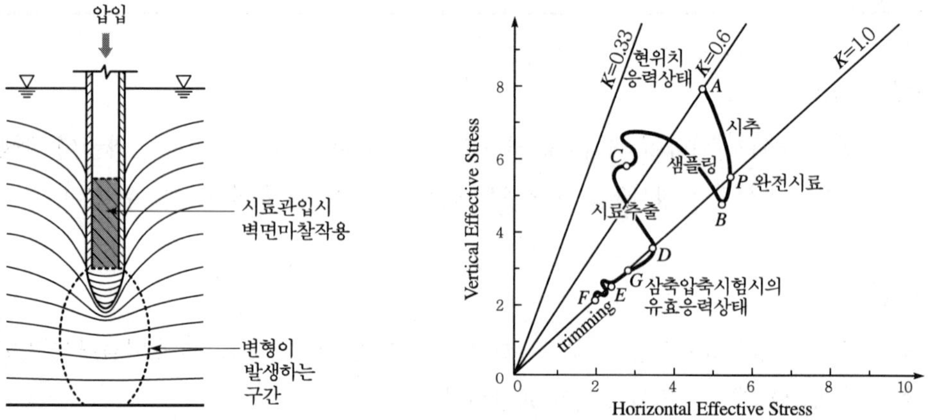

(a) 케이싱이나 샘플러 관입전의 하부 지반의 교란 (b) 시료 채취시와 채취후의 응력변화

그림 8.5 시료채취과정의 교란 및 시료의 응력변화

(2) 채취시와 채취후의 유효응력변화 : 그림 8.5(b)

1) A(이상시료) → P(완전시료) : 시추과정

원지반에서 K_o압밀상태로 평형상태를 유지하고 있던 시료(A점)가 시추에 의해 토피압이 제거되면서 P점(완전시료)에 도달하게 된다(수평응력은 구속상태이므로 감소하지 않음).

2) B → C : 시료를 채취한 후 샘플러를 지상으로 끌어올리는 과정

토피압이 제거된 시료가 샘플러 안으로 압입되면 수직응력은 다시 회복되고, 수평유효응력은 튜브와의 마찰력(인장력)으로 인한 교란으로 일부 감소하게 된다.

3) C → D : 시료를 튜브에서 추출하는 과정

4) E → F : 실내시험을 위해 트리밍하는 과정(F점 : 실제시료)

5) G 점 : 삼축압축시험을 위해 등방구속압을 가한 상태

1.4.2 기계적인 교란

(1) 튜브내로 관입 시 교란

1) 시료가 시료채취기에 접근함에 따라 압축변형이 발생하였다가, 시료채취기 내로 들어가면 다시 인장변형이 발생하고 최대 변형이 발생하였다가 다시 감소한다.

2) 시료의 교란은 주로 관벽에 가까운 부분에서 생기고 샘플러의 직경이 크면 교란이 적게 발생한다.

3) 면적비, 슈 선단의 각도, 직경비 등을 잘 설계하면 교란을 줄일 수 있다.

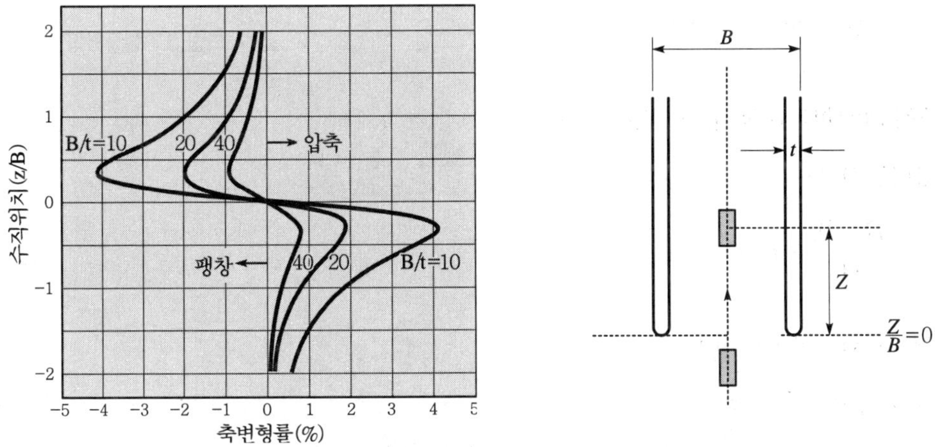

그림 8.6 튜브내로 관입 시 교란

(2) 시료 채취후의 교란

1) 시료 내에서 함수비 재분배에 의한 영향

2) 수분손실에 의한 영향

3) 진동과 충격의 영향

4) 동결의 영향
5) 화학적 변화로 인한 영향

1.5 시료교란도 판정방법

1.5.1 현장시추 결과를 이용한 교란도 판정

(1) 시료 회수비에 의한 평가

• $\text{시료회수비(\%)} = \dfrac{\text{채취된 시료의 길이}(L_3)}{\text{샘플러의 길이}(L_1)} \times 100$ (8.1)

시료회수비가 95% 이상이면 불교란시료이다.

(2) 면적비에 의한 평가

면적비가 10%이하이면 불교란시료이다.

$$A_r = \frac{D_e^2 - D_i^2}{D_e^2}\gamma_w\ (\%) \qquad (8.2)$$

여기서, D_e : 샘플러의 외경

D_i : 샘플러 선단부의 내경

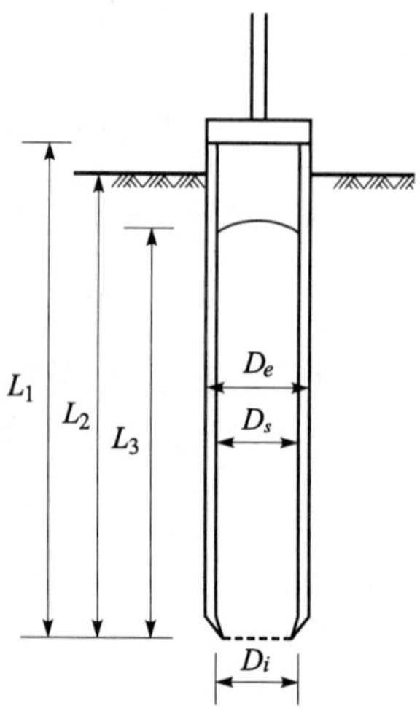

그림 8.7 샘플러의 크기

(3) 내경비(=내부 여유비)에 의한 평가

내경비는 0.75~1.5%가 적당

$$C_r = \frac{D_s - D_i}{D_i}\gamma_w\ (\%) \qquad (8.3)$$

(4) X선 투시에 의한 방법

공시체 성형전에 시료의 품질을 비파괴로 검사하는 것으로, 시료를 샘플러에서 빼내기 전에 X-ray사진을 촬영하여 시료의 교란정도를 파악하는 방법이다.

1.5.2 실내시험 결과를 이용한 교란도 판정

(1) 일축압축강도와 탄성계수에 의한 방법

충적점토는 2~6%의 파괴변형률을 나타내며 6% 이상의 파괴변형률을 나타내면 시료가 교란된 것으로 평가한다.

1) 불교란 시료(ε= 6%이하) : 파괴변형률 값이 적고, 탄성한계까지의 직선부가 길다(ⓐ).

2) 교란시료(ε= 6%이상) : 파괴변형률 값이 크고, 탄성한계까지의 직선부가 짧다(ⓑ).

3) 반죽시료 : 극한응력이 명확치 않고 파괴변형률이 매우 크다(ⓒ).

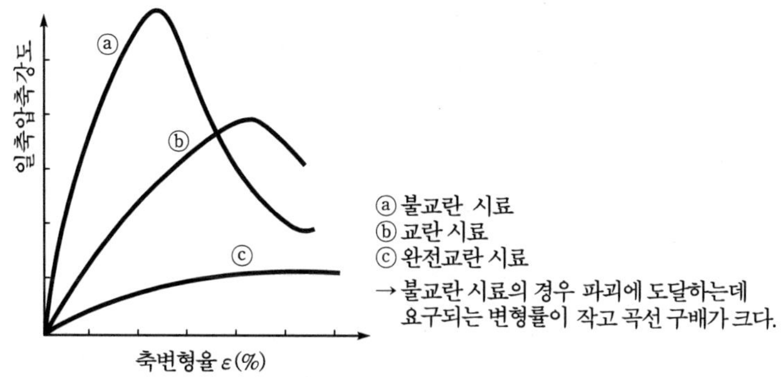

그림 8.8 일축압축강도와 탄성계수에 의한 교란판정 방법

(2) 비배수 전단강도에 의한 방법

비배수전단강도는 심도에 비례하여 증대되므로 직선관계가 성립되나, 그림과 같이 직선에서 이탈하는 부분은 교란된 것으로 판단한다.

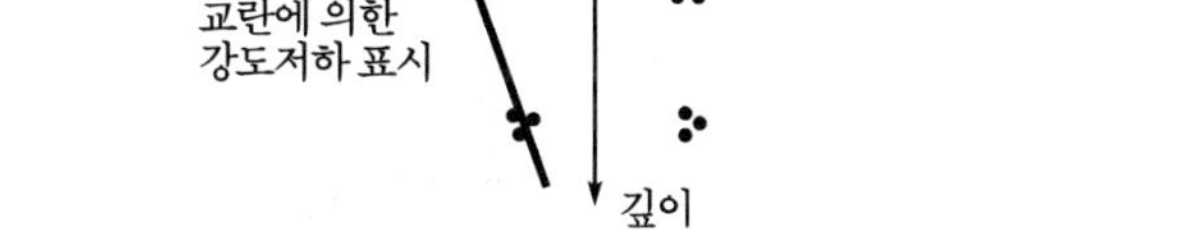

그림 8.9 비배수 전단에 의한 교란 판정

(3) 압밀시험에 의한 방법

1) $e-\log\sigma'$곡선

• 시료가 교란되면 압밀곡선이 완만해져서 선행압밀응력(σ_c')를 구하기 힘들거나, 작아지는 경우가 많음

- C_c값이 작아져 압밀침하량이 과소평가
- C_r값 증가

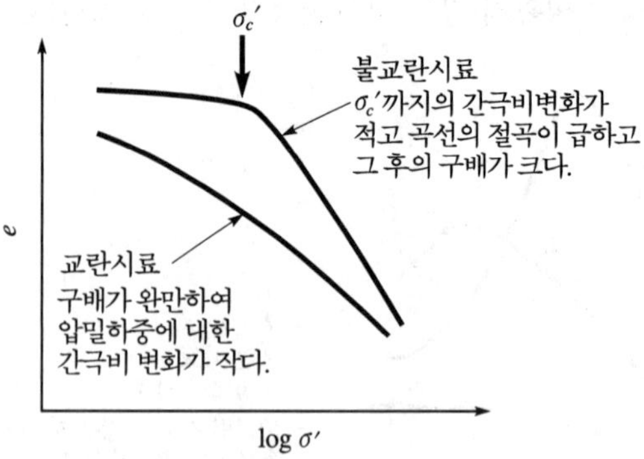

※ 교란정도가 심할수록 압축지수(C_c)는 감소

그림 8.10 압밀시험에 의한 교란 판정(e–log σ')

2) log c_v– log σ' 곡선

- 선행압밀응력이전의 압밀계수(c_v)와 투수계수는 작아지고, 압밀하중보다 큰 응력에 대한 영향이 적어진다.

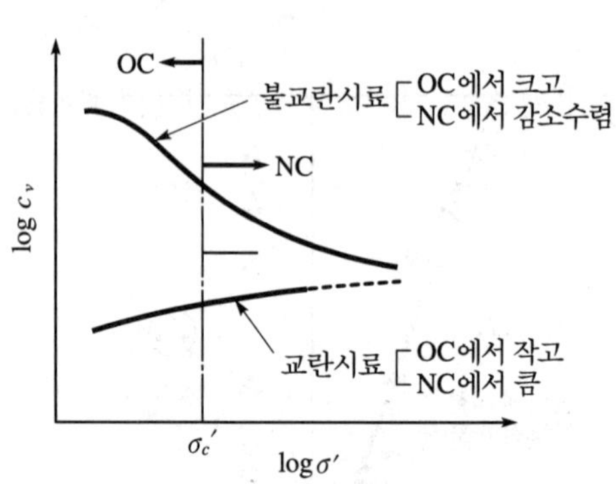

그림 8.11 압밀시험에 의한 교란 판정(log c_v – log σ)

3) log m_v– log σ' 곡선

- 원위치 유효응력에 해당하는 응력까지 압밀시켰을 때의 체적변형률이 커진다.

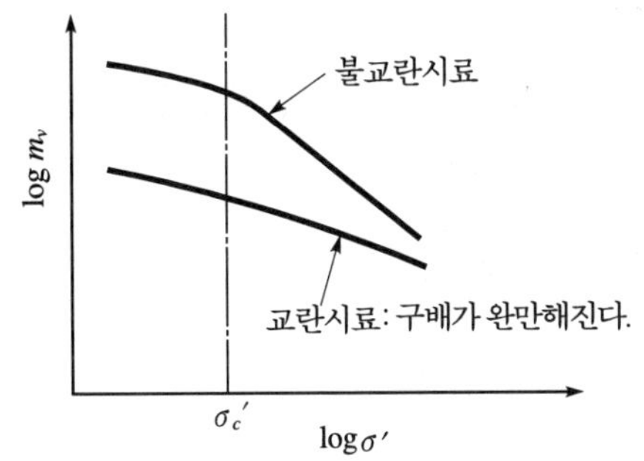

그림 8.12 압밀시험에 의한 교란 판정(log m_v – log σ)

(4) SHANSEP에 의한 방법

S_u/σ_v' – log OCR곡선을 그려 이탈되면 교란된 것으로 판명한다.

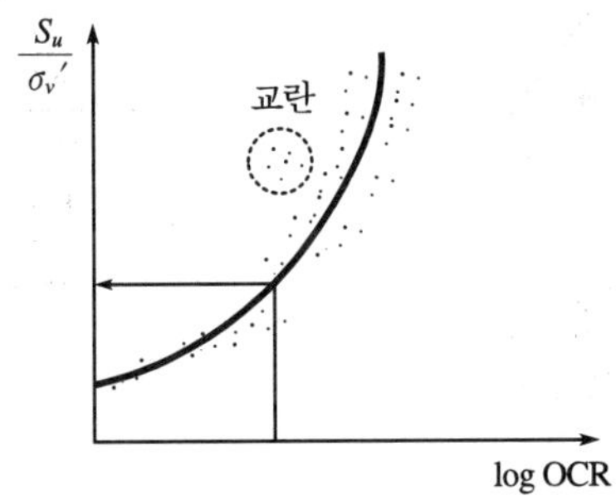

그림 8.13 SHANSEP에 의한 교란 판정

(5) 잔류유효응력에 의한 방법

시료채취 시 수직응력만이 해방된 완전시료에는 부의 간극수압 크기만큼의 잔류유효응력이 남아 있어야 한다. 그러나, 실제 시료에서는 간극수압의 이동, 시료의 팽창 등으로 인하여 더욱 적은 잔류유효응력이 존재하게 된다.

$$\text{교란도}(R) = \frac{\sigma_s'}{\sigma_{ps}} \tag{8.4}$$

여기서, $\sigma_{ps}' = \sigma_v'[\,k_0 + A(\,1 - k_0)]$: 완전시료의 잔류유효응력

σ_s' : 실제시료의 잔류유효응력

(6) 체적변형률에 의한 방법

시료가 교란되면 압밀곡선이 완만해지고, 원위치응력에 해당하는 응력에 도달할 때의 변형이 크다는 원리로부터 교란도를 판정한다.

$$체적변형률(\varepsilon_v)= \frac{e_0-e_1}{1+e_0}\times 100(\%) \tag{8.5}$$

여기서, ε_v : 체적변형률

e_0 : 초기 간극비

e_1 : 유효상재응력(σ_o')에서의 간극비

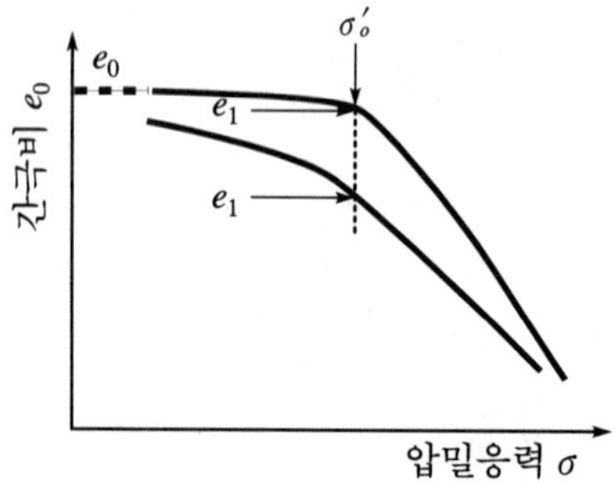

그림 8.14 압밀시험에서 체적변형률(Shogaki, 1996)

표 8.11 체적변형률과 시료의 품질등급

체적변형률(ε_v)	시료의 품질등급 (SQD)
>1	A
1~2	B
2~4	C
4~8	D
<8	E

1.5.3 실무적용 시 유의사항

1) 교란이 심할수록 C_c가 완만하여 예상침하량을 과소평가하게 된다.
2) 교란시료는 파괴변형률이 크게 나타나고 전단강도가 낮게 나타나서 예측시 오판을 할 수 있으므로 시료가 교란되지 않도록 시료채취 및 실내시험 시 철저한 주의가 요구된다.
3) 교란영향을 제거하기 위해서는 SHANSEP방법으로 시험하는 것이 바람직하다.

SHANSEP방법은 Stress History and Normalized Soil Engineering Method의 약자로 점토시료의 교란효과는 현위치보다 더 큰 응력하에서는 소멸되고 점토의 강도는 압밀압력에 대해 정규화거동(normalized behavior)을 나타낸다는 사실로부터 교란 효과를 제거한 비배수전단강도를 구하는 방법이다.

1.6 교란이 강도특성 및 압밀특성에 미치는 영향

1.6.1 압밀특성 영향

(1) e–log σ' 곡선에서의 영향(그림 8.10 참조)

1) 시료가 교란되면 압밀곡선이 완만하게 되어 선행압밀응력(σ'_c)를 구하기 힘들거나, 작아지는 경우가 많다.
2) 선행압밀응력 이전의 재압축지수(C_r)는 커지고, 그 이후의 압축지수(C_c)는 작아진다.
3) 원위치 유효응력에 해당하는 응력까지 압밀시켰을 때의 체적변형률이 커진다.

(2) log c_v– log σ' 곡선에서의 영향(그림 8.11 참조)

1) 선행압밀응력 이전의 압밀계수(C_v)와 투수계수는 작아지고, 압밀하중보다 큰 응력에 대한 영향이 적어진다.
2) 압밀응력이하의 응력에서의 2차 압밀계수가 커지고 그 이후의 응력에 대한 2차 압밀계수는 차이가 작아진다.

1.6.2 전단강도 영향

1) 배수 및 비배수상태에서의 일축압축강도(q_u)의 감소
2) 압축시험으로부터 얻어지는 탄성계수의 감소
3) 극한강도일 때의 변형률(ε) 증가

※ 교란된 시료로 시험한 비배수전단강도를 설계에 적용할 경우 안전측 설계는 되지만 비경제적일 수가 있으며, 또한 압밀비배수시험이나 압밀배수시험 결과를 적용할 경우에는 불안전측 설계가 될 우려가 있다.

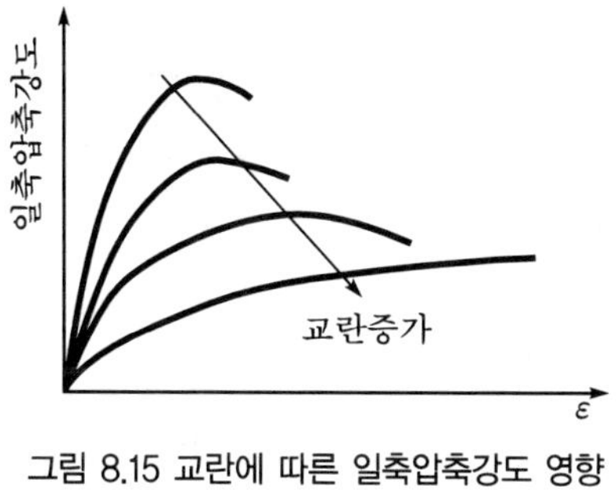

그림 8.15 교란에 따른 일축압축강도 영향

2. 원위치 시험(In Situ Test)

2.1 원위치 시험 일반

2.1.1 개요

1) 실무에서 많이 사용되고 있는 현장조사시험은 표준관입시험(SPT), 콘관입시험(CPT), 딜라토미터(DMT), 프레셔미터(PMT) 그리고 베인전단시험(VST) 등이 있다.
2) 사운딩(Sounding)은 로드(Rod) 하단에 장착된 일정규격의 저항체를 지반내로 관입, 회전 또는 인발 하면서 저항치를 측정하여 지반의 견고성, 상대밀도, 상대강도 등의 특성을 간편 신속하게 현장 측정할 수 있는 방법으로 특히 연약지반에서 널리 적용되는 조사방법이다.
3) 그림 8.16은 대표적인 사운딩(Sounding)방식에 의한 조사개념도이다

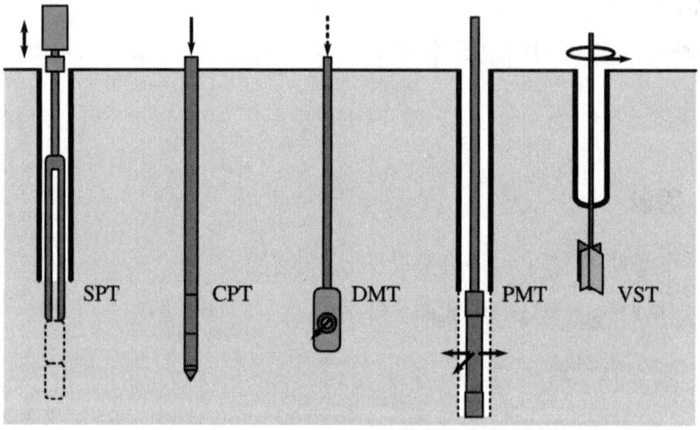

그림 8.16 현장시험 장비별 조사 개념도(Mayne, 2001)

2.1.2 장비별 적용지반

표 8.12 장비별 조사 및 특성

항목	SPT	CPT	DMT	PMT	VST
장비구성	간단, 용이	복잡, 용이	간단, 용이	복잡, 불편	간단, 용이
시험절차	단순	단순	단순	복잡	단순
시험지점	지점(1.5마다)	연속	반연속	지점	지점
결과분석	경험적	경험, 이론	반경험, 이론	경험, 이론	이론
적용지반	전반적 (특히 사질토에 적합)	전반적 (느슨한 모래, 실트, 연약점토)	전반적 느슨한 모래, (실트, 연약점토)	전반적 (모래, 점토)	연약점토

2.2 표준관입시험(SPT)

2.2.1 개요

1) 표준관입시험은 토질의 지반특성을 파악하기 위한 N값을 구하는 원위치시험으로서, 실무에서 가장 널리 사용되는 지반조사방법이다.
2) 이 시험의 특징은 원지반의 강도 및 지지력을 N값으로 간략하게 계산할 수 있을 뿐아니라 실내시험을 위한 교란시료도 채취가 가능하다.
3) N치란 63.5kg의 해머를 76cm의 높이에서 "자유낙하" 시켜 드릴로드의 머리(앤빌)를 타격하여 표준 샘플튜브를 30cm 관입시키는데 요구되는 타격 횟수를 말한다.

2.2.2 시험방법

1) 보오링공(60~200mm) 굴착
2) 표준스플릿바렐샘플러를 공저에 내림
3) 예비타 15cm 관입(교란층 배제 목적)
4) 본타 30cm 관입시키는데 필요한 타격 횟수 측정
5) 소정의 깊이까지 1.0m 간격 또는 토층이 변할 때마다 상기 작업을 반복

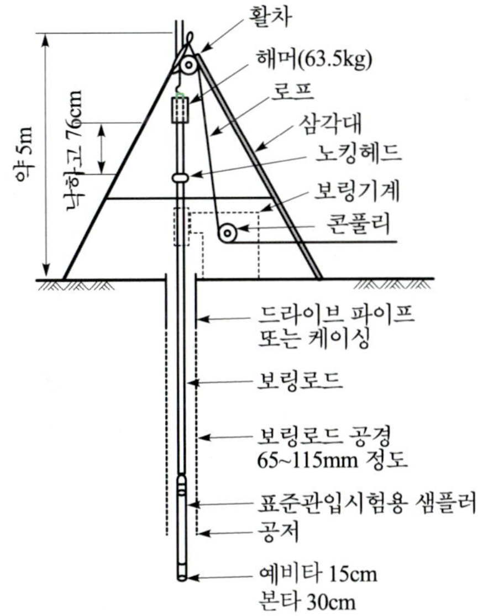

(a) 표준곤입시험 모식도

(b) Split Spoon Sampler

(c) SEP 바지를 이용한 지반조사 (d) 연약지반위에서 지반조사 (e) 선정대상 위치에서 지반조사

그림 8.17 표준관입시험 모식도와 지반조사 전경

2.2.3 특징

장 점	단 점
① 시험이 상대적으로 단순하고, 장비가 간단함	① 채취된 시료는 교란시료로 역학적 특성 측정에 부적합
② 시험절차가 다루기 쉽고 반복적으로 진행됨	② 점토지반에는 부적합
③ 시료채취가 가능	③ 초연약지반 시험곤란
④ 대부분의 토질에 적용 가능	④ 입경이 1cm보다 큰 자갈, 암반층에 시험곤란
⑤ 유용한 상관식이 많음	
⑥ 다른 어떤 현장시험보다도 적용범위가 넓음	

2.2.4 N치 보정

$$N'_{60} = N \times C_N \times \eta_1 \times \eta_2 \times \eta_3 \times \eta_4 \quad (8.6)$$

여기서, N'_{60} : 해머효율 및 유효상재압에 대해 보정한 표준관입시험 결과

C_N : 유효상재압에 대한 보정, η_1 : 해머효율 보정계수, η_2 : 롯드 길이 보정계수

η_3 : 샘플러 종류에 대한 보정계수, η_4 : 굴착공 직경에 대한 보정계수

(1) 유효 상재압에 대한 보정

1) 사질토에서 수행한 표준관입시험의 N값은 유효수직응력에 의해 좌우되기 때문에 이에 대한 보정을 실시해야 한다. 즉, 똑같은 지반이라도 시험깊이가 깊을수록 N값이 크게 나오기 때문에 유효연직응력(σ'_v)이 10t/m²(또는 100kpa)일 때를 기준으로 보정을 해주어야 한다.

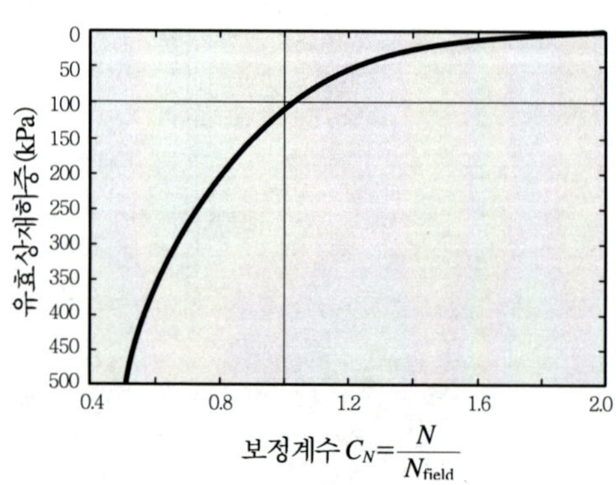

그림 8.18 유효상재압 보정

2) 보정값

– Liao and Whitman (1986)

$$C_N = 9.8\sqrt{\frac{1}{\sigma_v'}}\ (\text{kPa}) = \sqrt{\frac{1}{\sigma_v'}}\ (\text{kgf/cm}^2) \qquad (8.7)$$

여기서, σ_v' : 시험위치의 유효상재압(kPa 또는 kg/cm²)

(2) 에너지 효율에 대한 보정

에너지 효율은 해머의 종류(도우넛해머, 안전해머, 자동해머 등)와 낙하방식에 따라 에너지 효율이 다르게 나타나므로 기준이 되는 에너지효율(보통 60%)을 정하고, 이를 토대로 사용되는 장비의 에너지효율을 고려하여 N값을 보정해야 한다.

$$N_{60} = N_f \cdot \eta_1 = N_f \cdot \frac{E_f}{E_{60}} \qquad (8.8)$$

여기서, N_f : 현장에서 측정된 값

E_{60} : 기준에너지 효율(국제표준 60%로써 0.6)

E_f : 사용된 해머의 에너지 효율

표 8.13 해머종류별 효율 및 보정예

해머 종류	도넛형 (donut)	안전형 (safety)	자동형 (trip)	개량자동화형 (modified auto-donut)	도넛형을 사용한 해머효율 보정 예
효율	46	65	54	54	η_1 = 46/60 = 0.77

(3) 로드길이에 대한 보정

로드길이는 Anvil 아래의 길이를 나타내며 표 8.14와 같이 보정을 한다.

표 8.14 로드 길이에 대한 보정

로드길이(m)	효 율(η_2)	로드길이(m)	효 율(η_2)
3~4	0.75	6~10	0.95
4~6	0.85	> 10	1.00

(4) 샘플러 종류에 대한 보정

샘플러에 Liner의 부착여부에 대한 효율을 다음과 같이 적용한다.

표 8.15 샘플러 종류에 대한 보정

샘플러 종류	효율(η_3)
Liner가 없는 경우	1.2
Liner가 있는 경우(표준샘플러)	1.0

(5) 굴착홀 직경에 따른 보정

보링홀의 직경에 따라 아래의 표와 같이 효율을 보정하여야 하며 보링타입별 비트 및 굴착홀 직경은 아래와 같다.

표 8.16 굴착홀 직경에 따른 보정

굴착홀 직경(mm)	효율(η_4)
65~115	1.00
150	1.05
200	1.15

표 8.17 타입에 따른 굴착공 직경

타입(Type)	코어배럴 비트외경(mm)	굴착홀 직경(mm)	타입(Type)	코어배럴 비트외경(mm)	굴착홀 직경(mm)
EX	36.51	38.1	BX	58.74	63.5
AX	47.63	50.8	NX	74.61	76.2

2.2.5 N치 편차의 주요 인자

N값은 각국에서 규격이 정해져 있지만 시험기구의 규격이 세세한 부품까지 규격화 되어 있지 않고, 현장작업을 통일시키기 어렵기 때문에 현장 기술자의 능력, 시험도중 지층변화 및 자갈과 전석 등의 혼합 조건 등이 있는 경우에서의 편차가 발생한다.

(1) 시험자에 의한 편차

시험자에 의한 편차의 종류에는

① 지반고 측정오차

② Boring공의 경사

③ 낙하고 미준수

④ 타입시 두부의 흔들림

⑤ 감독자 없이 실행한 결과 등이 있다.

※ N값의 편차 예(Escario., 1974)

같은 지역 유사한 지반에 대하여 감독자 없이 실행한 결과와 감독하에서의 실험 결과를 비교해보면 그림 8.17과 같이 감독자 부재시의 N값은 감독자의 감독하의 N값에 2~4배가 된다. 따라서 감독자 부재시 조사되는 N값에 큰 오차를 포함하고 시행될 수 있음을 알 수 있다.

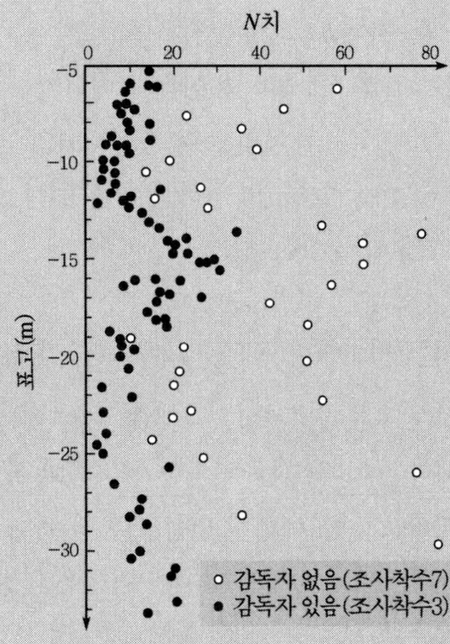

그림 8.19 N값의 편차 예

(2) 지반상태에 따른 값의 편차

지반상태에 따른 값의 편차는 아래와 같은 경우 주로 발생될 수 있다.

1) 입경 1cm이상의 자갈이 섞인 흙 : 과다 측정됨
2) 초연약지반에서는 샘플러 자체중량 만으로도 관입됨
3) 불투수층을 지나 피압대수층에 도달한 경우 : 과소 측정됨
4) 함수비의 영향 : 포화상태 → 건조상태 → 습윤상태 순서로 N값이 크다.
5) 사질토에서는 지하수 아래가 위보다 과소 측정 됨
6) 지하수위 변동으로 유효상재압 변화
7) 굴착 Slime 잔류

2.2.6 SPT 해머에너지

해머에 의해 발생한 에너지와 그의 전달은 표준관입시험의 N치에 영향을 주며 이러한 SPT 해머에너지는 이론적 에너지, 속도에너지, 롯드에너지, 그리고 동적효율 등으로 나뉘어진다.

(1) 이론적 에너지(Theoretical Energy, E*)

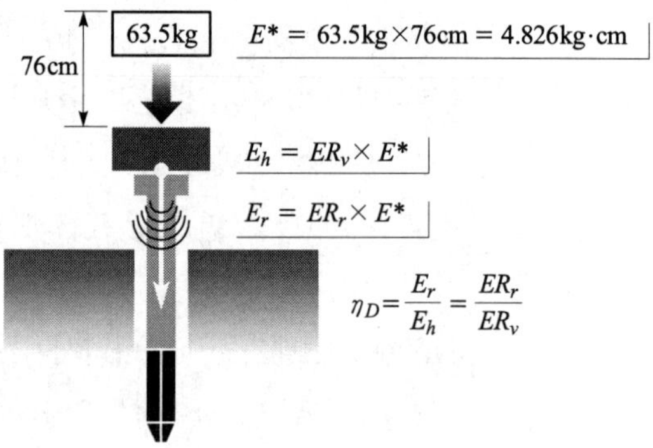

$$E^* = W \cdot h \tag{8.9}$$

여기서, E^* : 해머의 이론적 에너지

W : 해머의 중량, h : 해머의 낙하고

※ 63.5kg, 76cm의 낙하고 기준일 때,

$E^* = 4{,}826\text{kg} \cdot \text{cm}$

(2) 속도 에너지비(Velocity Energy Ratio, ERv)

1) 실제 표준관입시험을 실시할 경우에는 Cathead와 로프, 도르래와 로프, 가이드 롯드와 해머 간의 마찰 등에 의한 에너지 손실 때문에 이론적 에너지가 완전히 발휘되지 않는다.
2) 따라서, 속도에너지 비는 이론적 에너지와 해머가 앤빌(Anvil)과 충돌하기 직전의 해머의 운동에너지(속도에너지)의 비로 정의된다.

$$ER_v = E_h/E^* \tag{8.10}$$

여기서, ER_v : 속도에너지비, E^* : 해머의 이론적 에너지

E_h : 앤빌과 충돌하기 직전의 해머의 실제 에너지(속도에너지)

(3) 롯드 에너지비(Rod Energy Ratio, ER_r)

1) 해머가 앤빌과 충돌하기 전 뿐만 아니라 충돌한 후에도 충격에 의해서 에너지의 손실이 발생한다.
2) 이로 인해, 시료채취기(샘플러)를 관입시키는 에너지는 충돌하기 직전의 해머 에너지보다 작다.
3) 이론적에너지와 실제로 롯드(Rod)에 전달되는 에너지와의 비를 롯드 에너지비(ER_r)로 정의한다.

$$ER_r = E_r/E^* \tag{8.11}$$

여기서, ER_r : 롯드 에너지비, E^* : 해머의 이론적 에너지, E_r: 롯드에 전달되는 에너지

(4) 동적효율(Dynamic Efficiency, n_D)

동적효율이란 롯드(Rod)에 전달되는 에너지와 앤빌과 충돌하기 직전의 해머의 실제 에너지와의 비로 정의된다. 롯드에너지 측정방법에는 ① 디지털라인-스캔카메라를 이용하는 방법 ② PDA를 이용하는 방법 ③ 초음파 송수신장치를 이용하는 방법 등이 있다.

$$n_D = \frac{E_r}{E_h} = \frac{ER_r \cdot E^*}{ER_v \cdot E^*} = \frac{ER_r}{ER_v} \qquad (8.12)$$

여기서, n_D : 해머의 동적효율, E_r : 롯드에 전달되는 에너지

E_h : 엔빌과 충돌하기 직전의 해머의 실제 에너지

■ **참고자료**

사용된 해머의 롯드에너지비를 구하는 방법은 다음과 같다.

1) 해머의 종류와 해머타격방법에 따라 미리 제시된 값을 사용

표 8.18 국가별 롯드에너지비 (ER_r)

국 가	해 머	Turns	ER_r(%)	ER_r/60
미 국	Donut	2 Turns	45	0.75
	Safty	2 Turns	55	0.95
	자 동	Trip	55 to 83	0.95 to 1.38
일 본	Donut	2 Turns	65	1.08
	Donut	Auto trigger	78	1.3

※ 위에서 제시되는 해머의 효율은 제작된 장비의 특성에 따라 값이 크게 차이가 나므로 가능한 현장에서 직접 해머의 효율을 측정하여 사용하는 것이 바람직함

2) 현장에서 직접 측정하여 사용

$$ER_r = \frac{\text{현장 측정에너지}}{\text{이론 에너지}(W \cdot h)}$$

※ 현장 측정에너지를 구하는 방법 : ① 디지털라인 - 스캔카메라를 이용하는 방법, ② 초음파 송수신 장치를 이용하는 방법, ③ PDA를 이용하는 방법

2.2.7 사질토 지반 활용

상대밀도, 내부마찰각, 기초지반의 허용지지력, 탄성계수, 액상화 가능성

표 8.19 상대밀도 및 내부마찰각(Peck-Meyerhof, 1956)

N 치	상대밀도(Dr)	내부마찰각(Ø)	
		Peck	Meyerhof
0~4	0.0~0.2(Very loose)	<28.5	<30
4~10	0.2~0.4(loose)	28.5~30	30~35
10~30	0.4~0.6(Medium)	38~36	35~40
30~50	0.6~0.8(Dense)	36~41	40~45
50<	0.8~1.0(Very Dense)	41<	45<

(1) 상대밀도 및 내부마찰각

1) Peck-Meyerhof (1956)

2) Dunham(1954)

① 입자가 둥글고 입도분포가 균일한 모래 $\phi=\sqrt{12N}+15$

② 입자가 둥글고 입도분포가 좋은 모래 $\phi=\sqrt{12N}+20$

③ 입자가 모나고 입도분포가 균일한 모래 $\phi=\sqrt{12N}+20$

④ 입자가 모나고 입도분포가 좋은 모래 $\phi=\sqrt{12N}+25$

3) Peck의 제안식 : $\phi=0.3N+27$

4) 오자키(1969) 공식 : $\phi=\sqrt{20N}+15$

5) 도로교 시방서 : $\phi=\sqrt{15N}+15$

(2) 얕은기초의 허용지지력 (수정 Meyerhof 방법)

N값으로 추정한 Meyerhof의 허용지지력이 대략 50% 증가되도록 수정 제의하고, N값과 허용지지력의 관계를 다음 식으로 나타낸다.

- $q_a = 19N'K_d(\text{kN/m}^2)$, $B<1.2\text{m}$인 경우
- $q_a = 12N'K_d(\dfrac{B+0.3}{B})^2(\text{kN/m}^2)$, $B\geq1.2\text{m}$인 경우

여기서, N': 보정된 SPT 관입치

K_d: 깊이 계수(depth coefficient)

$=(1+0.33\dfrac{D_f}{B})$

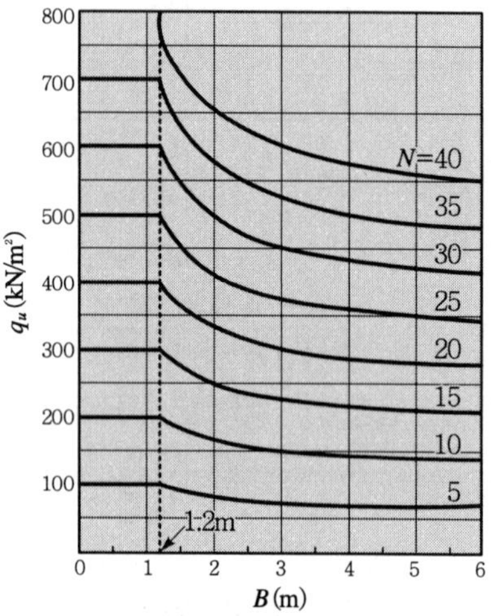

그림 8.20 얕은기초의 허용지지력 (수정 Meyerhof 방법)

※ 근입깊이에 대한 보정

지표면 아래에 기초가 위치할 경우 깊이계수 K_d를 곱하여 보정해야 된다.

- $K_d=(1+0.33\dfrac{D_f}{B})\leq 1.33 \therefore B>D_f$ (8.13)

- $K_d=1.3 \therefore B<D_f$ (8.14)

(3) 깊은기초의 허용지지력

$$Q_u=9.8m\,N_{60}'A_p+9.8nN_{60(s)}A_s \quad (8.15)$$

여기서, Q_u : 말뚝의 극한 지지력(kN)

A_p : 말뚝의 선단 면적(m^2)

A_s : 사질토 지반에 묻힌 말뚝의 주면적(m^2)

$N_{60}' = C_N \times N_{60}$($C_N$: 유효상재압에 대한 보정계수)

N_{60} : 말뚝 선단 부근의 N치(해머의 효율 60%로 보정한 N치)

$N_{60(s)}$: 말뚝주변의 평균 N치(해머의 효율 60%로 보정한 N치)

(4) 변형계수

1) Schmertmann의 제안식

$$E = \alpha N(\text{kN/m}^2) \tag{8.16}$$

표 8.20 Schmertmann의 제안식의 α 값

구분	실트또는 모래질실트	세립토~중간모래	조립 모래	자갈질모래 또는 자갈
α	400	700	1,000	1,200~1,500

2) 도로교표준시방서 : E=2,800 N

(5) 기초지반의 즉시침하량 추정[De Beer(1952)의 제안식]

$$S_i = 0.04\frac{\sigma_o}{N}H \cdot \log\frac{(\sigma_o + \Delta\sigma)}{\sigma_o} \tag{8.17}$$

여기서, H : 대상 모래층의 두께

N : 대상 모래층의 N값

σ_o : 모래층 중앙단면의 유효상재하중(kN/m^2)

$\Delta\sigma$: 모래층 중앙단면의 지중응력 증가량(kN/m^2)

(6) 액상화 가능성 판단 : N < 10이면 액상화 발생 가능성 있음

(7) 지반반력계수 추정

2.2.8 점토지반 활용

(1) 일축압축강도 및 비배수강도의 추정

$$q_u = 12.51N(\text{kPa}) \text{ 또는 } q_u = \frac{N}{8}(\text{kg/cm}^2),\ C_u = \frac{q_u}{2} = 6N(\text{kPa}) \tag{8.18}$$

(2) 점성토의 Consistency(Terzaghi & Peck)

표 8.21 점성토의 Consistency(Terzaghi & Peck)

N 치	Consistency	q_u(kPa)
<2	Very Soft	<25
2~4	Soft	25~50
4~8	Medium	50~100
8~15	Stiff	100~200
15~30	Very Stiff	200~400
30<	Hard	400<

(3) 변형계수 추정

표 8.22 변형계수 추정

사질토 지반	점성토 지반	지반의 평가
- 상대밀도 - 내부마찰각 - 얕은기초의 허용지지력 - 깊은기초의 허용지지력 - 수평방향 지반반력계수 - 기초지반의 탄성침하 - 액상화 가능성 등	- 컨시스턴시 - 일축압축강도 - 얕은기초의 허용지지력	- 지층의 판정 - 연약층의 판정 - 기초공법 선정 - 말뚝의 관입성 판정 - 활동파괴면의 추정 - 지반개량효과의 판정

2.2.9 실무적용 시 유의사항

1) 표준관입시험 실용심도는 약 40m이며 이보다 깊은 경우 로드변형에 의한 타격에너지 손실과 마찰 때문에 N값이 크게 나타나므로 적용 시 주의하여야 한다.
2) 시료채취를 위한 공내 청소 시 일본은 시료교란 방지를 위하여 낮은 수압으로 슬라임을 제거하나, 국내는 높은 수압으로 슬라임을 제거하여 시료교란이 심하므로 슬라임 제거시 저압으로 슬라임을 제거토록 노력해야 한다.

3) 표준관입시험은 사질토층에서 N값으로 상대밀도를 알기위해 개발된 시험장비로서 점성토층 조사에는 부적합하므로 점성토층 지반조사는 표준관입시험(N값)과 피조콘관입시험(q_c값)을 병행하여 조사하는 것이 바람직하다. 표준관입시험만으로 조사할 경우 조사심도 간격은 1.0m이므로 1.0m 내의 연경도는 정확히 알 수 없기 때문에 연직배수재 타입심도를 결정할 경우 타입장비로 시험시공을 통하여 타입심도를 결정하여야 한다. 만일 설계 시 표준관입시험과 피조콘관입시험을 병행하여 실시하였을 경우 연직배수재 타입심도 결정은 N값-q_c값의 상관관계(예, q_c=2N)를 그림 8.21과 같이 비교 검토한 후 타입심도를 결정하는 것이 바람직하다. 이 경우 설계 시 고려한 타입심도와 현장 타입심도의 차이를 줄일 수 있다.
4) N치는 횡방향의 구속압력의 영향을 크게 받는다. 따라서 동일한 상대밀도를 갖는 모래지반에 대해 N치를 측정하면 지표면 부근에서는 구속압이 작아서 N치가 작게 측정되지만 아래로 내려갈수록 구속압력이 커져 N값이 크게 측정되므로 적용시 보정이 필요하다.
5) 수동 표준관입시험으로 지반조사를 실시할 경우 낙하고(76cm) 규정미달이 많이 발생하므로 정도 높은 자동장비를 사용하는 것이 바람직하다.
6) 세계적으로 시험장비가 표준화 되어있지 않고, 시험법이 다양하므로 동일한 지반에 대한 시험도 N치가 다르게 측정된다. 따라서 현장 표준관입시험의 일관성 적용 및 경험식 유도 배경에 맞는 N값을 사용하기 위해서는 국제표준규격인 해머효율 60%의 N'_{60}으로 보정하여 적용하는 것이 바람직하다.

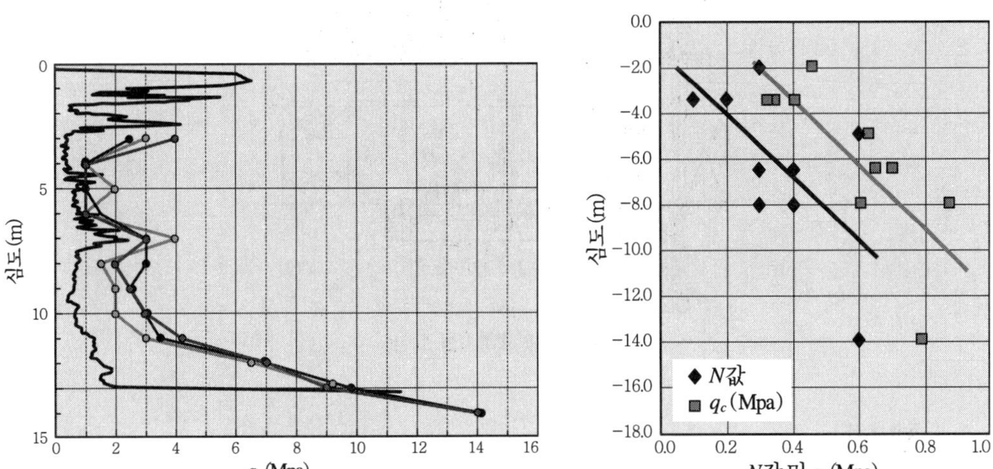

(a) N값과 q_c값 분포　　(b) N값 – q_c값의 상관관계

그림 8.21 N값과 q_c값 분포 및 상관관계 검토(예)

7) N값은 실험의 간편성과 여러 지반특성과의 상관관계식이 제안되어 있어 개략적인 지반의 특성파악에 많이 이용되고 있다. 주로 원지반 시료채취가 불가능한 사질토 지반에 대해 많이 이용되고 있고, 점성토 지반에 대해서는 그 신뢰성이 다소 떨어진다고 알려져 있다.

2.3 기초 지반의 평판재하시험(KS F 2444)

2.3.1 개요

1) 재하시험이란 직접 지반에 하중을 가하여 시간과 침하량을 측정하여, 하중-시간-침하관계로부터 지지력, 침하량, 지반반력계수, 변형계수 등을 구하는 시험이다.
2) 재하시험의 종류
   ① 평판재하시험 : 얕은기초의 지지력을 확인하거나 도로 및 비행장의 포장두께를 결정하기 위해 실시하는 시험
   ② 심층재하시험 : 시추공 바닥에서 실시하는 시험
   ③ 공내수평재하시험 : 시추공벽에 대해 횡방향으로 실시하는 시험
3) 평판재하시험은 일반적으로 설계단계에서 추정한 지반의 지지력의 타당성 여부를 확인하기 위하여 실시한다.

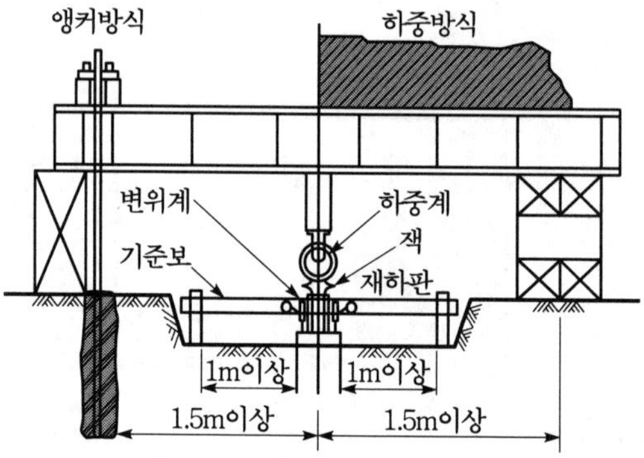

그림 8.22 평판재하시험 모식도

2.3.2 시험방법

(1) 정지작업

주변지반을 교란시키지 않도록 세심한 주의를 기울여 정지하고, 정지범위는 재하판위치에서 최소 1m 이상 떨어진 곳까지 한다.

(2) 하중증가(하중제어방식)

1회의 재하압력은 100kN/m²(10tf/m²)이하 또는 예상지지력의 1/5이하여야 하며, 최소 6회 이상 침하량을 측정한다.

(3) 재하시간

각 단계 침하량이 15분에 1/100mm 이하가 되면 다음단계의 하중을 가한다.

(4) 시험종료

① 극한지지력 나타날 때까지(원칙)

② 항복지지력 나타날 때까지

③ 재하판 직경의 10%침하 발생될 때

2.3.3 시험결과의 정리

평판재하시험 결과는 그림 8.23과 같이 지지력-침하량, 시간-지지력 및 시간-침하량 등의 변화를 한 눈에 알아볼 수 있도록 한 좌표평면에 표현한다.

1) 지지력(하중) - 침하량 관계

2) 시간 - 지지력(하중)관계

3) 시간 - 침하량 관계

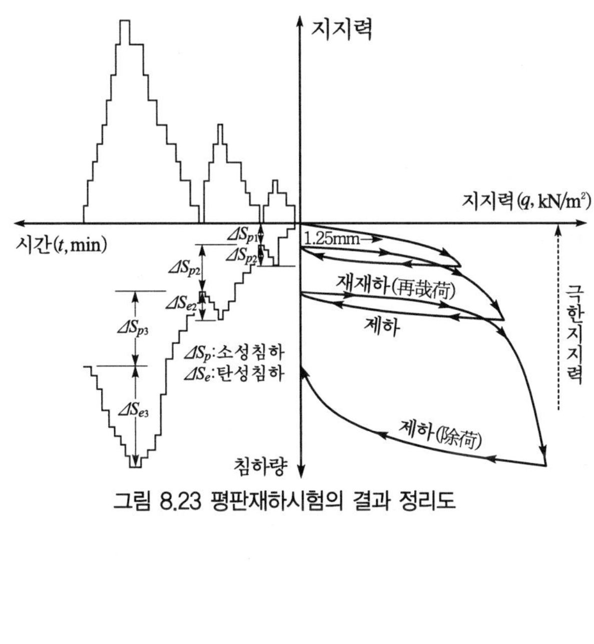

그림 8.23 평판재하시험의 결과 정리도

2.3.4 시험결과의 활용

(1) 기초의 지지력 및 침하량 산정

평판재하시험에서 구한 하중–침하량 관계는 규격화된 재하판에 의한 모형실험의 결과이므로 이로부터 실제기초의 치수의 영향을 고려한 값을 추정하여야 한다. 즉 scale effect를 고려하여야 한다.

표 8.23 기초의 지지력 및 침하량 산정

기초의 지지력	기초의 즉시침하량
• 점토 : $q_{u(f)} = q_{u(p)}$	• 점토 : $S_f = S_p \cdot \frac{B_f}{B_p}$
• 모래 : $q_{u(f)} = q_{u(p)} \cdot \frac{B_f}{B_p}$	• 모래 : $S_f = S_p \cdot (\frac{2B_f}{B_f + B_p})^2$

(2) 변형계수 추정

지름 30cm의 평판재하시험의 반복하중에 대한 지반반력계수에서 Boussinesq 식을 이용하면 다음과 같이 변형계수를 구할 수 있다.

$$E_s = (1-v^2)BI_pK_v \tag{8.19}$$

여기서, B : 재하판지름, v : 프와송비

K_v : 반복하중에서의 지반반력계수

I_p : 형상계수(원형의 경우 $I_p = 0.79$)

(3) 점착력 및 내부마찰각

평판재하시험으로 극한지지력을 구한 경우 지지력 공식을 이용하여 점착력 및 내부마찰각을 구할 수 있다. 근입심도를 무시할 경우 지지력 공식은 다음과 같다.

$$q_u = 1.3cN_c + 0.3B\gamma N_r \tag{8.20}$$

– 점성토의 경우에는 $\phi = 0$로 가정하면 N_r가 0이 되므로 점착력은 다음과 같이 구한다.

$$c = \frac{q_u}{1.3N_c} \tag{8.21}$$

– 이와 반대로 사질토의 경우 c=0으로 가정하면 ϕ를 구할 수 있다.

(4) 전단탄성계수, 스프링계수, 전단파괴 유형 구분 등을 구할 수 있다.

2.3.5 극한지지력 결정

지지력에는 항복하중강도, 극한지지력, 허용지지력 및 허용지내력 등이 있다. 항복하중강도란 비례한도 내에서의 지지력을 말하며, 극한지지력이란 침하는 계속되나 하중은 증가하지 않는 상태의 지지력을 말한다. 허용지지력이란 항복하중강도나 극한지지력을 안전율로 나누어 결정된 값을 말하며, 허용지내력은 허용지지력에 침하요소를 고려하여 결정된다.

1) 하중-침하량 곡선에서 세로축(침하량)과 평행할 때의 하중
2) 재하판 직경의 10% 침하량에 해당하는 하중
3) Housel 방법
   ① 60분 재하하고 후반 30분에 대하여 침하량과 하중관계를 plot
   ② 절편값을 극한하중으로 결정
4) 항복하중 1.5배를 극한하중으로 함

2.3.6 항복하중 결정

전반전단파괴 거동을 하는 지반을 제외하고는 극한지지력을 구하기가 매우 어려우므로 실무에서는 주로 아래와 같은 방법으로 항복하중을 구하여 허용지지력을 결정한다.

(1) 하중(p)-침하(s) 곡선

P-S곡선에서 초기 직선 부분과 후기 직선 부분의 접선의 교차점, 즉 곡선상에서 최대의 곡률을 나타내는 점(곡선 반경이 최소로 나타나는 점)에 대응하는 하중 P값을 항복하중이라고 한다. 그러나 이 곡선의 변곡점을 구하기가 곤란할 때가 많다.

(2) S-log t방법

세로축(산술눈금)에 침하량을 가로축(대수눈금)에 시간을 나타내는 각 단계별 시간-침하량 곡선을 그려 직선이 급격히 구부러지는 단계의 하중을 항복하중으로 결정한다.

(3) $\frac{\Delta s}{\Delta logt}$-$P$방법

평균침하속도-하중 관계곡선에서 초기직선과 후기직선 부분의 교차점에 해당하는 하중을 항복하중으로 결정한다.

(4) log$P$–log$S$방법

양축을 대수눈금으로 하여 하중–침하량곡선을 그려 직선이 구부러지는 점에 해당하는 하중을 항복하중으로 결정

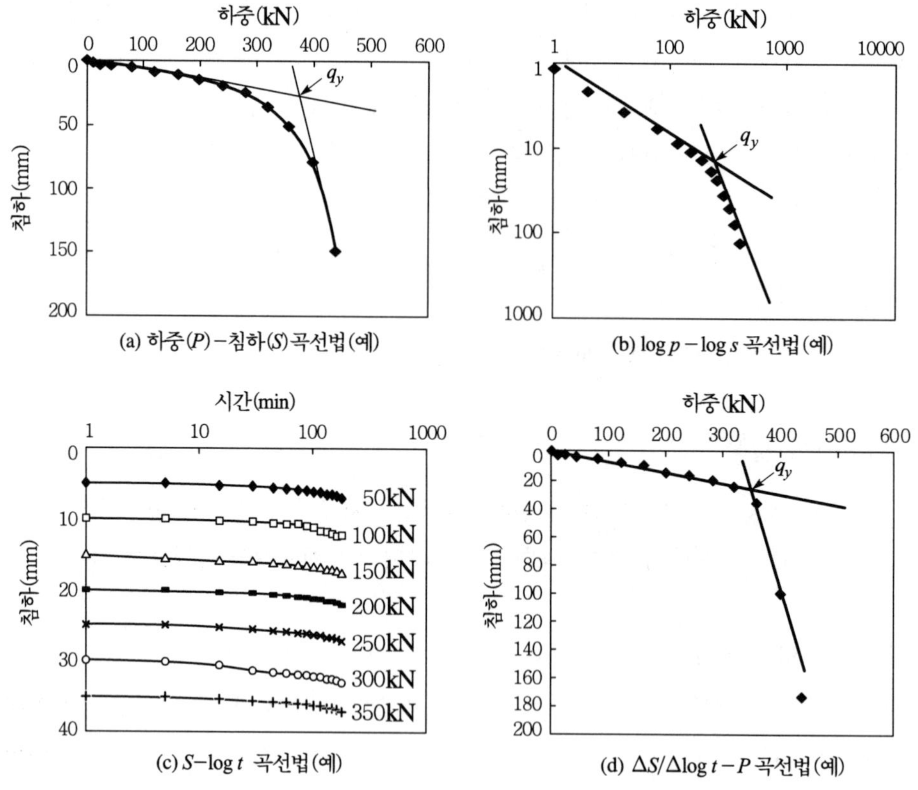

그림 8.24 항복하중 결정 방법

2.3.7 허용지지력 결정

(1) 일반적인 경우

1) 일반적으로 기초의 지지력을 구할 때에 장기허용지지력과 단기허용지지력으로 구분되며, 허용지지력은 극한하중(또는 항복하중)을 안전율로 나누어 구한다

2) 단기허용지지력과 장기허용지지력

- 단기허용지지력(q_a) = 항복하중
- 장기허용지지력(q_a) = [재하시험시 극한하중×(1/3), 재하시험시 항복하중×(1/2)] 중에서 작은 값

(2) 지반이 균질할 경우(구조물 기초폭의 2배정도 깊이까지)

1) 건물

극한하중의 1/3 또는 항복하중 1/2 중에서 작은 값을 P라고 할 때 장 · 단기 허용지지력은 다음과 같다.

표 8.24 장기 허용 지지력 및 단기 허용 지지력

장기허용지지력	단기허용지지력
$q_a = P + \frac{1}{3}\gamma D_f N_q'$ (kN/m²) 여기서, N_q' : 근입 깊이에 대한 지지력계수	$q_a = 2P + \frac{1}{3}\gamma D_f N_q'$ (kN/m²)

2) 토목구조물

- 상시 허용지지력 : 극한지지력의 1/3(단, 수평력이 작을 경우)
- 지진시 허용지지력 : 극한지지력의1/2(단, 수평력이 작을 경우)

(3) 침하량 기준에 의한 방법

1) 침하량을 기준으로 장기허용지지력을 정할 경우 침하량 20mm 또는 25mm에 해당하는 하중의 절반값을 장기허용지지력으로 정한다.
2) 그러나, 허용침하량 기준값은 각 나라 또는 제안자마다 다르므로 어떤 값을 적용할 것인지는 해당구조물의 종류, 중요도를 고려하여 결정하여야 한다.

2.3.8 결과이용 시 유의사항

1) Scale effect를 고려해야 한다.

하중증가에 따른 지중응력 증가는 재하폭의 2~3배 정도이다. 따라서, 기초폭이 크면 클수록 지중으로 미치는 지중응력의 범위가 커지기 때문에 지지력과 침하량에도 다음과 같은 영향을 미치게 된다.

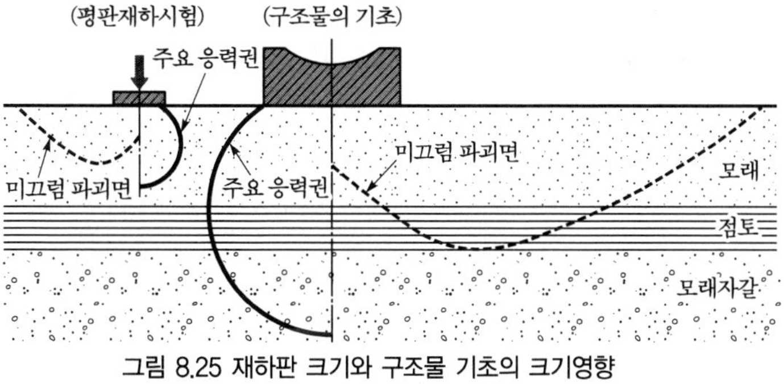

그림 8.25 재하판 크기와 구조물 기초의 크기영향

① 지지력에 미치는 영향

사질토 지반의 지지력은 기초폭(재하폭)에 비례하여 증가하나, 점성토는 기초폭과 무관하다.

– 지지력에 미치는 영향

• 사질토의 경우 : 재하판에 비례하여 증가

$$q_{ult} = q_{uo}\frac{B_f}{B_p} \tag{8.22}$$

• 포화된 점성토일 경우 : 재하판의 폭과 무관

$$q_{ult} = q_{uo} \tag{8.23}$$

여기서, B_p : 재하판의 폭, B_f : 실제 기초의 폭

q_{uo} : 재하시험 결과로부터 얻은 극한지지력

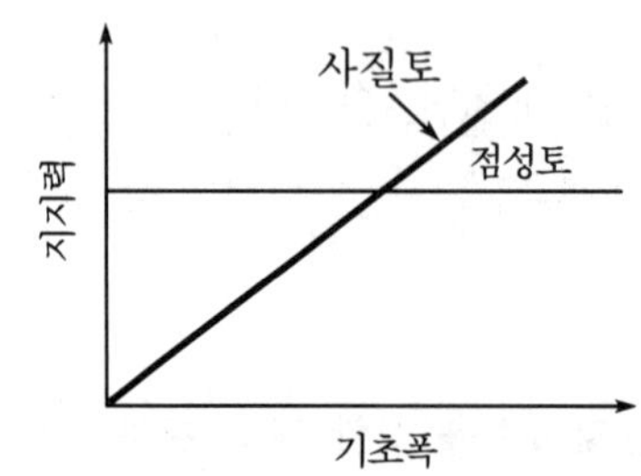

그림 8.26 지지력에 미치는 영향

② (즉시)침하량에 미치는 영향

– Terzaghi & peck(1967)의 제안식

• 사질토 : 재하판 크기가 크면 약간 크나 비례하지 않음

$$S_i = S_{30}\left(\frac{2B_f}{(B_f+0.3)}\right)^2 \tag{8.24}$$

• 점성토 : 재하판 폭에 비례하여 침하량이 커짐

$$S_i = S_{30}\left(\frac{B_f}{0.3}\right) \tag{8.25}$$

여기서, S_{30} : 30cm 재하판의 침하량

B_f : 실제 기초폭

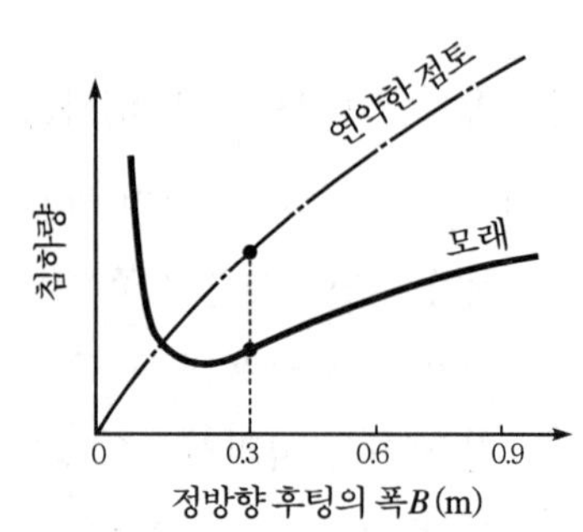

그림 8.27 단위면적당 동일하중을 받는 정방형 후팅의 치수와 침하의 관계

2) 시험을 실시한 지점의 토질 종단을 알아야 한다.

시험이 실시된 위치의 지층주상도를 면밀히 관찰하고 하부 연약층의 전단특성과 압밀특성

등을 파악한 후 실제로 기초의 지지력과 침하량을 산출하여야 한다.

3) 지하수위면과 그의 변동을 고려하여야 한다.
   ① 지지력공식에 사용되는 흙의 단위중량은 유효단위중량이므로 기초부근에 지하수위가 존재한다면 지지력에 크게 영향을 끼친다.
   ② 만일, 지하수위가 지표면에 일치한다면 지지력은 거의 1/2로 줄어든다.
4) 재하시험 결과 P-S곡선에서 구한 극한지지력은 주어진 재하판에 대한 것이라는 것을 주의해야 한다.
5) 지지력 산정 시 근입깊이가 있는 실제 기초에서는 근입심도를 고려해야 한다.
6) 재하시험은 특정 지점의 단기지지력 특성을 대표한다는 것에 유의해야 한다.
7) 재하 시험은 짧은 기간에 실시하므로 압밀침하량은 예측할 수 가 없다.

2.4 도로 평판재하시험(KS F 2310)

2.4.1 개요

1) 이 시험은 도로의 노상 등에 강제 재하판을 설치하여 하중을 단계적으로 가하고, 그 하중 강도와 침하량의 관계에서 지지력계수를 구하는 것이 목적이다.
2) 시험결과는 설계 또는 시공관리에 이용된다.

2.4.2 시험장비 및 기구

1) 재하판 : 두께 22mm, 지름 30, 40, 75cm
2) 유압잭 : 50~400kN
3) Load Cell
4) 변위계 : 최소 눈금이 $\frac{1}{100}$mm, 최대 20mm까지 측정할 수 있는 다이얼게이지
5) 하 중 : 트레일러, 포크레인 등(그 지지점을 재하판의 바깥쪽 끝에서 1m이상 떨어져 설치할 수 있는 것이어야 함)

2.4.3 시험방법

1) 지반을 수평하게 고르고, 필요하면 얇게 모래를 깐다.
2) 재하판을 안정시키기 위하여 미리 하중강도 3.5tf/m^2(35 kN/m^2) 상당의 하중을 가하고

나서, 하중을 0으로 제거하여 변위계의 눈금을 읽고 침하의 원점으로 한다.

3) 하중강도가 35kN/m²씩 되도록 하중을 단계적으로 증가해 나가고, 하중을 올릴 때마다 그 하중에 의한 침하의 진행이 멈추는 것을 기다려 하중계와 변위계의 눈금을 읽는다.

4) 침하량이 15mm에 달하거나 하중강도가 현장에서 예상할 수 있는 가장 큰 접지압력의 크기 또는 지반의 항복점을 넘으면 시험을 멈춘다.

2.4.4 결과 정리

(1) 지반반력계수

지지력-침하량 곡선에서 침하량과 지지력의 기울기를 지반반력계수라 하며, 침하량에 대한 지지력의 비를 말한다.

$$K_{test} = \frac{q}{s} \qquad (8.26)$$

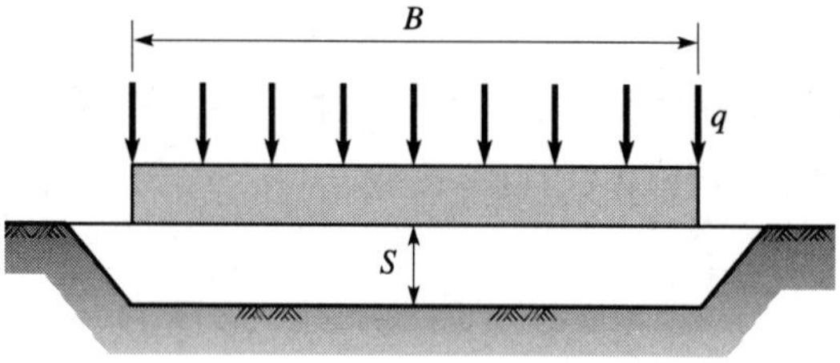

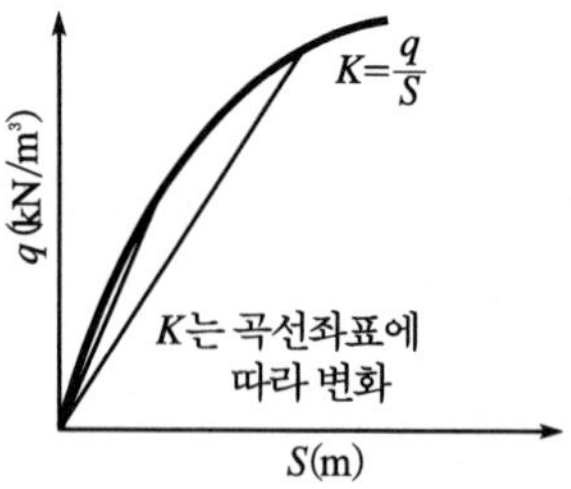

그림 8.28 도로 평판재하시험의 지반 반력 계수

- 기준침하량 또는 한계침하량에 대한 명확한 정설은 없고, 단지 관용적으로 다음 표와 같이 사용하고 있다.

표 8.25 구조물별 기준 침하량

콘크리트 포장	아스팔트포장	철도	공항 활주로	탱크기초
1.25mm	2.5mm	1.25mm	1.25mm	5.0mm

- 재하판의 표준지름은 30cm이며, 기타 다른 지름의 재하판을 사용하였을 때에는 다음 식에 따라 표준 K값에 대한 환산을 하여야 한다.

$$K_{30} = 1.3K_{40},\ K_{30} = 2.2K_{75} \qquad (8.27)$$

(2) 도로의 노반 두께의 설계

1) 포장구조의 설계방법으로서 평판재하시험을 실시하는 규정이 있지만 아스팔트 포장의 급격한 발전에 따라 CBR시험을 이용하여 포장두께를 결정하는 것이 일반적이다. 따라서 평판재하시험에 의한 포장구조의 설계는 콘크리트 포장의 경우 노반의 설계방법 중의 하나로 남아 있는데 불과한 실정이며, 이 경우도 CBR시험값을 이용하여 지반지지력계수를 환산하여 사용하기 때문에 거의 사용되고 있지는 않다.
2) 콘크리트 슬래브 산정에 적용되는 노상 지지력계수는 재하판 직경이 0.75m인 평판재하시험으로 얻어지는 값을 기준으로 한다. 콘크리트 포장의 노상에서는 $K_{0.75}$가 70MN/cm^3 이상이어야 한다.

(3) 성토 구조물의 다짐시공 및 품질관리

성토 구조물의 현장품질관리에서 최대건조밀도를 구할 수 없을 때 지지력계수로 다짐도를 관리 한다.

■참고자료

평판재하시험은 기초용과 도로용이 있는데 시험법이 아주 유사하나, 중요한 차이는 아래와 같다.

표 8.26 기초지반과 도로의 평판재하시험 규정의 비교

구 분	기초지반의 평판재하시험(KS F 2444-95)	도로의 평판재하시험(KS F 2310-95)
재하판 크기	D30~75cm 원형철판/두께25mm 이상	직경은 같고, 두께는 22mm 이상
반력하중	계획 최대하중의 120% 이상	계획 항복하중이상, 침하량 15mm 이상
하중1단계	100kN/m^{2}이하 또는 예상지지력의 1/5씩	(35kN/m^2)/단계
1단계시간	재하 30분, 제하 5분 이상씩	침하의 진행이 정지, 前 침하의 1% 이하
침하량 계기	변위계 1/100mm, 측정길이 30mm 이상	변위계(감도0.01mm)
결과정리	하중-침하, 시간-침하, 시간-하중곡선	하중-침하량 곡선
얻는 값	지지력, 침하량, 지반반력계수, 변형계수	침하량 1.25mm(콘크리트), 2.5mm(아스콘) 등에 해당하는 지반반력계수 K_{30}, K_{40}, K_{75}

2.5 콘관입시험(CPT$_U$)

2.5.1 개요

1) 콘관입시험은 원추모양의 Cone probe을 지반에 일정한 속도(2±0.5cm/sec)로 관입시킬 때 발생하는 저항력을 측정하여 지반의 공학적 성질을 추정하는 원위치시험이다.

2) 적용토질 : 연약한 점성토나 실트층, 세립자의 사질토 지반에 주로 사용

2.5.2 콘관입시험기 종류

표 8.27 콘관입시험기 특징

화란식 이중관시험기(기계식)	피에조콘 관입시험기(전기식)
• 원추와 마찰슬리브가 이중관으로 분리 • CPTu에 비해 경제적임 • 단속적으로만 측정 가능 • 내부 관의 마찰 등 시험시 오차 유발요인이 많음 • 관입저항치+주면마찰력	• 연속적 측정이 가능 • 측정오차를 최소화 할 수 있음 • 관입저항치(q_c)+주면마찰력(f_s)+간극수압(V_t)

※ 탄성파탐사 콘관입시험기 : 원추관입저항치+주면마찰력+(간극수압)+탄성파속도

2.5.3 시험장치

(1) 구성요소

1) 피에조콘
2) 롯드
3) 관입시스템
4) 데이터 측정시스템

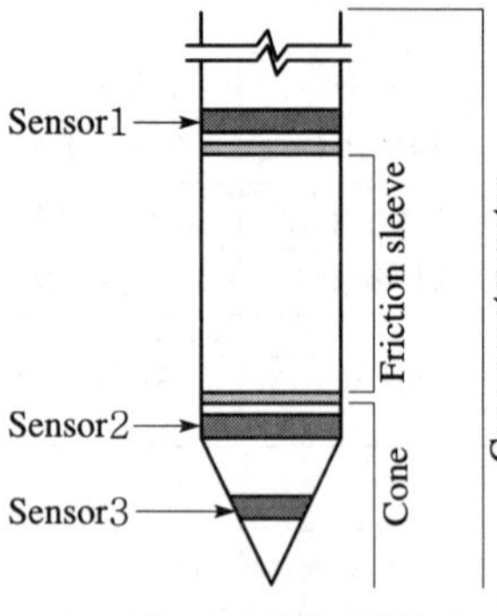

그림 8.29 콘관입시험기 (Robertson et al. 1989)

(2) 표준 피에조콘의 구조

1) 선단각 : 60°
2) 원추저면적 : 10cm²
3) 주면의 주면적 : 150cm²
4) 필터의 위치 : 선단, 선단면, 선단 위, 마찰주면 위

2.5.4 시험방법

1) 간극수압을 측정하는 센서 및 이를 둘러싼 다공질 필터를 완전히 포화시킴
2) 피에조콘을 롯드에 연결
3) 유압식관입시스템에 의해서 2~3cm/sec의 속도로 관입
→ 이때 데이터시스템에 원추관입저항력, 주면마찰력, 간극수압 등이 연속적으로 기록되어 짐

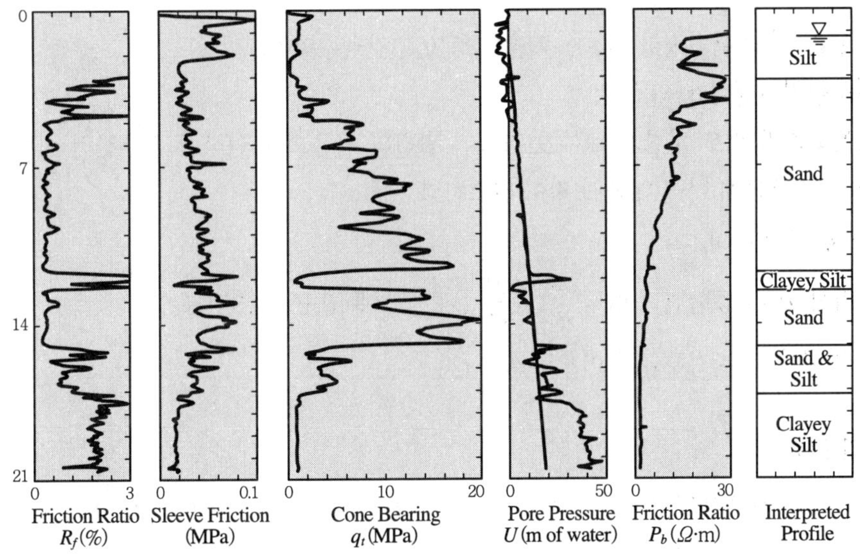

그림 8.30 피조콘에 의한 측정 예

4) 필요시 소산시험 실시 : 압밀계수, 투수계수를 구하기 위해
→ 원하는 깊이에서 과잉간극수압이 1/2이상 감소될 때까지 수행
5) 유의사항
① 간극수압 측정센서 및 필터를 시험 전에 반드시 포화시켜야 한다.
② 실험중 읽혀진 전기 시그널을 힘, 압력 등으로 변환하는 상관관계를 확인하고 수시로 점검
③ 전기식 계측시스템 세부항목에 대한 보정을 항상 유념
→ 필요시 실험전 전체시스템의 예열시간을 가짐

2.5.5 특징

1) 깊이에 따른 토층의 자세한 변화를 알아내는 데 적절
2) 점토층에 긴 10mm 두께의 Sand seam도 판별 가능
3) 간극수압 측정이 가능

2.5.6 결과해석 및 적용

(1) 필터사용으로 인한 원추관입저항력의 보정

1) 측정값 : 원추관입저항력(q_c), 주면마찰력(f_s), 간극수압(u_{bt})
2) 원추관입저항력(q_t)의 보정

피에조콘의 경우 시험기 내부를 관입된 필터의 사용으로 인하여 원추관입 저항력이 영향을 받기 때문에 이에 대한 보정이 필요하다.

$$q_t = q_c + (1 - a)\, u_{bt} \tag{8.28}$$

여기서, a :부등단면적비($= \dfrac{\text{롯드의단면적}}{\text{원추의저면적}}$), 보통 0.15~0.3정도 임

※ 필터가 없는 경우 a=1 이므로 $q_t = q_c$

(2) 흙의 분류

1) 흙의 분류를 원추관입저항력에 대한 마찰률(R_f) 또는 간극수압계수(B_q)의 상관관계 도표를 이용하여 이루어 진다.
2) 마찰율(R_f)

$$R_f = \frac{\text{주면마찰력}(f_s)}{\text{원추관입저항력}(q_t)} \times 100 \tag{8.29}$$

3) 간극수압계수(B_q)

$$B_q = \frac{u_{bt} - u_0}{q_t - \sigma_{v0}} \tag{8.30}$$

여기서, σ_{v0} : 연직 전응력, u_0 : 정수압

(3) 점성토의 비배수강도(S_u)

$$S_u = \frac{(q_t - \sigma_{v0})}{N_{kt}} \times 100 \tag{8.31}$$

여기서, N_{kt} : 피에조콘계수(대략 5~30)

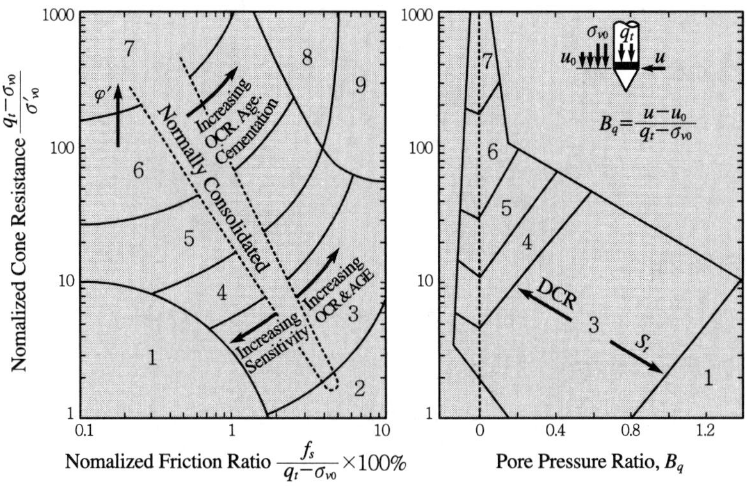

① 예민한 점토 ② 유기질 토질 ③ 점토
④ 실트질 점토 내지 점토 ⑤ 점토질실트 내지 실트질 점토 ⑥ 모래질실트 내지 점토질 실트
⑦ 실트질모래 내지 모래질 실트 ⑧ 모래 내지 실트질 모래 ⑨ 모래
⑩ 자갈질모래 내지 모래 ⑪ 매우 굳은 세립토 ⑫ 모래 내지 모래질 점토

그림 8.31 피조콘으로 흙의 종류를 판별할 수 있는 도표

(4) 사질토의 내부마찰각

1) 도표에 의한 방법

내부마찰각과 원추관입저항력과의 근사적 상관관계를 지반의 수직응력(σ'_{v0}) 영향을 고려하여 제시

2) 제안식

$$\phi' = \tan^{-1}[0.1+0.38\log(\frac{T}{\sigma'_{v0}})] \tag{8.32}$$

(5) 압밀계수 : 소산곡선으로부터 구함

피에조콘의 관입을 멈추었을 때 시간에 따른 과잉간극수압의 변화로부터 간극수압 소산곡선을 얻을 수 있다.

이로부터 시간계수를 구하여 압밀계수를 산정할 수 있다.

$$c_h = \frac{T_{50}\cdot R_2}{t_{50}} \tag{8.33}$$

여기서, R : 콘반경(1.785cm)

T_{50} : 시간계수

t_{50} : 과잉간극수압 50% 소산에 걸리는 시간

(6) 변형계수 : 변형계수를 이용한 즉시침하량 산정시 콘관입시험으로 구한 변형계수를 사용

1) 정방형 기초 : $E_s = 2.5q_c$
2) 연속 기초 : $E_s = 3.5q_c$
3) 일반 기초 : $E_s = \alpha \cdot q_c(\alpha=1\sim8)$

(7) 말뚝의 지지력 계산

1) 정적콘관입시험은 그 원리가 하중을 받는 말뚝의 거동과 유사하므로 말뚝지지력 추정에 가장 적당한 현장시험법이라 할 수 있다.
2) 적용지반 : 대단히 치밀한 사질토층이나 자갈층을 제외한 대부분의 사질토 지반에 적용
 - 선단 지지력 $q_p = q_c$(q_c : 선단콘지수)
 - 주면 마찰력 $f_s = f_c$(f_c : 콘마찰 저항)
3) 선굴착말뚝 : 타입말뚝의 1/2 적용

(8) 강성지수(I_R)

1) 강성지수는 전단탄성계수와 비배수 전단강도의 비로 정의 됨

즉, $I_R = \dfrac{G}{S_u}$ (8.34)

여기서, G : 전단탄성계수, S_u : 비배수 전단강도

2) 강성지수에 대한 연구결과
 - 박용원 등(2003)의 연구 : 서해안 27, 남해안 29
 - 박찬국 등(2002)의 연구 : 9~57
 - FHWA의 제안값 : 100
 - 변형률경로법에 의한 이론해 : 500
3) 수평압밀계수 산정에 적용되는 이론 시간계수는 강성지수가 증가할 수록 증가하며 이는 결과적으로 수평압밀계수가 증가하는 것으로 나타남

(9) 수평압밀계수 산정

1) 피조콘 관입시험의 소산시험을 통해 수평압밀계수를 산정할 수 있으며 관계식은 다음과 같음

$$C_h = \frac{T_{50}}{t_{50}} R_0^2 \qquad (8.35)$$

여기서, R_0 : 콘반경(1.785cm)

T_{50} : 시간계수

t_{50} : 과잉간극수압 50% 소산에 걸리는 시간

(10) 기타

과압밀비, 예민비, 액상화 가능성 등

2.5.7 실무적용 시 유의사항

1) 콘과 마찰슬리브의 구체적인 설계조건에 따라 결과가 크게 영향을 받을 수 있다. 따라서 사용되는 콘의 종류에 따라 적용성 및 결과의 유효성이 결정되어야 한다.
2) 신뢰성 있는 결과를 얻기 위해서는 많은 수의 관입시험을 시추조사와 더불어 시행되어야 한다.
3) 결과를 해석할 때 지하수와 상재압의 영향을 고려하여야 한다.
4) 분산이 심한 결과가 나타나는 불균질한 흙에서는 현장조건을 가장 대표할 수 있는 측정값들을 선택 활용하여야 한다.
5) 밀도측정이나 다른 종류의 관입시험 등의 결과가 있다면 콘관입시험 결과와 이들 시험결과와의 상관관계를 고려하여야 한다.

2.6 공내재하시험(Pressuremeter Test)

2.6.1 개요

1) 프레셔미터시험은 시추공의 공벽을 방사방향으로 가압하고, 그 때 발생하는 공벽의 변형량과 가해진 압력의 관계로부터 지반의 특성을 조사하는 시험이다.
2) 이 시험은 지반의 변형특성과 강도특성을 동시에 측정할 수 있다.

2.6.2 종류

(1) 설치방식에 따른 구분

표 8.28 설치방식에 따른 구분

구 분	내 용
선굴착식 (pre-boring) (PBP)	• 사전에 보링공을 굴착해서 프루브를 삽입하여 시험을 실시 • 현재 국내에서 사용중인 대부분의 장비가 여기에 해당 • 연약한 지반에서는 지반이 과도하게 교란될 수 있음
자가 굴착식(self boring) (SBP)	• prove 하단에 부착된 Cutter를 회전시켜 시험 깊이까지 스스로 굴진하여 원하는 깊이에서 시험을 실시하는 방식 • 지반교란 최소화 • 간극수압을 측정할 수 있는 센서를 달아 소산시험도 가능
압입식(push-in) (PIP)	• 갯벌과 같이 아주 연약한 점토지반 내에 프루브를 강제로 밀어 넣어 시험을 실시하는 방식

(2) 지반조건에 따른 구분

1) 점성토, 퇴적토 : OYO – LLT(Lateral Load Test)

2) 풍화대 및 연암반 : OYO – Elastmeter

3) 경암 : Goodman Jack, Rock tester

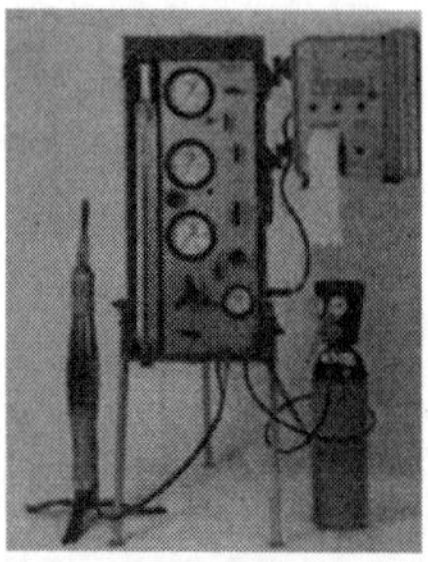

(a) 수평 재하시험기(LLT)

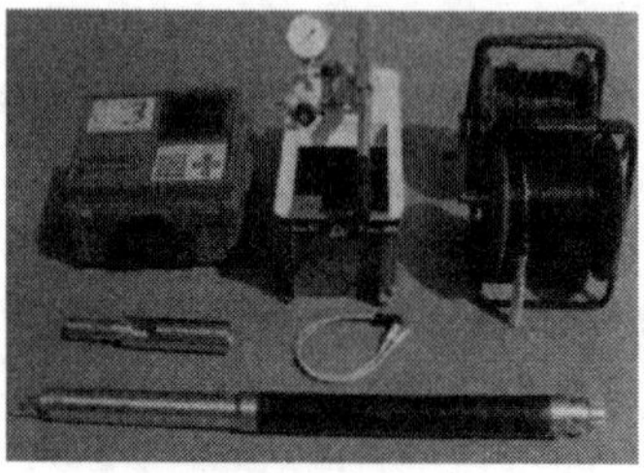

(b) 엘라스터미터 -2

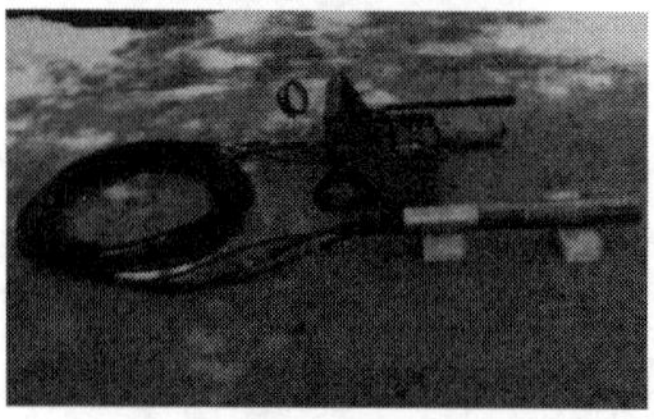

(c) 굿맨잭

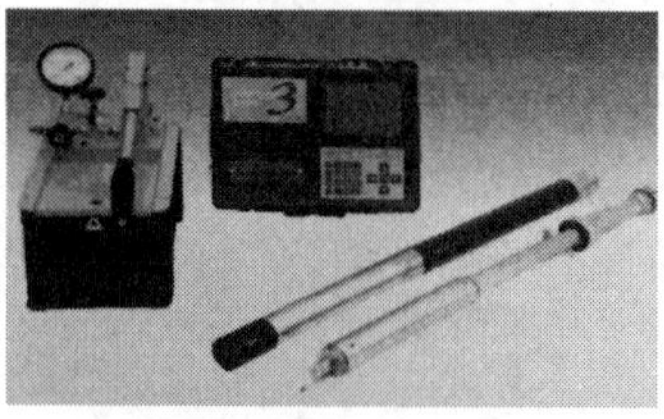

(d) 록테스터

그림 8.32 지반조건에 따른 보링공내 수평 재하시험 장비의 종류

2.6.3 시험방법

1) 시추공에 프루브(probe) 삽입
2) 100kPa 정도의 예비압 가압
3) 가압은 계단식으로 하고, 적당한 간격마다 방사방향 변위를 측정(보통 10단계)
   → 매 단계의 가압량은 예상파괴압(한계압)의 1/10정도로 함
4) 한계압에 도달할 때까지 (2), (3)과정을 반복
5) 압력-방사방향 변위 관계로부터 프레셔미터 곡선을 그림
   → 이를 통해 지반의 변형특성 및 강도특성을 구함

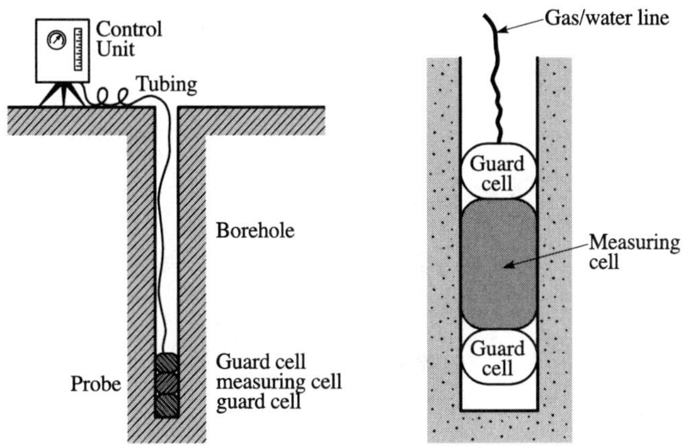

그림 8.33 공내재하시험 모식도

2.6.4 결과 정리

PMT의 결과로부터 재하압력과 멤브레인 팽창부피(또는 내공변형률)의 관계로 표시되는 시험곡선으로 표현되며, 이를 이용하여 지반의 응력-변형률-강도에 대한 제반특성을 얻을 수 있다.

- Zone Ⅰ : 시추공 굴진시 발생된 변형이 원상태로 회복될 때까지의 영역(P_0)
- Zone Ⅱ : 탄성 영역 (기울기 : 변형계수)
- Zone Ⅲ : 소성 영역

P_0 : 현장수평응력(정지토압), 자가굴착식 : 시작점

P_y : 항복압력

P_L : 한계압력 ← 지반파괴

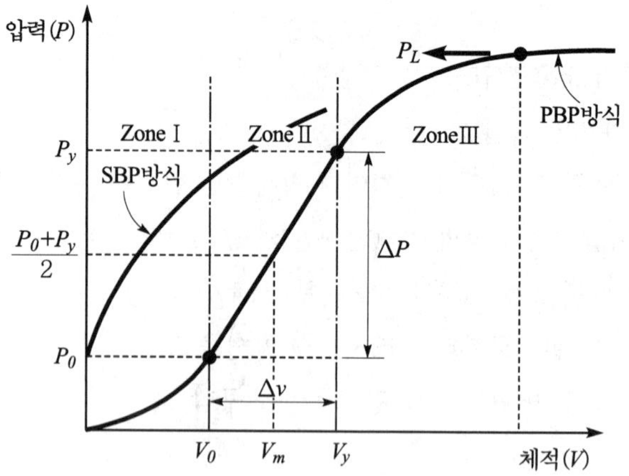

그림 8.34 재하압력과 멤브레인 내공변형률의 관계

2.6.5 장 · 단점

(1) 장점

1) 지반의 변형특성과 강도특성을 동시에 측정
2) 시험시 주변 지반의 경계조건 및 응력-변형률 상태가 비교적 명료
3) 자갈층, 연암층, 동결층 등 대부분의 지반에 적용 가능
4) 보링공을 이용하므로 원하는 깊이에서 시험이 가능
5) 소산시험 가능(자가굴착식)

(2) 단점(문제점)

1) 공벽교란 문제
- 보링공을 천공하고 공내재하시험기를 삽입하여 시험하므로 공벽이 교란되게 됨.
- 이를 방지하기 위한 장비가 자가굴착식공내재하시험기(SBPT)가 개발됨.

2) 공벽붕괴 문제

지하수가 많은 사질토, 자갈층은 시험기 삽입 또는 시험시 공벽이 붕괴되어 시험이 불가능해진다.

→ 대책 : 얇은 PVC관 또는 벤토나이트이수 등으로 공벽붕괴를 방지하면서 시험

3) 시험공 크기의 영향을 고려해야함.
4) 절리 및 균열이 발달된 지반이나 풍화대 지반 그리고 초연약 지반에는 적용이 제한됨
5) 시험장비는 암반용과 연약지반용으로 구분해서 사용

2.6.6 결과 이용

(1) 변형계수(E_p)

변형계수는 시험곡선의 직선부 기울기를 말하며, 공내재하 시험을 통해 얻을 수 있는 가장 신뢰성이 있는 자료이다.

$$E_p = k\frac{\Delta p}{\Delta v} = k\frac{P_y - P_0}{V_y - V_0} \tag{8.36}$$

여기서, k : 압축계수로서 $k = 2\,V_m(1+\upsilon)$로 정의, $V_m = (V_y + V_0)/2$

υ : 포아송 비(≈0.33)

(2) 정지토압계수(K_0)

$$K_0 = \frac{P_0 - u}{\sigma_v - u} \tag{8.37}$$

여기서, P_0 : $P-V$곡선에서 읽은 값 (수평응력, σ_h)

σ_v : 측정위치에서의 연직전응력($\sigma_v = \gamma h$)

u : 측정위치에서의 간극수압

(3) 지반개량확인

동치환, 동다짐, 터널 또는 흙막이의 지반보강 등

(4) 비배수강도 및 유효내부마찰각

$$S_u = (P_L - P_0) / 5.5 \tag{8.38}$$

(5) 얕은기초 및 깊은기초 지지력 추정

1) 얕은기초

$$q_a = K_g(P_L - P_0) + \sigma_v \tag{8.39}$$

여기서, P_L : Pressuremeter 한계압력

P_0 : 전체수평압력(기초위치)

K_g : 지반의 종류에 따른 지지력계수

σ_v : 기초위치의 전체 상재하중

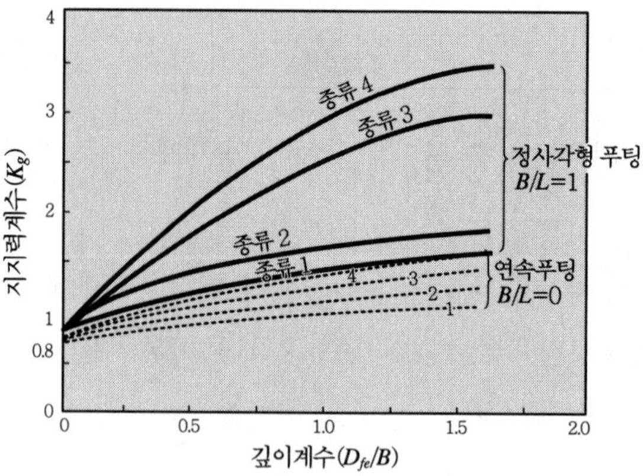

그림 8.35 기초의 지지력 추정

2) 깊은기초

① 선단지지력

$$q_p = P_{0h} + K_g(P_L - P_{0h}) \tag{8.40}$$

여기서, P_{0h} : 정지상태의 수평응력, P_L : 한계압

K_g : 프레셔미터 지지력계수(보통 0.8~0.9의 범위)

② 주면마찰력 : 한계압 P_L을 이용해 도표에서 구함

2.6.7 시험시 주의사항

1) 시험 목적상 방향성이 중요한 의미를 지니는 경우 보링 롯드를 연결하여 내릴 때 보링 롯드가 회전하여 계획한 방향이 변할 수 있으므로 주의해야 한다.
2) 유압호스를 연결할 때 강압호스와 가압호스가 바뀌지 않도록 확인 후 연결한다.
3) 드릴비트의 회전속도는 60rpm 이하의 속도로 천천히 시추하고, 세척수는 천천히 주입해야 한다.
4) 1회 PMT 측정량만큼 시추하여 시험한 후 다음 측정위치를 시추하며 한꺼번에 깊게 시추하면 지반의 유동이나 인접시험의 영향으로 시험공벽이 변형될 수 있다.

2.7 딜라토미터 시험(Dilatometer Test)

2.7.1 개요

멤브레인이 장착된 Blade를 지중에 삽입하고, 일정한 깊이에서 멤브레인에 압력을 가해 삽입시 들어갔던 멤브레인이 원위치로 돌아 올때의 압력과, 1.1mm 팽창되었을 때의 압력을 체크하여 지반의 여러 가지 설계정수를 구하는 시험이다.

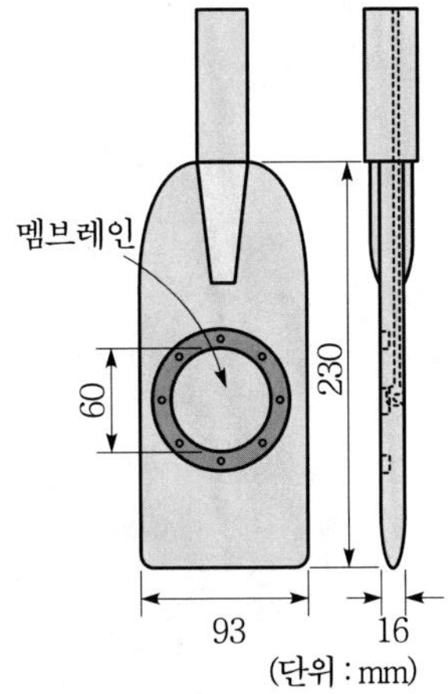

그림 8.36 딜라토미터 시험의 모식도

2.7.2 시험방법

1) 브레이드를 2cm/초의 속도로 시험깊이까지 관입하고 압력을 가한다.
2) Membrane은 Rod내에 에어튜브를 통해 지상에서 가스압에 의해 팽창시킨다.
3) 브레이드의 중앙에 있는 Membrane이 팽창되기 시작할 때의 압력을 P_0, 1.1mm 팽창시 압력을 P_1으로 하여 측정한다.
4) 소산시험

소산시험은 주어진 깊이에서 블레이드 관입을 멈추고 시간에 따라 menbrane에 접촉하는 총 수평응력 σ_h변화를 측정함으로써 이루어진다(투수계수가 낮은 점성토 24시간이 걸릴수 있음).

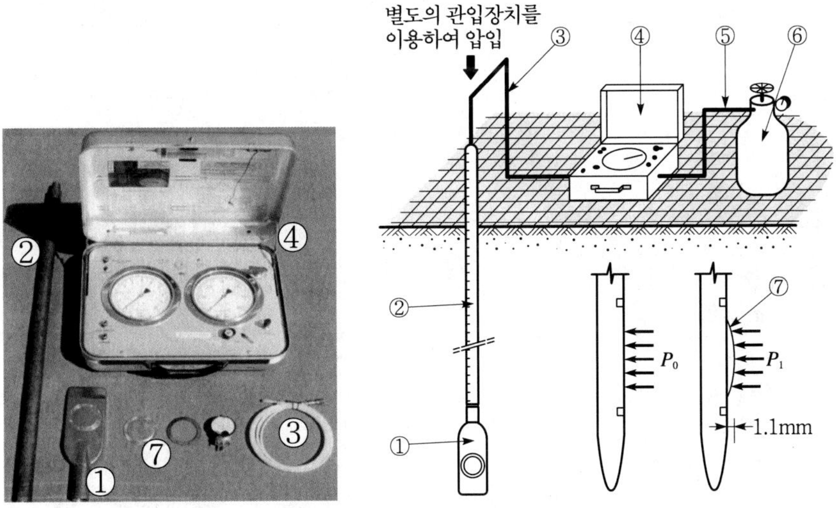

그림 8.37 딜라토미터 시험기의 구성(한국지반공학회, 2002)

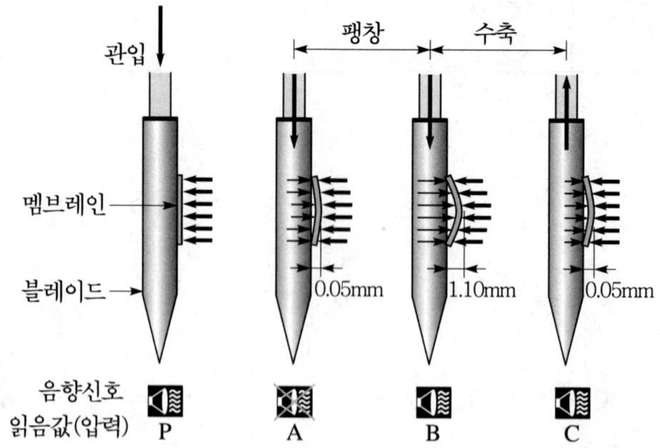

그림 8.38 딜라토미터 시험과정의 모식도(한국지반공학회, 2002)

2.7.3 장 · 단점

표 8.29 딜라토미터 시험의 장단점

장 점	단 점
① 시험이 간편하고 신속함.	① 국내적용 사례가 거의 없음.
② 시험자와 상관없이 매우 신뢰성 있는 결과가 얻어짐	② 시료채취가 안됨.
③ 다양한 핵심적인 설계변수들에 대한 정보를 얻을 수 있음	③ 중간에 견고한 층 있으면 관입곤란 및 장비 파손될 수 있음
④ 시추공이 필요 없음.	④ 자갈, 암반층과 같이 단단한 지층에는 적용되지 못함.

2.7.4 시험결과

1) 재료지수(material index) : 흙의 종류 구분

$$I_D = \frac{(P_1 - P_0)}{(P_0 - u_o)} \tag{8.41}$$

2) 수평응력지수(K_D) : 정지토압계수, 과압밀비, 비배수강도 추정

$$K_D = \frac{P_0 - u_0}{\sigma'_{vo}} \tag{8.42}$$

3) 딜라토미터 지수(E_D)

$$E_D = 34.7(P_1 - P_0) \tag{8.43}$$

2.7.5 시험시 유의사항

1) 점토의 경우 재하속도에 영향이 미치므로 2cm/sec 속도 유지해야 한다.
2) Blade관입시 수직도 유지해서 측정치가 정확하게 되도록 해야 한다.
3) Membrane의 점검을 주기적으로 실시한다.
4) 시험 전에 지반조건을 파악해서 적용성을 판단함이 바람직한다.

2.7.6 결과 이용

1) 단위중량 γ 및 흙의 종류 : I_D와 E_D의 상관관계로부터
2) 점토지반의 OCR : $OCR_{DMT} = (0.5K_D)^{1.56}$
3) 수평 정지토압계수 : K_D에 대한 상관관계로부터 구함
4) 상대밀도
5) 비배수전단강도 (s_u)
6) 마찰각 (ø)
7) 탄성계수(E)
8) 수평압밀계수 (c_h) : 소산시험으로부터 구함
9) 수평 투수계수

2.7.7 결론

1) 딜라토미터탄성계수는 $E_D = 34.7(P_1 - P_0)$로 표시되며, 지반의 탄성침하량, 지반반력계수 구하는데 이용된다.
2) 횡방향 응력지수는 $K_D = \dfrac{(P_0 - u_0)}{\overline{\sigma_v}}$로 표시되며, 정지토압계수, 내부마찰각, 점토의 비배수 전단강도, 과압밀비, 압밀계수, 체적압축계수등을 구하는데 이용된다.
3) 물질지수는 $I_D = (\dfrac{P_1 - P_0}{P_0 - u_0})$로 표시되며 지반의 토층구분에 이용된다.
4) Piezo Cone 관입시험과 같이 토층판정, 점토와 모래의 여러 가지 지반 정수를 구할 수 있는 유용한 시험방법으로 평가된다.
5) 국내에 장비 도입되어 있으며 설계정수 결정, 지반개량 확인 등 지반조사 분야에 기대되는 현장시험으로 평가된다.
6) 국내에서의 Data축적과 지반특성을 고려한 지반정수 결정 방법에 대한 검토가 필요하다.
7) 최근 인천 영종도 신공항부지 건설, 양산신도시 택지개발 등지에 적용되었다.

2.8 베인전단시험(Vane Shear Test)

2.8.1 개요

1) 베인전단시험은 십자(+)형 날개를 지중의 소요위치에 압입한 후, 베인을 회전시킬 때 발생하는 저항모멘트를 측정하여 연약 점성토의 비배수 전단강도와 예민비를 구하는 시험이다.

2) 적용조건

① ϕ = 0이고, c = 50kPa 미만의 연약한 점성토

② 3축압축시험이나 1축압축시험의 시료성형이 곤란할 시

3) 베인시험으로 구한 전단강도 (S_u)는 ϕ = 0일 때 점착력(c)과 대체로 일치한다.

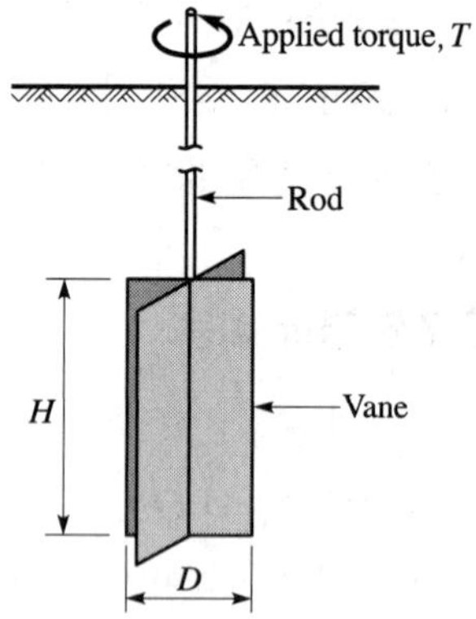

그림 8.39 베인전단시험 모식도

2.8.2 비배수강도(c_{uv}) 결정방법

(1) 최대 토오크(T)

현장시험시 측정된 최대 토오크(T)는 베인에 의해 형성된 원통형 수직단면의 저항모멘트(M_s)와 양 끝단에서의 저항모멘트(M_e)의 합이다. 즉,

$T = M_s$(측면) + $2M_e$(상,하면)

① 주면의 저항모멘트(M_s)

M_s = 힘(주면적×수직방향 비배수강도)×팔의 길이

$$M_s = (\pi D H) \times c_u \times \left(\frac{D}{2}\right) = \frac{1}{2}\pi c_u D^2 H \qquad (8.44)$$

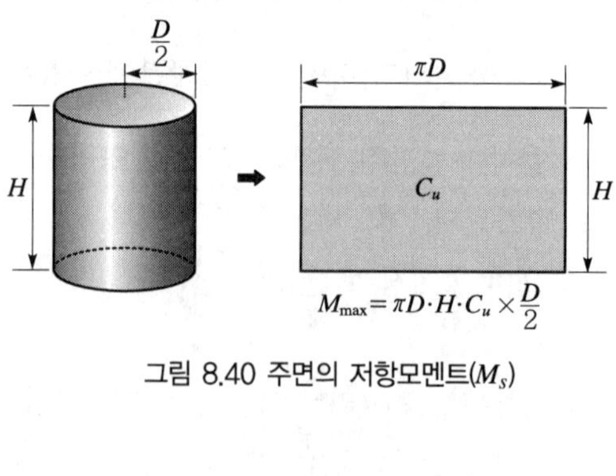

그림 8.40 주면의 저항모멘트(M_s)

② 상 · 하면의 저항모멘트(M_e) : 상하면 비배수강도 분포가 일정하다고 가정할 때

$$2M_e = 2\int_0^{D/2}(2\pi\rho d\rho)c_u(\rho) = 2\int_0^{2/D}2\pi c_u\rho^2 d\rho = \frac{1}{6}\pi c_u D^3 \tag{8.45}$$

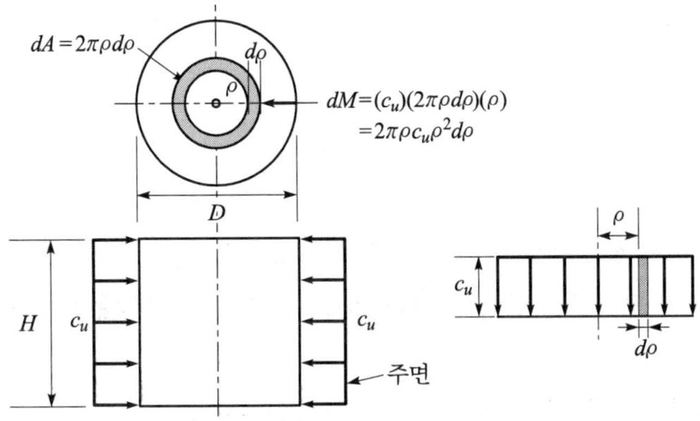

그림 8.41 수평전단면의 저항모멘트(M_e)

■ **참고자료**

비배수전단강도의 분포형태

흙 원통 양끝단에 작용하는 전단강도의 분포(즉, c_{uv}의 분포)는 몇가지 형태로 가정된다.

- 삼 각 형 : 전단강도는 흙 원통 바깥 둘레에서는 c_{uv}이고, 선형적으로 감소하여 중심에서는 0이다.
- 일 정 형 : 전단강도는 흙 원통 둘레에서 중심까지 일정하다.
- 포물선형 : 전단강도는 흙 원통 바깥 둘레에서는 c_{uv}이고, 포물선으로 감소하여 중심이 0이다

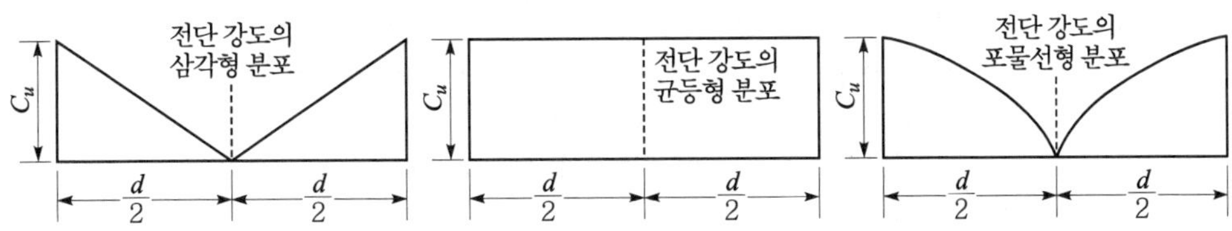

(2) 비배수강도(c_{uv})

비배수강도는 최대 토오크를 이용해서 구할 수 있다.

$T = M_s$(주면)$+2M_e$(상 · 하면)

$$= \frac{1}{2}\pi c_u HD^2 + \frac{1}{6}\pi c_u D^3$$

$$= \pi c_u D^2 \left(\frac{H}{2} + \frac{D}{6}\right)$$

$$\therefore\ c_{uv} = \frac{T}{\pi D^2 \left(\dfrac{H}{2} + \dfrac{D}{6}\right)} \tag{8.46}$$

(3) c_u의 보정

베인시험으로 구한 비배수강도는 대체로 크게 구해진다. 이는 재하속도가 실제보다 빠르기 때문인데, 소성지수가 클수록 영향이 더 크다. 따라서, 소성지수에 대한 보정을 해주어야 한다.

$$c_u = \mu c_{uv} \tag{8.47}$$

여기서, μ : 보정계수(보통0.6~1.0) → μ = 1.7−0.54log(PI)

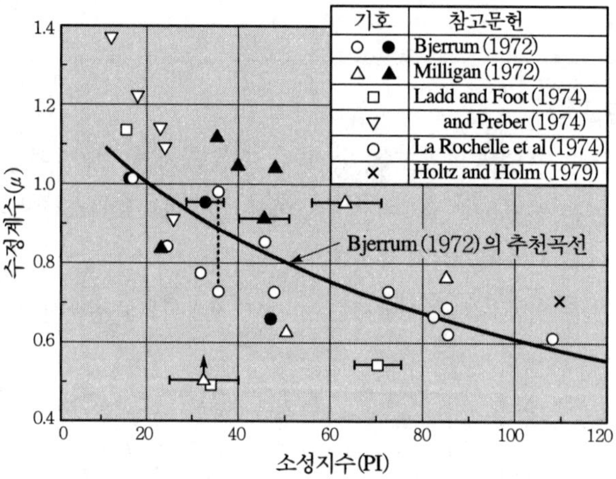

그림 8.42 베인 전단강도와 소성지수와의 관계

2.8.3 시험결과 영향요인

(1) 베인시험의 회전속도

1) 일반적으로 베인을 빠른 속도로 회전시키면 전단강도가 증가한다. 특히, 소성지수가 높은 점토일수록 베인의 회전속도에 따라 비배수 전단강도에 대한 영향이 크다.

※ 베인의 회전속도 : 평균 6°/min로 회전

2) 소성지수가 높은 점토는 베인의 회전속도가 빠를수록 비배수 전단강도가 증가한다.

3) 소성지수가 낮은 점토는 베인의 회전속도에 크게 영향을 받지않으나 너무 느리면 비배수 강도가 20%정도 오히려 증가한다(이유: 압밀현상이 발생하기 때문).

(2) 베인의 크기

1) 베인의 크기는 최소한 폭이 50mm, 높이 100mm 이상을 사용하도록 하고 있으며, 높이는 폭의 2배인 것을 기본으로 정의하고 있다.
2) 연약한 지층일수록 큰 베인을 쓰도록 요구하고 있다.

(3) 베인의 두께

1) 베인의 두께는 베인 삽입에 따른 지반의 교란영역에 영향을 미쳐 비배수 전단강도의 측정에 큰 차이를 나타나게 한다.
2) 베인의 두께가 증가하면 교란이 증가하여 전단강도가 감소한다.
(저예민성 점토 : 약 10%, 고예민성 점토 : 20~30% 감소)
3) 가능하면 두께가 얇은 베인을 사용하는 것이 좋으나, 최소한 지반의 강성에 대응하는 두께는 되어야 한다.

(4) 수평전단면의 전단응력 분포에 따른 전단강도 평가

- 삼각형, 일정형, 포물선형 등이 있다.

(5) Thixotropy영향

1) 베인을 지중에 삽입하면 과잉간극수압이 발생한다. 이 과잉간극수압은 시간이 경과하면서 소산되어 강도가 회복된다.
2) 따라서, 베인을 삽입한 후 일정한 시간(약 3분정도)이 경과한 후 베인시험을 실시한다.

2.8.4 연직, 수평방향 점착력 결정

(1) 연직전단강도 결정

1) 일반적인 베인시험으로 Vane 날개를 그림 8.43(a)와 같이 높이를 크게 함
2) 지반과 접촉면이 수직면이 우세하게 하여 측정함

(2) 수평전단강도 결정

1) Vane 날개를 그림 8.43(b)와 같이 직경을 크게 함
2) 지반과 접촉면이 수평면이 우세하게 하여 측정함

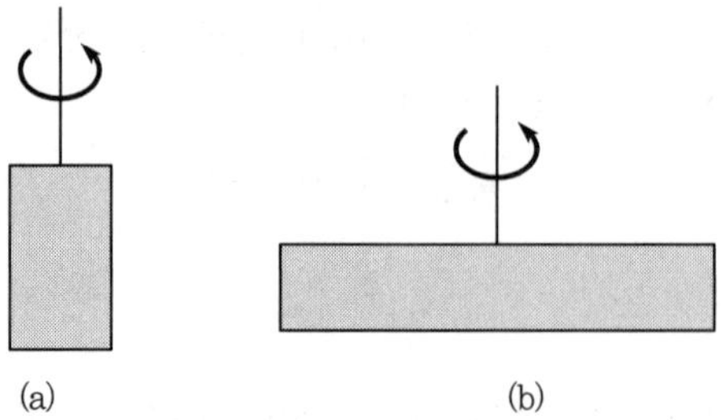

그림 8.43 Vane 시험을 통한 연직, 수평방향 점착력 산정

2.8.5 실무적용 시 유의사항

1) 베인전단시험은 비배수강도가 깊이에 따라 크게 변화하는 지반에서 매우 유용하다.
2) 베인을 지중에 삽입하면 과잉간극수압이 발생한다. 이 과잉간극수압은 시간이 경과하면서 소산되어 강도가 회복된다. 따라서 베인을 삽입한 후 일정한 시간(약 3분정도)이 경과한 후 베인시험을 실시하는 것이 바람직하다.
3) 일반적으로 베인을 빠른 속도로 회전시키면 전단강도가 증가한다. 특히, 소성지수가 높은 점토일수록 베인의 회전속도에 따라 비배수전단강도에 대한 영향이 크다.
4) Vane 시험값이 일축압축시험 및 *UU*시험에서 구한 값보다 과대평가 된다. 따라서 *UU*시험에 의한 결과와 상호비교 분석 후 적용함이 타당하다.
5) 베인시험으로 구한 전단강도 (S_u)는 ø = 0일 때 점착력(c)과 대체로 일치한다.
6) 연약한 지반에 유효하며 예민비, 이방토질시험이 가능하다.
7) 일축압축시험에서 구한 c_u와 비교하면 크게 나온다(Lambe1969).
   비배수강도의 크기 비교 : *CU*시험 > 베인시험 > *UU*시험 > 일축압축시험
8) 소성지수가 높은 점토 : 베인의 회전속도가 빠를수록 비배수전단강도가 증가
9) 소성지수가 낮은 점토 : 베인의 회전속도에 크게 영향을 받지 않으나 너무 느리면 압밀현상이 발생하여 비배수강도가 20%정도 오히려 증가한다.
10) 시험심도, 전단속도에 따라 베인전단강도가 과대평가되어지므로 시험 시 유의해야 한다.
11) Vane 시험값이 일축압축시험 및 *UU*시험에서 구한 값보다 과대평가 된다.
    따라서 *UU*시험에 의한 결과와 상호비교 분석 후 적용함이 타당하다.

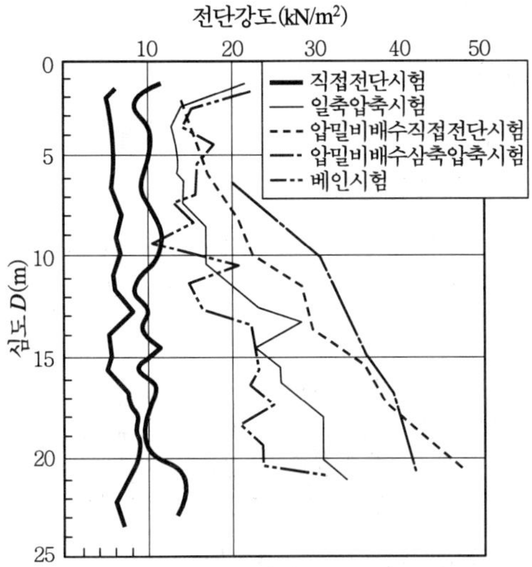

그림 8.44 베인시험결과와 다른 현장강도시험 결과와의 비교(TRB, 1988)

2.8.6 Vane 전단강도와 일축압축강도의 차이점

표 8.30 베인전단강도와 일축압축강도의 차이점

구분	Vane 전단강도	일축압축강도
시험위치	현장시험	실내시험
	교란정도, 포화도, Sand Seam, 현장응력체계 등의 조건 다름	
시험방법	회전에 의한 저항력으로 강도결정	축하중에 의한 방법으로 강도결정
시료채취	현장시험으로 시료채취에 따른 교란문제 발생하지 않음	초연약 지반에서의 시료채취 문제, 교란문제 발생
강도크기	大	小
지반개량의 유용성	현장시험으로 바로 이용가능	시추조사와 시료채취가 필요하므로 시간소요가 필요함

2.9 시추공내 직접전단시험(BST; Borehole Shear Test)

2.9.1 개요

시추공내 전단시험은 시추공을 이용하여 원위치에서 흙의 내부마찰각과 점착력을 직접 측정하는 시험이며, 주로 토사 및 풍화암층에 적용

2.9.2 시험방법

1) 시추공(직경 75mm)내에 전단기를 내림
2) 지표에서 관을 통해 수평압력을 가하여 전단기를 공벽에 밀착시킴
3) 지상에서 수직 인발력을 가해 Rod를 위로 끌어 올림
4) 시험구간을 변경한 후 동일한 방법으로 수평압력을 바꾸어 3회이상 시험
5) Mohr-Coulomb의 파괴곡선으로부터 파괴기준에 의하여 강도정수 c, ø를 구함

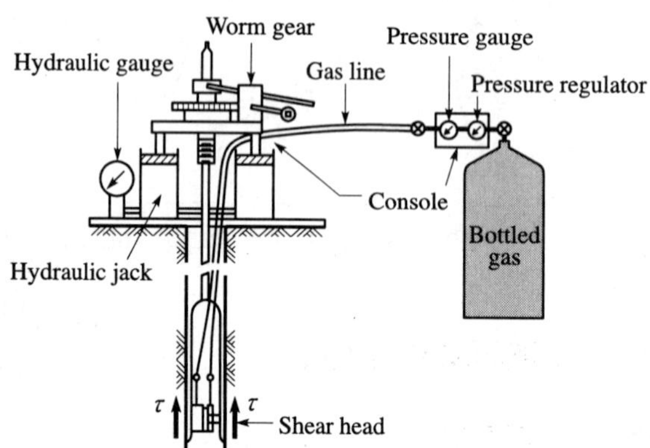

그림 8.45 시추공내 직접 전단시험

2.9.3 계산 및 결과의 정리

1) 각각의 수평응력(사실은 수직응력)에 해당하는 전단응력 - 변형률 관계곡선을 그려 최대 전단응력(또는 극한전단응력)을 구한다.
2) 1)의 방법으로 구한 몇 쌍의 수직응력, 전단응력으로 그래프를 그려 선형회귀분석법에 의해 점착력과 내부마찰각을 구한다.

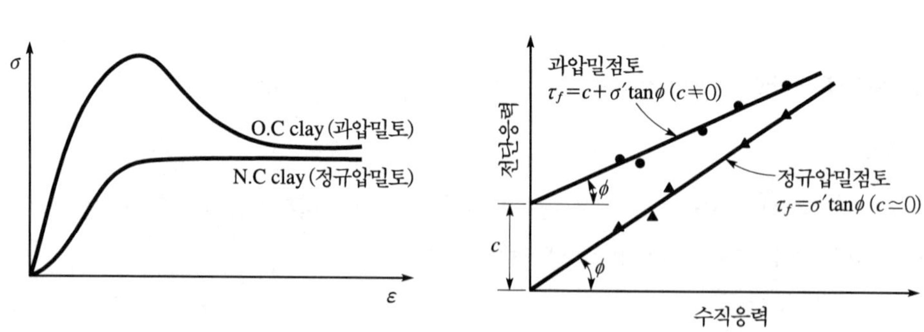

그림 8.46 점토의 연응력과 전단응력

2.9.4 결론

1) 현장에서 짧은 시간에 강도정수 추정이 가능하다.
2) 일축압축시험 및 삼축압축시험을 위해 시료를 채취하고 운반하는 과정에서 발생하는 시료 교란 등을 사전에 예방할 수 있어 신뢰성 있는 결과를 얻을 수 있다.

2.10 탄성파 콘관입시험($SCPT_U$)

2.10.1 개요

1) 동적해석에 필요한 전단탄성계수(G) 구하는 방법에는 다음의 방법들이 있다.
   ① 실내시험 : 공진주시험, 벤더엘리먼트시험 등
   ② 현장 원위치시험 : 크로스홀, 다운홀탐사, SASW 등
   - 우리나라 : 2개 이상의 시추공을 이용하는 크로스홀(Cross hole) 방법이 가장 보편적으로 사용
   - 1990년대 이후로 외국 : 탄성파 콘관입시험(Seismic Cone Penetration Test, SCPT, $SCPT_U$)을 널리 이용하고 있음
2) $SCPT_U$는 속도계나 가속도계를 내장한 콘을 이용하여 통상적인 정적콘관입시험(CPT, CPT_U)을 실시하며 임의 깊이에서 탄성파 탐사를 병행하는 시험으로서, CPT_U와 다운홀(Down hole) 탐사를 혼합한 것으로 볼 수 있다.
3) 지표면에서 발생시킨 전단파(S파)를 지중에 관입된 콘을 통해 측정할 경우, 탄성이론에 따라 파의 전달속도(Vs)와 흙의 밀도(ρ)를 이용하여 소변형(Small-strain) 전단계수(G)를 구할 수 있다.
4) 기존의 토질시험에 덧붙여 다운홀 탄성파 탐사를 실시하는 일종의 하이브리드 원위치 시험방법이라고 할 수 있다.

2.10.2 시험방법

(1) 시험장비

1) 기존 CPT 장치
2) 지표면 발진장치(source system) : 가진판, 트리거, 해머로 구성
3) 수진기(콘)

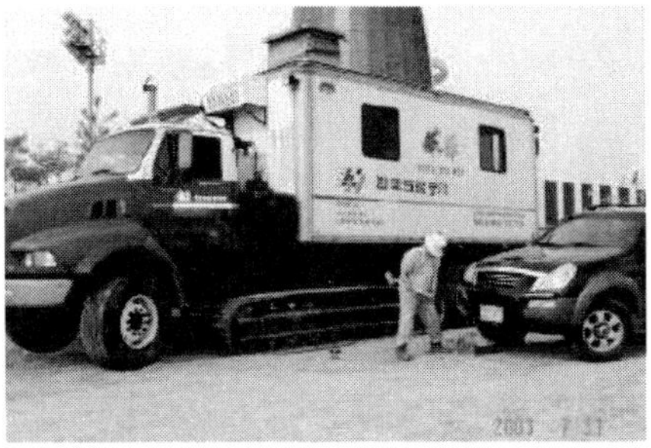

그림 8.47 국내의 SCPTv실시모습 : 발진단계

4) 오실로스코프로 : 기록장치

(2) 시험방법

1) 전반적인 시험과정과 분석방법은 일반 다운홀 시험과 동일함
2) 수진기가 내장된 탄성파콘을 지중에 압입한 후 지상에서 트리거와 연결된 발진장치를 이용하여 탄성파를 발생시키고 콘에서 그 신호를 수신하여 오실로스코프로 기록하는 방법으로 이루어진다.

2.10.3 특징

1) 별도의 시추공이 없어도 지반의 전단파속도(Vs)를 측정하는 다운홀 시험이 가능하다.
2) 지중에 압입되는 콘의 표면은 주변 흙과 완전히 밀착되기 때문에 양질의 동적신호를 얻을 수 있다.
3) 시추공 굴착 및 PVC 케이싱 삽입 등의 절차가 필요 없다.
4) 매우 경제적이고 신속하다.
5) 콘관입시험을 병행하므로 시험 직후에 지층 분포는 물론 흙의 강도 및 압밀 특성 등을 바로 파악하게 되므로 조사결과의 활용성이 극대화 된다.
6) 많은 비용을 들이게 되는 크로스홀(cross hole)시험에서는 탄성파 전달 속도 외의 정보를 알 수가 없다.

2.11 원심모형실험(Centrifuge model Test)

2.11.1 개요

1) 흙 구조물의 대부분은 흙 자중에 의한 영향을 지배적으로 받지만 흙의 강도나 변형특성은 응력에 크게 의존한다.
2) 따라서 실험모델을 중력장(1G)에서 제작하여 사용하는 경우는 자중응력이 실제 구조물보다 상대적으로 작기 때문에 실제 구조물의 변형이나 파괴거동을 정확히 표현하는 것이 쉽지 않다.
3) 때문에 축소모형을 가지고 실제의 응력상태를 재현하고 변형 및 파괴거동을 파악하는 대표적인 방법으로는 원심모형실험이 이용되고 있다.

2.11.2 원리

1) 원심모형실험(Centrifuge model Test)은 원심가속도를 부여할 수 있는 장치 즉, 원심모

형시험기안에 기하학적으로 축소된 소형모형을 원심가속도가 작용하는 장소(원심장)에서 역학적 거동을 파악하는 실험을 말한다.

2) 그리고 원심모형실험에서는 실물에 대한 1/n 축소모형을 중력가속도의 n배에 해당하는 원심가속도장에서 실물과 같은 응력상태를 재현하는 실험방법으로서 축소모형을 통해서 실제 구조물에서 발생되는 거동을 얻을 수 있다.

2.11.3 실험기 장치

1) Swing basket : 모형토조 넣는곳
2) Boom : basket과 수직축 연결
3) Couterweight : 고속회전시 균형유지
4) 자료획득장치 : PC와 연결
5) 구동장치

그림 8.48 원심모형실험 장치

2.11.4 개념도 및 응력재현

축소된 모형크기와 중력수준에 반비례하게 시료를 성형한다(예 : 축소된 모형이 $\frac{1}{10}$이면 중력수준은 10배 증가시킴)

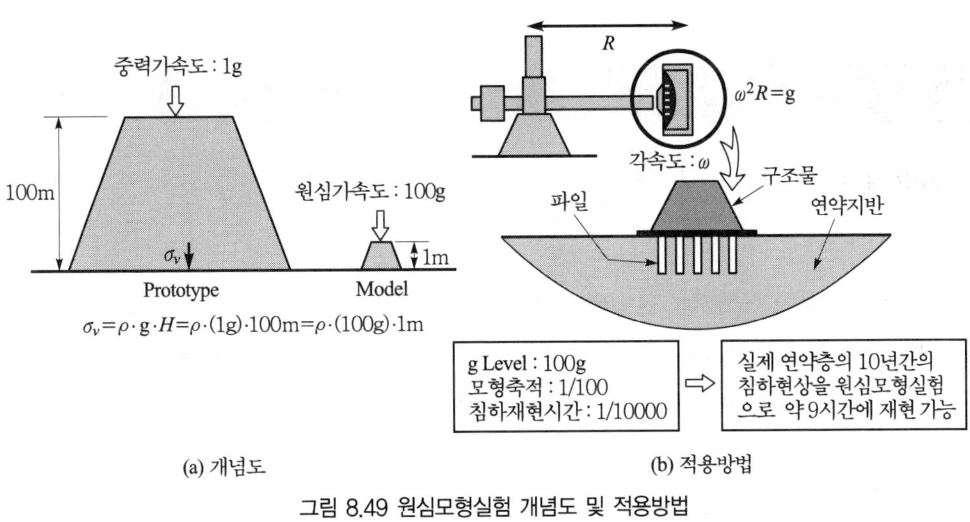

(a) 개념도 (b) 적용방법

그림 8.49 원심모형실험 개념도 및 적용방법

2.11.5 원심모형실험 목적

1) 매개변수 연구 : 지반구조물의 주요 인자를 여러 변수로 하여 변화시키면서 지반거동분석
2) 원형구조물 재현 : 응력-변형거동, 파괴메카니즘을 모형으로 측정가능
3) 수치모델 검증 : 수치적으로 제안된 해석모델을 실험결과와 검토하여 문제점과 차이점을 규명함
4) 토류 구조물의 시공 단계별, 시간변화에 따른 응력-변형거동 측정함.

2.11.6 적용분야

1) 구조물 기초
2) 연약지반의 압밀 및 장기거동 특성
3) 비탈면 안전성 검토
4) 성토과정 모사 및 지반개량 효과
5) 댐 구조물의 안정성 검토
6) 굴착, 터널 등 지하공간 설계 적정성 검토
7) 가설구조물과 지반 상호관계
8) 폐기물 처리나 오염물 확산 등 지반환경

(자료출처 : 대우건설기술연구원 인터넷홈페이지)

3. 물리탐사

3.1 기본개요

3.1.1 개요

물리탐사란 지하에 존재하는 물질의 물리적, 화학적 성질과 직접 또는 간접적으로 관련하여 자연 발생적 또는 인위적으로 발생시킨 현상을 측정하고 그 자료를 해석함으로써 지질구조의 양상, 광상의 존재 등과 같은 지하의 상태를 규명하는 것이다.

3.1.2 목적

1) 지층의 성층상태와 그 성질

2) 표토 또는 풍화층의 두께와 성질
3) 파쇄대의 위치와 규모
4) 공동의 위치와 규모
5) 지하수의 존재여부
6) 불연속면의 공학적 특성(주향과 경사 등)

3.1.3 종류

표 8.31 물리탐사의 종류

지표물리탐사	시추공물리탐사
① 반사법 탄성파탐사	① 다운홀 시험
② 굴절법 탄성파탐사	② 크로스홀 시험
③ 전기비저항탐사	③ Suspension PS검층
④ 표면파기법(SASW, MASW)	④ Geotomography
⑤ GPR(Ground Penetrating Rader)	⑤ 시추공 영상촬영기법(BIPS)
	⑥ 보어홀 텔레뷰(BHTV)
	⑦ TSP(Tunnel Seismic Prediction)

3.2 지표물리탐사

3.2.1 굴절법 탄성파 탐사

(1) 개요

1) 굴절법 탄성파탐사는 속도가 서로 다른 지층의 경계에서 굴절되어 지표로 되돌아오는 파를 기록하여 지하의 속도 구조를 해석하는 방법이다.
2) 이 방법은 지하구조가 복잡하지 않고 하부층 속도가 상부층 보다 큰 경우에 적용된다.
3) 주로 댐, 도로, 터널, 교량, 산사태, 부지조성을 대상으로 많이 사용된다.

(2) 탐사원리 및 방법

1) 지표에서 인공적으로 발생시킨 탄성파의 신호를 지표에 등간격(5~10m)으로 설치한 지오폰을 이용하여 파를 수집한다.
2) 각 수진점에 도달하는 직접파와 선두파의 초동주시를 읽어 주시곡선을 작성하고, 이 주시곡선으로부터 지층의 속도와 두께를 추정한다.

(3) 주시곡선

그림 8.50은 수평 3층 구조에서 거리에 따라 탄성파의 주행시간을 나타내는 주시곡선의 예이다.

1) 송신점에서 교차거리까지는 1층으로 전파해온 직접파가 초동이 되며, 교차거리 이후에는 임계 굴절한 선두파들이 초동이 된다.
2) 지형기복이 없고 층의 경계가 수평이면 주시곡선 상에서 직선의 기울기는 각 층의 탄성파 속도의 역수가 된다.

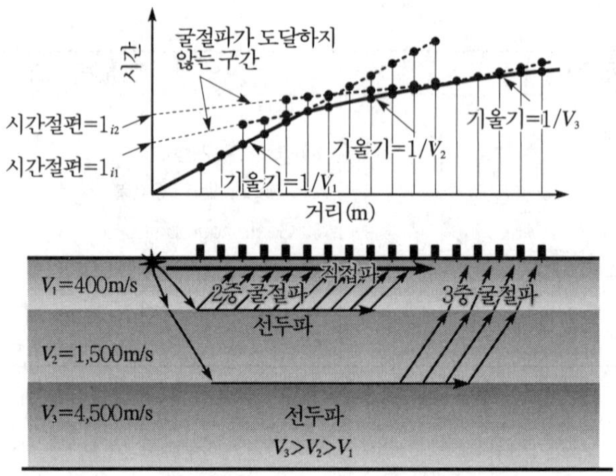

그림 8.50 탄성파탐사의 주시곡선 설명을 위한 모식도

(4) 활용 : 암반선 구분, 지질구조대 추정

※ 반사법 탄성파탐사 : 단층, 파쇄대, 공동 등의 지질이상대 규명

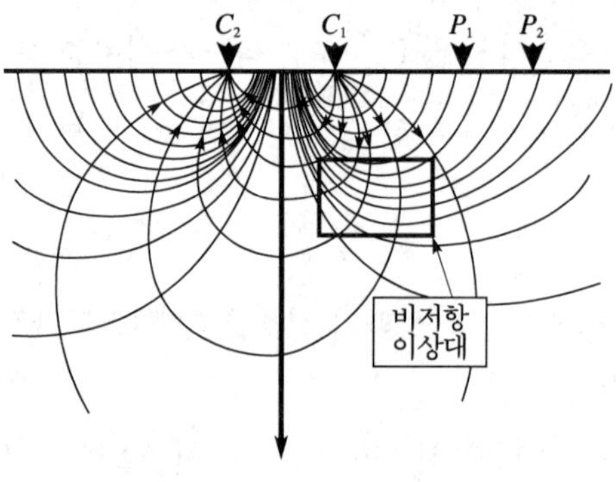

그림 8.51 전기비저항탐사의 등전위선 분포

3.2.2 전기비저항 탐사

1) 지표면에 접지시킨 한 쌍의 전류전극을 통하여 땅에 전류를 흘려보내고 역시 접지한 한쌍의 전위전극상의 전위차를 측정하고 컴퓨터에 의한 해석프로그램을 이용하여 비저항단면도를 작도하여 지하매질의 전기비저항 분포를 알아내는 방법이다.
2) 표토층과 기반암 사이의 접촉부에서는 비저항의 비가 매우 크기 때문에 전기비저항탐사는 기반암과 표토층의 경계를 규명할 수 있다
3) 탐사심도 : 500m이내
4) 결과의 이용
   ① 지하수 존재여부
   ② 파쇄대 위치와 규모
   ③ 기반암과 표토층의 경계를 규명

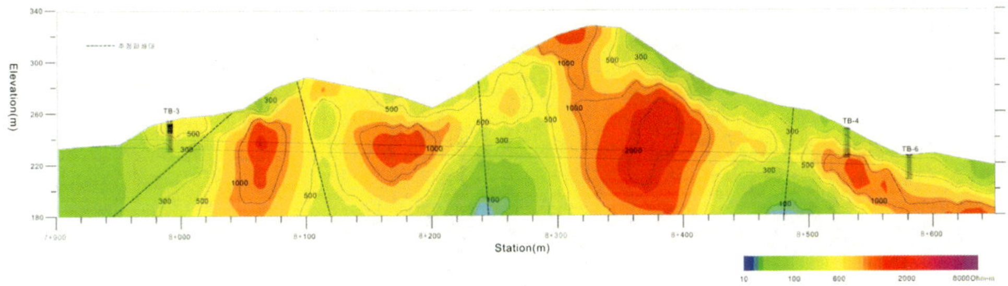

그림 8.52 탐사결과 단면

3.2.3 SASW(표면파기법)

(1) 개요

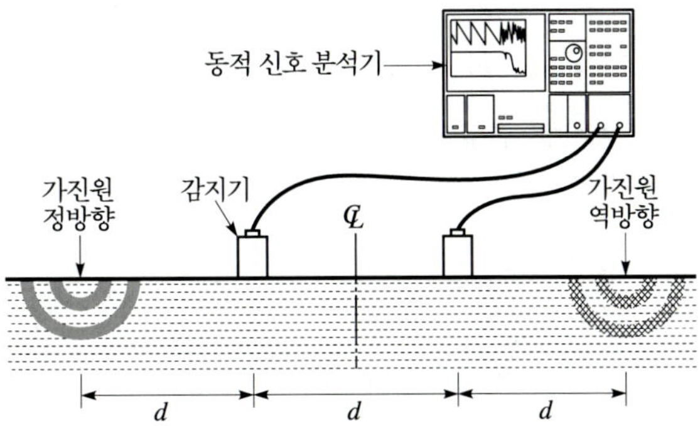

그림 8.53 SASW(표면파기법) 모식도

1) 가진원과 감지기를 모두 지표면에 두고 시험하는 방법으로 표면파의 특성을 이용해 지반물성치를 구한다.
2) SASW기법은 지반이나 구조물에 대하여 전단 강성의 깊이별 변화를 추정하기 위하여 비파괴적으로 수행하는 현장 실험법이다.
3) 지표면에서 응력파를 발생시키고 일

정 위치만큼 떨어진 곳에서 진동에 의한 지반의 진동을 측정하여 하부지반의 지층구조와 깊이에 따른 S-파 속도분포를 구하는 것

(2) 특징

1) 크로스홀 시험이나 다운홀보다 시험이 간단
2) 시추공 필요없고 지표면에서 수행되는 비파괴시험 임
3) 시험이 빠르고 비용이 적게 듬
4) 시험구간의 평균적인 지반특성을 나타냄
5) 적용심도에 제약으로 균일지반에 적용

(3) 결과 이용

1) 동적물성치 추정
2) 성토다짐의 다짐평가
3) 폐기물 매립지의 지반조사
4) 각종 건전도 평가(터널 라이닝, 현타말뚝, 교량상판, 중력식 옹벽, 댐 등)

3.2.4 지표레이더탐사(GPR)

(1) 개요

1) 레이더탐사는 전자기파를 지하로 방사시킨 후, 지층경계면이나 지하의 불균질면, 파쇄대, 또는 지하매설물 등으로 부터 반사되어 온 파를 수신, 분석하여 지하 지층구조를 알아내는 탐사법이다.
2) 레이더탐사의 탐사심도는 저주파 안테나를 사용할 수록 더 깊이 탐사할 수 있지만 10m가 한계이다. 500MHz의 안테나를 사용할 경우 보통 2~3m까지 탐사할 수 있다.
※ 분야별 안테나 주파수: 지질분야 500MHz이하, 공학 및 비파괴검사 분야: 500 MHz 이상

(2) 탐사방법

1) 반사법 탐사 : 송수신 안테나의 거리르 일정하게 유지하면서 측선을 따라 지표에서 탐사를 수행하여 지하 단면을 영상화하는 방법이다.
2) 공통송신점 탐사 : 송수신 안테나의 거리를 일정하게 벌려가면서 탐사를 수행한다.

3) 투과법 탐사 : 지표와 터널사이의 지반조사, 또는 기둥, 보, 교각 같은 구조물의 비파괴검사와 같이 송신 안테나는 매질의 한 쪽에 위치시키고, 수신안테나는 반대쪽에 위치시켜 탐사를 수행한다.

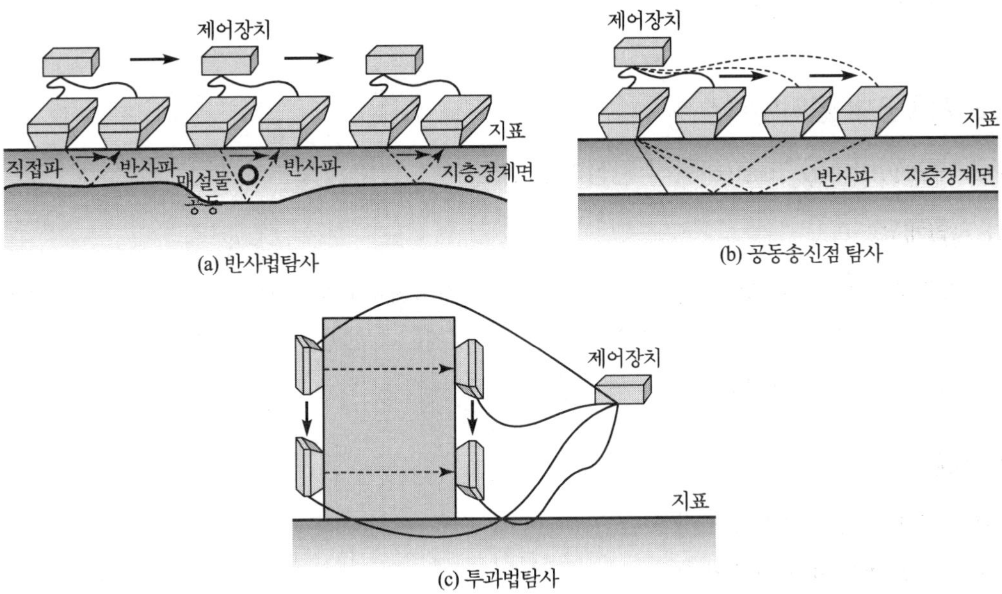

그림 8.54 지표레이더탐사 측정방법[(주)지오메카이엔지, 2009]

그림 8.55 GPR탐사 장비(박 등, 2009)

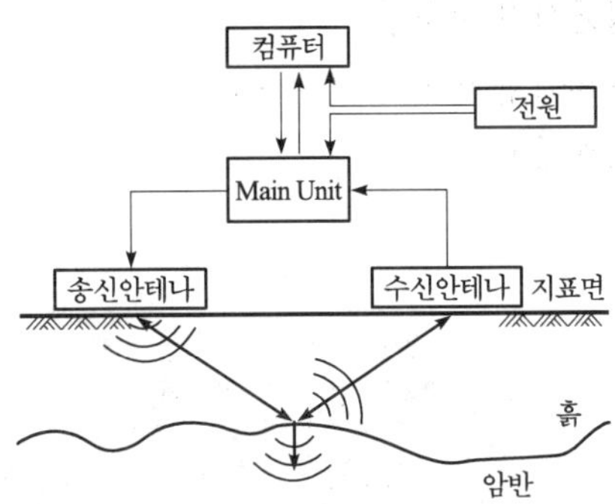

그림 8.56 GPR탐사 모식도(강, 1997)

(3) 적용 분야

1) 구조물(도로, 터널 등) 배면 공동 탐사, 석회 공동 및 폐갱도 탐사
2) 매설관 또는 매설물 탐사
3) 구조물 내의 균열, 공동, 철근 등의 탐사

4) 매립토, 성토, 퇴적물 등의 층 두께 탐사
5) 암반 사면 균열 탐사
6) 단층 조사
7) 하천 또는 호수 바닥 퇴적물 조사 등

3.3 시추공내 물리탐사

3.3.1 Downhole Test(하향식 탄성파탐사)

(1) 시험개요

1) 지표에서 발생시킨 탄성파를 시추공 내에서 3D지오폰으로 탄성파를 측정하는 탐사법이다.
2) 측정 전단파속도(Vs)를 이용하여 지반동적특성치(Gd, Ed)를 구해서 주요 구조물의 내진 설계 및 터널 안정성 해석에 주로 활용한다.

(2) 특징

1) 파의 진행경로 길이가 증가함
2) 시추공 케이싱의 영향이 큼
3) 신호와 잡음의 비가 깊이에 따라 감소함
4) 평균적인 지층구조 조사
5) 잡음이 많은 도심지에서도 사용 가능
6) 비용이 비교적 적음

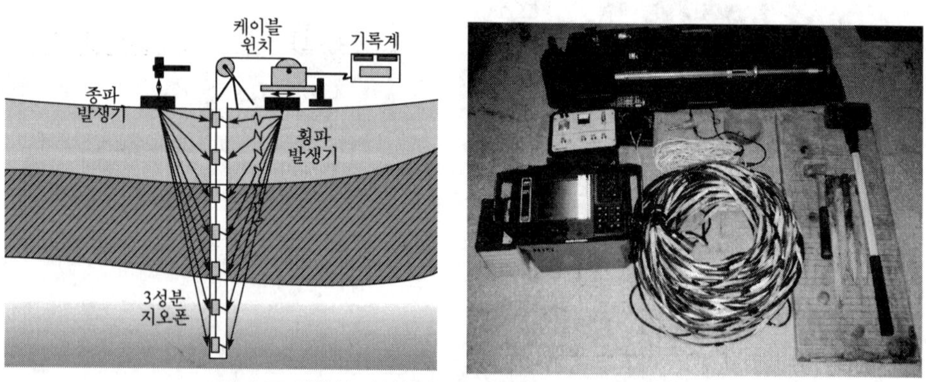

그림 8.57 하향식 탄성파탐사 시험장비 및 모식도(김, 2001)

(3) 결과의 이용

1) 시추공주변 지반의 심도에 따른 전단파(S_V, S_H) 속도를 산출하여 파쇄대를 파악
2) 전단파 속도와 실내시험에서 구한 밀도값과의 관계로부터 동적 지반물성치 추정

• 동적전단탄성계수 : $G = \rho V_s^2 = \dfrac{E}{2(1+\upsilon)}$ (8.48)

• 프와송비 : $\nu = \dfrac{0.5\, V_p^2 - V_s^2}{V_p^2 - V_s^2}$ (8.49)

• 동적탄성계수 : $E = 2(1+\nu)G$ (8.50)

3.3.2 Cross-hole Test(시추공간 탄성파탐사)

(1) 시험개요

1) 두 개의 시추공을 이용하여 한쪽 시추공에 발생원, 다른 쪽 시추공에 수진기를 설치하여 전단파(P파, S파) 속도를 측정하여 동적물성치를 구하는 시험이다.
2) 지반내의 파의 전파속도는 P파가 S파보다 빠르므로 P파가 먼저 감지기에 도달한다. 대부분의 파의 에너지는 S파에 포함되어 있어 S파가 도달하면서 감지되는 파의 진폭이 크게 증가한다.

(2) 특징

1) 다운홀 시험보다 정밀
2) 시간, 비용이 많이 소요
3) Noise의 영향이 심한 도심구간에서는 시행에 어려움 있음

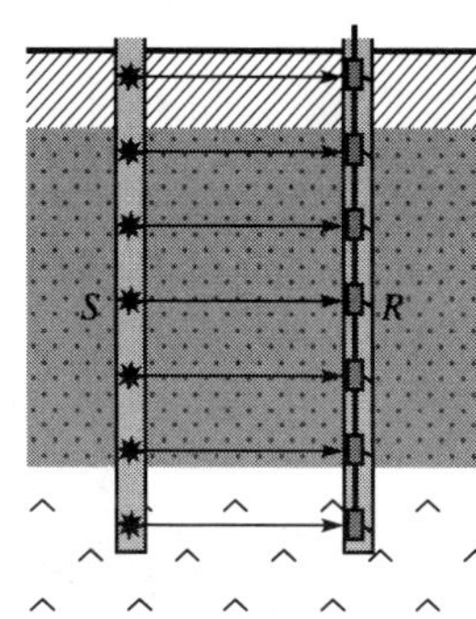

그림 8.58 Cross-hole Test

(3) 실험결과에 영향을 미치는 인자

1) 시추공의 수직여부
2) 크로스홀 측정장비의 하드웨어 보정
3) 인접 층과 경계면에서의 탄성파 굴절 가능성

(4) 결과의 이용 : 다운홀시험과 동일

표 8.32 다운홀 시험과 크로스홀 시험의 비교

다운홀 시험	크로스홀 시험
• 한 개의 시추공	• 두개 이상의 시추공
• 파의 진행경로 길이가 증가함	• 파의 진행경로 길이가 일정
• 시추공 케이싱의 영향이 큼	• 시추공 케이싱의 영향이 적다
• 신호와 잡음의 비가 깊이에 따라 감소함	• 모든 깊이에서 신호와 잡음의 비가 높음
• 평균적인 지층구조 조사	• 자세한 지층구조 조사 가능
• 잡음이 많은 도심지에서도 사용 가능	• 잡음이 많은 도심지에서 사용 곤란
• 비용이 비교적 적음	• 비용이 비교적 큼

3.3.3 Geotomography 탐사

(1) 개요

지오토모그래피는 의학에서 단층촬영 기술을 지구물리 분야에 응용한 것으로 두 시추공 사이의 기하학적 지층구조를 파악하는 정밀 지반조사이다.

(2) 시험방법

1) 하나의 시추공에는 송신기를 다른 시추공에는 수신기를 설치하여 측정
2) 측정방법은 탄성파, 레이다, 전기비저항 토모그래피 기술이 있음

(3) 특징

1) 해상도가 높은 영상처리로 정밀지반조사 가능

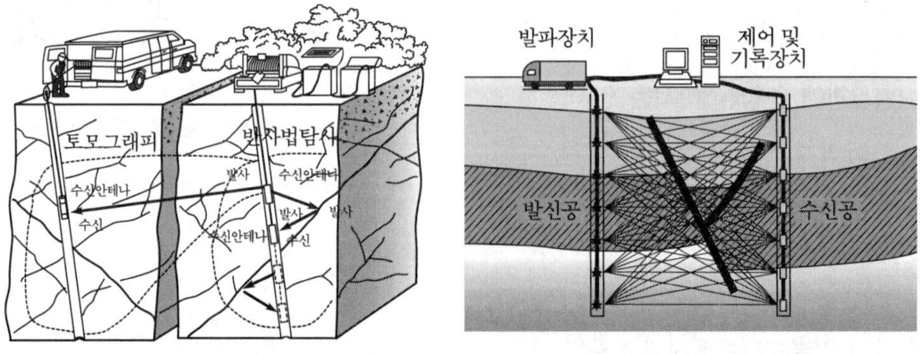

그림 8.59 탄성파 시추공-시추공 지오토모그래피 측정과정
(일본토질공학회, 1989)

2) 탄성파 토모그래피는 시추공내에 공내수가 없는 경우 적용이 불가
3) 레이다 토모그래피는 전기전도도가 높은 지역 적용이 불가
4) 전기비저항 토모그래피는 전기전도도가 큰 지반, 파쇄대 구간에 적용
5) 자동측정기술, 공내수 영향보정, 지하매질의 이방성 평가, 전문인력에 의한 해석 등 연구 및 보완이 필요

(4) 결과이용

1) 동적물성치 추정
2) 터널 지반구조 판단(연약대, 파쇄대, 단층 등)
3) 교량기초의 공동유무, 폐광지역의 폐갱도 탐사
4) 댐, 제방 누수부위의 탐사
5) 지하수이동, 매립장 침출수 유출 여부

3.3.4 Suspension PS검층

(1) 개요

1) 단일 시추공을 대상으로 발신원과 수진기가 일체화된 탐봉(Probe)을 공내에 삽입하여 상향 시켜가면서 공내에서 발진과 수진을 실시하는 공내검층법이다.
2) 다운홀시험법과 마찬가지로 P파 및 S파의 속도를 구한다.

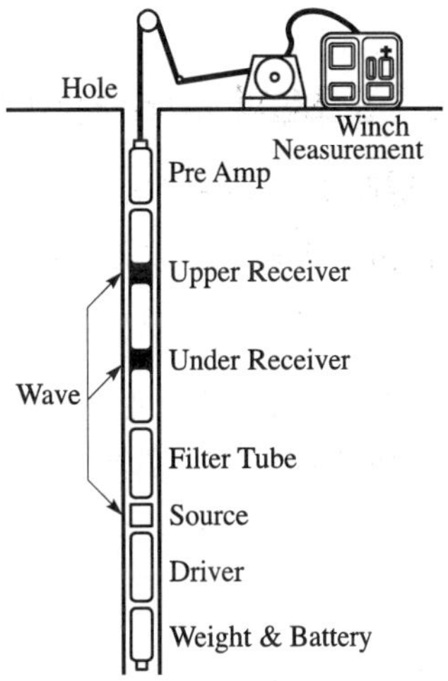

그림 8.60 Suspension PS검층 모식도

(2) 특징

1) 종래 다운홀시험법으로 불가능한 하상탐사가 가능
2) 두께가 얇게 분포하는 지층의 해석이 가능
3) 정밀도가 높음

표 8.33 시추공 탄성파탐사 분류 및 특징

구 분	Downhole Test	VSP	Crosshole Test	Tomography
발진원	• 지표	• 지표	• 시추공 내	• 시추공 내
수신기	• 시추공 내	• 시추공 내	• 시추공 내	• 시추공 내
측정	• 심도별 P파, S파의 직접파 초동 도달시간	• 직접파, 반사파 등 전파형 기록	• 심도별 직접파 초동 도달시간	• 여러 각도에서 도달하는 초동의 도달시간, 진폭
자료처리	• 심도-도달 시간, 주시 곡선으로부터 구간속도 산출	• 지표 탄성파탐사 자료처리 적용	• 시추공간거리 • 도달시간	• 역산(inversion)
산출정보 및 응용분야	• P, S파 속도 • 지층구분 • 시추공벽 암반분류와 탄성계수 산출	• 시추공 주변 균열해석 • 반사법탐사의 반사파와 지층대비	• P, S파 속도 • 시추공간 암반분류와 탄성계수 산출 • 지반안정성 해석	• 시추공간 탄성파 속도분포 단면 • 지질구조 및 암반분류 • 지반안정성 해석
한계성	• 역전층, 두꺼운 표토층 존재 시 불리 • 시추공벽 주변정보에 국한	• 급경사 지층 경계면 • 공벽 케이싱 구간 주의	• 비교적 수평적 지층구조에 적용	• 가장 정확하나 시간, 비용 과다소요

3.3.5 초음파 주사검층(텔레뷰어, televiewer)

텔레뷰어 혹은 초음파주사검층법(borehole acoustic scanner)은 초음파빔(ultrasonic beam, 주파수 약 1Mhz)을 시추공내벽에 주사하여 그로 부터 얻게 되는 반사파의 반사계수, 진폭 및 주사를 분석함으로써 절리 및 단층의 크기, 방향 및 경사, 암질의 변화내지 암석의 역학상태를 정확히 규명할 수 있는 물리검층 기술이다. 다음 그림은 시추공내에서 텔레뷰어 초음파 빔이 방사된 상태를 시각적으로 보여주고 있다. 즉, 시추공 중심부에서 시추공벽으로 주사되는 초음파 빔이 중심축상에서 선회하고 또한 이동하면서 시추공벽에 빈틈없이 방사된다. 이러한 측정과정에서 만약 임의의 경사를 띤 절리면이 존재할 경우, 그것이 텔레뷰어 측정 데이터에 반영되는 모양은 sine곡선이 된다. 일반적으로 검층 데이터는 지자기 북극을 기준(N-E-S-W-N)으로 표현되며 이로 부터 절리면의 주향내지 경사가 결정된다.

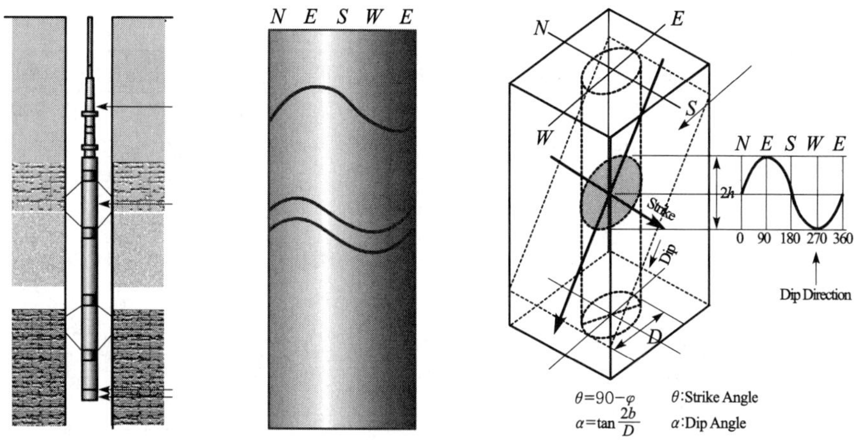

그림 8.61 절리면의 주향, 경사의 결정 예(윤, 2004)

3.3.6 시추공 영상촬영(BIPS)

시추공 영상촬영은 암반에 존재하는 단층, 파쇄대 및 절리의 주향 및 경사, 크기 등의 특성 규명과 절리내 충전물 유무파악을 위하여 실시한다. 광학적 촬영방법으로서 광원과 카메라가 부착된 프루브를 시추공 내에 삽입한 후 콘밀러를 이용하여 공벽을 360° 촬영하며, 이때 자기 센서가 내장되어 촬영중 북쪽을 기준으로 촬영되며 심도기록 장치에 의해 촬영심도를 기록한다. 촬영된 기록은 화상처리을 통해 처리하면 시추공벽에 나타난 지층면이나 절리면의 주향, 경사 및 균열의 간격 등 불연속면에 대한 정보를 입체적으로 파악한다.

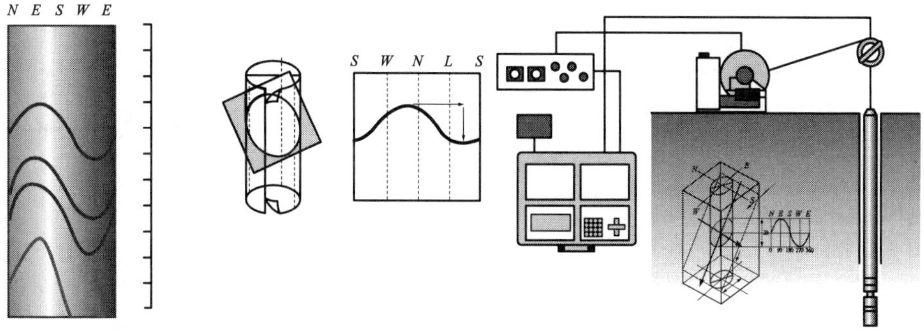

그림 8.62 시추공 영상촬영(BIPS) 장비 및 모식도(윤, 2004)

표 8.34 BIPS와 BHTV 차이점

구 분		BIPS(Bore Hole Image Prosessing System)	BHTV(Bore Hole Televiewer)
원 리		• 고광도의 광원(빛)을 시추공벽에 비추고 CCD카메라를 사용하여 공벽의 천연색 디지털 영상을 촬영(360도 촬영)하여 공벽을 영상화하는 탐사법	• 초음파 Beam을 시추공에 주사하고 공벽에서 반사되어 되돌아오는 초음파의 진폭 및 주시를 측정하여 공벽을 영상화하는 탐사법
차이점	공내수	• 필요없음 • 공내수가 탁할시 해상도가 떨어짐 (청수로 청소, 백반 등의 침전제 투여)	• 반드시 있어야 함(공내수가 매질역할) • 공내수 탁도에 무관
	케이싱	• 공벽 붕괴우려시 케이싱 사용 가능	• 반드시 나공상태 이어야 함
	육안관찰	• 현장에서 직접 육안으로 공내관찰 가능	• 현장에서 공내관찰 불가능
	해상도	• 해상도 뛰어남	• 약간 떨어짐
공통점		• 시추공 이미지를 Data Base화 할 수 있음 • 外部 노두없는 지역에서 유용 • 전문가를 통해서만 자료해석, 획득이 가능	• 시추공을 통하여 암반의 절리면의 특성을 파악 • 장비가 고가이며 일반화되어 있지 않음 • 이미지 영상이므로 저장파일의 용량이 큼
활용		**암반비탈면** • 암반지층 구분 • 암종류(암질) 구분 • 불연속면 조사(주향과 경사, 위치, 형상, 틈새폭, 충전물질의 종류 및 두께 등) • 지질구조(단층, 층리, 엽리, 파쇄대 등) **지반개량 확인** • 그라우팅 주입효과 확인 **기초** • 현타말뚝 건전도 확인 **터널** • 폐광, 공동위치 확인 • 터널의 이완영역 파악 • 용수상황 파악	**암반비탈면** • 암반지층 구분 • 암종류(암질) 구분 • 불연속면 조사(주향과 경사, 위치, 형상, 틈새폭, 충전물질의 종류 및 두께 등) • 지질구조(단층, 층리, 엽리, 파쇄대 등) • 불연속면의 주향과 경사 • 지질구조(단층, 층리, 엽리, 파쇄대 등) • 암반의 강도 추정 • 고분해능 공경 검층

3.3.7 밀도 검층

일반적으로 사질토는 점성토와 달리 시료채취가 어렵고, 단위중량을 정확히 측정할 수 있는 현장시험법이 거의 없어 주로 간접적으로 추정하여 사용한다. 따라서, 시추공 내에 방사성 물질(γ선)과 검출기가 일체화되어 있는 밀도검층 프루브를 강하시켜 방사선물질에 의해 방사된 선이 지층을 통과할 때 흡수, 산란된 γ선을 검출해서 지층의 밀도를 유추하는 것으로 방사성원에서 방출된 γ선이 주변 지층을 구성하는 물질의 전자와 산란되는 것을 이용하여 전자밀도를 측정하고, 측정된 전자밀도로 부터 원자번호와 질량번호의 관계를 계산하여 지층의 밀도를 유추하는 것이다.

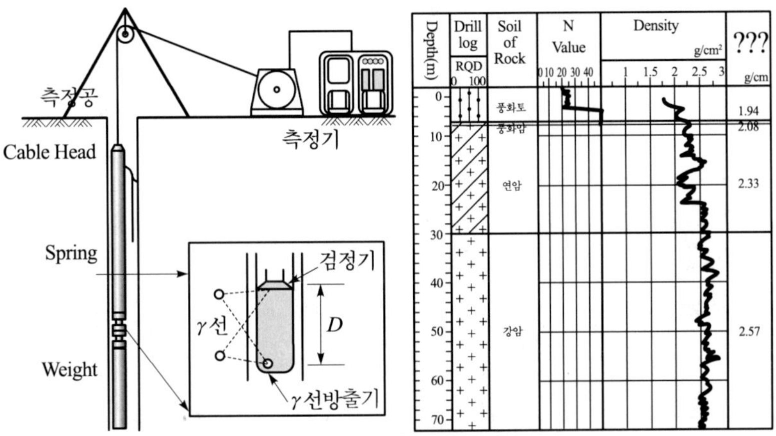

그림 8.63 밀도 검층장비 모식도 및 시험 결과 예(최 등, 2007)

4. 실내시험

4.1 개요

실내시험은 일반적으로 현장에서 채취한 시료를 대상으로 물리적 특성시험, 역학적 특성시험으로 구분한다. 물리적 특성시험은 흙 분류나 판별에 관한 기본적인 성질을 규명하기 위하여 흙의 입도, 비중, 함수량, 간극비, 밀도 등과 같이 흙의 물성을 알기 위한 시험이다. 역학적 특성시험은 기초의 시공, 지하굴착, 절취 및 성토 등의 목적으로 지반이 거동하는데 필요한 정수를 결정하기 위하여 압밀시험, 삼축압축시험, 투수시험 등과 같이 역학적 특성을 규명하기 위해 실시하는 시험이다. 물리, 역학시험 종류 및 주요 결과이용은 다음과 같다.

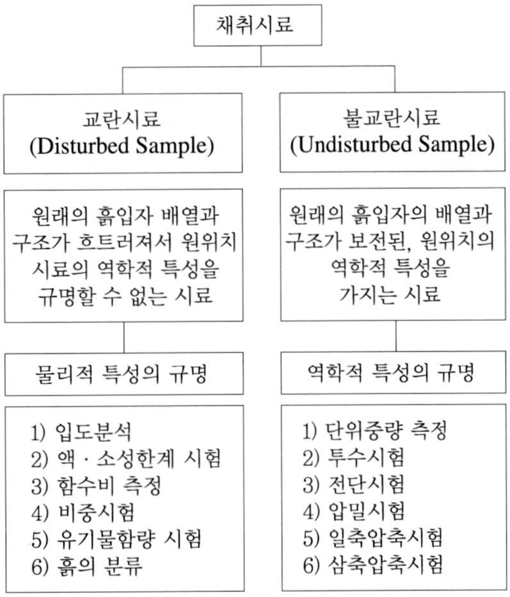

그림 8.64 교란 및 불교란시료의 물리성 및 역학시험 종류

표 8.35 물리적 시험의 적용

<table>
<tr><th colspan="2">시험명칭</th><th>시험 결과치</th><th>시험결과의 이용</th><th>시험규정</th></tr>
<tr><td colspan="2">함수비시험</td><td>함수비</td><td>지반의 자연함수상태 파악</td><td>KS F 2306</td></tr>
<tr><td colspan="2">비중시험</td><td>비 중</td><td>지반의 단위중량 추정</td><td>KS F 2308</td></tr>
<tr><td rowspan="2">입도분석 시험</td><td>체분석시험</td><td rowspan="2">입도분포 곡선</td><td rowspan="2">지반의 입도 분포 파악</td><td>KS F 2309</td></tr>
<tr><td>비중계분석시험</td><td>KS F 2302</td></tr>
<tr><td colspan="2">액성한계시험</td><td>액성한계</td><td rowspan="2">흙의 분류와 공학적 성질 추정</td><td rowspan="2">KS F 2303</td></tr>
<tr><td colspan="2">소성한계시험</td><td>소성한계</td></tr>
</table>

(a) 함수비시험 (b) 비중시험 (c) 체분석시험

(d) 비중계분석시험 (e) 액성한계 (f) 소성한계

그림 8.65 흙의 물리성 시험 종류

4.1.1 실무적용분야

1) 지반특성 파악
2) 함수비 및 액성한계를 통한 연약지반의 과압밀비 추정
3) 느슨한 사질토지반의 액상화 검토자료로 활용
4) 흙의 압축 · 압밀특성 및 전단강도와의 상관관계를 통한 역학적 특성 도출

4.1.2 Atterberg시험 결과이용

모래는 간극비 또는 상대밀도에 따라 느슨한 상태 또는 조밀한 상태로 구분되며 조밀의 정도는 모래의 역학적 특성에 가장 중요한 영향을 미친다.

점성토의 경우 흙의 함수비가 공학적 성질에 커다란 영향을 미치지만 공학적 성질을 함수비만으로 판단하는 것 보다는 표 8.36을 이용하여 그림 8.66과 같이 Atterberg와의 상관관계를 고려해서 공학적 성질을 판단하는 것이 바람직하다.

표 8.36 함수비와 Atterberg한계조건에 따른 압밀특성

함수비와 아터버그한계 조건	압밀특성	함수비와 아터버그한계 조건	압밀특성
자연함수비 ≈ 액성한계	정규압밀점토	액성한계와 소성한계 중간	약간 과압밀점토
자연함수비 ≈ 소성한계	약간에서 심하게 과압밀된 점토	자연함수비>액성한계	점성의 액체에 가까움

A점토의 경우, 자연 함수비가 액성한계보다 높은 것으로 보아 액성(슬러리)상태임을 알 수 있다. B점토의 경우는 A점토와 함수비는 동일하다 하더라도 자연 함수비가 액성한계와 소성한계 사이에 존재하는 것으로 보아 소성상태에 있음을 알 수 있다.

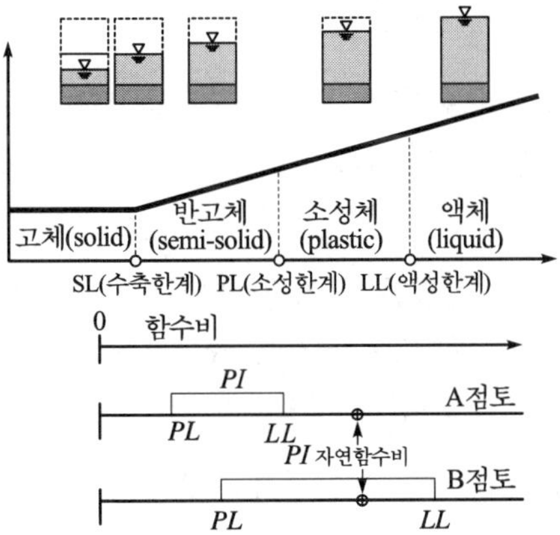

그림 8.66 자연함수비 변화에 따른 부피변화(위), 2종류의 점토(아래)

4.1.3 역학시험 종류 및 결과이용

파괴 시 파괴면에 전단응력이 발생하게 되면 파괴면에서는 이 전단응력에 대한 반작용력이 작용하게 되는데 반작용력에 의한 흙의 저항능력을 흙의 전단강도(Shear Strength)라 한다.

흙의 파괴는 전단파괴이므로 흙의 전단강도를 흙의 강도라고도 한다. 즉, 전단강도의 의미는 파괴 가능면에서 저항할 수 있는 최대 저항력을 말한다. 전단강도정수(c, Ø)는 현장과 실내시험에서 예측 및 측정할 수 있다.

현장에서 전단강도를 예측할 수 있는 시험방법은 표준관입시험, 피조콘관입시험 및 베인전단시험 등이 있으며, 실내시험방법은 직접전단시험, 일축압축 및 삼축압축시험 등이 있다.

표 8.37 실내 역학시험 종류 및 결과이용

시험 종류	시험결과에서 구하는 값	시험결과의 이용
직접전단시험	점착력(c), 내부마찰각(ø)	기초, 비탈면, 옹벽 등의 안정계산
일축압축시험	일축압축강도(q_u), 점착력(c), 예민비(S_t)	
삼축압축시험	점착력(c), 내부마찰각(ø)	
압밀시험	압축계수(a_v), 압축지수(C_c), 압밀계수(c_v)	1) 점토층의 침하량 계산 2) 침하시간, 압밀도 추정
투수시험	투수계수(k)	투수계수 계산
다짐시험	최적함수비(w_{opt}), 최대건조밀도(γ_{dmax})	성토의 시공방법 검토, 시공관리, 다짐율 산정
공진주시험	전단탄성계수(G), 감쇠비(D)	지진에 대한 지반 및 구조물 안전성평가
진동삼축시험	반복 전단응력비(CSR)	액상화 평가

4.2 직접전단시험

연직력 N을 고정시킨 상태에서 수평력, 즉 전단력 T를 점차 증가시켜 가면서 상, 하 전단상자의 접촉면을 따라 흙을 전단시킨다. 이와 같이 흙을 직접 전단하므로 이 시험을 직접전단시험(Direct Shear Test)이라 한다. 시료의 변형에 따른 저항력을 측정하여 파괴강도, 잔류강도, 한계간극비 및 강도정수(c, ø)를 산정한다. 직접전단시험은 사질토에 적합하고 시험이 간단하며 결과 정리가 쉬우나 시험 시 시료의 경계에 응력이 집중되므로 응력이 전(全)단면에 골고루 분포되지 않아 진행성 파괴를 유발한다.

배수조건의 조절이 삼축압축시험보다 용이하지 않고 간극수압 측정이 곤란하므로 현장과 같은 조건으로 시험하기가 곤란하다. 사질토는 전단시험 시 간극수가 빠르게 빠지게 되어 과잉간극수압이 발생하지 않기 때문에 포화시료와 불포화시료에 대한 시험결과는 거의 동일하다. 직접전단시험에서 조밀한 모래를 대상으로 얻은 내부마찰각 ø는 삼축압축시험으로 구한 값보다 2° 정도 큰 것으로 평가되고 있다(Taylor, 1939).

직접전단시험은 흙과 다른 물체인 금속면이나 콘크리트면사이의 마찰력과 부착력을 측정하

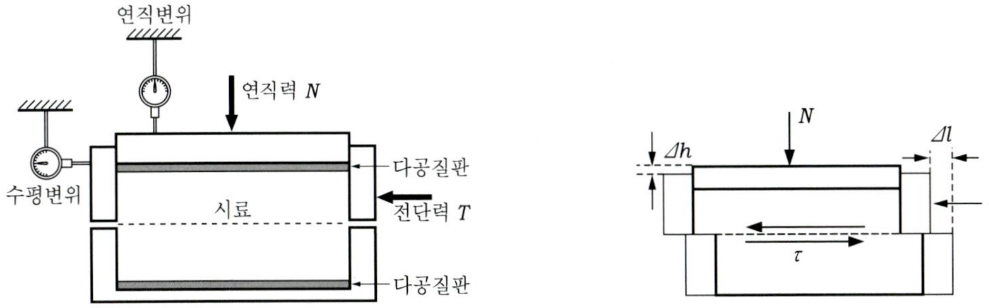

(a) 직접전단시험 (b) 연직응력과 전단응력 관계

그림 8.67 직접전단시험 연직응력과 전단응력 관계

는데 활용할 수 있다. 한쪽 상자에는 금속면과 같은 물체를 넣고 다른 상자에는 흙을 넣어 시험을 수행하면 된다. 이때 얻어지는 ø는 특히 $ø_w$로 표기하고 이를 벽면마찰각(Wall Friction Angle)이라 하며, c는 부착력(Adhesion)이 되어 c_a로 표기한다. 보통 $ø_w \leq ø$, $c_a \leq c$이다.

직접전단시험결과는 실무에서 기초 및 비탈면 등의 안정해석 시 강도정수 값으로 이용된다.

4.3 일축압축시험

콘크리트 공시체에 대한 압축시험처럼 축방향으로만 압축을 가하여 흙을 파괴시키는 시험으로 삼축압축시험의 UU시험에서 구속압력을 대기압조건(σ_3 =0)으로 하는 상태의 시험과 같다. 전단강도정수 결정 시험 중 가장 간단한 시험으로서 주로 점성토를 대상으로 시험하며 시험결과를 이용하여 점토의 연경도(Consistency), 예민비 및 그림 8.68(e)와 같이 점착력을 구할 수 있다. 시험결과는 실무에서 구조물의 안정계산이나 구조물 기초의 지지력 계산시 비배수전단강도로 이용된다.

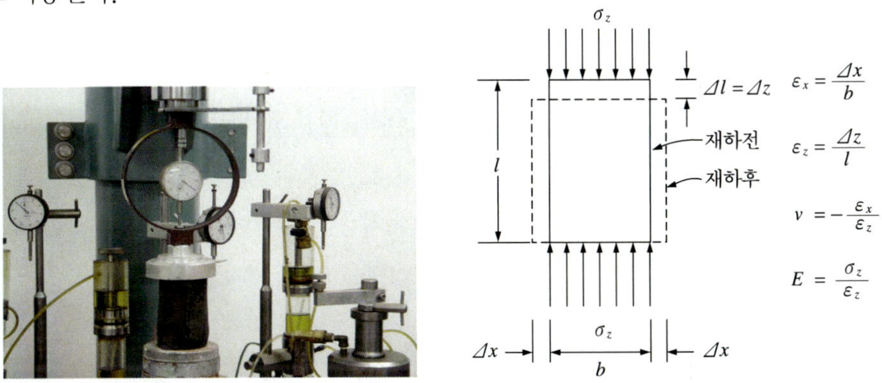

(a) 일축압축시험 과정 (b) 일축압축시험 응력상태

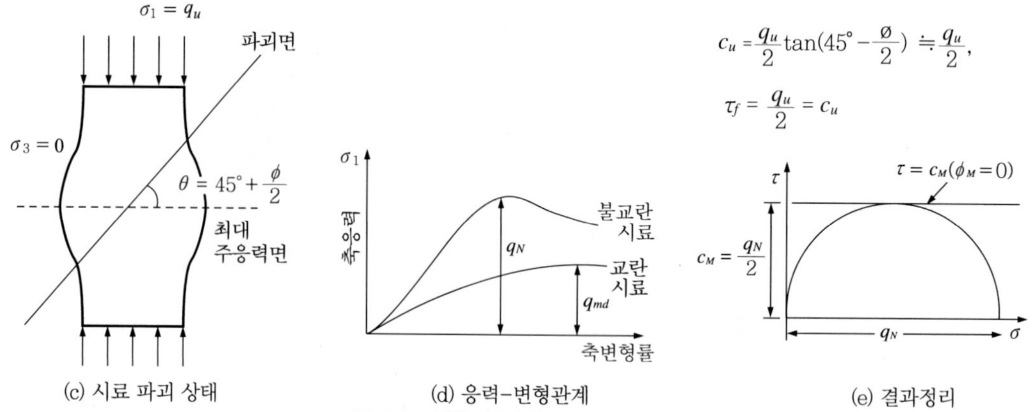

그림 8.68 일축압축시험 과정 및 결과정리

4.4 삼축압축시험

현장과 동일한 조건으로 시험하기 위해서 원통형의 실린더에 구속압력(σ_3, 수압)을 가한 후 축방향으로 전단파괴(축차응력)시키는 시험을 삼축압축시험이라 한다. 삼축압축시험은 다른 전단시험과 달리 배수조건을 적절히 조절할 수 있을 뿐만 아니라 공시체에 압력을 임의로 가할 수 있는 것이 큰 장점이다. 흙의 전단강도의 특징은 어느 흙이 고유의 전단강도를 갖고 있는 것이 아니고 파괴를 일으키는 조건에 따라 강도가 변하므로 전단강도는 배수조건의 변화에 따라 흙의 강도가 변하므로 전단 시 배수조건은 실제로 흙이 응력을 받는 조건과 일치시켜야 한다. 그러므로 실무에서 안정계산을 할 경우에는 현장의 배수조건(UU, CU, CD시험)을 예측하여 시험 시 얻은 강도정수를 적용해야 한다. 지하수위 아래에 있는 흙은 정수압과 같은 간극수압을 받고 있으나 시료를 채취하면 간극수압은 대기압과 같아지고 포화도는 100%보다 떨어진다. 이와 같은 흙으로 시험하면 현장의 포화토를 불포화토로 만들어 시험한 결과가 되므로 발생된 기포를 원상태로 용해시키기 위해서는 공시체가 현장상태의 수압을 받도록 시료 속에 수압을 가해주어야 하는데 이때의 압력을 배압(Back Pressure)이라 한다.

실무에서는 주로 직경이 35mm, 높이 70mm의 시료로 실내시험을 실시한다. 삼축압축시험기에 시료를 셋팅 한 후 압력실에 물을 넣고 유압을 이용하여 압력을 가하면 시료는 구속압력($\sigma_2 = \sigma_3$)을 받게 되는데 이 상태에서 피스톤으로 축압력을 가하면 어느 단계에서 공시체는 파괴에 이른다. 축방향에서 가한 압력은 공시체에서 실제로 가해진 압력(σ_1)보다 구속압력(σ_3)만큼 작으며 이것을 축차응력[Deviator Stress, ($\sigma_1 - \sigma_3$)]이라고 한다.

삼축압축시험은 등방압축과 일축압축을 합친 것으로 응력경로과정은 그림 8.69(e)와 같다.

압밀비배수 삼축압축시험에서 일축압축과정의 유효응력경로는 직선화 되었다고 가정하면 각 응력경로별 A값은 일정하며 그 값은 그림 8.69(f)와 같다.

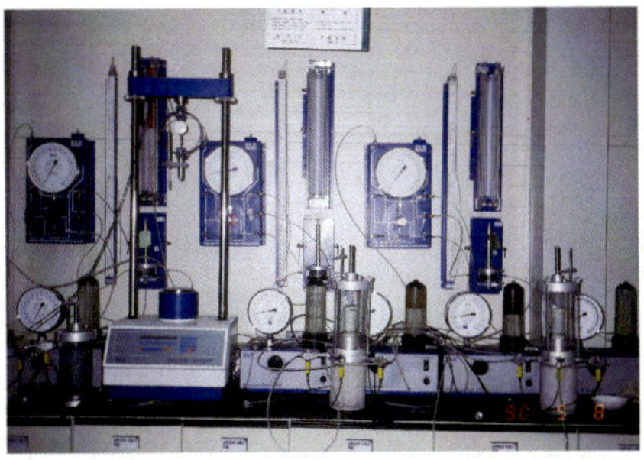

(a) 삼축압축시험기

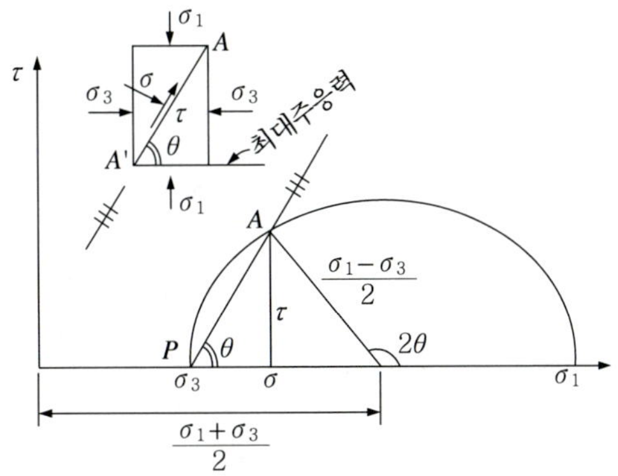

(b) Mohr의 응력원

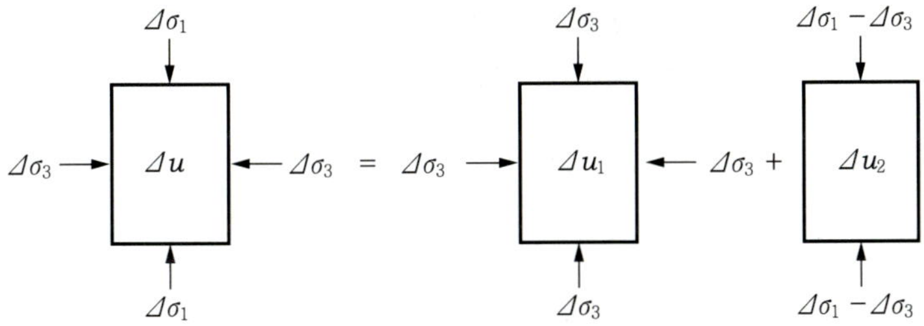

삼축압축 = 등방압축 + 일축압축

(c) 삼축압축시 응력상태

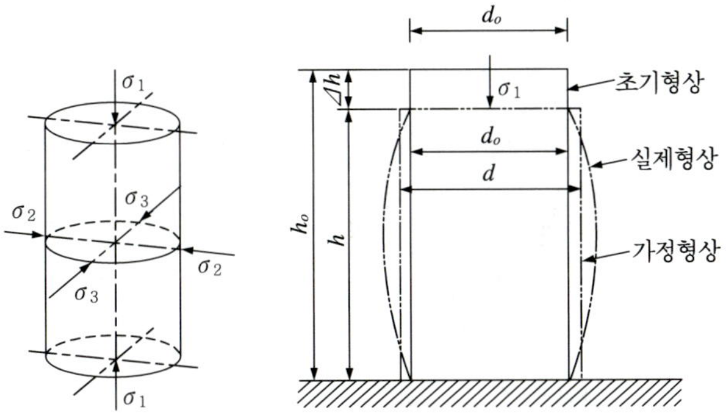

(d) 삼축압축 응력 및 공시체 파괴형태

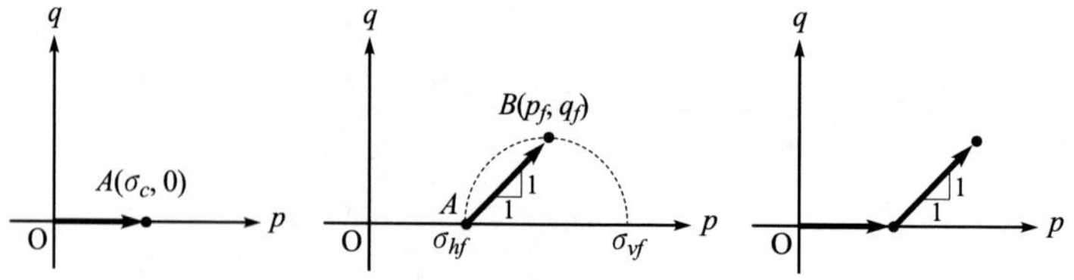

(e) 삼축압축시험의 응력경로 과정

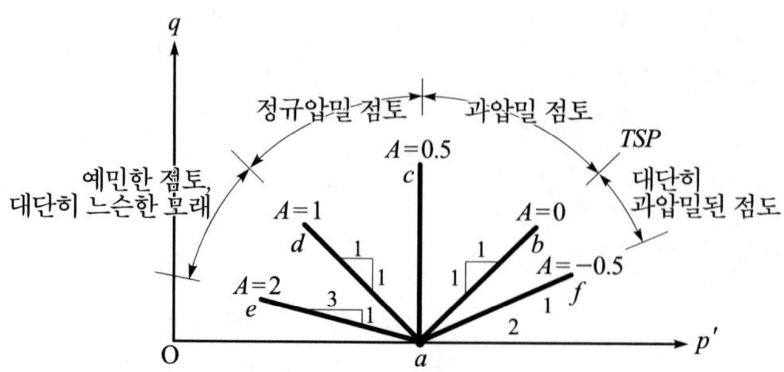

(f) 압밀비배수시험의 가상적 직선 ESP에 따른 흙의 A값

그림 8.69 삼축압축 응력상태 및 응력경로

여기서, $\Delta_u = \Delta_{u1} + \Delta_{u2} = \mathrm{B}\Delta\sigma_3 + \mathrm{D}(\Delta\sigma_1 - \Delta\sigma_3)$

$\mathrm{D} = \mathrm{AB}$ 라고 가정하면 $= \mathrm{B}[\Delta\sigma_3 + \mathrm{AB}(\Delta\sigma_1 - \Delta\sigma_3)]$

$$\Delta_u = \mathrm{B}[\Delta\sigma_3 + \mathrm{A}(\Delta\sigma_1 - \Delta\sigma_3) \tag{8.51}$$

이 식을 Skempton의 간극수압방정식이라 한다.

만일, 건조토이면 물이 없어 과잉간극수압이 발생할 수 없으므로 $\mathrm{B}(\frac{\Delta u}{\Delta\sigma_3}) = 0$이고, 포화상태(S = 100%)이면 B = 1이므로 $\Delta u = \Delta\sigma_3 + \mathrm{A}(\Delta\sigma_1 - \Delta\sigma_3)$에서

$$\text{간극수압계수 A는 } \mathrm{A} = \frac{\Delta_u - \Delta\sigma_3}{\Delta\sigma_1 - \Delta\sigma_3} \tag{8.52}$$

비압밀비배수(UU)시험에서는 간극수압을 측정하지 않으므로 A값을 구할 수 없으나, 압밀배수(CD) 시험에서는 전단과정이 배수상태이므로 과잉간극수압이 발생하지 않으므로 A = 0이 된다.

압밀비배수삼축압축(CU)시험에서 전단 시 유효응력경로는 곡선이지만 그림 8.69(f)와 같이 직선화 되었다면 흙의 체적변화특성과 관련된 간극수압계수 A값은 응력이력(Stress History)에 따라 그 값이 다르며, A값은 예민한 점토에서 가장 크고, 정규압밀점토의 A값은 과압밀점토보다 큰 값을 나타낸다. 특히 심하게 과압밀된 점토 $A_f = -0.5 \sim 0$인데, 이것은 전단파괴 시 공시체가 팽창(인장)하려고 하기 때문에 음의 간극수압이 발생한다는 의미이다.

삼축압축시험에서 강도정수(c, ø)를 결정하기 위해서는 3~4개의 Mohr응력원이 필요하다. 자연시료를 채취하여 강도를 측정하고자 한다면 Mohr원 중 하나의 구속압력은 유효응력으로 구한 토피하중과 같게 하고 다른 것은 이것을 중심으로 50kPa내지 100kPa의 차이가 나면된다.

4.4.1 비압밀비배수시험(Unconsolidated Undrained Test, UU Test)

시료를 압력실에 넣고 변형률이 매분 0.5%~1%정도 되도록 가압장치의 변속기를 조정하고 압축을 가한다. 만일 시료높이가 70mm 변형률을 0.5%할 경우 분당 압축은 70mm× 0.005/min = 0.035mm/min이다. 이때 파괴가 분명하거나 또는 변형률이 15%이상 되면 압축을 종료한다. 만일 완전히 포화된 시료에 대하여 시험을 했다면 구속압력을 바꾸어도 아래 그림 8.70(a)에 보인 것처럼 동일한 원이 그려진다. 불포화토는 최소 주응력(σ_3)이 증가함에 따라 축차응력이 증가하여 포화점토와 같이 파괴포락선은 수평선이 되지 않는다. 이유는 간극 속의 공기 때문에 증가된 구속압력을 간극수가 모두 부담하지 않고 일부를 공기가 부담하여 흙이 압축되기 때문이다. 그러나 구속압력을 크게 하면 흙 속에 있는 공기는 모두 용해되어 포화된 점토와 동일해지므로 Mohr원은 수평선이 된다.

점성토지반에 하중이 작용하면 배수가 잘 안되어 과잉간극수압이 발생되고 시간이 지남에 따라 유발된 과잉간극수압은 소산되어 간다. 이 과정이 오랫동안 지속되면서 지반의 변형 및

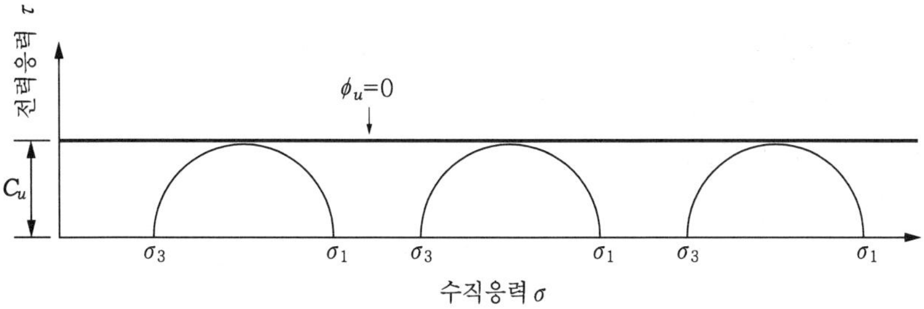

(a) 포화점토의 파괴포락선

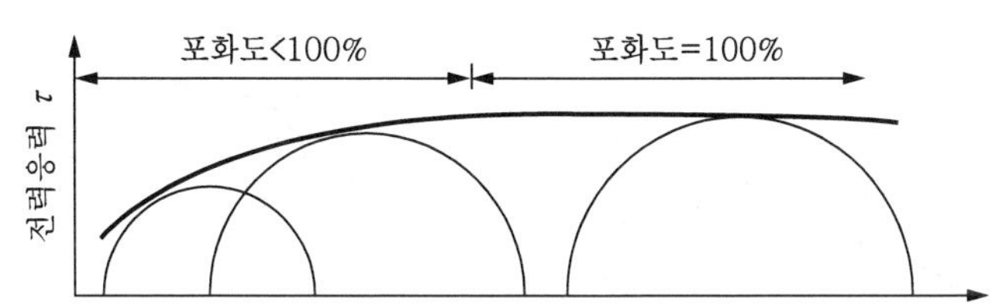

(b) 부분포화점토의 파괴포락선

그림 8.70 포화점토의 파괴포락선과 부분포화점토의 파괴포락선

파괴가 발생하며 파괴를 일으키는 조건에 따라 지반의 강도특성이 변화한다. 따라서 안정계산을 할 경우 압밀과 전단시의 배수조건을 고려해서 시험하여 얻은 강도정수를 적용해야 한다. 재하속도가 과잉간극수압이 소산되는 속도보다 빠를 때, 즉 압밀의 진행이 시공속도에 비하여 대단히 늦을 때 간극수의 배수를 무시하면 압밀에 의한 전단강도의 증가는 거의 없으므로 UU시험강도를 사용한다. 연약지반에 건물기초, 성토의 단기간 공사와 비탈면안정해석에는 과잉간극수압이 소산될 시간이 충분하지 못하므로 이러한 구조물의 단기안정해석에는 UU시험강도를 사용하여야 한다.

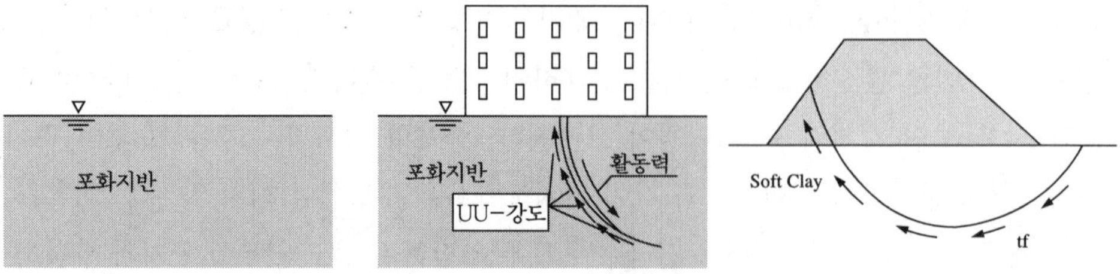

(a) 포화된 자연지반 (b) 급속시공은 UU-강도 적용 (c) 연약지반에 성토 재하

그림 8.71 UU시험강도 적용분야

4.4.2 압밀비배수시험(Consolidated-Undrained Test, CU Test)

CU시험에서는 시험단계가 압밀과 전단으로 구별된다. 배압(Back Pressure)을 가하는 과정까지는 UU시험과 동일하나 UU시험과 다른 점은 전단시험전에 압력실의 배수밸브를 열어 배수상태로 두고 주어진 구속압력(예 50, 100, 150, 200kPa)으로 시료를 압밀시킨 다음 배수밸브를 잠그고 비배수 상태에서 축응력을 가하여 시료를 전단시키면서 간극수압을 측정한다.

그림 8.72는 전단이 진행됨에 따라 공시체에 발생하는 간극수압-변형률 관계가 나타나 있다. 과압밀점토에서의 과잉간극수압은 잠깐 증가하였다가 본래의 값 이하로 되는 반면 정규압밀점토에서는 계속 증가한다. 정규압밀점토는 포락선이 원점을 통과하므로 c=c′=0이고 전단

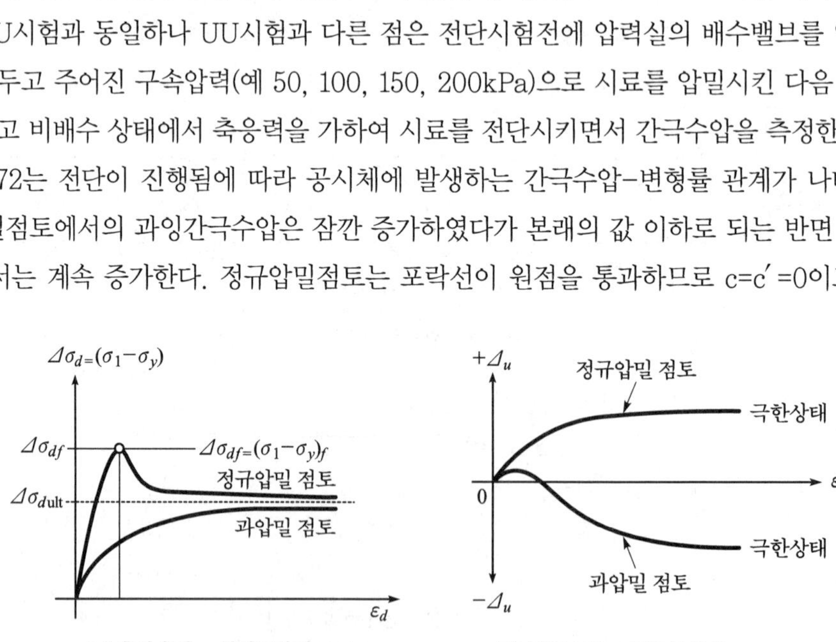

(a) 축차응력 - 변형률관계 (b) 간극수압 - 변형률관계

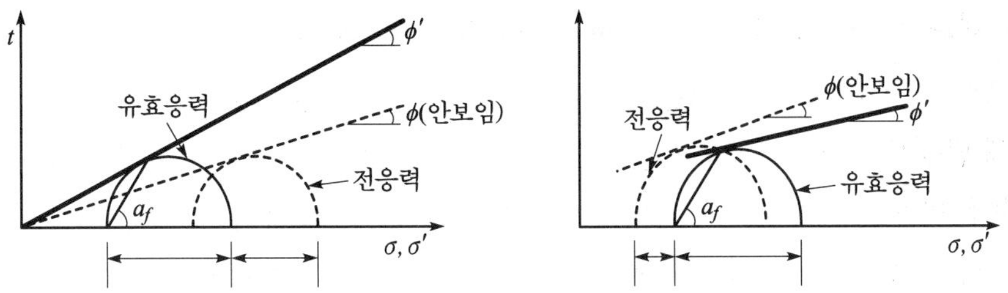

(c) 정규압밀점토　　　　(d) 과압밀점토

그림 8.72 점토 전단특성 및 Mohr 포락선

저항각은 전응력과 유효응력으로 각 각 구할 수 있다. 과압밀 점토는 포락선이 세로축과 교차하므로 점착력과 전단저항각을 얻을 수 있다. 과압밀 점토가 전단될 때에는 부의 간극수압이 나타나므로 전응력으로 표시한 Mohr원이 왼쪽에 그려진다.

1) 흙쌓기하중에 의하여 압밀된 후(①) 다시 추가하중을(②) 재하하는 경우

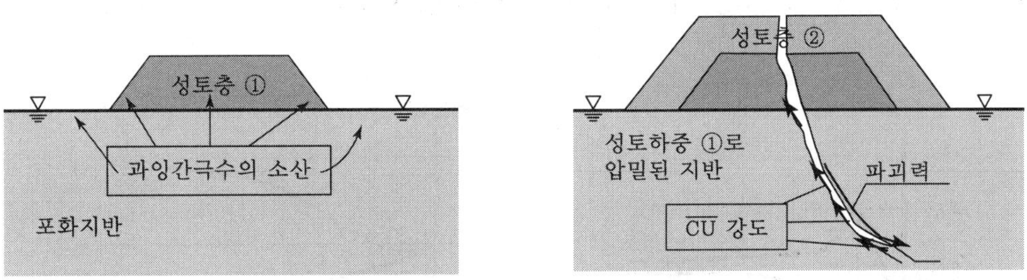

(a) 성토하중 ①로 생긴 과잉간극수가 배수되도록 시간적 여유를 두어 사전압밀(pre-consolidation)시킨 상태

(b) 외력 ①로 사전압밀 상태에서 성토층 ②의 급속시공으로 생긴 과잉간극수는 소산되지 않은 상태($\overline{CU}$-강도 적용)

그림 8.73 압밀 후 추가하중 재하

2) 흙댐에서의 수위 급강하시 안정계산으로서 코어(Core)내의 배수가 일어나지 않는 경우

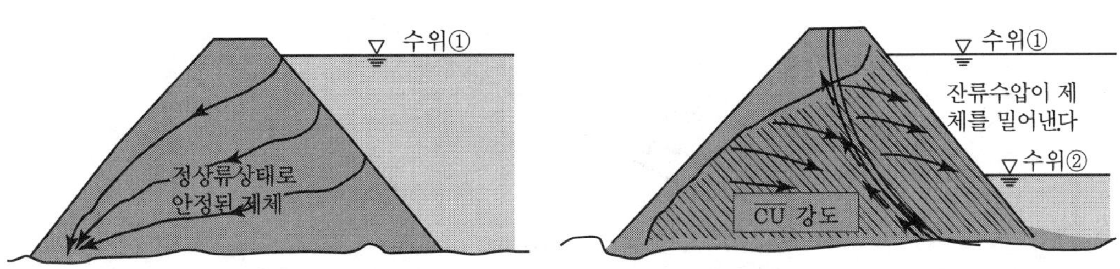

(a) 제체 내부는 정상류로 안정상태　　　　(b) 수위급강하로 잔류수가 비배수 상태

그림 8.74 댐에서 수위 급강하시 잔류수 비배수조건(① → ②)

4.4.3 압밀배수시험(Consolidated-Drained Test, CD Test)

CD시험의 압밀과정은 CU시험방법과 동일하나 전단 시에는 배수밸브를 열어 놓고 전단응력에 의해 발생하는 간극수압이 완전히 소산되도록 충분히 느린 속도로 전단시킨다. 지반토내의 간극수가 받는 압력을 간극수압이라 하는데 CD시험은 압밀과 전단에서 간극수압은 항상 0(zero)이고 흙 시료만 응력을 받게 되므로 전응력은 유효응력과 동일하다.

그림 8.75(a)를 살펴보면 과압밀점토는 정규압밀점토에 비해 첨두강도(Peak Strength)를 나타내지만, 정규압밀점토의 강도는 상대적으로 적고 첨두강도가 없으나 변형률이 커지면 두 흙의 강도는 극한강도에 수렴하는 것을 알 수 있다.

CD시험은 시료를 전단하는 동안 간극수압의 발생이 전혀 없어야 하므로, 전단시험을 하는데 몇 일이 걸릴 수 있다. 따라서 이와 같은 시험은 실용적이 아니므로 실무에서는 간극수압을 측정하는 CU시험으로 대신하는 것이 일반적이다.

$\overline{ab}$ 부분은 점착력 절편을 가지면서 기울기가 더 완만하다.

이때 직선의 전단강도 식 $\tau_f = c + \sigma' \tan \phi$ 이다. 파괴포락선의 $\overline{bc}$ 부분은 흙의 정규압밀 단계

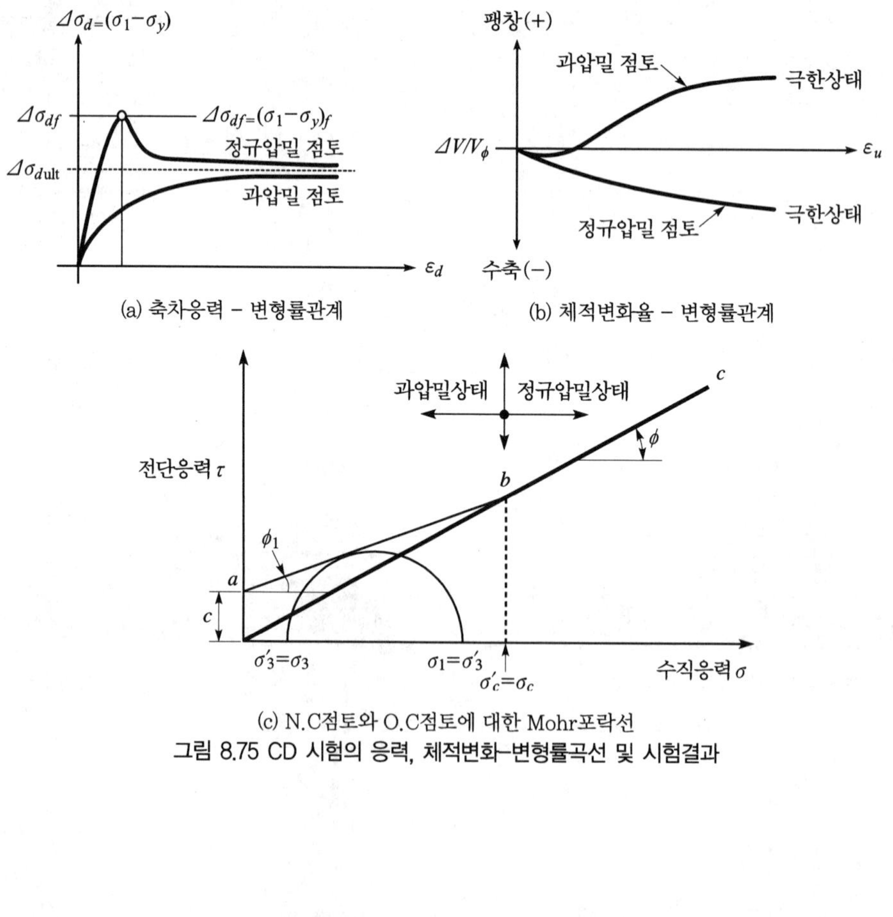

그림 8.75 CD 시험의 응력, 체적변화-변형률곡선 및 시험결과

를 나타내며 전단 강도식은 $\tau_f = \sigma' \tan \phi$ 이다. 연약지반에서 완속성토 시공 또는 점성토의 대규모 굴착이나 심한 과압밀지반에 하중을 재하하는 경우 시공 후 장기간에 걸쳐 점성토가 흡수, 팽창하여 전단강도가 감소되어 오랜 시간이 지난 뒤 파괴가 일어나므로 배수조건의 파괴로 간주할 수 있다.

점성토에 대한 CD시험은 실무에서 전단시험 시간 및 비용이 너무 많이 소요되므로 현장이 그림 8.76과 같은 조건인 경우에는 CU시험으로부터 간극수압을 측정하고 c', ϕ'을 구하는 $\overline{CU}$ 시험을 하여 안정해석하는 것이 일반적이다. CD시험 적용 분야는 아래와 같다.

① 연약지반에서 완속성토하여 과잉간극수를 배수시키며 시공한다.

② 흙댐의 안정해석 시

③ 과압밀 점토의 굴착이나 자연비탈면의 장기안정해석 시

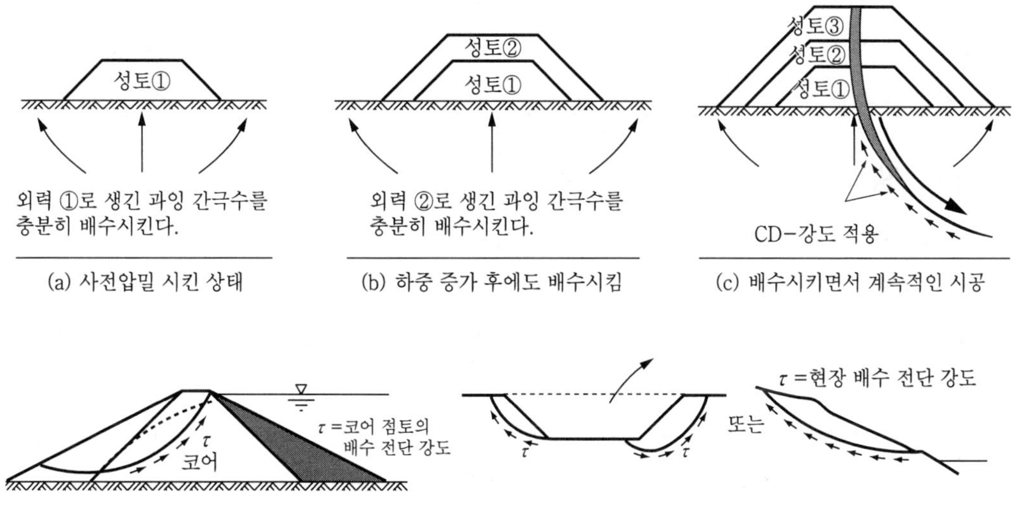

(a) 사전압밀 시킨 상태 (b) 하중 증가 후에도 배수시킴 (c) 배수시키면서 계속적인 시공

(d) 정상 침투하의 흙댐 (e) 점토의 굴착 또는 자연 비탈면

그림 8.76 CD시험 적용 분야

4.4.4 삼축압축시험(UU, CU, CD 시험)결과 값

삼축압축시험의 종류별 대표적인 시험결과 값은 표 8.38과 같다.

표 8.38 내부마찰각(ø)의 값(Bowles, 1978)

흙		시험종류		
		비압밀비배수(UU) 시험	압밀비배수(CU) 시험	압밀배수(CD) 시험
배수 조건	압밀과정	압밀과정 없음	배수	배수
	축압축과정	비배수	비배수	배수
강도정수 표기		s_u, c_u	1) CU : c_u, $ø_{CU}$ 2) $\overline{CU}$: c', $ø'$	c', $ø'$
자갈	중간크기	40~50°		40~55°
	모래혼합	35~50°		35~50°
모래	느슨한(건조)	28~34°		43~50°
	느슨한(포화)	28~34°		43~50°
	조밀한(건조)	35~46°		
	조밀한(포화)	조밀한(건조)것 보다 1~2° 작다		
실트 또는 실트질 모래	느슨	20~22°		27~30°
	조밀	25~30°		30~35°
	점성토	0°(포화되었을 때)	3~20°	20~42°

4.4.5 시험방법별 비배수강도 크기 비교

1) 일축압축시험은 시료의 교란과 구속응력 $\sigma_3 = 0$이므로 UU시험에 비하여 작은 값이 구해진다.
2) Vane시험은 심도가 깊을수록 유효상재압의 영향으로 강도가 실제보다 과대 평가 된다. 따라서, Vane시험이 일축압축시험보다 C_u 값이 더 크게 구해진다. 점토층(예민비 5~12)에서는 실제와 가장 근사하다.
3) 등방삼축압축시험(CIU)은 파괴전에 과대한 구속응력을 가하기 때문에 Vane시험 보다 C_u 값이 더 크게 구해진다. CIU시험은 실제보다 10~20%정도 과대평가 되어진다.
4) 점토의 현위치 C_u를 측정하는 가장 바람직한 방법은 CAU시험(비등방삼축압축시험)을 이용한 SHANSEP방법이다.

4.5 압밀시험

4.5.1 개요

압밀이란 물로 포화된 점성토에 하중을 가했을 때 과잉간극수압이 발생하여 시간경과에 따라 서서히 간극수가 배출되면서 생기는 흙의 체적감소를 말한다. 압밀시험에서는 압축지수(C_c), 선행압밀응력(σ_c), 체적압축계수(m_v), 압밀계수(c_v)를 구할 수 있으며 결과는 일차원적으로 압축되는 침하량과 침하시간 등을 해석하는 데 이용된다.

4.5.2 표준압밀시험 문제점

1) 실내시험은 하중 단계별 24시간을 재하하나 현장은 장시간 재하하며, 실내의 하중증가비 ($\frac{\Delta P}{P}$ = 1)는 일정하나, 현장은 하중 증가비가 일정하지 않다.
2) 실내시험은 측방구속이 된 1차원 압밀이지만, 현장은 다차원 압밀조건이다.
3) 온도차이로 인해 물의 점성계수가 다르므로 투수계수가 실제와 상이하다.
4) 실내의 작은 시료로 전체지반을 판정하는 것은 문제가 있다.
5) 시험중 시료의 교란으로 지반조건과 상이하다.

4.6 실내 CBR시험

성토재료 다짐에 따른 강도, 압축성, 팽창성, 수축성, CBR을 결정하기 위하여 D다짐 또는 E다짐시험을 실시하며 결과정리는 그림 8.77과 같이 한다. CBR을 결정할 경우 시방서에서 95% 건조단위중량을 요구한다면 최대 건조단위중량 γ_{dmax}의 95%되는 단위중량에서 수평선을 긋고, 건조단위중량과 수정 CBR이 만나는 점을 구하여 그 교점으로부터 수선을 내리면 가로축과 만나는 점이 구하고자 하는 CBR값이 된다.

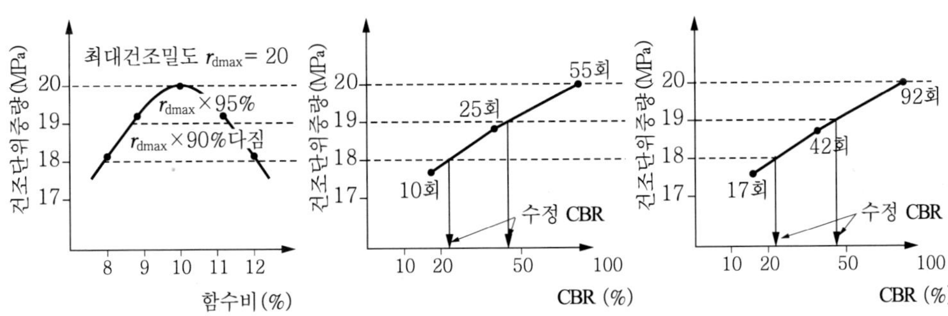

(a) 다짐시험결과 (b) D다짐의 수정 CBR (c) E다짐의 수정 CBR

그림 8.77 다짐조건별 시험결과에 따른 수정 CBR 산정(예)

4.7 내진설계에 필요한 동적 지반정수 산정 시험

시험에 의하면 전단변형률에 따라 변형률이 10^{-1}%를 기준으로 정탄성계수와 동탄성계수가 달라진다. 즉, 10^{-1}%보다 적은 변형률에서는 동탄성계수가 정탄성계수보다 크므로, 내진설계시에는 적은 변형률에서의 동탄성계수에 의한 응력-변형률거동을 분석해야 한다.

4.7.1 반복삼축압축시험(Cyclic Triaxial Test)

지진 시 발생하는 지반의 응력-변형 특성을 파악하여 지반의 액상화 저항 판별 및 구조물 안정성 검토 산정 등에 필요한 지반의 동적특성 물성치를 제공한다.

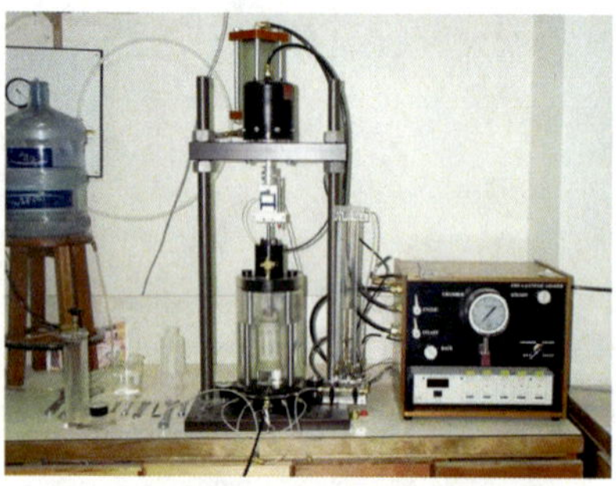

그림 8.78 진동삼축 압축시험 전경

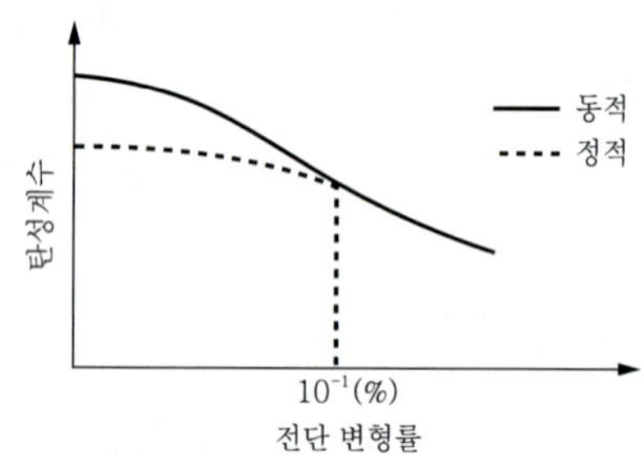

그림 8.79 탄성계수-전단변형률

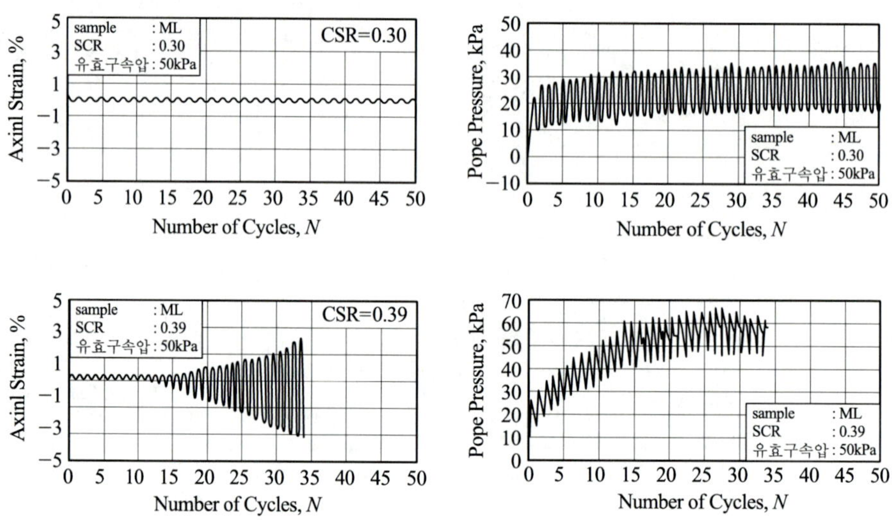

그림 8.80 진동삼축압축시험의 전형적인 시험결과(한국지반공학회, 2006)

4.7.2 공진주시험(resonant column test)

지진발생시 지반의 동적거동을 평가하기 위하여 동적하중을 공시체에 가하여 전단변형률 크기에 따른 동적 물성치인 전단파속도(V_s), 전단탄성계수(G), 전단 변형률(γ), 감쇠비(D)를 결정한다. 원통형의 공시체에 진동수를 바꿔가면서 비틂자극을 가하여 1차 모드의 공진주파수(f_r)와 진동의 크기(A_r)를 구한 후, 실험기의 특성 및 공시체의 크기, 공시체의 무게를 이용하여 동적 지반계수를 산출한다.

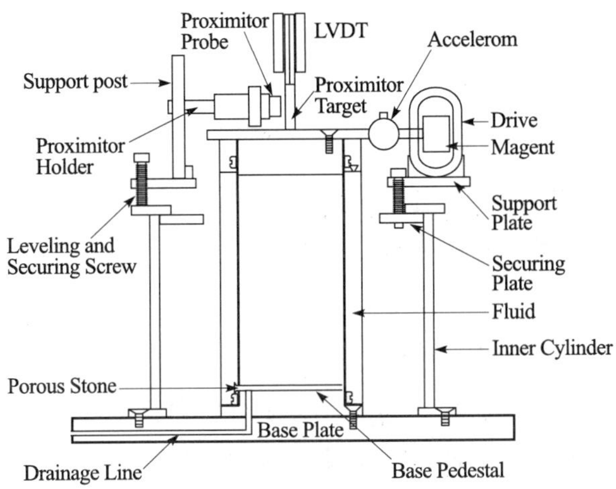

(a) 공진주 시험 개념도

(b) 공진주 시험 장면

그림 8.81 공진주 시험 개념도 및 시험 장면

공진주 시험에 의해 파악된 전단변형률의 전단탄성계수와 재료감쇠비는 지진응답해석, 지반에 대한 동적해석 및 구조물의 안정성 평가 등에 이용된다.

4.7.3 비틂전단시험(torsional shear test)

비틂전단시험은 일반적으로 공진주시험과 동일한 시험장치를 사용하되, 작동방법을 달리하여 흙의 동적 변형특성을 측정하는 시험방법이다. 비틂전단시험은 그림 8.82와 같은 시편의 상부와 연결된 진동 시스템에 10Hz 미만의 고정된 주파수로 반복 비틂력을 가하여 비틂력-비틂각(torque-twist) 관계를 측정하여 응력-변형 이력곡선(hysteresis loop)을 구한다. 비틂각은 간격측정기(proximitor)를 이용하여 측정하고, 비틂력은 시험기 제작시 검증된 가진전압과 비틂력의 관계를 사용하여 시료에 가해진 가진전압의 크기를 측정하여 획득한다. 측정된 이력곡선의 면적으로부터 감쇠비(damping ratio)를 결정할 수 있다. 가진전압의 크기를 변화시키면 전단변형률이 변화하여, 변형률 크기에 따른 전단탄성계수를 결정할수 있다. 또한 동일한 가진전압 크기에서 하중주파수를 변화시키며 시험을 수행하여 하중주파수에 따른 탄성계수의 변화를 검토할 수 있는 시험장치이다.

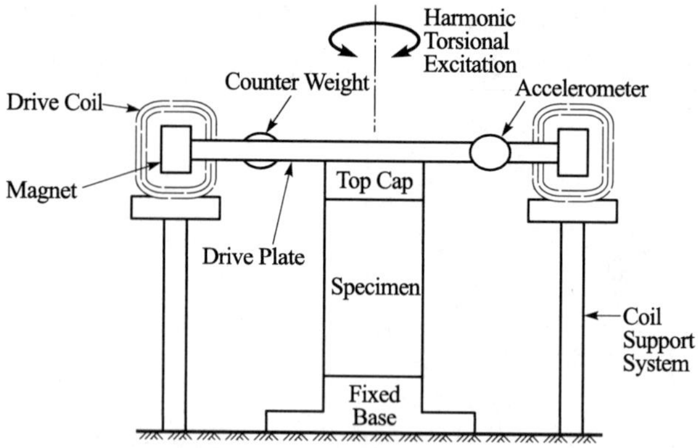

그림 8.82 고정단-자유단 방식 공진주시험기 개요도

4.7.4 진동단순전단시험(cyclic simple shear test)

진동단순전단시험은 시험시편에 상 · 하부에 반복적으로 전단응력을 작용하는 시험방법이며 이는 지진에 의한 지반진동을 가장 현실적으로 모사하는 방법으로 알려졌다. 진동단순전단시험은 지진동에 의하여 발생하는 과잉공극수압을 가장 정확하게 모사하는 시험방법이기도 하다.

진동단순전단시험은 반경방향 변이를 강성경계 플레이트로 고정하는 cambridge-type, 멤브레인으로 고정하는 NGI-type, 그리고 원형링 조합으로 고정하는 SGI-type 시험기로 분류할 수 있다. 그림 8.83은 NGI-type 진동단순전단시험기의 개요도를 도시하고 있다. 진동단순전단시험기는 시편 상 · 하부에 전단응력을 작용하여 전단변형을 유발하는데 이는 수직방향으로 전파되는 전단지진파가 지반에 유발하는 전단변형과 가장 흡사하다. 일반적인 단순전단시

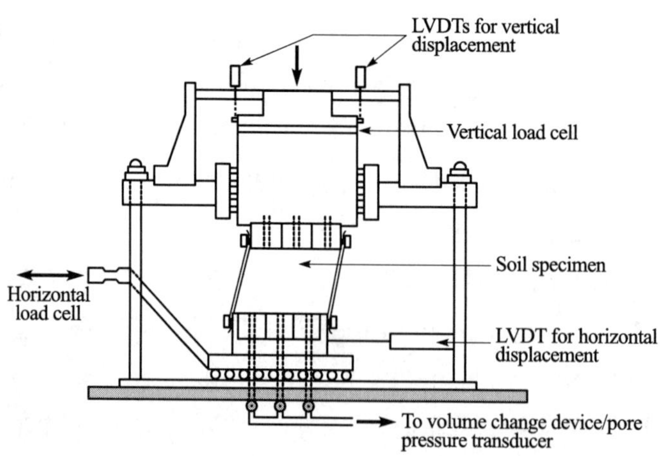

그림 8.83 진동단순전단시험기의 개요도(Airey et al., 1987)

험기는 수평응력을 조절할 수 없어서 K_o이외의 응력을 작용할 수 없지만, 최근 들어 수평응력을 조절할 수 있는 시험기들이 개발되어 사용되고 있다.

4.8 암석관련 실내시험

시추조사 시 채취된 암석 코어(core)에 대하여 지층을 대표할 수 있는 시료를 선정한 후 암의 공학적 성질을 파악하기 위하여 실내 암석시험을 실시한다. 실내시험결과를 통해 얻어진 물성치간의 상관관계를 분석하여 자료의 신뢰성을 판단한 후 설계 및 시공 시 활용한다.

표 8.39 암석 시험 종류 및 결과이용

시험 명칭	시험결과치	시험결과의 이용	시험 규정		
			KSF	ISRM	ASTM
비중시험	비중	비중, 흡수율, 함수비, 포화도, 간극비	2518(석재)	○	
밀도시험	건조밀도, 습윤밀도	지반내의 응력산정, 지압발생 예측지표	2518(석재)	○	
흡수율 시험	공극율, 흡수율	암석의 투수성	-	○	
탄성파속도 시험	탄성파전파속도, 동적탄성수	암반의 균열도 파악, 암반분류	-	○	D2845
일축압축 시험	압축강도 탄성계수	암석의 역학적 특성, 암반분류 수치해석, Hoek-Brown 모델 입력치	2519 (석재)	○	D2938 D3148
삼축압축 시험	점착력(c) 내부마찰각(ø)	현지암반의 변형파괴 특성	-	○	D2664
압열인장 시험	인장강도	암석의 인장파괴특성	3032	○	D3967
점하중강도 시험	점하중강도	일축압축시험의 대용 암석의 이방성 강도비 산정 가능 암석강도지수, 암반분류(RMR)	○		

4.8.1 일축압축시험

공시체에 구속압을 가하지 않은 상태에서 공시체 축방향으로 압축력을 가하여 파괴시의 축방향 하중을 측정하면 일축압축강도를 구할 수 있다.

$$\text{일축압축강도(MPa)} = \frac{\text{파괴시의 하중(N)}}{\text{시험편의 단면적(mm}^2\text{)}} \tag{8.53}$$

4.8.2 비중 및 흡수율

$$겉보기비중 = \frac{시험편의\ 완전건조비중}{공극을\ 포함하는\ 단위\ 외형체적} \tag{8.54}$$

$$흡수율 = \frac{침수된\ 시험편의\ 중량 - 건조된\ 시험편의\ 중량}{시험편의\ 비중} \tag{8.55}$$

4.8.3 인장강도 시험

직접인장시험은 공시체의 성형이 어렵기 때문에 주로 간접인장시험(Brazilian test)을 활용한다. 시험용 시편은 코어(직경 : 높이=1 : 0.5~0.8)를 디스크형이 되도록 절단한 후 압축시험용 시편과 같은 방법으로 성형한다. 디스크 절단면에 평행한 방향으로 코어의 원주곡면부에 가압하여, 파괴시하중과 시험편 규격으로부터 인장강도를 구한다. 이때, 파괴하중을 P(N)라 하고 시험편의 직경과 길이를 각각 D(mm), L(mm)이라 할 때 인장강도 S(MPa)는 다음 식으로 구한다.

$S = 2P/(\pi DL)$

(a) 일축압축시험

(b) 인장강도시험

그림 8.84 일축압축시험 및 인장강도시험 장면

4.8.4 삼축압축 시험

동일한 성질을 갖는 3~4개의 시험편에 측압 및 하중을 증가시켜 최대삼축압축하중의 변화를 구하는 시험이다. 각 구속압 단계별로 측정된 파괴시의 축방향 하중을 플롯(plot)하고 Mohr의 파괴포락선을 작도하여, 암석공시체에 대한 점착력과 내부마찰각을 산출한다. 시험결과는 현지 암석의 변형파괴 특성 판단 시 적용한다.

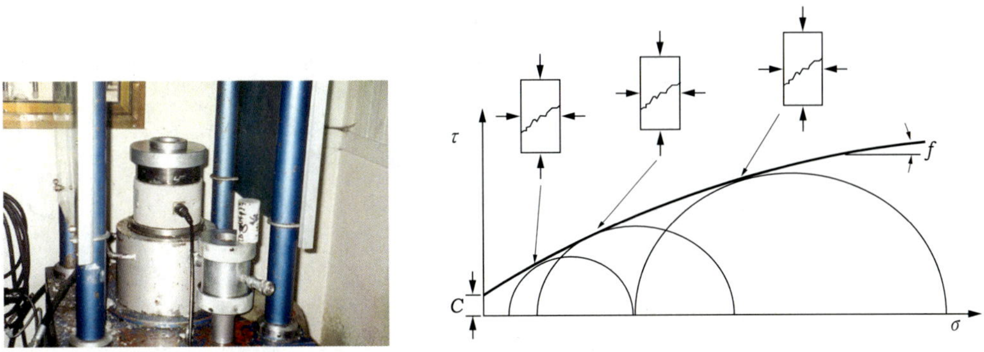

(a) 삼축압축시험　　　(b) Mohr 파괴 포락선 개념도

그림 8.85 삼축압축시험 장면 및 Mohr파괴 포락선 개념도

4.8.5 슬래이크 내구성시험(Slake durability test)

내구성은 여러 가지 풍화작용에 대하여 정의되어 있다. 동결에 대한 저항성을 나타내는 동결 내구성(frost durability), 마모에 대한 저항성을 나타내는 마모 내구성(abrasion durability), 물에 대한 내구성을 나타내는 슬레이크 내구성(slake durability) 등이 있다. 이 중 슬레이크 내구성시험이 지수화 되어 많이 사용된다. 건습의 반복에 의거한 슬레이크 내구성시험은 암석 시료에 건습의 반복을 2회 시켰을 때의 취약화에 대한 저항성을 조사하여 암석의 특성을 정량적으로 나타내기 위한 방법이다. 시험 장치는 그림 8.86에서와 같이 105℃의 온도에서도 견딜 수 있는 강제의 테스트 드럼(직경 : 100mm, 길이 : 140mm, 2mm의 표준 mesh의 원통)과 시료를 포함한 테스트 드럼(test drum)을 그 속에 넣고 드럼의 수평축 아래 20mm까지 물을 채울 수 있는 모터 드라이브(motor drive)의 3부분으로 구성되어 있다. 실험은 10개의 암석덩어리(건조무게: 각 40~60g, 전체시료 무게: 450~550g)를 test drum속에 넣고 수조 속에 수침(담수, 해수)시킨 다음 모터 드라이브를 이용하여 약 10분간 20rpm의 속도로 회전시킨다. 그 후에 시료가 들어 있는 테스트 드럼(test drum)을 꺼내어 건조로에 넣어 105℃의 온도로 6시간 노건조시킨다.

만일 시험대상 시료가 점토성분을 많이 함유한 암석인 경우는 건조시간이 길어 질 수 있으므로, 6시간 뿐만 아니라 12시간 및 48시간에 대한 시험을 수행하는 것이 바람직하다. 냉각 후 잔류한 시료중량을 측정하면 내구성지수(I_d)는 다음과 같이 계산된다.

$$I_d = \frac{\text{시험 후의 잔류시료 건조중량}}{\text{초기의 건조중량}} \times 100(\%) \tag{8.56}$$

일반적으로 사용되는 슬레이크 내구성지수는 2번째 cycle 후의 지수, 즉 I_{d2}를 많이 채택하고 있으나 암석의 성질에 따라 반복 cycle수는 가변적이다. 또한 초기 함수비에 따라 슬래킹(slaking)은 현저한 영향을 받는다.

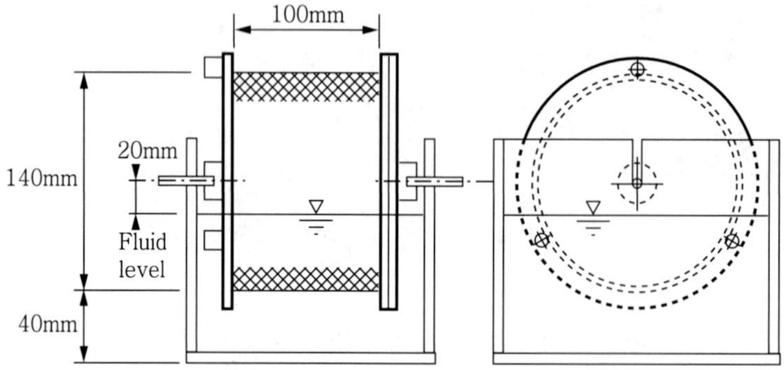

그림 8.86 슬래크 내구성 시험장비

4.8.6 슬래킹량(건습반복)시험 (Wet & dry cycle test)

이 시험은 건습반복의 회수에 따른 암석의 함수비 증가현상을 시험하여 암석의 슬래킹(slaking) 정도를 판정하기 위한 것으로 비교적 간단한 시험장치(큰 수조, 시료를 담아 수침시킬 수 있는 깔때기)가 필요한 반면 실험에 상당히 많은 시간이 소요된다. 실험은 먼저 준비된 대표적인 자연상태의 암석 덩어리(무게 : 10~15kN) 5개를 여과지를 포함한 깔때기에 넣어 수조속에서 24시간동안 수침시킨 후 약 105℃의 온도로 48시간 노건조시켜 함수비를 계산한다. 각각 5개의 시료를 담수와 해수에 수침시켜 시험을 수행하며, 이러한 조작을 함수비의 증가가 멈출 때까지 반복하고 빠른 시간에 붕괴되는 암석에 대해서는 토사상태로 된 시점에서 중지한다.

실험결과는 다음 식에 의해 각 횟수별 흡수량을 구하여 표시하고 반복회수의 증가에 따른 함수비의 변화를 그림으로 나타내어 거의 직선적으로 변화한 경우 그 직선의 평균기울기로부터 함수비변화율(Δw/cycle)을 구하고 평형함수비를 결정한다.

(1) 자연함수비

$$w_n = \frac{W_{wo} - D_{w1}}{D_{w1} - T_w} \times 100(\%) \tag{8.57}$$

여기서, T_w : 용기중량

W_{wo} : 자연함수상태의 (용기+시료)의 중량

D_{w1} : 1회째 건조후의 (용기+시료)의 중량

(2) N회째 수침후 함수비

$$w = \frac{W_{wn} - D_{wn}}{D_{wn} - T_w} \times 100(\%) \tag{8.58}$$

여기서, W_{wn} : N회째 수침후의(용기+시료)의 중량

D_{wn} : N회째 건조후의(용기+시료)의 중량

4.8.7 슬래킹 속도시험(Rate of slaking test)

건습반복시험과 함께 첫 번째 사이클(cycle)에서의 슬래킹 속도(함수비 증가현상) 또한 암석 슬래킹 특성의 분류기준으로 적용할 수 있다. 이 시험을 위해서는 여러 개의 건조된 시료를 수침시킨 후, 시간의 경과에 따른 함수비 증가를 측정해야 한다. 이 시험과정에서 중간 또는 높은 정도의 슬래킹 암석에서는 수침으로 인한 시료의 팽창과 더불어 구조의 분해(disintegration)가 급속도로 발생하기 때문에 이것을 보완하기 위해서는 건습반복시험에서와 마찬가지로 한 덩어리의 대기건조무게가 6~8kN되는 암석시료가 39개를 여과지를 포함한 깔때기를 넣어 수침시키고 15분, 30분, 1, 2, 4, 8, 16, 24, 36, 48, 96, 192, 360시간 후에 시료를 꺼내어 함수비 증가를 측정한다.

슬래킹(Slaking) 속도시험결과의 평가는 2~6시간 후의 함수비 증가량(Δw)으로부터 아래의 식에서 구한 액성지수 변화량(ΔI_L)에 의해 평가된다.

$$\Delta I_L = \frac{\Delta w}{w_L - w_P} \tag{8.59}$$

여기서, ΔI_L : 액성지수 변화

Δw : 2~6시간 후 함수비 변화

w_L : 액성한계, w_P : 소성한계

찾아보기

참고문헌

제 1장 흙의 성질

1. 백영식(2007), "강의식으로 풀어쓴 토질역학", 구미서관
2. 김상규(2004), "토질역학(이론과 응용)", 청문각
3. 김팔규 외(2003), "최신토질역학상론", 학연사
4. 이인모(2008), "토질역학의 원리", 도서출판 새론
5. BRAJA M.DAS(김영수 외 4 공역), "토질역학", 도서출판 동화기술
6. 한국지반공학회(1997), "지반공학시리즈 6 연약지반", 도서출판 구미서관
7. 이춘석(2011), "토질 및 기초공학 이론과 실무", 예문사
8. 김재봉(2014), "토질 및 기초기술사(개념원리)", 성안당
9. 김용필 외 5(2002), "지반공학 시험법 및 응용", 세진사
10. 최인걸 · 박영목(2016), "현장실무를 위한 지반공학", 도서출판 구미서관
11. 한국지반공학회(2003), "구조물 기초설계기준 해설", 한국지반공학회

제 2장 다짐

1. 백영식(2007), "강의식으로 풀어쓴 토질역학", 구미서관
2. 김상규(2004), "토질역학(이론과 응용)", 청문각
3. BRAJA M.DAS(김영수 외 4 공역), "토질역학", 도서출판 동화기술
4. 이인모(2008), "토질역학의 원리", 도서출판 새론

제 3장 투수

1. 백영식(2007), "강의식으로 풀어쓴 토질역학", 구미서관
2. 김상규(2004), "토질역학(이론과 응용)", 청문각
3. 김팔규 외(2003), "최신토질역학상론", 학연사
4. 이인모(2008), "토질역학의 원리", 도서출판 새론
5. 이춘석(2011), "토질 및 기초공학 이론과 실무", 예문사
6. BRAJA M.DAS(김영수 외 4 공역), "토질역학", 도서출판 동화기술
7. 천병식 외 3(2010), "지반공학실험 및 조사", 도서출판 구미서관

제 4장 지중응력 및 유효응력

1. 백영식(2007), "강의식으로 풀어쓴 토질역학", 구미서관
2. 김상규(2004), "토질역학(이론과 응용)", 청문각
3. 김팔규 외(2003), "최신토질역학상론", 학연사
4. 이인모(2008), "토질역학의 원리", 도서출판 새론
5. 이춘석(2011), "토질 및 기초공학 이론과 실무", 예문사
6. 한국지반공학회(2003), "구조물 기초설계기준 해설", 한국지반공학회
7. T.W.LAMBE(신종호 역), "토질역학", 엔지니어즈
8. 한국지반공학회, 학회지 기술기사

제 5장 압밀

1. 백영식(2007), "강의식으로 풀어쓴 토질역학", 구미서관
2. 김상규(2004), "토질역학(이론과 응용)", 청문각
3. 김팔규 외(2003), "최신토질역학상론", 학연사
4. 이인모(2008), "토질역학의 원리", 도서출판 새론
5. 최인걸 · 박영목(2016), "현장실무를 위한 지반공학", 도서출판 구미서관
6. 이춘석(2011), "토질 및 기초공학 이론과 실무", 예문사
7. 한국지반공학회(2003), "구조물 기초설계기준 해설", 한국지반공학회
8. T.W.LAMBE(신종호 역), "토질역학", 엔지니어즈
9. 김용필 외 5(2002), "지반공학 시험법 및 응용", 세진사
10. 한국지반공학회, 학회지(2003년 5월호, 2004년 8월호) Q&A

제 6장 전단강도

1. 백영식(2007), "강의식으로 풀어쓴 토질역학", 구미서관
2. 김상규(2004), "토질역학(이론과 응용)", 청문각
3. 김팔규 외(2003), "최신토질역학상론", 학연사
4. 이인모(2008), "토질역학의 원리", 도서출판 새론
5. 최인걸 · 박영목(2016), "현장실무를 위한 지반공학", 도서출판 구미서관
6. 이춘석(2011), "토질 및 기초공학 이론과 실무", 예문사
7. 한국지반공학회(2003), "구조물 기초설계기준 해설", 한국지반공학회

제 7장 토압

1. 백영식(2007), "강의식으로 풀어쓴 토질역학", 구미서관
2. 김상규(2004), "토질역학(이론과 응용)", 청문각
3. 김팔규 외(2003), "최신토질역학상론", 학연사
4. 이인모(2008), "토질역학의 원리", 도서출판 새론
5. 이춘석(2011), "토질 및 기초공학 이론과 실무", 예문사
6. 한국지반공학회(2003), "구조물 기초설계기준 해설", 한국지반공학회
7. 한국지반공학회, 학회지(2001년 6월호) Q&A
8. 최인걸 · 박영목(2016), "현장실무를 위한 지반공학", 도서출판 구미서관

제 8장 흙의 성질

1. 한국지반공학회(2002), "지반공학시리즈 1 지반조사결과의 해석 및 이용", 도서출판 구미서관
2. 최인걸 · 박영목(2016), "현장실무를 위한 지반공학", 도서출판 구미서관
3. 천병식 외 3(2010), "지반공학실험 및 조사", 도서출판 구미서관
4. 김상규(2004), "토질역학(이론과 응용)", 청문각
5. 김팔규 외(2003), "최신토질역학상론", 학연사
6. 한국지반공학회(2003), "구조물 기초설계기준 해설", 한국지반공학회
7. 서울특별시(2006), "지반조사편람", 서울특별시

저자 소개

최 인 걸

■ **학력**
- 국립 경기공전(현 국립 서울과학기술대학교) 토목공학과 졸업
- 홍익대학교 토목공학과 졸업(공학사)
- The Netherlands Delft I.H.E 졸업(공학석사), 동국대학교 대학원 토목공학과 졸업(공학석사)
- 홍익대학교 대학원 토목공학과 졸업(공학박사)

■ **경력** : 국토교통부 서울지방국토관리청, 한국농어촌공사 농공기술연구소 토질시험과장,
국립 서울과학기술대학교 토목공학과 겸임교수,
(주)유신 인천국제공항 1단계건설 부지조성 · 공항시설감리 기술본부장

■ **자격** : 토질 및 기초기술사, 토목시공기술사

■ **현재**
- (주)유신 감리본부장 / 부사장
- 대한민국산업현장교수(대한민국정부 위촉)
- 영국케임브리지 국제인명센터(IBC) 세계 100대 엔지니어 등재
- 세계 3대 [마퀴즈후즈후, 미국 인명연구소(ABI), 영국 케임브리지 국제인명센터(IBC)] 인명사전 등재
- 과학기술훈장, 국무총리, 국토교통부장관 표창 수상
- 대한토목학회, 한국지반공학회 저술상 수상
- H.P : 010-8734-2791, e-mail: choiingul@hanmail.net

박 영 목

■ **학력**
- 영남대학교 공과대학 토목공학과 졸업(공학사)
- 영남대학교 대학원 토목공학과 졸업(공학석사)
- 일본 佐賀(SAGA)대학 대학원 졸업(공학박사)

■ **경력** : 한국농어촌공사 농어촌기술연구소 책임연구원, 일본 佐賀(SAGA)대학 객원연구원,
미국 Notth Carolina State Univ. 교환교수

■ **현재**
- 영남대학교 공과대학 건설시스템공학과 교수
- 국토교통부 부산지방국토관리청 설계자문위원
- 경상북도 지역포럼위원 및 사전재해영향성검토위원
- 한국도로공사, 한국농어촌공사 설계자문위원
- 한국시설공단, 환경관리공단 설계자문위원
- 대한토목학회 학술상 수상
- 대한토목학회 공로상 수상
- 대한토목학회, 한국지반공학회 저술상 수상
- H.P : 010-3060-2592, e-mail: ympark@ynu.ac.kr

류 용 열

■ **학력**
- 경상대학교 농공학과 졸업
- 중앙대학교 건설대학원 지반공학과 재학중

■ **경력**
- 현) 서울특별시 기술심사담당관 팀장
- 현) 한국철도시설공단 기술자문위원(제7기)
- 한국농어촌공사 농어촌개발처

■ **자격** : 토질 및 기초기술사
- H.P : 010-4870-3910, e-mail: ryuyy@seoul.go.kr

SI단위 **토질 및 기초공학(상)** **정가 30,000원**

저　자 : 최인걸 · 박영목 · 류용열

발행인 : 임해진
발행처 : 도서출판 구미서관

인쇄 : 2017년 7월 17일
발행 : 2017년 7월 24일

등록 : 1979년 6월 29일 No.9-6호

주소 : 서울시 마포구 신촌로 2길 5-15 구미빌딩
전화 : 02-333-1101
팩스 : 02-335-2201
http://www.goomibook.com

ISBN : 978-89-8225-195-5(94530)
978-89-8225-194-8(전2권)